U0267846

信号与系统

Signals and Systems

（第四版）

曾禹村　张宝俊　沈庭芝　王晓华　唐晓英　编著

北京理工大学出版社

BEIJING INSTITUTE OF TECHNOLOGY PRESS

内 容 简 介

本书第二版于 2002 年 12 月出版。2004 年荣获北京高等教育精品教材。同年，台湾文京出版社将本书转换成中文繁体版在中国台湾地区出版发行。本书第四版在宏观结构体系方面没有变动，在具体内容方面有所修改、补充和加强。本书深入浅出而又系统全面地论述了信号与系统分析的基本理论和分析方法。全书共九章，内容包括信号与系统的基本概念，连续时间系统的时域分析，离散时间系统的时域分析，连续时间傅里叶变换、连续时间信号的谱分析和时-频分析，离散时间傅里叶变换、离散时间信号的谱分析，连续时间和离散时间系统的频域分析，拉普拉斯变换、连续时间系统的复频域分析，Z 变换、离散时间系统的 Z 域分析，连续时间与离散时间系统的状态变量分析。

本书可作为电子信息工程、通信工程、电磁场与微波技术、微电子技术、信息对抗技术、生物医学工程、自动化、计算机等相关专业信号与系统课程的教材，也可供相关专业的技术人员参考。

版权专有　侵权必究

图书在版编目（CIP）数据

信号与系统／曾禹村等编著 . —4 版 . —北京：北京理工大学出版社，2018.9（2021.2重印）
ISBN 978-7-5682-6220-0

Ⅰ.①信…　Ⅱ.①曾…　Ⅲ.①信号系统-高等学校-教材　Ⅳ.①TN911.6

中国版本图书馆 CIP 数据核字（2018）第 195005 号

出版发行／北京理工大学出版社有限责任公司

社　　址／北京市海淀区中关村南大街 5 号

邮　　编／100081

电　　话／（010）68914775（总编室）
　　　　　（010）82562903（教材售后服务热线）
　　　　　（010）68948351（其他图书服务热线）

网　　址／http：//www.bitpress.com.cn

经　　销／全国各地新华书店

印　　刷／三河市华骏印务包装有限公司

开　　本／787 毫米×1092 毫米　1/16

印　　张／27　　　　　　　　　　　　　　　　　　责任编辑／陈莉华

字　　数／635 千字　　　　　　　　　　　　　　　　文案编辑／陈莉华

版　　次／2018 年 9 月第 4 版　2021 年 2 月第 2 次印刷　　责任校对／杜　枝

定　　价／68.00 元　　　　　　　　　　　　　　　　责任印制／李志强

图书出现印装质量问题，请拨打售后服务热线，本社负责调换

第四版前言

　　"信号与系统"课程是电子信息、通信工程、电气工程、生物医学工程、人工智能以及自动化等专业的一门主干专业基础课,也是相关专业研究生入学考试课程之一。它的任务是研究信号与系统的基本理论与分析方法,为进一步研究信息处理、通信和控制等理论奠定基础。进入到信息和智能化时代,通信、云计算、微电子、人工智能以及大数据处理等领域的理论和应用都渗透了信号与系统的相关知识。信号与系统分析理论和方法又可以应用到诸如生命科学、仿生材料、装备制造、空间科学、智能系统以及人类社会等领域的研究方面,因此它不仅是电子工程专业教学中一门重点课程,也是其他相关领域一门非常有用的课程,提供了一套普适的方法论,具有开拓思路、启迪智慧的作用。

　　本书第一版于1992年12月出版,第二版于2002年12月出版,并荣获2004年北京高等教育精品教材,同年台湾文京出版社将本书转换成中文繁体版在中国台湾地区出版发行。本书第三版、第四版在宏观结构体系方面没有变动,结合编者多年教学实践,围绕新的教学改革对教学方式和教材内容的要求,在具体内容方面有所修改、补充和加强。

　　本书内容简练易懂,强调概念,突出教学重点。结合对应用性、创新性的要求,注重层次、循序渐进,深入浅出而又系统全面地论述了信号与系统的基本理论和分析方法。在内容上仍保持了本书的特点:连续时间信号与系统和离散时间信号与系统并重,在教材体系上采取连续与离散并行的方法,这样处理不仅适应了当前电子工程、人工智能及大数据等的发展大趋势,也有利于学生从离散与连续的对比中加深理解和掌握两种信号与系统分析的基本理论和方法。

　　全书共九章。内容包括信号与系统的基本概念,连续时间系统的时域分析,离散时间系统的时域分析,连续时间傅里叶变换、连续时间信号的谱分析和时-频分析,离散时间傅里叶变换、离散时间信号的谱分析,连续时间与离散时间系统的频域分析,拉普拉斯变换、连续时间系统的复频域分析Z变换、离散时间系统的Z域分析,连续时间与离散时间系统的状态变量分析。

　　本书第四版由曾禹村主编,第一、第六章由张宝俊编写,第二、第九章由王晓华编写,第三章由唐晓英编写,第四、第五章由曾禹村编写,第七、第八章由沈庭芝编写。校院负责同志和教研室的有关同志对本书编写工作给予了许多支持和帮助,作者在此表示衷心的感谢!

　　限于水平和工作中的疏忽,书中难免有错误和不妥之处,诚恳希望读者批评、指正。

作者
于北京理工大学

第三版前言

"信号与系统"是信息与电子学科各专业的一门主干课程,它的任务是研究信号与系统分析的基本理论与分析方法,为进一步研究信息处理、通信和控制等理论奠定基础。随着科学技术和IT产业的飞速发展,信号与系统的概念与分析方法已应用于许多不同领域与学科中。因此,它不仅是信息与电子学科中一门重点课程,而且也是工科各专业中一门非常有用的课程。

本书第二版于2002年12月出版。2004年荣获北京高等教育精品教材。同年,台湾文京出版社将本书转换成中文繁体版在中国台湾地区出版发行。

本书第三版在宏观结构体系方面没有变动,在具体内容方面有所修改、补充和加强。本书深入浅出而又系统全面地论述了信号与系统分析的基本理论和分析方法。全书共九章,内容包括信号与系统的基本概念,连续时间系统的时域分析,离散时间系统的时域分析,连续时间傅里叶变换、连续时间信号的谱分析和时-频分析,离散时间傅里叶变换、离散时间信号的谱分析,连续时间和离散时间系统的频域分析,拉普拉斯变换、连续时间系统的复频域分析,Z变换、离散时间系统的Z域分析,连续时间与离散时间系统的状态变量分析。

本书第三版由曾禹村主编。第一、第六章由张宝俊编写,第二、第九章由王晓华编写,第三章由唐晓英编写,第七、第八章由沈庭芝编写,其余各章由曾禹村编写。校院负责同志和教研室的有关同志对本书编写工作给予了许多支持和帮助,作者在此表示衷心的感谢!

限于水平和工作中的疏忽,书中难免有错误和不妥之处,诚恳希望读者批评、指正。

作者
于北京理工大学

第二版前言

"信号与系统"作为信息与电子学科的一门主干课程，其地位随着 IT 产业的飞速发展日益重要。作为本书核心的基本概念和方法对所有工程类专业都是重要的，其潜在的和实际的应用范围一直在扩大。因此，它不仅是信息与电子类学科中的一门重点课程，而且是工科各专业一门非常有用的课程。

本书第一版自 1992 年 12 月出版至今，一直受到广大读者的欢迎，需求量逐年上升，供不应求。但信息与电子学科理论与实践发展迅速，应用范围日益扩大，有必要在保持第一版特色的基础上进一步体现时代信息，处理好经典理论与最新技术的相互融合，以当代信息科学观点审视、修订、组织与阐述传统内容。

第二版全书共九章，内容包括信号与系统的基本概念，连续时间系统的时域分析，离散时间系统的时域分析，连续时间傅里叶变换、连续时间信号的谱分析与时-频分析，离散时间傅里叶变换、离散时间信号的谱分析，连续时间与离散时间系统的频域分析，拉普拉斯变换、连续时间系统的复频域分析，Z 变换、离散时间系统的 Z 域分析，连续时间与离散时间系统的状态变量分析。第一章增加了信号与抽取、内插零等概念与运算；第二章对初始条件概念与计算作了适当的补充；第三章增加了离散时间系统的模拟；第四章增加了相关、能量信号与功率信号的相关函数和能量谱密度与功率谱密度的关系、信号的时-频分析和小波分析简介；第五章着重讨论离散时间信号的谱分析，并增加了频域抽样定理、序列相关、周期相关定理及其应用；第六章以平行的方式同时讨论连续时间系统和离散时间系统的频域分析，并增加了傅里叶变换理论在数字滤波和抽样等方面的运用简介；第七章增加了系统实现、用围线积分求拉氏反变换法、系统零极点及其对应的时域波形并补充了拉氏变换在系统分析中的应用实例；第八章对 Z 变换与离散傅里叶变换的关系作了适当的补充；第九章把系统的可控性和可观测性调整到后续课程，从而使部分篇幅得到了压缩。

本书第二版由曾禹村主编。第一、第六章由张宝俊编写，第二、第九章由唐晓英编写，第七、第八章由沈庭芝编写，其余各章由曾禹村编写。教研室刘志文、吴鹏翼和李祯祥等同志对本书编写工作提出了宝贵意见，校院负责同志和信号与系统课群的有关同志对本书编写工作给予了许多支持和帮助，作者在此表示衷心的感谢！

本书配套辅导书《信号与系统概念、题解与自测》已经出版，需要者请与出版社联系。

限于水平和工作中的疏忽，书中难免有错误和不妥之处，诚恳希望读者批评、指正。

作者
于北京理工大学
2002 年 12 月

第一版前言

"信号与系统"是电子工程系各专业的一门主干课程。它的任务是研究信号与系统分析的基本理论与方法，为进一步研究信息处理、通信和控制等理论奠定基础。随着科学技术的发展，信号与系统的概念和分析方法已应用于许多不同领域与学科中。因此，它不仅是电子工程专业教学中一门重要的课程，而且也是工科各专业中一门非常有用的课程。

几年来，我们根据教学改革的需要、学科的发展以及在教学科研中积累的经验，编写了教材，已在几届学生中使用过。现将该教材修改、整理编成本书。

本书深入浅出而又全面系统地论述了信号与系统分析的基本理论和方法。全书共九章。内容包括信号与系统的基本概念，连续时间系统的时域分析，离散时间系统的时域分析，连续时间信号的谱分析，连续时间系统的频域分析，离散时间信号与系统的频域分析，连续时间系统的复频域分析，Z 变换及离散时间系统的 Z 域分析，连续与离散时间系统的状态变量分析。每章都有较多精选的例题和习题。

本书特点：

（1）在内容上，连续时间信号与系统和离散时间信号与系统并重；在教材体系上采取连续与离散并行的方法。这样处理不仅适应了当前超大规模集成电路和计算机技术广泛应用的大趋势，也有利于学生从离散与连续的对比中加深理解和掌握两种信号与系统分析的基本理论和方法。

（2）结合学科发展，注意理论联系实际。这不仅可开阔学生的视野，激发学生学习的兴趣，而且通过适当应用可以加深学生对所学基本理论的进一步理解。

（3）内容衔接的梯度小，便于自学。内容取舍可浅可深，以适应不同层次教学与读者的需要。

本书由曾禹村主编。第五、第八、第九章由张宝俊编写，第二、第七章由吴鹏翼编写，其余各章由曾禹村编写。李瀚荪教授对本书编写工作提出宝贵意见，校院负责同志和信号与系统课程组的有关同志对本书编写工作给予了许多支持和帮助。

本书初稿承北方交通大学吴湘淇教授审阅，提出了许多宝贵意见，作者在此表示衷心的感谢。

限于水平和工作中的疏忽，书中难免有错误与不妥之处，诚恳地欢迎读者批评、指正。

作者
于北京理工大学
1992 年 12 月

目 录

第1章 信号与系统的基本概念

1.1 引 言

在极为广泛的各种科学和技术领域中,人们经常会遇到有关信号与系统的概念。例如,在通信、雷达、电视与广播、航空与宇航、电路设计、声学、地震学、生物与医学工程、能源产生与分配系统、化学过程控制及语音处理等方面都会见到或用到信号与系统的概念。举例说,在电路中随时间变化的电流或电压是信号,电路本身是一个系统,而电路对输入信号的响应是输出信号;在汽车中,驾驶人脚踩加速踏板产生压力使汽车加速,这时加速踏板上的压力是信号,汽车本身是一个系统,而汽车在油门板加压下产生加速度是响应,也就是输出信号;在 X 光 CT(计算机断层)扫描机中,X 光透射人体组织观测体内病变,这时透射人体的 X 光是信号,CT 扫描机是系统,而观测到的体内病变(断层图像)是输出信号。以上所提到的只是信号与系统概念广泛应用的典型例子。

需要指出,信号与系统概念的许多应用已经有了很长一段历史,并从中产生出一整套分析信号与系统的基本方法和基本理论。而且,面对新技术的挑战,信号与系统分析方法一直在不断地演变和发展着。完全可以期望,随着技术日益加速地进步,会使日趋复杂的系统问题和信号处理问题得以更好地解决成为可能。因此,将来我们会看到信号与系统概念和分析方法能够应用到更为广泛的领域中去。

我们深切感到信号与系统分析这一论题代表了科学家和工程师都必须关注的一整套知识,因此多年来"信号与系统"已成为培养信息工程及相关专业高级人才的一门重要课程。该课程主要阐述信号与系统的基本理论和基本分析方法,为进一步学习或研究通信理论、电路理论、控制理论、信号处理与信号检测等学科内容奠定一个坚实的基础。

本章从信号与系统的直观概念、数学描述与表示入手,讨论有关信号与系统的某些基本概念,以使初学这门课程的学生初步建立一个基础,为后续章节进一步分析信号与系统提供一个起点。

1.2 信号的定义与描述

1. 信息、消息、信号

要弄清信号的含义,应先从信息和消息说起。消息是由符号、文字、数字或语言等组成的序列,一份电报、一句话、一段文字和报纸上登载的新闻都是消息。消息中所包含的事先不确定的内容就是信息,换句话说,信息蕴涵于不确定中,消息中不确定内容愈多,则信息量就愈大。例如,在小孩子未出生之前,是男是女,各占一半,尚不能确定,如果这时医生告诉你一定生男孩,医生这句话(即消息)则很有信息。但在小孩出生之后,已经知道是男孩,如果护士再来告诉你生的是男孩,这条消息就一点信息也没有了。

消息是信息的载体,信息是消息中蕴涵的尚未确定的内容。若把消息这个载体以物理量的形式表现出来,如用声、光、电、位移、速度、加速度、温度、湿度、颜色等代替消息,则构成信号。这就是说,信号只是消息的一种物理表现形式,因此消息与信息间的关系,也就是信号与信息的关系,即信号也是信息的载体,是反映信息的物理量。从信息的传输和处理角度来说,信号较之消息的其他表现形式,如文字、语言等,更便于被系统所接受,特别是电信号这种物理形式,已被广泛应用于各种技术领域中,这是当今电子信息技术迅猛发展和快速普及的根本原因。

获取信息的主要工具是传感器和传感设备,传感器的种类繁多,形式不一,主要有物理型、化学型及生物型等传感器,其中物理型(热、光、磁、电、声、力)传感器是人们获取信号的最主要的手段。例如利用晶体或陶瓷的压电效应测量力、形变、位移、速度、振动、风速等,或利用光敏半导体测量光、光通、照度、光色等,还有利用光纤可制成测量电磁量、力学量、温度、图像及分光等的光学敏感器,等等。

2. 信号的描述

作为载有信息的物理量——信号,都有一种共同的表现形式,即在一定条件下,其物理量值随一个或多个独立变量而变化。一种最简单而常用的情况是信号随时间变化,即把信号表示为时间的函数。以时间为横坐标、物理量值为纵坐标,便可把信号表示为一种变化的图形,称为信号波形。图1-1是一个语音信号"您们好"经过话筒及放大器而录制的波形,从图中可见,不同的音节对应的信号波形不同。

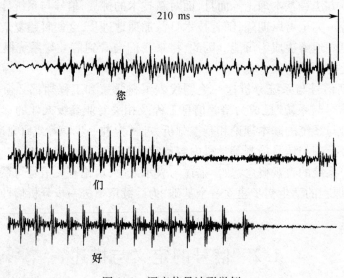

图1-1 语音信号波形举例

在数学上,信号可以表示为一个或多个独立变量的函数,因此后面常把"信号"与"函数"两个名词通用。物理量值为一个独立变量的函数时,称为一维函数,记为 $x(t)$,如图1-1所示语音信号。若物理量值是两个独立变量的函数,例如一幅静止图像,每一点亮度(或称灰度)随二维空间坐标 x,y 变化,因此它可表示为二维函数 $f(x,y)$。依此类推,活动图像可以表示为亮度随二维空间 x,y 及时间 t 变化的函数,记为 $f(x,y,t)$,这是一个三维函数,等等。本书讨论范围仅限于一维函数表示的信号,而且作为数学抽象的一种形式,以后总是以时间为自变量,尽管在某些具体应用中自变量不一定是时间。例如,在气象预报中,我们关心的气压、温度和风速这些物理量都是随高度变化的,自变量并不是时间。

信号特性可以从时间特性和频率特性两方面来描述。信号的时间特性是从时间域对信号进行分析。例如,信号是时间的函数,它具有一定的波形。早期的信号波形分析,只是计算信号波形的最大值、平均值、最小值;随后发展到波形的时间域分析,如出现时间的先后,持续时间的长短,重复周期的大小,随时间变化的快慢以及波形的分解和合成;现在已发展到对随机波形的相关分析,即波形与波形的相似程度等。信号的频率特性是从频率域对信号进行分析,例如任一信号都可以分解为由许多不同频率(呈谐波关系)的余弦分量组成,而每一余弦分量则以它的振幅和相位来表征。图 1-2(a)、(b)和(c)示出一个信号 $x(t)$ 的波形分解、振幅频谱和相位频谱图。其中,振幅频谱表征该信号所具有的那些谐波分量的振幅;相位频谱表征各谐波分量在时间原点所具有的相位。振幅频谱和相位频谱合在一起可以确定该信号的分解波形和合成波形。例如从图 1-2 所示的频谱中可见,在 ω_0 和 $2\omega_0$ 处有两条谱线,其幅度相同,相位都为零。说明该信号是由两个谐波合成的,一个谐波的角频率为 ω_0,另一个为 $2\omega_0$,它们的振幅相等,相位都为零(谐波相位均以余弦为准)。因此根据这些参数就可绘出该信号的分解波形和合成波形。

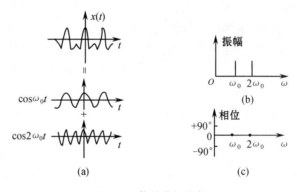

图 1-2　信号分解举例

可见,时域和频域反映了对信号的两个不同的观测面,即两种不同观察和表示信号的方法。图 1-3(a)和(c)就是从这两个不同观测面来观察和表示信号的。从时域上观察,其波形图 $x(t)$ 如图 1-3(a)所示,它是由若干个谐波组成的,这些谐波的波形图如图 1-3(b)所示。

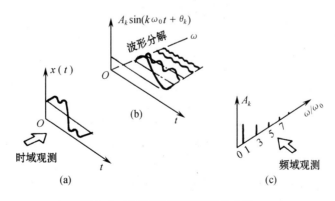

图 1-3　两种不同观测信号的方法

从频域上观测,其频谱图如图1-3(c)所示,图中给出的信号频谱是和图1-3(b)中的谐波一一对应的。总之,信号的时间特性和频率特性有着密切的联系,不同的时间特性将导致不同的频率特性,这种关系将在第4章进一步讨论。

1.3 信号的分类

前面已经指出,时间函数$x(t)$是信号的数学模型。按照$x(t)$的不同性质,在工程上对信号往往有下列几种分类方法。

按照$x(t)$是否可以预知,通常把信号分为确定信号和随机信号两大类。确定信号预先可以知道它的变化规律,是时间t的确定函数。例如,在电路分析基础课程中讨论的正弦信号和各种形状的周期信号都是确定信号。随机信号不能预知它随时间变化的规律,不是时间的确定函数。例如,半导体载流子随机运动所产生的噪声和从目标反射回来的雷达信号(其出现的时间与强度是随机的)都是随机信号。所有的实际信号在一定程度上都是随机的,因为我们不能预知在未来时间实际信号将是什么样的,但是在一段时间内由于它的变化规律比较确定,可以近似为确定信号。所以,为了便于分析,首先研究确定信号,在此基础上根据随机信号的统计规律再研究随机信号。本课程只分析确定信号。

按照$x(t)$的自变量t是否能连续取值,通常又把信号分为连续时间信号和离散时间信号两类。连续时间信号的自变量t可以连续取值,除了若干个不连续点外,在任何时刻都有定义,记为$x(t)$,如图1-4(a)所示。离散时间信号的自变量n不能连续取值,即仅在一些离散时刻(n为整数值)有定义,记为$x[n]$,其中$n=0,\pm1,\pm2,\cdots$,如图1-4(b)所示。为了区分这两种信号,这里除了用t表示连续时间变量,用n表示离散时间变量外,还用圆括号$(\cdot)$把自变量括在里面表示连续时间信号,而用方括号$[\cdot]$表示离散时间信号。此外,由于$x[n]$仅仅在n的整数值上有定义,它在图上原是一系列点,为了醒目起见,这里画成一条条竖线,竖线高度就等于$x[n]$,例如$x[-1],x[0],x[1],x[2],\cdots$。因此$x[n]$是一个数字序列,简称序列,可表示为$\{x[-1],x[0],x[1],x[2],\cdots\}$。另外,连续时间信号的自变量$t$,其量纲为秒,而离散序列的自变量$n$一般是无量纲的。

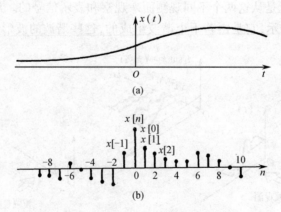

图1-4 连续时间信号与离散时间信号

按照信号是否按一定时间间隔重复,信号可分为周期信号和非周期信号两类。周期信号按一定的时间间隔重复变化,非周期信号的变化则是不重复的。周期信号的重复周期由其最小重复间隔确定,连续时间信号的周期以 T 表示,序列则以 N 表示。注意,N 取整数,且无量纲。

　　按照信号的能量或功率是否为有限值,信号可分为能量信号、功率信号及其他信号。不论电压信号或电流信号,信号平方的无穷积分总代表加到 1 Ω 电阻上的总能量,简称信号能量 E,即

$$E = \int_{-\infty}^{\infty} x^2(t)\,\mathrm{d}t \tag{1-1}$$

而信号平方在有限时间间隔内的积分再除以该间隔则代表加到 1 Ω 电阻上的平均功率,即

$$P = \frac{1}{T}\int_{-T/2}^{T/2} x^2(t)\,\mathrm{d}t \tag{1-2}$$

能量信号的总能量为有限值而平均功率为零;功率信号的平均功率为有限值而总能量为无限大。一般,周期信号都是功率信号,式(1-2)中的时间间隔即代表信号周期。非周期信号则可能出现三种情况:持续时间有限的非周期信号为能量信号,如图 1-5(a)所示;持续时间无限、幅度有限的非周期信号为功率信号,如图 1-5(b)所示;持续时间无限、幅度也无限的非周期信号为非功率非能量信号,如图 1-5(c)所示的单位斜坡信号 $tu(t)$。对于持续期无限、幅度有限的功率信号,其平均功率应由有限时间内平均功率的极限来表示,即

$$P = \lim_{T\to\infty} \frac{1}{T}\int_{-T/2}^{T/2} x^2(t)\,\mathrm{d}t \tag{1-3}$$

如果信号为离散时间序列,其能量和平均功率表示为

$$E = \sum_{n=-\infty}^{\infty} x^2[n] \tag{1-4}$$

$$P = \lim_{N\to\infty} \frac{1}{2N+1}\sum_{n=-N}^{N} x^2[n] \tag{1-5}$$

关于序列的能量信号和功率信号的界定与连续时间相同。

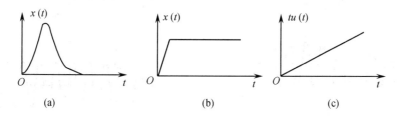

图 1-5　三种非周期信号

　　按照 $x(t)$ 是否等于它的复共轭 $x^*(t)$,信号又可分为实信号和复信号两类。实信号 $x(t) = x^*(t)$,它是一个实函数;复信号 $x(t) \neq x^*(t)$,它是一个复函数,即

$$x(t) = x_1(t) + \mathrm{j}x_2(t)$$

式中,$x_1(t)$,$x_2(t)$ 都是实函数。实际信号一般都是实信号,但是在信号分析理论中,常借助复信号研究某些实际问题,以建立某些有益的概念或简化运算。例如,一种常用的复信号是复指数信号 $\mathrm{e}^{\mathrm{j}\omega t} = \cos\omega t + \mathrm{j}\sin\omega t$ 和 $\mathrm{e}^{(-\sigma+\mathrm{j}\omega)t} = \mathrm{e}^{-\sigma t}\cos\omega t + \mathrm{j}\mathrm{e}^{-\sigma t}\sin\omega t$,它以其实部和虚部分别表示余弦(或衰减的余弦)及正弦(或衰减的正弦)等这些实信号。而在信号与系统分析中,采用这样的复信号会比直接用正、余弦这些实信号要简便得多。

顺便指出,当采用复信号而不是实信号来分析信号的能量和平均功率时,前述式(1-1)~式(1-5)中信号函数的平方应改为函数的模平方,如 $x^2(t)$ 改为 $|x(t)|^2$,$x^2[n]$ 改为 $|x[n]|^2$,等等。

1.4 信号的基本运算

在信号的分析、传输与处理过程中,对信号常进行的运算包括数乘、取模、两信号的相加及相乘、微分或差分、积分或求和(累加),以及移位、反转、尺度伸缩(或说尺度变换)等。下面分别以函数式的变化来表示这些运算。

1. 数乘

设 c 为复常数,实常数为其特例。

$$y(t) = cx(t) ; \quad y[n] = cx[n]$$

2. 两信号相加

对应时刻的两函数值相加。

$$y(t) = x_1(t) + x_2(t) ; \quad y[n] = x_1[n] + x_2[n]$$

图1-6给出了两个不同频率正弦信号相加的例子。

3. 两信号相乘

对应时刻的两函数值相乘。

$$y(t) = x_1(t)x_2(t) ; \quad y[n] = x_1[n]x_2[n]$$

图1-7给出了两个正弦信号相乘的例子。顺便指出,在通信系统的调制、解调等过程中经常遇到两信号的相乘运算。

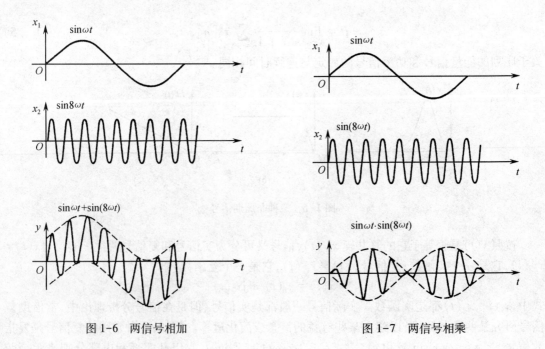

图1-6 两信号相加   图1-7 两信号相乘

4. 微分和差分

对连续时间函数求导即微分,对离散序列相邻值相减即差分。

$$y(t) = \frac{d}{dt}x(t)\,;\ y[n] = x[n] - x[n-1]\ 或\ y[n] = x[n+1] - x[n]$$

差分中前式为一阶后向差分,后式为一阶前向差分。

5. 积分和求和

对连续时间函数求变上限的积分,对离散时间序列求变上限的累加。

$$y(t) = \int_{-\infty}^{t} x(\tau)d\tau\,;\ y[n] = \sum_{k=-\infty}^{n} x[k]$$

图 1-8 和图 1-9 分别给出连续时间信号微分运算和积分运算的两个例子,从图中可见,微分的结果突显了信号的变化部分,而积分的结果正好相反,使信号突变的部分变得平滑。

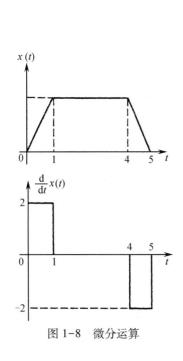

图 1-8　微分运算

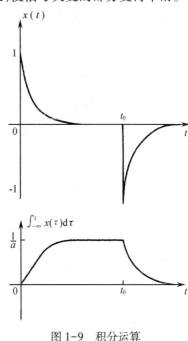

图 1-9　积分运算

6. 模

模是代表信号大小度量的一种方式。

$$y(t) = |x(t)| = [x(t)x^*(t)]^{\frac{1}{2}}\,;\ y[n] = |x[n]| = \{x[n]x^*[n]\}^{\frac{1}{2}}$$

以上六种运算都是对函数式在某时刻的值进行相应的运算,下面讨论的移位、反转、尺度变换这三种运算或者说三种波形变换,其实质是由函数自变量 t 或 n 的变换而导致的信号变化。以连续时间为例,函数自变量 t 代换为一个线性表达式,即 $t \to at+b$,这里 a、b 均为实数。为讨论方便,暂将函数变换前的自变量写成 t',于是线性变换式可写成

$$t' = at + b \tag{1-6}$$

式中,t 为变换后的自变量。式(1-6)也可写成

$$t = \frac{1}{a}(t' - b) \tag{1-7}$$

若以 t 为横坐标画出原信号 $x(t')$ 的波形,就是自变量变换导致信号波形变换的结果。

7. 移位

自变量按 $t'=t+b$, $(a=1)$ 变换,以 $t=t'-b$ 为横坐标画出原信号 $x(t')$ 的波形。从 $t=t'-b$ 可以看到,若 $b>0$,将使信号波形左移; $b<0$,信号波形右移。图 1-10 是连续时间信号移位的例子,这里 $b=-2<0$,故 $x(t-2)$ 较 $x(t)$ 右移了 2 秒。信号移位在雷达、声呐、地震信号处理中经常遇到,利用移位信号对原信号在时间上的延迟,可以探测目标或震源的距离。

8. 反转

自变量按 $t'=-t$, $(a=-1<0,b=0)$ 变换,以 $t=-t'$ 为横坐标画出原信号 $x(t')$ 的波形。由此自变量的变换可知,反转的结果就是使原信号波形绕纵轴反折 180°。图 1-11 是连续时间信号反转的例子。另一个实际例子是磁带倒放,即若 $x(t)$ 是表示一个收录于磁带上的语音信号,则 $x(-t)$ 就代表该磁带倒过来放音。

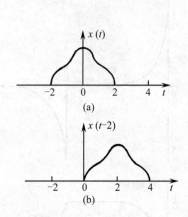

图 1-10 连续时间信号的平移

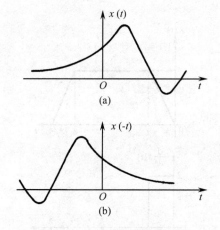

图 1-11 连续时间信号的反转

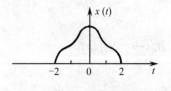

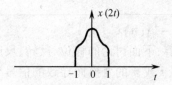

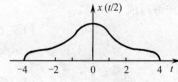

图 1-12 连续时间信号的
尺度变换

9. 尺度变换

自变量按 $t'=at$, $(a>0,b=0)$ 变换,以 $t=t'/a$ 为横坐标画出原信号 $x(t')$ 的波形。此自变量变换意味着,若 $a>1$,将导致原信号波形沿时间轴向原点压缩;若 $a<1$,信号波形将自原点拉伸。图 1-12 是一连续时间信号尺度变换(或称尺度伸缩)的例子,其中 $x(2t)$ 中 $a=2>1$,导致原信号波形压缩,而 $x(t/2)$ 中 $a=\frac{1}{2}<1$,信号波形被拉伸(或展宽)为原来的 2 倍。在实际中,若 $x(t)$ 仍表示一个录制在磁带上的语音信号,则 $x(2t)$ 表示慢录快放,即以该磁带录制速度的两倍进行放音;而 $x(t/2)$ 刚好相反,表示快录慢放,以原磁带一半的录制速度放音。

例 1-1 已知某连续时间信号 $x(t)$ 的波形如图 1-13(a)所示,试画出信号 $x(2-t/3)$ 的波形图。

解:分析自变量的变换 $t'=2-t/3$,可知它包括了移位 $(b=2\neq0)$、反转 $(a=-\frac{1}{3}<0)$ 和扩展 $(|a|=1/3<1)$。解

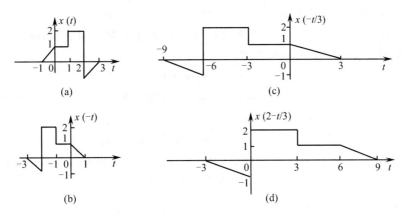

图 1-13　由反转—扩展—移位得到 $x(2-t/3)$

此题的方法是按三种运算一步步地进行,由于三种运算的次序可任意排列,因此这种逐步法可有六种解法。下面利用其中的两种解法与同学们共同练习。

解法一:反转—扩展—移位

(1) 反转:将 $t→-t$,得原信号 $x(t)$ 的反转波形 $x(-t)$,如图 1-13(b)所示。

(2) 扩展:将(1)中得到的 $x(-t)$,令其中的 $t→t/3$,导致 $x(-t)$ 的波形扩展为 $x(-t/3)$,如图 1-13(c)所示。

(3) 移位:为达到题目要求的 $x(2-t/3)$,需把 $x(-t/3)$ 中的 $t→t-6$,这导致图 1-13(c)的波形沿 t 轴右移 6 秒,得到最终结果如图 1-13(d)所示。

解法二:扩展—反转—移位

(1) 扩展:自变量 $t→t/3$,使信号 $x(t)$ 的波形扩展为原来的 3 倍,如图 1-14(b)所示。

(2) 反转:把 $x(t/3)$ 中的 $t→-t$,导致 $x(t/3)$ 波形反转,得到图 1-14(c)所示的 $x(-t/3)$ 的波形。

(3) 移位:将 $x(-t/3)$ 中 $t→t-6$,结果使图 1-14(c)波形右移 6 秒,这使 $x(2-t/3)$ 的波形如图 1-14(d)所示。

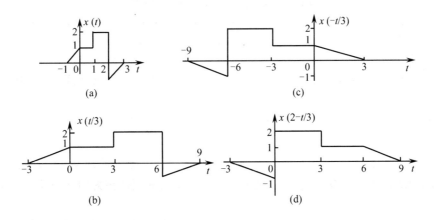

图 1-14　由扩展—反转—移位得到 $x(2-t/3)$

另外四种解法请同学们自己练习。从练习中可以体会到,如果函数自变量变换中包括移位(即 $b \neq 0$),解题的第一步最好先做移位,而后做其他变换,这种做法不容易出错。

以上讨论的三种波形变换只限于连续时间信号,对于离散时间信号的移位、反转和尺度变换,也是由信号自变量的变换引起的,即

$$n' = an + b \tag{1-8}$$

式中 n' 和 n 是序列变换前后的自变量,均取整数,常数 a 取整数或整数的倒数,b 也取整数。关于序列的移位($a=1,b \neq 0$)和反转($a=-1,b=0$),解决问题的思路与连续时间信号相同,同学们可举一反三、自行练习。而序列的尺度变换有其特殊性,这是由于序列仅在整数时间点上有定义。根据序列的尺度变换因子 a 的取值不同可分为抽取和内插零两种变换,这些变换在诸如滤波器设计和实现,或在通信中都有很多重要应用。

10. 抽取

序列的自变量按 $n'=kn$(k 为正整数)变换,以 $n=n'/k$ 为横坐标画出原序列 $x[n']$ 的图形。图 1-15(a)和(b)给出了 $x[n]$ 即 $x[n']$ 和 $x[3n]$ 的图例说明,从图中可以看出,$x[3n]$ 只保留原序列在 3 的整数倍时间点的序列值,其余的序列值均被丢弃了,故把 $x[n] \rightarrow x[3n]$ 的变换称为 3:1 抽取。

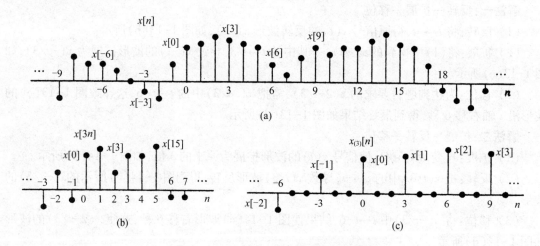

图 1-15 离散时间信号的抽取和内插零

(a) 某离散时间序列 $x[n]$;(b) $x[n]$ 的 3:1 抽取序列;(c) $x[n]$ 的 $k=3$ 内插零序列

11. 内插零

自变量按 $n'=n/k$(k 为正整数)变换,以 $n=kn'$ 为横坐标画出原序列 $x[n']$ 的图形,记为 $x_{(k)}[n]$,此结果的含义是

$$x_{(k)}[n] = \begin{cases} x[n/k] & ,n \text{ 为 } k \text{ 的整数倍} \\ 0 & ,n \text{ 为其他值} \end{cases} \tag{1-9}$$

图 1-15(c)给出了序列 $x[n]$ 变换为 $x_{(3)}[n]$ 的图例说明,由图可见,$x_{(3)}[n]$ 是由原序列相邻的序列值之间插入 2 个零值得到的,故把 $x[n] \rightarrow x_{(k)}[n]$ 的变换称为内插 $k-1$ 个零的变换,简称内插零。

由上面讨论可以看到,离散时间信号的尺度变换与连续时间情况有很大区别,在离散时间情况下,抽取或内插零这两种信号变换,一般说来不再代表原信号时域压缩 k 倍或扩展 k 倍,它们都会导致离散时间序列波形的某种改变。

1.5 基本连续时间信号

本节及下节介绍几个基本的连续时间信号和离散时间信号(序列),称它们为基本信号,一是因为这些函数在自然界和工程技术中作为描述许多现象的工具而经常出现,二是它们可以作为基本要素来构成其他许多信号。另外,本节与下节介绍的同样类型的连续时间和离散时间的基本信号,它们之间不仅存在很强的对偶关系,也存在一些重要差别。同学们学习这部分内容以及后续章节时,要特别注意连续时间和离散时间这两大部分内容之间的这种关系。

1. 复指数信号

连续时间复指数信号具有如下形式:

$$x(t) = Ce^{at} \tag{1-10}$$

式中 C 和 a 一般为复数。根据 C、a 的取值不同,式(1-10)概括了三种常用的复指数信号。

(1) 实指数信号。

这时式(1-10)中的 C 和 a 为实数。根据 a 的取值范围不同,可分为以下三种情况:

① $a<0$,这时 $x(t)$ 随 t 的增加而按指数衰减,如图 1-16(b)所示。这类信号可用来描述放射线衰变、RC 电路暂态响应和有阻尼的机械系统等物理过程。

② $a>0$,这时 $x(t)$ 随 t 的增加而呈指数增长,如图 1-16(a)所示。这类信号可用来描述细菌无限繁殖、核武器试验和复杂化学反应中的连锁反应等物理现象。

③ $a=0$,这时 $x(t)=C$ 为一常数,是一直流信号,如图 1-16(c)所示。

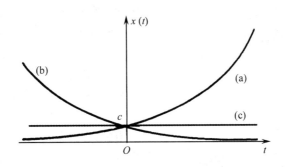

图 1-16 三种实指数信号

(2) 虚指数信号。

这时 $C=1$,$a=j\omega_0$ 为一纯虚数,式(1-10)变成

$$x(t) = e^{j\omega_0 t} \tag{1-11}$$

这种信号具有以下几个重要特点:

① 它是周期信号。当满足条件

$$e^{j\omega_0 T} = 1 \tag{1-12}$$

$$e^{j\omega_0(t+T)} = e^{j\omega_0 t} \cdot e^{j\omega_0 T} = e^{j\omega_0 t} \tag{1-13}$$

满足式(1-12)的最小 T 值(记为 T_0)是

$$T_0 = 2\pi/\omega_0 \tag{1-14}$$

称为基波周期。同理，$e^{-j\omega_0 t}$ 也是周期信号，其基波周期也是 T_0。

② 它是复数信号，根据欧拉（Euler）公式

$$x(t) = e^{j\omega_0 t} = \cos\omega_0 t + j\sin\omega_0 t \tag{1-15}$$

它可分解为实部和虚部两部分。同理 $e^{-j\omega_0 t}$ 也是复数信号。

③ 它的实部和虚部都是实数信号，而且是相同基波周期的正弦信号，即

$$\text{Re}\{e^{j\omega_0 t}\} = \cos\omega_0 t \tag{1-16}$$

$$\text{Im}\{e^{j\omega_0 t}\} = \sin\omega_0 t \tag{1-17}$$

（3）复指数信号。

这时 C 和 a 都是复数。为了讨论方便，C 和 a 分别用极坐标和直角坐标公式表示，即

$$C = |C|e^{j\theta} \tag{1-18}$$

$$a = r + j\omega_0 \tag{1-19}$$

则

$$x(t) = Ce^{at} = |C|e^{j\theta}e^{(r+j\omega_0)t} = |C|e^{rt}e^{j(\omega_0 t + \theta)} \tag{1-20}$$

$$= |C|e^{rt}[\cos(\omega_0 t + \theta) + j\sin(\omega_0 t + \theta)]$$

$$= |C|e^{rt}\cos(\omega_0 t + \theta) + j|C|e^{rt}\sin(\omega_0 t + \theta) \tag{1-21}$$

可见，$x(t)$ 可分解为实部和虚部两部分，即

$$\text{Re}\{x(t)\} = |C|e^{rt}\cos(\omega_0 t + \theta) \tag{1-22}$$

$$\text{Im}\{x(t)\} = |C|e^{rt}\sin(\omega_0 t + \theta) \tag{1-23}$$

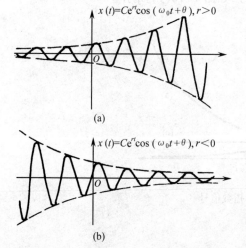

图 1-17　复指数信号的实部或虚部波形

两者都是实数信号，而且是同频率的振幅随时间变化的正弦振荡。其中，复指数 a 的实部 r 表征振幅随时间变化的情况，$r>0$ 表示振幅随 t 的增加而呈指数增长；$r<0$ 表示振幅随 t 的增加而呈指数衰减；$r=0$ 表示振幅为一常数 $|C|$，即不随 t 变化；a 的虚部 ω_0 为振荡的角频率。根据 r 的取值范围不同，$x(t)$ 的实部或虚部波形如图 1-17 所示。图中，虚线相应于 $\pm|C|e^{rt}$，它反映振荡的上下峰值的变化趋势，是振荡的包络。振幅指数衰减的正弦信号常称为阻尼正弦振荡，它是一种非周期信号，这类信号常用于描绘 RLC 电路和汽车减震系统的过渡过程。振幅指数增长的正弦信号常称为增幅正弦振荡，它也是一个非周期信号，这种信号常用来描绘系统的不稳定过程。振幅为常数的正弦信号常称为正弦信号，它是大家熟悉的常用的周期信号。

正弦信号和其他的复指数信号一样都是常用的基本信号。正弦信号也可用同频率的虚指数信号表示，即

$$A\cos(\omega_0 t + \theta) = A(e^{j\theta}e^{j\omega_0 t} + e^{-j\theta}e^{-j\omega_0 t})/2 \tag{1-24}$$

这里两个虚指数信号的振幅都是复数，分别为 $Ae^{j\theta}/2$ 和 $Ae^{-j\theta}/2$。正弦信号还可用同频率的虚指数信号的实部或虚部表示，即

$$Acos(\omega_0 t + \theta) = ARe\{e^{j(\omega_0 t + \theta)}\} \qquad (1-25)$$

$$Asin(\omega_0 t + \theta) = AIm\{e^{j(\omega_0 t + \theta)}\} \qquad (1-26)$$

正弦信号和虚指数信号常用来描述很多物理现象。例如,不同频率的正弦信号常用来测试系统的频率响应、合成出所需的波形或音响等。

由虚指数信号或正弦信号可构成频率成谐波关系的函数集合,$\{e^{jk\omega_0 t}, k = 0, \pm1, \pm2, \cdots, \pm\infty\}$,这些信号分量具有公共周期 $T_0 = 2\pi/\omega_0$。其中第 k 次谐波分量的频率是 $|k|\omega_0$。其振荡周期为 $2\pi/(|k|\omega_0) = T_0/|k|$,表明 k 次谐波在 T_0 时间间隔内经历了 $|k|$ 个振荡周期。任何实用的周期信号都可以在虚指数或正弦信号构成的集合中被分解成无限多个正弦分量的线性组合。这就是前面提到过,并将在第 4 章详细讨论的信号频率域分析的基础和出发点。这里,"谐波"一词源于音乐中的一个现象,即由声振动得到的各种音调,其频率均是某一基波频率的整数倍。

2. 单位阶跃函数

和复指数信号一样,单位阶跃函数 $u(t)$ 也是一种很有用的基本连续时间信号,它定义为

$$u(t) = \begin{cases} 0, t < 0 \\ 1, t > 0 \end{cases} \qquad (1-27)$$

如图 1-18(a)所示。该函数在 $t=0$ 处是不连续的。这里,在跳变点 $t=0$ 处,函数值 $u(0)$ 未定义,或定义

$$u(0) = [u(0_-) + u(0_+)]/2 = 1/2 \qquad (1-28)$$

同理,延时 t_0 的单位阶跃函数定义为

$$u(t - t_0) = \begin{cases} 1, t > t_0 \\ 0, t < t_0 \end{cases} \qquad (1-29)$$

简称为延时阶跃函数,如图 1-18(b)所示。与 $u(t)$ 不同,$u(t-t_0)$ 的跳变点不在 $t=0$ 而在 $t=t_0$ 处。

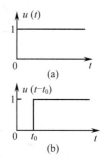

图 1-18 单位阶跃函数及其延时波形

如果把式(1-29)的定义加以推广,写成复合函数形式的阶跃表示式,$u[f(t)]$,$f(t)$ 为一般的普通函数,如 $f(t) = t^2 - 4$,$\cos\pi t$,等等。若使 $f(t) = 0$,由此解出的 $f(t)$ 的实根就是阶跃函数的跳变点,而使 $f(t) > 0$ 的 t 值区间便是 $u[f(t)] = 1$,$f(t) < 0$ 的 t 值区间是 $u[f(t)] = 0$。

例 1-2 化简 $u(t^2-4)$,并画出其函数图形。

解:$f(t) = t^2 - 4$,跳变点出现在 $t_1 = -2$,$t_2 = 2$,并且 $t < -2$ 及 $t > 2$ 区间函数值取 1,$-2 < t < 2$ 区间函数值取 0,即

$$u(t^2 - 4) = \begin{cases} 1, t < -2 \\ 0, -2 < t < 2 \\ 1, t > 2 \end{cases}$$

据此很容易画出 $u(t^2-4)$ 的图形,或得到它的化简表示式

$$u(t^2 - 4) = u(-t - 2) + u(t - 2)$$

在实际中,常用 $u(t)$ 或 $u(t-t_0)$ 与某信号的乘积表示该信号的接入特性。例如,在 $t=0$ 时刻对某一系统的输入端口接入幅度为 A 的直流信号(直流电压源或直流电流源),可认为在输入端口作用一个 A 与 $u(t)$ 相乘的信号,即

$$x(t) = Au(t) \qquad (1-30)$$

如图 1-19 所示。如果接入电源的时刻推迟到 $t=t_0(t_0>0)$,则输入信号为

$$x(t-t_0) = Au(t-t_0) \tag{1-31}$$

即 A 与 $u(t-t_0)$ 的乘积,如图 1-20 所示。

其他信号常表示为一些延迟阶跃函数的加权和。例如,图 1-21 所示的矩形脉冲 $x(t)$ 可表示为

$$x(t) = u(t+\tau/2) - u(t-\tau/2) \tag{1-32}$$

3. 单位冲激函数

单位冲激函数不是一个普通的函数,为了使读者对它有一直观的认识,不妨先把它看成一个普通的函数,例如图 1-22 所示的窄矩形脉冲的极限。

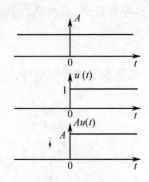

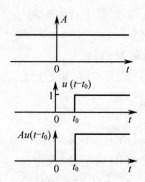

图 1-19　$Au(t)$ 波形　　　　　　　　图 1-20　$Au(t-t_0)$ 波形

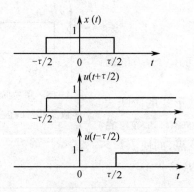

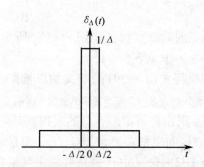

图 1-21　用阶跃函数　　　　　　图 1-22　把 $\delta(t)$ 看成窄矩形
表示矩形脉冲　　　　　　　　　　脉冲的极限

图 1-22 所示的窄矩形脉冲可表示为

$$\delta_\Delta(t) = [u(t+\Delta/2) - u(t-\Delta/2)]/\Delta \tag{1-33}$$

这个脉冲的特点是,不论参数 Δ 取什么值,脉冲的面积总是 1,即

$$\int_{-\infty}^{\infty} \delta_\Delta(t)\,\mathrm{d}t = 1 \tag{1-34}$$

而且,脉冲的高度将随 Δ 变窄无限增长,在 $-\Delta/2 \leqslant t \leqslant \Delta/2$ 区间以外,$\delta_\Delta(t)=0$。随着 $\Delta \rightarrow 0$,$\delta_\Delta(t)$ 变得越来越窄,幅度越来越大,但面积仍然为 1,其极限即为单位冲激函数,记为 $\delta(t)$,即

$$\delta(t) = \lim_{\Delta \rightarrow 0} \delta_\Delta(t) \tag{1-35}$$

其波形图如图 1-23 所示。图中用一个带箭头的高度线段来表
示它的面积,称为冲激强度。可见,$\delta(t)$ 冲激强度为 1,除原点
外处处为零,即

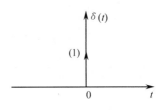

图 1-23 $\delta(t)$ 的波形

$$\begin{cases} \int_{-\infty}^{\infty} \delta(t)\,dt = 1 \\ \delta(t) = 0, \text{当 } t \neq 0 \end{cases} \tag{1-36}$$

这就是 $\delta(t)$ 的定义。这个定义是由狄拉克(Dirac)首先提出
的,所以又称狄拉克 δ 函数,简称 δ 函数(Delta function)。

同理,延时 t_0 的单位冲激函数 $\delta(t-t_0)$ 定义为

$$\begin{cases} \int_{-\infty}^{\infty} \delta(t-t_0)\,dt = 1 \\ \delta(t-t_0) = 0, \text{当 } t \neq t_0 \end{cases} \tag{1-37}$$

简称延迟冲激函数,如图 1-24 所示。从图中可见,$\delta(t-t_0)$ 是在 $t=t_0$ 处出现的一个单位
冲激。

δ 函数与阶跃函数一样是从实际中抽象出来的一个理想化的信号模型,在信号与系统分析
中非常有用。在实际中,δ 函数常用来描述某一瞬间出现的强度很大的物理量。例如,在图 1-25
所示的理想电压源对电容 C 充电的电路中,在开关接通的瞬间($t=0$),充电电流 $i_C(t) \to \infty$,而
$i_C(t)$ 的积分值即单位电容 C 两端的电压

$$\int_{-\infty}^{\infty} i_C(t)\,dt = \frac{1}{C}\int_{0_-}^{0_+} i_C(t)\,dt \qquad (C = 1 \text{ F})$$

$$= \int_{0_-}^{0_+} \frac{du_C(t)}{dt}\,dt \qquad (i_C = C\frac{du_C(t)}{dt})$$

$$= 1 \text{ (V)}$$

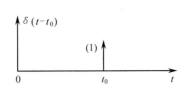

图 1-24 $\delta(t-t_0)$ 的图示

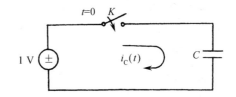

图 1-25 理想电压源对 C 充电

而在 $t \neq 0$ 期间,$i_C(t) = 0$,可见这个理想电压源对电容 C 充电的电流 $i_C(t)$ 就是一个集中
在 $t=0$ 瞬间的单位冲激,即 δ 函数。下面讨论 δ 函数的性质。

(1) δ 函数对时间的积分等于阶跃函数,即

$$\int_{-\infty}^{t} \delta(\tau)\,d\tau = \begin{cases} 1, t > 0 \\ 0, t < 0 \end{cases}$$

$$= u(t) \tag{1-38}$$

这是因为 $\delta(\tau)$ 的强度集中在 $\tau = 0$,所以式(1-38)积分从 $-\infty$ 到 $t < 0$ 都是 0,$t > 0$ 则为 1,
如图 1-26(a) 和(b)所示。必须注意,$\int_{-\infty}^{t} x(\tau)\,d\tau$ 是 t 的函数,而 $\int_{-\infty}^{\infty} x(\tau)\,d\tau$ 是函数 $x(\tau)$ 的

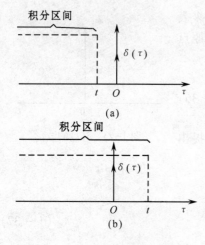

图 1-26 用 $\delta(t)$ 表示阶跃函数

面积值。

类似地,延迟冲激函数的积分等于延迟阶跃函数,即

$$\int_{-\infty}^{t} \delta(t - t_0)\mathrm{d}t = \begin{cases} 1, t > t_0 \\ 0, t < t_0 \end{cases}$$
$$= u(t - t_0) \qquad (1-39)$$

上面两式也说明不能把 $\delta(t)$ 看作普通函数,因为一个普通函数从 $-\infty$ 到 t 的积分应该是 t 的连续函数,而 $u(t)$ 或 $u(t-t_0)$ 在原点或 $t=t_0$ 点不连续。所以,我们把 $\delta(t)$ 或 $\delta(t-t_0)$ 称为奇异函数或广义函数。

(2) δ 函数等于单位阶跃函数的导数,即

$$\delta(t) = \frac{\mathrm{d}u(t)}{\mathrm{d}t} \qquad (1-40)$$

这是因为阶跃函数除 $t=0$ 以外处处都是固定值,其变化率为零,而在 $t=0$ 处有不连续点,该点的导数即

$$\left. \frac{\mathrm{d}u(t)}{\mathrm{d}t} \right|_{t=0} \longrightarrow \infty$$

而其面积

$$\int_{-\infty}^{\infty} \frac{\mathrm{d}u(t)}{\mathrm{d}t}\mathrm{d}t = \int_{-\infty}^{\infty} \mathrm{d}u(t) = u(t)\Big|_{-\infty}^{\infty} = 1$$

所以,单位阶跃函数的导数是 δ 函数。由此可见,引入 $\delta(t)$ 概念以后,可以认为在函数跳变处也存在导数,即可对不连续函数进行微分。

例 1-3 已知 $x(t)$ 为一阶梯函数,如图 1-27(a) 所示,试用阶跃函数表示,并求 $x(t)$ 的导数 $x'(t)$。

解:

$$x(t) = 4u(t - 2) + 2u(t - 6) - 6u(t - 8) \qquad (1-41)$$

$$x'(t) = 4\delta(t - 2) + 2\delta(t - 6) - 6\delta(t - 8) \qquad (1-42)$$

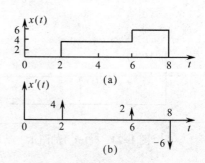

图 1-27 例 1-3 中信号及其微分波形

如图 1-27(b) 所示,每个冲激的强度(面积)等于 $x(t)$ 在 $t = t_i$ 时(不连续点)的函数跳变值。例如,$4\delta(t-2)$ 是集中在 $x(t)$ 的第一个不连续点($t=2$)上的冲激,而且它的强度等于 4。

(3) 对于任意在 $t=t_0$ 点连续的函数 $x(t)$,乘以 $\delta(t-t_0)$,等于强度为 $x(t_0)$ 的一个冲激,即

$$x(t)\delta(t - t_0) = x(t_0)\delta(t - t_0) \qquad (1-43)$$

上式可以这样理解,$\delta(t-t_0)$ 除 $t=t_0$ 以外处处为零,仅在 $t=t_0$ 点的强度为 1;当其与 $x(t)$ 相乘,显然 $t=t_0$ 点以外的时域其乘积仍为零,而在 $t=t_0$ 点的冲激强度变成 $x(t_0)$,即函数 $x(t)$ 在 $t=t_0$ 的抽样值。作为一个特定情况,当 $t_0=0$ 时,有

$$x(t)\delta(t) = x(0)\delta(t) \qquad (1-44)$$

（4）对于任意在 $t=t_0$ 点连续的函数 $x(t)$，它与 $\delta(t-t_0)$ 之积在 $t=-\infty$ 到 ∞ 内的积分等于 $x(t)$ 在 $t=t_0$ 的抽样值，即

$$\int_{-\infty}^{\infty} x(t)\delta(t-t_0)\,\mathrm{d}t = x(t_0) \tag{1-45}$$

应用式（1-43）容易证明上述结果：

$$\int_{-\infty}^{\infty} x(t_0)\delta(t-t_0)\,\mathrm{d}t = x(t_0)\int_{-\infty}^{\infty} \delta(t-t_0)\,\mathrm{d}t = x(t_0)$$

当 $t_0=0$，式（1-45）变成

$$\int_{-\infty}^{\infty} x(t)\delta(t)\,\mathrm{d}t = x(0) \tag{1-46}$$

上述性质表明了冲激信号的抽样特性（或称筛选性质），这个抽样过程可以用如图 1-28 所示的框图来表示，框图包括乘法器和积分器两个环节。由于 δ 函数是一个理想化的信号模型，所以图 1-28 的框图也是一个理想抽样模型。在实际中常用窄脉冲代替 δ 函数，窄脉冲越窄，测得的抽样值 $x(t_0)$ 越精确。

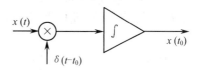

图 1-28　一个抽取 $x(t)$ 样值的框图

应当指出，冲激函数除了用式（1-36）的方法定义外，也可利用式（1-45）和式（1-46）的筛选性质来定义，这种定义方法以分配函数理论为基础，这是一种在数学上更严谨且应用更广泛的方法。对此感兴趣的读者，可参阅本书后面所列的有关参考文献。

（5）δ 函数是偶函数，即

$$\delta(t) = \delta(-t) \tag{1-47}$$

可证明如下：

$$\int_{-\infty}^{\infty} \delta(-t)x(t)\,\mathrm{d}t = \int_{\infty}^{-\infty} \delta(\tau)x(-\tau)\,\mathrm{d}(-\tau)$$

$$= \int_{-\infty}^{\infty} \delta(\tau)x(0)\,\mathrm{d}\tau = x(0)$$

这里用到变量代换 $\tau=-t$。将所得结果与式（1-46）对比，即可得出 $\delta(t)=\delta(-t)$ 的结论。

（6）δ 函数的尺度变换

$$\delta(at) = \frac{1}{|a|}\delta(t) \tag{1-48}$$

δ 函数是一个宽度趋于零、幅度无限大的奇异信号，其大小由强度（或面积）来度量。δ 函数的尺度变换当然不能用普通信号波形宽度的伸缩来表示，必须用函数强度的变化来表示。式（1-48）右侧 $\delta(t)$ 前面的系数 $1/|a|$ 则代表了 δ 函数强度的改变。当 $a>1$ 时，冲激强度减小，对应于普通函数宽度变窄（压缩）；当 $0<a<1$ 时，冲激强度增大，对应于普通函数宽度扩展。

（7）单位冲激的复合函数表达式 $\delta[f(t)]$，其中 $f(t)$ 是普通函数。当 $f(t)=0$ 时，由此解出的实根 t_i 处会出现冲激，冲激的强度等于 $1/|f'(t_i)|$，这里 $f'(t_i)$ 是 $f(t)$ 在 $t=t_i$ 处的导数。

现在证明这个结论。之所以在 $f(t)=0$ 的实根 t_i 处出现冲激，依据的是单位冲激的定义式（1-36）。围绕冲激出现的足够小邻域内把 $f(t)$ 展为泰勒级数，注意到 $f(t_i)=0$ 并忽略高

次项,我们可得到

$$f(t)=f(t_i)+f'(t_i)(t-t_i)+\frac{1}{2}f''(t_i)(t-t_i)^2+\cdots \tag{1-49}$$

$$\approx f'(t_i)(t-t_i)$$

由尺度变换性质可知,在出现冲激的 $t=t_i$ 附近,复合函数形式的冲激可简化为

$$\delta[f(t)]=\delta[f'(t_i)(t-t_i)]=\frac{1}{|f'(t_i)|}\delta(t-t_i) \tag{1-50}$$

例1-4 化简 $\delta(2t-1)$,并绘出其图形。

解:为帮助同学们理解冲激函数的性质,下面用两种方法求解此例题。

解法一:首先得出延迟冲激 $\delta(t-1)$ 的图形,如图 1-29(a)所示,然后根据尺度变换性质得到 $\delta(2t-1)$ 的图形,如图 1-29(b)所示。

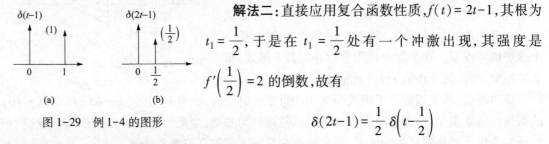

解法二:直接应用复合函数性质,$f(t)=2t-1$,其根为 $t_1=\frac{1}{2}$,于是在 $t_1=\frac{1}{2}$ 处有一个冲激出现,其强度是 $f'\left(\frac{1}{2}\right)=2$ 的倒数,故有

$$\delta(2t-1)=\frac{1}{2}\delta\left(t-\frac{1}{2}\right)$$

图 1-29　例 1-4 的图形

其图形与解法一得到的结果相同。

以上所介绍的有关 δ 函数的性质,均可应用分配函数理论得到严格证明。

4. 单位冲激信号的导数

单位冲激函数作为奇异函数还可研究 $\delta(t)$ 的有限阶导数 $\delta^{(k)}(t)$,当 k 取 1,$\delta(t)$ 的一阶导数 $\delta'(t)$ 称为单位冲激偶。一般把 $\delta'(t)$ 定义如下:

$$\delta'(t-t_0)=0, t\neq t_0 \tag{1-51}$$

$$\int_{-\infty}^{\infty}\delta'(t-t_0)\mathrm{d}t=0, t=t_0 \tag{1-52}$$

$$\int_{-\infty}^{\infty}x(t)\delta'(t-t_0)\mathrm{d}t=-x'(t_0) \quad (x(t) \text{ 和 } x'(t) \text{ 在 } t_0 \text{ 处连续}) \tag{1-53}$$

为帮助同学们理解上述关于 $\delta'(t)$ 的定义,让我们回顾刚讨论过的图 1-22,这里先将窄短形脉冲对 t 求一阶导数,然后取 $\Delta\to0$ 的极限(请同学们实际验证),就会看到冲激偶波形呈现正、负极性一对冲激,如图 1-30 所示,每个冲激的强度均为无限大,但二者总面积为零,因为正、负冲激的面积相互抵消了。

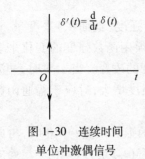

图 1-30　连续时间
单位冲激偶信号

式(1-53)是单位冲激偶诸多性质中的一个——筛选性质,它就是冲激偶的分配函数定义方式。用同样的方式也可定义 $\delta(t)$ 的高阶导数

$$\int_{-\infty}^{\infty}x(t)\delta^{(k)}(t-t_0)\mathrm{d}t=(-1)^k x^{(k)}(t_0) \tag{1-54}$$

上式要求 $x(t)$ 在 $t=t_0$ 处 $1\sim k$ 阶的所有导数存在。

1.6　基本离散时间信号

与基本连续时间信号对应,也有几个重要的离散时间信号,它们是构成其他的离散时间信号的基本信号。

1. 单位阶跃序列和单位抽样序列

与连续的单位阶跃函数 $u(t)$ 对应的是离散的单位阶跃序列 $u[n]$,其定义为

$$u[n] = \begin{cases} 0, n = -1, -2, \cdots \\ 1, n = 0, 1, 2, \cdots \end{cases} \quad (1-55)$$

如图 1-31 所示。

与 $u(t)$ 不同,$u[n]$ 的变量 n 取离散值,并且在 $n=0$ 时,$u[n]$ 的取值为 1。

与连续的单位冲激函数 $\delta(t)$ 对应的是离散的单位抽样序列 $\delta[n]$,或称单位脉冲序列,其定义为

$$\delta[n] = \begin{cases} 1, n = 0 \\ 0, n \neq 0 \end{cases} \quad (1-56)$$

如图 1-32 所示。有时为方便起见,也称单位抽样序列为离散冲激或冲激序列。

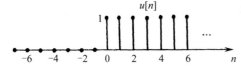

图 1-31　单位阶跃序列的图形

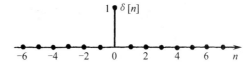

图 1-32　单位抽样序列的图形

与 $\delta(t)$ 不同,$\delta[n]$ 是普通函数,$n=0$ 时 $\delta[n]$ 取确定值"1",而不是无限大。

同理,延迟 k 的单位抽样序列定义为

$$\delta[n-k] = \begin{cases} 1, \ n = k \\ 0, \ n \neq k \end{cases} \quad (1-57)$$

简称延迟抽样序列,如图 1-33 所示。

与 $\delta(t)$ 相应,$\delta[n]$ 也有很多与它相似的性质。例如,$\delta(t)$ 是 $u(t)$ 的一次微分,而 $\delta[n]$ 是 $u[n]$ 的一次差分,即

$$\delta[n] = u[n] - u[n-1] \quad (1-58)$$

如图 1-34 所示。

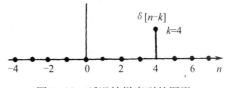

图 1-33　延迟抽样序列的图形

$\delta(t)$ 的积分函数是 $u(t)$,而 $\delta[n]$ 的求和函数是 $u[n]$,即

$$\sum_{m=-\infty}^{n} \delta[m] = u[n] \quad (1-59)$$

这是因为 $\delta[m]$ 仅在 $m=0$ 时非零且为 1,所以上式求和过程中 m 从 $-\infty$ 到 $n<0$ 时都是零,$n \geq 0$ 时才是 1,如图 1-35 所示。

$u[n]$ 也可以用延迟抽样序列表示,即

$$u[n] = \delta[n] + \delta[n-1] + \delta[n-2] + \cdots = \sum_{k=0}^{\infty} \delta[n-k] \quad (1-60)$$

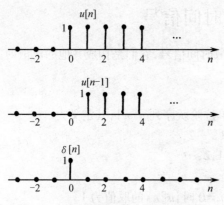

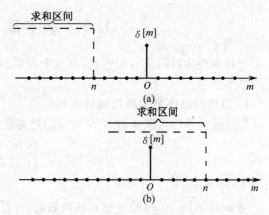

图 1-34 用阶跃序列表示抽样序列　　　　图 1-35 用抽样序列表示 $u[n]$

由于 $\delta[n]$ 仅当 $n=0$ 时为非零且为 1,于是有

$$x[n]\delta[n] = x[0]\delta[n] \tag{1-61}$$

这与连续情况下的关系式(1-44)对应。

2. 复指数序列

与连续的复指数信号对应的是离散复指数序列 $x[n]$,其定义为

$$x[n] = C\alpha^n \tag{1-62}$$

式中,C、α 一般为复数,n 为离散变量。式(1-62)概括了实指数序列、虚指数序列和复指数序列这三种序列。

(1)实指数序列。

这时,式(1-62)中 C、α 均为实数,根据 α 的取值不同,有下列六种情况:

① $\alpha>1$,$x[n]$ 随离散变量 n 呈指数上升;

② $0<\alpha<1$,$x[n]$ 随 n 呈指数下降;

③ $-1<\alpha<0$,$x[n]$ 值正负交替并呈指数衰减;

④ $\alpha<-1$,$x[n]$ 值正负交替并呈指数增长;

⑤ $\alpha=1$,$x[n]=C$ 即是一个常数;

⑥ $\alpha=-1$,$x[n]=C(-1)^n$,即交替出现 C 和 $-C$。

以上六种情况下的序列图形分别如图 1-36(a)~(f)所示。

(2)虚指数序列。

这时,式(1-62)中 C 为实数且 $C=1$,$\alpha=e^{j\Omega_0}$,代入式(1-62),得

$$x[n] = e^{j\Omega_0 n} \tag{1-63}$$

根据欧拉(Euler)公式

$$e^{j\Omega_0 n} = \cos\Omega_0 n + j\sin\Omega_0 n \tag{1-64}$$

可见,虚指数序列为复数序列,其实部和虚部分别为

$$\mathrm{Re}\{e^{j\Omega_0 n}\} = \cos\Omega_0 n \tag{1-65}$$

$$\mathrm{Im}\{e^{j\Omega_0 n}\} = \sin\Omega_0 n \tag{1-66}$$

它们为余弦序列和正弦序列,两者都是实数序列。式中,n 取整数,无量纲;Ω_0 为角度,单位为 rad,称为数字频率,它反映序列值的重复速率。例如,$\Omega_0=2\pi/16$,则序列值每 16 个重复一次,

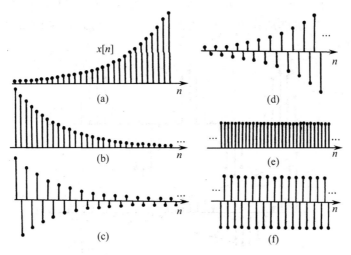

图 1-36　六种实指数序列

如图 1-37 所示。

根据欧拉公式可以导出

$$\mathrm{e}^{\mathrm{j}\Omega_0 n} + \mathrm{e}^{-\mathrm{j}\Omega_0 n} = 2\cos\Omega_0 n \qquad (1-67)$$

可见,一对共轭的虚指数序列的和为实数序列,而且是余弦序列。

（3）复指数序列。

这时,式（1 - 62）中 C、α 都是复数,即 $C = |C|\mathrm{e}^{\mathrm{j}\theta}$,$\alpha = |\alpha|\mathrm{e}^{\mathrm{j}\Omega_0}$,则

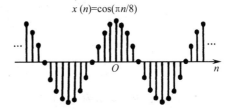

$x(n)=\cos(\pi n/8)$

图 1-37　余弦序列

$$x[n] = C\alpha^n = |C|\,|\alpha|^n\cos(\Omega_0 n + \theta) +$$
$$\mathrm{j}|C|\,|\alpha|^n\sin(\Omega_0 n + \theta) \qquad (1-68)$$

可见,复指数序列为复数序列。当 $|\alpha| = 1$ 时,其实部和虚部都是正弦序列;当 $|\alpha| < 1$ 时,其实部和虚部为正弦序列乘以指数衰减序列;当 $|\alpha| > 1$ 时为正弦序列乘以指数增长序列。其图形分别如图 1-38(a)~(c)所示。

3. 复指数序列的周期性质

我们知道,连续的复指数信号 $\mathrm{e}^{\mathrm{j}\omega_0 t}$ 或正弦信号 $\sin\omega_0 t$ 有两个性质:① ω_0 越大,振荡的速率越高,即 ω_0 不同,信号不同;② 对任何 ω_0 值,$\mathrm{e}^{\mathrm{j}\omega_0 t}$ 或 $\sin\omega_0 t$ 都是 t 的周期函数。

与连续的复指数信号 $\mathrm{e}^{\mathrm{j}\omega_0 t}$ 或 $\sin\omega_0 t$ 不同,离散的复指数序列 $\mathrm{e}^{\mathrm{j}\Omega_0 n}$ 或 $\sin\Omega_0 n$ 对 Ω_0 具有周期性,即频率相差 2π,信号相同。另外,对不同的 Ω_0 值,它不都是 n 的周期序列。下面就从这两方面进行研究。

（1）$\mathrm{e}^{\mathrm{j}\Omega_0 n}$ 对频率 Ω_0 具有周期性。

这是因为

$$\mathrm{e}^{\mathrm{j}(\Omega_0 \pm 2\pi k)n} = \mathrm{e}^{\mathrm{j}\Omega_0 n}\mathrm{e}^{\pm\mathrm{j}2\pi kn} = \mathrm{e}^{\mathrm{j}\Omega_0 n} \qquad (1-69)$$

式中,k 为正整数。上式说明复指数序列 $\mathrm{e}^{\mathrm{j}(\Omega_0 \pm 2\pi k)n}$ 和 $\mathrm{e}^{\mathrm{j}\Omega_0 n}$ 是完全相同的,即频率为 Ω_0 的复指数序列和频率为 $(\Omega_0 \pm 2\pi)$、$(\Omega_0 \pm 4\pi)\cdots$ 的复指数序列是完全相同的。换句话说,它对频率 Ω_0

具有周期性,即频率相差 2π,信号相同。所以研究复指数序列 $e^{j\Omega_0 n}$ 或 $\sin\Omega_0 n$ 仅需在 2π 范围内选择频率 Ω_0 就够了。虽然从式(1-69)发现,任何 2π 间隔均可,但习惯上常取 $0 \leqslant \Omega_0 \leqslant 2\pi$ 或 $-\pi \leqslant \Omega_0 \leqslant \pi$ 区间。

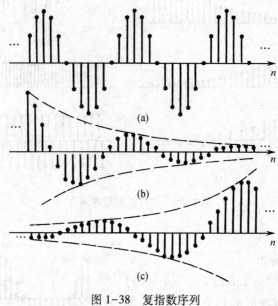

图 1-38　复指数序列

和连续复指数信号 $e^{j\omega_0 t}$ 不同,复指数序列 $e^{j\Omega_0 n}$ 的变化速率不是 Ω_0 越大,变化越快,而是当 $\Omega_0 \leqslant \pi$ 时,Ω_0 越大,序列 $e^{j\Omega_0 n}$ 变化越快;当 $\Omega_0 > \pi$ 后,Ω_0 越大,序列变化越慢。图 1-39 给出了 Ω_0 从 $0 \sim 2\pi$ 区间取不同的 Ω_0 时,$\cos\Omega_0 n$ 的变化情况。

当 $\Omega_0 = 0$ 和 2π 时,$x[n] = 1$,即不随 n 变化,如图 1-39(a)和(i)所示。

当 $\Omega_0 = \pi/8$ 和 $15\pi/8$ 时

$$x[n] = \cos(\pi n/8)$$

和

$$x[n] = \cos(15\pi n/8) = \cos(\pi n/8)$$

两者变化速率一样,如图 1-39(b)和(h)所示。

当 $\Omega_0 = \pi/4$ 和 $7\pi/4$ 时

$$x[n] = \cos(\pi n/4)$$

和

$$x[n] = \cos(7\pi n/4) = \cos(\pi n/4)$$

两者一样,如图 1-39(c)和(g)所示。

当 $\Omega_0 = \pi/2$ 和 $3\pi/2$ 时

$$x[n] = \cos(\pi n/2)$$

和

$$x[n] = \cos(3\pi n/2) = \cos(\pi n/2)$$

两者一样,如图 1-39(d)和(f)所示。

当 $\Omega_0 = \pi$ 时

$$x[n] = \cos(\pi n) = (-1)^n$$

变化速率最高,如图 1-39(e)所示。

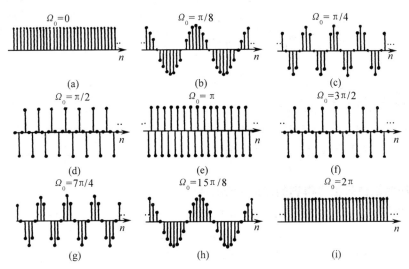

图 1-39　几个不同频率 Ω_0 时的离散余弦序列 $\cos\Omega_0 n$

可见,正弦序列在 Ω_0 变化时的一个重要特点是,其低频(即序列值的慢变化)位于 $\Omega_0 = 0$、2π 或 π 的偶数倍附近;高频(即序列值的快变化)则位于 $\Omega_0 = \pm\pi$ 或它的奇数倍附近。

(2) $e^{j\Omega_0 n}$ 对不同的 Ω_0 值不都是 n 的周期序列。

这是因为如果 $e^{j\Omega_0 n}$ 是一个周期序列,必须满足

$$e^{j\Omega_0(n+N)} = e^{j\Omega_0 n}$$

这就等效于要求

$$e^{j\Omega_0 N} = 1$$

只有当 $\Omega_0 N$ 是 2π 的整数倍时上式才成立,即

$$\Omega_0 N = 2\pi m$$

或

$$\Omega_0/(2\pi) = m/N \tag{1-70}$$

式中 m 和 N 都是正整数。可见,仅当 $\Omega_0/(2\pi)$ 为有理数时,$e^{j\Omega_0 n}$ 或 $\sin\Omega_0 n$ 才是 n 的周期序列。例如,$\cos(2\pi n/12)$ 是周期序列。这是因为 $\Omega_0/(2\pi) = 1/12$ 是有理数,其周期 $N = 12$。$\cos(n/6)$ 不是周期序列,因为 $\Omega_0 = 1/6$,$\Omega_0/(2\pi) = 1/(12\pi)$ 不是有理数。这时包络(序列值顶点连线)虽按余弦规律变化,但不是周期序列。

由式(1-70)可以求得周期序列的频率

$$\Omega_0 = 2\pi m/N \tag{1-71}$$

如果 m 和 N 没有公因子,则 N 就是序列的基波周期,其基波频率为

$$2\pi/N = \Omega_0/m \tag{1-72}$$

与连续情况一样,在离散情况下,一组成谐波关系的复指数序列是非常有用的。一组以 N 为周期而它们的频率是基波频率 $2\pi/N$ 的整数倍,即 $2\pi/N, 4\pi/N, 6\pi/N, \cdots, 2\pi k/N$,则此复指数序列的集合为

$$\begin{cases}\varphi_1[n] = e^{j2\pi n/N} \\ \varphi_2[n] = e^{j4\pi n/N} \\ \vdots \\ \varphi_k[n] = e^{j2\pi kn/N}\end{cases} \qquad\qquad (1-73)$$

由于

$$\varphi_{k+N}[n] = e^{j(k+N)2\pi n/N} = e^{j2\pi kn/N}e^{j2\pi n} = \varphi_k[n] \qquad (1-74)$$

可见,在一个周期为 N 的复指数序列集合中,只有 N 个复指数序列是独立的。即只有 $\varphi_0[n]$, $\varphi_1[n], \cdots, \varphi_{N-1}[n]$ 等 N 个是互不相同的。这是因为 $\varphi_N[n] = \varphi_0[n]$,$\varphi_{N+1}[n] = \varphi_1[n]$,$\cdots$。这与连续复指数信号集合 $\{e^{jk\omega_0 t}, k=0, \pm 1, \cdots, \pm\infty\}$ 中有无限多个互不相同的复指数信号是不同的。

4. 由连续时间信号抽样得到的离散时间序列

对连续时间信号 $\cos\omega_0 t$,在每隔等间隔时间 T 上各点进行抽样,即令 $t=nT$,得余弦序列

$$x[n] = \cos\omega_0 nT = \cos\Omega_0 n$$

式中,$\Omega_0 = \omega_0 T$,T 为抽样间隔。由式(1-70)可知,仅当 $\omega_0 T/(2\pi)$ 是有理数时,$x[n]$ 才是 n 的周期序列。

例 1-5 已知 $x(t) = \cos 2\pi t$,若令 $T=1/12$ 进行抽样,$x[n]$ 是否为 n 的周期序列?

解:令 $t=nT=n/12$,代入 $x(t)$ 中得 $x[nT]$,记为 $x[n]$,则

$$x[n] = \cos(2\pi n/12) = \cos(\pi n/6)$$

由于 $\Omega_0/(2\pi) = 1/12$ 是有理数,所以 $x[n]$ 是 n 的周期序列。

例 1-6 上题若令 $T=\pi/12$,$x[n]$ 是否为周期序列?

解:$t=nT=\pi n/12$,代入 $x(t)$ 中得

$$x[n] = \cos(2\pi\pi n/12) = \cos(\pi^2 n/6)$$

因为 $\Omega_0/(2\pi) = \pi^2/6/(2\pi) = \pi/12$ 不是有理数,所以 $x[n]$ 不是周期序列。

1.7 系统的定义、描述与互联

这一节讨论的中心将由信号转向系统,分别引出有关系统的一些基本概念。

1. 系统定义与描述

与信号一样,系统现在也是一个使用极其广泛的概念。什么是系统呢? 系统是实现某种特定要求的装置的集合,更具体些,系统是由若干元件、部件或事物等基本单元相互连接而成的、具有特定功能的整体。从信号处理、通信到各种机动车和电机等这些方面来说,一个系统可以看作一个过程,在这个过程中,输入信号被系统所变换,或者说,系统以某种方式对信号作出响应。例如图1-40 可以看作一个最简单的系统,其输入电压 $v_s(t)$ 经过阻容元件构成的电路的平滑处理,而得出输出电压 $v_C(t)$。图1-41 中的

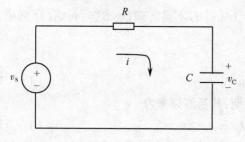

图 1-40 含有电压源 v_s 和电容器 电压 v_C 的简单电路

汽车也可看作一个系统,其输入是来自发动机的牵引力 $f(t)$,$\rho v(t)$ 是正比于汽车速度的摩擦力,汽车的速度 $v(t)$ 即为响应。系统可以很简单,如前面的 RC 电路对输入信号的平滑处理,也可以非常复杂和庞大,所以系统复杂程度的差别是非常大的。

图 1-41   一辆汽车构成系统示意图

上面列举的两个系统,其输入信号和输出信号都是连续时间信号,这样的系统称为连续时间系统,可用图 1-42(a)来表示,也常用下面的符号来表示其输入—输出关系

$$x(t) \rightarrow y(t) \tag{1-75}$$

同样,一个离散时间系统是将离散时间输入信号变换为离散时间输出信号的过程,可用图 1-42(b)来表示,或用下面的符号代表输入—输出关系

$$x[n] \rightarrow y[n] \tag{1-76}$$

本书将并行地讨论这两种系统,使同学们通过对比来学习,以期获得更清晰的概念和分析方法。

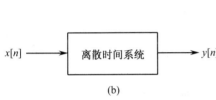

图 1-42   连续时间系统和离散时间系统

2. 简单系统及其模型

为便于运用数学工具对系统进行分析,需要建立系统的模型。所谓模型就是系统物理特性的数学抽象,以数学表达式或具有理想特性的符号(如代表阻容元件的符号或表示某运算功能的方框等)组合图形来表征系统特性。一个重要的事实是,很多不同应用场合的系统具有非常类似的数学模型,或者说具有相同的数学描述形式。正是基于这个事实,本书要讨论的分析方法具有十分广泛的实用价值。下面举几个简单例子,来说明一些看来很不相同的系统,却具有相似的数学模型。

例 1-7   考虑图 1-40 的 RC 电路。根据电路分析中学到的方法容易列出描述输入—输出关系的方程。

解:流经 R 的电流为

$$i(t) = \frac{v_s(t) - v_C(t)}{R}$$

再由电容器的伏安关系

$$i(t) = C\frac{dv_C(t)}{dt}$$

可以写出

$$\frac{dv_C(t)}{dt} + \frac{1}{RC}v_C(t) = \frac{1}{RC}v_s(t) \tag{1-77}$$

这个一阶微分方程就是描述图 1-40 电路输入—输出关系的数学模型。

例 1-8   考虑图 1-41 汽车系统,牵引力 $f(t)$ 作为系统输入,速度 $v(t)$ 作为输出。令 m 代表汽车质量,$\rho v(t)$ 是由于摩擦力产生的阻力。

解:根据牛顿第二定律,汽车加速度乘以质量等于净作用力

$$m\frac{\mathrm{d}v(t)}{\mathrm{d}t} = f(t) - \rho v(t)$$

即

$$\frac{\mathrm{d}v(t)}{\mathrm{d}t} + \frac{\rho}{m}v(t) = \frac{1}{m}f(t) \tag{1-78}$$

比较以上两个例子可以看出,这是两个很不相同的物理系统,但联系它们输入—输出关系的方程基本上一致,都是一阶线性微分方程。

作为数学抽象,并与图 1-42 连续时间系统的符号相一致,一阶动态连续时间系统的数学模型记为

$$\frac{\mathrm{d}y(t)}{\mathrm{d}t} + ay(t) = bx(t) \tag{1-79}$$

例 1-9 作为离散时间系统的例子,考虑一个向银行按月等额归还购房贷款的简单模型。设 P 为贷款总额,a 为贷款月利率,还款期限为 N 个月,每月还款金额为 R。

设第 n 个月末欠银行款为 $y(n)$,于是

$$y(n) = y(n-1) - R + ay(n-1), n \geqslant 1$$

或写为

$$y(n) - (1+a)y(n-1) = -R, n \geqslant 1 \tag{1-80}$$

这是一个一阶差分方程,输入为每月还款金额 R,输出为第 n 个月末的欠款。据题意还可写出两个边界条件,即:

第 0 个月的欠款为 $y(0) = P$(尚未还款);

第 N 个月末的欠款为 $y(N) = 0$(全部还清本息)。

例 1-10 对式(1-77)的微分方程进行简单的数字仿真,将时间 t 分成等长度 T 的离散时间间隔,并用一阶后向差分与 T 之比来近似 $t = nT$ 的导数,即

$$\frac{\mathrm{d}v_{\mathrm{C}}(t)}{\mathrm{d}t} \approx \frac{v_{\mathrm{C}}(nT) - [v_{\mathrm{C}}(n-1)T]}{T} \tag{1-81}$$

并令 $v_{\mathrm{C}}[n] = v_{\mathrm{C}}(nT)$,$v_{\mathrm{s}}[n] = v_{\mathrm{s}}(nT)$,于是例 1-7 系统的数学模型可近似表示为

$$\frac{v_{\mathrm{C}}[n] - v_{\mathrm{C}}[n-1]}{T} + \frac{1}{RC}v_{\mathrm{C}}[n] = \frac{1}{RC}v_{\mathrm{s}}[n]$$

整理后可写成

$$v_{\mathrm{C}}[n] - \frac{RC}{RC+T}v_{\mathrm{C}}[n-1] = \frac{T}{RC+T}v_{\mathrm{s}}[n] \tag{1-82}$$

比较式(1-80)和式(1-82)可见,这两个系统的数学模型都是一阶后向差分方程,抽去具体的物理含义,并与图 1-42 离散时间系统的符号相一致,一阶离散时间系统的数学描述为

$$y[n] + ay[n-1] = bx[n] \tag{1-83}$$

以上列举的简单系统数学模型分别是一阶线性常系数微分方程(连续时间系统)或一阶线性常系数差分方程(离散时间系统)。对于许多比较复杂的系统,其数学模型将是高阶的微分方程或差分方程。必须注意的一点是,用于描述一个实际系统的任何模型都是在某种条件下被理想化的,由此得出的分析结果仅仅是模型本身的结果。因此实际工程中的一个基本问题就是弄清楚附加在模型上的假设条件及其适用范围,并保证基于这个模型的任何分析或设

计都没有违反这些假设。

　　除利用数学表达式描述系统之外,也可借助框图表示系统模型。每个方框反映某种数学运算功能,若干个方框组成一个完整的系统。对于线性微分方程描述的系统,它的基本运算单元是相加、倍乘和积分,图 1-43(a)、(b)、(c)分别示出这三种运算单元的框图及其运算功能。虽然也可不采用积分单元而用微分运算构成基本单元,但在实际应用中考虑到噪声的影响,往往选用积分单元。

　　对于线性差分方程描述的系统,它的基本单元仍然包括相加和倍乘,所不同的是用单位延迟代替积分运算,其方框及其运算功能示于图 1-43(d);另外,相加和倍乘单元的输入与输出应改为离散时间信号。

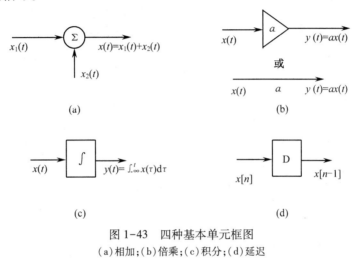

图 1-43　四种基本单元框图
(a)相加;(b)倍乘;(c)积分;(d)延迟

　　考虑式(1-79)和式(1-83)的微分方程和差分方程,容易得出它们对应的框图,分别如图 1-44 和图 1-45 所示。作为一个练习题,请同学们自己从方程导出框图,以及从框图导出数学方程。

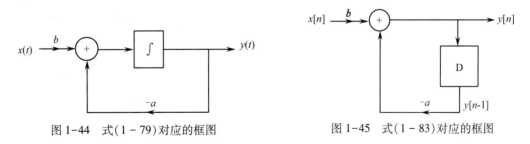

图 1-44　式(1-79)对应的框图　　　　图 1-45　式(1-83)对应的框图

　　利用线性微分方程或差分方程基本运算单元给出系统框图的方法称为系统仿真(或模拟),本书第 2 章和第 3 章将继续讨论这种方法。

3. 系统的互联

　　系统互联是指若干个较简单的系统(或称子系统)通过一定的方式互相连接起来而构成一个复杂系统。互联在系统分析和综合中是一个很重要的概念,因为通过互联使我们可以用基本单元构造一个系统,或从较简单的系统构成新的更复杂的系统,这是综合过程。也能把实际存在的系统分解为某些基本单元或子系统分别进行研究,这是分析过程。

互联的方式虽然各有不同,但经常遇到的是下述三种基本形式。

(1) 串联或级联

两个系统的级联如图 1-46(a) 所示,其中系统 1 的输出即为系统 2 的输入,整个系统的输入信号先经系统 1 处理,然后经系统 2 处理,系统 2 的输出就是整个系统的输出信号。级联不限于两个系统,可以推广到三个或多个系统的级联。

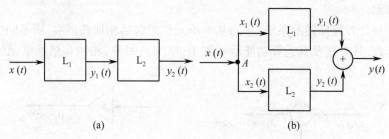

图 1-46　系统的级联与并联

(a) 级联;(b) 并联

(2) 并联

两个系统的并联如图 1-46(b) 所示,这时系统 1 和系统 2 具有共同的输入信号,并联后的输出信号是系统 1 和系统 2 输出相加的结果。依此定义方式可以推广到两个以上系统的并联,这些系统有共同的输入,它们输出之和为整个系统的输出。

将并联和级联两种互联方式组合起来应用,则称为混联,图 1-47 是系统混联的一个例子。

(3) 反馈连接

这是系统互联中应用极其广泛的一种重要形式,图 1-48 是反馈连接的基本结构,其中系统 1 的输出(也即互联后整个系统的输出)是系统 2 的输入,而系统 2 的输出反馈回来与系统外加的输入相加或相减构成系统 1 的输入。一般,取相加时称为正反馈,相减时称为负反馈。

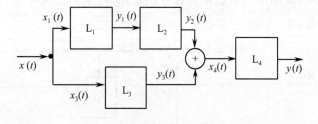

图 1-47　级联/并联

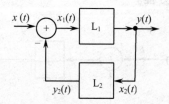

图 1-48　反馈连接的基本结构

下面举例说明这三种基本互联方式的运用。

例 1-11　已知一连续时间系统由两个微分器 S_1 和 S_2、两个相加器及两个倍乘器组成,如图1-49所示。试按连接规则写出系统输出 $y(t)$。

解:图中微分器 S_1 先与倍乘器 b 级联后再与输入相加(并联)构成输出 $y_1(t)$;另一方面,S_1 又与微分器 S_2、倍乘器 c 级联后再与 $y_1(t)$ 相加构成系统输出 $y(t)$,即

$$y_1(t) = x(t) + bx'(t)$$

$$y(t) = y_1(t) + cx''(t) = x(t) + bx'(t) + cx''(t) \tag{1-84}$$

对于例 1-11,若把其系统框图中的两个微分器换成两个延迟器,其他则把连续信号改成

离散信号,请同学们自己练习写出系统输出 $y[n]$。会发现,结果将不再是如式(1-84)的微分方程,而是一个差分方程,它们分别是这两个系统的数学模型。

　　例 1-12　图 1-50 所示的离散时间系统由两个延迟器、两个倍乘器和两个相加器组成,试写出该系统的输出 $y[n]$。

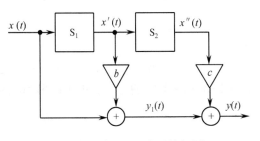

图 1-49　例 1-11 中系统框图

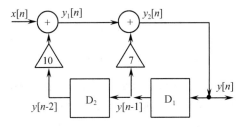

图 1-50　例 1-12 中系统框图

　　解:从图中可见,系统输出通过两条途径反馈。一条经延迟器 D_1、延迟器 D_2 和倍乘器 10 反馈到相加器 1 的输入端,并与 $x[n]$ 相加构成系统的真正输入;另一条通过 D_1 和倍乘器 7 反馈到相加器 2 的输入端(内部反馈)并与相加器 1 输出 $y_1[n]$ 相加构成系统输出 $y[n]$。即

$$y_1[n] = x[n] + 10y[n-2]$$
$$y[n] = y_2[n] = y_1[n] + 7y[n-1]$$
$$= x[n] + 10y[n-2] + 7y[n-1]$$

或

$$y[n] - 7y[n-1] - 10y[n-2] = x[n] \qquad (1-85)$$

　　例 1-13　考虑图 1-51(a)所示电路,这个电路可看成一个电容器和一个电阻器两个元件的反馈连接。

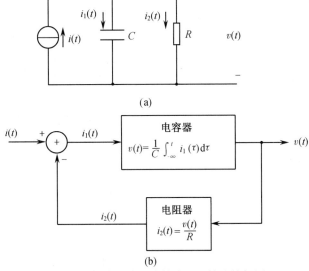

图 1-51　*RC* 电路及其等效的反馈连接框图

(a) 简单电路;(b) 将电路画成两个电路元件反馈互联的框图

解: 电容器输入电流 $i_1(t)$,其输出的两端电压为

$$v(t) = \frac{1}{C}\int_{-\infty}^{t} i_1(\tau)\,\mathrm{d}\tau \tag{1-86}$$

这个电压就是整个电路(系统)的输出,也可看成电阻器的输入,输出电压 $v(t)$ 经电阻器产生电流 $i_2(t)$

$$i_2(t) = \frac{v(t)}{R} \tag{1-87}$$

观察图 1–51(a)中唯一的电路节点,由 KCL 知,电路外加输入(恒流源) $i(t)$ 减去 $i_2(t)$ 就是电容器的输入 $i_1(t)$。依据上述分析,容易画出等效于图 1–51(a)电路的框图,如图 1–51(b)所示,显然这是一个典型的反馈结构图。

1.8 系统的特性与分类

本节将讨论连续时间和离散时间系统的特性,并根据其特性对系统进行分类。

1. 线性、线性系统与非线性系统

线性也就是叠加性,它包含两方面的含义:齐次性和可加性。如果系统输入增大 a 倍,输出也增大 a 倍,即

若 $\qquad\qquad\qquad\qquad x(t) \rightarrow y(t)$

则 $\qquad\qquad\qquad\qquad ax(t) \rightarrow ay(t) \tag{1-88}$

式中,a 为任意的实常数。这一性质称为齐次性或比例性。

设有几个输入同时作用于系统,如果系统总的输出等于各个输入独自引起输出的和,即

若 $\qquad\qquad x_1(t) \rightarrow y_1(t), x_2(t) \rightarrow y_2(t)$

则 $\qquad\qquad x_1(t) + x_2(t) \rightarrow y_1(t) + y_2(t) \tag{1-89}$

称为可加性。

把这两个性质结合在一起,对于离散时间系统可以写为

若 $\qquad\qquad x_1[n] \rightarrow y_1[n], x_2[n] \rightarrow y_2[n]$

则 $\qquad\qquad ax_1[n] + bx_2[n] \rightarrow ay_1[n] + by_2[n] \tag{1-90}$

式中,a 和 b 为任意实常数,称为线性或叠加性。具备线性性质的系统,称为线性系统。反之,称为非线性系统。

例 1–14 图 1–40 所示 RC 电路,其数学模型即为式(1–77)的一阶微分方程。现在设在 $t=0_-$,电容器两端有起始电压 $v_C(0_-)$,应用高等数学所学知识求解式(1–77)的微分方程。

解: 把式(1–77)重写于此

$$\frac{\mathrm{d}v_C(t)}{\mathrm{d}t} + \frac{1}{RC}v_C(t) = \frac{1}{RC}v_s(t)$$

方程两侧同乘 $\mathrm{e}^{\frac{t}{RC}}$,得

$$\mathrm{e}^{\frac{t}{RC}}\frac{\mathrm{d}v_C(t)}{\mathrm{d}t} + \frac{1}{RC}\mathrm{e}^{\frac{t}{RC}}v_C(t) = \frac{1}{RC}\mathrm{e}^{\frac{t}{RC}}v_s(t)$$

或写为

$$\frac{\mathrm{d}}{\mathrm{d}t}\left[\,\mathrm{e}^{\frac{t}{RC}}v_{\mathrm{C}}(t)\,\right] = \frac{1}{RC}\mathrm{e}^{\frac{t}{RC}}v_{\mathrm{s}}(t)$$

两侧积分

$$\int_{0_-}^{t}\frac{\mathrm{d}}{\mathrm{d}\tau}\left[\,\mathrm{e}^{\frac{\tau}{RC}}v_{\mathrm{C}}(\tau)\,\right]\mathrm{d}\tau = \int_{0_-}^{t}\frac{1}{RC}\mathrm{e}^{\frac{\tau}{RC}}v_{\mathrm{s}}(\tau)\mathrm{d}\tau$$

$$\mathrm{e}^{\frac{t}{RC}}v_{\mathrm{C}}(t) - v_{\mathrm{C}}(0_-) = \frac{1}{RC}\int_{0_-}^{t}\mathrm{e}^{\frac{\tau}{RC}}v_{\mathrm{s}}(\tau)\mathrm{d}\tau$$

解得输出为

$$v_{\mathrm{C}}(t) = \mathrm{e}^{-\frac{t}{RC}}v_{\mathrm{C}}(0_-) + \frac{1}{RC}\int_{0_-}^{t}\mathrm{e}^{-\frac{1}{RC}(t-\tau)}v_{\mathrm{s}}(\tau)\mathrm{d}\tau \qquad (1-91)$$

式(1-91)表明,图1-40电路的输出 $v_{\mathrm{C}}(t)$ 由两部分构成:第一项只和电容器的起始储能 $v_{\mathrm{C}}(0_-)$ 有关,称为零输入响应;第二项只与输入 $v_{\mathrm{s}}(t)$ 有关,或者说,电容器起始储能为零,称为零状态响应。若起始电压 $v_{\mathrm{C}}(0_-)=0$,即式(1-91)仅存第二项,现在检验该系统是不是线性系统。设对系统分别施加两个输入 $v_{\mathrm{s}1}(t)$ 和 $v_{\mathrm{s}2}(t)$,则对应的输出为

$$v_{\mathrm{C}1}(t) = \frac{1}{RC}\int_{0_-}^{t}\mathrm{e}^{-\frac{1}{RC}(t-\tau)}v_{\mathrm{s}1}(\tau)\mathrm{d}\tau$$

$$v_{\mathrm{C}2}(t) = \frac{1}{RC}\int_{0_-}^{t}\mathrm{e}^{-\frac{1}{RC}(t-\tau)}v_{\mathrm{s}2}(\tau)\mathrm{d}\tau$$

如果施加于系统的输入为二者的线性组合,则系统输出是

$$v_{\mathrm{C}}(t) = \frac{1}{RC}\int_{0_-}^{t}\mathrm{e}^{-\frac{1}{RC}(t-\tau)}\left[\,av_{\mathrm{s}1}(\tau) + bv_{\mathrm{s}2}(\tau)\,\right]\mathrm{d}\tau$$

$$= a\left[\,\frac{1}{RC}\int_{0_-}^{t}\mathrm{e}^{-\frac{1}{RC}(t-\tau)}v_{\mathrm{s}1}(\tau)\mathrm{d}\tau\,\right] + b\left[\,\frac{1}{RC}\int_{0_-}^{t}\mathrm{e}^{-\frac{1}{RC}(t-\tau)}v_{\mathrm{s}2}(\tau)\mathrm{d}\tau\,\right]$$

$$= av_{\mathrm{C}1}(t) + bv_{\mathrm{C}2}(t)$$

说明该系统在零状态条件下,输入和输出间具有线性关系,是线性系统。若起始电压 $v_{\mathrm{C}}(0_-)\neq0$,这时式(1-91)两项都存在,利用上述方法重新检验 $v_{\mathrm{s}}(t)$ 与 $v_{\mathrm{C}}(t)$ 间的关系,可发现该系统不再满足齐次性与可加性(具体检验过程请同学们自己练习),这说明在初始状态不为零时,总输出与输入不再满足线性。但若同时具备以下三个性质,该系统仍可定义为线性系统。

（1）分解特性。

它是指初始状态不为零的系统在外加输入时的全响应(总输出)可分解为分别仅由初始状态(零输入)和仅由输入(零状态)引起的响应之和,即

$$y(t) = y_0(t) + y_x(t)$$

或

$$y[n] = y_0[n] + y_x[n] \qquad (1-92)$$

如图1-52所示。其中,$y_0(t)$ 或 $y_0[n]$ 为零输入响应,$y_x(t)$ 或 $y_x[n]$ 为零状态响应。这两种响应通常可通过求解系统的微分方程或差分方程得到。不过,前者是仅有初始状态而输入为零(零输入)的齐次方程的解;后者是仅有输入而初始状态为零(零状态)的非齐次方程的解。这里的"零状态"更准确地应称初始松弛(Initial Rest)条件,是指:若输入 $x(t)=0$,$t<t_0$,则其输出 $y(t)=0$,

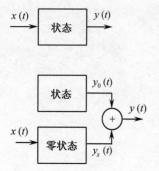

图 1-52　全响应的分解

$$y(t) = y_0(t) + y_x(t)$$

$t < t_0$；或者，若输入 $x[n] = 0, n < n_0$，则输出 $y[n] = 0, n < n_0$。

（2）零输入线性。

它是指当系统有多个初始状态时，其零输入响应是各个初始状态（可视为另一种形式的输入）独自引起响应的加权和，即

若　　　　　　　　$\bar{x}_1(0) \rightarrow y_{01}(t)，\bar{x}_2(0) \rightarrow y_{02}(t)$

则

$$a\bar{x}_1(0) + b\bar{x}_2(0) \rightarrow ay_{01}(t) + by_{02}(t) \qquad (1-93)$$

式中，$\bar{x}_1(0)$ 和 $\bar{x}_2(0)$ 是系统的初始状态，$y_{01}(t)$ 和 $y_{02}(t)$ 分别是 $\bar{x}_1(0)$ 和 $\bar{x}_2(0)$ 独自引起的零输入响应。

（3）零状态线性。

它是指当系统有多个输入时，其零状态响应是各个输入独自引起的零状态响应的加权和，即

若　　　　　　　　$x_1(t) \rightarrow y_{x_1}(t)，x_2(t) \rightarrow y_{x_2}(t)$

则　　　　　　　　$ax_1(t) + bx_2(t) \rightarrow ay_{x_1}(t) + by_{x_2}(t) \qquad (1-94)$

对于例 1-14 所示的初始状态不为零的系统，其输出式（1-91）可分解为零输入响应和零状态响应。其中第二项为零状态响应，第一项为零输入响应，它们分别具有零状态线性和零输入线性，所以是线性连续时间系统，也称增量线性系统。

不同时具备以上三个性质的系统，称为非线性系统。例如以下几种系统都是非线性系统：

① $y[n] = 5\bar{x}[0] + 2x^2[n]$

② $y(t) = \bar{x}(0) + x(t) + \bar{x}(0)x(t)$

③ $y(t) = \bar{x}^2(0) + 2x(t)$

式中，系统①是可分解的，具有零输入线性，但不具备零状态线性；系统②是不可分解的，具有零输入线性和零状态线性；系统③是可以分解的，具有零状态线性，但不具备零输入线性。

2. 时不变性、时不变系统与时变系统

时不变性是指系统的零状态输出波形仅取决于输入波形与系统特性，而与输入信号接入系统的时间无关，即

若　　　　　　　　$x(t) \rightarrow y(t)$

则　　　　　　　　$x(t - t_0) \rightarrow y(t - t_0) \qquad (1-95)$

式中，t_0 为输入信号延迟的时间，如图 1-53 所示。具有时不变性质的系统称为时不变系统。

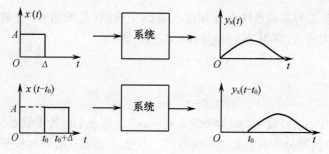

图 1-53　时不变性的图示

　　在实际中,参数不随时间变化的系统,其微分方程或差分方程的系数全是常数,该系统就具有时不变的性质,所以,恒定参数系统(也称定常系统)是时不变系统。反之,参数随时间变化的系统不具备时不变的性质,是时变系统。但必须指出,上述结论是有条件的,这就是:用微分方程或差分方程描述的定常系统,仅在起始松弛条件下才具有时不变性。同学们重新查阅式(1-91)就会发现,当输入 $v_s(t)$ 延迟 t_0,由于式中第一项不为零,总的输出并不是严格的延迟 t_0。

3. 因果性、因果系统与非因果系统

　　系统的输出是由输入引起的,它的输出不能领先于输入,这种性质称为因果性。相应的系统,称为因果系统。所以,因果系统在任何时刻的输出仅取决于现在与过去的输入,而与将来的输入无关。它没有预知未来的能力,因为该系统的输出与未来的输入无关。例如,由

$$y[n] = \sum_{k=-\infty}^{n} x[k]$$

描述的系统是因果系统,因为它的输出仅取决于现在和过去的输入。同理说明由 $y(t) = x(t-1)$ 描述的系统也是因果系统。

　　非因果系统的响应可以领先于输入,即这种系统的输出述与未来的输入有关。例如,由

$$y[n] = x[n] - x[n+1]$$
$$y(t) = x(t+1)$$

和

$$y[n] = \frac{1}{2M+1} \sum_{k=-M}^{M} x[n-k] \tag{1-96}$$

描述的系统都是非因果系统。

　　对于由线性常系数微分方程和差分方程描述的系统,只有在起始状态为零(起始松弛)的条件下,它才是线性时不变的(前面已阐述),而且是因果的。为什么因果性也与起始状态有关?同学们只需分析一下式(1-91)就会明白,若 $v_C(0_-) \neq 0$,系统响应不可能只发生在 $v_s(t)$ 施加于系统之后。

4. 稳定性、稳定系统与不稳定系统

　　系统的输入有界(最大幅度为有限值),输出也有界,这一性质称为稳定性。具有这一性质的系统,称为稳定系统。反之,系统的输入有界,输出无界(无限值),这种系统为不稳定系统。例如,式(1-96)代表的系统为稳定系统,这是因为设输入 $x[n]$ 是有界的,比如是 B,则从式(1-96)可以看出 $y[n]$ 的最大可能幅度也就是 B,因为 $y[n]$ 是有限个输入值的平均,所以 $y[n]$ 是有界的,系统是稳定的。再看看由式

$$y[n] = \sum_{k=-\infty}^{n} x[k] \tag{1-97}$$

代表的系统,这时系统输出不像式(1-96)代表的系统那样是有限个输入值的平均,而是由全部过去的输入之和组成。在这种情况下,即使输入是有界的,输出也会继续增长,而不是有界的,所以系统是不稳定的。例如,设 $x[n] = u[n]$ 是一个单位阶跃序列,其最大值是 1,当然是有界的,根据式(1-97),系统的输出是

$$y[n] = \sum_{k=-\infty}^{n} u[k] = (n+1)u[n]$$

即 $y[0]=1, y[1]=2, y[2]=3, \cdots, y[n]$ 将无界地增长。

5. 可逆性、可逆系统与不可逆系统

由系统的输出可以确定该系统的输入,这一性质称为可逆性。具有可逆性质的系统称为可逆系统。如果原系统是一个可逆系统,则可构造一个逆系统,使该逆系统与原系统级联以后,所产生的输出 $z(n)$ 就是唯一的原系统的输入 $x[n]$,因此整个系统(即由原系统与逆系统级联后的系统)的输入—输出关系是一个恒等系统,即输出

$$z[n] = x[n] \tag{1-98}$$

其框图如图1-54(a)所示。

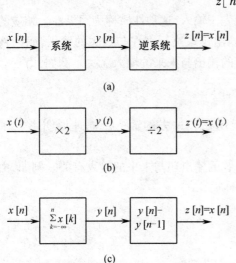

图1-54 可逆性图示

例如,由式

$$y(t) = 2x(t)$$

代表的系统是一个可逆连续时间系统,该可逆系统的逆系统的输出是

$$z(t) = (1/2)y(t) = x(t)$$

整个系统的输出等于输入,是一个恒等系统,如图1-54(b)所示。

由式(1-97)代表的系统也是一个可逆系统。因为由

$$y[n] = \sum_{k=-\infty}^{n} x[k]$$

可知,该系统任意两个相邻的输出值之差就是该系统的输入值,即 $y[n]-y[n-1]=x[n]$,因此其逆系统的方程是

$$z[n] = y[n] - y[n-1]$$

如图1-54(c)所示。

不具有可逆性质的系统为不可逆系统。例如

$$y[n] = 0$$

和

$$y(t) = x^2(t)$$

代表的系统都是不可逆系统。

6. 记忆性、记忆系统与无记忆系统

系统的输出不仅决定于该时刻的输入,而且与它过去的状态(历史)有关,称为记忆性。具有记忆性质的系统称为记忆系统或动态系统。含有记忆元件(电容器、电感、磁芯、寄存器和存储器)的系统都是记忆系统。例如

$$y[n] = \sum_{k=-\infty}^{n} x[k]$$
$$y(t) = x(t-1)$$

和

$$y(t) = \frac{1}{C} \int_{-\infty}^{t} x(\tau) \mathrm{d}\tau$$

代表的系统都是记忆系统。

不具有记忆性质的系统称为无记忆系统。这种系统的输出仅仅决定于该时刻的输入,而与别的时刻输入值无关。一个电阻器可以看作是一个无记忆系统,因为若把流过电阻器的电流作为输入 $x(t)$,把其上的电压作为输出,则其输入—输出关系为

$$y(t) = Rx(t)$$

式中 R 是电阻器的电阻值。同样,由式

$$y[n] = (2x[n] - x^2[n])^2$$

代表的系统也是一个无记忆系统,因为在任何特定时刻 n_0 的输出 $y[n_0]$ 仅仅决定于该时刻 n_0 的输入 $x[n_0]$,而与别的时刻输入值无关。同理,由式

$$y[n] = x[n]$$

或

$$y(t) = x(t)$$

代表的恒等系统也是一个无记忆系统。

1.9　线性时不变系统的分析

前已指出,本书着重讨论线性时不变连续时间系统和离散时间系统。为便于叙述,今后统称之为线性时不变系统,简记为 LTI 系统(Linear Time-Invariant Systems)。这是因为在实际中经常应用到这两种系统(指 LTI 连续时间系统和离散时间系统),同时一些非线性系统或时变系统在限定范围或做一些近似可以用线性时不变的方法解决。另外线性时不变系统的分析方法比较完整、成熟,而且是研究非线性系统和时变系统的基础。

系统分析分为建立数学模型、求解数学模型和对数学模型作出物理解释这三个步骤。系统的数学模型是根据物理定律和要求建立的,它可分为两大类型:一类是输入—输出型,另一类是状态变量型。

输入—输出型只关心系统输入与输出的关系,而不关心系统内部的状态。状态变量型不仅关心输入和输出间的关系,也关心系统内部的状态。不过,输入—输出型是基础,它的主要概念和分析方法在状态变量分析中都要用到,所以我们在本书中首先而且主要讨论输入—输出模型的分析方法。

LTI 连续时间系统的输入—输出关系通常是用常系数微分方程来描述的,而 LTI 离散时间系统的输入—输出关系则是用差分方程描述的。然而求解这两种方程和分析这两种系统的方法是相似的,其系统数学模型的求解和分析方法可统一地分为时间域方法和变换域方法两大类。

时间域方法直接分析时间变量函数,研究系统的时域特性。由于 LTI 系统具有分解特性,其零输入响应和零状态响应可以分别计算;又由于它具有零状态线性和时不变性,其零状态响应可以分解为许多基本信号零状态响应的加权和。例如不同延迟冲激信号零状态响应的叠加即卷积积分,或不同延迟抽样序列零状态响应的叠加即卷积和。

变换域方法将信号与系统模型的时间变量函数变换为相应变换域的变量函数。例如频域分析法把时间函数变换为频率函数;复频域分析法把时间函数变换为复频率函数。变换域分析法可以将时域分析中的微分、差分运算转化为代数运算,把卷积、相关运算变换为乘积运算,

这在解决实际问题时有时显得更加简便和直观。

状态变量数学模型包括状态方程和输出方程。其中状态方程是一组一阶微分或差分方程。它同样可用时域和变换域两种方法分析。由于状态方程是一组一阶的微分方程或差分方程,所以它更适于用计算机求解。

鉴于连续时间信号与系统和离散时间信号与系统之间的关系日益密切,它们的概念与分析方法之间的紧密联系,本书一开始就以平行方式讨论这两种类型的信号与系统。由于两者在很多概念上是类似的,但又不完全一样,因此平行地展开研究可以做到在概念和观点上两者互为分享,并能更好地把注意力放在它们之间的类同点和不同点上。另外,在讨论中还可以看到,某些概念从一种系统引入要比从另一种系统引入更容易接受,而一旦在一种系统中被理解以后,就可简单地把这些概念用到另一系统中去。本书就以这一思路按照先输入-输出后状态变量,先时域后变换域的顺序,平行地讨论 LTI 连续时间信号与系统和离散时间信号与系统的基本概念和基本分析方法,并结合信号处理、通信和控制中的一些问题,初步介绍这些方法在上述领域中的应用。

习 题

1.1 对下列每一个信号求其能量和平均功率。

(a) $x_1(t) = \mathrm{e}^{-2t}u(t)$;

(b) $x_2(t) = \mathrm{e}^{\mathrm{j}(2t+\pi/4)}$;

(c) $x_3(t) = \cos t$;

(d) $x_1[n] = \left(\dfrac{1}{2}\right)^n u[n]$;

(e) $x_2[n] = \mathrm{e}^{\mathrm{j}(\frac{\pi}{2}n+\pi/8)}$;

(f) $x_3[n] = \cos\left(\dfrac{\pi}{4}n\right)$ 。

1.2 已知信号 $x(t)$ 如图 1-13(a)所示,绘出下列信号的波形。

(a) $x(t-2)$;　　(b) $x(1-t)$;　　(c) $x(2t+2)$;　　(d) $x(1-t/2)$ 。

1.3 试按下列四种方法重做例 1-1。

(a) 反转—平移—尺度;　　(b) 尺度—平移—反转;

(c) 平移—反转—尺度;　　(d) 平移—尺度—反转。

1.4 已知一离散时间信号 $x_1[n]$ 如图 P1.4 所示,绘出下列信号的图形。

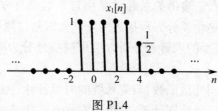

图 P1.4

(a) $x_1[n-2]$;　　(b) $x_1[2-n]$;　　(c) $x_1[2n]$;　　(d) $x_1[2n+1]$ 。

1.5 已知信号 $x_2[n]$ 如图 P1.5 所示,绘出下列信号的图形。

(a) $x_2[2+n]$;　　　　(b) $x_2[2-n]$;

(c) $x_2[n+2]+x_2[-1-n]$;　　(d) $x_2[-n]u[n]+x_2[n]$ 。

1.6 已知系统输入如图 P1.6 所示。

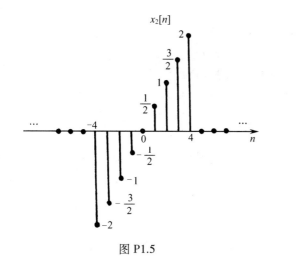

图 P1.5

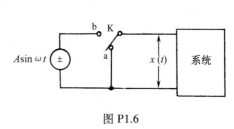

图 P1.6

（a）试分别写出正弦信号 $A\sin\omega t$ 在 $t=0$ 和 $t=t_0(t_0>0)$ 时接入（开关 K 从 a 拨向 b）系统输入端口的信号 $x(t)$ 表示式；

（b）粗略地画出 $x(t)$ 在 $(-\infty,\infty)$ 时的波形并与正弦信号 $A\sin\omega t$ 的波形比较；

（c）$x(t)$ 是否为正弦信号？

1.7　粗略地画出下列两个函数式的波形图。

（a）$x_1(t)=\cos10\pi t[u(t-1)-u(t-2)]$；

（b）$x_2(t)=(1-|t|/2)[u(t+2)-u(t-2)]$。

提示（a）：绘图前先估算 $\cos10\pi t$ 的周期，再确定 $[1,2]$ 区间应有几个余弦波形，然后画图。

1.8　已知信号 $x_1[n]$ 和 $x_2[n]$ 分别如图 P1.4 和图 P1.5 所示，试绘出下列信号的图形。

（a）$x_1[-n]x_2[n]$；　　　　　　　　（b）$x_1[n+2]x_2[1-2n]$；

（c）$x_1[1-n]x_2[n+4]$；　　　　　　（d）$x_1[n-1]x_2[n-3]$。

1.9　绘出下列函数的图形。

（a）$2u(t)-1$；　　　　　　（b）$tu(t-1)$；　　　　　　（c）$(t-1)u(t-1)$；

（d）$e^{-2t}u(t-1)$；　　　　（e）$e^{-2(t-1)}u(t-1)$。

1.10　绘出下列函数的图形。

（a）$u(t^2-4)$；　　　　　　　（b）$|t-1|u(t^2-1)$；

（c）$(t-1)u(t^2-1)$；　　　　　（d）$u(t^2-5t+6)$。

提示：先考虑 $\tau=t^2-4$ 的图形（$\tau>0$ 的 t 区间），再根据 $u(\tau)$ 定义绘出 $u(t^2-4)$ 的图形。

1.11　绘出函数 $u(\sin\pi t)$ 和 $2u(\sin\pi t)-1$ 的图形。

1.12　已知正负号函数的定义为

$$\text{sgn}(t)=\begin{cases}1,t>0\\-1,t<0\end{cases}$$

如图 P1.12 所示，试绘出函数 $\text{sgn}\left[\cos\left(\dfrac{\pi}{2}t\right)\right]$ 的图形。

1.13　绘出序列的图形。

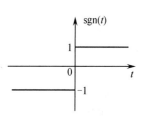

图 P1.12

(a) $nu[n]$; (b) $nu[n-1]$;

(c) $(1/2)^n u[n]$ (d) $(1/2)^{n-2} u[n-2]$。

1.14 求序列 $x[n]=nu[n]$ 的一阶差分 $\nabla x[n]=x[n]-x[n-1]$。

1.15 试绘出例 1-1 中信号 $x(t)$[见图 1-13(a)]的微分波形。

1.16 设 $x(t)=0, t<3$,对以下每个信号确定其值为零的 t 值范围。

(a) $x(1-t)$; (b) $x(1-t)+x(2-t)$; (c) $x(1-t)x(2-t)$;

(d) $x(3t)$; (e) $x(t/3)$。

1.17 设 $x[n]=0, n<-2$ 和 $n>4$,对以下每个信号确定其值为零的 n 值范围。

(a) $x[n-3]$; (b) $x[n+4]$; (c) $x[-n]$;

(d) $x[-n+2]$; (e) $x[-n-2]$。

1.18 求下列积分的值。

(a) $\int_{-4}^{4} (t^2 + 3t + 2)[\delta(t) + 2\delta(t-2)]\mathrm{d}t$;

(b) $\int_{-4}^{4} (t^2 + 1)[\delta(t+5) + \delta(t) + \delta(t-2)]\mathrm{d}t$;

(c) $\int_{-\pi}^{\pi} (1 - \cos t)\delta(t - \pi/2)\mathrm{d}t$;

(d) $\int_{-2\pi}^{2\pi} (1 + t)\delta(\cos t)\mathrm{d}t$。

1.19 已知信号 $x(3-2t)$ 的波形如图 P1.19 所示,试绘出信号 $x(t)$ 的波形图。

1.20 已知信号 $x[n]$ 如图 P1.20 所示,试绘出 $x[2n]$ 和 $x[n/2]$ 的图形。

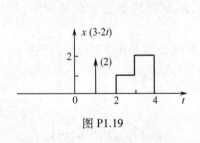

图 P1.19

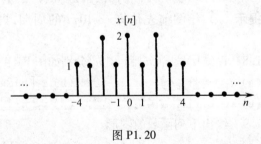

图 P1.20

1.21 判断下列每个信号是不是周期的,如果是周期的,试求出它的基波周期。

(a) $2\cos(3t + \pi/4)$; (b) $e^{j(\pi t - 1)}$;

(c) $\cos(8\pi n/7 + 2)$; (d) $\cos(n/4)$;

(e) $\sum_{k=-\infty}^{\infty} \{\delta[n-4k] - \delta[n-1-4k]\}$; (f) $2\cos(10t+1) - \sin(4t-1)$;

(g) $2\cos(\pi n/4) + \sin(\pi n/8) - 2\cos(\pi n/2)$; (h) $1 + e^{j4\pi n/7} - e^{j2\pi n/5}$。

1.22 已知系统的输入和输出关系为

$$y(t) = |x(t) - x(t-1)|$$

试判断:(a)该系统是不是线性的?(b)是不是时不变的?(c)当输入 $x(t)$ 如图 P1.22 所示时,画出响应 $y(t)$ 的波形。

1.23 一个 LTI 系统,当输入 $x(t)=u(t)$ 时,输出为

$$y(t) = e^{-t}u(t) + u(-1-t)$$

求该系统对图 P1.23 所示输入 $x(t)$ 的响应,并概略地画出其波形。

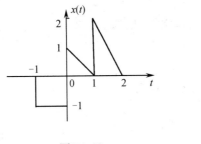

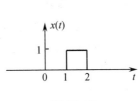

图 P1.22　　　　　　　　　图 P1.23

1.24　已知一个 LTI 系统对图 P1.24(a) 所示信号 $x_1(t)$ 的响应 $y_1(t)$ 如图 P1.24(b) 所示,求:

(a) 该系统对图 P1.24(c) 所示输入 $x_2(t)$ 的响应,并画出其波形;

(b) 该系统对图 P1.24(d) 所示输入 $x_3(t)$ 的响应,并画出其波形。

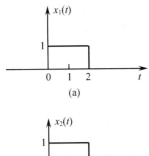

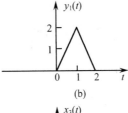

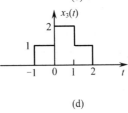

图 P1.24

1.25　试判断下列每一个连续时间系统是不是线性系统和时不变系统。

(a) $y(t) = \dfrac{\mathrm{d}x(t)}{\mathrm{d}t}$;

(b) $y(t) = x(t-2) + x(2-t)$;

(c) $y(t) = (\cos 3t)x(t)$;

(d) $\displaystyle\int_{-\infty}^{2t} x(\tau)\mathrm{d}\tau$;

(e) $y(t) = x(t/3)$;

(f) $y(t) = \tilde{x}(0) + 3t^2 x(t)$。

1.26　试判断下列每一个离散时间系统是不是线性系统和时不变系统。

(a) $y[n] = x[n] - 2x[n-1]$;

(b) $y[n] = nx[n]$;

(c) $y[n] = x[n-2]x[n]$;

(d) $y[n] = x[-n]$;

(e) $y[n] = x[4n+1]$;

(f) $y[n] = \begin{cases} x[n] & ,n \geq 1 \\ 0 & ,n = 0 \\ x[n+1] & ,n \leq -1 \end{cases}$。

1.27 已知 LTI 系统的输入 $x(t)=u(t)$，初始状态 $\bar{x}_1(0)=1, \bar{x}_2(0)=2$ 时响应 $y(t)=(6e^{-2t}-5e^{-3t})u(t)$。如果输入改为 $x(t)=3u(t)$ 而初始状态不变，则输出 $y(t)=(8e^{-2t}-7e^{-3t})u(t)$，求：

(a) 当初始状态 $\bar{x}_1(0)=1, \bar{x}_2(0)=2$ 时的零输入响应 $y_0(t)$；

(b) 当 $x(t)=2u(t)$ 时的零状态响应 $y_x(t)$。

1.28 图 P1.28 所示的反馈系统由一个延迟器和一个相加器组成。设 $n<0$ 时，$y[n]=0$，试分别画出如下输入 $x[n]$ 时的输出 $y[n]$ 图形：

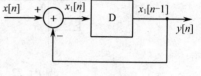

图 P1.28

(a) $x[n]=\delta[n]$；

(b) $x[n]=u[n]$。

1.29 某离散时间系统其输入为 $x[n]$，输出为 $y[n]$：

$$y[n]=x[n]x[n-2]$$

(a) 系统是无记忆的吗？

(b) 当输入为 $A\delta[n]$，A 为任意实数或复数，求系统输出。

(c) 系统是可逆的吗？

1.30 判断下列系统的可逆性。若是，求其逆系统；若不是，请找到两个输入信号，其输出是相同的。

(a) $y(t)=x(t-4)$；

(b) $y(t)=\cos[x(t)]$；

(c) $y[n]=nx[n]$；

(d) $y(t)=\int_{-\infty}^{t} x(\tau)d\tau$；

(e) $y[n]=x[1-n]$；

(f) $y(t)=x(2t)$；

(g) $y[n]=\begin{cases} x[n/2] & ,n\text{ 为偶} \\ 0 & ,n\text{ 为奇} \end{cases}$；

(h) $y(t)=\dfrac{dx(t)}{dt}$；

(i) $y[n]=\sum_{k=-\infty}^{n}\left(\dfrac{1}{2}\right)^{n-k}x[k]$；

(j) $y(t)=\int_{-\infty}^{t} e^{-(t-\tau)}x(\tau)d\tau$。

第 2 章　连续时间系统的时域分析

2.1　引　　言

连续时间系统处理连续时间信号。这类系统在时域中的数学模型通常有两类:一是微分方程模型,二是状态空间模型。前者只表示系统的输入输出关系,不研究系统内部其他信号的变化;后者不仅表示系统的输入输出关系,而且反映系统的内部特性。我们将在第 9 章讨论系统的状态空间方程模型,这一章将着重讨论系统的时域微分方程模型。

系统分析的任务是对给定系统和输入信号求系统的输出响应。在分析过程中,不经过任何变换,所涉及的函数的自变量都是 t,这种分析方法称为时域分析法。系统时域分析法包含两方面主要内容:一是利用数学中经典的常系数微分方程求解方法,求取系统输出响应,并着重说明输出响应的物理意义;另一种方法是根据引起系统响应的原因建立零输入响应和零状态响应两个重要的基本概念,并利用卷积积分方法求取系统零状态响应,使人们对由输入经过系统作用产生对应的输出响应有更深刻的理解。

2.2　LTI 系统的微分方程表示及响应

1. LTI 系统的微分方程模型

进行系统分析时,首先要建立系统的数学模型。LTI 连续时间系统的输入输出关系是用线性常系数微分方程来描述的,方程中含有输入量、输出量及它们对时间的导数或积分。这种微分方程又称为动态方程或运动方程。微分方程的阶数一般是指方程中输出端最高导数项的阶数,又称为系统的阶数。系统的复杂性常由系统的阶数来表示。

对于单变量 n 阶 LTI 连续时间系统,微分方程为

$$
\begin{aligned}
&a_n y^{(n)}(t) + a_{n-1} y^{(n-1)}(t) + \cdots + a_1 y^{(1)}(t) + a_0 y(t) \\
&= b_m x^{(m)}(t) + b_{m-1} x^{(m-1)}(t) + \cdots + b_1 x^{(1)}(t) + b_0 x(t)
\end{aligned} \tag{2-1}
$$

式中, $x(t)$ 是输入信号, $y(t)$ 是输出信号, $y^{(n)}(t)$ 表示 $y(t)$ 对 t 的 n 阶导数, $a_i(i = 0, 1, 2, \cdots, n)$, $b_i(i = 0, 1, 2, \cdots, m)$ 都是由系统结构参数决定的系数,式(2-1)可简写为

$$
\sum_{k=0}^{n} a_k \frac{\mathrm{d}^k y(t)}{\mathrm{d}t^k} = \sum_{r=0}^{m} b_r \frac{\mathrm{d}^r x(t)}{\mathrm{d}t^r} \tag{2-2}
$$

为了方便,引入微分算子表示,令

$$
\mathrm{D} = \frac{\mathrm{d}}{\mathrm{d}t}, \quad \mathrm{D}^k = \frac{\mathrm{d}^k}{\mathrm{d}t^k}
$$

于是

$$
\frac{\mathrm{d}y(t)}{\mathrm{d}t} = \mathrm{D}y(t), \quad \frac{\mathrm{d}^k y(t)}{\mathrm{d}t^k} = \mathrm{D}^k y(t)
$$

则式(2-2)可写成

$$\sum_{k=0}^{n} a_k D^k y(t) = \sum_{r=0}^{m} b_r D^r x(t) \qquad (2-3)$$

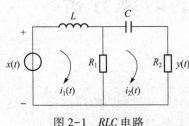

图 2-1　*RLC* 电路

系统建立数学模型的方法有分析法和实验法。分析法是根据系统中各元件所遵循的客观(物理、化学、生物等)规律和运行机制,列出微分方程,又称理论建模。实验法是人为地给系统施加某种测试信号,记录其输出响应,并用适当的数学模型去逼近,又称系统辨识。这里举例介绍用分析法列写微分方程。

例 2-1　图 2-1 所示为 *RLC* 电路,求电阻 R_2 两端的电压 $y(t)$ 与输入电压源 $x(t)$ 的关系。

解:设电路中两回路电流分别为 $i_1(t)$ 和 $i_2(t)$,根据 KVL 定理,列写回路方程

$$L\frac{di_1(t)}{dt} + \frac{1}{C}\int_{-\infty}^{t} i_2(\tau)d\tau + R_2 i_2(t) = x(t) \qquad (2-4)$$

$$L\frac{di_1(t)}{dt} + R_1[i_1(t) - i_2(t)] = x(t) \qquad (2-5)$$

经整理后得

$$L\left(\frac{R_2}{R_1} + 1\right)\frac{d^2 i_2(t)}{dt^2} + \left(\frac{L}{R_1 C} + R_2\right)\frac{di_2(t)}{dt} + \frac{1}{C}i_2(t) = \frac{dx(t)}{dt} \qquad (2-6)$$

将 $i_2(t) = \dfrac{1}{R_2} y(t)$ 代入式(2-6),即得到电压 $y(t)$ 与输入电压源 $x(t)$ 的关系:

$$L\left(\frac{1}{R_1} + \frac{1}{R_2}\right)\frac{d^2 y(t)}{dt^2} + \left(\frac{L}{R_1 R_2 C} + 1\right)\frac{dy(t)}{dt} + \frac{1}{R_2 C}y(t) = \frac{dx(t)}{dt} \qquad (2-7)$$

例 2-2　图 2-2 所示为机械位移系统,质量为 m 的刚体一端由弹簧牵引,弹簧的另一端固定在壁上,刚体与地面间的摩擦系数为 f,外加牵引力为 $F_s(t)$,求外加牵引力 $F_s(t)$ 与刚体运动速度 $v(t)$ 之间的关系。

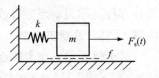

图 2-2　机械位移系统

解:在图示系统中除外力外,还存在三种类型的力影响物体的运动,分别是运动物体的惯性力、物体与地面的摩擦力和弹簧产生的恢复力。

运动物体的惯性力由牛顿第二定律决定:

$$F_m(t) = m\frac{d}{dt}v(t)$$

物体与地面的摩擦力 $F_f(t)$ 与速度成正比:

$$F_f(t) = f v(t)$$

式中,f 为摩擦系数。

弹簧在弹性限度内,拉力 $F_k(t)$ 与位移成正比,设刚体系数为 k,有

$$F_k(t) = k\int_{-\infty}^{t} v(\tau)d\tau$$

系统中的四种力是平衡的,由达朗贝尔(D'Alembert)原理可得

$$m \frac{\mathrm{d}}{\mathrm{d}t} v(t) + fv(t) + k\int_{-\infty}^{t} v(\tau)\mathrm{d}\tau = F_s(t)$$

化简得

$$m \frac{\mathrm{d}^2}{\mathrm{d}t^2} v(t) + f \frac{\mathrm{d}v(t)}{\mathrm{d}t} + kv(t) = \frac{\mathrm{d}F_s(t)}{\mathrm{d}t} \qquad (2-8)$$

上式即为图2-2所示机械位移系统的微分方程表示。

许多表面上完全不同的系统(如机械系统、电气系统、经济学系统等),可能具有完全相同的数学模型。数学模型表达了这些系统的共性。因此,数学模型建立以后,研究系统主要以数学模型为基础,分析并综合系统的各项性能,而不再涉及实际系统的物理性质和具体特点。

2. 微分方程的求解

式(2-1)所示的微分方程所描述的输入输出关系不是将系统输出作为输入函数的一种显式给出的,为了得到一个显式表达式,就需要求解微分方程。对于这种动态系统,求解时仅仅知道输入量是不够的,还必须知道一组变量的初始值。不同的初始值选取会导致不同的解 $y(t)$,结果就有不同的输入和输出之间的关系。由于本书的绝大部分都集中在用微分方程描述的因果 LTI 系统,在这种情况下要取初始松弛这种形式的条件,即:对于一个因果的 LTI 系统,若 $t < t_0, x(t) = 0$,则 $t < t_0, y(t)$ 必须也等于0。值得强调的是,初始松弛条件并不表明在某一固定时刻点上的零初始条件,而是在时间上调整这一点,以使得在输入变成非零前,响应一直为零。

我们首先来回顾微分方程的经典解法。

根据微分方程的经典解法,微分方程的完全解由齐次解 $y_h(t)$ 和特解 $y_p(t)$ 组成,即

$$y(t) = y_h(t) + y_p(t) \qquad (2-9)$$

齐次解满足式(2-1)中右端输入 $x(t)$ 及其各阶导数都为零的齐次方程,即

$$a_n y^{(n)}(t) + a_{n-1} y^{(n-1)}(t) + \cdots + a_1 y^{(1)}(t) + a_0 y(t) = 0 \qquad (2-10)$$

齐次解的基本形式为 $A\mathrm{e}^{\lambda t}$,将 $A\mathrm{e}^{\lambda t}$ 代入式(2-10),可得

$$a_n A\lambda^n \mathrm{e}^{\lambda t} + a_{n-1} A\lambda^{n-1} \mathrm{e}^{\lambda t} + \cdots + a_1 A\lambda \mathrm{e}^{\lambda t} + a_0 A\mathrm{e}^{\lambda t} = 0$$

在 $A \neq 0$ 的条件下可得

$$a_n \lambda^n + a_{n-1} \lambda^{n-1} + \cdots + a_1 \lambda + a_0 = 0 \qquad (2-11)$$

式(2-11)称为微分方程对应的特征方程。对应的 n 个根 $\lambda_1, \lambda_2, \cdots, \lambda_n$ 称为微分方程的特征根。齐次解的形式取决于特征根的模式。各种模式下的齐次解形式如表2-1所示。

表2-1 齐次解模式

特征根	齐次解中的对应项
每一单根 $\lambda = r$	给出一项 $C\mathrm{e}^{rt}$
重实根 $\lambda = r(k\text{ 重})$	给出 k 项 $C_1\mathrm{e}^{rt} + C_2 t\mathrm{e}^{rt} + \cdots + C_k t^{k-1}\mathrm{e}^{rt}$
一对单复根 $\lambda_{1,2} = \alpha \pm \mathrm{j}\beta$	给出两项 $C_1\mathrm{e}^{\alpha t}\cos\beta t + C_2\mathrm{e}^{\alpha t}\sin\beta t$
一对重复根 $\lambda_{1,2} = \alpha \pm \mathrm{j}\beta$	给出 $2m$ 项 $C_1\mathrm{e}^{\alpha t}\cos\beta t + C_2 t\mathrm{e}^{\alpha t}\cos\beta t + \cdots + C_m t^{m-1}\mathrm{e}^{\alpha t}\cos\beta t +$
(m 重)	$d_1\mathrm{e}^{\alpha t}\sin\beta t + d_2 t\mathrm{e}^{\alpha t}\sin\beta t + \cdots + d_m t^{m-1}\mathrm{e}^{\alpha t}\sin\beta t$

以上各式中的 C_i 为待定系数，由初始条件确定。

微分方程的特解形式与输入信号的形式有关。将特解与输入信号代入方程式(2－1)，求得特解函数式中的待定系数，即可给出特解 $y_p(t)$。几种常用的典型输入信号所对应的特解函数式如表2-2所示。

表 2-2　常用典型输入信号对应的特解

输入信号	特　　解
K	A
e^{-at}（特征根 $\lambda \neq -a$）	$A\mathrm{e}^{-at}$
e^{-at}（特征根 $\lambda = -a(k\,\text{重})$）	$At^k\mathrm{e}^{-at}$
t^m	$A_m t^m + A_{m-1}t^{m-1} + \cdots + A_1 t + A_0$
$\mathrm{e}^{-at}\cos(\omega_0 t)$ 或 $\mathrm{e}^{-at}\sin(\omega_0 t)$	$A\mathrm{e}^{-at}\sin(\omega_0 t) + B\mathrm{e}^{-at}\cos(\omega_0 t)$
$t^m\mathrm{e}^{-at}\cos(\omega_0 t)$ 或 $t^m\mathrm{e}^{-at}\sin(\omega_0 t)$	$(A_m t^m + A_{m-1}t^{m-1} + \cdots + A_1 t + A_0)\mathrm{e}^{-at}\sin(\omega_0 t) + (B_m t^m + B_{m-1}t^{m-1} + \cdots + B_1 t + B_0) \cdot \mathrm{e}^{-at}\cos(\omega_0 t)$

注：① 表中 A_i, B_i 为待定系数；
　　② 若输入信号 $x(t)$ 由几种输入信号组合，则特解也为其相应的组合。

得到齐次解的形式和特解后，将二者相加，即可得到微分方程的完全解表达形式
$$y(t) = y_h(t) + y_p(t)$$

再利用已知的 n 个初始条件 $y(0), y^{(1)}(0), \cdots, y^{(n-1)}(0)$，即可在全解表达式中确定齐次解部分的待定系数，从而得到微分方程的全解。

例 2-3　已知 LTI 连续时间系统为
$$y^{(2)}(t) + 6y^{(1)}(t) + 8y(t) = x(t)$$
初始条件 $y(0) = 1, y^{(1)}(0) = 2$，输入信号 $x(t) = \mathrm{e}^{-t}u(t)$，求系统的完全响应 $y(t)$。

解：(1) 齐次解 $y_h(t)$。

特征方程为 $\lambda^2 + 6\lambda + 8 = 0$，特征根为 $\lambda_1 = -2, \lambda_2 = -4$，均为互异单根，故齐次解模式为
$$y_h(t) = C_1\mathrm{e}^{-2t} + C_2\mathrm{e}^{-4t}$$

(2) 特解 $y_p(t)$。

由输入信号 $x(t)$ 的形式，可知方程的特解为
$$y_p(t) = C_3\mathrm{e}^{-t}$$
将设定的特解及输入信号代入系统微分方程
$$(C_3\mathrm{e}^{-t})^{(2)} + 6(C_3\mathrm{e}^{-t})^{(1)} + 8(C_3\mathrm{e}^{-t}) = \mathrm{e}^{-t}$$
即可求得 $C_3 = \dfrac{1}{3}$，于是特解为

$$y_p(t) = \frac{1}{3}\mathrm{e}^{-t}$$

(3) 全解 $y(t)$。

$$y(t) = y_h(t) + y_p(t) = C_1\mathrm{e}^{-2t} + C_2\mathrm{e}^{-4t} + \frac{1}{3}\mathrm{e}^{-t}$$

利用给定的初始条件，在全解形式中确定齐次解部分的待定系数

$$y(0)=1 \Rightarrow C_1+C_2+\frac{1}{3}=1$$

$$y^{(1)}(0)=2 \Rightarrow -2C_1-4C_2-\frac{1}{3}=2$$

求得 $C_1=\dfrac{5}{2}, C_2=-\dfrac{11}{6}$。

微分方程的全解,即系统的完全响应为

$$y(t)=\frac{5}{2}\mathrm{e}^{-2t}-\frac{11}{6}\mathrm{e}^{-4t}+\frac{1}{3}\mathrm{e}^{-t}, \quad t>0$$

从上面的例题可以看出完全解中的齐次解部分由系统的特征根决定,仅依赖于系统本身特性,因此这一部分的响应常称为自然响应,系统特征根 $\lambda_i(i=1,\cdots,n)$ 称为系统的自然频率(或固有频率、自由频率);完全解中的特解形式由输入信号确定,因此称为受迫响应。

经典法是一种纯数学方法,没有完全突出输入信号经过系统后产生系统响应的明确物理概念,因此我们选取另一角度来分析系统。在前面的分析中,我们知道系统的全响应不仅与输入信号有关,并且与系统初始状态有关,这时我们将系统的初始状态也看作是一种输入激励,这样根据系统的线性性质,系统全响应可看作是初始状态与输入信号作为引起响应的两种因素通过系统后分别产生的响应的叠加。其中,仅由初始状态单独作用于系统产生的响应称为零输入响应,记为 $y_0(t)$;仅由输入信号单独作用于系统产生的响应称为零状态响应,记为 $y_x(t)$。此时系统全响应就变成:全响应＝零输入响应＋零状态响应,即

$$y(t)=y_0(t)+y_x(t)$$

2.3　零输入响应与零状态响应

1. 零输入响应的求取

系统的微分方程模型如式(2-1)所示,即

$$a_n y^{(n)}(t)+a_{n-1}y^{(n-1)}(t)+\cdots+a_1 y^{(1)}(t)+a_0 y(t)=$$
$$b_m x^{(m)}(t)+b_{m-1}x^{(m-1)}(t)+\cdots+b_1 x^{(1)}(t)+b_0 x(t)$$

对于零输入响应,由于与输入信号无关,即方程右端输入信号及其各阶导数均为零,则零输入响应是齐次方程

$$a_n y^{(n)}(t)+a_{n-1}y^{(n-1)}(t)+\cdots+a_1 y^{(1)}(t)+a_0 y(t)=0$$

的解。由于零输入响应是由初始状态引起的响应,因此齐次解模式中的待定系数直接由给定初始条件确定。

例 2-4　已知 LTI 连续时间系统的微分方程为

$$y^{(2)}(t)+3y^{(1)}(t)+2y(t)=x^{(1)}(t)+3x(t)$$

初始条件 $y(0_-)=1, y^{(1)}(0_-)=2$,输入信号 $x(t)=\mathrm{e}^{-3t}u(t)$,求系统的零输入响应 $y_0(t)$。

解: 系统的特征方程为 $\lambda^2+3\lambda+2=0$,解得特征根为 $\lambda_1=-1, \lambda_2=-2$(互异单根)。

零输入响应 $y_0(t)$ 具有齐次解模式,即

$$y_0(t)=C_1\mathrm{e}^{-t}+C_2\mathrm{e}^{-2t}$$

代入初始条件 $y(0_-)=1, y'(0_-)=2$,得

$$y(0_-) = 1 \Rightarrow C_1 + C_2 = 1$$

$$y^{(1)}(0_-) = 2 \Rightarrow -C_1 - 2C_2 = 2$$

解得：$C_1 = 4, C_2 = -3$。因此零输入响应为

$$y_0(t) = 4e^{-t} - 3e^{-2t}, \ t > 0$$

2. 零状态响应的求取

对于零状态响应，由于是输入信号所引起的响应，方程右端存在输入信号及其导数，因此仍然保持非齐次微分方程形式，所以零状态响应具有方程的完全解模式。由于零状态响应与初始状态无关，即初始条件全部为零：

$$y(0) = y^{(1)}(0) = \cdots = y^{(n-1)}(0) = 0$$

用这一限定因素确定全解中齐次解部分的待定系数。

例 2-5 已知 LTI 连续时间系统的微分方程为

$$y^{(2)}(t) + \frac{3}{2}y^{(1)}(t) + \frac{1}{2}y(t) = x(t)$$

初始条件 $y(0) = 1, y^{(1)}(0) = 0$，输入信号 $x(t) = 5e^{-3t}u(t)$，求系统的零输入响应 $y_0(t)$、零状态响应 $y_x(t)$ 及完全响应 $y(t)$。

解：(1) 求零输入响应 $y_0(t)$。

系统的特征方程为

$$\lambda^2 + \frac{3}{2}\lambda + \frac{1}{2} = 0$$

解得特征根为

$$\lambda_1 = -1, \lambda_2 = -\frac{1}{2}$$

零输入响应 $y_0(t)$ 具有齐次解模式，即

$$y_0(t) = C_1 e^{-t} + C_2 e^{-\frac{1}{2}t}$$

代入初始条件 $y(0) = 1, y^{(1)}(0) = 0$，得

$$y(0) = 1 \Rightarrow C_1 + C_2 = 1$$

$$y^{(1)}(0) = 0 \Rightarrow -C_1 - \frac{1}{2}C_2 = 0$$

解得：$C_1 = -1, C_2 = 2$。因此零输入响应为

$$y_0(t) = -e^{-t} + 2e^{-\frac{1}{2}t}, \ t > 0$$

(2) 零状态响应 $y_x(t)$。

零状态响应具有完全解形式，因此

$$y_x(t) = y_h(t) + y_p(t)$$

首先求特解 $y_p(t)$。根据给定的输入 $x(t) = 5e^{-3t}u(t)$，设特解 $y_p(t) = Ae^{-3t}$，将其与输入共同代入微分方程，比较对应项系数得 $A = 1$。

因此特解、齐次解模式、完全解模式分别为

$$y_p(t) = e^{-3t}$$

$$y_h(t) = C_1 e^{-t} + C_2 e^{-\frac{1}{2}t}$$

$$y_x(t) = y_h(t) + y_p(t) = C_1 e^{-t} + C_2 e^{-\frac{1}{2}t} + e^{-3t}$$

因为零状态响应与初始条件无关，即 $y(0) = y^{(1)}(0) = 0$，用这一限定条件确定 $y_x(t)$ 中齐次解模式的待定系数 C_1 和 C_2

$$y(0) = 0 \Rightarrow C_1 + C_2 + 1 = 0$$

$$y^{(1)}(0) = 0 \Rightarrow -C_1 - \frac{1}{2}C_2 - 3 = 0$$

解得 $C_1 = -5, C_2 = 4$。因此零状态响应为

$$y_x(t) = \left(-5e^{-t} + 4e^{-\frac{1}{2}t} + e^{-3t}\right)u(t)$$

（3）完全响应 $y(t)$。

$$y(t) = y_0(t) + y_x(t)$$

$$= \left(-e^{-t} + 2e^{-\frac{1}{2}t}\right) + \left(-5e^{-t} + 4e^{-\frac{1}{2}t} + e^{-3t}\right) = \left[\left(\underbrace{-6e^{-t} + 6e^{-\frac{1}{2}t}}_{\text{自然响应}}\right) + \underbrace{e^{-3t}}_{\text{受迫响应}}\right]u(t)$$

可见，自然响应包括零输入响应和零状态响应的一部分。

以下来介绍零状态响应的初始条件跃变。

（1）初始条件跃变的产生。

初始条件跃变问题只针对零状态响应，是指系统在加入输入信号前后瞬间的状态变化，即 $t = 0_-$ 到 $t = 0_+$ 系统状态的转换问题。系统的 0_- 状态，如 $y(0_-), y^{(1)}(0_-), \cdots, y^{(n-1)}(0_-)$，我们姑且称之为起始状态，是指系统没有加入外部输入时的固有状态，反映的是系统全部的"历史"信息。在输入信号 $x(t)$ 于 $t = 0$ 时刻加入后，由于受输入的影响，这组状态可能发生变化，即 $y(0_-), y^{(1)}(0_-), \cdots, y^{(n-1)}(0_-)$ 不等于 $y(0_+), y^{(1)}(0_+), \cdots, y^{(n-1)}(0_+)$，这种现象称之为初始条件跃变。我们将 0_+ 状态称之为初始条件。初始条件跃变并不陌生，在电路分析中，当冲激电流 $i_C(t) = \delta(t)$ 流过电容，则电容 C 两端的电压 $v_C(t)$ 将在 0_- 到 0_+ 瞬间发生跃变，电感 L 两端加上电压 $v_L(t) = \delta(t)$，其电感电流 $i_L(t)$ 也将在 0_- 到 0_+ 瞬间发生跃变。但是当电路中没有冲激电流强迫作用于电容或没有冲激电压强迫作用于电感时，换路期间电容两端的电压和流过电感中的电流不会发生突变，即 $v_C(0_-) = v_C(0_+), i_L(0_-) = i_L(0_+)$。对于简单电路系统，我们可以利用物理概念分析初始条件跃变问题。对于一般系统，可以从系统模型进行判断，其典型特点是当式（2 - 1）所描述的微分方程右端含有 $\delta(t)$ 或其导数时，系统初始条件将产生跃变。

（2）初始条件的确定。

对于不同的系统，可以采用不同的方法确定跃变后 0_+ 时的初始条件，例如利用物理概念分析法、δ 函数匹配法、LTI 连续时间系统微分特性法等。下面分别举例说明。

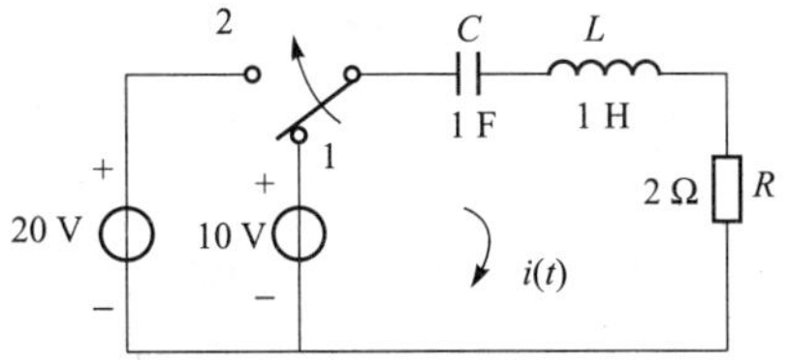

例 2-6　如图 2-3 所示电路，$t < 0$ 时，开关位于"1"，且已达到稳态，$t = 0$ 时，开关自"1"转至"2"。（1）写出系统的微分方程；（2）求 $t > 0$ 时 $i(t)$ 的零状态响应。

图 2-3　例 2-6 用图

解：（1）由题意可知系统的激励信号为　$e(t) = \begin{cases} 10, & t < 0 \\ 20, & t > 0 \end{cases}$，即 $e(t) = 10 + 10u(t)$。

根据元件的电压电流关系及基尔霍夫电压定律可得

$$\frac{1}{C}\int_{-\infty}^{t} i(\tau)\mathrm{d}\tau + L\frac{\mathrm{d}}{\mathrm{d}t}i(t) + Ri(t) = e(t)$$

方程两端同时求导,并代入元件参数值得到微分方程

$$\frac{\mathrm{d}^2}{\mathrm{d}t^2}i(t) + 2\frac{\mathrm{d}}{\mathrm{d}t}i(t) + i(t) = 10\delta(t) \tag{2-12}$$

(2) 由于上式右端含 $\delta(t)$,意味着系统的初始条件会发生跃变。我们利用系统的物理概念进行初始条件的确定。

当 $t<0$ 时,开关位于"1",且已达到稳态,即 $i(0_-)=0$,此时电感两端电压为 0,即 $i^{(1)}(0_-)=0$;当 $t=0$,开关自"1"转至"2"时,由于电容两端电压不会发生突变,故可知电感两端电压发生了变化,即 $i^{(1)}(0_+)=10$ V,而 $i(0_+)$ 仍为零。

当 $t>0$ 时,式(2-12)为齐次方程,其特征方程为

$$\lambda^2 + 2\lambda + 1 = 0$$

特征根 $\lambda_{1,2}=-1$,则

$$i(t) = (C_1 + C_2 t)\mathrm{e}^{-t}$$

代入初始条件 $i(0_+)=i(0_-)=0, i^{(1)}(0_+)=10$ V,得

$$\begin{cases} C_1 = 0 \\ C_2 - C_1 = 10 \end{cases} \Rightarrow \begin{cases} C_1 = 0 \\ C_2 = 10 \end{cases}$$

故零状态响应为

$$i(t) = 10t\mathrm{e}^{-t}u(t)$$

例 2-7 已知描述系统的微分方程为

$$y'(t) + 2y(t) = 4x(t) \tag{2-13}$$

求当输入为 $x(t)=\delta'(t)$ 时的零状态响应。

解:将 $x(t)=\delta'(t)$ 代入式(2-13),得

$$y'(t) + 2y(t) = 4\delta'(t)$$

由于方程右端含 $\delta'(t)$ 项,则说明 $y(t)$ 的初始条件在 $t=0$ 时刻发生了跃变,即 $y(0_+) \neq y(0_-)$,我们需要确定初始条件 $y(0_+)$,这里采用 δ 函数匹配法,其基本原则为微分方程两端奇异函数平衡。具体过程如下:

(1) 为使方程两端保持平衡,方程左端最高阶导数项,即 $y'(t)$ 项应含有 $4\delta'(t)$;

(2) 最高阶导数项 $y'(t)$ 项含有 $4\delta'(t)$,意味着 $y(t)$ 中含有 $4\delta(t)$,考虑到方程中 $y(t)$ 项前的系数,故 $2y(t)$ 应含有 $8\delta(t)$;

(3) 方程左端出现了 $8\delta(t)$,但右端没有,故再回到最高阶导数项 $y'(t)$ 加以补偿,使 $y'(t)$ 中再含有 $-8\delta(t)$;

(4) 再次考虑高阶导数项对低阶导数项的影响,$y'(t)$ 中含有 $-8\delta(t)$ 就意味着 $y(t)$ 在 $t=0$ 时刻有 -8 的跳变量,即 $y(0_+)-y(0_-)=-8$;

(5) 由于 $y(0_-)=0$,故 $y(0_+)=-8$。其示意图为

$$y'(t) + 2y(t) = 4\delta'(t)$$

$$4\delta'(t) \longrightarrow 4\delta(t)$$

$$\downarrow \times 2$$

$$-8\delta(t) \longleftarrow 8\delta(t)$$

$$\longrightarrow -8u(t)$$

式(2-13)的齐次解为 $y_h(t) = Ce^{-2t}$,特解为 $y_p(t) = 4\delta(t)$,则

$$y_x(t) = Ce^{-2t} + 4\delta(t),t \geq 0$$

代入 $y(0_+) = -8$,得 $C = -8$,故

$$y_x(t) = -8e^{-2t}u(t) + 4\delta(t)$$

注:当解的有效区域包括 $t = 0$ 时,不要丢掉匹配过程中得到的 $y(t)$ 中含有的 $4\delta(t)$。

以上两例分别利用物理概念分析法、δ 函数匹配法处理初始条件跃变问题。接下来研究用 LTI 连续时间系统微分特性法处理初始条件跃变问题,该方法依赖于 LTI 系统所具有的可加性和时不变性。系统的输入 $x(t)$ 与输出 $y(t)$ 的关系表示为 $x(t) \rightarrow y(t)$,当输入为 $x^{(1)}(t)$ 时,对应关系为 $x^{(1)}(t) \rightarrow y^{(1)}(t)$。

因为

$$x(t \pm \Delta t) \rightarrow y(t \pm \Delta t)(时不变性)$$

$$\frac{x(t) - x(t \pm \Delta t)}{\Delta t} \rightarrow \frac{y(t) - y(t \pm \Delta t)}{\Delta t}(可加性)$$

对此式取 $\Delta t \rightarrow 0$ 的极限,上述结论即可证明。

依此类推,当输入为 $b_m x^{(m)}(t) + b_{m-1}x^{(m-1)}(t) + \cdots + b_1 x^{(1)}(t) + b_0 x(t)$ 时,对应输出关系一定满足

$$b_m x^{(m)}(t) + b_{m-1}x^{(m-1)}(t) + \cdots + b_1 x^{(1)}(t) + b_0 x(t) \rightarrow$$

$$b_m y^{(m)}(t) + b_{m-1}y^{(m-1)}(t) + \cdots + b_1 y^{(1)}(t) + b_0 y(t)$$

基于以上分析,用微分特性法解决零状态响应初始条件跃变问题可分两步完成,避开了初始条件在 0_- 到 0_+ 的具体跃变值。

(1) 设微分方程的右端只有输入 $x(t)$,即

$$a_n \hat{y}^{(n)}(t) + a_{n-1}\hat{y}^{(n-1)}(t) + \cdots + a_1 \hat{y}^{(1)}(t) + a_0 \hat{y}(t) = x(t)$$

此时,初始条件无跃变,即

$$\hat{y}(0_+) = \hat{y}^{(1)}(0_+) = \cdots = \hat{y}^{(n-1)}(0_+) = 0$$

求出此时的零状态响应 $\hat{y}_x(t)$,而系统的真正零状态响应是在 $x(t),x^{(1)}(t),\cdots,x^{(m)}(t)$ 的加权组合输入共同作用下的结果。因此,有步骤(2)。

(2) 对 $\hat{y}_x(t)$ 进行式(2-1)右端的等价运算,即得所描述系统的零状态响应 $y_x(t)$

$$y_x(t) = b_m \hat{y}_x^{(m)}(t) + b_{m-1}\hat{y}_x^{(m-1)}(t) + \cdots + b_1 \hat{y}_x^{(1)}(t) + b_0 \hat{y}_x(t)$$

例 2-8 已知某 LTI 系统的微分方程为

$$y''(t) + 5y'(t) + 6y(t) = x'(t) - x(t) \tag{2-14}$$

且 $y'(0_-) = y(0_-) = 0$,求该系统对于输入 $x(t) = e^{-t}u(t)$ 的响应。

解:将输入 $x(t) = e^{-t}u(t)$ 代入式(2-14),得

$$y''(t) + 5y'(t) + 6y(t) = \delta(t) - 2e^{-t}u(t)$$

方程右端出现了 $\delta(t)$,说明初始条件会发生跃变。这里我们采用 LTI 连续时间系统微分

特性法进行处理。

设式(2-14)右端只有 $x(t)$ 时,系统的零状态响应为 $\hat{y}_x(t)$,于是

$$\hat{y}''(t)+5\hat{y}'(t)+6\hat{y}(t)=x(t) \tag{2-15}$$

系统特征方程为 $\lambda^2+5\lambda+6=0$,特征根为 $\lambda_1=-2$,$\lambda_2=-3$,故齐次解为

$$\hat{y}_h(t)=C_1 e^{-2t}+C_2 e^{-3t}, \quad t\geq 0$$

特解为 $\hat{y}_p(t)=C e^{-t}$,代入式(2-15)得 $C=\dfrac{1}{2}$,于是对应式(2-15)的零状态响应为

$$\hat{y}_x(t)=C_1 e^{-2t}+C_2 e^{-3t}+\frac{1}{2}e^{-t}, \quad t\geq 0 \tag{2-16}$$

此时的初始条件是没有跃变的,即 $\hat{y}(0_-)=\hat{y}(0_+)=0$,$\hat{y}'(0_-)=\hat{y}'(0_+)=0$,代入式(2-16),得 $C_1=-1$,$C_2=\dfrac{1}{2}$,因此

$$\hat{y}_x(t)=-e^{-2t}+\frac{1}{2}e^{-3t}+\frac{1}{2}e^{-t}, t\geq 0$$

而系统真正的零状态响应 $y_x(t)$ 是式(2-14)右端 $x'(t)-x(t)$ 共同作用的结果。根据 LTI 系统的线性时不变性,得

$$y_x(t)=\hat{y}'_x(t)-\hat{y}_x(t)=3e^{-2t}-2e^{-3t}-e^{-t}, t\geq 0$$

从以上三种方法处理初始条件跃变问题可见,物理概念分析法只适用于较简单的物理系统;δ 函数匹配法在确定初始条件时理解上稍比微分特性法复杂,但一步即可得到所要求的解;微分特性法较容易理解,但要分两步求解,计算上麻烦一些。

2.4　单位冲激响应

前面介绍的关于 LTI 连续时间系统的零状态响应求解采用的是经典法,另外更重要的一种方法是卷积法。该方法清楚地表现了输入、系统、输出三者之间的时域关系。在讨论卷积法求解零状态响应之前,我们要先讨论一下卷积法中所应用到的一个重要概念:单位冲激响应。系统的单位冲激响应定义为单位冲激信号 $\delta(t)$ 输入时系统的零状态响应,记为 $h(t)$。由于输入信号是单位冲激信号 $\delta(t)$,并且是在初始条件全部为零的前提下,因而单位冲激响应 $h(t)$ 仅取决于系统的内部结构及其元件参数,不同结构和元件参数的系统将具有不同的单位冲激响应。由此可见,系统的单位冲激响应 $h(t)$ 是表征系统本身特性的重要物理量。

对于由式(2-1)描述的系统,其单位冲激响应 $h(t)$ 满足微分方程

$$\begin{aligned} a_n h^{(n)}(t)+a_{n-1}h^{(n-1)}(t)+\cdots+a_1 h^{(1)}(t)+a_0 h(t)=\\ b_m \delta^{(m)}(t)+b_{m-1}\delta^{(m-1)}(t)+\cdots+b_1\delta^{(1)}(t)+b_0\delta(t) \end{aligned} \tag{2-17}$$

及起始状态 $h^{(i)}(0_-)=0 \quad (i=0,1,\cdots n-1)$。由于 $\delta(t)$ 及其各阶导数在 $t\geq 0_+$ 时都等于零,因此式(2-17)右端各项在 $t\geq 0_+$ 时恒等于零,此时式(2-17)为齐次方程,这样单位冲激响应的形式与齐次解形式相同。在 $n>m$ 时,$h(t)$ 可以表示为

$$h(t)=\left(\sum_{i=1}^{n}C_i e^{\lambda_i t}\right)u(t)$$

若 $n\leq m$,则 $h(t)$ 中将包含 $\delta(t)$ 及 $\delta^{(1)}(t)$,一直到 $\delta^{(m-n)}(t)$。由于式(2-17)右端是

$\delta(t)$ 及其各阶导数项，$h(t)$ 是输入为 $\delta(t)$ 时的零状态响应，因此求解单位冲激响应 $h(t)$ 的问题实质是在初始条件跃变下确定 $t = 0_+$ 时的初始条件及其在该初始条件下的齐次解问题。下面我们来分析一下 $t = 0_+$ 时的初始条件。

对于一个微分方程如下式表示的 LTI 连续时间系统

$$a_n y^{(n)}(t) + a_{n-1} y^{(n-1)}(t) + \cdots + a_1 y^{(1)}(t) + a_0 y(t) = x(t)$$

当 $x(t) = \delta(t)$ 时，响应为 $h(t)$，即

$$a_n h^{(n)}(t) + a_{n-1} h^{(n-1)}(t) + \cdots + a_1 h^{(1)}(t) + a_0 h(t) = \delta(t) \tag{2-18}$$

为保证方程两端冲激函数平衡，则式（2-18）左端应有冲激函数项，且只能出现在第一项 $h^{(n)}(t)$ 中，这样第二项中应有阶跃函数项，在其后的各项中有相应的 t 的正幂函数项。

对式（2-18）两端取 $0_- \sim 0_+$ 的定积分，则有

$$a_n \int_{0_-}^{0_+} h^{(n)}(t) \mathrm{d}t + a_{n-1} \int_{0_-}^{0_+} h^{(n-1)}(t) \mathrm{d}t + \cdots + a_1 \int_{0_-}^{0_+} h^{(1)}(t) \mathrm{d}t + a_0 \int_{0_-}^{0_+} h(t) \mathrm{d}t = \int_{0_-}^{0_+} \delta(t) \mathrm{d}t$$

$$\tag{2-19}$$

在 0_- 时刻，$h(t)$ 及其各阶导数值均为 0，即有

$$h^{(n-1)}(0_-) = h^{(n-2)}(0_-) = \cdots = h^{(1)}(0_-) = h(0_-) = 0$$

另外式（2-19）左端积分除第一项因被积函数包含单位冲激函数，其积分结果在 $t = 0$ 处不连续外，其余各项积分结果在 $t = 0$ 处都连续，即这些积分项所得函数在 $t = 0_-$ 和 $t = 0_+$ 时的取值相同，即

$$h^{(n-2)}(0_+) = h^{(n-2)}(0_-) = 0, \cdots, h^{(1)}(0_+) = h^{(1)}(0_-) = 0, h(0_+) = h(0_-) = 0$$

式（2-19）右端积分为 1，则式（2-19）两端积分后得

$$a_n [h^{(n-1)}(0_+) - h^{(n-1)}(0_-)] = 1$$

由此可得，对应于式（2-18）所描述的系统，单位冲激函数 $\delta(t)$ 引起的 $t = 0_+$ 时的 n 个初始条件为

$$\begin{cases} h^{(n-1)}(0_+) = \dfrac{1}{a_n} \\ h^{(n-2)}(0_+) = h^{(n-3)}(0_+) = \cdots = h^{(1)}(0_+) = h(0_+) = 0 \end{cases}$$

有了这样一组初始条件，$h(t)$ 齐次解模式中的对应系数 C_i 就迎刃而解了。

同样，对于式（2-17）描述的一般系统，我们也可以利用微分特性法，分两步完成系统单位冲激响应 $h(t)$ 的求解。

（1）设方程右端只有输入 $\delta(t)$，即

$$a_n \hat{h}^{(n)}(t) + a_{n-1} \hat{h}^{(n-1)}(t) + \cdots + a_1 \hat{h}^{(1)}(t) + a_0 \hat{h}(t) = \delta(t)$$

其中 $\hat{h}(t)$ 具有齐次解模式，初始条件 $\hat{h}^{(n-1)}(0_+) = \dfrac{1}{a_n}, \hat{h}^{(n-2)}(0_+) = \cdots = \hat{h}(0_+) = 0$，求出 $\hat{h}(t)$；

（2）对 $\hat{h}(t)$ 进行式（2-17）右端的等价运算，即得所描述系统的单位冲激响应 $h(t)$

$$h(t) = b_m \hat{h}^{(m)}(t) + b_{m-1} \hat{h}^{(m-1)}(t) + \cdots + b_1 \hat{h}^{(1)}(t) + b_0 \hat{h}(t)$$

例 2-9 某 LTI 系统的微分方程为

$$y''(t) + 5y'(t) + 6y(t) = x'(t) + x(t) \qquad (2-20)$$

试求其单位冲激响应 $h(t)$。

解:(1) 可先求方程右端只有 $\delta(t)$ 时的 $\hat{h}(t)$。

$$\hat{h}''(t) + 5\hat{h}'(t) + 6\hat{h}(t) = \delta(t)$$

系统特征方程为 $\lambda^2 + 5\lambda + 6 = 0$,系统特征根为 $\lambda_1 = -2, \lambda_2 = -3$,$\hat{h}(t)$ 具有齐次解模式:

$$\hat{h}(t) = C_1 e^{-2t} + C_2 e^{-3t}, t > 0 \qquad (2-21)$$

$t = 0_+$ 时的初始条件为 $\hat{h}'(0_+) = 1, \hat{h}(0_+) = 0$,代入解中,求得 $C_1 = 1, C_2 = -1$。所以

$$\hat{h}(t) = (e^{-2t} - e^{-3t}) u(t)$$

(2) 再将 $\hat{h}(t)$ 作方程右端的等价运算,得

$$h(t) = \hat{h}'(t) + \hat{h}(t) = (-e^{-2t} + 2e^{-3t}) u(t)$$

当然,我们也可以采用冲激函数平衡法确定齐次解模式的待定系数,以上题为例,即将式(2-20)所对应的齐次解模式

$$h(t) = (k_1 e^{-2t} + k_2 e^{-3t}) u(t)$$

代入式(2-20),为保持系统对应的微分方程恒等,方程式两端所具有的单位冲激信号及其高阶导数必须相等。根据此规则即可求得系统单位冲激响应 $h(t)$ 的待定系数 $k_1 = -1, k_2 = 2$。

单位冲激响应除可以在时域中直接求解外,也可以比较方便地在频域、复频域中求取,关于这个问题将在后续章节中讨论。

2.5 卷积积分

连续时间信号卷积积分是计算连续时间 LTI 系统零状态响应的重要方法。随着信号与系统理论研究的深入发展,卷积方法受到越来越多的重视与应用,本节详细介绍卷积积分的计算方法、性质及其应用。

1. 任意函数表示为冲激函数的积分

卷积积分的基本原理是充分利用连续时间 LTI 系统的线性和时不变性,将一般信号分解为延时冲激信号的线性组合,借助系统的单位冲激响应 $h(t)$,求解系统对任意输入信号的零状态响应。

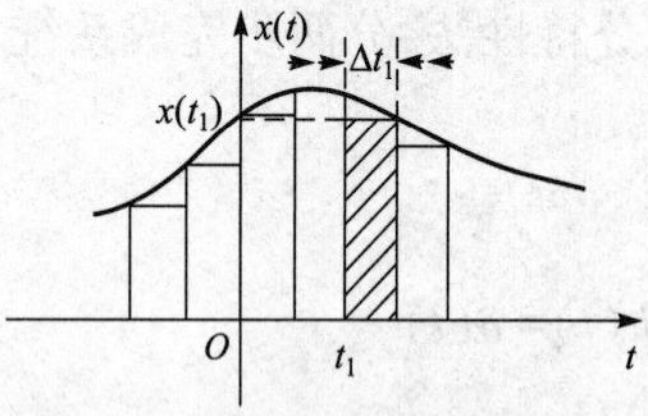

下面我们来分析将一般信号表示为延时冲激信号的线性组合。

图 2-4 连续时间函数用窄矩形脉冲信号近似

如图 2-4 所示,任意连续时间函数 $x(t)$ 可用窄矩形脉冲信号的叠加来近似地表示。设在 t_1 时刻的窄矩形脉冲高度为 $x(t_1)$,宽度为 Δt_1,此窄矩形脉冲表示为

$$x(t_1) [u(t-t_1) - u(t-t_1-\Delta t_1)]$$

$t_1 = -\infty \sim \infty$ 会有许多这样的窄矩形脉冲相叠加,得到 $x(t)$ 的近似表示

$$x(t) \approx \sum_{t_1 = -\infty}^{\infty} x(t_1) \left[u(t - t_1) - u(t - t_1 - \Delta t_1) \right]$$

$$= \sum_{t_1 = -\infty}^{\infty} x(t_1) \frac{\left[u(t - t_1) - u(t - t_1 - \Delta t_1) \right]}{\Delta t_1} \Delta t_1$$

当 $\Delta t_1 \to 0$ 时,可以得到

$$x(t) = \lim_{\Delta t_1 \to 0} \sum_{t_1 = -\infty}^{\infty} x(t_1) \frac{\left[u(t - t_1) - u(t - t_1 - \Delta t_1) \right]}{\Delta t_1} \Delta t_1$$

$$= \lim_{\Delta t_1 \to 0} \sum_{t_1 = -\infty}^{\infty} x(t_1) \delta(t - t_1) \Delta t_1$$

$$= \int_{-\infty}^{\infty} x(t_1) \delta(t - t_1) \mathrm{d}t_1$$

令 $t_1 = \tau$,则

$$x(t) = \int_{-\infty}^{\infty} x(\tau) \delta(t - \tau) \mathrm{d}\tau$$

由此可见,任意信号 $x(t)$ 可以用单位延时冲激信号的加权积分表示。

2. 卷积积分

下面我们根据连续时间 LTI 系统的线性和时不变性,借助系统的单位冲激响应 $h(t)$,求解任意输入信号作用下系统的零状态响应。

输入信号　　　　　　　　　　　零状态响应

$\delta(t)$　　　　　　　　　　　　　$h(t)$

时不变性:　　　　　$\delta(t - t_1)$　　　　　　　　　　$h(t - t_1)$

齐次性:　　　　$x(t_1)\delta(t - t_1)\Delta t_1$　　　　　　$x(t_1)h(t - t_1)\Delta t_1$

可加性:　　$\displaystyle\sum_{t_1 = -\infty}^{\infty} x(t_1)\delta(t - t_1)\Delta t_1$　　　　$\displaystyle\sum_{t_1 = -\infty}^{\infty} x(t_1)h(t - t_1)\Delta t_1$

取极限:　　$\displaystyle\lim_{\Delta t_1 \to 0}\sum_{t_1 = -\infty}^{\infty} x(t_1)\delta(t - t_1)\Delta t_1$　　$\displaystyle\lim_{\Delta t_1 \to 0}\sum_{t_1 = -\infty}^{\infty} x(t_1)h(t - t_1)\Delta t_1$

令 $t_1 = \tau$,有

$$x(t) = \int_{-\infty}^{\infty} x(\tau)\delta(t - \tau)\mathrm{d}\tau, y_x(t) = \int_{-\infty}^{\infty} x(\tau)h(t - \tau)\mathrm{d}\tau$$

记

$$y_x(t) = \int_{-\infty}^{\infty} x(\tau)h(t - \tau)\mathrm{d}\tau = x(t) * h(t) \qquad (2 - 22)$$

式(2 - 22)即为卷积积分的定义,该定义的物理意义是明确表明在时域中输入信号 $x(t)$、系统 $h(t)$、零状态响应 $y_x(t)$ 三者之间的关系,如图 2-5 所示。

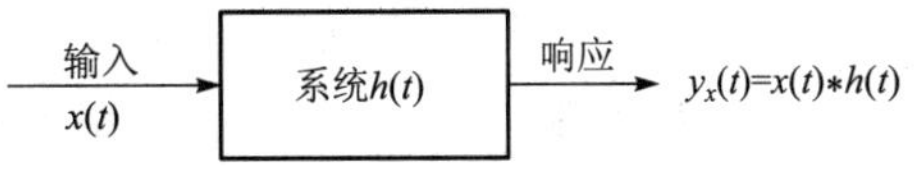

图 2-5　$x(t)$、$h(t)$、$y_x(t)$ 三者关系

3. 卷积积分的计算

计算两个信号的卷积积分可以直接利用定义式计算,也可以借助图形计算,并且由于系统的因果性或输入信号的时限性,积分限会有所变化。利用图形可以把抽象的概念形象化,更直观地理解卷积的计算过程。从卷积积分的定义式可知,积分变量是 τ,其中所包含的运算关系

有 $h(t-\tau)$,代表反转和平移过程;$x(\tau)$ 与 $h(t-\tau)$ 相乘运算;对乘积非零结果的积分运算。因此给出图解法的计算步骤:

(1) 将 $x(t)$,$h(t)$ 中的自变量由 t 改为 τ。

(2) 将其中一个信号反转,如将 $h(\tau)$ 反转得 $h(-\tau)$。

(3) 将 $h(-\tau)$ 平移,平移量是 t,得 $h(t-\tau)$;t 是一个参变量,代表 $h(-\tau)$ 移动的时间,若 $t>0$,则 $h(-\tau)$ 右移,若 $t<0$,则 $h(-\tau)$ 左移。

(4) 将 $x(\tau)$ 与 $h(t-\tau)$ 相乘。

(5) 完成重叠部分相乘的图形积分。

下面举例说明卷积积分图解法的计算过程。

例2-10 设某一 LTI 系统的输入为 $x(t)=\mathrm{e}^{-at}u(t)$ ($a>0$),单位冲激响应为 $h(t)=u(t)$,求系统的零状态响应 $y(t)$。

解:系统零状态响应 $y(t)=x(t)*h(t)=\int_{-\infty}^{\infty}x(\tau)h(t-\tau)\mathrm{d}\tau$,我们用图解法进行计算,如图 2-6(a)~(f)所示。

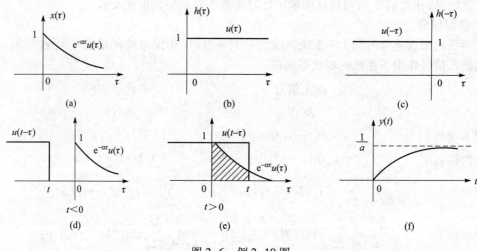

图 2-6 例 2-10 图

将 $x(t)$、$h(t)$ 的自变量由 t 改为 τ,得 $x(\tau)$、$h(\tau)$,如图 2-6(a)、(b)所示。

(1) 将 $h(\tau)$ 反转得 $h(-\tau)$,如图 2-6(c)所示;

(2) 将 $h(-\tau)$ 平移 t,根据 $x(\tau)$ 与 $h(t-\tau)$ 的重叠情况,分段讨论。

由图 2-6(d)可知,当 $t<0$ 时,$x(\tau)$ 与 $h(t-\tau)$ 没有重叠部分,$x(\tau)h(t-\tau)=0$,因此 $y(t)=0$;当 $t>0$ 时,$x(\tau)$ 与 $h(t-\tau)$ 相重叠,并且随着 t 的增加,重合区间越大,重合区间为 $(0,t)$,如图 2-6(e)所示,因此

$$y(t)=x(t)*h(t)=\int_{-\infty}^{\infty}x(\tau)h(t-\tau)\mathrm{d}\tau$$

$$=\int_{0}^{t}\mathrm{e}^{-a\tau}\cdot1\mathrm{d}\tau=-\left.\frac{1}{a}\mathrm{e}^{-a\tau}\right|_{0}^{t}=\frac{1}{a}(1-\mathrm{e}^{-at})u(t)$$

卷积结果如图 2-6(f)所示。

例 2-11　设系统的输入信号 $x(t)=\begin{cases}1, & 0<t<T \\ 0, & 其他\ t\end{cases}$，单位冲激响应 $h(t)=\begin{cases}t, & 0<t<2T \\ 0, & 其他\ t\end{cases}$，求系统的零状态响应。

解: 利用图解法进行求解

$$y(t)=\int_{-\infty}^{\infty}x(\tau)h(t-\tau)\mathrm{d}\tau$$

首先作 $x(t)$ 和 $h(t)$，将其中的自变量代换得到 $x(\tau)$ 和 $h(\tau)$，并将其中一个作反转，例如 $h(-\tau)$，然后对 $h(-\tau)$ 作沿 τ 轴的平移，得到平移后的所有可能情况，如图 2-7(d)~(h) 所示。

(1) $t<0$ 时，如图 2-7(d) 所示，$x(\tau)h(t-\tau)=0$，$y(t)=\int_{-\infty}^{\infty}x(\tau)h(t-\tau)\mathrm{d}\tau=0$；

(2) $0<t<T$ 时，如图 2-7(e) 所示，$y(t)=\int_0^t 1\cdot(t-\tau)\mathrm{d}\tau=\dfrac{1}{2}t^2$；

(3) $T<t<2T$ 时，如图 2-7(f) 所示，$y(t)=\int_0^T 1\cdot(t-\tau)\mathrm{d}\tau=Tt-\dfrac{1}{2}T^2$；

(4) $2T<t<3T$ 时，如图 2-7(g) 所示，$y(t)=\int_{t-2T}^T 1\cdot(t-\tau)\mathrm{d}\tau=-\dfrac{1}{2}t^2+Tt+\dfrac{3}{2}T^2$；

(5) $t>3T$ 时，如图 2-7(h) 所示，$x(\tau)h(t-\tau)=0$，$y(t)=0$。

$y(t)$ 的波形如图 2-7(i) 所示。

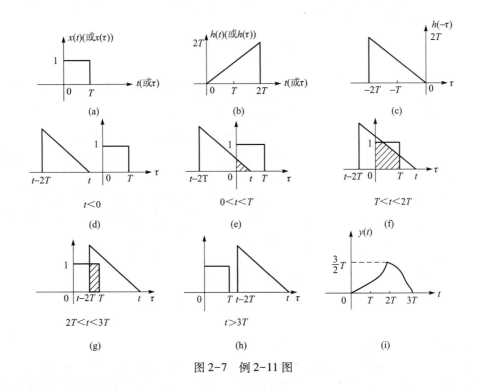

图 2-7　例 2-11 图

卷积积分图解法的关键在于确定积分区间和被积函数表达式。积分区间的确定取决于两图形重叠范围。在信号反转时，尽可能反转较简单信号以简化运算过程。从两波形不接触开始到完全脱离为止分段计算得到最后的结果。

2.6 卷积积分的性质

卷积积分具有很多重要性质,这些性质不仅可以简化运算,更重要的是这些性质在信号与系统的分析中具有重要作用。

1. 卷积的代数性质

(1) 交换律。

卷积运算满足交换律,即 $x_1(t) * x_2(t) = x_2(t) * x_1(t)$。

要证明此关系,只需将积分变量 τ 代换为 $t-\lambda$ 即可。

$$x_1(t) * x_2(t) = \int_{-\infty}^{\infty} x_1(\tau) x_2(t-\tau) \mathrm{d}\tau \overset{\tau=t-\lambda}{=} \int_{-\infty}^{\infty} x_1(t-\lambda) x_2(\lambda) \mathrm{d}t = x_2(t) * x_1(t)$$

这意味着两函数在卷积积分中的次序可以交换,从图解法中我们看到,可以任意选取某一函数($x(\tau)$ 或 $h(\tau)$)作反转平移运算。从系统的角度

$$y(t) = x(t) * h(t) = h(t) * x(t)$$

输入为 $x(t)$,单位冲激响应为 $h(t)$ 的 LTI 系统的输出与输入为 $h(t)$ 和单位冲激响应为 $x(t)$ 的输出是完全一样的。级联中次序改变,系统中角色可变。

(2) 分配律。

$$x_1(t) * [x_2(t) + x_3(t)] = x_1(t) * x_2(t) + x_1(t) * x_3(t)$$

这个关系根据卷积定义可直接得证:

$$x_1(t) * [x_2(t) + x_3(t)] = \int_{-\infty}^{\infty} x_1(\tau) [x_2(t-\tau) + x_3(t-\tau)] \mathrm{d}\tau$$

$$= \int_{-\infty}^{\infty} x_1(\tau) x_2(t-\tau) \mathrm{d}\tau + \int_{-\infty}^{\infty} x_1(\tau) x_3(t-\tau) \mathrm{d}\tau$$

$$= x_1(t) * x_2(t) + x_1(t) * x_3(t)$$

分配律在系统互联中具有重要意义,相当于并联系统的单位冲激响应等于组成并联系统的各子系统单位冲激响应之和。

如图 2-8 所示,两个子系统,单位冲激响应分别为 $h_1(t)$ 和 $h_2(t)$,并联后具有相同输入,输出则是两个子系统的输出相加。

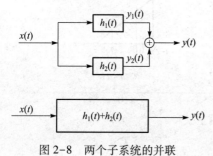

图 2-8 两个子系统的并联

$$y_1(t) = x(t) * h_1(t)$$

$$y_2(t) = x(t) * h_2(t)$$

$$y(t) = y_1(t) + y_2(t) = x(t) * [h_1(t) + h_2(t)]$$

即 $h(t) = h_1(t) + h_2(t)$。

将交换律与分配律相结合,还可以看到

$$[x_1(t) + x_2(t)] * h(t) = x_1(t) * h(t) + x_2(t) * h(t)$$

这个表达式说明了 LTI 系统对两个输入之和的系统响应一定等于系统对每个输入对应响应之和。

(3) 结合律。

$$x_1(t) * [x_2(t) * x_3(t)] = [x_1(t) * x_2(t)] * x_3(t)$$

结合律中包含两次卷积运算,是一个二重积分,只需改变积分次序即可证明此关系。

$$x_1(t) * [x_2(t) * x_3(t)] = \int_{-\infty}^{\infty} x_1(\lambda) \left[\int_{-\infty}^{\infty} x_2(\tau) x_3(t - \lambda - \tau) d\tau \right] d\lambda$$

$$\overset{令 \xi = \lambda + \tau}{=} \int_{-\infty}^{\infty} x_1(\lambda) \left[\int_{-\infty}^{\infty} x_2(\xi - \lambda) x_3(t - \xi) d\xi \right] d\lambda$$

$$= \int_{-\infty}^{\infty} \int_{-\infty}^{\infty} [x_1(\lambda) x_2(\xi - \lambda) d\lambda] x_3(t - \xi) d\xi$$

$$= [x_1(t) * x_2(t)] * x_3(t)$$

结合律用于系统分析相当于:级联系统的单位冲激响应等于组成级联系统的各子系统单位冲激响应的卷积。与交换律一起表示两个 LTI 系统级联后的单位冲激响应与子系统级联次序无关。

如图 2-9 所示,两个子系统首尾相接,单位冲激响应分别为 $h_1(t)$ 和 $h_2(t)$

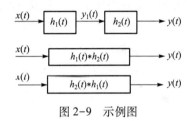

$$y_1(t) = x(t) * h_1(t)$$
$$y(t) = y_1(t) * h_2(t)$$
$$= x(t) * h_1(t) * h_2(t)$$
$$= x(t) * h_2(t) * h_1(t)$$

图 2-9　示例图

即 $h(t) = h_1(t) * h_2(t) = h_2(t) * h_1(t)$。

2. 卷积的微积分性质

对于任一函数 $x(t)$,其一阶微分和积分分别表示为

$$x^{(1)}(t) = \frac{d}{dt} x(t), x^{(-1)}(t) = \int_{-\infty}^{t} x(\tau) d\tau 且 x^{(-1)}(-\infty) = 0$$

(1) 卷积的微分性质。

若 $x(t) = x_1(t) * x_2(t)$,则有

$$x^{(1)}(t) = x_1^{(1)}(t) * x_2(t) = x_1(t) * x_2^{(1)}(t)$$

证明:

$$x^{(1)}(t) = \frac{d}{dt} [x_1(t) * x_2(t)]$$

$$= \frac{d}{dt} \left[\int_{-\infty}^{\infty} x_1(\tau) x_2(t - \tau) d\tau \right]$$

$$= \int_{-\infty}^{\infty} x_1(\tau) \frac{dx_2(t - \tau)}{dt} d\tau$$

$$= x_1(t) * x_2^{(1)}(t)$$

同理可证明:$x^{(1)}(t) = x_1^{(1)}(t) * x_2(t)$。

该式表明,两函数卷积的导数等于其中任一函数的导数与另一函数相卷积。推广到一般情况,对 $x(t)$ 求 n 阶导数可得

$$x^{(n)}(t) = x_1^{(n)}(t) * x_2(t) = x_1(t) * x_2^{(n)}(t)$$

(2) 卷积的积分性质。

若 $x(t)=x_1(t)*x_2(t)$,则有

$$x^{(-1)}(t)=x_1^{(-1)}(t)*x_2(t)=x_1(t)*x_2^{(-1)}(t)$$

证明:

$$x^{(-1)}(t)=\int_{-\infty}^{t}\left[\int_{-\infty}^{\infty}x_1(\tau)x_2(\lambda-\tau)d\tau\right]d\lambda$$

$$=\int_{-\infty}^{\infty}x_1(\tau)\left[\int_{-\infty}^{t}x_2(\lambda-\tau)d\lambda\right]d\tau$$

$$=x_1(t)*x_2^{(-1)}(t)$$

同理可证明:$x^{(-1)}(t)=x_1^{(-1)}(t)*x_2(t)$。

该式表明,两函数卷积后的积分等于其中任一函数的积分与另一函数相卷积。推广到一般情况,对 $x(t)$ 求 m 次积分可得

$$x^{(-m)}(t)=x_1^{(-m)}(t)*x_2(t)=x_1(t)*x_2^{(-m)}(t)$$

应用类似的证明可以导出卷积的高阶导数或多重积分的运算规律。

设 $s(t)=x_1(t)*x_2(t)$,则有

$$s^{(i-j)}(t)=x_1^{(i)}(t)*x_2^{(-j)}(t)$$

$$=x_1^{(-i)}(t)*x_2^{(j)}(t)$$

当 $i=j$ 时,$s(t)=x_1^{(i)}(t)*x_2^{(-i)}(t)$

$$=x_1^{(-i)}(t)*x_2^{(i)}(t)$$

当 i,j 取正整数时为导数的阶次,取负整数时为积分的次数。

3. 与单位冲激函数的卷积

任一函数 $x(t)$ 与单位冲激函数 $\delta(t)$ 的卷积等于函数 $x(t)$ 本身,即

$$x(t)*\delta(t)=\delta(t)*x(t)$$

$$=\int_{-\infty}^{\infty}\delta(\tau)x(t-\tau)d\tau$$

$$=x(t)\int_{-\infty}^{\infty}\delta(\tau)d\tau=x(t)$$

同理 $\quad x(t)*\delta(t-t_0)=\int_{-\infty}^{\infty}x(\tau)\delta(t-\tau-t_0)d\tau=x(t-t_0)$

$$x(t-t_1)*\delta(t-t_0)=x(t-t_1-t_0)$$

结合卷积的微分、积分特性,还可以得到以下结论:

$$x(t)*\delta'(t)=x'(t)$$

$$x(t)*u(t)=\int_{-\infty}^{t}x(\tau)d\tau$$

因此 $\delta'(t)$ 又称微分器的 $h(t)$,$u(t)$ 又称积分器的 $h(t)$,推广到一般情况可得

$$x(t)*\delta^{(k)}(t)=x^{(k)}(t)$$

$$x(t)*\delta^{(k)}(t-t_0)=x^{(k)}(t-t_0)$$

其中,k 取正整数表示求导次数,k 取负整数表示积分次数。

利用卷积的性质及单位冲激函数 $\delta(t)$ 卷积运算的特点可以用来简化卷积运算。

例 2-12　已知信号 $x(t)$ 如图 2-10(a)所示,周期为 T 的周期单位冲激函数序列 $\delta_T(t)$,又称单位冲激串,如图 2-10(b)所示,求 $x(t) * \delta_T(t)$。

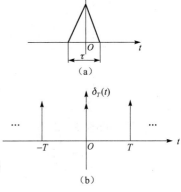

$$\delta_T(t) = \sum_{m=-\infty}^{\infty} \delta(t - mT), m \text{ 为整数}$$

解:根据卷积积分的分配律及与 $\delta(t)$ 的卷积性质,有

$$x(t) * \delta_T(t) = x(t) * \left[\sum_{m=-\infty}^{\infty} \delta(t - mT) \right]$$

$$= \sum_{m=-\infty}^{\infty} \left[x(t) * \delta(t - mT) \right] = \sum_{m=-\infty}^{\infty} x(t - mT)$$

图 2-10　例 2-12 用图

随着 $T>\tau$ 和 $T<\tau$,卷积结果的波形有所不同,$T<\tau$ 时波形出现重叠。两种结果如图 2-11 所示。

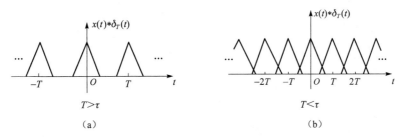

$T>\tau$ 　　　　　　　　　　　$T<\tau$

(a)　　　　　　　　　　　　　　(b)

图 2-11　$T>\tau$ 和 $T<\tau$ 的卷积结果波形

例 2-13　设系统的输入信号 $x(t)$,单位冲激响应 $h(t)$ 如例 2-11,利用卷积的微积分性质重新计算 $y(t) = x(t) * h(t)$。

解:根据卷积的微积分性质,有

$$y(t) = x(t) * h(t)$$
$$= x^{(1)}(t) * h^{(-1)}(t)$$
$$x^{(1)}(t) = \delta(t) - \delta(t - T)$$

$$h^{(-1)}(t) = \int_{-\infty}^{t} h(\tau) \mathrm{d}\tau$$

$$= \int_{-\infty}^{t} \tau \left[u(\tau) - u(\tau - 2T) \right] \mathrm{d}\tau$$

$$= \int_{0}^{t} \tau \, \mathrm{d}\tau - \int_{2T}^{t} \tau \, \mathrm{d}\tau = \frac{1}{2}t^2 u(t) - \left(\frac{1}{2}t^2 - 2T^2 \right) u(t - 2T)$$

$$y(t) = \left[\delta(t) - \delta(t - T) \right] * \left[\frac{1}{2}t^2 u(t) - \left(\frac{1}{2}t^2 - 2T^2 \right) u(t - 2T) \right]$$

$$= \left[\frac{1}{2}t^2 u(t) - \left(\frac{1}{2}t^2 - 2T^2 \right) u(t - 2T) \right] - \frac{1}{2}(t - T)^2 u(t - T) +$$

$$\left\{ \left[\frac{1}{2}(t - T)^2 - 2T^2 \right] u(t - 3T) \right\}$$

$$
= \begin{cases} \frac{1}{2}t^2, 0 < t < T \\ Tt - \frac{1}{2}T^2, T < t < 2T \\ -\frac{1}{2}t^2 + Tt + \frac{3}{2}T^2, 2T < t < 3T \\ 0, \text{其他 } t \end{cases}
$$

上述变换如图 2-12 所示。

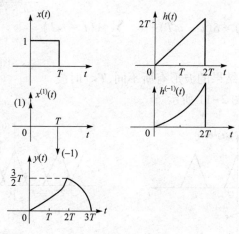

图 2-12　例 2-13 用图

4. 卷积与 $h(t)$ 描述的系统性质

(1)有记忆和无记忆 LTI 系统。

若一个系统在任意时刻的输出都仅与同一时刻的输入有关,这个系统就是无记忆的。对一个连续时间 LTI 系统,唯一能使这一点成立的条件是系统的单位冲激响应 $h(t)$ 在 $t\neq 0$ 时,$h(t)=0$,此时单位冲激响应 $h(t)$ 为

$$h(t)=k\delta(t), k \text{ 为常数}$$

当 $k=1$ 时,$y(t)=x(t)*h(t)=x(t)*\delta(t)=x(t)$,该系统变为恒等系统,因此 $\delta(t)$ 又称为恒等器的 $h(t)$。

图 2-13　可逆性示意图

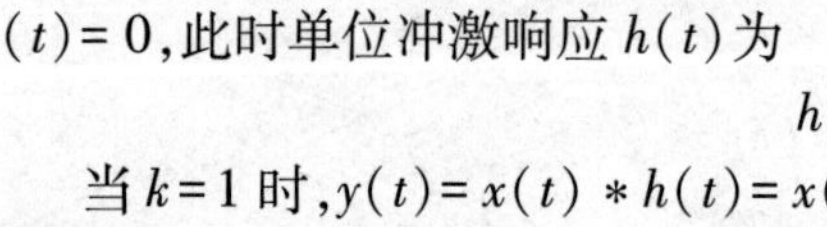

(2) LTI 系统的可逆性。

对于一个连续时间 LTI 系统,其单位冲激响应为 $h(t)$,仅当存在一个逆系统,其与原系统级联后所产生的输出等于第一个系统的输入时,这个系统才是可逆的。如果这个系统是可逆的,则它就有一个 LTI 的逆系统,如图 2-13 所示。

给定系统单位冲激响应 $h(t)$,逆系统的单位冲激响应为 $h_1(t)$,则有

$$
\begin{aligned}
y(t) &= x(t) * h(t) \\
w(t) &= y(t) * h_1(t) \\
&= x(t) * [h(t) * h_1(t)] = x(t)
\end{aligned}
$$

必须满足的逆系统单位冲激响应条件是

$$h(t) * h_1(t) = \delta(t)$$

（3）LTI 系统的因果性。

一个因果系统的输出只决定于现在和过去的输入值。一个因果 LTI 系统的单位冲激响应在冲激出现之前必须为零，因此因果性应满足的条件是

$$h(t) = 0, t < 0$$

这时一个连续时间 LTI 因果系统可以表示为

$$y(t) = \int_{-\infty}^{\infty} x(\tau)h(t-\tau)\mathrm{d}\tau = \int_{0}^{\infty} h(\tau)x(t-\tau)\mathrm{d}\tau$$

$$= \int_{-\infty}^{t} x(\tau)h(t-\tau)\mathrm{d}\tau$$

（4）LTI 系统的稳定性。

如果一个系统对于每一个有界的输入，其输出都是有界的，则该系统是有界输入/有界输出稳定，记为 BIBO 稳定。连续时间 LTI 系统，若对全部 t，有 $|x(t)| < B < \infty$，则

$$|y(t)| = |x(t) * h(t)|$$

$$= \left| \int_{-\infty}^{\infty} h(\tau)x(t-\tau)\mathrm{d}\tau \right|$$

$$\leqslant \int_{-\infty}^{\infty} |h(\tau)||x(t-\tau)|\mathrm{d}\tau$$

$$\leqslant B \int_{-\infty}^{\infty} |h(\tau)|\mathrm{d}\tau$$

只需保证 $h(t)$ 绝对可积，即 $\int_{-\infty}^{\infty} |h(\tau)|\mathrm{d}\tau < \infty$，$y(t)$ 即为有界，该系统稳定。

（5）LTI 系统的单位阶跃响应。

我们可以看到，$h(t)$ 是时域描述系统的重要物理量，根据 LTI 系统的线性和时不变性，以及 $\delta(t)$ 与 $u(t)$ 的关系，单位阶跃响应也常用来描述 LTI 系统特性。

单位阶跃响应是当输入为单位阶跃信号 $u(t)$ 时，系统的零状态响应，记为 $s(t)$。连续时间 LTI 系统单位阶跃响应是

$$s(t) = u(t) * h(t)$$

$$= \delta(t) * \int_{-\infty}^{t} h(\tau)\mathrm{d}\tau$$

$$= \int_{-\infty}^{t} h(\tau)\mathrm{d}\tau$$

这就是说，一个连续时间 LTI 系统的 $s(t)$ 是它的 $h(t)$ 的积分函数，或者说，$h(t)$ 是 $s(t)$ 的一阶导数，即

$$h(t) = \frac{\mathrm{d}s(t)}{\mathrm{d}t} = s'(t)$$

因此系统单位阶跃响应也能够用来描述一个 LTI 系统。

2.7　奇异函数

前面我们曾经讨论过单位冲激函数 $\delta(t)$ 的物理概念以及极限定义方式，本节我们从另一个角度研究单位冲激函数 $\delta(t)$，以便对这一重要信号有进一步的认识。

1. 单位冲激信号 $\delta(t)$

在第 1 章中,我们将 $\delta(t)$ 定义为一个面积为 1 的窄矩形脉冲 $\delta_\Delta(t)$ 在 $\Delta \to 0$ 时的极限意义下的函数,但是这个定义是不够严谨的。因为冲激函数不一定是矩形脉冲的极限情况,其他如三角脉冲、抽样函数等,当宽度无限趋于 0 且脉冲面积保持不变时,也均以冲激函数为极限。因此用极限来定义单位冲激函数 $\delta(t)$ 是不够严谨的。$\delta(t)$ 是一种奇异函数。我们换一个角度,从线性系统分析的角度来重新定义单位冲激信号 $\delta(t)$。

我们定义 $\delta(t)$ 为一个信号,对任何 $x(t)$ 有

$$x(t) = x(t) * \delta(t) \qquad (2-23)$$

在这个意义上我们不是按通常的函数或信号用它在自变量每一点的值来定义的。我们考虑的不是 $\delta(t)$ 在每个 t 值怎么样,而是在卷积意义下的作用。凡上述所有的极限意义下表现为一个冲激函数的信号由于满足式(2-23),所以都定义为单位冲激信号 $\delta(t)$。根据式(2-23)可以得到关于单位冲激信号的全部性质。另外,我们可以给出另一种完全等效的 $\delta(t)$ 定义。

取任意信号 $g(t)$,将其反转得 $g(-t)$,由式(2-23)有

$$g(-t) = g(-t) * \delta(t) = \int_{-\infty}^{\infty} g(\tau - t)\delta(\tau)\mathrm{d}\tau$$

对于 $t = 0$,得

$$g(0) = \int_{-\infty}^{\infty} g(\tau)\delta(\tau)\mathrm{d}\tau \qquad (2-24)$$

另外,若令 $x(t)$ 为已知信号,对某一 t,定义

$$g(\tau) = x(t-\tau)$$

由式(2-24)有

$$x(t) = g(0) = \int_{-\infty}^{\infty} g(\tau)\delta(\tau)\mathrm{d}\tau = \int_{-\infty}^{\infty} x(t-\tau)\delta(\tau)\mathrm{d}\tau$$

式(2-23)和式(2-24)表明,单位冲激信号 $\delta(t)$ 是这样一种信号:当它与某一信号 $g(t)$ 相乘并在 $-\infty$ 到 $+\infty$ 上积分,其结果就是 $g(0)$。

若令 $x(t) = 1$(对全部 t),则

$$1 = x(t) = x(t) * \delta(t) = \delta(t) * x(t) = \int_{-\infty}^{\infty} \delta(\tau)x(t-\tau)\mathrm{d}\tau = \int_{-\infty}^{\infty} \delta(\tau)\mathrm{d}\tau$$

由此可得 $\delta(t)$ 的面积性质:单位冲激信号的面积为 1。

考虑信号 $f(t)\delta(t)$,$f(t)$ 是另一信号,由式(2-24)得

$$\int_{-\infty}^{\infty} g(\tau)f(\tau)\delta(\tau)\mathrm{d}\tau = g(0)f(0)$$

另外,若考虑信号 $f(0)\delta(t)$,可见

$$\int_{-\infty}^{\infty} g(\tau)f(0)\delta(\tau)\mathrm{d}\tau = g(0)f(0)$$

由此可看出 $f(t)\delta(t) = f(0)\delta(t)$。

2. 单位冲激偶和其他奇异函数

单位冲激函数是一类称之为奇异函数的一种,其他奇异函数借助于它的卷积进行定义。

(1) 单位冲激偶。

设系统的输出是输入的导数,即

$$y(t) = \frac{\mathrm{d}x(t)}{\mathrm{d}t}$$

由卷积的微分性质

$$\frac{\mathrm{d}x(t)}{\mathrm{d}t} = x(t) * \delta^{(1)}(t) \qquad\qquad (2-25)$$

与式(2-23)的意义一样,式(2-25)为单位冲激偶 $\delta^{(1)}(t)$ 的定义,以此类推, $\delta^{(2)}(t)$ 应是输出为输入的二阶导数的 LTI 系统的单位冲激响应,即

$$y(t) = \frac{\mathrm{d}^2 x(t)}{\mathrm{d}t^2} = x(t) * \delta^{(2)}(t) = x(t) * \delta^{(1)}(t) * \delta^{(1)}(t)$$

因此, $\delta^{(2)}(t) = \delta^{(1)}(t) * \delta^{(1)}(t)$ 。

一般地, $\delta^{(k)}(t)(k>0)$ 是 $\delta(t)$ 的 k 次导数,是输出为输入的 k 次导数的 LTI 系统的单位冲激响应。该系统可以由 k 个微分器,即 k 个 $\delta^{(1)}(t)$ 级联所得,即

$$\delta^{(k)}(t) = \underbrace{\delta^{(1)}(t) * \delta^{(1)}(t) * \cdots * \delta^{(1)}(t)}_{k\text{个}}$$

同样, $\delta^{(1)}(t)$ 也存在类似于式(2-24)的运算定义,考虑 $g(-t)$ 与 $\delta^{(1)}(t)$ 的卷积,得

$$g(-t) * \delta'(t) = \int_{-\infty}^{\infty} g(\tau - t)\delta^{(1)}(\tau)\mathrm{d}\tau = \frac{\mathrm{d}g(-t)}{\mathrm{d}t} = -g'(-t)$$

对于 $t=0$, $-g'(0) = \int_{-\infty}^{\infty} g(\tau)\delta^{(1)}(\tau)\mathrm{d}\tau$ 。

利用类似的原理可以推导出 $\delta^{(1)}(t)$ 及高阶奇异函数的性质。

当考虑常数信号 $x(t) = 1$,可得

$$0 = \frac{\mathrm{d}x(t)}{\mathrm{d}t} = x(t) * \delta'(t) = \int_{-\infty}^{\infty} \delta'(\tau)x(t-\tau)\mathrm{d}\tau = \int_{-\infty}^{\infty} \delta'(\tau)\mathrm{d}\tau$$

可见,冲激偶的面积为 0。

(2) 单位阶跃函数。

奇异函数除了单位冲激函数 $\delta(t)$ 及其各阶导数外,还包括关于 $\delta(t)$ 的连续多次积分的信号。

设系统输出是输入的一次积分,即

$$y(t) = \int_{-\infty}^{t} x(\tau)\mathrm{d}\tau$$

由卷积的积分性质

$$\int_{-\infty}^{t} x(\tau)\mathrm{d}\tau = x(t) * \int_{-\infty}^{t} \delta(\tau)\mathrm{d}\tau$$

我们已知

$$u(t) = \int_{-\infty}^{t} \delta(\tau)\mathrm{d}\tau$$

因此

$$\int_{-\infty}^{t} x(\tau)\mathrm{d}\tau = x(t) * u(t)$$

可见 $u(t)$ 代表一个积分器的单位冲激响应。

同理,可以定义单位斜坡函数 $r(t)$

$$r(t) = \int_{-\infty}^{t} u(\tau)\mathrm{d}\tau$$

从卷积积分角度得到 $r(t)$ 的运算定义:

$$x(t) * r(t) = x(t) * u(t) * u(t)$$

$$= \int_{-\infty}^{t} x(\sigma) \mathrm{d}\sigma * u(t)$$

$$= \int_{-\infty}^{t} \int_{-\infty}^{\tau} x(\sigma) \mathrm{d}\sigma \mathrm{d}\tau$$

可见,$r(t)$ 是由两个积分器级联所成系统的单位冲激响应。同理,可将 $\delta(t)$ 的高阶积分 $\delta^{(-k)}(t)$ 定义为多个积分器级联的单位冲激响应:

$$\delta^{(-k)}(t) = \underbrace{u(t) * u(t) * \cdots * u(t)}_{k\uparrow}$$

将其积分求出可得

$$\delta^{(-k)}(t) = \frac{t^{k-1}}{(k-1)!} u(t), k \geqslant 1$$

2.8　连续时间系统的模拟

我们已经研究了时域中分析连续时间 LTI 系统的方法——微分方程法和卷积积分法。这两种方法分别依据微分方程模型和系统的单位冲激响应 $h(t)$,它们的共同特点是以数学函数式的形式表现系统输入输出关系。通常为了更直观地进行系统分析,我们还会采取另外一种图形化的模型进行系统分析,称之为系统模拟框图。这里的模拟不是指仿制实际系统,而是指数学意义的模拟,保证用来模拟的实验系统与真实系统在输入输出关系上具有相同的微分方程描述。系统的模拟由几种基本的运算器组合而成,以图形进行表示,在时域中构成时域模拟图。在第 1 章中已经介绍了模拟用的三种基本运算单元,包括相加、倍乘、积分,如图 1-43 所示。

连续时间 LTI 系统的微分方程为

$$\sum_{k=0}^{n} a_k \frac{\mathrm{d}^k y(t)}{\mathrm{d}t^k} = \sum_{k=0}^{n} b_k \frac{\mathrm{d}^k x(t)}{\mathrm{d}t^k} \tag{2-26}$$

通常在做微分方程模拟时不用微分器而用积分器。这是因为在实际工作中积分器的性能要比微分器好,其抗干扰能力较强,实现容易。既然如此,我们有必要将微分方程变换为积分方程。先作如下设定

零次积分:$y^{(0)}(t) = y(t)$

一次积分:$y^{(1)}(t) = y(t) * u(t)$

二次积分:$y^{(2)}(t) = y(t) * u(t) * u(t)$

k 次积分:$y^{(k)}(t) = y(t) * \underbrace{u(t) * u(t) * \cdots * u(t)}_{k\uparrow}$

对式(2-26)两端做 n 次积分,有

$$\sum_{k=0}^{n} a_k y^{(n-k)}(t) = \sum_{k=0}^{n} b_k x^{(n-k)}(t)$$

即

$$y(t) = \frac{1}{a_n} \Big[\sum_{k=0}^{n} b_k x^{(n-k)}(t) - \sum_{k=0}^{n-1} a_k y^{(n-k)}(t) \Big]$$

设

$$w(t) = \sum_{k=0}^{n} b_k x^{(n-k)}(t)$$

则

$$y(t) = \frac{1}{a_n} \left[w(t) - \sum_{k=0}^{n-1} a_k y^{(n-k)}(t) \right]$$

例 2-14 模拟系统微分方程为

$$a_1 y'(t) + a_0 y(t) = b_1 x'(t) + b_0 x(t)$$

方程两端同时积分有

$$a_1 y(t) + a_0 y^{(1)}(t) = b_1 x(t) + b_0 x^{(1)}(t)$$

$$y(t) = \frac{1}{a_1} [b_1 x(t) + b_0 x^{(1)}(t) - a_0 y^{(1)}(t)]$$

设 $w(t) = b_1 x(t) + b_0 x^{(1)}(t)$，则

$$y(t) = \frac{1}{a_1} [w(t) - a_0 y^{(1)}(t)]$$

对于子系统(1): $x(t) \rightarrow w(t)$ 的模拟图如图 2-14(a)所示；

对于子系统(2): $w(t) \rightarrow y(t)$ 的模拟图如图 2-14(b)所示。

很显然，子系统(1)与子系统(2)呈级联关系，如图 2-14(a)、(b)所示。

由于级联与子系统连接顺序无关，交换子系统(1)和子系统(2)的顺序并且合并积分器，就得到图 2-14(c)。

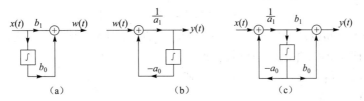

图 2-14 例 2-14 模拟框图

将上述方法推广到式(2-26)描述的系统，即可得到如图 2-15 所示的模拟图，其中图 2-15(a)称为直接Ⅰ型，交换子系统顺序并合并积分器得图 2-15(b)，称为直接Ⅱ型，在直接Ⅱ型的基础上，合并加法器，得到图 2-15(c)，称为正准型。

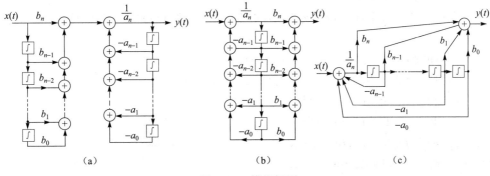

图 2-15 模拟框图

习　题

2.1　已知系统的齐次微分方程和初始状态如下,试求其零输入响应。

(a) $(D^2+5D+6)y(t)=0$,　　　　$y(0)=1,y^{(1)}(0)=-1$;

(b) $(D^2+3D+2)y(t)=0$,　　　　$y(0)=1,y^{(1)}(0)=0$;

(c) $(D^2+6D+9)y(t)=0$,　　　　$y(0)=1,y^{(1)}(0)=3$;

(d) $(D^3+D^2-D-1)y(t)=0$,　　　$y(0)=1,y^{(1)}(0)=1,y^{(2)}(0)=-2$;

(e) $(D^2+2D+2)y(t)=0$,　　　　$y(0)=1,y^{(1)}(0)=2$;

(f) $(D^2+1)y(t)=0$,　　　　　　$y(0)=2,y^{(1)}(0)=0$。

2.2　利用已知条件解下列微分方程。

(a) $(D^2+1)y(t)=0$,　　　　　$y(0)=1,y^{(1)}(0)=0$;

(b) $(D^2+1)y(t)=0$,　　　　　$y(0)=0,y^{(1)}(0)=1$;

(c) $(D^2+1)y(t)=0$,　　　　　$y(0)=y^{(1)}(0)=1$。

比较(a)、(b)、(c)的结果,并作出物理解释。

2.3　已知系统的微分方程和初始条件如下,求其系统的全响应。

(a) $(D^2+5D+6)y(t)=u(t)$,　　　$y(0)=0,y^{(1)}(0)=1$;

(b) $(D^2+4D+3)y(t)=e^{-2t}u(t)$,　　$y(0)=y^{(1)}(0)=0$。

2.4　一连续系统的微分方程为

$$(D^2 + 2D + 1)y(t) = (D^2 + D + 1)f(t)$$

若(a) $x(t)=\cos tu(t)$;　 (b) $x(t)=e^{-t}\sin tu(t)$,试分别求系统的零状态响应。

2.5　计算下列卷积,并概略画出其波形。

(a) $tu(t) * u(t)$;

(b) $e^{at}u(t) * u(t)$;

(c) $tu(t) * e^{at}u(t)$;

(d) $e^{at}u(t) * e^{at}u(t)$;

(e) $\sin\pi tu(t) * [u(t)-u(t-4)]$;

(f) $tu(t) * [u(t)-u(t-2)]$;

(g) $[e^{-3t}u(t)] * u(t-1)$。

2.6　利用卷积积分求冲激响应为 $h(t)$ 的 LTI 系统对于 $x(t)$ 的响应 $y(t)$,并概略地画出 $y(t)$ 波形。

(a) $x(t)$ 如图 P2.6(a) 所示,$h(t)=u(-2-t)$;

(b) $x(t)$ 如图 P2.6(b) 所示,$h(t)=\delta(t)-2\delta(t-1)+\delta(t-2)$;

(c) $x(t)$ 和 $h(t)$ 如图 P2.6(c) 所示;

(d) $x(t)$ 和 $h(t)$ 如图 P2.6(d) 所示;

(e) $x(t)$ 和 $h(t)$ 如图 P2.6(e) 所示;

(f) $x(t)$ 和 $h(t)$ 如图 P2.6(f) 所示。

2.7　已知描述系统的微分方程如下,求其系统的单位冲激响应 $h(t)$。

(a) $(D^2+3D+2)y(t)=x(t)$;

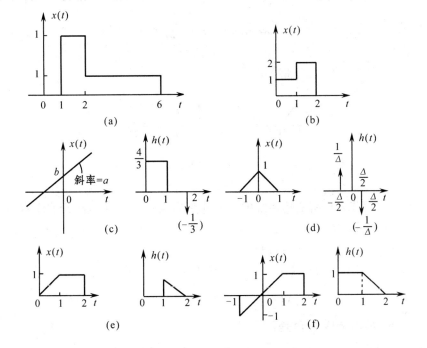

图 P2.6

(b) $(D^2+6D+8)y(t)=Dx(t)$;

(c) $(D^2+4D+3)y(t)=(D+1)x(t)$;

(d) $(D^2+4D+3)y(t)=x(t)$;

(e) $(D^2+4D+4)y(t)=(D+3)x(t)$;

(f) $(D^2+2D+2)y(t)=Dx(t)$。

2.8 如图 P2.8 所示电路,以 $u_1(t)$、$u_2(t)$ 为输出,求冲激响应 $h_1(t)$ 和 $h_2(t)$。

2.9 证明:若一个 LTI 系统的单位冲激响应为 $h(t)$,则该系统的单位阶跃响应为

$$s(t) = \int_{-\infty}^{t} h(\tau)\,d\tau$$

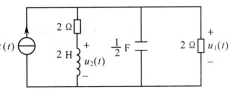

图 P2.8

2.10 证明:卷积积分服从以下运算规律

(a) 交换律;

(b) 结合律;

(c) 分配律。

2.11 已知一个 LTI 系统的单位冲激响应为 $h(t)$,试证明该系统对于 $x(t)$ 的响应为

$$y(t) = \left(\int_{-\infty}^{t} x(\tau)\,d\tau\right) * h'(t) = \int_{-\infty}^{t} \left[x'(\tau) * h(\tau)\right]d\tau$$

$$= x'(t) * \left(\int_{-\infty}^{t} h(\tau)\,d\tau\right)$$

2.12 设一个 LTI 系统的单位冲激响应 $h(t)$ 和输入 $x(t)$ 分别如图 P2.12 所示,试计算当 $T=1$ 及 $T=2$ 两种情形下的响应 $y(t)$。已知输入 $x(t) = \sum_{k=-\infty}^{\infty} \delta(t-kT)$。

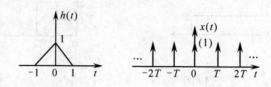

图 P2.12

2.13 求下列微分方程所描述系统的单位冲激响应 $h(t)$ 和单位阶跃响应 $s(t)$。

(a) $y'(t)+3y(t)=x'(t)$；

(b) $y''(t)+2y'(t)+4y(t)=x'''(t)+x(t)$。

2.14 (a) 一个 LTI 系统,其输入 $x(t)$ 与输出 $y(t)$ 由下式相联系:

$$y(t) = \int_{-\infty}^{t} e^{-(t-\tau)} x(\tau-2) d\tau$$

试问该系统的单位冲激响应 $h(t)$ 是什么?

(b) 当输入 $x(t)=u(t+1)-u(t-2)$ 时,确定该系统的响应。

2.15 如图 P2.15 所示的系统是由 4 个子系统组成,各子系统的冲激响应为

$$h_1(t)=u(t) \quad (积分器)$$
$$h_2(t)=\delta(t-1) \quad (延时器)$$
$$h_3(t)=-\delta(t) \quad (倒相器)$$

试求系统总冲激响应 $h(t)$。

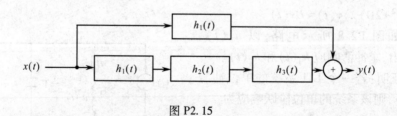

图 P2.15

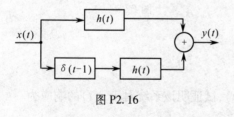

图 P2.16

2.16 一个 LTI 系统的模拟图,如图 P2.16 所示。设单位冲激响应 $h(t)=e^{-(t-2)}u(t-2)$,用以下两种方法计算当 $x(t)=u(t+2)-u(t-2)$ 时的输出 $y(t)$。

(a) 算出互联系统的冲激响应 $h(t)$,由 $h(t)$ 和 $x(t)$ 卷积得 $y(t)$；

(b) 先算出 $u(t)*h(t)$,再由卷积性质计算 $y(t)$。

2.17 已知某 LTI 系统的微分方程模型为

$$y''(t) + y'(t) - 2y(t) = x(t)$$

（a）用两种方法（微分方程法和卷积积分法）求该系统的阶跃响应 $s(t)$；

（b）用微分方程法求系统对于输入 $x(t) = e^{-2t}\cos(3t)u(t)$ 的零状态响应；

（c）画该系统的模拟图。

2.18　已知 LTI 系统的微分方程描述为

（a）$\dfrac{d^2}{dt^2}y(t) + 5\dfrac{d}{dt}y(t) + 3y(t) = x(t)$；

（b）$\dfrac{d^2}{dt^2}y(t) + 4\dfrac{d}{dt}y(t) + 2y(t) = x(t)$。

试画出以上两系统的模拟图。

2.19　由图 P2.19 所示系统的模拟图写出系统的微分方程模型，并计算当输入 $x(t) = 2e^{-t}u(t)$ 时系统的零状态响应。

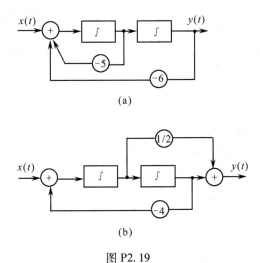

（a）

（b）

图 P2.19

2.20　图 P2.20(a) 所示电路的输入信号如该图(b) 所示的矩形脉冲，其输出为 $i_2(t)$。

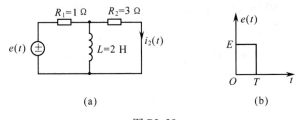

（a）　　　　　　　　　　（b）

图 P2.20

（a）求单位冲激响应 $h(t)$；

（b）用卷积积分法求零状态响应 $i_2(t)$。

2.21　图 P2.21 所示系统由几个子系统组合而成。其中子系统的单位冲激响应分别为 $h_1(t) = \delta(t-1)$，$h_2(t) = u(t) - u(t-3)$，试求总系统的单位冲激响应 $h(t)$。

2.22　某 LTI 系统的输入信号 $x(t)$ 和其零状态响应 $y_x(t)$ 的波形如图 P2.22 所示。

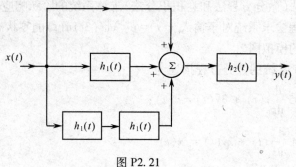

图 P2.21

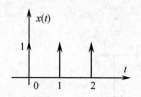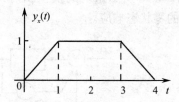

图 P2.22

(a) 求该系统的冲激响应 $h(t)$;

(b) 用积分器、加法器和延时器($T=1$ s)构成该系统。

2.23 证明

(a) $x(t) * \delta'(t) = \int_{-\infty}^{+\infty} x(t-\tau)\delta'(\tau)\mathrm{d}\tau = x'(t)$;

(b) $\int_{-\infty}^{+\infty} g(\tau)\delta'(\tau)\mathrm{d}\tau = -g'(0)$;

(c) 设 $f(t)$ 是一已知信号,证明:
$$f(t)\delta'(t) = f(0)\delta'(t) - f'(0)\delta(t)$$

2.24 图 P2.24 示出两个系统的级联。其中 A 系统是 LTI 的,而 B 是 A 的逆系统。设 $y_1(t)$ 是系统 A 对 $x_1(t)$ 的响应,$y_2(t)$ 是系统 A 对 $x_2(t)$ 的响应。

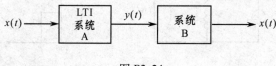

图 P2.24

(a) 若输入为 $ay_1(t) + by_2(t)$,a、b 为常数,求系统 B 的响应;

(b) 若输入为 $y_1(t-\tau)$,求系统 B 的响应。

2.25 试求下列 LTI 系统的零状态响应,并画出波形图。

(a) 输入 $x_1(t)$ 如图 P2.55(a) 所示,$h(t) = e^t u(t-2)$;

(b) 输入 $x_2(t)$ 如图 P2.55(b) 所示,$h(t) = e^{-(t+1)}u(t+1)$;

(c) 输入 $x_3(t)$ 如图 P2.55(c) 所示,$h(t) = e^{-t}u(t)$;

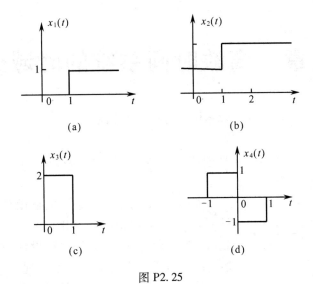

图 P2. 25

(d) 输入 $x_4(t)$ 如图 P2. 55(d) 所示,$h(t) = 2[u(t + 1) - u(t - 1)]$。

第 3 章　离散时间系统的时域分析

3.1　引　　言

在第 2 章中我们已经讨论了 LTI 连续时间系统的时域分析,在本章中我们将对应地讨论 LTI 离散时间系统的时域分析。

图 3-1　离散时间系统

如前所述,离散时间系统的作用是将离散时间输入信号 $x[n]$ 变换为离散时间输出信号 $y[n]$,其框图如图 3-1 表示。在实际应用中,人们往往设计一套硬件或软件对离散时间信号进行预定的加工或处理,那么这一套硬件或软件就称为离散时间系统。因此,离散时间系统就是将一个离散时间信号 $x[n]$(通称为输入)变换为另一个离散时间信号 $y[n]$(通称为输出)的硬件或软件的总称。为了便于分析和计算,首先要建立其数学模型。

在第 1 章中已经指出,描述连续时间系统的数学模型为微分方程,而描述离散时间系统的数学模型为差分方程,用时域方法分析离散时间系统要求解差分方程。与 LTI 连续时间系统对应,由于 LTI 离散时间系统具有分解性,其零输入响应和零状态响应可以分别计算。又由于它具有零状态线性和时不变性,使我们可以用单位抽样序列表示离散时间信号,用单位抽样响应表征 LTI 离散时间系统的特征,其零状态响应可以分解为许多延迟抽样序列零状态响应的加权和,即卷积分析法。不过,离散时间系统所处理的是离散变量函数,所以在应用卷积分析时不是取卷积积分而是取卷积和。这就使我们在讨论离散时间系统时域分析方法时,可以与我们已经熟悉的连续时间系统的时域分析方法进行对比,这些将在以后各节中指出。

3.2　离散时间系统的差分方程

1. 从微分方程到差分方程

差分方程可以看作是微分方程的离散状态对应者。为了阐明这一点,下面举一个例子。

设有一个一阶微分方程

$$\frac{\mathrm{d}y(t)}{\mathrm{d}t} + ay(t) = x(t), a > 0 \tag{3-1}$$

为了用数值法求解这个方程,我们在时间点 $t = nT$ 上对函数 $x(t)$ 和 $y(t)$ 进行抽样。这里 T 是一个固定的时间间隔。令

$$x[n] = x[nT], y[n] = y[nT], n = 0, 1, 2, \cdots$$

由高等数学可知,$y(t)$ 对 t 的导数的定义为

$$\frac{\mathrm{d}y(t)}{\mathrm{d}t} = \lim_{\Delta t \to 0} \frac{y(t) - y(t - \Delta t)}{\Delta t} \tag{3-2}$$

式中,$\Delta t = T$,只要 T 足够小,则 $y(t)$ 对 t 的导数在 $t = nT$ 时可近似为

$$\frac{dy(t)}{dt} \approx \frac{y[nT] - y[nT - T]}{T} = \frac{y[n] - y[n-1]}{T} \tag{3-3}$$

式中，$y[n] - y[n-1]$ 称为序列 $y[n]$ 的一阶后向差分，简称为后差，记为 $\nabla y[n]$。即

$$\nabla y[n] = y[n] - y[n-1] \tag{3-4}$$

由近似关系式 $(3-3)$ 可得方程式 $(3-1)$ 的离散型，即差分方程

$$\nabla y[n] + aTy[n] = Tx[n] \tag{3-5}$$

这是一个一阶差分方程。它是用已知序列 $x[n]$ 来定义未知序列 $y[n]$ 的函数方程。这种形式与式 $(3-1)$ 很相似。不过式 $(3-5)$ 通常写成

$$y[n] - \frac{1}{1+aT} y[n-1] = \frac{T}{1+aT} x[n] \tag{3-6}$$

式 $(3-6)$ 是由一阶微分方程式 $(3-1)$ 用后向差分逼近导数的方法得到的一阶差分方程。它说明，输出序列的第 n 个值 $y[n]$ 不仅决定于同一瞬时的输入抽样值 $x[n]$，而且与前一个瞬时的输出值 $y[n-1]$ 有关。

对于高阶微分方程可以按同样方法推导出相应的差分方程。例如，二阶导数可写成

$$\begin{aligned}
\left. \frac{d^2 y(t)}{dt^2} \right|_{t=nT} &= \frac{d}{dt}\left[\frac{dy(t)}{dt} \right] \Big|_{t=nT} \approx \frac{\nabla}{T}\left[\frac{\nabla y[n]}{T} \right] = \frac{\nabla^2}{T^2} y[n] \\
&= \frac{\nabla}{T}\left[\frac{y[n] - y[n-1]}{T} \right] \\
&= \{ \nabla y[n] - \nabla y[n-1] \}/T^2 \\
&= \{ y[n] - 2y[n-1] + y[n-2] \}/T^2
\end{aligned} \tag{3-7}$$

式中，

$$\begin{aligned}
\nabla^2 y[n] &= \nabla y[n] - \nabla y[n-1] \\
&= y[n] - 2y[n-1] + y[n-2]
\end{aligned} \tag{3-8}$$

称为序列 $y[n]$ 的二阶后向差分，简称二阶后差。同理可推得三阶导数

$$\left. \frac{d^3 y(t)}{dt^3} \right|_{t=nT} = \frac{\nabla^3 y[n]}{T^3} \tag{3-9}$$

式中，

$$\begin{aligned}
\nabla^3[n] &= \nabla^2 y[n] - \nabla^2 y[n-1] \\
&= y[n] - 3y[n-1] + 3y[n-2] - y[n-3]
\end{aligned} \tag{3-10}$$

称为序列 $y[n]$ 的三阶后向差分，简称三阶后差，等等。

由此可见，对于连续时间函数 $y(t)$，若在 $t = nT$ 各点取得样值 $y[n]$ 并假设时间间隔 T 取得足够小，则原微分方程可近似为差分方程。显然，样值时间间隔 T 取得越小，近似程度越好。当相邻的两个样点无限靠近，即 $\Delta t = T \to 0$ 时，差分就转变为微分。用计算机求解微分方程就是根据这一原理实现的。

上述例子指出了微分方程与差分方程之间的类似之处，其目的是启发已经熟悉微分方程的同学。但是，这并不意味着差分方程都是从微分方程进行抽样得到的。在实际工作中，由于有些物理现象本身具有离散性质，或者即使我们观察的是连续现象但只是在时间的离散点上进行，因此所需处理的是序列而不是连续函数，必须用差分方程来直接描述。下面举一个具体的例子。

一个由飞机、地面雷达和计算机等组成的飞机导航系统,其雷达天线的转速为每秒一圈,地面工作人员不断地从雷达测得飞机高度等信息,并通过计算机计算出该瞬时应有的高度信息输送给飞机控制系统,以控制飞机的航向和高度。设飞机的高度为$y(t)$,由于只有当雷达天线所发送的波束扫过飞机时才能测出飞机的位置,所以飞机的高度每秒只能测定一次。由此可见,虽然飞机的航行并不是跳跃式的,但是,地面工作人员不可能知道$y(t)$的连续变化规律,而只能测出它的离散值$\cdots,y[0],y[1],y[2],\cdots$。再则,由计算机计算出结果并输送给飞机的也是一个数字序列。可见,这种系统内的信号都以序列形式出现,只能用差分方程来描述。

设地面雷达在第$(n-1)$秒测得飞机的实际高度为$y[n-1]$,通过计算机计算出飞机的第n秒应有的高度为$x[n]$,根据$x[n]$和$y[n-1]$的差值,控制飞机的升降。飞机上升的速度等于它一秒内上升的高度$y[n]-y[n-1]$,根据题意,它应正比于$x[n]$与$y[n-1]$的差值,即

$$y[n] - y[n-1] = A\{x[n] - y[n-1]\} \tag{3-11}$$

式中,A为比例常数,整理式$(3-11)$得

$$y[n] + (A-1)y[n-1] = Ax[n] \tag{3-12}$$

式中,$y[n]$为飞机的实际高度,即此系统的输出序列;而$x[n]$为数字计算机计算出飞机的应有高度,即此系统的输入序列。因此式$(3-12)$就是表示系统输入序列和输出序列之间关系的差分方程。通过它描述了这个离散时间(每隔1秒计算和实测一次)导航系统的工作。

式$(3-6)$和式$(3-12)$都是一阶差分方程。其中,$y[n]$和$y[n-1]$依次是序号差1的序列函数。序列函数序号的增减称为移序。如果一个离散时间系统的第n个输出样值$y[n]$除了决定于现在与过去的输入样值外,还决定于刚已过去的N个输出样值$y[n-1],y[n-2],\cdots,y[n-N]$,则其差分方程的阶数为$N$。即差分方程的阶数等于其中响应序列$y[n]$最高序号和最低序号之差。应用$N$阶差分方程描述的系统称为$N$阶系统,其差分方程的一般形式为

$$\sum_{k=0}^{N} a_k y[n-k] = \sum_{r=0}^{M} b_r x[n-r] \tag{3-13}$$

或

$$y[n] = -\sum_{k=1}^{N} \frac{a_k}{a_0} y[n-k] + \sum_{r=0}^{M} \frac{b_r}{a_0} x[n-r] \tag{3-14}$$

式$(3-13)$和式$(3-14)$称为递归方程,它说明系统输出不仅与系统输入的现在值和过去值有关,而且与系统输出的过去值有关。在实际中,它描述的是一个反馈系统,所以称为递归系统。当$N=0$时,式$(3-14)$变成

$$y[n] = \sum_{r=0}^{M} \frac{b_r}{a_0} x[n-r] \tag{3-15}$$

式$(3-15)$称为非递归方程,它说明系统输出仅与系统输入的现在值和过去值有关,而与系统输出的过去值无关。在实际中,它描述的是一个无反馈系统,所以称为非递归系统。

2. 差分方程的形式

(1) 后向差分方程。

其一般形式为

$$a_0 y[n] + a_1 y[n-1] + \cdots + a_N y[n-N]$$
$$= b_0 x[n] + b_1 x[n-1] + \cdots + b_M x[n-M]$$

或写成

$$\sum_{k=0}^{N} a_k y[n-k] = \sum_{r=0}^{M} b_r x[n-r] \qquad (3-16)$$

式($3-16$)中 $x[n-r]$，$r=0,1,\cdots,M$ 是输入序列及其右移位序列；$y[n-k]$，$k=0,1,\cdots,N$ 是输出序列(或称响应序列)及其右移位序列。差分方程的阶数等于输出序列的最高序号与最低序号之差，所以式($3-16$)是一个 N 阶后向差分方程。

在式($3-16$)的差分方程中，由于各序列的序号 n 以递减的方式给出，所以称为后向(或向右移位)差分方程。当给出边界条件 $y[-1]$，$y[-2]$，$\cdots$，$y[-N]$，则式($3-16$)有唯一解。对于因果系统，因满足因果性，即若 $n<0$，$x[n]=0$，则 $n<0$，$y[n]=0$，即 $y[-1]=y[-2]=\cdots=y[-N]=0$，式($3-16$)有唯一解。

(2) 前向差分方程。

其一般形式为

$$a_N y[n+N] + a_{N-1} y[n+N-1] + \cdots + a_0 y[n]$$
$$= b_M x[n+M] + b_{M-1} x[n+M-1] + \cdots + b_0 x[n]$$

或写成

$$\sum_{k=0}^{N} a_k y[n+k] = \sum_{r=0}^{M} b_r x[n+r] \qquad (3-17)$$

式($3-17$)中各序列的序号 n 以递增的方式给出，称为前向(或向左移序)差分方程。当给出边界条件 $y[N-1]$，$y[N-2]$，$\cdots$，$y[0]$，式($3-17$)有唯一解。对于因果系统，若 $n<0$，$x[N]=0$ 时 $y[N-1]=y[N-2]=\cdots=y[0]=0$，式($3-17$)有唯一解。

在常系数线性差分方程中，各序列的序号都增加或减少同样的数目，该差分方程所描述的输入和输出的关系不变，因此我们可以很容易地将前向差分方程改写成后向差分方程。例如，$y[n+2]-y[n]=2x[n+2]-3x[n-2]$ 是一个常系数线性二阶前向差分方程，如将各序列的序号都减 2，就成为 $y[n]-y[n-2]=2x[n]-3x[n-4]$，这是一个线性常系数二阶后向差分方程。这两种形式的差分方程在实际中都有应用，但用得更多的是后向差分方程。

3. 差分方程的解法

差分方程的求解也分时域方法和变换域方法两种。本章讨论时域方法，变换域方法将在第 6 章~第 8 章中讨论。

时域方法可分为递推法、经典法和分别求零输入响应与零状态响应法三种。

(1) 递推法。

例 3-1 已知系统的差分方程

$$y[n] - (1/2)y[n-1] = x[n] \qquad (3-18)$$

初始状态 $y[-1]=c$ 和输入 $x[n]=k\delta[n]$，求系统响应 $y[n]$。其中，c 和 k 都是常数。

解：由式($3-18$)得

$$y[n] = x[n] + (1/2)y[n-1] \qquad (3-19)$$

说明输出的现在值 $y[n]$ 可通过输入的现在值 $x[n]$ 和输出的过去值 $y[n-1]$ 递推求得。例如以 $n=-1$ 为起点，可以算出相继的 $y[n]$ 值为

$$y[0] = x[0] + (1/2)y[-1] = k + c/2$$
$$y[1] = x[1] + (1/2)y[0] = (k+c/2)/2$$

$$y[2] = x[2] + (1/2)y[1] = (1/2)^2(k + c/2)$$

$$\cdots\cdots$$

其一般形式为

$$y[n] = (1/2)^n(k+c/2), \qquad n \geqslant 0$$

$$= c(1/2)^{n+1} + k(1/2)^n, \quad n \geqslant 0 \tag{3-20}$$

这就是式(3-18)差分方程的解。其中第一项仅由初始状态 c 引起,称为零输入响应;第二项仅由输入引起,称为零状态响应。

上述以初始时刻为起点,根据输入的现在值和输出的过去值依次递推求解差分方程的方法称为递推法,又称为迭代法。这种方法简单,概念清楚,用手算或计算机求解都较方便。但是,它一般只能得出数值解,而不易归纳出完整的解析解。

（2）经典法。

这种方法与第 2 章所述微分方程的经典法类似,全解 $y[n]$ 由齐次解 $y_h[n]$ 和特解 $y_p[n]$ 两部分组成。先分别求 $y_h[n]$ 和 $y_p[n]$,然后代入边界条件求待定系数。

（3）零输入响应和零状态响应法。

这是根据线性系统的分解性,将系统中的全响应分为零输入响应和零状态响应两个分量,然后分别处理这两个分量。即用求齐次解的方法求零输入响应,用卷积和的方法求零状态响应。本章先讨论经典法,然后重点讨论零输入响应和零状态响应法。

3.3　差分方程的经典解法

与微分方程的经典解法类似,其解由齐次解 $y_h[n]$ 和特解 $y_p[n]$ 组成。即

$$y[n] = y_h[n] + y_p[n] \tag{3-21}$$

1. 齐次解

齐次解 $y_h[n]$ 是满足式(3-13)右边等于零,即齐次差分方程

$$a_0 y[n] + a_1 y[n-1] + \cdots + a_N y[n-N] = 0 \tag{3-22}$$

的解。齐次解的形式由其特征根决定。

差分方程(3-13)对应的特征方程为

$$\sum_{k=0}^{N} a_k \alpha^{N-k} = 0 \tag{3-23}$$

其 N 个特征根为 $\alpha_i(i=1,2,\cdots,N)$,根据特征根的不同取值,差分方程齐次解的形式如表 3-1 所示,其中 c_i、D、A、θ 为待定系数。

表 3-1　不同特征根所对应的齐次解

特征根	齐次解 $y_h[n]$
单实根 α	$c\alpha^n$
r 重实根 α	$c_{r-1}n^{r-1}\alpha^n + c_{r-2}n^{r-2}\alpha^n + \cdots + c_1 n\alpha^n + c_0\alpha^n$
一对共轭复根 $\alpha_{1,2}=a\pm jb=\rho e^{\pm j\beta}$	$\rho^n[\cos\beta n + D\sin\beta n]$ 或 $A\rho^n\cos(\beta n - \theta)$

2. 特解

差分方程的特解形式与输入 $x[n]$ 的形式有关。表 3-2 列出了几种典型输入 $x[n]$ 所对应

的特解 $y_p[n]$，选定特解后代入原差分方程，求出其待定系数 p_i，就得到差分方程的特解。

表 3-2　几种典型输入所对应的特解

输入 $x[n]$	特解 $y_p[n]$	
n^m	$p_m n^m + p_{m-1} n^{m-1} + \cdots + p_1 n + p_0$	
a^n	pa^n	当 a 不是特征根时
	$p_1 n a^n + p_0 a^n$	当 a 是特征单根时
	$p_r n^r a^n + p_{r-1} n^{r-1} a^n + \cdots + p_1 n a^n + p_0 a^n$	当 a 是 r 重特征根时
$\cos\beta n$ 或 $\sin\beta n$	$P\cos\beta n + Q\sin\beta n$ 或 $A\cos(\beta n - \theta)$	当所有特征根均不等于 $e^{\pm j\beta}$ 时

3. 全解

差分方程的全解 $y[n]$ 是齐次解 $y_h[n]$ 与特解 $y_p[n]$ 之和，即

$$y[n] = y_h[n] + y_p[n]$$

通常，输入 $x[n]$ 是在 $n=0$ 时接入的，差分方程的解适合于 $n \geq 0$。对于 N 阶差分方程，给定 N 个初始条件就可以确定全部待定系数。

例 3-2　已知某二阶 LTI 系统的差分方程为

$$y[n] + y[n-1] + \frac{1}{4}y[n-2] = x[n]$$

初始条件 $y[0] = 1$，$y[1] = \frac{1}{2}$，输入 $x[n] = u[n]$，求输出 $y[n]$。

解：（1）求齐次解。

上述差分方程的特征方程为

$$\alpha^2 + \alpha + \frac{1}{4} = 0$$

解得其特征根 $\alpha_1 = \alpha_2 = \frac{1}{2}$，为二重根，其齐次解为

$$y_h[n] = c_1 n \left(\frac{1}{2}\right)^n + c_2 \left(\frac{1}{2}\right)^n, \quad n \geq 0$$

（2）求特解。

根据输入 $x[n] = u(n)$，当 $n \geq 0$ 时 $x[n] = 1$，由表 3-2 可知特解

$$y_p[n] = p, \quad n \geq 0$$

将 $y_p[n]$、$y_p[n-1]$、$y_p[n-2]$ 和 $x[n]$ 代入系统的差分方程，得

$$p + p + \frac{1}{4}p = 1$$

解得　　　$p = \frac{4}{9}$

$$y_p[n] = \frac{4}{9}u[n]$$

（3）求全解。

$$y[n] = y_h[n] + y_p[n] = c_1 n \left(\frac{1}{2}\right)^n + c_2 \left(\frac{1}{2}\right)^n + \frac{4}{9}, \quad n \geq 0$$

将已知初始条件代入上式,即

$$y[0] = c_2 + \frac{4}{9} = 1$$

$$y[1] = \frac{1}{2}c_1 + \frac{1}{2}c_2 + \frac{4}{9} = \frac{1}{2}$$

可解得 $c_1 = -\frac{4}{9}, c_2 = \frac{5}{9}$,最后得方程的全解为

$$y[n] = \underbrace{-\frac{4}{9}n\left(\frac{1}{2}\right)^n + \frac{5}{9}\left(\frac{1}{2}\right)^n}_{\text{自由响应}} + \underbrace{\frac{4}{9}}_{\text{强迫响应}}, \quad n \geqslant 0$$

与微分方程一样,差分方程的齐次解也称为系统的自由响应,特解称为强迫响应。本例中由于特征根 $|\alpha| < 1$,自由响应随着 n 增大逐渐衰减为零,故也称为瞬态响应。其强迫响应随 n 的增大而趋于稳定,故称为稳态响应。

3.4 LTI 离散时间系统的零输入响应

与 LTI 连续时间系统对应,LTI 离散时间系统的零输入响应是该系统的差分方程在输入 $x[n] = 0$ 时由初始状态产生的解,即

$$\left. \begin{array}{l} a_0 y[n] + a_1 y[n-1] + \cdots + a_N y[n-N] = 0 \\ y_0[-1], y_0[-2], \cdots, y_0[-N] \end{array} \right\} \tag{3-24}$$

的解。其为差分方程的齐次的模式,待定系数由给定的初始状态确定。

根据例 3-1 中求得的一阶差分方程的零输入响应的模式,我们假定零输入响应

$$y_0[n] = c\alpha^n$$

是式(3-24)的解,其中 c 和 α 均为待定的常数。为了确定满足式(3-24)的 α 值,我们把上式代入式(3-24),可得

$$a_0 y_0[n] - a_1 \alpha^{-1} y_0[n] + a_2 a^{-2} y_0[n] + \cdots + a_N \alpha^{-N} y_0[n]$$

$$= (a_0 + a_1 \alpha^{-1} + a_2 \alpha^{-2} + \cdots + a_N \alpha^{-N}) y_0[n] = 0$$

即

$$a_0 + a_1 \alpha^{-1} + a_2 \alpha^{-2} + \cdots + a_N \alpha^{-N} = 0$$

或

$$a_0 \alpha^N + a_1 \alpha^{N-1} + a_2 \alpha^{N-2} + \cdots + a_N = 0 \tag{3-25}$$

式(3-25)称为差分方程的特征方程,它的根称为差分方程的特征根,即待求的 α 值。假定特征根互不相同,即有 N 个互异根 $\alpha_1, \alpha_2, \cdots, \alpha_N$,则式(3-24)的解为

$$y_0[n] = c_1 \alpha_1^n + c_2 \alpha_2^n + \cdots + c_N \alpha_N^n \tag{3-26}$$

式中,$c_1, c_2, \cdots, c_N$ 为待定系数,由给定的初始状态或初始状态引起的初始条件 $y_0[-1]$,$y_0[-2], \cdots, y_0[-N]$ 确定。把上述 N 个初始值分别代入式(3-26),可得 N 个方程

$$\left. \begin{array}{l} y_0[-1] = c_1 \alpha_1^{-1} + c_2 \alpha_2^{-1} + \cdots + c_N \alpha_N^{-1} \\ y_0[-2] = c_1 \alpha_1^{-2} + c_2 \alpha_2^{-2} + \cdots + c_N \alpha_N^{-2} \\ \cdots\cdots \\ y_0[-N] = c_1 \alpha_1^{-N} + c_2 \alpha_2^{-N} + \cdots + c_N \alpha_N^{-N} \end{array} \right\}$$

解此联立方程,就可求得 $c_1, c_2, \cdots, c_N$ 值。上式也可写成矩阵形式:

$$\begin{bmatrix} y_0[-1] \\ y_0[-2] \\ \vdots \\ y_0[-N] \end{bmatrix} = \begin{bmatrix} \alpha_1^{-1} & \alpha_2^{-1} & \cdots & \alpha_N^{-1} \\ \alpha_1^{-2} & \alpha_2^{-2} & \cdots & \alpha_N^{-2} \\ \vdots & \vdots & & \vdots \\ \alpha_1^{-N} & \alpha_2^{-N} & \cdots & \alpha_N^{-N} \end{bmatrix} \begin{bmatrix} c_1 \\ c_2 \\ \vdots \\ c_N \end{bmatrix} \qquad (3-27)$$

式中,正方矩阵由系统的特征根构成,称为范德蒙(Vandermonde)矩阵。在线性代数中已经证明,它是一个非奇异矩阵,有逆矩阵,所以在等式(3-27)两边同乘此逆矩阵,就可解得 $c_1, c_2, \cdots,$ c_N 值。即

$$\begin{bmatrix} c_1 \\ c_2 \\ \vdots \\ c_N \end{bmatrix} = \begin{bmatrix} \alpha_1^{-1} & \alpha_2^{-1} & \cdots & \alpha_N^{-1} \\ \alpha_1^{-2} & \alpha_2^{-2} & \cdots & \alpha_N^{-2} \\ \vdots & \vdots & & \vdots \\ \alpha_1^{-N} & \alpha_2^{-N} & \vdots & \alpha_N^{-N} \end{bmatrix}^{-1} \begin{bmatrix} y_0[-1] \\ y_0[-2] \\ \cdots \\ y_0[-N] \end{bmatrix} \qquad (3-28)$$

差分方程和微分方程的求解步骤相似,不同在于齐次解的形式。微分方程的齐次解的形式为 e^{pt},而差分方程齐次解的形式为 α^n(见表3-1),其中 p 为微分方程的特征根,而 α 为差分方程的特征根。另外,在求解微分方程时,如果其特征方程有 r 重实根 p_i,则齐次解中将有 e^{pt},$te^{pt}, \cdots, t^{r-1}e^{pt}$ 项;与此相似,在求解差分方程时,如果其特征方程有 r 重实根 α_i,则齐次解中将有 $\alpha_i^n, n\alpha_i^n, \cdots, n^{r-1}\alpha_i^n$ 项。此外,当特征方程有复根 $\alpha_i = |\alpha|e^{j\varphi}$ 时,则必有其共轭复根 $\alpha_{i+1} = |\alpha|e^{-j\varphi}$,而且系数 c_i 和 c_{i+1} 是一对共轭复数,即 $c_i = |c|e^{j\theta}$ 和 $c_{i+1} = |c|e^{-j\theta}$。这一对共轭复根将构成一个变幅的余弦分量,即

$$\begin{aligned} c_i\alpha_i^n + c_{i+1}\alpha_{i+1}^n &= |c||\alpha|^n e^{j(n\varphi+\theta)} + |c||\alpha|^n e^{-j(n\varphi+\theta)} \\ &= 2|c||\alpha|^n \cos(n\varphi + \theta) \end{aligned} \qquad (3-29)$$

例 3-3　已知系统的差分方程

$$y[n] - 5y[n-1] + 6y[n-2] = x[n]$$

初始条件 $y_0[-1] = 7/6, y_0[-2] = 23/36$,求该系统的零输入响应。

解: 该差分方程的特征方程为

$$\alpha^2 - 5\alpha + 6 = (\alpha - 2)(\alpha - 3) = 0$$

特征根为
$$\alpha_1 = 2, \alpha_2 = 3$$

所以
$$y_0[n] = c_1 2^n + c_2 3^n$$

由初始条件

$$y_0[-1] = c_1 2^{-1} + c_2 3^{-1} = 7/6$$
$$y_0[-2] = c_1 2^{-2} + c_2 3^{-2} = 23/36$$

解得待定系数
$$c_1 = 3, c_2 = -1$$

得系统的零输入响应

$$y_0[n] = 3(2)^n - 3^n, n \geqslant 0$$

例 3-4　已知系统的差分方程

$$y[n] + 2y[n-1] + 2y[n-2] = x[n]$$

且 $y_0[-1] = 0, y_0[-2] = 1$,求零输入响应 $y_0[n]$。

解: 该差分方程的特征方程为

$$\alpha^2 + 2\alpha + 2 = 0$$

特征根为
$$\alpha_1 = -1+j = -\sqrt{2}\,e^{-j\pi/4}$$

$$\alpha_2 = -1-j = -\sqrt{2}\,e^{j\pi/4}$$

所以
$$y_0[n] = (-\sqrt{2})^n(c_1 e^{-j\pi n/4} + c_2 e^{j\pi n/4})$$

由初始条件

$$y_0[-1] = (-\sqrt{2})^{-1}(c_1 e^{j\pi/4} + c_2 e^{-j\pi/4}) = 0$$

$$y_0[-2] = (-\sqrt{2})^{-2}(c_1 e^{j\pi/2} + c_2 e^{-j\pi/2}) = 1$$

解得
$$c_1 = -2/(1-j) = -\sqrt{2}\,e^{j\pi/4}$$

$$c_2 = -2/(1+j) = -\sqrt{2}\,e^{-j\pi/4}$$

所以
$$y_0[n] = -2\sqrt{2}(-\sqrt{2})^n \cos(\pi n/4 - \pi/4), n \geqslant 0$$

前面给出的初始条件 $y_0[k]$ 是仅由初始状态引起的。实际上,初始条件还可以仅由输入引起,或由初始状态和输入共同引起。我们用 $y_0[k]$ 表示仅由初始状态引起的初始条件,用 $y_x[k]$ 表示仅由输入引起的初始条件,用 $y[k]=y_0[k]+y_x[k]$ 表示由初始状态和输入共同引起的初始条件。在输入不为零的情况下,$y[k]$ 通常是由初始状态和输入共同引起的,在用经典法求解全响应时,可以用它确定全响应的待定系数,但是不能用来确定零输入响应的待定系数。为了确定零输入响应,必须求出仅由初始状态引起的初始条件 $y_0[-1]$,$y_0[-2]$,$\cdots$,$y_0[-N]$。下面举一个例子。

例 3-5 已知系统的差分方程
$$2y[n] + 12y[n-1] + 24y[n-2] + 16y[n-3] = x[n]$$

输入 $x[n]=2\delta[n]$,初始条件 $y[0]=1$,$y[-1]=-1$,$y[-2]=11/8$,求零输入响应。

解: 本题给出的初始条件是 $y[k]$,而不是 $y_0[k]$,为了求解零输入响应 $y_0[n]$ 必须先求出仅由初始状态引起的初始条件。在差分方程中,若令 $n=-1$,可得
$$2y[-1] + 12y[-2] + 24y[-3] + 16y[-4] = x[-1] = 2\delta[-1] = 0$$

说明 $y[-1]$,$y[-2]$,$y[-3]$ 和 $y[-4]$ 都与输入无关,即仅由初始状态引起。但在差分方程中若令 $n=0$,则得
$$2y[0] + 12y[-1] + 24y[-2] + 16y[-3] = x[0] = 2\delta[0] = 2$$

说明 $y[0]$ 与输入有关,即由输入和初始状态共同引起,所以不能用 $y[0]$ 来确定零输入响应的系数,但是可以通过上式求得 $y[-3]$。在上面已经指出,$y[-3]$ 与输入无关,即仅由初始状态引起。所以

$$y_0[-3] = y[-3] = (1 - y[0] - 6y[-1] - 12y[-2])/8$$
$$= \{1 - 1 - 6(-1) - 12(11/8)\}/8 = -21/16$$

它和 $y_0[-1]=y[-1]$,$y_0[-2]=y[-2]$ 一起可以作为求解 $y_0[n]$ 的初始条件。由此可见,当给出初始条件 $y[0]$,$y[-1]$,$\cdots$,$y[k]$ 时,必须对它们进行判别,看哪些是仅由初始状态引起的,并推出仅由初始状态引起的初始条件,才能正确地求得零输入响应。

该齐次差分方程的特征方程为
$$2\alpha^3 + 12\alpha^2 + 24\alpha + 16 = 2(\alpha + 2)^3 = 0$$

特征根 $\alpha=-2$ 为三重实根。所以

$$y_0[n] = c_1(-2)^n + c_2 n(-2)^n + c_3 n^2(-2)^n$$

由初始条件

$$y_0[-1] = c_1(-2)^{-1} - c_2(-2)^{-1} + c_3(-2)^{-1} = -1$$

$$y_0[-2] = c_1(-2)^{-2} - 2c_2(-2)^{-2} + 4c_3(-2)^{-2} = 11/8$$

$$y_0[-3] = c_1(-2)^{-3} - 3c_2(-2)^{-3} + 9c_3(-2)^{-3} = -21/16$$

解得

$$c_1 = 0, c_2 = -5/4, c_3 = 3/4$$

所以

$$y_0[n] = \left[-\frac{5}{4}n(-2)^n + \frac{3}{4}n^2(-2)^n \right] u[n]$$

3.5 用抽样序列表示任意序列 单位抽样响应

如前所述,LTI 离散时间系统的零状态响应可以通过经典法求得,也可通过卷积分析法求得。卷积分析法的基本出发点是把一个离散时间系统的输入表示成抽样序列的离散集合;再求集合中每个抽样序列单独作用于系统时的零状态响应,即抽样响应;最后把这些抽样响应叠加就是系统对任意序列的零状态响应。

根据系统的线性时不变性质,如果已知系统对单位抽样序列 $\delta[n]$ 的零状态响应 $h[n]$,我们就可以求出该系统对所有延迟抽样序列以及这些延迟序列的线性组合的零状态响应。这一观点是开展卷积分析研究的基础。我们将运用这种观点,用抽样序列表示任意序列,用单位抽样响应表示系统特性,为下一节通过系统抽样响应来表示该系统对任意序列的零状态响应作准备。

1. 用抽样序列表示任意序列

在第 1 章中已经指出,在离散时间信号中,单位抽样序列可以作为一个基本信号来构成其他的任何序列。为了看清这一点,我们考察如图 3-2 所示的序列 $x[n]$。从图中可见,在 $-2 \leqslant n \leqslant 2$ 区间,$x[n]$ 可用五个加权的延迟抽样序列表示,即

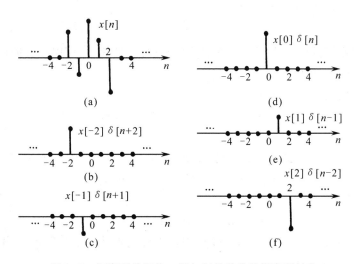

图 3-2 把序列分解为一组加权的移位抽样序列的和

$$x[n] = \cdots + x[-2]\delta[n+2] + x[-1]\delta[n+1] + x[0]\delta[n] +$$
$$x[1]\delta[n-1] + x[2]\delta[n-2] + \cdots \tag{3-30}$$

式中

$$x[-2]\delta[n+2] = \begin{cases} x[-2], & n=-2 \\ 0, & n\neq-2 \end{cases}$$

$$x[-1]\delta[n+1] = \begin{cases} x[-1], & n=-1 \\ 0, & n\neq-1 \end{cases}$$

$$\cdots\cdots$$

$$x[k]\delta[n-k] = \begin{cases} x[k], & n=k \\ 0, & n\neq k \end{cases}$$

可见,式(3-30)右边对全部 n 都只有一项是非零的,而非零项大小就是 $x[n]$ 此时刻的样值,所以式(3-30)可写成

$$x[n] = \sum_{k=-\infty}^{\infty} x[k]\delta[n-k] \tag{3-31}$$

说明任一序列 $x[n]$ 都可以用一串移位的(延迟的)单位抽样序列的加权和表示,其中第 k 项的权因子就是 $x[k]$。例如,单位阶跃序列 $u[n]$ 可用一串移位的单位抽样序列的加权和表示,根据式(3-31)和 $x[k]=u[k]=\begin{cases} 0, & k<0 \\ 1, & k\geq0 \end{cases}$,可得

$$u[n] = \sum_{k=0}^{\infty} \delta[n-k]$$

这一表示式与第1章的结果完全一致。

2. 单位抽样响应

离散时间系统的输入为单位抽样序列时的零状态响应定义为单位抽样响应,记为 $h[n]$,用符号表示为

$$\delta[n] \to h[n] \tag{3-32}$$

下面分三种情况讨论 $h[n]$ 的求法。

(1) 一阶系统。

一阶离散时间系统的数学模型为一阶的差分方程,比较简单,可以较方便地用递推法依次求得 $h[0],h[1],\cdots,h[n]$。

例3-6 已知系统的差分方程

$$y[n] - (1/2)y[n-1] = x[n]$$

求单位抽样响应。

解:根据定义,当 $x[n]=\delta[n]$ 时,$y[n]=h[n]$。由原差分方程可得 $h[n]$ 与 $\delta[n]$ 的关系为

$$h[n] - (1/2)h[n-1] = \delta[n]$$

或

$$h[n] = \delta[n] + (1/2)h[n-1]$$

当 $n=-1$ 时,$h[-1]=\delta[-1]+(1/2)h[-2]=0$。以此为起点,分别令 $n=0,1,2,\cdots,n$,可递推得

$$h[0] = \delta[0] + (1/2)h[-1] = 1$$
$$h[1] = \delta[1] + (1/2)h[0] = 1/2$$

$$h[2] = \delta[2] + (1/2)h[1] = (1/2)^2$$

$$\cdots$$

$$h[n] = (1/2)^n u[n]$$

（2）高阶系统。

这时用递推法求解较繁,且不易得到闭式解。简便的方法是把单位抽样序列 $\delta[n]$ 等效为初始条件 $h[0], h[-1], \cdots, h[-N+1]$,把 $h[n]$ 转化为这些等效初始条件引起的零输入响应。

设 n 阶离散时间系统的差分方程为

$$a_0 y[n] + a_1 y[n-1] + \cdots + a_N y[n-N] = x[n] \qquad (3-33)$$

根据定义,当 $x[n] = \delta[n]$ 时该系统的零状态响应就是 $h[n]$,代入上式得

$$a_0 h[n] + a_1 h[n-1] + \cdots + a_N h[n-N] = \delta[n] \qquad (3-34)$$

由于 $n>0$ 时,$\delta[n]=0$,所以

$$a_0 h[n] + a_1 h[n-1] + \cdots + a_N h[n-N] = 0, \ n > 0 \qquad (3-35)$$

因此,$n>0$,$h[n]$ 一定满足式(3-33)所示的差分方程,即其是差分方程式(3-33)的齐次解。例如,如果该系统有 N 个互异的特征根 $\alpha_1, \alpha_2, \cdots, \alpha_N$,则

$$h[n] = c_1 \alpha_1^n + c_2 \alpha_2^n + \cdots + c_N \alpha_N^n \qquad (3-36)$$

式中,待定系数 $c_1, c_2, \cdots, c_N$ 由 $\delta[n]$ 等效的初始条件决定。由于初始时($n<0$)系统是静止的,所以 $h[-1] = h[-2] = \cdots = h[-N+1] = 0$;$n=0$ 时,由式(3-34)得 $a_0 h[0] = \delta[0] = 1$,即 $h[0] = 1/a_0$。所以对于 n 阶后向差分方程,$\delta[n]$ 等效的初始条件[①]为

$$h[0] = 1/a_0, \ h[-1] = h[-2] = \cdots = h[-N+1] = 0 \qquad (3-37)$$

根据这些初始条件就可以确定齐次解的系数 $c_1, c_2, \cdots, c_N$,从而求得 $n>0$ 时的 $h[n]$。

例 3-7　已知系统的差分方程

$$y[n] - 3y[n-1] + 3y[n-2] - y[n-3] = x[n]$$

求其单位抽样响应。

解:根据齐次差分方程和由 $\delta[n]$ 引起的初始条件,可以列出如下方程组

$$h[n] - 3h[n-1] + 3h[n-2] - h[n-3] = 0$$

$$h[0] = 1, h[-1] = h[-2] = 0$$

其特征方程为

$$\alpha^3 - 3\alpha^2 + 3\alpha - 1 = (\alpha - 1)^3 = 0$$

特征根 $\alpha = 1$ 为三重实根,所以齐次解包含 $\alpha^n, n\alpha^n$ 和 $n^2 \alpha^n$ 项,即

$$h[n] = c_1 \alpha^n + c_2 n\alpha^n + c_3 n^2 \alpha^n$$

由初始条件

$$h[0] = c_1 = 1$$

$$h[-1] = c_1 - c_2 + c_3 = 0$$

$$h[-2] = c_1 - 2c_2 + 4c_3 = 0$$

解得 $c_1 = 1, c_2 = 3/2, c_3 = 1/2$,所以该系统的单位抽样响应为

$$h[n] = (1 + 3n/2 + n^2/2) u[n]$$

---

① 对于 n 阶前向差分方程 $a_N y[n+N] + a_{N-1} y[n+N-1] + \cdots + a_1 y[n+1] + a_0 y[n] = x[n]$,与输入 $\delta[n]$ 等效的初始条件为 $h[1] = h[2] = \cdots = h[N-1] = 0, h[N] = 1/a_N$。

在本例中,我们把输入单位抽样序列等效为初始条件 $h[0]=1,h[-1]=h[-2]=0$,因而把求解单位抽样响应的问题转化为求系统的零输入响应,较简便地求得 $h[n]$ 的闭式解。

(3) 差分方程右端含有 $x[n]$ 及其移序项。

在实际应用中,系统的差分方程的右端有时不仅包含输入 $x[n]$,而且含有它的移序项 $x[n-k]$,即

$$a_0 y[n] + a_1 y[n-1] + \cdots + a_N y[n-N]$$
$$= b_0 x[n] + b_1 x[n-1] + \cdots + b_M x[n-M] \tag{3-38}$$

这时我们可以先求系统对输入 $x[n]$ 的零状态响应 $\hat{y}[n]$,即

$$a_0 \hat{y}[n] + a_1 \hat{y}[n-1] + \cdots + a_N \hat{y}[n-N] = x[n] \tag{3-39}$$

再根据系统的线性时不变性质,对 $\hat{y}[n]$ 进行式(3-38)右端的等价运算,不难求得系统对输入 $b_0 x[n] + b_1 x[n-1] + \cdots + b_M x[n-M]$ 的零状态响应为

$$y[n] = b_0 \hat{y}[n] + b_1 \hat{y}[n-1] + \cdots + b_M \hat{y}[n-M] \tag{3-40}$$

式(3-39)和式(3-40)为我们提供了求解由式(3-38)表示的系统的单位抽样响应的方法:

① 先求由式(3-39)表示的系统的单位抽样响应,并记为 $\hat{h}[n]$,它的解法已经讨论过;

② 通过式(3-40)求出由式(3-38)表示的系统的单位抽样响应,即

$$h[n] = b_0 \hat{h}[n] + b_1 \hat{h}[n-1] + \cdots + b_M \hat{h}[n-M] \tag{3-41}$$

例 3-8 已知系统的差分方程

$$y[n] - 5y[n-1] + 6y[n-2] = x[n] - 3x[n-2]$$

求其单位抽样响应。

解法 1:先计算 $\hat{y}[n]$,再求 $y[n]$

(1) 先求由

$$\hat{y}[n] - 5\hat{y}[n-1] + 6\hat{y}[n-2] = x[n]$$

表示的系统的单位抽样响应 $\hat{h}[n]$。其特征方程为

$$\alpha^2 - 5\alpha + 6 = (\alpha - 2)(\alpha - 3) = 0$$

特征根为 $\alpha_1 = 2, \alpha_2 = 3$,得

$$\hat{h}[n] = c_1(2)^n + c_2(3)^n$$

由初始条件

$$\hat{h}[0] = c_1 + c_2 = 1$$
$$\hat{h}[-1] = c_1(2)^{-1} + c_2(3)^{-1} = 0$$

解得 $c_1 = -2, c_2 = 3$,所以

$$\hat{h}[n] = \begin{cases} -2(2)^n + 3(3)^n, & n \geqslant 0 \\ 0, & n < 0 \end{cases}$$

(2) 求系统对输入 $x[n]-3x[n-2]$ 的单位抽样响应:

$$h[n] = \hat{h}[n] - 3\hat{h}[n-2] = [-2(2)^n + 3(3)^n]u[n] -$$
$$3[-2(2)^{n-2} + 3(3)^{n-2}]u[n-2]$$
$$= \delta[n] + 5\delta[n-1] + [18(3)^{n-2} - 2(2)^{n-2}]u[n-2]$$

解法 2:同时考虑 $x[n]$ 和 $-3x[n-2]$。

这时 $h[n]$ 应满足下列方程

$$h[n] - 5h[n-1] + 6h[n-2] = \delta[n] - 3\delta[n-2] \qquad (3-42)$$

当 $n>2$ 时，$\delta[n] = \delta[n-2] = 0$，所以

$$h[n] - 5h[n-1] + 6h[n-2] = 0$$

其齐次解

$$h[n] = c_1 2^n + c_2 3^n, \quad n > 2$$

式中 c_1, c_2 由等效初始条件决定。必须注意，在选择等效初始条件时要同时考虑 $\delta[n]$ 和 $-3\delta[n-2]$ 这两个输入的作用。因此，若仍选择 $h[0]$ 和 $h[1]$ 作为等效初始条件就不对了。因为这时抽样序列 $-3\delta[n-2]$ 的作用还没有计入。为了同时考虑 $\delta[n]$ 和 $-3\delta[n-2]$ 这两个输入的作用，应该选择 $h[1]$ 和 $h[2]$ 或 $h[2]$ 和 $h[3]$ 等作为等效初始条件。该等效初始条件可通过式(3-42)和 $n<0$ 时系统处于静止的状态，即 $h[-1] = h[-2] = 0$ 依次推得为

$$h[0] = 1, h[1] = 5, h[2] = 16, h[3] = 50, \cdots$$

现在取 $h[1]$ 和 $h[2]$ 为等效初始条件可得

$$h[1] = 2c_1 + 3c_2 = 5$$

$$h[2] = 2^2 c_1 + 3^2 c_2 = 16$$

解得 $c_1 = -1/2, c_2 = 2$，所以

$$h[n] = \delta[n] + 5\delta[n-1] + [(-1/2)(2)^n + 2(3)^n]u[n-2]$$
$$= \delta[n] + 5\delta[n-1] + [18(3)^{n-2} - 2(2)^{n-2}]u[n-2]$$

3.6　LTI 离散时间系统的零状态响应　卷积和

现在用卷积方法求解 LTI 离散时间系统对任意序列 $x[n]$ 的零状态响应 $y_x[n]$。上面已经指出，根据系统的线性和时不变的性质，如果已知系统对 $\delta[n]$ 的零状态响应为 $h[n]$，我们就可以求出该系统对所有的延迟抽样序列以及这些延迟序列的线性组合的零状态响应。这一观点就是本节开展用卷积法分析系统零状态响应的基础。即若

$$\delta[n] \rightarrow h[n]$$

根据系统的时不变性与齐次性，有

$$\delta[n-k] \rightarrow h[n-k] \qquad (3-43)$$

$$x[k]\delta[n-k] \rightarrow x[k]h[n-k] \qquad (3-44)$$

式中 $k = 0, \pm 1, \pm 2, \cdots \pm \infty$。由于任一序列 $x[n]$ 都可以用一串移位的单位序列的加权和表示，即

$$x[n] = \sum_{k=-\infty}^{\infty} x[k]\delta[n-k] \qquad (3-45)$$

根据系统的叠加性质，有

$$\sum_{k=-\infty}^{\infty} x[k]\delta[n-k] \rightarrow \sum_{k=-\infty}^{\infty} x[k]h[n-k] \qquad (3-46)$$

这就是该系统对任意序列 $x[n]$ 的零状态响应，即

$$y_x[n] = \sum_{k=-\infty}^{\infty} x[k]h[n-k] \qquad (3-47)$$

式(3-47)是系统分析中极为有用的公式,称为 $x[n]$ 和 $h[n]$ 的卷积和或离散卷积。它说明:

① 系统的零状态输出 $y_x[n]$ 是输入 $x[n]$ 与单位抽样响应 $h[n]$ 的卷积,记为

$$y_x[n] = x[n] * h[n] \tag{3-48}$$

② 系统的特性可以用单位抽样响应 $h[n]$ 来表示。如果给定输入 $x[n]$ 及系统的单位抽样响应 $h[n]$,就可根据式(3-47)求得系统的零状态响应 $y_x[n]$。

若把式(3-47)中变量 k 用 $n-k$ 替换,则

$$y_x[n] = \sum_{k=-\infty}^{\infty} x[n-k]h[k] = \sum_{k=-\infty}^{\infty} h[k]x[n-k]$$
$$= h[n] * x[n] \tag{3-49}$$

由此可见,卷积的结果与卷积和的两个序列的先后次序无关。即若将输入和单位抽样响应互换位置,则系统的零状态响应不变。换句话说,输入为 $x[n]$,单位抽样响应为 $h[n]$ 的线性时不变系统和输入为 $h[n]$,单位抽样响应为 $x[n]$ 的线性时不变系统具有相同的输出。

如果 $x[n]$ 是一个有始序列(或称单边序列),即

$$x[n] = x[0]\delta[n] + x[1]\delta[n-1] + \cdots + x[k]\delta[n-k] \tag{3-50}$$

则由此 $x[n]$ 引起的零状态响应为

$$y_x[n] = x[0]h[n] + x[1]h[n-1] + \cdots + x[k]h[n-k] \tag{3-51}$$

由于 $\delta[n]$ 只存在于 $n=0$ 一点,而对因果系统来说,在 $n<0$ 时 $h[n]$ 必然为零,因此,当 $k>n$ 时,$h[n-k]=0$,即在式(3-51)中只包含 $n+1$ 项。于是

$$y_x[n] = x[0]h[n] + x[1]h[n-1] + \cdots + x[n]h[0]$$
$$= \sum_{k=0}^{n} x[k]h[n-k] \tag{3-52}$$

或

$$y_x[n] = \sum_{k=0}^{n} h[k]x[n-k] \tag{3-53}$$

例3-9 已知 LTI 系统的单位抽样响应 $h[n] = b^n u[n]$,输入 $x[n] = a^n u[n]$,求其零状态响应。

解:根据给定的 $x[n]$ 和 $h[n]$,可知 $x[n]$ 为单边序列,系统为因果的线性时不变离散时间系统,因此可以由式(3-52)求其零状态响应,即

$$y_x[n] = \sum_{k=0}^{n} x[k]h[n-k] = \sum_{k=0}^{n} a^k b^{n-k}$$
$$= b^n \sum_{k=0}^{n} (a/b)^k$$

根据等比级数求和公式可得

$$y_x[n] = \begin{cases} b^n \dfrac{1-(a/b)^{n+1}}{1-a/b}, & a \neq b, n > 0 \\ b^n(n+1), & a = b, n > 0 \\ 0, & n < 0 \end{cases}$$

例3-10 已知系统的差分方程为

$$y[n] - 5y[n-1] + 6y[n-2] = x[n]$$

输入 $x[n] = u[n]$，求零状态响应。

解：由例 3-8 可知此系统的单位抽样响应为

$$h[n] = [3(3)^n - 2(2)^n]u[n]$$

因为是单边序列作用于因果系统，所以

$$y_x[n] = x[n] * h[n] = \sum_{k=0}^{n} x[k]h[n-k]$$

$$= \sum_{k=0}^{n} 1[3(3)^{n-k} - 2(2)^{n-k}]$$

$$= 3(3^n + 3^{n-1} + \cdots + 3^0) - 2(2^n + 2^{n-1} + \cdots + 2^0)$$

$$= 3 \times \frac{1 - 3^{n+1}}{1 - 3} - 2 \times \frac{1 - 2^{n+1}}{1 - 2}$$

$$= \left[\frac{1}{2} - 2^{n+2} + (1/2)(3)^{n+2}\right]u[n]$$

为了避免重复运算，现将常用序列的离散卷积列于表 3-3，以备查用。表 3-3 中，$x_1[n]$ 和 $x_2[n]$ 及卷积结果 $x_1[n] * x_2[n]$ 除第 1 行到第 3 行外都是单边序列。

表 3-3　常用序列的离散卷积

序　号	$x_1[n]$	$x_2[n]$	$x_1[n] * x_2[n] = x_2[n] * x_1[n]$
1	$\delta[n]$	$x[n]$	$x[n]$
2	$\delta[n-k]$	$x[n]$	$x[n-k]$
3	$x[n]$	$u[n]$	$\sum_{k=-\infty}^{n} x[k]$
4	$x[n]u[n]$	$u[n]$	$\sum_{k=0}^{n} x[k]u[n]$
5	$x[n]u[n-n_0]$	$u[n]$	$\sum_{k=n_0}^{n} x[k]u[n-n_0]$
6	$\delta[n-n_1]$	$\delta[n-n_2]$	$\delta[n-n_1-n_2]$
7	$\alpha^n u[n]$	$u[n]$	$[(1-\alpha^{n+1})/(1-\alpha)]u[n]$
8	$u[n]$	$u[n]$	$(n+1)u[n]$
9	$u[n-n_1]$	$u[n-n_2]$	$(n-n_1-n_2+1)u[n-n_1-n_2]$
10	$\alpha_1^n u[n]$	$\alpha_2^n u[n]$	$[(\alpha_1^{n+1}-\alpha_2^{n+1})/(\alpha_1-\alpha_2)]u[n], \alpha_1 \neq \alpha_2$
11	$\alpha^n u[n]$	$\alpha^n u[n]$	$(n+1)\alpha^n u[n]$
12	$\alpha^n u[n]$	$nu[n]$	$[n/(1-\alpha)+\alpha(\alpha^n-1)/(1-\alpha)^2]u[n]$

上面几节我们分别讨论了 LTI 离散时间系统的零输入响应和零状态响应的时域分析方法。在一般情况下，系统的响应是由初始状态和输入共同引起的，所以系统的全响应等于零输入响应和零状态响应的和。下面通过实例归纳一下 LTI 离散时间系统全响应的时域求法。

例 3-11　已知一个 LTI 离散时间系统的差分方程为

$$y[n] - (5/2)y[n-1] + y[n-2] = 6x[n] - 7x[n-1] + 5x[n-2]$$

输入 $x[n] = u[n]$，初始状态 $y_0(-1) = 1, y_0(-2) = 7/2$，求系统全响应。

解：(1) 零输入响应。

该差分方程的特征方程为

$$\alpha^2 - (5/2)\alpha + 1 = (2\alpha - 1)(\alpha/2 - 1) = 0$$

特征根为

$$\alpha_1 = 1/2, \alpha_2 = 2$$

所以

$$y_0[n] = c_1(1/2)^n + c_2(2)^n$$

由初始条件

$$y_0[-1] = 2c_1 + c_2/2 = 1$$
$$y_0[-2] = 4c_1 + c_2/4 = 7/2$$

解得 $c_1 = 1, c_2 = -2$，代入 $y_0[n]$，得零输入响应为

$$y_0[n] = (1/2)^n - 2(2)^n$$

(2) 零状态响应。

① 求单位抽样响应。在原差分方程中，当 $x[n] = \delta[n]$，则 $y[n] = h[n]$。该方程为

$$h[n] - (5/2)h[n-1] + h[n-2] = 6\delta[n] - 7\delta[n-1] + 5\delta[n-2]$$

先求 $\delta[n]$ 作用下的响应 $\hat{h}[n]$，$\hat{h}[n]$ 是等效初始条件的齐次解，即

$$\begin{cases} \hat{h}[n] - (5/2)\hat{h}[n-1] + \hat{h}[n-2] = 0 \\ \hat{h}[0] = 1, \hat{h}[-1] = 0 \end{cases}$$

的解 $\hat{h}[n] = A_1(1/2)^n + A_2(2)^n, \ n>0$

由等效初始条件

$$\hat{h}[0] = A_1 + A_2 = 1$$
$$\hat{h}[-1] = 2A_1 + A_2/2 = 0$$

解得

$$A_1 = -1/3, A_2 = 4/3$$

所以

$$\hat{h}[n] = [(4/3)(2)^n - (1/3)(1/2)^n]u[n]$$

则

$$h[n] = 6\hat{h}[n] - 7\hat{h}[n-1] + 5\hat{h}[n-2]$$
$$= [8(2)^n - 2(1/2)^n]u[n] + [(7/3)(1/2)^{n-1} - (28/3)(2)^{n-1}]u[n-1] +$$
$$[(20/3)(2)^{n-2} - (5/3)(1/2)^{n-2}]u[n-2]$$
$$= 6\delta[n] - 4(1/2)^n u[n-1] + 5(2)^n u[n-1]$$

② 零状态响应。由 $h[n]$ 和 $x[n]$ 的卷积和可求得零状态响应为

$$y_x[n] = h[n] * u[n]$$
$$= 6u[n] - 4\sum_{k=1}^{n}(1/2)^k u[n-1] + 5\sum_{k=1}^{n}(2)^k u[n-1]$$
$$= 6u[n] - 8[(1/2) - (1/2)^{n+1}]u[n] - 5[2 - 2^{n+1}]u[n]$$
$$= [4(1/2)^n + 10(2)^n - 8]u[n]$$

（3）全响应。

$$y[n] = y_0[n] + y_x[n]$$
$$= (1/2)^n - 2(2)^n + 4(1/2)^n + 10(2)^n - 8$$
$$= 5(1/2)^n + 8(2)^n - 8, \qquad n \geq 0$$

3.7　卷积和的图解

卷积和的计算常常借助图解而得到简化,例如,两个单边序列 $x_1[n] = \{a_0, a_1, \cdots, a_n\}$ 和 $x_2[n] = \{b_0, b_1, \cdots, b_n\}$ 的卷积和

$$y[n] = x_1[n] * x_2[n] = \sum_{k=0}^{n} x_1[k] x_2[n-k]$$
$$= x_1[0]x_2[n] + x_1[1]x_2[n-1] + \cdots + x_1[n]x_2[0] \qquad (3-54)$$

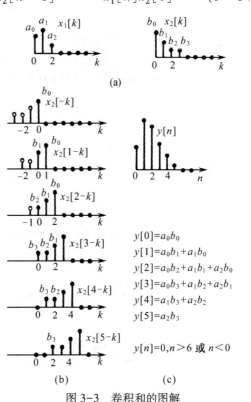

为了便于图解计算,先给出序列 $x_1[k]$ 和 $x_2[k]$ 图形,再将序列 $x_2[k]$ 沿纵轴反转成 $x_2[-k]$,并移位 n 形成序列 $x_2[n-k]$,如图 3-3(a)、(b)所示。由于这种构图,乘积 $x_1[k]x_2[n-k]$ 中把两序列重叠部分全部 k 值的乘积 $x_1[k]x_2[n-k]$ 相加就是卷积和 $y[n]$ 在序号为 n 时的值。必须注意,在上述计算中,n 为一固定数,变量 k 取乘积 $x_1[k]x_2[n-k]$ 中两个序列重叠的一切值(非重叠部分乘积为零),如图 3-3(b)所示。图中,$n=0$ 时乘积 $x_1[k]x_2[-k]$ 中的两个序列仅在 $k=0$ 重叠,$y[0] = a_0 b_0$,$n=1$ 时乘积 $x_1[k]x_2[1-k]$ 中的两个序列仅在 $k=0$ 和 1 时重叠,$y[1] = a_0 b_1 + a_1 b_0$;$n=2$ 时乘积 $x_1[k]x_2[2-k]$ 中的两个序列在 $k=0, 1$ 和 2 时重叠,$y[2] = a_0 b_2 + a_1 b_1 + a_2 b_0$;同理,可得 $y[3] = a_0 b_3 + a_1 b_2 + a_2 b_1$;$y[4] = a_1 b_3 + a_2 b_2$;$y[5] = a_2 b_3$;$n \geq 6$ 和 $n < 0$ 时两个序列无重叠部分,所以 $y[n] = 0$。据此,绘得 $y[n]$ 图形如图 3-3(c)所示。

图 3-3　卷积和的图解

求卷积和的图解法步骤可概括如下:

（1）变量置换、反转,即 $x_1[n] \to x_1[k]$,$x_2[n] \to x_2[-k]$;

（2）平移,即 $x_2[-k] \to x_2[n-k]$;

（3）相乘,即把被反转—平移后的序列 $x_2[n-k]$ 与 $x_1[n]$ 相乘;

（4）取和,固定 n,对所有 k 值的乘积 $x_1[k]x_2[n-k]$ 相加便得卷积和 $y[n]$ 在序号为 n 时的值。

固定不同的 $n(=0, 1, 2, \cdots, n)$,重复步骤(2)~(4),$x_2[n-k]$ 将沿 k 轴自左向右进行平移,就可依次得到 $y[0], y[1], \cdots, y[n]$,如图 3-3(c)所示。

从上面的例子还可以看到,如果知道了两个序列的图形就能帮助我们了解两个非零值序列的重叠范围,确定卷积和的下限与上限,使运算简化。此外,还可以看到两个有限长序列的卷积和也是一个有限长序列;其序列的长度即序列值不为零的个数为两个序列的长度之和减1。即若序列 $x_1[n]$ 的长度为 L_{x_1},序列 $x_2[n]$ 的长度为 L_{x_2},则其卷积和序列 $y[n]$ 的长度

$$L_y = L_{x_1} + L_{x_2} - 1 \tag{3-55}$$

如在上例中 $L_{x_1}=3, L_{x_2}=4$,所以

$$L_y = 3 + 4 - 1 = 6$$

这与图 3-3(c)所示的结果一致。

例3-12　已知 $x_1[n], x_2[n]$ 分别为

$$x_1[n] = \begin{cases} 1, & 0 \leq n \leq 4 \\ 0, & 其他 \end{cases}, \quad x_2[n] = \begin{cases} \alpha^n, & (\alpha \neq 1), 0 \leq n \leq 6 \\ 0, & 其他 \end{cases}$$

如图 3-4 所示,求其卷积和 $y[n]$。

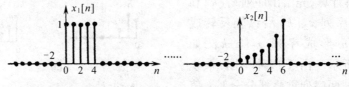

图 3-4　例 3-12 待卷积的信号

解: 为了计算这两个信号的卷积,我们分别给出了 $x_1[k]$ 和 n 的五个不同区间的 $x_2[n-k]$ 的图形,如图 3-5 所示。

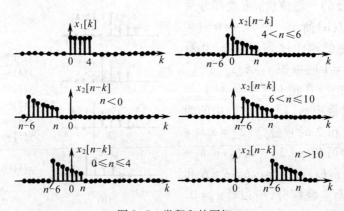

图 3-5　卷积和的图解

区间 1,即 $n<0$。这时由于 $x_1[k]$ 与 $x_2[n-k]$ 无任何重叠部分,所以 $y[n]=0$。

区间 2,即 $0 \leq n \leq 4$,这时乘积 $x_1[k]x_2[n-k]$ 为

$$x_1[k]x_2[n-k] = \begin{cases} \alpha^{n-k}, & 0 \leq k \leq n \\ 0, & 其他 \end{cases}$$

因此,在该区间内

$$y[n] = \sum_{k=0}^{n} \alpha^{n-k}$$

若将求和变量从 k 变换为 $r=n-k$，则得

$$y[n] = \sum_{r=0}^{n} \alpha^r = \frac{1-\alpha^{n+1}}{1-\alpha}$$

区间 3，即 $n>4$，但 $n-6\leqslant 0$，也即 $4<n\leqslant 6$，这时

$$x_1[k]x_2[n-k] = \begin{cases} \alpha^{n-k}, & 0 \leqslant k \leqslant 4 \\ 0, & \text{其他} \end{cases}$$

则在该区间内

$$y[n] = \sum_{k=0}^{4} \alpha^{n-k} = \alpha^n \sum_{k=0}^{4} (\alpha^{-1})^k = \alpha^n \frac{1-\alpha^{-5}}{1-\alpha^{-1}} = \frac{\alpha^{n-4}-\alpha^{n+1}}{1-\alpha}$$

区间 4，即 $n>6$，但 $n-6\leqslant 4$，也即 $6<n\leqslant 10$，这时

$$x_1[k]x_2[n-k] = \begin{cases} \alpha^{n-k}, & n-6 \leqslant k \leqslant 4 \\ 0, & \text{其他} \end{cases}$$

所以

$$y[n] - \sum_{k=n-6}^{4} \alpha^{n-k}$$

若令 $r=k-n+6$，则

$$y[n] = \sum_{r=0}^{10-n} \alpha^{6-r} = \alpha^6 \sum_{r=0}^{10-n} (\alpha^{-1})^r$$
$$= \alpha^6 \frac{1-(\alpha^{-1})^{11-n}}{1-\alpha^{-1}} = \frac{\alpha^{n-4}-\alpha^7}{1-\alpha}$$

区间 5，即 $n-6>4$，$n>10$，这时 $x_1[k]$ 与 $x_2[n-k]$ 没有重叠部分，所以 $y[n]=0$。

综合以上所得，$y[n]$ 可归纳为

$$y[n] = \begin{cases} 0, & n<0 \\ (1-\alpha^{n+1})/(1-\alpha), & 0 \leqslant n \leqslant 4 \\ (\alpha^{n-4}-\alpha^{n+1})/(1-\alpha), & 4<n\leqslant 6 \\ (\alpha^{n-4}-\alpha^7)/(1-\alpha), & 6<n\leqslant 10 \\ 0, & n>10 \end{cases}$$

其图形如图 3-6 所示。

求卷积和还有一种方法——阵列法。这种方法是把序列 $x_1[n]$ 和 $x_2[n]$ 构成一个阵列，如图 3-7 所示。在阵列的左侧从上到下按序列 $x_1[n]$ 中序号 n 的增长顺序排列，在阵列的上方从左到右按序列 $x_2[n]$ 中 n 的增长顺序排列，阵列内的元素为对应行、列的 $x_1[n]$ 和 $x_2[n]$ 的乘积。如果要求这两个序列的卷积和，只要按图 3-7 中虚线表示的对角线各项相加就行

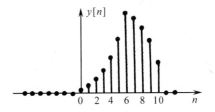

图 3-6　例 3-12 的卷积的结果

了。因此，把第一条虚线表示的对角线间的各项相加（仅一项 $x_1[0]x_2[0]$）即为卷积和 $y[n]$ 的第 0 个值

$$y[0] = x_1[0]x_2[0] \qquad\qquad (3-56)$$

把第二条虚线表示的对角线间的各项相加，就是 $y[n]$ 的第一个值

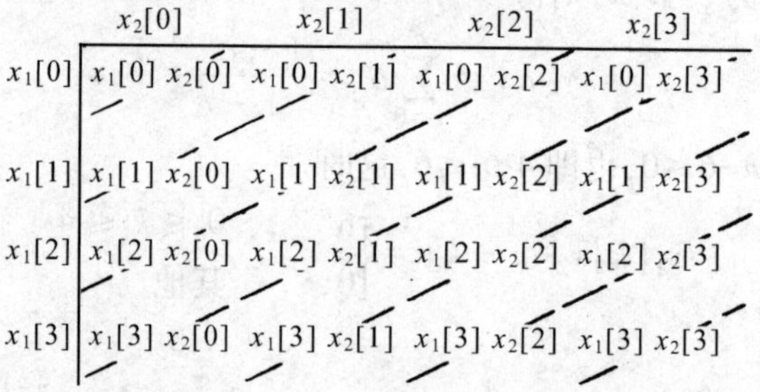

	$x_2[0]$	$x_2[1]$	$x_2[2]$	$x_2[3]$
$x_1[0]$	$x_1[0]x_2[0]$	$x_1[0]x_2[1]$	$x_1[0]x_2[2]$	$x_1[0]x_2[3]$
$x_1[1]$	$x_1[1]x_2[0]$	$x_1[1]x_2[1]$	$x_1[1]x_2[2]$	$x_1[1]x_2[3]$
$x_1[2]$	$x_1[2]x_2[0]$	$x_1[2]x_2[1]$	$x_1[2]x_2[2]$	$x_1[2]x_2[3]$
$x_1[3]$	$x_1[3]x_2[0]$	$x_1[3]x_2[1]$	$x_1[3]x_2[2]$	$x_1[3]x_2[3]$

图 3-7 用阵列法求单边序列卷积和

$$y[1] = x_1[1]x_2[0] + x_1[0]x_2[1] \qquad (3-57)$$

同理,可求得 $y[n]$ 的第 2~6 个值为

$$\left. \begin{aligned} y[2] &= x_1[2]x_2[0] + x_1[1]x_2[1] + x_1[0]x_2[2] \\ y[3] &= x_1[3]x_2[0] + x_1[2]x_2[1] + x_1[1]x_2[2] + x_1[0]x_2[3] \\ y[4] &= x_1[3]x_2[1] + x_1[2]x_2[2] + x_1[1]x_2[3] \\ y[5] &= x_1[3]x_2[2] + x_1[2]x_2[3] \\ y[6] &= x_1[3]x_2[3] \end{aligned} \right\} \qquad (3-58)$$

上述结果与直接用式(3-54)求得的结果一致。

例 3-13 已知 $x_1[n] = \{3, -1, 3\}$, $x_2[n] = \begin{cases} (1/2)^n, & n \geqslant 0 \\ 0, & n < 0 \end{cases}$,求其卷积和 $y[n]$。

解:(1)画阵列图如图 3-8 所示。
(2)把虚线表示的对角线上的值相加,可得

$y[0] = 3$

$y[1] = -1 + 3/2 = 1/2$

$y[2] = 3 - 1/2 + 3/4 = 13/4$

$y[3] = 3/2 - 1/4 + 3/8 = 13/8$

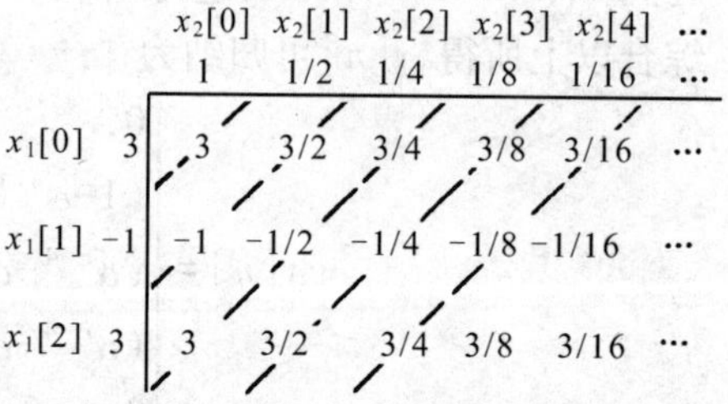

......

		$x_2[0]$	$x_2[1]$	$x_2[2]$	$x_2[3]$	$x_2[4]$	...
		1	1/2	1/4	1/8	1/16	...
$x_1[0]$	3	3	3/2	3/4	3/8	3/16	...
$x_1[1]$	-1	-1	-1/2	-1/4	-1/8	-1/16	...
$x_1[2]$	3	3	3/2	3/4	3/8	3/16	...

图 3-8 阵列图

于是,其卷积和序列为

$$y[n] = \{3, 1/2, 13/4, 13/8, \cdots\}$$

同理可求得双边序列的卷积和 $y[n]$,其阵列图如图 3-9 所示。不过,要注意的是,$y[n]$ 的第 0 个值是含有 $x_1[0]x_2[0]$ 乘积项的对角线上所有乘积项的和,即

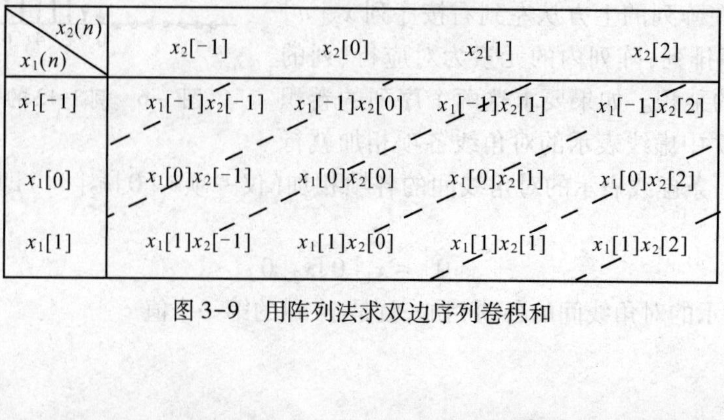

$x_1(n)$ \ $x_2(n)$	$x_2[-1]$	$x_2[0]$	$x_2[1]$	$x_2[2]$
$x_1[-1]$	$x_1[-1]x_2[-1]$	$x_1[-1]x_2[0]$	$x_1[-1]x_2[1]$	$x_1[-1]x_2[2]$
$x_1[0]$	$x_1[0]x_2[-1]$	$x_1[0]x_2[0]$	$x_1[0]x_2[1]$	$x_1[0]x_2[2]$
$x_1[1]$	$x_1[1]x_2[-1]$	$x_1[1]x_2[0]$	$x_1[1]x_2[1]$	$x_1[1]x_2[2]$

图 3-9 用阵列法求双边序列卷积和

$$y[0] = x_1[1]x_2[-1] + x_1[0]x_2[0] + x_1[-1]x_2[1] \tag{3-59}$$

$y[n]$ 的其他值依次是其他对角线上乘积项的和

$$\left. \begin{aligned} y[-2] &= x_1[-1]x_2[-1] \\ y[-1] &= x_1[0]x_2[-1] + x_1[-1]x_2[0] \\ y[1] &= x_1[1]x_2[0] + x_1[0]x_2[1] + x_1[-1]x_2[2] \\ y[2] &= x_1[1]x_2[1] + x_1[0]x_2[2] \\ y[3] &= x_1[1]x_2[2] \end{aligned} \right\} \tag{3-60}$$

3.8　用单位抽样响应表示系统的性质

如前所述,一个 LTI 离散时间系统的特性可以完全由它的单位抽样响应 $h[n]$ 来决定。因此在时域分析中可以根据 $h[n]$ 来判断系统的其他几个重要性质,如因果性、稳定性、记忆性、可逆性以及系统的联接性质等。

1. LTI 系统的稳定性

在第 1 章中已经指出,本书中的稳定系统指的是输入有界、输出也有界的系统。因此稳定系统的充分必要条件是单位抽样响应绝对可和,即

$$\sum_{n=-\infty}^{\infty} |h[n]| < \infty \tag{3-61}$$

这是因为如果输入有界,其界为 B,则对于所有 n

$$|x[n]| \leqslant B$$

于是根据式(3-49)有

$$|y[n]| = \left| \sum_{k=-\infty}^{\infty} h[k]x[n-k] \right|$$

因为乘积和的绝对值总小于绝对值乘积的和,所以

$$|y[n]| \leqslant \sum_{k=-\infty}^{\infty} |h[k]||x[n-k]|$$

$$\leqslant B \sum_{k=-\infty}^{\infty} |h[k]|, \text{对任何 } n \tag{3-62}$$

可见,为了保证 $|y(n)|$ 有界,则只需要

$$\sum_{k=-\infty}^{\infty} |h[k]| < \infty$$

实际应用的系统绝大多数是稳定系统,因此满足稳定性的约束条件,即式(3-61)。

例 3-14　已知一个 LTI 离散时间系统的单位抽样响应为

$$h[n] = \alpha^n u[n]$$

试判定其是否为稳定系统。

解:为了确定系统的稳定性,必须计算和式

$$\sum_{k=-\infty}^{\infty} |h[k]| = \sum_{k=0}^{\infty} |\alpha|^n$$

当$|\alpha|<1$时,幂级数是收敛的,级数和$=1/(1-|\alpha|)<\infty$,所以系统是稳定的;若$|\alpha|\geqslant 1$,则级数发散,所以该系统在$|\alpha|\geqslant 1$时是不稳定的。

2. LTI 系统的因果性

因果系统指的是输出不领先于输入出现的系统,即输出仅决定于此时及过去的输入,即$x[n],x[n-1],x[n-2]\cdots$,而与未来的输入$x[n+1],x[n+2],\cdots$无关。所以 LTI 离散时间系统为因果系统的充要条件为

$$h[n]=0,\ n<0 \tag{3-63}$$

这时

$$y[n]=\sum_{k=0}^{\infty}h[k]x[n-k]=\sum_{k=-\infty}^{n}x[k]h[n-k] \tag{3-64}$$

式(3-64)右端上限为n是因为当$n-k<0$即$k>n$时,$h[n-k]=0$。

例 3-15 下面是一些 LTI 离散时间系统的单位抽样响应,试判定其是否是因果系统。

(a) $h[n]=\alpha^n[n]$;　　　　(b) $h[n]=\delta[n+n_0]$;

(c) $h[n]=\delta[n]-\delta[n-1]$;　　(d) $h[n]=u[2-n]$。

解:(a)、(c)为因果系统,因为它们满足因果条件$n<0,h[n]=0$;(b) 当$n_0<0$时为因果系统,$n_0>0$时为非因果系统;(d) 为非因果系统,因为它不满足因果条件,即$n<0,h[n]\neq 0$。

3. LTI 系统的记忆性

无记忆系统指的是输出仅决定于同一时刻输入的系统,即

$$y[n]=kx[n] \tag{3-65}$$

所以无记忆条件为

$$h[n]=k\delta[n] \tag{3-66}$$

式中$k=h[0]$为一常数。这时

$$y[n]=\sum_{k=-\infty}^{\infty}x[k]h[n-k]=\sum_{k=-\infty}^{\infty}x[k]k\delta[n-k]$$
$$=kx[n]$$

当$k=1$时,该系统就成为恒等系统,即

$$y[n]=x[n] \tag{3-67}$$

恒等系统的单位抽样响应为

$$h[n]=\delta[n] \tag{3-68}$$

记忆系统的输出$y[n]$不仅与现在的输入$x[n]$有关,且与过去的输入$x[n-k]$、输出$y[n-k]$有关。所以,记忆系统的单位抽样响应$h[n]$当$n\neq 0$时不全部为零。例如,$h[n]=\delta[n]+\delta[n-1]$的系统为记忆系统,因为该系统的输出

$$y[n]=x[n]*h[n]=x[n]*(\delta[n]+\delta[n-1])$$
$$=x[n]*\delta[n]+x[n]*\delta[n-1]=x[n]+x[n-1]$$

还与过去的输入有关。

同理,$h[n]=u[n]$的系统也是记忆系统,因为该系统的输出

$$y[n]=x[n]*u[n]=\sum_{k=-\infty}^{\infty}x[k]u[n-k]$$

因为$n-k<0$即$k>n$时,$u[n-k]=0$,而$n-k>0$,即$k<n$时,$u[n-k]=1$,所以

$$y[n] = \sum_{k=-\infty}^{n} x[k] \qquad (3-69)$$

与过去的全部输入有关。式(3-69)描述了累加器的输入—输出关系。

4. LTI 系统的可逆性

可逆系统指的是可以找到一个逆系统,使它与原系统级联后的系统的输出就等于原系统的输入,即

$$z[n] = x[n] \qquad (3-70)$$

如图 3-10 所示。图中 $h[n]$ 和 $h_1[n]$ 分别是原系统和逆系统的单位抽样响应。由图中

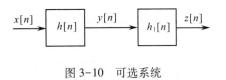

图 3-10　可选系统

$$\begin{aligned} z[n] &= y[n] * h_1[n] \\ &= (x[n] * h[n]) * h_1[n] \\ &= x[n] * h[n] * h_1[n] \end{aligned} \qquad (3-71)$$

可逆条件为

$$h[n] * h_1[n] = \delta[n] \qquad (3-72)$$

例 3-16　已知 LTI 系统的单位抽样响应

$$h[n] = u[n]$$

试判定它是否是可逆系统。

解: 该系统是可逆系统。因为可以找到一逆系统,其单位抽样响应为

$$h_1[n] = \delta[n] - \delta[n-1]$$

而且满足

$$\begin{aligned} h[n] * h_1[n] &= u[n] * (\delta[n] - \delta[n-1]) \\ &= u[n] * \delta[n] - u[n] * \delta[n-1] \\ &= u[n] - u[n-1] \\ &= \delta[n] \end{aligned}$$

5. LTI 系统的联接

级联系统的特性可以完全用其单位抽样响应 $h[n]$ 来表示。级联系统的单位抽样响应 $h[n]$ 等于各个子系统单位抽样响应的卷积,即

$$h[n] = h_1[n] * h_2[n] \qquad (3-73)$$

如图 3-11 所示。式中 $h_1[n]$ 和 $h_2[n]$ 分别是被级联的两个 LTI 离散时间子系统的单位抽样响应。这是因为对图 3-11(a)有

$$y[n] = z[n] * h_2[n] = x[n] * h_1[n] * h_2[n] \qquad (3-74)$$

而图 3-11(b)是它的等效系统,其输出为

$$y[n] = x[n] * h[n] = x[n] * (h_1[n] * h_2[n]) \qquad (3-75)$$

所以

$$h[n] = h_1[n] * h_2[n]$$

几个 LTI 离散时间子系统并联构成的系统也是一个 LTI 离散时间系统,其特性可以用其单位抽样响应 $h[n]$ 表示。该并联系统的单位抽样响应 $h[n]$ 等于被并联的各个子系统抽样响应的和,如图 3-12 所示,即

$$h[n] = h_1[n] + h_2[n] \qquad (3-76)$$

如图 3-12 所示。

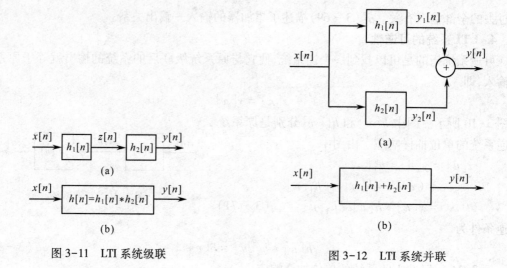

图 3-11　LTI 系统级联

图 3-12　LTI 系统并联

3.9　反卷积及其应用

对地下目标探测而言,可把地层包括目标在内看成一个线性时不变系统。设发射信号为 $x[n]$,地层这一线性系统的单位抽样响应为 $h[n]$,则回波信号就是输出 $y[n]$,即

$$y[n] = x[n] * h[n]$$

我们的任务就是根据回波信号 $y[n]$ 和发射信号 $x[n]$ 来求出 $h[n]$。这种已知 $y[n]$ 与 $x[n]$ 求解 $h[n]$,或已知 $y[n]$ 与 $h[n]$ 求解 $x[n]$ 的过程,称为反卷积。

求反卷积的方法,同样可分为时域方法和变换域方法两种。用时域方法求反卷积 $h[n]$,可通过解卷积方程得到。

在 3.5 节中已经指出,LTI 离散时间系统的输入和输出关系可用卷积和来描述,即

$$y[n] = \sum_{k=-\infty}^{\infty} x[k]h[n-k]$$

设系统是因果系统,且单位抽样响应取 $N+1$ 项,则

$$
\begin{aligned}
y[n] &= \sum_{k=0}^{N} x[k]h[n-k] \\
&= h[n]x[0] + h[n-1]x[1] + \cdots + h[n-N]x[N]
\end{aligned}
\tag{3-77}
$$

现在分别令 $n=0,1,2,\cdots,N$,代入上式,依次可得 $N+1$ 个方程,即

$$
\begin{cases}
y[0] = h[0]x[0] \\
y[1] = h[1]x[0] + h[0]x[1] \\
\qquad\cdots\cdots \\
y[N] = h[N]x[0] + h[N-1]x[1] + \cdots + h[0]x[N]
\end{cases}
\tag{3-78}
$$

将上列方程组写成矩阵形式,得

$$\begin{bmatrix} h[0] & 0 & \cdots & 0 \\ h[1] & h[0] & \cdots & 0 \\ \vdots & \vdots & & 0 \\ h[N] & h[N-1] & \cdots & h[0] \end{bmatrix} \begin{bmatrix} x[0] \\ x[1] \\ \vdots \\ x[N] \end{bmatrix} = \begin{bmatrix} y[0] \\ y[1] \\ \vdots \\ y[N] \end{bmatrix} \qquad (3-79)$$

或简写成向量矩阵形式

$$HX = Y \qquad (3-80)$$

式中,X 和 Y 均为 $N+1$ 维向量,H 为 $(N+1) \times (N+1)$ 维下三角矩阵,共有 $N+1$ 个未知值。若已知输入与输出的样值,以递推法可解得

$$\begin{cases} h[0] = y[0]/x[0] \\ h[1] = \{ y[1] - h[0]x[1] \}/x[0] \\ \quad \cdots\cdots \\ h[n] = \{ y[n] - \sum_{k=0}^{n-1} h[k]x[n-k] \}/x[0] \end{cases} \qquad (3-81)$$

例 3-17 已知系统的输入和输出序列分别为

$$x[n] = \{1,1,2\}$$
$$y[n] = \{1,-1,3,-1,6\}$$

求该系统的单位抽样响应 $h[n]$。

解: 将 $x[n]$ 和 $h[n]$ 的值代入式(3-81)得

$$h[0] = y[0]/x[0] = 1$$
$$h[1] = \{ y[1] - h[0]x[1] \}/x[0] = \{ -1 - 1 \times 1 \}/1 = -2$$
$$h[2] = \{ y[2] - h[0]x[2] - h[1]x[1] \}/x[0] = 3$$

同理,可求得 $n \geqslant 3$ 时,$h[n] = 0$,所以

$$h[n] = \{1,-2,3\}$$

在 3.5 节中已经指出,两个序列的卷积和与两个序列的次序无关,根据这一性质,即可求得 $x[n]$ 的未知量的递推方程:

$$\begin{cases} x[0] = y[0]/h[0] \\ x[1] = \{ y[1] - x[0]h[1] \}/h[0] \\ \quad \cdots\cdots \\ x[n] = \{ y[n] - \sum_{k=0}^{n-1} x[k]h[n-k] \}/h[0], n = 1,2,\cdots,N \end{cases} \qquad (3-82)$$

可见,如果已知系统的 $h[n]$ 和输出序列 $y[n]$,就可根据式(3-82)求得所需的输入序列 $x[n]$。与阵列法相似,反卷积也可通过阵列法列出式(3-81)的方程。

例 3-18 用阵列法解例 3-17。

解: 根据式(3-60)可知,$L_h = L_y - L_x + 1 = 3$,于是设 $h[n] = \{h[0], h[1], h[2]\}$,画阵列图

$h[n]$ ＼ $x[n]$	$x[0]$	$x[1]$	$x[2]$
$h[0]$	$x[0]h[0]$	$x[1]h[0]$	$x[2]h[0]$
$h[1]$	$x[0]h[1]$	$x[1]h[1]$	$x[2]h[1]$
$h[2]$	$x[0]h[2]$	$x[1]h[2]$	$x[3]h[3]$

得：

$$y[0]=x[0]h[0]$$

$$y[1]=x[0]h[1]+x[1]h[0]$$

$$y[2]=x[0]h[2]+x[1]h[1]+x[2]h[0]$$

可导出：

$$h[0]=y[0]/x[0]=1$$

$$h[1]=\{y[1]-x[1]h[0]\}/x[0]=-2$$

$$h[2]=\{y[2]-x[0]h[2]-x[1]h[1]\}/x[0]=3$$

与例 3-17 所得结果一致。

3.10　离散时间系统的模拟

在第 1 章中已经介绍了离散时间系统基本运算单元即倍乘器、单位延迟器和相加器的方框图,本节讨论如何应用这些基本运算单元来模拟系统,即实现给定的系统差分方程特性。

已知线性时不变离散时间系统 N 阶后向差分方程如式(3-13),为了方便,令式(3-13)中 $N=M$ 并把它写成递推形式,即

$$y[n]=\frac{1}{a_0}\left\{\sum_{r=0}^{N}b_r x[n-r]-\sum_{k=1}^{N}a_k y(n-k)\right\} \qquad (3-83)$$

上式右边涉及倍乘、延迟和相加三种基本运算,这三种运算可由图 1-43 表示的倍乘器、单位延迟器和相加器完成。例如 $N=1$,式(3-83)可写成

$$y[n]=\frac{1}{a_0}\{b_0 x(n)+b_1 x(n-1)-a_1 y(n-1)\} \qquad (3-84)$$

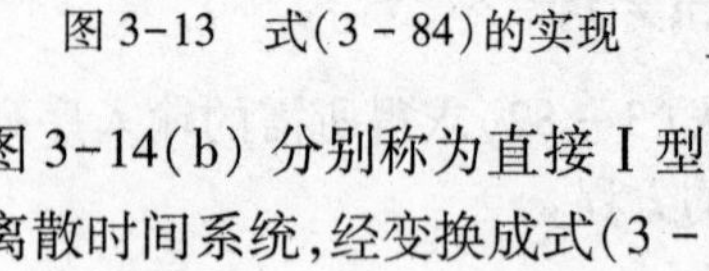

由式(3-84)不难得到图 3-13 所示的模拟框图。

由 1.7 节可知,级联的 LTI 系统的输入—输出特性与级联顺序无关,颠倒一下图 3-13 中前后两个子系统的级联顺序,可得一个与图 3-13 等效的模拟框图,如图 3-14(a)所示。实际上,图 3-14(a)中的两个单位延迟器具有相同的输入,即要求存储同一个输入量,因此可以将这两个单位延迟器合并成一个,便得到图 3-14(b)所示的模拟框图。图 3-13 和图 3-14(b)分别称为直接Ⅰ型和直接Ⅱ型实现。推广到 N 阶差分方程,式(3-13)描述的离散时间系统,经变换成式(3-83),得相应的 LTI 离散时间系统直接Ⅰ型和直接Ⅱ型实现,

图 3-13　式(3-84)的实现

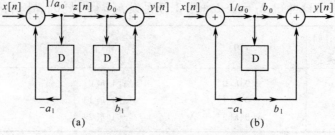

(a)　　　　　　　　　(b)

图 3-14　式(3-84)的另两种等效框图

如图 3-15 和图3-16(b)所示。从图中可见,离散时间系统直接 I 型和直接 II 型实现的结构与连续时间系统相似,其区别在于后者结构中的积分器被单位延迟器所替代。从图 3-15 和图 3-16(b) 比较中可见,直接 II 型所用的单位延迟器最少,也称为正准型。将正准型输入端和输出端中的各相加器分别合并,其实现框图可简化为如图 3-17 所示。

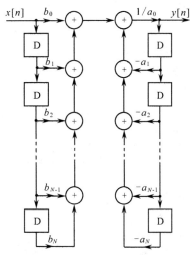

图 3-15　式(3-84)的直接 I 型实现

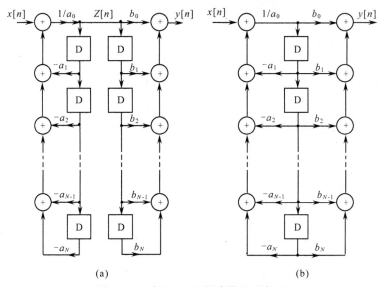

(a)　　　　　　　　　　　　　(b)

图 3-16　式(3-84)的直接 II 型实现

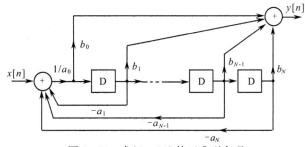

图 3-17　式(3-84)的正准型实现

习　题

3.1　解下列差分方程。

(a) $y[n]-(1/2)y[n-1]=0,y[-1]=1$；

(b) $y[n]+3y[n-1]+2y[n-2]=0,y[-1]=2,y[-2]=1$；

(c) $y[n]+2y[n-1]+y[n-2]=0,y[-1]=y[-2]=1$；

(d) $y[n]+y[n-1]+y[n-2]=0,y[-1]=1,y[-2]=0$。

3.2　已知二阶微分方程为

$$\frac{d^2y(t)}{dt^2}+3\frac{dy(t)}{dt}+2y(t)=2x(t)$$

初始条件 $y(0)=0,\dfrac{dy(t)}{dt}\Big|_{t=0}=3$，抽样间隔或步长 $T=0.1$，试导出其差分方程。

3.3　求下列差分方程所示系统的单位抽样响应。

(a) $y[n]-0.6y[n-1]-0.16y[n-2]=x[n]$；

(b) $y[n]-y[n-1]-0.25y[n-2]=x[n]$；

(c) $y[n]-0.2y[n-1]-0.15y[n-2]=2x[n]-3x[n-2]$。

3.4　已知一 LTI 离散时间系统的差分方程为

$$y[n]=x[n]-2x[n-2]+x[n-3]-3x[n-4]$$

(a) 试画出该系统框图；

(b) 求该系统的单位抽样响应，并概略画出其图形。

3.5　试分别写出图 P3.5(a)~(d)所示系统的差分方程，并求其单位抽样响应。

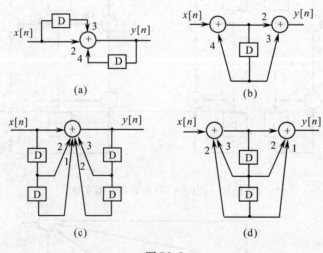

图 P3.5

3.6　已知系统的差分方程为

$$y[n]-(5/6)y[n-1]+(1/6)y[n-2]=x[n]$$

输入 $x[n]=(1/5)^n u[n]$，初始条件 $y_0[-1]=6,y_0[-2]=25$，求(a)零输入响应；(b) 零状态响

应;(c) 全响应。

3.7　在数字信号传输中,为减弱传输数码之间的串扰,常采用如图 P3.7 所示的离散时间系统(通称为横向滤波器)。若输入

$$x[n] = (1/4)\delta[n] + \delta[n-1] + (1/2)\delta[n-2]$$

要求输出 $y[n]$ 在 $n=1$ 和 $n=3$ 时为零,即 $y[1]=0$, $y[3]=0$,求加权系数 b_0,b_1 和 b_2。

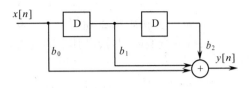

图 P3.7

3.8　计算下列各对信号的卷积 $y[n]=x[n]*h[n]$。

(a) $x[n]=\alpha^n u[n]$,$h[n]=\beta^n u[n]$,$\alpha \neq \beta$;

(b) $x[n]=h[n]=\alpha^n u[n]$;

(c) $x[n]=2^n u[-n]$,$h[n]=u[n]$;

(d) $x[n]=\delta[n-n_1]$,$h[n]=\delta[n-n_2]$,n_1 和 n_2 为常数。

3.9　试分别用图解法和阵列法计算下列各对信号的卷积,并绘出 $y[n]=x[n]*h[n]$ 的图形。

(a) $x[n]=(-1)^n\{u\lfloor -n\rfloor -u\lfloor -n-8\rfloor\}$;

　　$h[n]=u[n]-u[n-8]$;

(b) $x[n]$ 和 $h[n]$ 如图 P3.9(a) 所示;

(c) $x[n]$ 和 $h[n]$ 如图 P3.9(b) 所示;

(d) $x[n]$ 和 $h[n]$ 如图 P3.9(c) 所示。

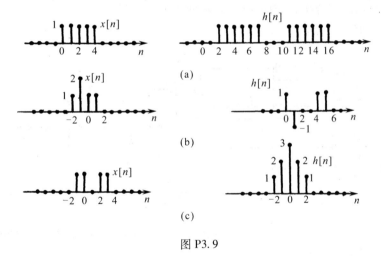

图 P3.9

3.10　已知序列 $x[n]$ 的一阶后向差分为

$$\nabla x[n] = x[n] - x[n-1]$$

求(a) $\nabla^2 x[n] = \nabla(\nabla x[n])$;　　(b) $\nabla^3 x[n]$;

(c) $\nabla u[n]$;　　(d) $\nabla n u[n]$。

3.11　在 LTI 离散时间系统中:

(a) 已知 $x[n]=u[n]$ 时的零状态响应(单位阶跃响应)为 $s[n]$,求单位抽样响应 $h[n]$;

(b) 已知 $h[n]$,求 $s[n]$。

3.12　已知 LTI 离散时间系统的差分方程为

$$y[n] - 0.7y[n-1] + 0.1y[n-2] = 2x[n] - 3x[n-2]$$

输入 $x[n]=u[n]$,初始状态 $y_0[-1]=-26,y_0[-2]=-202$,求该系统(a) 零输入响应;(b) 零状态响应;(c) 全响应,并指出其中的自由响应分量和强迫响应分量,暂态响应分量和稳态响应分量。

3.13　图 P3.13 所示的 LTI 离散时间系统包括两个级联的子系统,它们的单位抽样响应分别为

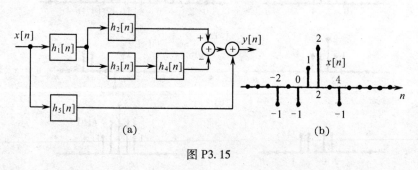

$$h_1[n] = (-1/2)^n u[n]$$

$$h_2[n] = u[n] + u[n-1]/2$$

图 P3.13

设 $x[n]=u[n]$,试按下列两种方法计算 $y[n]$:

(a) $y[n] = \{x[n] * h_1[n]\} * h_2[n]$;

(b) $y[n] = x[n] * \{h_1[n] * h_2[n]\}$。

两种方法的结果应该是一样的,说明卷积和满足结合律。

3.14　在图 P3.13 所示的 LTI 级联系统中,已知

$$h_1[n] = \sin 8n$$

$$h_2[n] = \alpha^n u[n], |\alpha| < 1$$

输入为

$$x[n] = \delta[n] - \alpha\delta[n-1]$$

求输出 $y[n]$。

提示:利用卷积的结合律和交换律性质,将使求解大为简化。

3.15　图 P3.15(a)描绘 LTI 系统的互联

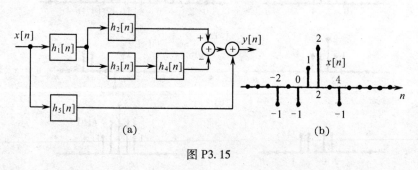

图 P3.15

(a) 试用 $h_1[n],h_2[n],h_3[n],h_4[n]$ 和 $h_5[n]$ 表示该互联系统的单位抽样响应 $h[n]$;

(b) 当 $h_1[n]=4(1/2)^n\{u[n]-u[n-3]\}$

$$h_2[n]=h_3[n]=(n+1)u[n]$$

$$h_4[n]=\delta[n-1]$$

$$h_5[n]=\delta[n]-4\delta[n-3]$$

时,求 $h[n]$;

(c) 若 $x[n]$ 如图 P3.15(b)所示,求 $y[n]$,并概略地画出其图形。

3.16　三个因果的 LTI 系统级联如图 P3.16(a)所示。已知 $h_2[n]=u[n]-u[n-2]$,整个系统的单位抽样响应 $h[n]$ 如图 P3.16(b)所示,求

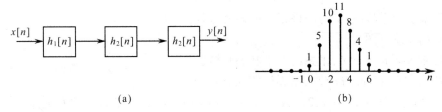

图 P3.16

(a) $h_1[n]$;

(b) 整个系统对输入 $x[n]=\delta[n]-\delta[n-1]$ 的响应。

3.17 已知两个序列

$$x_1[n]=x_2[n]=\begin{cases} 1, & 0 \leqslant n \leqslant 4 \\ 0, & 其他 \end{cases}$$

分别用下列两种方法求其卷积和 $y[n]$,并画出 $y[n]$ 的图形。

(a) 图解法;(b) 阵列法。

3.18 已知序列 $x_1[n]=\{3,1,3,\underset{\uparrow}{1},3,1,3\}$,其中箭头 $\uparrow$ 所指的项为 $n=0$ 的值,即 $x_1[-3]=3,x_1[-2]=1,x_1[-1]=3,x_1[0]=1,x_1[1]=3,x_1[2]=1,x_1[3]=3$;序列 $x_2[n]=\{1,2,1\}$,即 $x_2[0]=1,x_2[1]=2,x_2[2]=1$。试用阵列法求其卷积和 $y[n]$ 并绘出图形。

3.19 计算下列卷积和:

(a) $\{3,2,1,-3\} * \{4,8,-2\}$;

(b) $\{3,\underset{\uparrow}{2},1,-3\} * \{4,8,-2\}$;

(c) $\{10,-3,6,8,4,0,1\} * \{1/2,1/2,\underset{\uparrow}{1/2},1/2\}$;

(d) $(1/2)^n u[n] * u[n]$。

3.20 下列各序列是系统的单位抽样响应,试分别讨论各系统的因果性和稳定性。

(a) $\delta[n]+\delta[n-2]$;   (b) $\delta[n+6]$;

(c) $u[n]$;   (d) $u[-n]$;

(e) $u[n]/n$;   (f) $u[n]/n!$;

(g) $u[n+4]-u[n-4]$;   (h) $(1/2)^n u[1-n]$。

3.21 把下列序列表示成抽样序列的和。

(a) $\{3,\underset{\uparrow}{2},1,-3,4\}$;

(b) $\{3,2,1,-3,1\}$;

(c) $\{10,-3,6,\underset{\uparrow}{8},4,0,1,3\}$;

(d) $\{1,0,2,0,3,0,4,0,5\}$。

3.22 试分别用递推法和卷积法求解下列差分方程,初始条件为零。

$$y[n]-(1/9)y[n-1]=u[n]$$

3.23 已知某 LTI 系统的单位抽样响应

$$h[n] = (1/2)^n \{u[n] + u[n-2]\}$$

（a）若系统为零状态，试写出该系统的差分方程；

（b）画出系统框图；

（c）若输入 $x[n] = e^{j\Omega_0 n}$，求系统的零状态响应；

（d）若输入 $x[n]\cos(\pi n/2)$，求系统零状态响应。

3.24　已知序列 $x[n] = \{1,2,3,4,\cdots\}$，$y[n] = x[n] * h[n] = \delta[n]$，求 $h[n]$。

3.25　已知二阶 LTI 离散时间系统的单位阶跃响应为 $s[n] = [2^n + 3(5)^n + 10]u[n]$。

（a）若系统为零状态，试写出该系统的差分方程；

（b）画出该系统的直接Ⅰ型和Ⅱ型模拟框图。

3.26　已知二阶 LTI 离散时间系统的单位抽样响应

$$h(n) = 2\left(\frac{\sqrt{2}}{2}\right)^n \sin\frac{\pi n}{4} u[n]$$

（a）试写出该系统的差分方程；

（b）画出该系统的直接Ⅰ和Ⅱ型模拟框图。

第 4 章 连续时间傅里叶变换 连续时间信号的谱分析和时—频分析

4.1 引 言

在前面两章即连续时间和离散时间系统的时域分析中,我们把 LTI 离散时间系统的输入表示成一组移位(延迟)抽样序列的加权和,把 LTI 连续时间系统的输入表示成一组移位冲激函数的加权积分,从而导出了用卷积和和卷积积分求解系统响应的方法。

本章及后面几章将转入变换域分析,包括连续时间和离散时间信号的谱分析与时—频分析,连续时间系统的频域分析和复频域分析,离散时间系统的频域分析和 Z 域分析。本章讨论连续时间信号的谱分析与时—频分析,第 5 章讨论离散时间信号的谱分析,第 6 章讨论连续时间与离散时间系统的频域分析。和前面两章一样,讨论的出发点仍是把信号表示成一组基本信号的加权和或积分,用系统对这些基本信号的响应来构成系统对任意信号的响应。不同的是:① 前面两章是把移位的冲激函数(或抽样序列)作为基本信号,在本章和下面两章则应用复指数函数或序列作为基本信号;② 前面两章以冲激响应或抽样响应为基本响应,将系统响应表示为一组移位冲激(或抽样)响应的加权和或积分;而在本章和后面两章以系统对复指数信号的响应(正弦稳态响应或频率响应)为基本响应,系统响应表示为一组不同频率的复指数信号响应的加权和或积分。

用复指数函数作为基本信号,其原因如下:

① 它是 LTI 系统的特征函数。即若 LTI 系统输入为 $e^{j\omega t}$,则输出

$$y(t) = h(t) * x(t)$$

$$= \int_{-\infty}^{\infty} h(\tau) e^{j\omega(t-\tau)} d\tau$$

$$= e^{j\omega t} \int_{-\infty}^{\infty} h(\tau) e^{-j\omega\tau} d\tau$$

$$= H(\omega) e^{j\omega t} \qquad (4-1)$$

式中,

$$H(\omega) = \int_{-\infty}^{\infty} h(\tau) e^{-j\omega\tau} d\tau \qquad (4-2)$$

是一个复常数,它仅与输入信号的频率有关而与时间无关。式(4-1)说明了 LTI 系统对复指数函数的响应是一个同频率的复指数函数。不同的只是在幅度上变化 $|H(\omega)|$ 和在相位上变化 $argH(\omega)$,$H(\omega)$ 也称为频率响应。这种简单的输出表示式(4-1)给我们提供了一个非常方便的 LTI 系统的表示和分析方法。

② 复指数函数是正交函数,用正交函数集表示任意信号可以得到比较简单而又足够精确的表示式。

③ 信号频谱和信号本身同样是现实可以观测的。例如我们可以通过频谱分析仪来观测

信号的频谱,而且人的眼睛和耳朵不仅能够辨别信号的强度,还能辨别信号的频率。图像颜色不同是由于频率的差异;声音音调不同,也是因为频率的差异;而人眼和耳朵对频率的敏感程度远强于对振幅的敏感程度(人眼对光强的感受与光强的对数成正比,人耳对声强的感受也与声强的对数成正比)。

把信号表示为一组不同频率的复指数函数或正弦信号的加权和,称为信号的频谱分析或傅里叶分析,简称为信号的谱分析。用频谱分析的观点分析系统,称为系统的频域分析或傅里叶分析。

对于非平稳(时变)信号,其均值、相关函数与功率谱密度等统计量随时间变化,这时要分析信号在局部时刻所含的频率分量,即要进行局部化的时—频分析。

本章主要讨论连续时间信号的谱分析,通过周期信号的傅里叶级数表示、非周期信号的傅里叶积分表示、傅里叶变换的性质及其应用建立信号频谱、信号的时域波形与频域频谱的内在联系,并在此基础上对非平稳信号的时—频分析方法和小波分析作一简单介绍。

4.2　复指数函数的正交性

1.　正交函数的定义

在区间(t_1,t_2)内,函数集$\{\varphi_0(t),\varphi_1(t),\cdots,\varphi_N(t)\}$中的各个函数间,若满足下列正交条件

$$\int_{t_1}^{t_2}\varphi_n(t)\varphi_m^*(t)\mathrm{d}t=\begin{cases}0, & n\neq m\\K, & n=m\end{cases}\tag{4-3}$$

则称$\{\varphi_n(t)\}(n=0,1,\cdots,N)$为正交函数集。式中$\varphi_m^*(t)$是复函数$\varphi_m(t)$的共轭函数。若$\varphi_m(t)$是时间$t$的实函数,则$\varphi_m^*(t)=\varphi_m(t)$。若$K=1$,则称$\{\varphi_n(t)\}(n=0,1,\cdots,N)$为归一化正交函数集。

若在区间(t_1,t_2)内,由$N+1$个正交函数$\varphi_0(t),\varphi_1(t),\cdots,\varphi_N(t)$构成的正交函数集$\{\varphi_0(t),\varphi_1(t),\cdots,\varphi_N(t)\}$是完备的,即再也找不到一个函数$\varphi(t)$能满足

$$\int_{t_1}^{t_2}\varphi(t)\varphi_m^*(t)\mathrm{d}t=0, \quad m=0,1,\cdots,N\tag{4-4}$$

则在区间(t_1,t_2)内任意函数$x(t)$可以精确地用$N+1$个正交函数的加权和表示,即

$$x(t)=c_0\varphi_0(t)+c_1\varphi_1(t)+\cdots+c_N\varphi_N(t)$$

$$=\sum_{n=0}^{N}c_n\varphi_n(t)\tag{4-5}$$

式中,$n=0,1,\cdots,N$为正交函数的序号或$x(t)$所含的分量的序号,c_n为$x(t)$所含的第n个分量的系数。由于$\varphi_n(t)$是正交函数,所以各分量的系数可以根据下式独立地分别确定,即

$$c_n=\frac{1}{K}\int_{t_1}^{t_2}x(t)\varphi_n^*(t)\mathrm{d}t\tag{4-6}$$

式中,

$$K=\int_{t_1}^{t_2}\varphi_n(t)\varphi_n^*(t)\mathrm{d}t\tag{4-7}$$

证明:将式(4-5)两边乘以$\varphi_m^*(t)$,其中m是任意值,然后在指定区间(t_1,t_2)内积分,得

$$\int_{t_1}^{t_2} \varphi_m^*(t) x(t) \mathrm{d}t = \int_{t_1}^{t_2} \varphi_m^*(t) \Big[\sum_{n=0}^{N} c_n \varphi_n(t) \Big] \mathrm{d}t$$

$$= \sum_{n=0}^{N} c_n \int_{t_1}^{t_2} \varphi_m^*(t) \varphi_n(t) \mathrm{d}t \qquad (4-8)$$

由于 $\varphi_n(t)$、$\varphi_m(t)$ 满足正交条件式(4-3)，所以式(4-8)右侧的所有项，除了 $n=m$ 的一项外全为零。因此，当基本信号是正交函数时，系数 c_n 可以简便地表示为

$$c_n = \frac{\int_{t_1}^{t_2} x(t) \varphi_n^*(t) \ \mathrm{d}t}{\int_{t_1}^{t_2} \varphi_n(t) \varphi_n^*(t) \ \mathrm{d}t} = \frac{1}{K} \int_{t_1}^{t_2} x(t) \varphi_n^*(t) \mathrm{d}t$$

式中，

$$K = \int_{t_1}^{t_2} \varphi_n(t) \varphi_n^*(t) \mathrm{d}t$$

由此可见，当使用正交函数作为基本信号时，基本信号的系数 c_n 仅与被分解信号 $x(t)$ 以及相应序号的基本信号 $\varphi_n(t)$ 有关，而与其他序号的基本信号无关。因此 c_n 也称为任意信号 $x(t)$ 与基本信号 $\varphi_n(t)$ 的相关系数，它表示 $x(t)$ 含有一个与 $\varphi_n(t)$ 相同的分量，这个分量的大小就是 $c_n \varphi_n(t)$。换句话，c_n 越大，从 $x(t)$ 中可能抽出一个与 $\varphi_n(t)$ 相同的分量也越大。如果 $c_n = 0$，表明在 $x(t)$ 中不可能抽出一个与基本信号 $\varphi_n(t)$ 波形相同的分量。

2. 复指数函数是正交函数

可以证明复指数函数 $\mathrm{e}^{\mathrm{j}\omega_0 t}$ 在区间 $(t_1, t_1 + T_0)$ 内是正交函数，由成谐波关系的复指数函数 $\mathrm{e}^{\mathrm{j}n\omega_0 t}$，$n = 0, \pm 1, \pm 2, \cdots$ 构成的复指数函数集 $\{\mathrm{e}^{\mathrm{j}n\omega_0 t}\}$，$n = 0, \pm 1, \cdots$ 在区间 $(t_1, t_1 + T)$ 内是正交函数集。因为它们满足正交条件，即式(4-3)。

$$\int_{t_1}^{t_1+T_0} \mathrm{e}^{\mathrm{j}n\omega_0 t} (\mathrm{e}^{\mathrm{j}m\omega_0 t})^* \mathrm{d}t = \int_{t_1}^{t_1+T_0} \mathrm{e}^{\mathrm{j}n\omega_0 t} \mathrm{e}^{-\mathrm{j}m\omega_0 t} \mathrm{d}t$$

$$= \int_{t_1}^{t_1+T_0} \mathrm{e}^{\mathrm{j}(n-m)\omega_0 t} \mathrm{d}t = \begin{cases} 0, & n \neq m \\ T_0, & n = m \end{cases} \qquad (4-9)$$

式中，$T_0 = 2\pi/\omega_0$ 是它的基波周期。

同理，可以证明正弦函数 $\sin n\omega_0 t$ 和余弦函数 $\cos n\omega_0 t$ 在区间 $(t_1, t_1 + T_0)$ 内是正交函数，因为它们满足正交条件，即

$$\int_{t_1}^{t_1+T_0} \sin n\omega_0 t \sin m\omega_0 t \mathrm{d}t = \begin{cases} 0, & n \neq m \\ T_0/2, & n = m \end{cases} \qquad (4-10)$$

$$\int_{t_1}^{t_1+T_0} \cos n\omega_0 t \cos m\omega_0 t \mathrm{d}t = \begin{cases} 0, & n \neq m \\ T_0/2, & n = m \end{cases} \qquad (4-11)$$

$$\int_{t_1}^{t_1+T_0} \sin n\omega_0 t \cos m\omega_0 t \mathrm{d}t = 0, \qquad 所有 \ m, n \qquad (4-12)$$

式中，$T_0 = 2\pi/\omega_0$ 是它们的基波周期。

4.3 周期信号的表示 连续时间傅里叶级数

1. 用复指数函数表示周期信号:复指数形式的傅里叶级数

在第 1 章已经指出,如果一个信号 $x(t)$ 是周期性的,那么对一切 t 有一个非零正值 T 使下式成立:

$$x(t) = x(t + T) \qquad (4 - 13)$$

$x(t)$ 的基波周期 T_0 就是满足上式 T 中的最小非零正值,而基波角频率

$$\omega_0 = 2\pi/T_0 \qquad (4 - 14)$$

正弦函数 $\cos\omega_0 t$ 和复指数函数 $e^{j\omega_0 t}$ 都是周期信号,其角频率为 ω_0,周期为

$$T_0 = 2\pi/\omega_0 \qquad (4 - 15)$$

呈谐波关系的复指数函数集

$$\varphi_k(t) = e^{jk\omega_0 t}, \ k = 0, \ \pm 1, \ \pm 2, \cdots, \qquad (4 - 16)$$

也是周期信号,其中每个分量的角频率是 ω_0 的整数倍。用这些函数加权组合而成的信号

$$x(t) = \sum_{k=-\infty}^{\infty} c_k e^{jk\omega_0 t} \qquad (4 - 17)$$

也是以 T_0 为周期的周期信号。式中 $k = 0$ 的项 c_0 为常数项或称直流分量。$k = +1$ 和 $k = -1$ 这两项的周期都是基波周期 T_0,两者合在一起称为基波分量或一次谐波分量。$k = +2$ 和 $k = -2$ 这两项其周期是基波周期的一半,频率是基波频率的两倍,称为二次谐波分量……依此类推,$k = +N$ 和 $K = -N$ 的分量称为 N 次谐波分量。将周期信号表示成式(4 - 17)的形式,即一组成谐波关系的复指数函数的加权和,称为傅里叶级数表示或复指数形式的傅里叶级数。

例 4-1 已知一周期信号的傅里叶级数表示式为

$$x(t) = \sum_{k=-3}^{3} c_k e^{jk\omega_0 t} \qquad (4 - 18)$$

式中,$c_0 = 1, c_1 = c_{-1} = 1/4, c_2 = c_{-2} = 1/2, c_3 = c_{-3} = 1/3, \omega_0 = 2\pi$,求(1)其三角函数表示式;(2)用图解方法表示各谐波分量的波形及其合成波形 $x(t)$。

解:(1)将式(4 - 18)按各对谐波分量重写成

$$x(t) = 1 + (e^{j2\pi t} + e^{-j2\pi t})/4 +$$
$$(e^{j4\pi t} + e^{-j4\pi t})/2 +$$
$$(e^{j6\pi t} + e^{-j6\pi t})/3 \qquad (4 - 19)$$

再根据欧拉公式得

$$x(t) = 1 + (1/2)\cos 2\pi t + \cos 4\pi t +$$
$$(2/3)\cos 6\pi t \qquad (4 - 20)$$

(2)各谐波分量波形及其合成波形如图4-1所示。

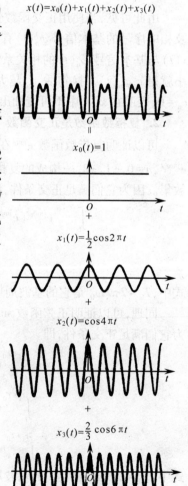

图4-1 例 4-1 中 $x(t)$ 构成的图解说明

式(4-20)是实周期信号傅里叶级数的三角函数表示形式的一个例子。若 $x(t)$ 是一个实信号,因为 $x^*(t)=x(t)$,则对式(4-17)两边取共轭,有

$$x(t) = \sum_{k=-\infty}^{\infty} c_k^* e^{-jk\omega_0 t} \tag{4-21}$$

在求和式中,若以 $-k$ 替换 k,则

$$x(t) = \sum_{k=-\infty}^{\infty} c_{-k}^* e^{jk\omega_0 t} \tag{4-22}$$

与式(4-17)比较,可得 $x(t)$ 为实信号时系数 c_k 与 c_{-k} 的关系为

$$c_k = c_{-k}^* \tag{4-23}$$

或

$$c_k^* = c_{-k} \tag{4-24}$$

从例 4-1 中可见 c_k 是实数且 $c_k = c_{-k}$,说明 $c_k^* = c_{-k}$。

2. 三角函数形式的傅里叶级数

为了导出傅里叶级数的三角函数形式,将式(4-17)按各对谐波分量重写,即

$$x(t) = c_0 + \sum_{k=1}^{\infty} \left[c_k e^{jk\omega_0 t} + c_{-k} e^{-jk\omega_0 t} \right] \tag{4-25}$$

由式(4-24)得

$$x(t) = c_0 + \sum_{k=1}^{\infty} \left[c_k e^{jk\omega_0 t} + c_k^* e^{-jk\omega_0 t} \right] \tag{4-26}$$

因为在括号内的两项互成共轭,根据复数性质,式(4-26)可写成

$$x(t) = c_0 + \sum_{k=1}^{\infty} 2\text{Re}\left\{ c_k e^{jk\omega_0 t} \right\} \tag{4-27}$$

若将 c_k 写成极坐标形式,即令

$$c_k = A_k e^{j\theta_k} \tag{4-28}$$

式中, A_k 是 c_k 的模; θ_k 是 c_k 的幅角或相位。将式(4-28)代入式(4-27),得

$$x(t) = c_0 + \sum_{k=1}^{\infty} 2\text{Re}\left\{ A_k e^{j(k\omega_0 t + \theta_k)} \right\}$$

$$= c_0 + 2\sum_{k=1}^{\infty} A_k \cos(k\omega_0 t + \theta_k) \tag{4-29}$$

式(4-29)就是在连续时间情况下,实周期信号的傅里叶级数的三角函数形式。

若将 c_k 写成直角坐标形式,即

$$c_k = B_k + jD_k \tag{4-30}$$

式中, B_k、D_k 都是实数,于是式(4-27)可改写为

$$x(t) = c_0 + 2\sum_{k=1}^{\infty} (B_k \cos k\omega_0 t - D_k \sin k\omega_0 t) \tag{4-31}$$

在例 4-1 中,由于 c_k 全部是实数,所以式(4-29)和式(4-31)最后都变成式(4-20)的形式。

式(4-29)和式(4-31)都是按式(4-17)所给出的复指数形式的傅里叶级数演变来的。因此在数学上它们三者是等效的。式(4-29)和式(4-31)都称为三角函数形式的傅里叶级数,前者为极坐标形式,后者为正弦—余弦形式。1807 年 12 月,法国数学家让·巴普蒂斯·

约瑟夫·傅里叶(Jean Baptiste Joseph Fourier)向法兰西研究院提交的研究报告就是按式(4-31)给出的正弦—余弦形式的傅里叶级数。三种形式的傅里叶级数都很有用。三角函数形式的傅里叶级数比较直观,但在数学运算处理上不如复指数形式的傅里叶级数简便,所以本书着重采用复指数形式的傅里叶级数。

3. 傅里叶级数系数的确定

根据式(4-6)和式(4-7)可以求得复指数形式傅里叶级数的系数:

$$c_k = \frac{1}{T_0}\int_0^{T_0} x(t)\,\mathrm{e}^{-jk\omega_0 t}\,\mathrm{d}t \tag{4-32}$$

式(4-32)和式(4-17)说明,若 $x(t)$ 存在一个傅里叶级数表示式,即 $x(t)$ 可表示成谐波关系的复指数函数的加权和,则傅里叶级数中的系数就由式(4-32)确定。这一对关系式就定义为一个周期信号的复指数形式的傅里叶级数:

$$x(t) = \sum_{k=-\infty}^{\infty} c_k \mathrm{e}^{jk\omega_0 t} \tag{4-33}$$

$$c_k = \frac{1}{T_0}\int_{T_0} x(t)\,\mathrm{e}^{-jk\omega_0 t}\,\mathrm{d}t \tag{4-34}$$

式中,用 $\int_{T_0}$ 表示任意一个基波周期 T_0 内的积分。式(4-33)和式(4-34)确立了周期信号 $x(t)$ 和系数 c_k 之间的关系,记为

$$x(t) \longleftrightarrow c_k \tag{4-35}$$

它们在 $x(t)$ 的连续点上是一一对应的。式(4-33)称为综合公式,它说明当根据式(4-34)计算出 c_k 值,并将其结果代入式(4-33)时所得的和就等于 $x(t)$。式(4-34)称为分析公式,它说明当已知 $x(t)$ 可以根据该式分析出它所含的频谱。系数 $\{c_k\}$ 称为 $x(t)$ 的傅里叶系数或频谱。这些系数是对信号 $x(t)$ 中每一个谐波分量作出的度量。系数 c_0 是 $x(t)$ 中的直流或常数分量,由式(4-34)以 $k=0$ 代入可得

$$c_0 = \frac{1}{T_0}\int_{T_0} x(t)\,\mathrm{d}t \tag{4-36}$$

显然,这就是 $x(t)$ 在一个周期内的平均值。"频谱系数"这一术语是从光的分解借用来的,光通过分光镜分解出一组谱线,这组谱线就代表光的每个不同频率分量在整个光的能量中所占有的分量。

同理,可以求出正弦—余弦形式傅里叶级数

$$x(t) = c_0 + 2\sum_{k=1}^{\infty} \left[B_k \cos k\omega_0 t - D_k \sin k\omega_0 t \right] \tag{4-37}$$

的系数。根据式(4-6)和式(4-7)可得

$$2B_k = \frac{2}{T_0}\int_{T_0} x(t)\cos k\omega_0 t\,\mathrm{d}t \tag{4-38}$$

$$-2D_k = \frac{2}{T_0}\int_{T_0} x(t)\sin k\omega_0 t\,\mathrm{d}t \tag{4-39}$$

式(4-37)~式(4-39)说明,若 $x(t)$ 表示成谐波关系的正弦和余弦分量的加权和,则其傅里

叶级数中的余弦分量和正弦分量的系数分别由式(4-38)和式(4-39)确定。这三个关系式就定义为周期信号的正弦—余弦形式的傅里叶级数。

在式(4-37)中,同频率的正弦项和余弦项可以合并,从而该式可变成极坐标形式的傅里叶级数,即

$$x(t) = c_0 + 2\sum_{k=1}^{\infty} A_k\cos(k\omega_0 t + \theta_k) \tag{4-40}$$

式中,

$$A_k = \sqrt{B_k^2 + D_k^2} \tag{4-41}$$

$$\tan\theta_k = D_k/B_k \tag{4-42}$$

据此,如果已知正弦—余弦形式傅里叶级数的系数,也可根据式(4-41)和式(4-42)确定极坐标形式傅里叶级数的系数(包括振幅 A_k 和相位 θ_k)。

前面已经指出,把正弦和余弦表示为复指数函数在数学运算上比较方便。根据欧拉公式

$$2(B_k\cos k\omega_0 t - D_k\sin k\omega_0 t)$$
$$- B_k(e^{jk\omega_0 t} + e^{-jk\omega_0 t}) + jD_k(e^{jk\omega_0 t} - e^{-jk\omega_0 t})$$
$$= (B_k + jD_k)e^{jk\omega_0 t} + (B_k - jD_k)e^{-jk\omega_0 t}$$
$$= c_k e^{jk\omega_0 t} + c_{-k}e^{-jk\omega_0 t} \tag{4-43}$$

代入式(4-37),可得

$$x(t) = c_0 + \sum_{k=1}^{\infty}(c_k e^{jk\omega_0 t} + c_{-k}e^{-jk\omega_0 t})$$

$$= \sum_{k=-\infty}^{\infty} c_k e^{jk\omega_0 t}$$

式中,

$$c_k = B_k + jD_k, c_{-k} = B_k - jD_k = c_k^*, \quad k > 0 \tag{4-44}$$

反之,式(4-33)中的和式可以写成式(4-37)的形式,为了求出相应的系数 B_k 和$-D_k$,利用式(4-44),得

$$B_k = (c_k + c_{-k})/2, \; -D_k = j(c_k - c_{-k})/2, \quad k > 0 \tag{4-45}$$

若 $x(t)$ 为实函数,则系数 B_k 和$-D_k$ 都是实数。但是,系数 c_k 通常是复数,而且由式(4-45)可见,c_{-k}是 c_k 的复共轭。所以

$$B_k = \mathrm{Re}\{c_k\}, \; -D_k = -\mathrm{Im}\{c_k\}, \quad k > 0 \tag{4-46}$$

若 c_k 是实数,则$-D_k = 0$,从而级数式(4-37)只包含余弦项。若 c_k 是纯虚数,则 $B_k = 0$,从而级数只包含正弦项。实际上,式(4-38)和式(4-39)用得较少,在大多数情况下先求 c_k 比较容易。

例 4-2 已知 $x(t)$ 是一周期性的矩形脉冲,如图4-2所示,求其傅里叶级数。

解:从图中可见,该信号的周期是 T_0,基波频率 $\omega_0 = 2\pi/T_0$,脉宽是 T_1,它在$-T_0/2 \leqslant t \leqslant T_0/2$ 一个周期内可表示为

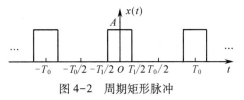

图4-2 周期矩形脉冲

$$x(t)=\begin{cases}A, & |t|\leqslant T_1/2\\ 0, & \text{周期内的其他时间}\end{cases} \tag{4-47}$$

由式(4－36)或式(4－34)可计算出其复指数傅里叶级数的系数,简称为傅里叶系数

$$c_0=\frac{1}{T_0}\int_{-T_1/2}^{T_1/2}A\mathrm{d}t=AT_1/T_0 \tag{4-48}$$

它表示 $x(t)$ 的平均值,显然该平均值与脉冲幅度 A 及占空比 T_1/T_0(脉宽与周期的比值)即 $x(t)=A$ 在一个周期内所占的比例有关。

$$\begin{aligned}c_k&=\frac{1}{T_0}\int_{-T_1/2}^{T_1/2}A\mathrm{e}^{-\mathrm{j}k\omega_0 t}\mathrm{d}t\\&=[A/(\mathrm{j}k\omega_0T_0)](\mathrm{e}^{\mathrm{j}k\omega_0T_1/2}-\mathrm{e}^{-\mathrm{j}k\omega_0T_1/2})\\&=[2A/(k\omega_0T_0)]\sin(k\omega_0T_1/2)\end{aligned} \tag{4-49}$$

因为 $\omega_0T_0=2\pi$ 和 $\omega_0=2\pi/T_0$,所以

$$c_k=[A/(k\pi)]\sin(k\pi T_1/T_0) \tag{4-50}$$

图 4-3　周期矩形脉冲的频谱图

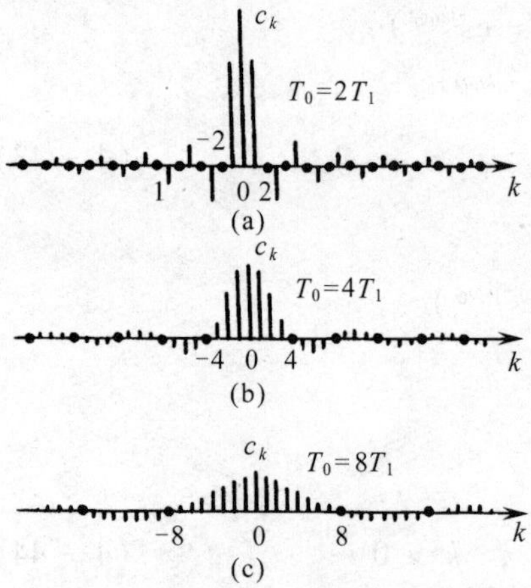

在图 4-3 中,画出了在某一固定的 T_0 和几个不同的 T_1 下 $x(t)$ 的傅里叶系数图,即频谱图。当占空比 $T_1/T_0=0.5$ 即 $T_1=T_0/2$ 时,$x(t)$ 是一对称的方波,这时

$$c_0=A/2$$
$$c_k=[A/(k\pi)]\sin(k\pi/2),k\neq0 \tag{4-51}$$

由式(4－51)可见,当 k 为偶数时 $c_k=0$,而当 k 为奇数时,$\sin(k\pi/2)=\pm1$,所以

$$c_1=c_{-1}=A/\pi$$
$$c_3=c_{-3}=-A/(3\pi)$$
$$c_5=c_{-5}=A/(5\pi)$$

代入式(4－33),得复指数形式的傅里叶级数为

$$\begin{aligned}x(t)=&A/2+(A/\pi)[(\mathrm{e}^{\mathrm{j}\omega_0t}+\mathrm{e}^{-\mathrm{j}\omega_0t})-(1/3)(\mathrm{e}^{\mathrm{j}3\omega_0t}+\mathrm{e}^{-\mathrm{j}3\omega_0t})+\\&(1/5)(\mathrm{e}^{\mathrm{j}5\omega_0t}+\mathrm{e}^{-\mathrm{j}5\omega_0t})-\cdots]\end{aligned} \tag{4-52}$$

其频谱图如图 4-3 所示。

由式(4－46)得 $-D_k=0,2B_1=2A/\pi,2B_3=-2A/(3\pi),2B_5=2A/(5\pi),\cdots,2B_2=2B_4=\cdots=0$,代入式(4－37)中得正弦—余弦形式的傅里叶级数为

$$x(t)=A/2+(2A/\pi)[\cos\omega_0t-(1/3)\cos3\omega_0t+(1/5)\cos5\omega_0t-\cdots] \tag{4-53}$$

例 4-3　已知 $x(t)$ 是一周期性的锯齿波,如图4-4(a)所示,试求其傅里叶级数。

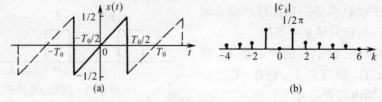

图 4-4　周期锯齿波及其频谱

解：在一个周期 T_0 内，$x(t)$ 可表示为

$$x(t) = t/T_0, \quad -T_0/2 \leqslant t \leqslant T_0/2 \tag{4-54}$$

由式（4-34）得

$$c_0 = 0, c_k = \frac{1}{T_0^2}\int_{-T_0/2}^{T_0/2} te^{-jk\omega_0 t}\mathrm{d}t = \frac{(-1)^k \mathrm{j}}{2\pi k} \tag{4-55}$$

其振幅频谱如图 4-4(b) 所示。由式（4-55）和式（4-46）得 $2B_k = 0$ 及

$$-2D_k = -(-1)^k/(\pi k) \tag{4-56}$$

将它们代入式（4-37），得

$$x(t) = \frac{1}{\pi}\left(\sin\omega_0 t - \frac{1}{2}\sin 2\omega_0 t + \frac{1}{3}\sin 3\omega_0 t - \cdots\right) \tag{4-57}$$

例 4-4　已知 $x(t) = 7\cos\omega_0 t + 3\sin\omega_0 t + 5\cos 2\omega_0 t - 4\sin 2\omega_0 t$，求其复指数形式的傅里叶级数。

解：给定的 $x(t)$ 是式（4-37）的特例，其系数为 $2B_1 = 7, -2D_1 = 3, 2B_2 = 5, -2D_2 = -4$，而其余系数 $2B_k = 0, -2D_k = 0$。将它们代入式（4-44），得

$$c_1 = 3.5 - \mathrm{j}1.5, \quad c_{-1} = 3.5 + \mathrm{j}1.5$$
$$c_2 = 2.5 + \mathrm{j}2, \quad c_{-2} = 2.5 - \mathrm{j}2$$

而其余的系数 $c_k = 0$，将它们代入式（4-33），得

$$x(t) = (3.5 - \mathrm{j}1.5)e^{j\omega_0 t} + (3.5 + \mathrm{j}1.5)e^{-j\omega_0 t} +$$
$$(2.5 + \mathrm{j}2)e^{j2\omega_0 t} + (2.5 - \mathrm{j}2)e^{-j2\omega_0 t}$$

例 4-5　已知

$$x(t) = (2 + \mathrm{j}3)e^{-j2\omega_0 t} + (5 - \mathrm{j}2)e^{-j\omega_0 t} +$$
$$4 + (5 + \mathrm{j}2)e^{j\omega_0 t} + (2 - \mathrm{j}3)e^{j2\omega_0 t}$$

求其正弦—余弦形式的傅里叶级数。

解：给定的 $x(t)$ 是式（4-33）的特例，其系数为

$$c_{-2} = 2 + \mathrm{j}3, \quad c_{-1} = 5 - \mathrm{j}2, \quad c_0 = 4, \quad c_1 = 5 + \mathrm{j}2, \quad c_2 = 2 - \mathrm{j}3$$

而其余的 $c_k = 0$。将它们代入式（4-45）或式（4-46），可得

$$2B_1 = 10, \quad 2B_2 = 4, \quad -2D_1 = -4, \quad -2D_2 = 6$$

而其余的 $2B_k = 0, -2D_k = 0$。将它们代入式（4-37），可得

$$x(t) = 4 + 10\cos\omega_0 t - 4\sin\omega_0 t + 4\cos 2\omega_0 t + 6\sin 2\omega_0 t$$

4.4　波形对称性与傅里叶系数

当所给的函数 $x(t)$ 满足某些对称条件时，其傅里叶级数中的某些项将为零，而其余项系数公式也变得较为简单。本节分几种情况讨论。

1. 偶对称

当 $x(t)$ 是偶函数，即

$$x(t) = x(-t) \tag{4-58}$$

其波形对纵轴对称，如图 4-5 所示，称为偶对称。具有偶对称波形的傅里叶系数的积分式中，由于 $x(t)\cos k\omega_0 t$ 是偶函数，$x(t)\sin k\omega_0 t$ 是奇函数，而奇函数在对称区间积分为零，所以其正

弦和余弦项系数分别为

$$
\left.\begin{array}{l}
-2D_k = 0 \\[2mm]
2B_k = \dfrac{4}{T_0}\displaystyle\int_0^{T_0/2} x(t)\cos k\omega_0 t\,\mathrm{d}t \\[4mm]
c_k = c_{-k} = B_k \\[2mm]
A_k = c_k = B_k, \quad \theta_k = 0
\end{array}\right\}
\tag{4-59}
$$

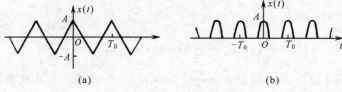

图 4-5 偶函数波形

即其傅里叶级数中只含有常数项和余弦项,即

$$
x(t) = c_0 + 2B_1\cos\omega_0 t + 2B_2\cos 2\omega_0 t + \cdots + 2B_k\cos k\omega_0 t + \cdots
$$

$$
= c_0 + 2\sum_{k=1}^{\infty} B_k\cos k\omega_0 t
\tag{4-60}
$$

例 4-2 中的对称方波的傅里叶级数即为一例。

2. 奇对称

当 $x(t)$ 是奇函数,即

$$
x(t) = -x(-t)
\tag{4-61}
$$

其波形对原点对称,如图 4-6 所示,称为奇对称。奇对称函数的傅里叶系数的积分式中,由于 $x(t)\cos k\omega_0 t$ 为奇函数,$x(t)\sin k\omega_0 t$ 为偶函数,所以

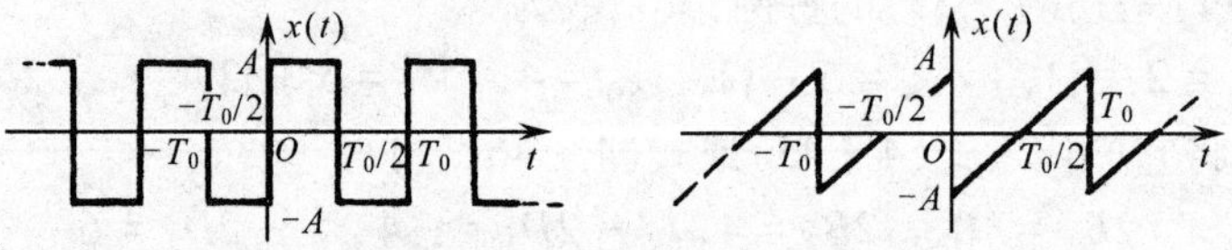

图 4-6 奇函数波形

$$
\left.\begin{array}{l}
c_0 = 0, \quad 2B_k = 0 \\[2mm]
-2D_k = \dfrac{4}{T_0}\displaystyle\int_0^{T_0/2} x(t)\sin k\omega_0 t\,\mathrm{d}t \\[4mm]
c_k = -c_{-k} = \mathrm{j}D_k \\[2mm]
A_k = |\,c_k\,| = D_k, \quad \theta_k = \begin{cases} \pi/2, & D_k > 0 \\ -\pi/2, & D_k < 0 \end{cases}
\end{array}\right\}
\tag{4-62}
$$

即其傅里叶级数中只含有正弦项。即

$$
x(t) = -2D_1\sin\omega_0 t - 2D_2\sin 2\omega_0 t - \cdots - 2D_k\sin k\omega_0 t - \cdots
$$

$$
= -2\sum_{k=1}^{\infty} D_k\sin k\omega_0 t
\tag{4-63}
$$

例 4-3 中的锯齿波的傅里叶级数即为一例。

任何信号 $x(t)$ 都可以分解为偶函数和奇函数两部分。前者称为 $x(t)$ 的偶部,记为 $\mathrm{Ev}\{x(t)\}$;后者称为 $x(t)$ 的奇部,记为 $\mathrm{Od}\{x(t)\}$,即

$$x(t) = \mathrm{Ev}\{x(t)\} + \mathrm{Od}\{x(t)\} \tag{4-64}$$

由于其反转后偶函数不变,奇函数变号,有

$$\begin{aligned} x(-t) &= \mathrm{Ev}\{x(-t)\} + \mathrm{Od}\{x(-t)\} \\ &= \mathrm{Ev}\{x(t)\} - \mathrm{Od}\{x(t)\} \end{aligned} \tag{4-65}$$

联解式(4-64)和式(4-65)得

$$\mathrm{Ev}\{x(t)\} = \{[x(t) + x(-t)]\}/2 \tag{4-66}$$

$$\mathrm{Od}\{x(t)\} = \{[x(t) - x(-t)]\}/2 \tag{4-67}$$

3. 偶半波对称

在波形任一周期内,其第二个半波波形与第一个半波波形相同,即

$$x(t) = x(t \pm T_0/2) \tag{4-68}$$

如图 4-7(a) 所示,称为偶半波对称。这时 $x(t)$ 是一个周期减半为 $T_0/2$ 的周期非正弦波,其基波频率为 $2\omega_0$,即其只含有偶次谐波。

4. 奇半波对称

在波形的任一周期内,其第二个半周的波形恰为第一个半周波形的负值。即

$$x(t) = -x(t \pm T_0/2) \tag{4-69}$$

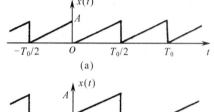

如图 4-7(b) 所示,称为奇半波对称。这时,如果我们把第二个半周的波形向前移动半个周期,如图 4-7(b) 虚线所示,则将与第一个半周的波形对称于横轴。前者好比是后者的镜像,所以这种对称又称为镜像对称。

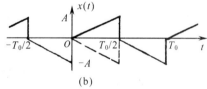

图 4-7　半波对称波形

将式(4-38)中的积分限改为 $-T_0/2 \rightarrow T_0/2$ 得

$$\begin{aligned} 2B_k &= \frac{2}{T} \int_{-T_0/2}^{T_0/2} x(t)\cos k\omega_0 t\, \mathrm{d}t \\ &= \frac{2}{T} \left[\int_{-T_0/2}^{0} x(t)\cos k\omega_0 t\, \mathrm{d}t + \int_{0}^{T_0/2} x(t)\cos k\omega_0 t\, \mathrm{d}t \right] \end{aligned} \tag{4-70}$$

为了化简,在上式右边第一积分中以 $(t-T_0/2)$ 代换 t,得

$$\int_{-T_0/2}^{0} x(t)\cos k\omega_0 t\, \mathrm{d}t = \int_{0}^{T_0/2} x(t - T_0/2)\cos k\omega_0(t - T_0/2)\, \mathrm{d}t \tag{4-71}$$

根据奇半波对称的性质,式(4-71)可写成

$$\begin{aligned} &-\int_{0}^{T_0/2} x(t)\cos(k\omega_0 t - k\pi)\, \mathrm{d}t \\ &= \begin{cases} -\int_{0}^{T_0/2} x(t)\cos k\omega_0 t\, \mathrm{d}t, & k\ \text{为偶数} \\ \int_{0}^{T_0/2} x(t)\cos k\omega_0 t\, \mathrm{d}t, & k\ \text{为奇数} \end{cases} \end{aligned} \tag{4-72}$$

将式(4-72)代入式(4-70)得

$$2B_k = \begin{cases} 0, & k\ \text{为偶数} \\ \dfrac{4}{T_0}\displaystyle\int_0^{T_0/2} x(t)\cos k\omega_0 t \mathrm{d}t, & k\ \text{为奇数} \end{cases} \tag{4-73}$$

同理,可以证明

$$-2D_k = \begin{cases} 0, & k\ \text{为偶数} \\ \dfrac{4}{T_0}\displaystyle\int_0^{T_0/2} x(t)\sin k\omega_0 t \mathrm{d}t, & k\ \text{为奇数} \end{cases} \tag{4-74}$$

由此可见,对于一个具有奇半波对称的周期函数,其所有的偶次谐波项系数 $2B_k(k=0,2,4,\cdots)$ 及 $-2D_k(k=2,4,\cdots)$ 均为零。换句话说,这种波形只含有奇次谐波,该奇次谐波的余弦项和正弦项系数可分别根据式(4-73)和式(4-74)计算。

5. 双重对称

如果 $x(t)$ 是奇函数或偶函数,同时又具有奇半波对称或偶半波对称的性质,这种二者兼有的对称如图4-8所示,称为双重对称。这种波形对与纵轴相隔 $T_0/4$ 的垂线对称,所以又称为 1/4 波对称。

下面我们以图4-8所示波形 $x_2(t)$ 为例,来分析双重对称与傅里叶系数的关系。

例4-6 试求图4-8所示方波 $x_2(t)$ 的傅里叶级数。

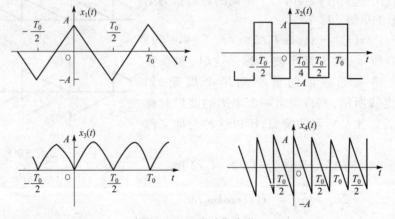

图4-8 双重对称波形

解: 在求傅里叶系数以前,首先判断给定波形的对称性。我们发现原波形 $x_2(t)$ 同时满足

$$\begin{cases} x_2(t) = -x_2(t \pm T_0/2) \\ x_2(t) = -x_2(-t) \end{cases} \tag{4-75}$$

属于奇半波对称和奇对称,所以只含有奇次正弦项,只需计算 $-2D_k$,且 k 为奇数。根据式(4-39)得

$$-2D_k = \frac{4}{T_0}\int_0^{T_0/2} x_2(t)\sin k\omega_0 t \mathrm{d}t, \qquad k=1,3,5\cdots$$

由于这种波形具有 1/4 波对称的性质,所以上式中被积函数从 $0 \to T_0/4$ 和从 $T_0/4 \to T_0/2$ 的积分值相等。因此,将 $0 \to T_0/4$ 的积分值乘以 2 即为积分结果。即

$$-2D_k = \frac{8}{T_0}\int_0^{T_0/4} x(t)\sin k\omega_0 t \mathrm{d}t, \quad k=1,3,5,\cdots \tag{4-76}$$

式中, $\omega_0 = 2\pi/T_0$, 由于

$$x(t) = A, \quad 0 \leqslant t \leqslant T_0/4$$

因此

$$-2D_k = \frac{8}{T_0} \int_0^{T_0/4} A\sin k(2\pi/T_0)t\,\mathrm{d}t$$

$$= 4A/(\pi k), \quad k = 1,3,5,\cdots$$

所求波形的傅里叶级数为

$$x(t) = \frac{4A}{\pi}\left(\sin\omega_0 t + \frac{1}{3}\sin3\omega_0 t + \frac{1}{5}\sin5\omega_0 t + \cdots\right) \tag{4-77}$$

表 4-1 列出了波形对称性、对称条件及其相应的傅里叶系数。在分析一给定的周期函数时, 应该先根据波形的对称条件以及表 4-1, 判断傅里叶系数的情况。对于那些已经肯定为零的系数, 就不必去积分计算; 对于剩下的不为零的系数, 也只需要在半个周期或 1/4 周期内积分, 这就简化了计算。此外, 在求复杂函数的傅里叶系数时, 可以先求其偶部和奇部的傅里叶系数, 然后相加, 即得所求复杂函数的傅里叶系数。

表 4-1　波形对称性、对称条件及其相应的傅里叶系数

对称性 对称条件 傅里叶系数	偶对称 $x(t) = x(-t)$	奇对称 $x(t) = -x(-t)$	偶半波对称 $x(t) = x(t \pm T_0/2)$	奇半波对称 $x(t) = -x(t \pm T_0/2)$
$c_0 = \int_{T_0} x(t)\mathrm{d}t$	c_0, 实数	0	c_0, 实数	0
$c_k = \int_{-T_0/2}^{T_0/2} x(t)\mathrm{e}^{-jk\omega_0 t}\mathrm{d}t$	B_k, 实数	jD_k, 虚数	$B_k + jD_k$, 复数	$B_k + jD_k$, 复数
$2B_k$ 奇次余弦项 偶次余弦项	$2\mathrm{Re}\{c_k\}$	0	0 $2\mathrm{Re}\{c_k\}$	$2\mathrm{Re}\{c_k\}$ 0
$-2D_k$ 奇次正弦项 偶次正弦项	0	$-2\mathrm{Im}\{c_k\}$	0 $-2\mathrm{Im}\{c_k\}$	$-\mathrm{Im}\{c_k\}$ 0

例 4-7　求图 4-9(a)所示信号 $x(t)$ 的傅里叶级数。

解: 由图 4-9(a)可见, $x(t)$ 为奇半波对称, 所以其傅里叶级数中只含有奇次谐波。

从波形图上还看到: $x(t)$ 不是偶函数, 也不是奇函数, 但可根据式(4-64)、式(4-66)和式(4-67)分解为偶部和奇部两部分。为此, 作 $x(-t)$ 如图 4-9(b)所示。这时, t 为正值的波形与 $x(t)$ 中 t 为负值的波形一致。$x(-t)$ 也可通过 $x(t)$ 沿纵轴反转得到。将 $x(t)$ 和 $x(-t)$ 逐点相加除 2, 得偶部 $\mathrm{Ev}\{x(t)\}$, 如图 4-9(c)所示。将 $x(t)$ 和 $x(-t)$ 逐点相减除 2 得奇部 $\mathrm{Od}\{x(t)\}$, 如图 4-9(d)所示。从图中可见, 前者为一个三角波, 后者为一个方波, 其傅里叶级数分别为

$$\mathrm{Ev}\{x(t)\} = \frac{8}{\pi^2}\left(\cos\omega_0 t + \frac{1}{9}\cos3\omega_0 t + \frac{1}{25}\cos5\omega_0 t + \cdots\right) \tag{4-78}$$

$$\mathrm{Od}\{x(t)\} = \frac{4}{\pi}\left(\sin\omega_0 t + \frac{1}{3}\sin3\omega_0 t + \frac{1}{5}\sin5\omega_0 t + \cdots\right) \tag{4-79}$$

式中, 基波角频率 $\omega_0 = 2\pi/T_0$。将这两者相加, 即为所求 $x(t)$ 的傅里叶级数。所以

$$x(t) = \mathrm{Ev}\{x(t)\} + \mathrm{Od}\{x(t)\}$$

$$= \frac{4}{\pi}\sin\omega_0 t + \frac{8}{\pi^2}\cos\omega_0 t + \frac{4}{3\pi}\sin3\omega_0 t +$$

$$\frac{8}{9\pi^2}\cos3\omega_0 t + \frac{4}{5\pi}\sin5\omega_0 t + \frac{8}{25\pi^2}\cos5\omega_0 t + \cdots \qquad (4-80)$$

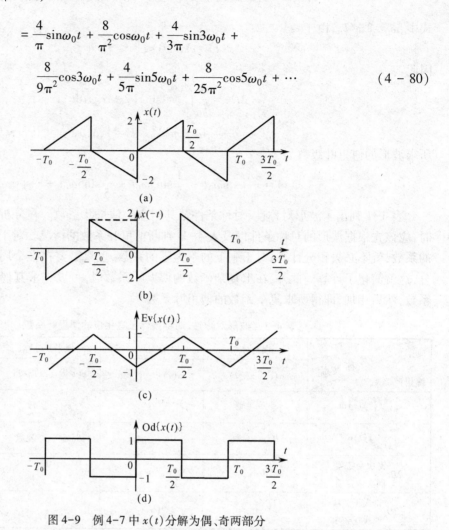

图 4-9　例 4-7 中 $x(t)$ 分解为偶、奇两部分

4.5　周期信号的频谱与功率谱

前面讨论的周期性函数的傅里叶级数等效于把函数分解成它的各频率正(余)弦分量,简称为频率分量。这样,周期为 T_0 的周期信号包含有角频率为 ω_0、$2\omega_0$、$3\omega_0$、$\cdots$、$k\omega_0$ 等的频率分量,其中 $\omega_0 = 2\pi/T_0$。在电子工程中常根据周期信号的三角函数形式的傅里叶级数

$$x(t) = c_0 + 2\sum_{k=1}^{\infty} A_k \cos(k\omega_0 t + \theta_k)$$

将 A_k 对 $k\omega_0$ 的函数关系,绘成一个图。图中以 $k\omega_0$ 为横坐标,将各次谐波的振幅 A_k 用线段表示,如图 4-10(a)所示。这个图称为振幅频谱图,简称为频谱图。这样,任一周期信号 $x(t)$ 都具有它的频谱。如果给定 $x(t)$,就可以求出它的频谱。反之,如果频谱为已知,就可以求出相应的周期性函数 $x(t)$。于是,有两种表示周期性函数的方法:一种是将 $x(t)$ 表示为时间函数的时间域表示法;另一种是用频谱(即各频率分量的振幅和相位)表示的频率域表示法。图 4-10(a)中各线段称为谱线。因为周期信号的频谱仅存在于 $\omega = \omega_0, 2\omega_0, 3\omega_0, \cdots$ 离散值处,

即只包含相隔一定距离的谱线,所以这样的频谱称为离散频谱。同样可给出 θ_k 对 $k\omega_0$ 的线图,这种图形称为相位频谱,用来说明各谐波分量相位的变化情况。

周期信号的频谱也可根据其复指数形式的傅里叶级数

$$x(t) = \sum_{k=-\infty}^{\infty} c_k \mathrm{e}^{jk\omega_0 t}$$

$$= c_0 + \sum_{k=1}^{\infty} (c_k \mathrm{e}^{jk\omega_0 t} + c_{-k} \mathrm{e}^{-jk\omega_0 t})$$

绘出。由于

$$c_k = A_k \mathrm{e}^{j\theta_k}, \quad c_{-k} = c_k^* = A_k \mathrm{e}^{-j\theta_k} \tag{4-81}$$

因此

$$|c_k| = |c_{-k}| = A_k, \quad \arg\{c_k\} = -\arg c_{-k} = \theta_k, \quad k > 0 \tag{4-82}$$

即 $|c_k|$ 是 $k\omega_0$ 的偶函数,$\arg\{c_k\}$ 是 $k\omega_0$ 的奇函数,$|c_k|$ 是 k 次谐波振幅 $2A_k$ 的一半,而 $\arg\{c_k\}$ ($k>0$) 是 k 次谐波的相位。由于复指数傅里叶系数 c_k 概括了谐波振幅和相位两个物理量,所以用复指数傅里叶系数 c_k 表示频谱,在工程上更为有用。这种频谱是根据复系数 c_k 的振幅 $|c_k|$ 和相位 $\arg\{c_k\}$ 对 $k\omega_0$ 的函数关系画出的,称为复指数频谱。其中,$|c_k|$ 对 $k\omega_0$ 的关系图形称为振幅频谱,$\arg\{c_k\}$ 对 $k\omega_0$ 的关系图形称为相位频谱。图 4-10(b)和图 4-10(a)是由同一周期信号画出的复指数振幅频谱和三角振幅频谱。图 4-10(b)中每一条谱线代表式(4-33)中的一个复指数函数项。由于式(4-33)中不仅包括 $k\omega_0$ 项,还包括 $-k\omega_0$ 项,所以复指数振幅频谱对纵轴是对称的,即为双边频谱;而且每一根谱线的长度 $|c_k| = 2A_k/2 = A_k$。

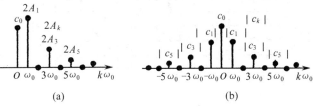

(a)　　　　　　　　　(b)

图 4-10　$x(t)$ 的振幅频谱

(a) 单边频谱;(b) 双边频谱

比较图 4-10(a)和图 4-10(b)可以看出,这两种频谱的表示方法实质上是一样的。所不同之处仅在于:图 4-10(a)上每一条谱线代表一个谐波分量,而在图 4-10(b)上正负频率相对应的两条谱线合并起来才代表一个谐波分量,即

$$c_k \mathrm{e}^{jk\omega_0 t} + c_{-k} \mathrm{e}^{-jk\omega_0 t}$$

$$= |c_k| \mathrm{e}^{j\theta_k} \mathrm{e}^{jk\omega_0 t} + |c_k| \mathrm{e}^{-j\theta_k} \mathrm{e}^{-jk\omega_0 t}$$

$$= |c_k| \mathrm{e}^{j(k\omega_0 t + \theta_k)} + |c_k| \mathrm{e}^{-j(k\omega_0 t + \theta_k)}$$

$$= 2|c_k| \cos(k\omega_0 t + \theta_k) \tag{4-83}$$

正因为这样,所以图 4-10(b)上谱线长度是图 4-10(a)上谱线长度的一半,且对称地分布在纵轴的两侧。

这里应该解释的是,在复指数傅里叶级数和复指数频谱中出现负频率($-k\omega_0$)的问题。实际上,这是将 $\cos k\omega_0 t$ 或 $\sin k\omega_0 t$ 分裂为 $\mathrm{e}^{+jk\omega_0 t}$ 和 $\mathrm{e}^{-jk\omega_0 t}$ 两项时引进的。它的出现完全是数学运算的结果,没有任何物理意义。就复指数傅里叶级数而言,只有当负频率项和相应的正频率项成对地组合起来时,才能得到原来的实函数 $\cos k\omega_0 t$。

下面我们仍以例 4-2 中的周期性矩形脉冲为例,讨论周期信号的复指数频谱。在例 4-2 中已经求得该矩形脉冲的复指数傅里叶系数如式(4-49)所示。即

$$c_k = \left[2A/(k\omega_0 T_0) \right] \sin(k\omega_0 T_1/2)$$

并根据式(4-49)给出了该矩形脉冲在脉冲幅度 A、重复周期 T_0 保持不变,而脉冲宽度 T_1 变化时的频谱图,如图 4-3 所示。下面我们进而讨论周期矩形脉冲在脉冲幅度 A、宽度 T_1 保持不变,而重复周期 T_0 变化时的频谱变化规律。

为了便于讨论起见,我们把式(4-49)化为如下形式:

$$c_k = (AT_1/T_0) \left[\sin(k\omega_0 T_1/2)/(k\omega_0 T_1/2) \right] \tag{4-84}$$

式中方括号里的函数具有 $\sin Z/Z$ 形式,在通信理论中非常有用,称为抽样函数,记以 $\mathrm{sinc}(Z)$[1],即

$$\mathrm{sinc}(Z) = \sin Z/Z \tag{4-85}$$

它可看成奇函数 $\sin Z$ 和奇函数 $1/Z$ 的乘积,所以是一个偶函数,如图 4-11 所示。从图 4-11 中可见,函数以周期 2π 起伏,振幅在 Z 的正负两个方向都衰减,并在 $Z = \pm\pi$、$\pm 2\pi$、$\pm 3\pi$、…等处通过零点(函数值为零),而在 $Z=0$ 处函数为不确定,应用罗比塔法则可得 $\mathrm{sinc}(0)=1$。由式(4-84)得

$$c_k = (AT_1/T_0)\,\mathrm{sinc}(k\omega_0 T_1/2) \tag{4-86}$$

将式(4-86)代入式(4-33),可得该矩形脉冲的复指数形式的傅里叶级数为

$$x(t) = (AT_1/T_0) \sum_{k=-\infty}^{\infty} \mathrm{sinc}(k\omega_0 T_1/2)\,\mathrm{e}^{jk\omega_0 t} \tag{4-87}$$

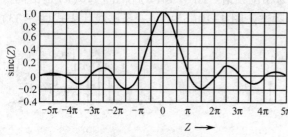

图 4-11　$\mathrm{sinc}(Z)$ 函数

从式(4-86)可见,若把各条谱线 c_k 顶点的连线称为频谱包络线,则该矩形脉冲的频谱包络线与 $\mathrm{sinc}(Z)$ 变化规律相同。其主峰高度为 AT_1/T_0,主峰两侧第一个零点为 $k\omega_0 T_1/2 = \pm\pi$,即 $k\omega_0 = \pm 2\pi/T_1$,主峰宽度为 $-2\pi/T_1 \sim 2\pi/T_1$,谱线间隔 $\omega_0 = 2\pi/T_0$,在 0 到 $2\pi/T_1$ 间的谱线数目为

$$\frac{2\pi/T_1}{2\pi/T_0} - 1 = \frac{T_0}{T_1} - 1$$

当脉冲幅度 A、宽度 T_1 保持不变,而重复周期 T_0 增大时,则主峰高度 AT_1/T_0 减小,各条谱线高度相应地减小;主峰宽度 $-2\pi/T_1 \sim 2\pi/T_1$ 不变,各谱线间隔 $\omega_0 = 2\pi/T_0$ 减小,谱线变密。如果 T_0 减小,则情况相反。图 4-12 画出了当 $A=1$,$T_1 = 0.1$ s 保持不变,而 $T_0 = 0.5$ s,1 s 和 2 s 三种情况时的频谱。

由此可见:

(1)周期性矩形脉冲信号的频谱是离散的,谱线间隔为 ω_0,即各次谐波仅存在于基频 ω_0 的整数倍上;而且,谱线长度随谐波次数的增高趋于收敛。至于频谱收敛规律,以及谐波含量则由信号波形决定。因此,离散性、谐波性和收敛性是周期信号的共同特点。

(2)理论上,周期信号的谐波含量是无限多,其频谱应包括无限多条谱线。但从图 4-12 中可见,高次谐波虽然有时起伏,但总的趋势是逐渐减小的。正由于谐波振幅的这种收敛性,

---

① 在文献中,有些作者将 $\mathrm{sinc}(x)$ 函数记为 $\mathrm{Sa}(x)$,有些作者将 $\mathrm{sinc}(x)$ 函数定义为 $\mathrm{sinc}(x) = \dfrac{\sin \pi x}{\pi x}$。

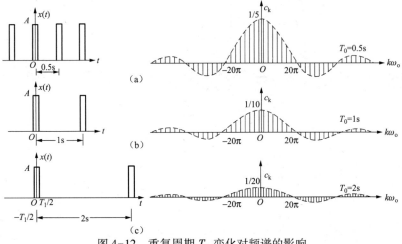

图 4-12　重复周期 T_0 变化对频谱的影响

在工程上往往只考虑对波形影响较大的较低频率分量,而把对波形影响不太大的高频分量忽略不计。通常把包含主要谐波分量的 $0 \sim 2\pi/T_1$ 这段频率范围称为矩形脉冲信号的有效频带宽度,简称为有效频宽 B_w,即

$$B_w = 2\pi/T_1 \tag{4-88}$$

(3) 随着信号周期 T_0 变得越来越大时,基频 $2\pi/T_0$ 就变得越来越小,因此在给定的频段内就有越来越多的频率分量,也即频谱越来越密。但是,各个频率分量的振幅随着 T_0 的增大变得越来越小。在极限情况下,T_0 为无穷大,我们便得到一个宽度为 T_1 的单个矩形脉冲。单个矩形脉冲可以看作周期 T_0 为无穷大的周期性矩形脉冲,其基频 $\omega_0 = 2\pi/T_0 = 0$,频谱变成连续的了,即在每一频率上都有谱线。但是,值得注意的是,频谱的形状并不随周期 T_0 而变,即频谱的包络仅仅和脉冲的形状有关,而与脉冲的重复周期 T_0 无关。

为了了解周期信号功率在各次谐波中的分布情况,下面讨论周期信号的功率频谱,简称为功率谱。

分析信号的功率关系,一般将信号 $x(t)$ 看作电压或电流,而考察其在 1Ω 电阻上所消耗的平均功率,即

$$P = \frac{1}{T_0} \int_{-T_0/2}^{T_0/2} x^2(t)\,\mathrm{d}t \tag{4-89}$$

周期信号的平均功率可以用式(4-89)在时域中计算,也可以在频域中计算,为此,我们将功率表示式中的信号 $x(t)$ 用傅里叶级数表示。即

$$x(t) = \sum_{k=-\infty}^{\infty} c_k \mathrm{e}^{\mathrm{j}k\omega_0 t}$$

式中,

$$c_k = \frac{1}{T_0} \int_{-T_0/2}^{T_0/2} x(t)\,\mathrm{e}^{-\mathrm{j}k\omega_0 t}\,\mathrm{d}t$$

将式(4-33)代入式(4-89),得

$$P = \frac{1}{T_0} \int_{-T_0/2}^{T_0/2} x(t) \Big[\sum_{k=-\infty}^{\infty} c_k \mathrm{e}^{\mathrm{j}k\omega_0 t} \Big]\,\mathrm{d}t$$

式中求和与积分的次序可以交换,所以

$$P = \sum_{k=-\infty}^{\infty} c_k \left[\frac{1}{T_0} \int_{-T_0/2}^{T_0/2} x(t) e^{jk\omega_0 t} dt \right]$$

$$= \sum_{k=-\infty}^{\infty} c_k c_{-k}$$

$$= \sum_{k=-\infty}^{\infty} c_k c_k^* = \sum_{k=-\infty}^{\infty} |c_k|^2 \qquad (4-90)$$

即

$$\frac{1}{T_0} \int_{-T_0/2}^{T_0/2} x^2(t) dt = \sum_{k=-\infty}^{\infty} |c_k|^2 \qquad (4-91)$$

式(4-90)还可改写成

$$P = c_0^2 + \sum_{k=1}^{\infty} (|c_k|^2 + |c_{-k}|^2) = c_0^2 + 2 \sum_{k=1}^{\infty} |c_k|^2$$

$$= c_0^2 + \frac{1}{2} \sum_{k=1}^{\infty} (2A_k)^2 \qquad (4-92)$$

即

$$\frac{1}{T_0} \int_{-T_0/2}^{T_0/2} x^2(t) dt = c_0^2 + \frac{1}{2} \sum_{k=1}^{\infty} (2A_k)^2 \qquad (4-93)$$

不难看出,式(4-91)和式(4-93)的右边都是表示周期信号的直流分量与各次谐波分量在1Ω电阻上消耗的平均功率,而其左边则表示周期信号 $x(t)$ 在1Ω电阻上消耗的平均功率,所以上面两式都是功率等式。它表明周期信号在时域中的平均功率等于频域中各次谐波平均功率之和,称为功率信号的帕色伐尔定理。该定理从功率角度表明了信号的时间特性和频率特性间的关系。

将式(4-93)或式(4-92)中右边的每一项 $(2A_k)^2/2$ 或 $2|c_k|^2$ 即各次谐波的平均功率与 $k\omega_0$ 的关系画出,即得功率频谱,且为单边频谱;如果将式(4-91)中右边的每一项 $|c_k|^2$ 与 $k\omega_0$ 的关系画出,则得双边功率频谱。显然,周期信号的功率频谱也是离散频谱。由于信号功率取决于 A_k 或 $|c_k|$ 的平方。而 A_k 或 $|c_k|$ 一般随 k 的增加而减小,所以信号能量主要集中在低频段,通过功率频谱可以看出各次谐波的功率分布情况,并确定信号的占有频带。

例 4-8 已知周期矩形脉冲 $x(t)$ 如图4-13(a)所示,其参数 $A = 1\text{V}, T_0 = 0.25 \text{ s}, T_1 = 0.05 \text{ s}$,求:(1)整个信号的平均功率 P;(2)有效频带宽度(0~2π/T_1),在此范围内谐波分量所具有的平均功率 P' 及其占整个信号平均功率的百分比。

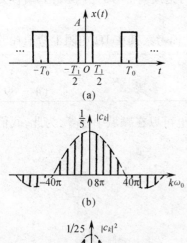

图4-13 周期矩形脉冲的频谱和功率谱

解:(1) $P = \dfrac{1}{T_0} \displaystyle\int_{-T_0/2}^{T_0/2} x^2(t) dt = \dfrac{1}{0.25} \displaystyle\int_{-0.025}^{0.025} 1^2 \cdot dt$

$$= 0.2 \text{ (W)}$$

(2)有效频宽 $B_w = 2\pi/T_1 = 2\pi/0.05 = 40\pi$ (rad/s)

或 $$B_f = B_w/2\pi = 20 \text{ (Hz)}$$

在0~40π 宽度内含有直流和 $T_0/T_1 - 1 = 0.25/0.05 - 1 = 4$

个谐波分量。其中

$$c_0 = AT_1/T_0 = 0.05/0.25 = 0.2$$

$$c_k = (AT_1/T_0)\mathrm{sinc}(k\omega_0 T_1/2)$$

$$= 0.2\mathrm{sinc}(k/5), k > 0$$

$$P' = |c_0|^2 + 2\sum_{k=1}^{4}|c_k|^2 = 0.2^2 + 2 \times 0.2^2[\mathrm{sinc}^2(\pi/5) +$$

$$\mathrm{sinc}^2(2\pi/5) + \mathrm{sinc}^2(3\pi/5) + \mathrm{sinc}^2(4\pi/5)]$$

$$= 0.04 + 0.08(0.875\,1 + 0.576\,4 + 0.254\,6 + 0.045\,7)$$

$$= 0.180\,9\ (\mathrm{W})$$

$$P'/P = 0.180\,9/0.200\,0 = 90.4\%$$

该矩形脉冲的频谱和功率谱如图 4-13(b)、(c)所示。从图中及上式可见,在有效频带宽度内各谐波分量的平均功率占了整个信号平均功率的 90.4%。说明了信号能量主要集中在低频段。例如在本例中信号能量有 90.4% 集中在信号的直流、基波、二次谐波、三次谐波和四次谐波等低频分量上,而只有 9.6% 分配在被忽略的高频分量上。因此用上述低频分量来近似表示图 4-13(a)所示的矩形脉冲已能满足一般工程分析的要求。

4.6　傅里叶级数的收敛性　吉伯斯现象

前面我们已经证明了,如果函数 $x(t)$ 可以用傅里叶级数表示,则其系数可按式(4-34)计算。至于这种级数是否收敛到 $x(t)$,以及收敛的充分必要条件等问题,则是一个复杂的数学问题,不属于本课程的讨论范围。但是对工程应用来说,应该知道狄里赫利(Dirichlet)提出的周期函数用傅里叶级数表示应满足的三个条件:

(1) 函数 $x(t)$ 在周期内必须绝对可积,即

$$\int_{-T_0/2}^{T_0/2} |x(t)|\,\mathrm{d}t < \infty \qquad\qquad (4-94)$$

这意味着每一个系数 c_k 都是有限值。

(2) 在 $x(t)$ 的任何周期内,其极大值和极小值的数目有限,即在任意有限区间内,$x(t)$ 的起伏是有限的。

(3) $x(t)$ 在一个周期内不连续点个数有限,而且在不连续点处,$x(t)$ 值是有限的。

满足上述条件的 $x(t)$,其傅里叶级数将在所有连续点收敛于 $x(t)$,而在 $x(t)$ 的各个不连续点上将收敛于 $x(t)$ 的左极限和右极限的平均值。也即若 $x(t)$ 在 t_1 点上连续,则

$$\sum_{k=-\infty}^{\infty} c_k \mathrm{e}^{jk\omega_0 t_1} = x(t_1) \qquad\qquad (4-95)$$

若 $x(t)$ 在 t_1 点上不连续,则

$$\sum_{k=-\infty}^{\infty} c_k \mathrm{e}^{jk\omega_0 t_1} = \frac{1}{2}[x(t_1^-) + x(t_1^+)] \qquad\qquad (4-96)$$

狄里赫利条件表明,能够用傅里叶级数表示的函数 $x(t)$ 不一定都是连续函数。满足上述条件的不连续函数,例如图 4-14 所示的分段连续函数也可以表示成傅里叶级数。但是在所有不连续点上,级数式(4-33)的总和等于极限 $x(t_1^-)$ 和 $x(t_1^+)$ 的平均值。

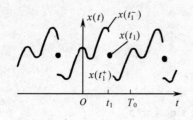

图 4-14　$x(t)$ 在不连续点 t_1 上的值

前面已经指出,将信号的时间函数 $x(t)$ 用傅里叶级数表示时,理论上需要无限多项才能逼近原波形。但在给出一定的误差下,只需保留有限几项,且所需保留项数随允许误差增大而减少。可以证明,在允许一定的误差情况下,$x(t)$ 傅里叶级数所需项数是和该函数连续取导数而未出现间断点的次数直接有关的。例如,在图 4-2 所示的方波信号在一个周期内有两个间断点,它的傅里叶级数中非零项系数

$$| c_k | = A/(k\pi), \quad k \text{ 为奇数} \tag{4-97}$$

与 k 成反比地减小。再如,在图 4-9(c) 所示的三角波信号 $x(t)$ 本身是连续的,但其一次导数 $x'(t)$ 出现间断点,此信号的傅里叶级数中非零项系数

$$c_k = 2A/(k^2\pi^2), \quad k \text{ 为奇数} \tag{4-98}$$

和谐波次数 k 的平方成反比地减小。推而广之,如果周期信号 $x(t)$ 本身及其前 n 次导数都是连续的,但其 $n+1$ 次导数开始出现间断点,则其傅里叶系数 c_k 将与 k 的 $n+2$ 次方成反比地减小。

由此可知,对一个函数 $x(t)$ 连续求导数而未出现间断点的次数越高,那么这个函数的傅里叶系数的收敛速率越快。

对于图 4-2 所示方波,其傅里叶级数如式(4-53)所示。其有限项部分和为

$$x_N(t) = \sum_{k=-N}^{N} c_k e^{jk\omega_0 t}$$

$$= \frac{A}{2} + \frac{2A}{\pi} \Big[\cos\omega_0 t - \frac{1}{3}\cos 3\omega_0 t + \frac{1}{5}\cos 5\omega_0 t - \cdots +$$

$$(-1)^{(N+3)/2} \frac{1}{N}\cos N\omega_0 t \Big], N \text{ 为奇数} \tag{4-99}$$

分别取 $N=1,3,7,19$ 和 79,绘得的五个合成波形如图 4-15(a)~(e)所示。从图中可见,在不连续点附近,部分和 $x_N(t)$ 有起伏,其峰值几乎与 N 无关。峰值的最大值是不连续点处高度的

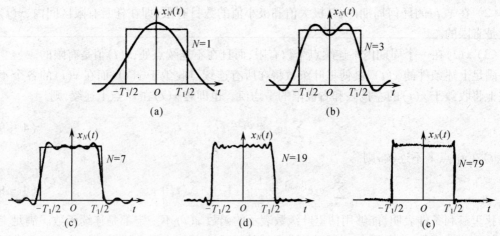

图 4-15　方波有限项傅里叶级数和的波形,吉伯斯现象

1.09 倍,即超量是 9%。在不连续点上,即图中 $-T_1/2$ 和 $T_1/2$ 处,级数收敛于 $x(t)$ 的左极限和右极限的平均值。然而当 t 取得越接近不连续点时,为了把误差减小到低于某一给定值,N 就必须取得很大。于是,随着 N 增加,部分和的起伏就向不连续点压缩,但是对有限的 N 值,起伏的峰值大小保持不变,这种现象叫吉伯斯(Gibbs)现象。这种现象的实际意义是,当一个信号通过某一系统时,如果这个信号是不连续时间函数,则由于一般物理系统对信号的高频分量都有衰减作用,所以会产生吉伯斯现象。

4.7 非周期信号的表示 连续时间傅里叶变换

1. 非周期信号傅里叶变换的导出

前面我们已经讨论了在有限区间内将任意函数表示为复指数形式的傅里叶级数。对于周期信号 $x(t)$,这种表示法可以推广到整个区间 $(-\infty,\infty)$,在整个区间 $(-\infty,\infty)$ 内都可用级数表示,即

$$x(t) = \sum_{k=-\infty}^{\infty} c_k e^{jk\omega_0 t} \qquad (4-100)$$

现在的问题是,如果函数是非周期性的,即本节将要讨论的非周期信号 $x(t)$,那么在整个区间 $(-\infty,\infty)$ 内,是否也可应用复指数形式的傅里叶级数表示呢?

解决这个问题有两种方法:其一,先将函数 $x(t)$ 在一有限区间 $(-T_0/2,T_0/2)$ 内表示为复指数级数,而后令 $T_0 \to \infty$;其二,先对函数 $x(t)$ 进行周期性开拓(以 T_0 为周期无限重复),从而得到一个周期为 T_0 的周期性函数 $\tilde{x}(t)$,再令 $T_0 \to \infty$ 取极限,于是此周期性函数 $\tilde{x}(t)$ 在区间 $(-\infty,\infty)$ 内就只剩下一周,即 $x(t)$。这两种方法解决起来实际上没有区别。不过,后一种方法较为方便,因为它能使我们在不改变频谱形状的情况下,把极限过程具体化。在 4.5 节中讲解周期性矩形脉冲时,我们曾经讨论过此极限过程。即当 T_0 增加时,基频变小,频谱变密,频谱幅度变小,但频谱的形状保持不变,从图 4-12 中就可清楚地看出这一点。在极限的情况下,信号周期 T_0 为无穷大,其谱线间隔与幅度将会趋于无限小。这样,原来由许多谱线组成的离散频谱就会连成一片,形成了连续频谱。

下面我们来讨论如图 4-16(a)所示的非周期信号 $x(t)$,希望在整个区间 $(-\infty,\infty)$ 内将此信号表示为复指数函数之和。为此目的,先构成一个新的周期性函数 $\tilde{x}(t)$,其周期为 T_0,即函数 $x(t)$ 每 T_0 秒重复一次,如图 4-16(b)所示。必须注意的是,周期 T_0 应选得足够大,使得 $x(t)$ 形状的脉冲之间没有重叠。这个新函数 $\tilde{x}(t)$ 是一个周期性函数,因此可以用复指数傅里叶级数表示。在极限的情况下,我们令 $T_0 \to \infty$,则周期性函数 $\tilde{x}(t)$ 中的脉冲将在无穷远间隔后才重复。因此,在 $T_0 \to \infty$ 的极限情况下,$\tilde{x}(t)$ 和 $x(t)$ 相同,即

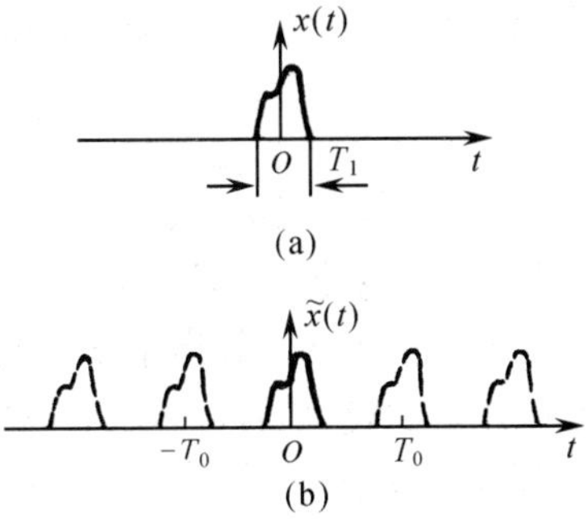

图 4-16 将 $x(t)$ 开拓
为周期函数 $\tilde{x}(t)$

$$\lim_{T_0 \to \infty} \tilde{x}(t) = x(t) \qquad (4-101)$$

这样,如果在 $\tilde{x}(t)$ 的傅里叶级数里令 $T_0 \to \infty$,则在整个区间内表示 $\tilde{x}(t)$ 的傅里叶级数也能在整个区间内表示 $x(t)$ 。

$\tilde{x}(t)$ 的复指数傅里叶级数可以写为

$$\tilde{x}(t) = \sum_{k=-\infty}^{\infty} c_k \mathrm{e}^{jk\omega_0 t} \tag{4-102}$$

式中,

$$\omega_0 = 2\pi/T_0$$

$$c_k = \frac{1}{T_0} \int_{-T_0/2}^{T_0/2} \tilde{x}(t) \mathrm{e}^{-jk\omega_0 t} \mathrm{d}t \tag{4-103}$$

式(4-103)中 c_k 表示频率为 $k\omega_0$ 的分量的复振幅。随着 T_0 的增大,基频 ω_0 变小,频谱变密,由式(4-103)可知,各分量的振幅也变小,不过频谱的形状是不变的,因为频谱的形状取决于式(4-103)右边的积分,即第一周期 $\tilde{x}(t)$,也即 $x(t)$ 的波形。在 $T_0 = \infty$ 的极限情况下,式(4-103)中每一个分量的振幅 c_k 变为无穷小。为了分析此时的信号频谱特性,我们将式(4-103)改写为

$$c_k T_0 = \frac{2\pi c_k}{\omega_0} = \int_{-T_0/2}^{T_0/2} \tilde{x}(t) \mathrm{e}^{-jk\omega_0 t} \mathrm{d}t \tag{4-104}$$

当 $T_0 \to \infty$ 时,式(4-104)中的各变量将作如下改变:

$$\begin{cases} T_0 \to \infty \\ \omega_0 = 2\pi/T_0 \to \Delta\omega \to \mathrm{d}\omega \\ k\omega_0 \to k\Delta\omega \to \omega \end{cases} \tag{4-105}$$

这时, $c_k \to 0$,但 $c_k T_0$ 可望趋近于一有限函数。即

$$\lim_{T_0 \to \infty} c_k T_0 = \lim_{T_0 \to \infty} \int_{-T_0/2}^{T_0/2} \tilde{x}(t) \mathrm{e}^{-jk\omega_0 t} \mathrm{d}t$$

$$= \int_{-\infty}^{\infty} x(t) \mathrm{e}^{-j\omega t} \mathrm{d}t \tag{4-106}$$

式(4-106)积分后,将为 ω 的函数,我们用 $X(\omega)$ 表示,则

$$X(\omega) = \lim_{T_0 \to \infty} c_k T_0 = \int_{-\infty}^{\infty} x(t) \mathrm{e}^{-j\omega t} \mathrm{d}t \tag{4-107}$$

从式(4-107)可见, $X(\omega)$ 是非周期信号 $x(t)$ 的周期开拓 $\tilde{x}(t)$ 的周期和频率为 $\omega = k\omega_0$ 分量复振幅的乘积,也即单位频率(角频率)上的复振幅,称为 $x(t)$ 的频谱密度函数,简称为频谱密度或频谱函数。频谱密度函数 $X(\omega)$ 一般为复函数,可以写为 $X(\omega) = |X(\omega)| \mathrm{e}^{j\arg X(\omega)}$,频谱密度函数的模 $|X(\omega)|$ 表示非周期信号中各频率分量的相对大小,而幅角 $\arg X(\omega)$ 则表示相应的各频率分量的相位。对照式(4-104)和式(4-107)不难看出,它们的大小虽然不同,但是,函数的模样相同。这说明当信号周期趋于无限大时,虽然各频率分量的振幅趋于无穷小,但并不为零,各个频率分量的振幅仍具有比例关系,通过频谱函数可以表示这种信号的频谱特性。而非周期信号的频谱密度函数与相同波形的周期信号的复指数频谱包络线具有相似的形状,只是幅度有所不同。如果给出非周期信号的时域表示式,就可根据式(4-107)求得它的频谱函数。

将式(4-105)中所列的极限情况代入式(4-102),根据式(4-101)可以导出非周期信

号 $x(t)$ 的表示式,即

$$x(t) = \lim_{T_0 \to \infty} \tilde{x}(t) = \lim_{T_0 \to \infty} \sum_{k=-\infty}^{\infty} c_k \mathrm{e}^{\mathrm{j}k\omega_0 t} \qquad (4-108)$$

由于

$$\lim_{T_0 \to \infty} c_k T_0 = \lim_{T_0 \to \infty} c_k \frac{2\pi}{\omega_0} = X(\omega)$$

所以

$$\lim_{T_0 \to \infty} c_k = \lim_{T_0 \to \infty} \frac{X(\omega)\omega_0}{2\pi} \qquad (4-109)$$

将上式代入式(4-108),得 $x(t)$ 的表示式为

$$x(t) = \lim_{T_0 \to \infty} \sum_{k=-\infty}^{\infty} \frac{X(\omega)\omega_0}{2\pi} \mathrm{e}^{\mathrm{j}k\omega_0 t}$$

$$= \frac{1}{2\pi} \int_{-\infty}^{\infty} X(\omega) \mathrm{e}^{\mathrm{j}\omega t} \mathrm{d}\omega$$

上式是由 $\tilde{x}(t)$ 的复指数傅里叶级数取极限得到的,称为傅里叶积分。它使我们成功地在整个区间 $(-\infty < t < \infty)$ 内将非周期信号 $x(t)$ 表示为复指数函数的连续和。从式中可见,非周期信号 $x(t)$ 可以分解成无穷多个复指数函数分量之和,每一复指数分量的振幅为 $X(\omega)\mathrm{d}\omega/2\pi$ 是无穷小,但正比于 $X(\omega)$。所以,用 $X(\omega)$ 表示 $x(t)$ 的频谱。不过,要注意的是,此频谱是连续的,即存在于所有的频率 ω 值上。

上面推导的公式(4-107)和上式是一对很重要的变换式,称为傅里叶变换对。我们把它重写如下:

$$\boxed{\begin{array}{ll} x(t) = \dfrac{1}{2\pi} \int_{-\infty}^{\infty} X(\omega) \mathrm{e}^{\mathrm{j}\omega t} \mathrm{d}\omega & (4-110) \\[3mm] X(\omega) = \displaystyle\int_{-\infty}^{\infty} x(t) \mathrm{e}^{-\mathrm{j}\omega t} \mathrm{d}t & (4-111) \end{array}}$$

这里,式(4-111)称为 $x(t)$ 的傅里叶正变换,也称为分析公式。通过它把信号的时间函数(时域)变换为信号的频谱密度函数(频域),以考察信号的频谱结构。式(4-110)称为 $X(\omega)$ 的傅里叶反变换,也称为综合公式,通过它把信号的频谱密度函数(频域)变换为信号的时间函数(时域)以考察信号的时间特性。总之,通过这两个变换,把信号的时域特性和频域特性联系起来。这两个变换可以用符号表示为

$$X(\omega) = \mathscr{F}[x(t)] \qquad (4-112)$$
$$x(t) = \mathscr{F}^{-1}[X(\omega)] \qquad (4-113)$$

意思是,$X(\omega)$ 是 $x(t)$ 的傅里叶正变换,$x(t)$ 是 $X(\omega)$ 的傅里叶反变换。

式(4-110)和式(4-111)确立了非周期信号 $x(t)$ 和频谱 $X(\omega)$ 之间的关系,记为

$$x(t) \leftrightarrow X(\omega) \qquad (4-114)$$

它们在 $x(t)$ 的连续点上是一一对应的。式(4-110)称为综合公式,它说明当根据式(4-111)计算出 $X(\omega)$ 并将其结果代入式(4-110)时所得的积分就等于 $x(t)$。式(4-111)称为分析公式,它说明当已知 $x(t)$ 可以根据该式分析出它所含的频谱,即 $x(t)$ 是由怎样的不同频率的正

弦信号组成的。

2. 傅里叶变换的收敛

和周期信号一样,要使上述傅里叶变换成立也必须满足一组条件。这一组条件也称为狄里赫利条件,即

(1) $x(t)$绝对可积,即

$$\int_{-\infty}^{\infty} |x(t)| dt < \infty \qquad (4-115)$$

(2) 在任何有限区间内,$x(t)$只有有限个极大值和极小值。

(3) 在任何有限区间内,$x(t)$不连续点个数有限,而且在不连续点处,$x(t)$值是有限的。

满足上述条件的 $x(t)$,其傅里叶积分将在所有连续点收敛于 $x(t)$,而在 $x(t)$ 的各个不连续点将收敛于 $x(t)$ 的左极限和右极限的平均值。也即若 $x(t)$ 在 t_1 点上连续,则

$$\frac{1}{2\pi}\int_{-\infty}^{\infty} X(\omega) e^{j\omega t_1} d\omega = x(t_1) \qquad (4-116)$$

若 $x(t)$ 在 t_1 点上不连续,则

$$\frac{1}{2\pi}\int_{-\infty}^{\infty} X(\omega) e^{j\omega t_1} d\omega = \frac{1}{2}\left[x(t_1^-) + x(t_1^+)\right] \qquad (4-117)$$

所有常用的能量信号都满足上述条件,都存在傅里叶变换。而很多功率信号或周期信号虽然不满足绝对可积条件,但若在变换过程中可以使用冲激函数 $\delta(\omega)$,则也可以认为具有傅里叶变换。这样,我们就有可能把傅里叶级数和傅里叶变换结合在一起,使周期和非周期信号的分析统一起来。在本章后面以及后继各章的讨论中,将发现这样做是非常方便的。

3. 连续时间傅里叶变换的计算举例——一些常用信号的傅里叶变换

例 4-9 单边指数信号

$$x(t) = e^{-at}u(t), a > 0 \qquad (4-118)$$

的傅里叶变换 $X(\omega)$ 可由式(4-111)得到:

$$X(\omega) = \int_{-\infty}^{\infty} e^{-at}u(t) e^{-j\omega t} dt = \int_{0}^{\infty} e^{-(a+j\omega)t} dt$$

$$= -\frac{1}{a+j\omega} e^{-(a+j\omega)t} \Big|_{0}^{\infty}$$

$$= \frac{1}{a+j\omega}, \quad a > 0 \qquad (4-119)$$

必须注意,式(4-119)的积分仅当 $a>0$ 时收敛。当 $a<0$ 时,$x(t)$ 不是绝对可积,其傅里叶变换是不存在的。另外,从式(4-119)中可见,$e^{-at}u(t)$ 的频谱函数为复数,可以表示为

$$X(\omega) = \frac{1}{\sqrt{a^2 + \omega^2}} e^{-j\arctan(\frac{\omega}{a})} \qquad (4-120)$$

式中

$$|X(\omega)| = \frac{1}{\sqrt{a^2 + \omega^2}} \qquad (4-121)$$

$$\arg\{X(\omega)\} = -\arctan\left(\frac{\omega}{a}\right) \qquad (4-122)$$

其幅度频谱 $|X(\omega)|$ 是 ω 的偶函数,相位频谱 $\arg\{X(\omega)\}$ 是 ω 的奇函数。单边指数信号 $x(t)$、幅度谱 $|X(\omega)|$ 和相位谱 $\arg\{X(\omega)\}$ 如图 4-17(a)、(b)、(c)所示。

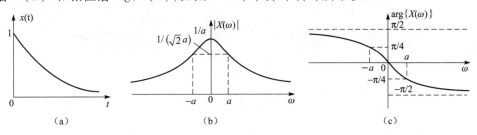

图 4-17　单边指数信号的频谱

例 4-10　双边指数信号

$$x(t) = \mathrm{e}^{-a|t|}, \quad a > 0 \tag{4-123}$$

的傅里叶变换为

$$\begin{aligned}
X(\omega) &= \int_{-\infty}^{\infty} \mathrm{e}^{-a|t|}\, \mathrm{e}^{-\mathrm{j}\omega t}\mathrm{d}t \\
&= \int_{-\infty}^{0} \mathrm{e}^{(a-\mathrm{j}\omega)t}\mathrm{d}t + \int_{0}^{\infty} \mathrm{e}^{-(a+\mathrm{j}\omega)t}\mathrm{d}t \\
&= \frac{2a}{a^2 + \omega^2}
\end{aligned} \tag{4-124}$$

此时,$X(\omega)$ 为实函数,相位频谱 $\theta(\omega)=0$,所以,其频域只需用一个频谱——幅度频谱表示,如图 4-18(b)所示。

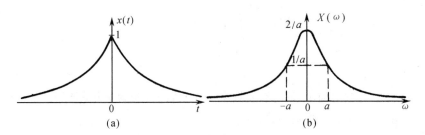

图 4-18　双边指数信号及其频谱

例 4-11　门函数

门函数 $G_{T_1}(t)$ 是一个如图 4-19(a)所示的矩形脉冲。其定义为

$$G_{T_1}(t) = \begin{cases} 1, & |t| < T_1/2 \\ 0, & |t| > T_1/2 \end{cases} \tag{4-125}$$

$AG_{T_1}(t)$ 的傅里叶变换为

$$\begin{aligned}
X(\omega) &= \int_{-T_1/2}^{T_1/2} A\mathrm{e}^{-\mathrm{j}\omega t}\mathrm{d}t = AT_1 \frac{\sin(\omega T_1/2)}{\omega T_1/2} \\
&= AT_1 \mathrm{sinc}(\omega T_1/2)
\end{aligned} \tag{4-126}$$

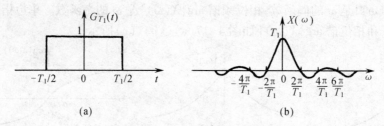

图 4-19　门函数及其频谱

从式(4-126)可见,$X(\omega)$为实函数,因此在频域可用一个频谱图表示,如图 4-19(b)所示。从图中可见,$X(\omega)$的符号是正负变化的。所以,也可以用两个频谱图即振幅频谱图和相位频谱图表示。即

$$|X(\omega)| = AT_1 |\operatorname{sinc}(\omega T_1/2)| \tag{4-127}$$

$$\arg\{X(\omega)\} = \begin{cases} 0, & X(\omega) > 0 \\ \pi, & X(\omega) < 0 \end{cases} \tag{4-128}$$

比较图 4-19(b)和图 4-12 可见,单个矩形脉冲的频谱函数与形状相同的周期矩形脉冲的频谱包络线的变化规律相同,两者频谱的主峰宽度都是$-2\pi/T_1 \sim 2\pi/T_1$,其有效频带宽度或信号占有频带 B_w 为

$$B_w = 2\pi/T_1 \tag{4-129}$$

当脉冲宽度或信号持续时间 T_1 增大时,信号占有频带 B_w 减小;反之,当信号持续时间 T_1 减小时,信号占有频带 B_w 增加。换句话说,信号的持续时间 T_1 与信号的占有频带 B_w 成反比。

例 4-12　求单位冲激函数 $x(t) = \delta(t)$ 的频谱。

解: 由式(4-111)得

$$X(\omega) = \int_{-\infty}^{\infty} \delta(t) \mathrm{e}^{-j\omega t} \mathrm{d}t = 1 \tag{4-130}$$

即

$$\delta(t) \longleftrightarrow 1 \tag{4-131}$$

可见,单位冲激函数的频谱为 1,即它不随频率变化,也即其包含振幅相等的所有频率分量。

例 4-13　求频谱为单位冲激函数,即

$$X(\omega) = \delta(\omega) \tag{4-132}$$

的反变换。

解: 由式(4-110)得

$$x(t) = \frac{1}{2\pi} \int_{-\infty}^{\infty} \delta(\omega) \mathrm{e}^{j\omega t} \mathrm{d}\omega = \frac{1}{2\pi} \mathrm{e}^{j\omega t} \Big|_{\omega=0} = \frac{1}{2\pi} \tag{4-133}$$

即

$$\frac{1}{2\pi} \longleftrightarrow \delta(\omega)$$

可见,频谱为单位冲激函数的时间函数为一个与 t 无关的直流信号。换句话说,直流信号的频谱是一个 $\omega=0$ 处的冲激,其占有频带为零。

由例 4-12 和例 4-13 再一次看到,信号的持续时间 T_1 和信号的占有频带 B_w 成反比。即若

信号的持续时间 T_1 趋于零,则它的占有频带 B_w 趋于无穷大,其频谱函数是一个与频率 ω 无关的常数;反之,如果信号 $x(t)$ 是一个与时间 t 无关的常数(直流信号),则其占有频带为零。

比较例 4-12 和例 4-13 还可见到一个很有趣的关系:单位冲激函数 $\delta(t)$ 的频谱是 1(常数),即

$$\delta(t) \longleftrightarrow 1$$

而频谱为单位冲激函数 $\delta(\omega)$ 的反傅里叶变换 $x(t)$ 是常数 $\dfrac{1}{2\pi}$,即

$$\frac{1}{2\pi} \longleftrightarrow \delta(\omega) \tag{4-134}$$

或

$$1 \longleftrightarrow 2\pi\delta(\omega) \tag{4-135}$$

这种关系称为傅里叶变换的对偶性,利用这个性质使我们可以从一个傅里叶变换对,得到与其对偶的另一个傅里叶变换对,简化了傅里叶正反变换的计算。这个性质后面还要详细讨论。

4.8　傅里叶级数与傅里叶变换的关系

上一节我们在导出非周期信号的傅里叶积分表示时,是把非周期信号看成开拓周期信号在周期 $T_0 \to \infty$ 的极限,因此开拓周期信号 $\tilde{x}(t)$ 的傅里叶级数和非周期信号 $x(t)$ 的傅里叶变换之间是有密切联系的。本节将进一步研究这一关系,并推导出周期信号的傅里叶变换。

1. 傅里叶系数与傅里叶变换的关系

本节要证明,周期信号 $\tilde{x}(t)$ 的傅里叶系数 c_k 可以用其一个周期内信号 $\tilde{x}(t)$ 傅里叶变换的样本来表示。即若

$$\tilde{x}(t) \longleftrightarrow c_k \quad x(t) \longleftrightarrow X(\omega)$$

$$x(t) = \begin{cases} \tilde{x}(t), & -T_0/2 \leqslant t \leqslant T_0/2 \\ 0, & t < -T_0/2 \text{ 或 } t > T_0/2 \end{cases} \tag{4-136}$$

则

$$c_k = X(k\omega_0)/T_0 \tag{4-137}$$

由式(4-34)得

$$
\begin{aligned}
c_k &= \frac{1}{T_0} \int_{-T_0/2}^{T_0/2} \tilde{x}(t) \mathrm{e}^{-\mathrm{j}k\omega_0 t} \mathrm{d}t \\
&= \frac{1}{T_0} \int_{-T_0/2}^{T_0/2} x(t) \mathrm{e}^{-\mathrm{j}k\omega_0 t} \mathrm{d}t \\
&= \frac{1}{T_0} \int_{-\infty}^{\infty} x(t) \mathrm{e}^{-\mathrm{j}k\omega_0 t} \mathrm{d}t = \frac{1}{T_0} X(k\omega_0)
\end{aligned}
$$

可见,如果已知周期信号 $\tilde{x}(t)$ 中一个波形 $x(t)$ 的频谱密度函数 $X(\omega)$,那么应用式(4-137)就可以求得周期信号 $\tilde{x}(t)$ 的傅里叶系数 c_k。即周期信号 $\tilde{x}(t)$ 的傅里叶系数 c_k 可以从某一周期内信号 $\tilde{x}(t)$ 的傅里叶变换的样本 $X(k\omega_0)$ 中得到。

2. 周期信号的傅里叶变换

前面已经指出,周期信号不满足绝对可积条件式(4-115),按理不存在傅里叶变换。但若允许在傅里叶变换式中含有冲激函数 $\delta(\omega)$,则也具有傅里叶变换。可以直接从周期信号的傅里叶级数得到它的傅里叶变换。该周期信号的傅里叶变换是由一串在频域上的冲激函数组成的,这些冲激的强度正比于傅里叶系数。这是一个很重要的表示方法,因为这样可以很方便地把傅里叶分析方法应用到调制和抽样等问题中去。

例 4-14 求频谱密度函数为 $2\pi\delta(\omega-\omega_0)$,即

$$X(\omega) = 2\pi\delta(\omega - \omega_0) \tag{4-138}$$

的反傅里叶变换。

解: 由式(4-110)得

$$x(t) = \frac{1}{2\pi}\int_{-\infty}^{\infty} 2\pi\delta(\omega - \omega_0)\mathrm{e}^{\mathrm{j}\omega t}\mathrm{d}\omega = \mathrm{e}^{\mathrm{j}\omega_0 t} \tag{4-139}$$

即

$$\mathrm{e}^{\mathrm{j}\omega_0 t} \longleftrightarrow 2\pi\delta(\omega - \omega_0) \tag{4-140}$$

上面结果可推广为,若 $X(\omega)$ 是一组在频率上等间隔的冲激函数的线性组合,即

$$X(\omega) = \sum_{k=-\infty}^{\infty} 2\pi c_k \delta(\omega - k\omega_0) \tag{4-141}$$

则由式(4-110)可得

$$x(t) = \sum_{k=-\infty}^{\infty} c_k \mathrm{e}^{\mathrm{j}k\omega_0 t} \tag{4-142}$$

即

$$\sum_{k=-\infty}^{\infty} c_k \mathrm{e}^{\mathrm{j}k\omega_0 t} \longleftrightarrow \sum_{k=-\infty}^{\infty} 2\pi c_k \delta(\omega - k\omega_0) \tag{4-143}$$

按照式(4-33)的定义,可见式(4-142)就是一个周期信号的傅里叶级数表示。因此,一个傅里叶系数为 $\{c_k\}$ 的周期信号的傅里叶变换,可以看成是出现在等间隔频率上的一串冲激函数。其中间隔频率为 ω_0,出现在 $k\omega_0$ 频率(第 k 次谐波频率)上的冲激函数的强度为第 k 个傅里叶系数 c_k 的 2π 倍。

例 4-15 已知图4-2周期矩形脉冲信号的傅里叶系数为

$$c_k = [A/(k\pi)]\sin(k\omega_0 T_1/2)$$

$T_1/T_0 = 0.5$,求其傅里叶变换。

解: 由式(4-141)得该周期信号的傅里叶变换为

$$X(\omega) = \sum_{k=-\infty}^{\infty} \frac{2A\sin(k\omega_0 T_1/2)}{k}\delta(\omega - k\omega_0)$$

如图4-20所示。与图4-3(a)比较可见,$X(\omega)$ 与 c_k 频谱图形类似,不同的仅仅是比例因子 2π 和用冲激函数代替图4-3(a)中的线段。

例 4-16 已知 $x(t) = \sin\omega_0 t$ 的傅里叶系数是

$$c_1 = 1/2\mathrm{j}, c_{-1} = -1/2\mathrm{j}; c_k = 0, k \neq \pm 1$$

求其傅里叶变换。

解: 由式(4-141)得其傅里叶变换为

$$X(\omega) = \mathrm{j}\pi\delta(\omega + \omega_0) - \mathrm{j}\pi\delta(\omega - \omega_0)$$

即

$$\sin\omega_0 t \longleftrightarrow \mathrm{j}\pi\big[\delta(\omega + \omega_0) - \delta(\omega - \omega_0)\big]$$

$$(4 - 144)$$

其傅里叶变换如图 4-21(a)所示。

同理可以求得余弦函数 $\cos\omega_0 t$ 的傅里叶变

换对为

$$\cos\omega_0 t \longleftrightarrow \pi\big[\delta(\omega + \omega_0) + \delta(\omega - \omega_0)\big]$$

$$(4 - 145)$$

其傅里叶变换如图 4-21(b)所示。这两个变换在分析调制系统时非常重要。

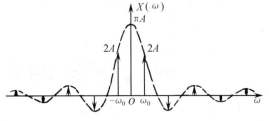

图 4-20　对称周期方波的傅里叶变换

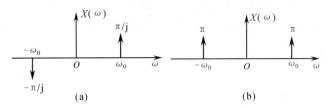

图 4-21　例 4-16 的傅里叶变换

(a) $x(t) = \sin\omega_0 t$ 的傅里叶变换;(b) $x(t) = \cos\omega_0 t$ 的傅里叶变换

例 4-17　已知周期冲激串 $x(t) = \displaystyle\sum_{k=-\infty}^{\infty} \delta(t - kT)$,如图 4-22(a)所示,其基波周期为 T_0,求其傅里叶变换。

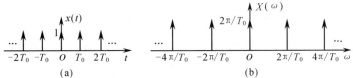

图 4-22　周期冲激串及其傅里叶变换

(a) 周期冲激串;(b) 周期冲激串的傅里叶变换

解:为了确定该信号的傅里叶变换,先计算它的傅里叶系数,由式(4 - 34)得

$$c_k = \frac{1}{T_0}\int_{-T_0/2}^{T_0/2} \delta(t)\,\mathrm{e}^{-\mathrm{j}k\omega_0 t}\,\mathrm{d}t = \frac{1}{T_0}$$

代入式(4 - 141)得其傅里叶变换为

$$X(\omega) = \frac{2\pi}{T_0}\sum_{k=-\infty}^{\infty}\delta\!\left(\omega - \frac{2\pi k}{T_0}\right)$$

即

$$\sum_{k=-\infty}^{\infty}\delta(t - kT_0) \longleftrightarrow \frac{2\pi}{T_0}\sum_{k=-\infty}^{\infty}\delta(\omega - k\omega_0)\qquad(4 - 146)$$

可见,以 T_0 为周期的周期冲激串信号,其频谱函数 $X(\omega)$ 也是一个周期冲激串,该冲激串的频率间隔 $\omega_0 = 2\pi/T_0$,如图 4-22(b)所示。从图 4-22 和式(4 - 146)可见,在时域中冲激串

的时间间隔即重复周期 T_0 越大,则在频域中冲激串的频率间隔 ω_0 越小。这一对变换在抽样系统分析中非常有用。

4.9 连续时间傅里叶变换的性质与应用

傅里叶变换揭示了信号时域特性和频域特性之间的内在联系。在求信号的傅里叶变换时,如果已知傅里叶变换的某些性质,即信号在一种域中进行某种运算会在另一域中产生什么结果,可以使运算过程简化。

1. 线性

若 $x_1(t) \longleftrightarrow X_1(\omega)$， $x_2(t) \longleftrightarrow X_2(\omega)$， a_1 和 a_2 为两个任意常数,则

$$a_1 x_1(t) + a_2 x_2(t) \longleftrightarrow a_1 X_1(\omega) + a_2 X_2(\omega) \tag{4-147}$$

式(4-147)有两重含义:一是当信号乘以 a,则其频谱函数 $X(\omega)$ 将乘同一常数 a;二是几个信号和的频谱函数等于各个信号频谱函数的和。

2. 共轭对称性

若 $x(t)$ 是一个实时间函数,则

$$X(-\omega) = X^*(\omega) \tag{4-148}$$

式中,$*$ 表示复数共轭,称 $X(\omega)$ 具有共轭对称性。

证明:将式(4-111)两边取共轭,可得

$$X^*(\omega) = \left[\int_{-\infty}^{\infty} x(t) \mathrm{e}^{-\mathrm{j}\omega t} \mathrm{d}t \right]^* = \int_{-\infty}^{\infty} x^*(t) \mathrm{e}^{\mathrm{j}\omega t} \mathrm{d}t$$

由于 $x(t)$ 是实函数,即 $x^*(t) = x(t)$,所以

$$X^*(\omega) = \int_{-\infty}^{\infty} x^*(t) \mathrm{e}^{-\mathrm{j}(-\omega)t} \mathrm{d}t = X(-\omega)$$

上述结果也可从实例中见到。例如在例 4-9 中,$x(t) = \mathrm{e}^{-at}u(t)$ 是实函数,其频谱函数如式(4-119),即

$$X(\omega) = 1/(a + \mathrm{j}\omega)$$

$$X(-\omega) = 1/(a - \mathrm{j}\omega) = X^*(\omega)$$

在傅里叶级数中,也有类似的性质。即若 $x(t)$ 是周期的实函数,则其傅里叶系数也具有共轭对称性,如式(4-24),即

$$c_{-k} = c_k^*$$

在一般情况下,$X(\omega)$ 是复数,即

$$X(\omega) = \mathrm{Re}\{X(\omega)\} + \mathrm{jIm}\{X(\omega)\}$$

由式(4-148)得

$$X(-\omega) = \mathrm{Re}\{X(-\omega)\} + \mathrm{jIm}\{X(-\omega)\}$$
$$= \mathrm{Re}\{X(\omega)\} - \mathrm{jIm}\{X(\omega)\}$$

所以

$$\mathrm{Re}\{X(-\omega)\} = \mathrm{Re}\{X(\omega)\}, \quad \mathrm{Im}\{X(-\omega)\} = -\mathrm{Im}\{X(\omega)\} \tag{4-149}$$

即实时间函数的频谱函数的实部是频率的偶函数,虚部是频率的奇函数。

若将 $X(\omega)$ 以极坐标的形式给出,即

$$X(\omega) = |X(\omega)| e^{j\theta(\omega)}$$

由式(4 - 148)得

$$X(-\omega) = |X(-\omega)| e^{j\theta(-\omega)} = |X(\omega)| e^{-j\theta(\omega)}$$

所以

$$|X(-\omega)| = |X(\omega)|, \quad \theta(-\omega) = -\theta(\omega) \tag{4 - 150}$$

即实时间函数的振幅频谱$|X(\omega)|$是频率的偶函数,相位频谱$\theta(\omega)$是频率的奇函数。

若$x(t)$是实偶函数,即$x(-t) = x(t)$,则由式(4 - 111)和式(4 - 148)得

$$X(-\omega) = \int_{-\infty}^{\infty} x(t) e^{j\omega t} dt = \int_{-\infty}^{\infty} x(-t) e^{-j\omega t} dt$$

$$= \int_{-\infty}^{\infty} x(t) e^{-j\omega t} dt = X(\omega) = X^*(\omega) \tag{4 - 151}$$

即实偶时间函数的频谱函数也是实偶函数。例如,在例4-10中双边指数信号$x(t) = e^{-a|t|}$,$a >$

0,为实偶时间函数,其频谱函数$X(\omega) = \dfrac{2a}{a^2 + \omega^2}$是实偶频率函数。用类似的方法可以证明,若

$x(t)$是实奇函数,即$x(-t) = -x(t)$,则$X(\omega)$是虚奇函数。

在傅里叶级数中,也有类似的性质。即若$x(t)$是周期的实偶函数,则其傅里叶系数也是实偶函数,即$c_k = c_{-k}$;而若$x(t)$是周期的实奇函数,则其傅里叶系数为虚奇函数。这两种情况已经在式(4 - 59)和式(4 - 62)中给出。

与实周期信号一样,任一实函数$x(t)$都可以分解为一个偶函数$x_e(t) = \text{Ev}\{x(t)\}$和一个奇函数$x_o(t) = \text{Od}\{x(t)\}$的和,即

$$x(t) = x_e(t) + x_o(t)$$

根据傅里叶变换的线性性质,可得

$$\mathscr{F}\{x(t)\} = \mathscr{F}\{x_e(t)\} + \mathscr{F}\{x_o(t)\} \tag{4 - 152}$$

式中,$\mathscr{F}\{x_e(t)\} = \text{Re}\{X(\omega)\}$是频率的实偶函数;$\mathscr{F}\{x_o(t)\} = j\text{Im}\{X(\omega)\}$是频率的虚奇函数。

例4-18　试用分解法再求图4-23(a)单边指数信号

$$x(t) = 2e^{-at}u(t), \quad a > 0$$

的频谱函数。

解:从波形图上可见,$x(t)$是非偶非奇函数,但可按式(4 - 66)和式(4 - 67)分解为偶函数和奇函数两部分,如图4-23(b)、(c)所示。从图中可见,前者为双边指数函数,其频谱函数已在例4-10中求得为

$$X_e(\omega) = \frac{2a}{a^2 + \omega^2}$$

它是频率的实偶函数;后者为一奇函数,可表示为

$$x_o(t) = \begin{cases} -e^{at}, & t < 0 \\ e^{-at}, & t > 0 \end{cases}, a > 0$$

其频谱函数为

$$X_o(\omega) = -\int_{-\infty}^{0} e^{(a-j\omega)t} dt + \int_{0}^{\infty} e^{-(a+j\omega)t} dt = -\frac{1}{a - j\omega} + \frac{1}{a + j\omega} = -j\frac{2\omega}{a^2 + \omega^2}$$

它是频率的虚奇函数。将两者相加就是所求的单边指数函数的频谱函数,即

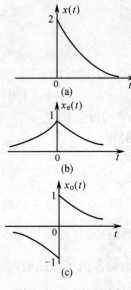

图 4-23　$x(t) = x_e(t) +$
$x_o(t)$ 的解析过程

$$X(\omega) = X_e(\omega) + X_o(\omega) = \frac{2a}{a^2 + \omega^2} - j\frac{2\omega}{a^2 + \omega^2}$$

$$= \frac{2(a - j\omega)}{a^2 + \omega^2} = \frac{2}{a + j\omega}, \quad a > 0$$

此结果与例 4-9 中 $2x(t) = 2e^{-at}u(t)$，$a>0$ 的频谱函数完全一致。

3. 时移性

若 $x(t) \longleftrightarrow X(\omega)$，则

$$x(t - t_0) \longleftrightarrow X(\omega)e^{-j\omega t_0} \qquad (4 - 153)$$

为了证明上述性质，取 $x(t-t_0)$ 的傅里叶变换，并令 $\tau = t-t_0$，得

$$\mathscr{F}\{x(t - t_0)\} = \int_{-\infty}^{\infty} x(\tau)e^{-j\omega(\tau + t_0)}d\tau = e^{-j\omega t_0}X(\omega)$$

由此可见，延迟了 t_0 的信号的频谱等于信号的原始频谱乘以延时因子 $\exp(-j\omega t_0)$。也即延时的作用只是改变频谱函数的相位特性而不改变其幅频特性。另一方面，从式(4-153)中还可看到，要使信号波形并不因延时而有所变动，那么，频谱中所有分量必须沿时间轴同时都向右移一时间 t_0。对不同的频率分量来说，延时 t_0 所造成的相移($-\omega t_0$)是与频率 ω 成正比的。

同时，可以证明

$$x(t + t_0) \longleftrightarrow X(\omega)e^{j\omega t_0} \qquad (4 - 154)$$

即信号波形沿时间轴提前 t_0，相当于在频域中将 $X(\omega)$ 乘以 $\exp(j\omega t_0)$。

在工程中，经常遇到延时问题，并通过时移性求得延时信号的频谱函数。

例 4-19　求移位冲激函数 $\delta(t-t_0)$ 的频谱函数。

解：由式(4-131)知 $\mathscr{F}\{\delta(t)\} = 1$，根据时移性质得

$$\delta(t - t_0) \longleftrightarrow e^{-j\omega t_0} \qquad (4 - 155)$$

4. 尺度变换性质

若 $x(t) \longleftrightarrow X(\omega)$，则

$$x(at) \longleftrightarrow \frac{1}{|a|}X(\frac{\omega}{a}) \qquad (4 - 156)$$

式中 a 为一实常数。为了证明此性质，取 $x(at)$ 的傅里叶变换，并令 $\tau = at$，当 $a>0$ 时

$$\mathscr{F}\{x(at)\} = \frac{1}{a}\int_{-\infty}^{\infty} x(\tau)e^{-j(\frac{\omega}{a})\tau}d\tau = \frac{1}{a}X(\frac{\omega}{a})$$

当 $a<0$ 时，经过变量置换，积分下限变为 $+\infty$，而上限变为 $-\infty$，交换定积分的上下限等效于将积分号外面的系数写为 $-1/a$。因此，不论 $a>0$ 或 $a<0$，积分号外的系数都可写成 $1/|a|$。

式(4-156)中时间变量乘以常数，等于改变时间轴的尺度，同样的频率变量除以常数，等于改变频率轴的尺度。当 $a>1$ 时，式(4-156)中的 $x(at)$ 表示信号 $x(t)$ 在时间轴上压缩到原来的 $\frac{1}{a}$；$X(\omega/a)$ 则表示频谱函数 $X(\omega)$ 在频率轴上扩展 a 倍。尺度变换特性表明信号在时域中压缩到原来的 $\frac{1}{a}$，对应于在频域中频谱扩展 a 倍且幅度减为原来的 $1/a$。反之，当 $a<1$ 时，

$x(at)$ 表示在时域中展宽,对应的频谱则是压缩且幅度增大。

尺度变换性质的应用例子在实际中经常遇到。例如,一盘已经录好的磁带,在重放时放音速度比录制速度高,相当于信号在时间上受到压缩(即 $a>1$),则其频谱扩展,听起来就会感到声音的频率变高了。反之,若放音速度比原来慢,相当于信号在时间上受到扩展($a<1$),则其频谱压缩,听起来就会感到声音的频率变低,低频比原来丰富多了。

可以证明

$$x(at - t_0) \longleftrightarrow \frac{1}{|a|}X(\frac{\omega}{a}) e^{-j\omega t_0 / a} \tag{4 - 157}$$

例 4-20　已知 $x(t)$ 为一矩形脉冲,如图 4-24(b)所示,求 $x(t/2)$ 的频谱函数。

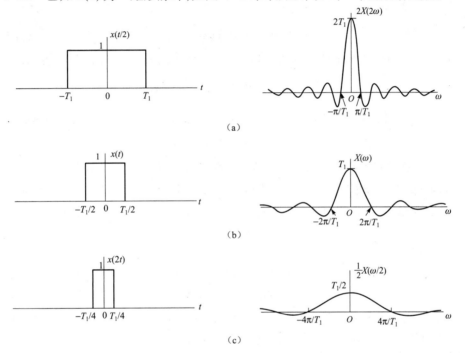

图 4-24　矩形脉冲及其频谱的展缩

解:在例 4-11 中已求得矩形脉冲的频谱函数如式(4 - 126),即

$$X(\omega) = AT_1 \mathrm{sinc}(\omega T_1/2)$$

根据尺度变换性质式(4 - 156)和 $a = 1/2$ 可以求得 $x(t/2)$ 的频谱函数为

$$\mathscr{F}\{x(t/2)\} = 2X(2\omega) = 2AT_1 \mathrm{sinc}(\omega T_1)$$

该脉冲波形及其对应的频谱如图 4-24(a)所示。从图中可见,$x(t/2)$ 的脉冲波形较 $x(t)$ 扩展了一倍,对应的频谱则较 $X(\omega)$ 压缩一半。即由 $X(\omega)$ 压缩而成为 $2X(2\omega)$,表现为信号频宽(第一个过零点频率)由 $2\pi/T_1$ 减小为 π/T_1。由于脉冲宽度的增加,意味着信号能量增加,各频率分量的振幅也相应地增加 1 倍。反之,$x(2t)$ 较 $x(t)$ 压缩一半,其频谱 $(1/2)X(\omega/2)$ 较 $X(\omega)$ 扩展一倍。即信号频宽增大,振幅减小,如图 4-24(c)所示。

尺度变换特性从理论上论证了信号持续时间和频带宽度的反比关系。为了提高通信速度,缩短通信时间,就得压缩信号的持续时间,为此在频域内就必须展宽频带,对通信系统的要求也随之提高。因此,如何合适地选择信号的持续时间和频带宽度是无线电技术中的一个重要问题。

5. 反转性质

若 $x(t) \longleftrightarrow X(\omega)$,则

$$x(-t) \longleftrightarrow X(-\omega) \tag{4-158}$$

反转特性可以看成尺度变换特性在 $a=-1$ 的一个特例。将 $a=-1$ 代入式(4-156),即得

$$\mathscr{F}\{x(-t)\} = X(-\omega)$$

由此可见,将信号波形围绕纵轴转动 $180°$,信号频谱也随之围绕纵轴转动 $180°$。由于振幅频谱具有偶对称性,所以信号反转后,振幅频谱不变,而只是相位频谱改变 $180°$。

6. 频移性

若 $x(t) \longleftrightarrow X(\omega)$,则

$$x(t)\mathrm{e}^{\mathrm{j}\omega_0 t} \longleftrightarrow X(\omega - \omega_0) \tag{4-159}$$

式中,ω_0 是一个常数。为了证明此性质,将式(4-111)中的 ω 用 $\omega - \omega_0$ 代替,得

$$X(\omega - \omega_0) = \int_{-\infty}^{\infty} x(t)\mathrm{e}^{-\mathrm{j}(\omega-\omega_0)t}\mathrm{d}t = \int_{-\infty}^{\infty} [x(t)\mathrm{e}^{\mathrm{j}\omega_0 t}]\mathrm{e}^{-\mathrm{j}\omega t}\mathrm{d}t$$

若把上式仍看成是正变换式,则 $x(t)\mathrm{e}^{\mathrm{j}\omega_0 t}$ 为原函数,$X(\omega-\omega_0)$ 为 $x(t)\mathrm{e}^{\mathrm{j}\omega_0 t}$ 的频谱函数。即

$$x(t)\mathrm{e}^{\mathrm{j}\omega_0 t} \longleftrightarrow X(\omega - \omega_0)$$

上式说明,$x(t)$ 在时域中乘以 $\mathrm{e}^{\mathrm{j}\omega_0 t}$,等效于 $X(\omega)$ 在频域中平移了 ω_0。换句话说,若 $x(t)$ 的频谱原来在 $\omega=0$ 附近(低频信号),将 $x(t)$ 乘以 $\mathrm{e}^{\mathrm{j}\omega_0 t}$,就可使其频谱平移到 $\omega=\omega_0$ 附近。在通信技术中经常需要搬移频谱,常用的方法是将 $x(t)$ 乘以高频余弦或正弦信号,即

$$x(t)\cos\omega_0 t = x(t)(\mathrm{e}^{\mathrm{j}\omega_0 t} + \mathrm{e}^{-\mathrm{j}\omega_0 t})/2$$

根据频移性可得

$$\begin{aligned}
\mathscr{F}\{x(t)\cos\omega_0 t\} &= \mathscr{F}\{x(t)\mathrm{e}^{\mathrm{j}\omega_0 t}\}/2 + \mathscr{F}\{x(t)\mathrm{e}^{-\mathrm{j}\omega_0 t}\}/2 \\
&= [X(\omega - \omega_0) + X(\omega + \omega_0)]/2
\end{aligned} \tag{4-160}$$

式中,右边第一项表示 $X(\omega)/2$ 沿频率轴向右平移 ω_0,第二项表示 $X(\omega)/2$ 沿频率轴向左平移 ω_0。这个过程称为调制。式(4-160)也称为调制性质。

例4-21 试求图4-25(e)所示的高频脉冲信号的频谱函数。

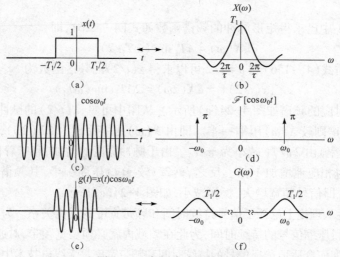

图 4-25 高频脉冲及其频谱

解： 从图 4-25 中可见，高频脉冲 $g(t)$ 是矩形脉冲 $x(t)$ 与高频正弦波 $p(t) = \cos\omega_0 t$ 的乘积，即

$$g(t) = x(t)\cos\omega_0 t \qquad (4-161)$$

式中，矩形脉冲 $x(t)$ 即高频脉冲的包络线，它的频谱已在例 4-11 中求得为

$$X(\omega) = AT_1\mathrm{sinc}(\omega T_1/2)$$

根据调制性质式 $(4-160)$ 可得 $g(t)$ 的频谱函数为

$$G(\omega) = AT_1\mathrm{sinc}\big[(\omega - \omega_0)T_1/2\big]/2 + AT_1\mathrm{sinc}\big[(\omega + \omega_0)T_1/2\big]/2 \qquad (4-162)$$

即高频脉冲的频谱 $G(\omega)$ 等于包络线的频谱 $X(\omega)$ 一分为二，各向左右平移一高频 ω_0，如图 4-25 所示。

7. 对偶性

若 $x(t) \longleftrightarrow X(\omega)$，则

$$X(t) \longleftrightarrow 2\pi x(-\omega) \qquad (4-163)$$

由傅里叶反变换式 $(4-110)$ 经反转后，并将其中的 t 与 ω 互换，即可证明此性质。即

$$x(-t) = \frac{1}{2\pi}\int_{-\infty}^{\infty} X(\omega)\mathrm{e}^{-j\omega t}\mathrm{d}\omega$$

$$x(-\omega) = \frac{1}{2\pi}\int_{-\infty}^{\infty} X(t)\mathrm{e}^{-j\omega t}\mathrm{d}t$$

上式右边积分就是时间函数 $X(t)$ 的傅里叶变换，即

$$\mathscr{F}\{X(t)\} = \int_{-\infty}^{\infty} X(t)\mathrm{e}^{-j\omega t}\mathrm{d}t = 2\pi x(-\omega)$$

可见，若 $x(t)$ 的频谱函数为 $X(\omega)$，则信号 $X(t)$ 的频谱函数就是 $2\pi x(-\omega)$。

若 $x(t)$ 是偶函数，即 $x(-t) = x(t)$ 或 $x(-\omega) = x(\omega)$，则

$$X(t) \longleftrightarrow 2\pi x(\omega) \qquad (4-164)$$

式 $(4-164)$ 说明，若 $x(t)$ 是偶函数，其频谱函数为 $X(\omega)$，则形状与 $X(\omega)$ 相同的另一时间函数 $X(t)$ 的频谱函数的形状与 $x(t)$ 相同，在大小上仅差一常数 2π。

例 4-22 求抽样函数

$$x(t) = \mathrm{sinc}(\omega_c t)$$

的频谱函数。

解： 在例 4-11 中已经得到门函数的傅里叶变换为抽样函数，即

$$G_{T_1}(t) \longleftrightarrow T_1\mathrm{sinc}(\omega T_1/2)$$

或

$$(1/T_1)G_{T_1}(t) \longleftrightarrow \mathrm{sinc}(\omega T_1/2) \qquad (4-165)$$

因此可以根据对偶性求解抽样函数的频谱函数。即由式 $(4-164)$ 和式 $(4-165)$ 并将式 $(4-165)$ 中的 t 和 ω、$T_1/2$ 和 ω_c 互换即得

$$\mathrm{sinc}(\omega_c t) \longleftrightarrow (\pi/\omega_c)G_{2\omega_c}(\omega) \qquad (4-166)$$

如图 4-26 所示。式 $(4-165)$ 和式 $(4-166)$ 说明时域为抽样函数，其频谱函数为门函数；反之，时域为门函数，其频谱函数为抽样函数，这就是傅里叶变换的对偶性。

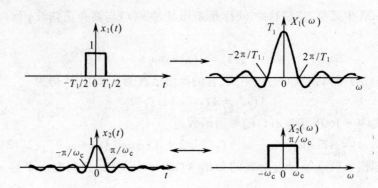

图 4-26 对偶性举例

8. 函数下的面积

函数 $x(t)$ 与 t 轴围成的面积为

$$\int_{-\infty}^{\infty} x(t)\,\mathrm{d}t = \int_{-\infty}^{\infty} x(t)\mathrm{e}^{-\mathrm{j}\omega t}\mathrm{d}t \Big|_{\omega=0} = X(\omega)\Big|_{\omega=0} = X(0) \qquad (4-167)$$

式中，$X(0)$ 为频谱函数 $X(\omega)$ 的零频率值。从式(4-167)中可见，$X(\omega)$ 的零频率值等于时域中 $x(t)$ 下(与 t 轴围成的)的面积。

同理，频谱函数 $X(\omega)$ 与 ω 轴围成的面积为

$$\int_{-\infty}^{\infty} X(\omega)\,\mathrm{d}\omega = \int_{-\infty}^{\infty} X(\omega)\mathrm{e}^{\mathrm{j}\omega t}\mathrm{d}\omega \Big|_{t=0} = 2\pi x(t)\Big|_{t=0} = 2\pi x(0) \qquad (4-168)$$

式中，$x(0)$ 为 $x(t)$ 的零时间值。从式(4-168)中可见，在频域中，频谱函数 $X(\omega)$ 下的面积等于 2π 乘以时间域中时间函数 $x(t)$ 的零时间值。

傅里叶变换对的这些特性为简化计算和检验计算结果提供了有效的途径，也为信号的等效脉冲宽度和占有频带宽度的计算提供了方便。

例 4-23 求抽样函数 $\mathrm{sinc}(\omega_c t)$ 下的面积。

解：在例 4-22 中已经求得抽样函数的频谱函数为门函数，即

$$\mathrm{sinc}(\omega_c t) \longleftrightarrow (\pi/\omega_c)G_{2\omega_c}(\omega)$$

由式(4-167)得

$$\int_{-\infty}^{\infty} \mathrm{sinc}(\omega_c t)\,\mathrm{d}t = (\pi/\omega_c)G_{2\omega_c}(0) = \pi/\omega_c \qquad (4-169)$$

例 4-24 求 $\displaystyle\int_{-\infty}^{\infty} \frac{\mathrm{d}\omega}{a+\mathrm{j}\omega}$。

解：在例 4-9 中已经求得单边指数函数的频谱函数 $X(\omega)=1/(a+\mathrm{j}\omega)$

$$\mathrm{e}^{-at}u(t) \longleftrightarrow 1/(a+\mathrm{j}\omega)$$

由式(4-168)和 $u(0)=[u(0_-)+u(0_+)]/2=1/2$ 得

$$\int_{-\infty}^{\infty} \frac{\mathrm{d}\omega}{a+\mathrm{j}\omega} = 2\pi\mathrm{e}^0 u(0) = \pi$$

根据图 4-27(a)中实线与虚线所示的两个图形面积相等，即

$$x(0) \cdot \tau = \int_{-\infty}^{\infty} x(t)\,\mathrm{d}t = X(0) \qquad (4-170)$$

等效脉冲宽度 τ 可定义为与 $x(t)$ 面积等效的那一矩形脉冲的宽度。据此由式(4-170)可得

$$\tau = X(0)/x(0) \qquad (4-171)$$

同理,根据图4-27(b)所示两个图形面积相等,即

$$X(0)B_{\mathrm{w}} = \int_{-\infty}^{\infty} X(\omega)\,\mathrm{d}\omega = 2\pi x(0) \qquad (4-172)$$

等效频带宽度 B_{w} 可定义为与 $X(\omega)$ 面积等效的那一矩形频谱的宽度。据此由式(4-172)可得

$$B_{\mathrm{w}} = 2\pi x(0)/X(0) \qquad (4-173)$$

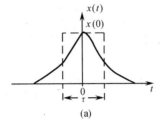 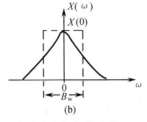

图4-27 例4-24中信号的等效脉冲宽度与频带宽度

联解式(4-171)和式(4-173)得

$$B_{\mathrm{w}} = \frac{2\pi}{\tau} \qquad (4-174)$$

或

$$B_{\mathrm{f}} = \frac{B_{\mathrm{w}}}{2\pi} = \frac{1}{\tau} \qquad (4-175)$$

式(4-174)或式(4-175)说明信号的等效频带宽度与等效脉冲宽度成反比。因此,若要同时具有较窄的脉宽和带宽,就必须选用两者乘积较小的脉冲信号。

9. 时域微分性质

若 $x(t) \longleftrightarrow X(\omega)$,则

$$\frac{\mathrm{d}x(t)}{\mathrm{d}t} \longleftrightarrow \mathrm{j}\omega X(\omega) \qquad (4-176)$$

证明:将傅里叶反变换式

$$x(t) = \frac{1}{2\pi}\int_{-\infty}^{\infty} X(\omega)\,\mathrm{e}^{\mathrm{j}\omega t}\,\mathrm{d}\omega$$

两边对 t 微分并交换微积分次序可得

$$\frac{\mathrm{d}x(t)}{\mathrm{d}t} = \frac{1}{2\pi}\int_{-\infty}^{\infty} \left[\mathrm{j}\omega X(\omega)\right]\mathrm{e}^{\mathrm{j}\omega t}\,\mathrm{d}\omega$$

若把上式仍看成是反变换式,则 $\dfrac{\mathrm{d}x(t)}{\mathrm{d}t}$ 是原函数,而 $\mathrm{j}\omega X(\omega)$ 是 $\dfrac{\mathrm{d}x(t)}{\mathrm{d}t}$ 的频谱函数。即

$$\frac{\mathrm{d}x(t)}{\mathrm{d}t} \longleftrightarrow \mathrm{j}\omega X(\omega)$$

说明信号在时域中求导,相当于在频域中用 $\mathrm{j}\omega$ 去乘它的频谱函数。

同理可证,信号在时域中取 n 阶导数,等效于在频域中用 $(\mathrm{j}\omega)^n$ 乘它的频谱函数。即

$$\frac{\mathrm{d}^n x(t)}{\mathrm{d}t^n} \longleftrightarrow (\mathrm{j}\omega)^n X(\omega) \qquad (4-177)$$

式(4-176)和式(4-177)即时域微分性质,是一个非常重要的性质,因为它把时域中的微分运算转化为频域中的乘积运算。在第 6 章讨论用傅里叶变换来分析由微分方程描述的 LTI 系统时,就利用到这一重要性质。

利用时域微分性质还可以求出一些在通常意义下不易求得的变换关系,例如由 $\delta(t) \longleftrightarrow 1$ 可得

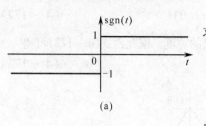

$$\delta'(t) \longleftrightarrow j\omega \qquad (4-178)$$

$$\delta^{(n)}(t) \longleftrightarrow (j\omega)^n \qquad (4-179)$$

例 4-25　求图4-28(a)所示的正负号函数 $\mathrm{sgn}(t)$ [读成 signum(t)]

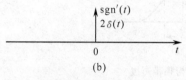

$$\mathrm{sgn}(t) = \begin{cases} 1, & t > 0 \\ -1, & t < 0 \end{cases} \qquad (4-180)$$

的频谱函数。

图 4-28　正负号函数及其微分波形

解:用微分性质解题,先将原波形 $x(t)$ 微分,得 $\dfrac{\mathrm{d}x(t)}{\mathrm{d}t}$

波形如图 4-28(b)所示。即

$$\frac{\mathrm{d}x(t)}{\mathrm{d}t} = 2\delta(t)$$

对上式两边取傅里叶变换,该 $x(t) = \mathrm{sgn}(t)$ 的傅里叶变换为 $X(\omega)$,根据时域微分性质得

$$j\omega X(\omega) = 2$$

所以

$$X(\omega) = 2/j\omega$$

即

$$\mathrm{sgn}(t) \longleftrightarrow 2/j\omega \qquad (4-181)$$

例 4-26　求单位阶跃函数 $u(t)$ 的频谱函数。

解:单位阶跃函数可分解为偶函数和奇函数两部分,即

$$u(t) = 1/2 + (1/2)\mathrm{sgn}(t) \qquad (4-182)$$

如图 4-29 所示。对上式两边取傅里叶变换,得

$$\mathscr{F}\{u(t)\} = \mathscr{F}\{1/2 + (1/2)\mathrm{sgn}(t)\}$$

利用式(4-135)和(4-181)的结果,可得

$$\mathscr{F}\{u(t)\} = \pi\delta(\omega) + 1/j\omega \qquad (4-183)$$

上式说明单位阶跃信号 $u(t)$ 的频谱除了在 $\omega=0$ 处有一冲激 $\pi\delta(\omega)$ 外,还有其他频率分量。这是因为 $u(t)$ 不同于直流信号,直流信号必须在 $(-\infty, \infty)$ 时间内均为常数。将 $u(t)$ 分解为直流信号 $1/2$ 和幅值为 $1/2$ 的正负号信号就不难理解式(4-183)的意义了。

10. 频域微分性质

若 $x(t) \longleftrightarrow X(\omega)$,则

$$-jtx(t) \longleftrightarrow \frac{\mathrm{d}X(\omega)}{\mathrm{d}\omega} \qquad (4-184)$$

证明:将傅里叶变换式(4-111)两边对 ω 微分,并交换微分与积分的次序,可得

$$\frac{\mathrm{d}X(\omega)}{\mathrm{d}\omega} = \frac{\mathrm{d}}{\mathrm{d}\omega}\Big[\int_{-\infty}^{\infty} x(t)\,\mathrm{e}^{-\mathrm{j}\omega t}\mathrm{d}t\Big]$$

$$= \int_{-\infty}^{\infty}[-\mathrm{j}tx(t)]\,\mathrm{e}^{-\mathrm{j}\omega t}\mathrm{d}t$$

若把上式仍看成是一正变换式,则 $-\mathrm{j}tx(t)$ 是原函数,而 $\dfrac{\mathrm{d}X(\omega)}{\mathrm{d}\omega}$ 是它的频谱函数。即

$$-\mathrm{j}tx(t) \longleftrightarrow \frac{\mathrm{d}X(\omega)}{\mathrm{d}\omega}$$

说明信号在频域中对频谱函数求导等效于在时域中用 $-\mathrm{j}t$ 去乘它的时间函数。

同理可证,在频域中对频谱求 n 阶导数,等效于在时域中用 $(-\mathrm{j}t)^n$ 去乘它的时间函数。即

$$(-\mathrm{j}t)^n x(t) \longleftrightarrow \frac{\mathrm{d}^n X(\omega)}{\mathrm{d}\omega^n} \qquad (4-185)$$

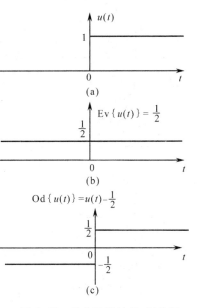

图 4-29 单位阶跃的奇、偶分解

利用频域微分性质可以求得一些在通常意义下不易求得的变换关系。例如由 $1 \longleftrightarrow 2\pi\delta(\omega)$ 可得

$$-\mathrm{j}t \longleftrightarrow 2\pi\delta'(\omega) \quad \text{或} \quad t \longleftrightarrow 2\pi\mathrm{j}\delta'(\omega) \qquad (4-186)$$

$$(-\mathrm{j}t)^n \longleftrightarrow 2\pi\delta^{(n)}(\omega) \quad \text{或} \quad t^n \longleftrightarrow 2\pi\mathrm{j}^n\delta^{(n)}(\omega) \qquad (4-187)$$

由

$$u(t) \longleftrightarrow \pi\delta(\omega) + 1/\mathrm{j}\omega$$

得

$$tu(t) \longleftrightarrow \mathrm{j}\pi\delta'(\omega) - 1/\omega^2 \qquad (4-188)$$

由 $\mathrm{sgn}(t) \longleftrightarrow 2/\mathrm{j}\omega$ 得 $|t| = t\mathrm{sgn}(t)$ 的变换对为

$$|t| \longleftrightarrow -2/\omega^2 \qquad (4-189)$$

11. 时域积分性质

若 $x(t) \longleftrightarrow X(\omega)$,$X(0)$ 为有限值,则

$$\int_{-\infty}^{t} x(t)\mathrm{d}t \longleftrightarrow \pi X(0)\delta(\omega) + X(\omega)/\mathrm{j}\omega \qquad (4-190)$$

证明:在第 2 章中已经指出,$\int_{-\infty}^{t} x(t)\mathrm{d}t = x(t)*u(t)$,根据时域卷积定理和式(4-183)可得

$$\mathscr{F}\{x(t)*u(t)\} = X(\omega)[\pi\delta(\omega) + 1/\mathrm{j}\omega]$$

$$= \pi X(0)\delta(\omega) + X(\omega)/\mathrm{j}\omega$$

即

$$\int_{-\infty}^{t} x(t)\mathrm{d}t \longleftrightarrow \pi X(0)\delta(\omega) + X(\omega)/\mathrm{j}\omega$$

式中 $X(0) = \int_{-\infty}^{\infty} x(t)\mathrm{d}t$,即 $x(t)$ 的面积。

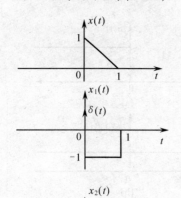

图 4-30 例 4-27 信号 $x(t)$
及其一、二阶微分波形

例 4-27 求图 4-30 所示信号 $x(t)$ 的频谱。

解：先对 $x(t)$ 进行两次微分，并令 $x(t)$ 的一、二阶导数分别为 $x_1(t)$ 和 $x_2(t)$，则

$$x_1(t) = \int_{-\infty}^{t} x_2(t)\,\mathrm{d}t$$

$$x(t) = \int_{-\infty}^{t} x_1(t)\,\mathrm{d}t$$

由于

$$X_2(0) = \int_{-\infty}^{\infty} x_2(t)\,\mathrm{d}t$$

$$= \int_{-\infty}^{\infty} \left[\delta'(t) - \delta(t) + \delta(t-1)\right]\mathrm{d}t = 0$$

$$X_2(\omega) = \mathscr{F}\{x_2(t)\} = \mathrm{j}\omega - 1 + \mathrm{e}^{-\mathrm{j}\omega}$$

根据时域积分性质，得

$$X_1(\omega) = \mathscr{F}\{x_1(t)\} = (\mathrm{j}\omega - 1 + \mathrm{e}^{-\mathrm{j}\omega})/\mathrm{j}\omega$$

又由于

$$X_1(0) = \int_{-\infty}^{\infty} x_1(t)\,\mathrm{d}t = \int_{-\infty}^{\infty} \delta(t)\,\mathrm{d}t + \int_{0}^{1}(-1)\,\mathrm{d}t = 0$$

根据时域积分性质，得

$$X(\omega) = X_1(\omega)/\mathrm{j}\omega = (\mathrm{j}\omega - 1 + \mathrm{e}^{-\mathrm{j}\omega})/(\mathrm{j}\omega)^2 = (1 - \mathrm{j}\omega - \mathrm{e}^{-\mathrm{j}\omega})/\omega^2$$

从本例中可见，在用时域积分性质求信号频谱 $X(\omega)$ 时，虽然也对信号进行微分，但用的是积分性质，即

$$X(\omega) = X_1(\omega)/\mathrm{j}\omega + \pi X_1(0)\delta(\omega) \tag{4-191}$$

式中 $X_1(\omega)$ 为信号 $x(t)$ 的一阶导数 $x_1(t)$ 的频谱。在本例中，因为

$$X_1(0) = \int_{-\infty}^{\infty} x_1(t)\,\mathrm{d}t = 0$$

所以

$$X(\omega) = X_1(\omega)/\mathrm{j}\omega \tag{4-192}$$

即若 $X_1(0) = 0$，则函数 $x_1(t)$ 积分后的频谱等于积分前的频谱 $X_1(\omega)$ 除以 $\mathrm{j}\omega$。换句话说，若 $X_1(0) = 0$，则信号 $x_1(t)$ 在时域中积分等效于在频域中将原信号频谱 $X_1(\omega)$ 除以 $\mathrm{j}\omega$。

12. 频域积分性质

若 $x(t) \longleftrightarrow X(\omega)$，则

$$-\frac{1}{\mathrm{j}t}x(t) + \pi x(0)\delta(t) \longleftrightarrow \int_{-\infty}^{\omega} X(\eta)\,\mathrm{d}\eta \tag{4-193}$$

上述性质不难由时域积分性质式 (4-190) 以及时域与频域之间的对偶性推得。

若 $x(0) = 0$，或 $x(t)$ 为奇函数，则

$$-\frac{1}{\mathrm{j}t}x(t) \longleftrightarrow \int_{-\infty}^{\omega} X(\eta)\,\mathrm{d}\eta \tag{4-194}$$

上式说明，在频域中积分等效在时域中除以 $-\mathrm{j}t$。

到此为止，我们讨论了傅里叶变换的 12 个性质。为了便于读者查用，现把这些性质和后面即将讨论的几个性质一起汇总于表 4-2。傅里叶变换的很多性质在傅里叶级数中都能找到对应

的性质,现把这些性质汇总于表4-3。在表4-4中,我们还汇总了前面大多已讨论过的一些基本而又重要的傅里叶变换对。这些变换对在用傅里叶分析法研究信号与系统时经常会遇到。

表4-2 傅里叶变换的性质

性 质	时域 $x(t)$	频域 $X(\omega)$
1. 线性	$ax_1(t)+bx_2(t)$	$aX_1(\omega)+bX_2(\omega)$
2. 共轭对称性	$x(t)$ 为实函数	$X(-\omega)=X^*(\omega)$
3. 时移性	$x(t-t_0)$	$X(\omega)\mathrm{e}^{-j\omega t_0}$
4. 频移性	$x(t)\mathrm{e}^{j\omega_0 t}$	$X(\omega-\omega_0)$
5. 尺度变换	$x(at)$	$(1/\lvert a\rvert)X(\omega/a)$
6. 反转	$x(-t)$	$X(-\omega)$
7. 对偶性	$X(t)$	$2\pi x(-\omega)$
8. 时域微分	$\dfrac{\mathrm{d}x(t)}{\mathrm{d}t}$	$j\omega X(\omega)$
9. 频域微分	$-jtx(t)$	$\dfrac{\mathrm{d}X(\omega)}{\mathrm{d}\omega}$
10. 时域卷积	$x_1(t)*x_2(t)$	$X_1(\omega)X_2(\omega)$
11. 频域卷积	$x_1(t)x_2(t)$	$[X_1(\omega)*X_2(\omega)]/2\pi$
12. 时域积分	$\int_{-\infty}^{t}x(\tau)\mathrm{d}\tau$	$X(\omega)/j\omega+\pi X(0)\delta(\omega)$
13. 频域积分	$(-1/jt)x(t)+\pi x(0)\delta(t)$	$\int_{-\infty}^{\omega}X(\eta)\mathrm{d}\eta$
14. 相关定理	$x_1(t)\circ x_2(t)$	$X_1(\omega)X_2^*(\omega)$
15. 函数下面积	$\int_{-\infty}^{\infty}x(t)\mathrm{d}t=X(0)$ $2\pi x(0)=\int_{-\infty}^{\infty}X(\omega)\mathrm{d}\omega$	
16. 帕色伐尔定理	$\int_{-\infty}^{\infty}x^2(t)\ \mathrm{d}t=\dfrac{1}{2\pi}\int_{-\infty}^{\infty}\lvert X(\omega)\rvert^2\mathrm{d}\omega$	

表4-3 傅里叶级数的性质

性 质	时域 $\tilde{x}(t)$	频域 c_k
1. 线性	$a\tilde{x}_1(t)+b\tilde{x}_2(t)$	$ac_{1k}+bc_{2k}$
2. 共轭对称性	$\tilde{x}(t)$ 为实函数	$c_{-k}=c_k^*$
3. 时移性	$\tilde{x}(t-t_0)$	$c_k\mathrm{e}^{-jk(2\pi/T_0)t_0}$
4. 频移性	$\tilde{x}(t)\mathrm{e}^{jm\omega_0 t}$	c_{k-m}
5. 尺度变换	$\tilde{x}(at),a>0,$ 周期 T_0/a	c_k
6. 反转	$\tilde{x}(-t)$	c_{-k}
7. 时域微分	$\dfrac{\mathrm{d}\tilde{x}(t)}{\mathrm{d}t}$	$jk\left(\dfrac{2\pi}{T_0}\right)c_k$
8. 时域积分	$\int_{-\infty}^{t}\tilde{x}(\tau)\mathrm{d}\tau$(仅当 $c_0=0$ 时,才是有限值)	$\left(\dfrac{1}{jk(2\pi/T_0)}\right)c_k$
9. 时域卷积	$\int_{T_0}x_1(\tau)x_2(t-\tau)\mathrm{d}\tau$	$T_0 c_{1k}c_{2k}$
10. 频域卷积	$x_1(t)x_2(t)$	$\sum\limits_{l=-\infty}^{\infty}c_{1l}\,c_{2(k-l)}$
11. 帕色伐尔定理	$\int_{T_0}\tilde{x}^2(t)\mathrm{d}t=\sum\limits_{k=-\infty}^{\infty}\lvert c_k\rvert^2$	
12. 函数下面积	$\int_{T_0}\tilde{x}(t)\mathrm{d}t=T_0 c_0$ $x(0)=\sum\limits_{k=-\infty}^{\infty}c_k$	

表4-4　常用傅里叶变换对

时间函数 $x(t)$		傅里叶变换 $X(\omega)$
1. 复指数信号	$\mathrm{e}^{\mathrm{j}\omega_0 t}$	$2\pi\delta(\omega-\omega_0)$
	$\mathrm{e}^{-\mathrm{j}\omega_0 t}$	$2\pi\delta(\omega+\omega_0)$
2. 余弦波	$\cos\omega_0 t$	$\pi[\delta(\omega-\omega_0)+\delta(\omega+\omega_0)]$
3. 正弦波	$\sin\omega_0 t$	$-\mathrm{j}\pi[\delta(\omega-\omega_0)-\delta(\omega+\omega_0)]$
4. 常数	1	$2\pi\delta(\omega)$
5. 周期波	$\displaystyle\sum_{k=-\infty}^{\infty} c_k \mathrm{e}^{\mathrm{j}k\omega_0 t}$	$\displaystyle 2\pi\sum_{k=-\infty}^{\infty} c_k\delta(\omega-k\omega_0)$
6. 周期矩形脉冲	$\begin{cases}1, & \|t\|<T_1/2 \\ 0, & T_1/2<\|t\|<T_0/2\end{cases}$	$\displaystyle\sum_{k=-\infty}^{\infty}\frac{2A\sin(k\omega_0 T_1/2)}{k}\delta(\omega-k\omega_0)$
7. 冲激串	$\displaystyle\sum_{n=-\infty}^{\infty}\delta(t-nT)$	$\displaystyle\frac{2\pi}{T}\sum_{k=-\infty}^{\infty}\delta(\omega-\frac{2\pi k}{T})$
8. 门函数	$G_{T_1}(t)=\begin{cases}1, & \|t\|<T_1/2 \\ 0, & \|t\|>T_1/2\end{cases}$	$T_1\operatorname{sinc}\left(\dfrac{\omega T_1}{2}\right)$
9. 抽样函数	$\dfrac{\omega_{\mathrm{c}}}{\pi}\operatorname{sinc}(\omega_{\mathrm{c}}t)$	$G_{2\omega_{\mathrm{c}}}(\omega)=\begin{cases}1, & \|\omega\|<\omega_{\mathrm{c}} \\ 0, & \|\omega\|>\omega_{\mathrm{c}}\end{cases}$
10. 单位冲激	$\delta(t)$	1
11. 延迟冲激	$\delta(t-t_0)$	$\mathrm{e}^{-\mathrm{j}\omega t_0}$
12. 正负号函数	$\operatorname{sgn}(t)$	$\dfrac{2}{\mathrm{j}\omega}$
13. 单位阶跃	$u(t)$	$\dfrac{1}{\mathrm{j}\omega}+\pi\delta(\omega)$
14. 单位斜坡	$tu(t)$	$\mathrm{j}\pi\delta'(\omega)-\dfrac{1}{\omega^2}$
15. 单边指数脉冲	$\mathrm{e}^{-at}u(t),\ \operatorname{Re}\{a\}>0$	$\dfrac{1}{a+\mathrm{j}\omega}$
16. 双边指数脉冲	$\mathrm{e}^{-a\|t\|},\ \operatorname{Re}\{a\}>0$	$\dfrac{2a}{a^2+\omega^2}$
17. 高斯脉冲	$\mathrm{e}^{-(at)^2}$	$\dfrac{\sqrt{\pi}}{a}\mathrm{e}^{-(\omega/2a)^2}$
18. 三角脉冲	$x(t)=\begin{cases}1-\dfrac{\|t\|}{T}, & \|t\|<T \\ 0, & 其他\end{cases}$	$T_1\left[\operatorname{sinc}\left(\dfrac{\omega T_1}{2}\right)\right]^2$
19. $te^{-at}u(t),\ \operatorname{Re}\{a\}>0$		$\dfrac{1}{(a+\mathrm{j}\omega)^2}$
20. $\dfrac{t^{n-1}}{(n-1)!}\mathrm{e}^{-at}u(t),\ \operatorname{Re}\{a\}>0$		$\dfrac{1}{(a+\mathrm{j}\omega)^n}$
21. 减幅余弦	$\mathrm{e}^{-at}\cos\omega_0 tu(t)$	$\dfrac{a+\mathrm{j}\omega}{(a+\mathrm{j}\omega)^2+\omega_0^2}$
22. 减幅正弦	$\mathrm{e}^{-at}\sin\omega_0 tu(t)$	$\dfrac{\omega_0}{(a+\mathrm{j}\omega)^2+\omega_0^2}$
23. $\dfrac{1}{a^2+t^2}$		$\dfrac{\pi}{a}\mathrm{e}^{-a\|\omega\|}$
24. 余弦脉冲	$G_{T_1}(t)\cos\omega_0 t$	$T_1\{\operatorname{sinc}[(\omega-\omega_0)T_1/2]+\operatorname{sinc}[(\omega+\omega_0)T_1/2]\}/2$

4.10 卷积定理及其应用

1. 时域卷积定理

若 $x_1(t) \longleftrightarrow X_1(\omega)$，$x_2(t) \longleftrightarrow X_2(\omega)$，则

$$x_1(t) * x_2(t) \longleftrightarrow X_1(\omega)X_2(\omega) \qquad (4-195)$$

证明：

$$\mathscr{F}\{x_1(t) * x_2(t)\} = \int_{-\infty}^{\infty} \left[\int_{-\infty}^{\infty} x_1(\tau)x_2(t-\tau)\mathrm{d}\tau\right] \mathrm{e}^{-j\omega t}\mathrm{d}t$$

$$= \int_{-\infty}^{\infty} x_1(\tau)\left[\int_{-\infty}^{\infty} x_2(t-\tau)\mathrm{e}^{-j\omega t}\mathrm{d}t\right]\mathrm{d}\tau$$

由时移性可知上式方括号里的积分为 $X_2(\omega)\mathrm{e}^{-j\omega\tau}$，所以

$$\mathscr{F}\{x_1(t) * x_2(t)\} = \int_{-\infty}^{\infty} x_1(\tau)X_2(\omega)\mathrm{e}^{-j\omega\tau}\mathrm{d}\tau$$

$$= X_2(\omega)\int_{-\infty}^{\infty} x_1(\tau)\mathrm{e}^{-j\omega\tau}\mathrm{d}\tau$$

$$= X_1(\omega)X_2(\omega)$$

上述定理说明，在时域中两个函数的卷积，等效于频域中各个函数频谱函数的乘积。换句话说，时域中的卷积运算等效于频域中的乘积运算。这个定理在系统分析中非常重要，是用频域分析方法研究 LTI 系统响应和滤波的基础。

例 4-28 求图4-31所示的三角脉冲的频谱函数。

解：在第 2 章中已知，三角脉冲可看成两个门函数的卷积，如图 4-31(a)所示。根据时域卷积定理，其频谱函数等于两个门函数频谱函数的乘积，即抽样函数的平方。即

$$G_{T_1}(t) * G_{T_1}(t) \longleftrightarrow T_1^2 \mathrm{sinc}^2(\omega T_1/2) \qquad (4-196)$$

如图 4-31(b)所示。

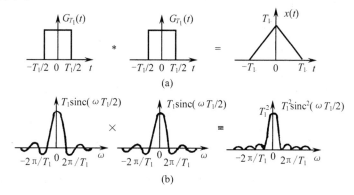

图 4-31 时域卷积等效于频域相乘

2. 频域卷积定理

时域卷积定理说的是时域内的卷积对应于频域内的乘积。由于时域与频域之间的对偶性，不难预期其一定有一个相应的对偶性质存在，即时域内的乘积对应于频域内的卷积。

若 $x(t) \longleftrightarrow X(\omega), p(t) \longleftrightarrow P(\omega), g(t) \longleftrightarrow G(\omega)$，则

$$g(t) = x(t)p(t) \longleftrightarrow G(\omega) = [X(\omega) * P(\omega)]/2\pi \qquad (4-197)$$

上述定理可以利用上节讨论的对偶性和时域卷积定理来证明；也可通过傅里叶反变换式，用类似于证明时域卷积定理的方法得到。

在讨论频移性时已经指出，两个信号相乘，可以理解为用一个信号去调制另一信号的振幅，因此两个信号相乘，就称为幅度调制。频域卷积定理(4-197)也称为调制定理。这个定理在无线电工程中非常有用，是用频域分析方法研究调制、解调和抽样系统的基础。

例4-29 已知信号 $x(t)$ 的频谱 $X(\omega)$ 如图4-32(a)所示。另有一信号 $p(t) = \cos\omega_0 t$ 的频谱为

$$P(\omega) = \pi\delta(\omega - \omega_0) + \pi\delta(\omega + \omega_0)$$

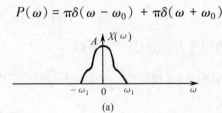

(a)

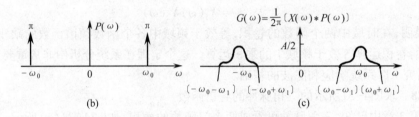

(b)　　　　　　　　　　　(c)

图4-32　时域相乘等效于频域卷积

如图4-32(b)所示。试求这两个信号相乘即 $g(t) = x(t)p(t)$ 的频谱。

解：$g(t) = x(t)p(t)$ 的频谱可以由频域卷积定理式(4-197)得到，即

$$
\begin{aligned}
G(\omega) &= [X(\omega) * P(\omega)]/2\pi \\
&= [X(\omega) * \delta(\omega - \omega_0) + X(\omega) * \delta(\omega + \omega_0)]/2 \\
&= X(\omega - \omega_0)/2 + X(\omega + \omega_0)/2 \qquad (4-198)
\end{aligned}
$$

如图4-32(c)所示。图中已假定 $\omega_0 > \omega_1$，所以 $G(\omega)$ 中两个非零部分无重叠。即 $g(t)$ 的频谱是两个各向左右平移 ω_0 的、幅度减半的 $X(\omega)$ 的和。

从式(4-198)和图4-32中可以直观地看到，当信号 $x(t)$ 乘以高频余弦波以后，该信号的全部信息 $X(\omega)$ 都被保留下来了，只是这些信息被平移到较高的频率上，这就是幅度调制的基本思想。在下一例子中，我们将看到如何从一个幅度已调制高频信号 $g(t)$ 中，将原始信号恢复出来。

例4-30 已知 $g(t) = x(t)p(t)$ 的频谱 $G(\omega)$ 如图4-32(c)和图4-33(a)所示，$p(t) = \cos\omega_0 t$ 的频谱如图4-33(b)所示，试求 $r(t) = g(t)p(t)$ 的频谱。

解：$r(t) = g(t)p(t)$ 的频谱可以由频域卷积定理式(4-197)得到，即

$$R(\omega) = [G(\omega) * P(\omega)]/2\pi$$

式中

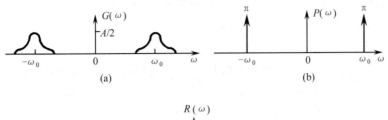

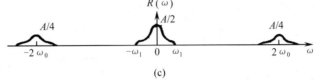

图 4-33　例 4-29 中信号的频谱

$$G(\omega) = [X(\omega - \omega_0) + X(\omega + \omega_0)] / 2$$

$$P(\omega) = \pi[\delta(\omega - \omega_0) + \delta(\omega + \omega_0)]$$

所以

$$R(\omega) = [X(\omega - \omega_0) + X(\omega + \omega_0)] * [\delta(\omega - \omega_0) + \delta(\omega + \omega_0)]/4$$

$$= [X(\omega - 2\omega_0)]/4 + X(\omega)/2 + [X(\omega + 2\omega_0)]/4 \qquad (4-199)$$

如图 4-33(c)所示。可见已调信号 $g(t)$ 与高频余弦波 $p(t)$ 相乘信号 $r(t)$ 的频谱中包含有原始信号 $x(t)/2$ 和频率为 $2\omega_0$ 高频已调信号 $[x(t)\cos 2\omega_0 t]/2$ 的频谱。即

$$r(t) = [x(t) + x(t)\cos 2\omega_0 t]/2 \qquad (4-200)$$

现在假定将 $r(t)$ 作为一个 LTI 系统的输入，如图 4-34 所示。该系统的频率响应 $H(\omega)$ 在低频段即 $|\omega| < \omega_1$ 为一常数，而在高频段，即 $|\omega| \geq \omega_1$ 为零，即

$$H(\omega) = \begin{cases} 2, & |\omega| < \omega_1 \\ 0, & |\omega| \geq \omega_1 \end{cases} \qquad (4-201)$$

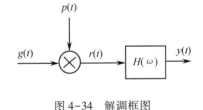

图 4-34　解调框图

则该系统的输出频谱

$$Y(\omega) = R(\omega)H(\omega) = X(\omega)$$

即系统输出

$$y(t) = \mathscr{F}^{-1}\{Y(\omega)\} = \mathscr{F}^{-1}\{X(\omega)\} = x(t) \qquad (4-202)$$

可见，幅度已调信号 $g(t)$ 与一频率为 ω_0 的余弦波 $\cos\omega_0 t$ 相乘，再将其输出通过一频率响应 $H(\omega)$ 如式(4-201)所示的 LTI 系统(低通滤波器)就可恢复出原始信号。这个过程称为解调，这就是解调的一个基本思想。

4.11　相　　关

1. 相关的定义

两个连续时间信号 $x_1(t)$ 和 $x_2(t)$ 相关记作 $x_1(t) \circ x_2(t)$，其定义为

$$x_1(t) \circ x_2(t) = \int_{-\infty}^{\infty} x_1(\tau)x_2(\tau - t)\mathrm{d}\tau \qquad (4-203)$$

式(4-203)与卷积积分表示式(2-22)在形式上是相似的，它们的差别只是不要求信号 $x_2(\tau)$

沿纵轴反转。因此为了求相关,我们可以简单地将 $x_2(\tau-t)$ 平移过 $x_1(\tau)$,并且对平移量 t 的每一个值,将乘积 $x_1(\tau)x_2(\tau-t)$ 从 $-\infty$ 到 $+\infty$ 积分。

例4-31 已知 $x_1(t)$,$x_2(t)$ 分别为

$$x_1(t) = \begin{cases} 1, & 0 \leqslant t \leqslant 1 \\ 0, & \text{其他} \end{cases} ; \quad x_2(t) = \begin{cases} 1/2, & 0 \leqslant t \leqslant 1 \\ 0, & \text{其他} \end{cases}$$

如图 4-35(a)、(b)所示,求其相关。

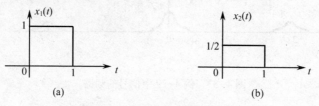

图 4-35 例 4-31 待相关的两个信号

解: 为了计算两个信号相关,我们分别画出了 $x_1(\tau)$,$x_2(\tau)$,$x_2(\tau-t)$ 和两个不同时移区间 $x_1(\tau)x_2(\tau-t)$ 的图形,如图 4-36 所示。从图中可见,乘积 $x_1(\tau)x_2(\tau-t)$ 仅在 $x_1(\tau)$ 和 $x_2(\tau-t)$ 重叠时间内才有非零值。当时移 $t=0$ 时,信号重叠时间最大(等于脉宽1),而当 $0<|t|<1$ 时,信号重叠时间为 $1-|t|$。根据式(4-203)分段求积得该两信号的相关为

$$x_1(t) \circ x_2(t) = \begin{cases} 0, & t \leqslant -1 \\ \int_0^{1-|t|} \mathrm{d}t = \dfrac{1}{2}(1-|t|), & -1 < t < 0 \\ \int_0^1 \mathrm{d}t = 1/2, & t = 0 \\ \int_t^1 \mathrm{d}t = \dfrac{1}{2}(1-t), & 0 < t < 1 \\ 0, & t \geqslant 1 \end{cases}$$

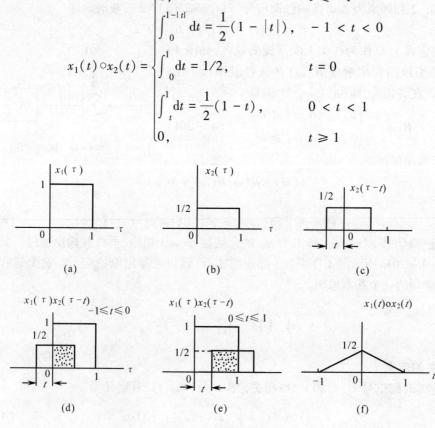

图 4-36 相关的图解

其图形如图 4-36 所示。从图中可见,两个信号相关是两个信号之间时移 t 的函数。当 $t=0$,两者最相似(重合),相关值最大,随着 $|t|$ 的增大,相关值减小。在通信、信号处理、目标识别和生物医学中经常用相关函数来度量两个信号之间的相似程度。

式(4 - 203)是假定 $x_1(t)$ 和 $x_2(t)$ 是自变量 t 的实函数给出的。如果 $x_1(t)$ 和 $x_2(t)$ 是 t 的复函数,则相关表示式(4 - 203)中的时移信号 $x_2(\tau-t)$ 应加共轭号,即

$$x_1(t) \circ x_2(t) = \int_{-\infty}^{\infty} x_1(\tau) x_2^*(\tau - t) \mathrm{d}\tau \qquad (4 - 204)$$

2. 自相关函数与互相关函数

如果 $x_1(t)$ 和 $x_2(t)$ 为同一函数 $x(t)$,则式(4 - 203)和式(4 - 204)通常称为自相关函数,简记为 $R_x(t)$。即

$$R_x(t) = \int_{-\infty}^{\infty} x(\tau) x^*(\tau - t) \mathrm{d}\tau \qquad (4 - 205)$$

如果 $x_1(t)$ 和 $x_2(t)$ 为两个不同的函数,则式(4 - 203)和式(4 - 204)通常称为互相关函数,简记为 $R_{12}(t)$ 或 $R_{21}(t)$。即

$$R_{12}(t) = \int_{-\infty}^{\infty} x_1(\tau) x_2^*(\tau - t) \mathrm{d}\tau \qquad (4 - 206)$$

$$R_{21}(t) = \int_{-\infty}^{\infty} x_2(\tau) x_1^*(\tau - t) \mathrm{d}\tau \qquad (4 - 207)$$

注意,$x_1(t)$ 与 $x_2(t)$ 的互相关函数 $R_{12}(t)$ 和 $x_2(t)$ 与 $x_1(t)$ 的互相关函数 $R_{21}(t)$ 一般是不一样的。它们的关系不难证明为

$$R_{12}(t) = R_{21}^*(-t) \qquad (4 - 208)$$

对自相关函数,则满足

$$R_x(t) = R_x^*(-t) \qquad (4 - 209)$$

若 $x_1(t)$ 和 $x_2(t)$ 为实函数,则式(4 - 208)和式(4 - 209)变为

$$R_{12}(t) = R_{21}(-t) \qquad (4 - 210)$$

$$R_x(t) = R_x(-t) \qquad (4 - 211)$$

可见,信号为实函数的自相关函数为时移 t 的偶函数。

如果 $x_1(t)$ 与 $x_2(t)$ 不是能量信号而是功率信号,则式(4 - 205)、式(4 - 206)与式(4 - 207)的积分为无穷大,由上面各式定义的相关函数已失去意义。所以,通常把功率信号的相关函数定义为

$$R_{12}(t) = \lim_{T \to \infty} \frac{1}{T} \int_{-T/2}^{T/2} x_1(\tau) x_2^*(\tau - t) \mathrm{d}\tau \qquad (4 - 212)$$

$$R_{21}(t) = \lim_{T \to \infty} \frac{1}{T} \int_{-T/2}^{T/2} x_2(\tau) x_1^*(\tau - t) \mathrm{d}\tau \qquad (4 - 213)$$

$$R_x(t) = \lim_{T \to \infty} \frac{1}{T} \int_{-T/2}^{T/2} x(\tau) x^*(\tau - t) \mathrm{d}\tau \qquad (4 - 214)$$

同样,若 $x_1(t)$ 和 $x_2(t)$ 是实函数,则上面各式中共轭号都可去掉。

3. 相关定理

若 $x_1(t) \longleftrightarrow X_1(\omega)$,$x_2(t) \longleftrightarrow X_2(\omega)$,则

$$x_1(t) \circ x_2(t) \longleftrightarrow X_1(\omega) X_2^*(\omega) \qquad (4-215)$$

证明：

$$
\begin{aligned}
\mathscr{F}\{x_1(t) \circ x_2(t)\} &= \int_{-\infty}^{\infty} \left[\int_{-\infty}^{\infty} x_1(\tau) x_2^*(\tau-t) \mathrm{d}\tau \right] \mathrm{e}^{-\mathrm{j}\omega t} \mathrm{d}t \\
&= \int_{-\infty}^{\infty} x_1(\tau) \left[\int_{-\infty}^{\infty} x_2^*(\tau-t) \mathrm{e}^{-\mathrm{j}\omega t} \mathrm{d}t \right]^* \mathrm{d}\tau \\
&= \int_{-\infty}^{\infty} x_1(\tau) X_2^*(\omega) \mathrm{e}^{-\mathrm{j}\omega \tau} \mathrm{d}\tau \\
&= X_1(\omega) X_2^*(\omega)
\end{aligned}
$$

同理可证

$$x_2(t) \circ x_1(t) \longleftrightarrow X_2(\omega) X_1^*(\omega) \qquad (4-216)$$

$$x(t) \circ x(t) \longleftrightarrow |X(\omega)|^2 \qquad (4-217)$$

上述定理说明,在时域中两个函数相关,等效于频域中一个信号的频谱函数乘上另一信号频谱函数的共轭值。而对同一信号来说,由式(4-217)可见,其自相关函数的傅里叶变换为幅度谱的平方。

显然,在式(4-215)中,若 $x_2(t)$ 是实偶函数,则由共轭对称性式(4-151)可知其傅里叶变换 $X_2(\omega)$ 是实函数,这时相关定理与时域卷积定理的结果相同。

4.12 能量谱密度与功率谱密度

前面我们已经讨论了周期信号和非周期信号的频谱以及周期信号的功率谱,本节我们将讨论非周期能量信号的能量谱密度和周期或非周期功率信号的功率谱密度,以便研究信号的能量或功率在频域中的分布情况,并确定信号的有效频带宽度等问题。

1. 能量谱密度

非周期能量信号的能量是有限的,其平均功率等于零。所以非周期能量信号,只有能量频谱而无功率频谱。

为了考察非周期信号的能量在各频率中的分布情况,我们将信号能量表示式(1-1)中的信号 $x(t)$ 用傅里叶反变换式表示。即

$$x(t) = \frac{1}{2\pi} \int_{-\infty}^{\infty} X(\omega) \mathrm{e}^{\mathrm{j}\omega t} \mathrm{d}\omega$$

代入式(1-1),得信号能量为

$$
\begin{aligned}
\int_{-\infty}^{\infty} x^2(t) \mathrm{d}t &= \int_{-\infty}^{\infty} x(t) \left[\frac{1}{2\pi} \int_{-\infty}^{\infty} X(\omega) \mathrm{e}^{\mathrm{j}\omega t} \mathrm{d}\omega \right] \mathrm{d}t \\
&= \frac{1}{2\pi} \int_{-\infty}^{\infty} X(\omega) \left[\int_{-\infty}^{\infty} x(t) \mathrm{e}^{\mathrm{j}\omega t} \mathrm{d}t \right] \mathrm{d}\omega \\
&= \frac{1}{2\pi} \int_{-\infty}^{\infty} X(\omega) X(-\omega) \mathrm{d}\omega \qquad (4-218)
\end{aligned}
$$

在前面已经指出,频谱密度函数的模 $|X(\omega)|$ 是频率的偶函数,而相位 $\arg\{X(\omega)\}$ 是频率的奇函数,所以

$$X(\omega)X(-\omega) = |X(\omega)|^2 \tag{4-219}$$

代入式(4-218),得

$$\int_{-\infty}^{\infty} x^2(t)\,dt = \frac{1}{2\pi}\int_{-\infty}^{\infty} |X(\omega)|^2 d\omega \tag{4-220}$$

上式左边是在时域中求得的信号能量,它由 $|x(t)|^2$ 覆盖的面积确定;右边是在频域中求得的信号能量,它由 $|X(\omega)|^2$ 覆盖的面积确定。等式(4-220)说明,对于非周期信号,在时域中求得的信号能量和在频域中求得的信号能量相等。式(4-220)是非周期信号的能量等式,是帕色伐尔定理在非周期信号时的表示形式,称为能量信号的帕色伐尔定理。

由于非周期信号可分解为无限多个振幅为无限小的频率分量,所以各频率分量的能量也是无限小。为了表示信号能量在各频率中的分布情况,我们同样可以借助密度的概念,定义单位频带中的信号能量为能量谱密度,记为 $E(\omega)$,单位为 J/Hz。因此,信号在整个频率范围内的全部能量为

$$E = \frac{1}{2\pi}\int_{-\infty}^{\infty} E(\omega)\,d\omega = \int_{-\infty}^{\infty} E(f)\,df \tag{4-221}$$

与式(4-220)对照,可见

$$E(\omega) = |X(\omega)|^2 \tag{4-222}$$

根据能量谱密度 $E(\omega)$ 画成的频谱,称为能量密度谱,简称能谱。由式(4-221)和式(4-222)可见,信号总能量在数值上等于 $E(f)$ 曲线下所覆盖的面积。能量谱密度 $E(\omega)$ 反映了信号能量在频域中的分布情况,它只与信号的振幅频谱 $|X(\omega)|$ 有关,而与相位频谱无关。所以不能从给定的 $E(\omega)$ 恢复原信号 $x(t)$。但是,它对充分利用信号能量,确定信号有效频带宽度起着重要的作用。

例 4-32　已知矩形脉冲信号 $AG_{T_1}(t)$ 如图 4-19 所示,求(1)能量谱密度 $E(\omega)$;(2)信号总能量及其频谱主峰宽度$(-2\pi/T_1, 2\pi/T_1)$ 内占有的能量。

解:(1) 在例 4-11 中已求得信号 $AG_{T_1}(t)$ 的频谱密度函数为

$$X(\omega) = AT_1 \text{sinc}(\omega T_1/2)$$

代入式(4-222),得

$$E(\omega) = |X(\omega)|^2 = [AT_1 \text{sinc}(\omega T_1/2)]^2$$

根据 $E(\omega)$ 画成的能谱如图 4-37 所示。

(2) 信号的总能量

$$E = \int_{-\infty}^{\infty} x^2(t)\,dt = \int_{-T_1/2}^{T_1/2} A^2\,dt = A^2 T_1$$

信号频谱主峰宽度$(-2\pi/T_1, 2\pi/T_1)$ 内占有的能

量为 $E(\omega)$,曲线在 $(-\dfrac{2\pi}{T_1}, \dfrac{2\pi}{T_1})$ 间覆盖面积的 $\dfrac{1}{2\pi}$,即

$$E_1 = \frac{1}{2\pi}\int_{-2\pi/T_1}^{2\pi/T_1} E(\omega)\,d\omega$$

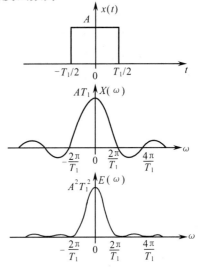

图 4-37　$x(t)$ 及其能谱

$$= \frac{1}{2\pi} \int_{-2\pi/T_1}^{2\pi/T_1} \left[AT_1 \operatorname{sinc}(\omega T_1/2) \right]^2 d\omega = 0.904 A^2 T_1$$

$$\frac{E_1}{E} = \frac{0.904 A^2 T_1}{A^2 T_1} = 90.4\%$$

上式说明该信号在频谱主峰宽度内各频谱分量占有的能量是总能量的 90.4%,即信号的能量主要集中在低频段(0~2π/T_1),其有效频带宽度

$$B_w = \frac{2\pi}{T_1} \tag{4-223}$$

或

$$B_f = \frac{1}{T_1} \tag{4-224}$$

式(4-224)说明信号占有频带宽度 B_f 与脉冲持续时间 T_1 成反比关系。若要压缩脉冲信号的持续时间 T_1,势必展宽信号的占有频带 B_f,这是一对矛盾。

对于高斯脉冲信号

$$x(t) = e^{-(at)^2}$$

其在时域中的持续时间是无限的。从表4-4中可知其频谱密度

$$X(\omega) = \frac{\sqrt{\pi}}{a} e^{-(\omega/2a)^2}$$

也是高斯函数,其在频域中的频谱分布也是无限的。这时其有效脉冲宽度和有效频带宽度可以根据能量求得。例如,其有效脉冲宽度 τ 可定义为 $x(t)$ 在时域中绝大部分能量集中的那一段时间,即

$$\int_{-\tau/2}^{\tau/2} x^2(t) dt = \eta \tag{4-225}$$

式中,η 表示 $x(t)$ 在 τ 时间宽度内的能量占总能量 W 的百分数,通常取 $\eta = 90\%$。

同理,有效频带宽度 B_w 可定义为 $x(t)$ 在频域中绝大部分能量集中的那一段频带,即

$$\frac{1}{2\pi} \int_{-B_w}^{B_w} |X(\omega)|^2 d\omega = \eta \tag{4-226}$$

由式(4-225)和式(4-226)就可分别算出有效脉宽 τ 和有效带宽 B_w。值得注意的是,不论采用何种定义,B_w 与 τ 的乘积都是一个常数 K,即两者成反比关系。所以,若同时要求较窄的脉宽和带宽,就必须选用 B_w 与 τ 乘积小的脉冲信号,高斯脉冲就具有这个特点。

下面讨论信号总能量和自相关函数的关系。由式(4-205)可知,能量信号的自相关函数为

$$R_x(t) = \int_{-\infty}^{\infty} x(\tau) x^*(\tau - t) d\tau$$

$$R_x(0) = \int_{-\infty}^{\infty} x^2(\tau) d\tau \tag{4-227}$$

根据相关定理

$$R_x(t) \longleftrightarrow |X(\omega)|^2 \tag{4-228}$$

即

$$R_x(t) = \frac{1}{2\pi} \int_{-\infty}^{\infty} |X(\omega)|^2 e^{j\omega t} d\omega \tag{4-229}$$

$$R_x(0) = \frac{1}{2\pi}\int_{-\infty}^{\infty} |X(\omega)|^2 \mathrm{d}\omega \tag{4-230}$$

所以

$$\int_{-\infty}^{\infty} x^2(t)\mathrm{d}t = \frac{1}{2\pi}\int_{-\infty}^{\infty} |X(\omega)|^2 \mathrm{d}\omega = R_x(0) \tag{4-231}$$

这正是前面导出的式(4-220)。它说明对于能量信号从时域得到的总能量与从频域得到的总能量相等且等于自相关函数在时间原点的值。

由式(4-228)和式(4-222)得

$$R_x(t) \longleftrightarrow E(\omega) = |X(\omega)|^2 \tag{4-232}$$

即能量信号的自相关函数 $R_x(t)$ 与其能量谱密度 $E(\omega)$ 是一个傅里叶变换对。

2. 功率谱密度

对于功率信号 $x(t)$，包括周期信号以及持续时间无限、幅度有限的非周期信号。由于它的能量为无限大，而平均功率为有限值，所以改为分析其平均功率。

假定 $x(t)$ 是功率信号，为了计算其平均功率，我们从 $x(t)$ 中截取 $|t| \leqslant T/2$ 一段，得一截短函数 $x_T(t)$，即

$$x_T(t) = \begin{cases} x(t), & |t| \leqslant T/2 \\ 0, & \text{其他} \end{cases} \tag{4-233}$$

显然，若 T 为有限值，则 $x_T(t)$ 的能量也是有限的，如图 4-38 所示。

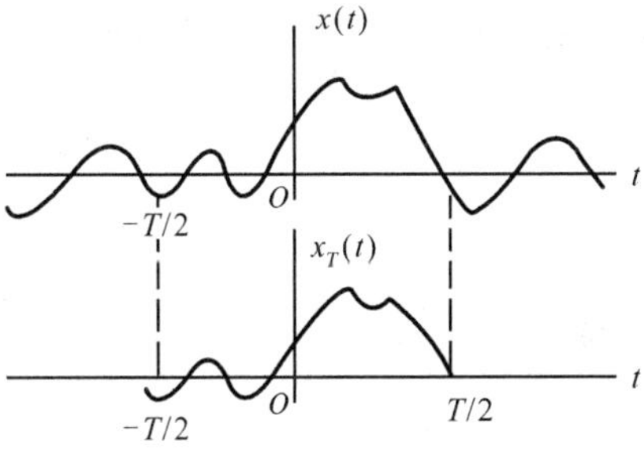

图 4-38　$x(t)$ 及其截短函数 $x_T(t)$

设 $x_T(t) \longleftrightarrow X_T(\omega)$，则 $x_T(t)$ 的能量可表示为

$$\int_{-\infty}^{\infty} x_T^2(t)\mathrm{d}t = \frac{1}{2\pi}\int_{-\infty}^{\infty} |X_T(\omega)|^2 \mathrm{d}\omega \tag{4-234}$$

因为

$$\int_{-\infty}^{\infty} x_T^2(t)\mathrm{d}t = \int_{-T/2}^{T/2} x^2(t)\mathrm{d}t$$

所以 $x(t)$ 的平均功率为

$$P = \lim_{T \to \infty} \frac{1}{T}\int_{-T/2}^{T/2} x^2(t)\mathrm{d}t = \frac{1}{2\pi}\int_{-\infty}^{\infty} \lim_{T \to \infty} \frac{|X_T(\omega)|^2}{T}\mathrm{d}\omega \tag{4-235}$$

对于功率信号式中极限是存在的。所以当 $T \to \infty$，$|X_T(\omega)|^2/T$ 趋于一极限值 $p_x(\omega)$。与定义能量信号的能量谱密度相似，定义功率信号的功率谱密度 $p_x(\omega)$ 或 $p_x(f)$ 为单位频带内信号的平均功率，单位为 W/Hz，即

$$p_x(\omega) = \lim_{T \to \infty} \frac{|X(\omega)|^2}{T} \tag{4-236}$$

代入式(4-235)，得

$$P = \frac{1}{2\pi}\int_{-\infty}^{\infty} p_x(\omega)\mathrm{d}\omega = \int_{-\infty}^{\infty} p_x(f)\mathrm{d}f \tag{4-237}$$

可见，信号的平均功率 P 由 $p_x(\omega)$ 在频率 $(-\infty, \infty)$ 区间覆盖的面积确定。而功率谱密度 $p_x(\omega)$ 表示 $x(t)$ 在频域单位频带内所具有的平均功率，它反映了信号 $x(t)$ 的平均功率在频域

中的分布情况。由式(4-236)可见,功率谱密度也只与信号频谱密度 $X_T(\omega)$ 的幅度有关,而与其相位无关。

下面我们来讨论功率信号的功率谱密度与自相关函数的关系。对于功率信号,由式(4-214)和式(4-233)可知其自相关函数为

$$R_x(t) = \lim_{T \to \infty} \frac{1}{T} \int_{-T/2}^{T/2} x(\tau) x^*(\tau - t) \mathrm{d}\tau$$

$$= \lim_{T \to \infty} \frac{1}{T} \int_{-\infty}^{\infty} x_T(\tau) x_T^*(\tau - t) \mathrm{d}\tau \qquad (4-238)$$

现对上式两边取傅里叶变换,则

$$\mathscr{F}\{R_x(t)\} = \lim_{T \to \infty} \frac{1}{T} \mathscr{F}\{x_T(\tau) \circ x_T(\tau)\}$$

根据相关定理即式(4-217)得

$$\mathscr{F}\{R_x(t)\} = \lim_{T \to \infty} \frac{|X_T(\omega)|^2}{T} = p_x(\omega) \qquad (4-239)$$

即

$$p_x(\omega) = \int_{-\infty}^{\infty} R_x(t) \mathrm{e}^{-\mathrm{j}\omega t} \mathrm{d}t \qquad (4-240)$$

$$R_x(t) = \frac{1}{2\pi} \int_{-\infty}^{\infty} p_x(\omega) \mathrm{e}^{\mathrm{j}\omega t} \mathrm{d}\omega \qquad (4-241)$$

可见,功率信号的功率谱密度与自相关函数是一对傅里叶变换。而且由式(4-214)和式(4-241)可以看到

$$R_x(0) = \lim_{T \to \infty} \frac{1}{T} \int_{-T/2}^{T/2} x^2(\tau) \mathrm{d}\tau = \frac{1}{2\pi} \int_{-\infty}^{\infty} p_x(\omega) \mathrm{d}\omega \qquad (4-242)$$

即功率信号从时域求得的平均功率与从频域求得的平均功率相等且等于其自相关函数在时间原点的值。在实际中,有些功率信号无法求其傅里叶变换,但可通过先求其自相关函数再通过式(4-240)和式(4-237)求得其功率谱密度和平均功率。

例4-33 已知 $x(t) = A\cos\omega_0 t$,求(1)$x(t)$的自相关函数;(2)功率谱密度;(3)平均功率。

解: (1) 功率信号 $x(t)$ 的自相关函数为

$$R_x(t) = \lim_{T \to \infty} \frac{1}{T} \int_{-T/2}^{T/2} A^2 \cos\omega_0 \tau \cos\omega_0 (\tau - t) \mathrm{d}\tau$$

$$= \lim_{T \to \infty} \frac{A^2}{2T} \int_{-T/2}^{T/2} \left[\cos(2\omega_0 \tau - \omega_0 t) + \cos\omega_0 t \right] \mathrm{d}\tau$$

$$= \frac{A^2}{2} \cos\omega_0 t + \lim_{T \to \infty} \frac{A^2}{2T} \int_{-T/2}^{T/2} \cos(2\omega_0 \tau - \omega_0 t) \mathrm{d}\tau$$

$$= \frac{A^2}{2} \cos\omega_0 t + A^2 \lim_{T \to \infty} \frac{1}{T} \int_{-T-t}^{T-t} \cos\omega_0 \tau' \mathrm{d}\tau' \quad (\diamondsuit \ \tau' = 2\tau - t)$$

$$= \frac{A^2}{2} \cos\omega_0 t + A^2 \lim_{T \to \infty} \frac{\sin\omega_0 \tau}{\omega_0 T} \bigg|_{-T-t}^{T-t}$$

$$= \frac{A^2}{2} \cos\omega_0 t$$

（2）功率谱密度

$$p_x(\omega) = \mathscr{F}\{R_x(t)\}$$

$$= \mathscr{F}\left\{\frac{A^2}{2}\cos\omega_0 t\right\}$$

$$= \frac{\pi A^2}{2}[\delta(\omega + \omega_0) + \delta(\omega - \omega_0)]$$

（3）平均功率

$$P = R_x(0) = \frac{A^2}{2}$$

4.13　信号的时—频分析和小波分析简介

前面得到的傅里叶正反变换公式的积分限都是从 $-\infty$ 到 ∞ ，说明利用傅里叶变换研究连续时间信号的频谱特性必须知道该信号在时域中的全部信息，包括过去、现在和未来的信息。当一个信号在某一局部时段发生变化时，则其整个频谱都要受到影响。而用傅里叶反变换研究信号在任一时刻的取值，必须知道该信号在频域中的全部信息，包括 $(-\infty, \infty)$ 区间的全部频谱。 $x(t)$ 和 $X(\omega)$ 间的这种整体或全局描述，不能反映各自局部区域上的特征。而在许多实际应用中，如非平稳（时变）信号或语音实时信号处理中，往往需要研究信号在某时刻的局部特性，在这种情况下，仅求 $x(t)$ 的傅里叶正反变换就不够了。为了得到局部特性，可利用窗函数 $g(t-\tau)$ 对信号 $x(t)$ 进行开窗，得短时信号 $x(t)g(t-\tau)$ 。即假定非平稳信号 $x(t)$ 在窗函数 $g(t-\tau)$ 的一个很短的时间间隔内是平稳的，移动窗口位置 τ ，使 $x(t)g(t-\tau)$ 在不同的短时段内是不同的平稳信号，从而计算出各个不同时刻的频谱，这种用时间和频率的联合函数表示或分析信号简称为信号的时—频表示或分析。

1. 短时傅里叶变换（STFT）

1946 年，Gabor 提出一种局部化的时—频分析方法，即短时傅里叶变换法。它把待分析的非平稳（时变）信号 $x(t)$ 看成一系列短时平稳信号的叠加，短时则是通过时域上的加窗得到的。即把 $x(t)$ 乘以窗函数 $g(t-\tau)$ ，如果窗口足够窄，则可认为信号是平稳的，从而可把 τ 附近的短时傅里叶变换定义为

$$X(\omega, \tau) = \int_{-\infty}^{\infty} x(t)g(t-\tau)\mathrm{e}^{-\mathrm{j}\omega t}\mathrm{d}t \qquad (2-243)$$

它可视为信号 $x(t)$ 和 STFT 基函数 $g(t-\tau)\mathrm{e}^{-\mathrm{j}\omega t}$ 的内积，即

$$X(\omega, \tau) = \langle x(t), g(t-\tau)\mathrm{e}^{-\mathrm{j}\omega t}\rangle \qquad (4-244)$$

从上面两式可见，短时傅里叶变换是一个二元函数，它既是频率 ω 的函数，又是时间 τ 的函数。式中 ω 是局部化频率， τ 是窗函数 $g(t-\tau)$ 的窗口位置。随着 τ 的变化，窗函数沿着 t 轴滑动，其 $x(t)$ 、 $g(t-\tau)$ 和 $x(t)g(t-\tau)$ 的图形如图 4-39 所示，所以 $X(\omega, \tau)$ 大致反映了 $x(t)$ 在时刻 τ 的频谱含量。据此，短时傅里叶变换也称为加窗傅里叶变换或 Gabor 变换（Gabor Transform）。

同理，由 $X(\omega, \tau)$ 可以重构 $x(t)$ ，即

$$x(t) = \frac{1}{2\pi}\int_{-\infty}^{\infty}\int_{-\infty}^{\infty} X(\omega, \tau)g(t-\tau)\mathrm{e}^{\mathrm{j}\omega\tau}\mathrm{d}\omega\mathrm{d}\tau \qquad (4-245)$$

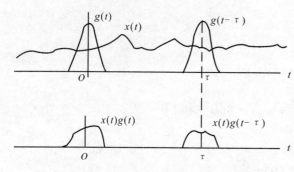

图4-39 $x(t)$、$g(t-\tau)$ 和 $x(t)g(t-\tau)$ 的图形

式(4-245)称为短时傅里叶反变换。比较式(4-243)和式(4-245)可见,短时傅里叶变换式(4-243)是一维变换,而短时傅里叶反变换式(4-245)是二维变换。同时,从前面讨论可见,短时傅里叶变换式(4-243)相当于信号分析,通过分析窗可得窗中心时刻 τ 附近的"局部频谱";而短时傅里叶反变换式(4-245)则相当于信号综合,通过综合窗从 $X(\omega,\tau)$ 恢复或综合得原信号 $x(t)$。

Gabor 选用高斯(Gauss)函数作窗函数,即

$$g(t-\tau) = \frac{1}{2\sqrt{\pi a}}e^{-(t-\tau)^2/4a} \qquad (4-246)$$

式中 $a>0$,是一个常数,它的大小决定窗口的宽度。当 $\frac{t^2}{4a}=1$,即 $t=t_1=\pm 2\sqrt{a}$ 时

$$g(t_1) = g(0)/e^{-1} = 0.3679\, g(0) \qquad (4-247)$$

从表4-4中可见高斯函数的傅里叶变换也是高斯函数,所以用高斯函数作窗函数在 τ 附近可同时实现时域和频域的局部化。而且,当窗函数确定后,短时傅里叶变换的时窗宽度 Δt 和频窗宽度 $\Delta\omega$ 都是确定的,其乘积是一常数 K,即

$$\Delta t \cdot \Delta\omega = K \qquad (4-248)$$

且与窗口位置 τ 无关。

式中,Δt 是时间分辨率参数,$\Delta\omega$ 是频率分辨率参数,它们表示两时间点和两频率点之间信号的区分能力,Δt 或 $\Delta\omega$ 越小,则时间分辨率或频率分辨率越高。而根据式(4-248),两者乘积是一常数,所以短时傅里叶变换不能同时达到最佳的时间分辨率和频率分辨率,其基函数 $g(t-\tau)e^{-j\omega t}$ 和时频特性如图4-40所示。

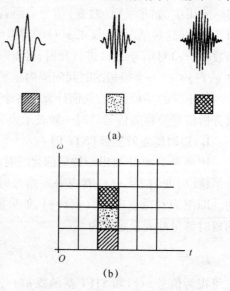

图4-40 STFT 的基函数和时频特性
(a)STFT 的基函数;(b)STFT 的时频特性

2. 小波变换

小波分析也是用一族函数去表示信号,这族函数系称为小波函数系。它是通过如下方法构造的,先选择适当的基本小波 $\psi(t)$(也称"母波"),然后通过展缩和平移来生成"小波 $\psi_{a,b}(t)$(也称子波)",即

$$\psi_{a,b}(t) = \frac{1}{\sqrt{a}}\psi\left(\frac{t-b}{a}\right), \qquad -\infty < b < \infty, a > 0 \qquad (4-249)$$

$\psi_{a,b}(t)$ 称为小波基函数,其中 a 为展缩参数,b 为平移参数。

设 R 表示实数集合,$L^2(R)$ 表示平方可积的信号空间,函数 $x(t)$、$\psi(t)$ 具有有限能量,即 $x(t) \in L^2(R)$,$\psi(t) \in L^2(R)$,则信号 $x(t)$ 的小波变换(Wavelet Transform)定义为

$$W_x(a,b) = \int_{-\infty}^{\infty} x(t)\psi_{a,b}(t)\,\mathrm{d}t$$

$$= \int_{-\infty}^{\infty} x(t)\frac{1}{\sqrt{a}}\psi\left(\frac{t-b}{a}\right)\mathrm{d}t \qquad (4-250)$$

写成内积形式有

$$W_x(a,b) = \langle x(t), \psi_{a,b}(t)\rangle \qquad (4-251)$$

它对应于 $x(t) \in L^2(R)$ 在函数族 $\psi_{a,b}(t)$ 上的分解,这一分解的前提是小波函数 $\psi(t)$ 应满足如下可容性条件

$$\int_{-\infty}^{\infty}\psi(t) = 0 \qquad (4-252)$$

或

$$c_\psi = \int_0^\infty \frac{|\Psi(\omega)|^2}{\omega}\mathrm{d}\omega < \infty \qquad (4-253)$$

式中 $\Psi(\omega)$ 是 $\psi(t)$ 的傅里叶变换。式(4-252)和式(4-253)说明,$\psi(t)$ 在 t 轴上取值有正有负、迅速衰减且带宽有限。常用的小波函数有

（1）Haar 小波:

$$\psi(t) = \begin{cases} 1, & 0 \leqslant x < 1/2 \\ -1, & 1/2 \leqslant x < 1 \\ 0, & \text{其他} \end{cases} \qquad (4-254)$$

其波形如图 4-41 所示。

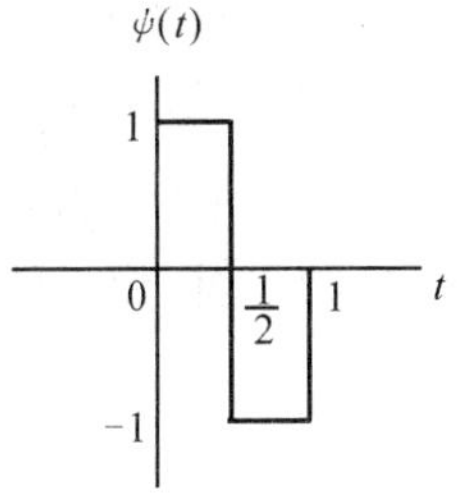

（2）Morlet 小波:

$$\psi(t) = \mathrm{e}^{-t^2/2}\mathrm{e}^{\mathrm{j}\omega_0 t} \qquad (4-255)$$

（3）巴布(Bubble)小波:

$$\psi(t) = (1-t^2)\mathrm{e}^{-t^2/2} \qquad (4-256)$$

其傅里叶变换为

$$\Psi(\omega) = \sqrt{2\pi}\,\omega^2\mathrm{e}^{-\omega^2/2} \qquad (4-257)$$

图 4-41　Haar 小波波形

Bubble 小波的波形如图 4-42 所示。

由小波变换 $W_x(a,b)$ 恢复(重构)其原有信号 $x(t)$,称为小波反变换(IWT),其定义为

$$x(t) = \frac{1}{c_\psi}\int_{-\infty}^{\infty}\int_0^\infty a^{-2}W_x(a,b)\psi_{a,b}(t)\,\mathrm{d}a\mathrm{d}b \qquad (4-258)$$

$$= \frac{1}{c_\psi}\int_{-\infty}^{\infty}\int_0^\infty a^{-2}W_x(a,b)\frac{1}{\sqrt{a}}\psi\left(\frac{t-b}{a}\right)\mathrm{d}a\mathrm{d}b \qquad (4-259)$$

式中常数 c_ψ 由式(4-253)给出。

用小波基函数表示信号的特点是它的时宽与频宽乘积很小,其变换系数的能量较为集中。设母波时窗宽度为 Δt,频窗宽度为 $\Delta\omega$,根据式(4-249)小波基函数 $\psi_{a,b}(t)$ 在时间轴因较母

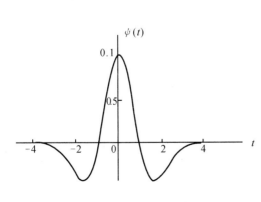

图 4-42　Bubble 小波波形

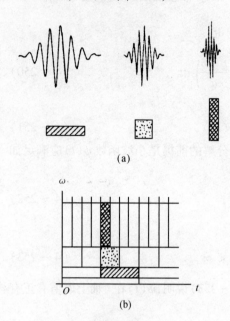

图 4-43 小波变换的基函数和时频特性
(a)小波变换的基函数；(b)小波变换的时频特性

函数$\psi(t)$扩大 a 倍，所以其时窗宽度应为 $a\Delta t$，根据尺度变换特性，其频带压缩到原来的 $\dfrac{1}{a}$，其频窗宽度应为 $\Delta\omega/a$，所以通过展缩参数 a 可以调节时窗和频窗的窗口大小；通过平移参数 b 可以调节窗口的位置，但时频窗的面积不变，如图 4-43 所示。从图中可见，当时窗宽度 $a\Delta t$（$0<a<1$）减小，则高度（频窗宽度）$\Delta\omega/a$ 增加；反之，当时窗宽度 $a\Delta t$（$a>1$）增加，则高度 $\Delta\omega/a$ 减小，恰好满足非平稳信号中对短时间处于非平稳的分量（高频段）应该具有较高的时间分辨率和较低的频率分辨率，而对长时间处于平稳的分量（低频段）应该具有较低的时间分辨率和较高的频率分辨率的要求。而且频率越高（即 a 越小，$0<a<1$），时窗宽度越窄，时间分辨率越高；频率越低（即 a 越大，$a>1$），频窗宽度越窄，频率分辨率越高。从而达到了高频处时间细分、低频处频率细分，可聚焦信号的任意细节，解决了傅里叶变换不能用来分析非平稳信号和短时傅里叶变换时窗和频窗窗口不可调的问题。图 4-43 画出了小波分析的基函数和时频特性图，比较图4-40和图 4-43可见，短时傅里叶分析的时频分辨率固定，而小波分析的时频分辨率可变。

习　题

4.1　求下列信号的基波频率、周期及其傅里叶级数表示。

(a) e^{j100t}；　　　　　　　(b) $\cos[\pi(t-1)/4]$；

(c) $\cos4t+\sin8t$；　　　(d) $3\cos2\pi t+\cos6\pi t$；

(e) $x(t)$是周期为 2 的周期信号，且 $x(t)=e^{-t}$，$-1<t<1$；

(f) $x(t)$如图 P4.1(a) 所示；

(g) $x(t)=(1+\cos2\pi t)\cos(10\pi t+\pi/4)$；

(h) $x(t)$是周期为 2 的周期信号，且

$$x(t)=\begin{cases}(1-t)+\sin2\pi t,&0<t<1\\1+\sin2\pi t,&1<t<2\end{cases};$$

(i) $x(t)$如图 P4.1(b) 所示；

(j) $x(t)$如图 P4.1(c) 所示；

(k) $x(t)$如图 P4.1(d) 所示；

(l) $x(t)$是周期为 4 的周期信号，且

$$x(t)=\begin{cases}\sin\pi t,&0\leqslant t\leqslant2\\0,&2\leqslant t\leqslant4\end{cases};$$

(m) $x(t)$如图 P4.1(e) 所示；

(n) $x(t)$如图 P4.1(f) 所示。

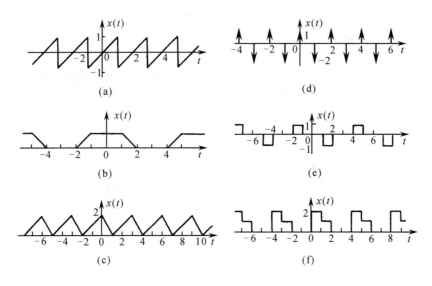

图 P4.1

4.2　在全波整流电路中,若输入交流电压为 $x(t)$,则输出电压 $y(t)=|x(t)|$。

(a) 当 $x(t)=\cos t$,概略地画出输出 $y(t)$ 的波形并求其傅里叶系数。

(b) 输入信号中直流分量振幅为多少？输出信号中直流分量振幅为多少？

4.3　求出图 P4.3 所示周期函数的傅里叶级数,并画出其频谱图。

4.4　图 P4.4 所示仅为某信号在 1/4 周期时的波形,试根据下列情况分别绘出整个周期的波形。

(a) $x(t)$ 为偶函数,且仅含偶次谐波；

(b) $x(t)$ 为偶函数,且仅含奇次谐波；

(c) $x(t)$ 为偶函数,含有偶次、奇次谐波；

(d) $x(t)$ 为奇函数,含有偶次、奇次谐波；

(e) $x(t)$ 为奇函数,且仅含有奇次谐波；

(f) $x(t)$ 为奇函数,且仅含有偶次谐波。

4.5　说明图 P4.5 所示波形的傅里叶级数中只含有直流分量,奇次 cos 项和偶次 sin 项。[提示:将 $x(t)$ 分为偶部和奇部,再考虑所含分量]

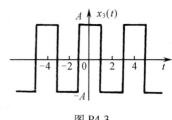

图 P4.3

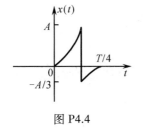

图 P4.4

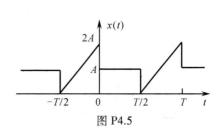

图 P4.5

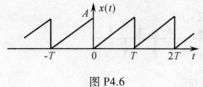

图 P4.6

4.6 求图 P4.6 所示波形的复指数形式的傅里叶级数,画出其幅谱和相谱,并把此级数变成三角函数形式的傅里叶级数。

4.7 下列信号(如图 P4.7)为周期函数的一个周期,试指出这些波形的傅里叶级数包括什么样的谐波成分(如正弦、余弦、奇偶次)。

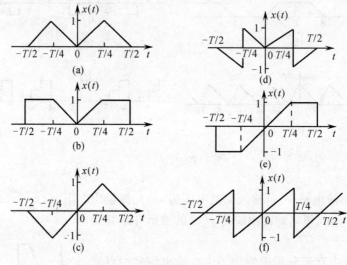

图 P4.7

4.8 求图 P4.8 所示函数的傅里叶变换。

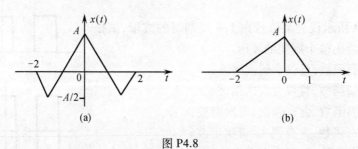

图 P4.8

4.9 求图 P4.9 所示函数的傅里叶反变换。

4.10 试求 $e^{at}u(-t)$ 在 $a>0$ 时的傅里叶变换。(提示:用反转特性)

4.11 求出并画出图 P4.11 所示信号的傅里叶变换。

4.12 将 $x(t)=A\cos\dfrac{2\pi}{T}t$ 在 $0<t<\dfrac{T}{2}$ 范围内展开为正弦级数。

4.13 将 $x(t)=e^{-t}$ 在区间 $(0,2)$ 内展开为余弦级数。

4.14 求图 P4.14 所示的信号的傅里叶级数展开式,并按近似比例画出其频谱图。

(a) 周期倒锯齿波[图 P4.14(a)];

(b) 周期脉冲信号[图 P4.14(b)]。

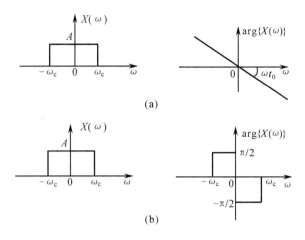

图 P4.9

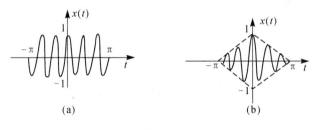

图 P4.11

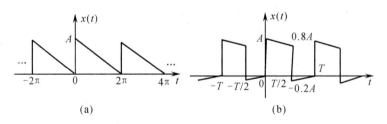

图 P4.14

4.15　一周期性梯形波 $x(t)$ 的波形如图 P4.15 所示。

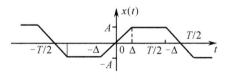

图 P4.15

（a）求 $x(t)$ 的傅里叶级数；

（b）按近似比例画出其频谱图；

（c）说明只有奇次谐波时波形有何特点，只有奇次正弦波（sin 项）时波形有何特点。

4.16　已知信号频谱如图 P4.16 所示。

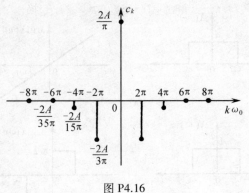

图 P4.16

（a）写出信号表示式 $x(t)$；

（b）按近似比例画出其波形图。

4.17 分别写出下列情况时的信号表示式 $x(t)$，并绘出信号波形。

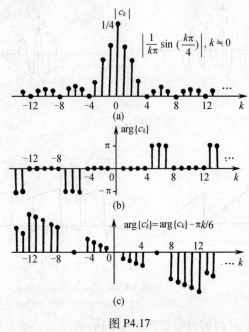

图 P4.17

（a）幅谱和相谱如图 P4.17(a)和(b)所示；

（b）幅谱和相谱如图 P4.17(a)和(c)所示。

4.18 将正弦波形交替消去一周，组成如图 P4.18 所示的周期性波形，求其傅里叶(三角或复指数)级数。

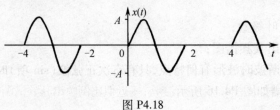

图 P4.18

4.19　求图 P4.19(a)、(b)所示的非周期函数的傅里叶变换。

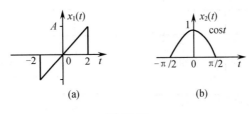

(a)　　　　　　　(b)

图 P4.19

4.20　证明非周期性信号的连续频谱的包络(频谱函数的模)和周期性信号(通过以周期 T 来重复非周期信号的办法得到)的离散频谱的包络在形式上相同,而仅在标度(即比例系数)上有区别。试以单个矩形脉冲频谱与周期性矩形脉冲信号(由该脉冲所构成的脉冲序列)的频谱为例说明之。

4.21　求图 P4.21 所示频谱函数 $X(\omega)$ 对应的时间函数 $x(t)$ 并画出波形。

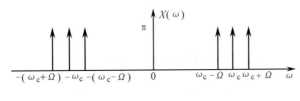

图 P4.21

4.22　已知信号

$$x_0(t_0) = \begin{cases} e^{-t}, & 0 \leqslant t \leqslant 1 \\ 0, & \text{其他 } t \end{cases}$$

(a) 求 $x_0(t)$ 的傅里叶变换 $X_0(\omega)$;

(b) 利用傅里叶变换的性质求图 P4.22 所示每个信号的傅里叶变换。

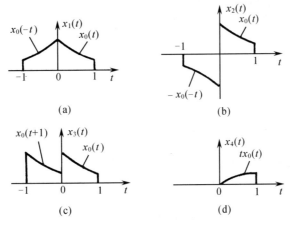

图 P4.22

4.23　求图 P4.23 所示函数的傅里叶反变换 $x(t)$。

4.24　求图 P4.24 中脉冲波形的傅里叶变换;按近似比例画出其频谱图,包括幅谱和相谱。

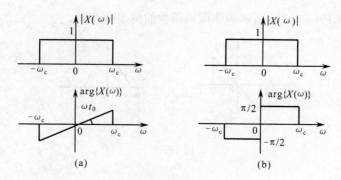

图 P4.23

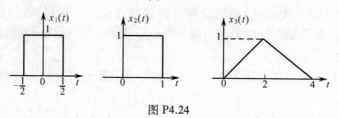

图 P4.24

4.25 若 $x(t) \longleftrightarrow X(\omega)$,求以下函数的傅里叶变换。

(a) $x(-t+3)$;

(e) $tx(2t)$;

(b) $x(2+3t)$;

(f) $(t-2)x(t)$;

(c) $x\left(\dfrac{t}{2}-3\right)$;

(g) $tx'(t)$;

(d) $x(3t-2)$;

(h) $(t-2)x(-2t)$。

4.26 应用卷积定理求以下时间函数的傅里叶变换。

(a) $x(t) = \cos\omega_0 t u(t)$;   (b) $x(t) = \sin\omega_0 t u(t)$;

(c) $x(t) = G_{T_1}(t) \displaystyle\sum_{n=-\infty}^{\infty} \delta(t - nT_0)$, $T_0 = 4T_1$。

4.27 应用对偶性证明:

(a) $\mathscr{F}\left(\dfrac{1}{t}\right) = -\mathrm{j}\pi\mathrm{sgn}(\omega)$;

(b) $\mathscr{F}\left(\dfrac{2a}{t^2+a^2}\right) = 2\pi\mathrm{e}^{-a|\omega|}$;

(c) $\mathscr{F}[a\mathrm{sinc}(at)] = \pi[u(\omega+a) - u(\omega-a)]$。

4.28 已知 $\mathscr{F}\left(\dfrac{1}{t}\right) = -\mathrm{j}\pi\mathrm{sgn}(\omega)$。

(a) 应用时间微分特性,证明

$$\mathscr{F}\left(-\dfrac{1}{\pi t^2}\right) = |\omega|$$

(b) 应用频率微分特性,证明

$$\mathscr{F}\left(t \cdot \dfrac{1}{t}\right) = \mathscr{F}(1) = 2\pi\delta(\omega)$$

4.29　试用频率微分特性求下列频谱函数的傅里叶反变换。

（a）$X(\omega) = \dfrac{1}{(a+j\omega)^2}$；

（b）$X(\omega) = -\dfrac{2}{\omega^2}$。

4.30　利用时域与频域间的对偶性质,求下列傅里叶变换的时间函数。

（a）$X(\omega) = \delta(\omega - \omega_0)$；

（b）$X(\omega) = u(\omega + \omega_0) - u(\omega - \omega_0)$。

4.31　已知函数

$$x_1(t) = \begin{cases} \dfrac{1}{2}\left(1 + \cos\dfrac{\pi t}{T_1}\right), & |t| \le T_1 \\ 0, & \text{其他} \end{cases}$$

$$x_2(t) = \sum_{n=-\infty}^{\infty} \delta(t - nT), T = 4T_1$$

$$n = 0, \pm 1, \pm 2, \cdots \pm \infty$$

（a）画出 $x_1(t)$ 的波形,求 $x_1(t)$ 的傅里叶变换；

（b）画出 $x_1(t) * x_2(t)$ 的波形,求 $x_1(t) * x_2(t)$ 的傅里叶变换。

4.32　已知 $x_T(t)$ 为 $x(t)$ 的周期性开拓(见图 P4.32)

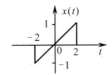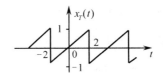

图 P4.32

（a）求 $X(\omega) = \mathscr{F}[x(t)]$,分析 $|X(\omega)|$ 的收敛速率；

（b）由 $X(\omega)$ 求 $x_T(t)$ 的复指数傅里叶级数系数 c_k,画出 $|c_k| - \omega$ 和 $\arg\{c_k\} - \omega$ 图。

4.33　在图 P4.33 中,已知 $\mathscr{F}\{x_1(t)\} = X_1(\omega)$,求 $\mathscr{F}\{x_2(t)\}$、$\mathscr{F}\{x_3(t)\}$ 和 $\mathscr{F}\{x_4(t)\}$。

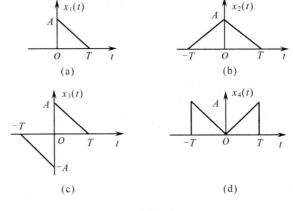

图 P4.33

4.34 分别用下列方法求图 P4.34 所示脉冲信号的傅里叶变换：

（a）仅用微分特性； （b）仅用积分特性。

4.35 已知函数

$$x(t) = \begin{cases} e^{-at}\cos\omega_c t, & t \geqslant 0 \\ 0, & t < 0 \end{cases}$$

式中，$a>0$，求 $x(t)$ 的频谱函数。

4.36 已知图 P4.36 所示信号 $x(t)$ 的傅里叶变换：

$$\mathscr{F}\{x(t)\} = X(\omega) = |X(\omega)|e^{j\phi(\omega)}$$

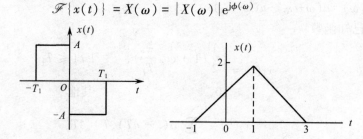

图 P4.34   图 P4.36

试根据傅里叶变换的性质（不作积分运算）求：

（a）$\varphi(\omega)$； （b）$X(0)$；

（c）$\displaystyle\int_{-\infty}^{\infty} X(\omega)\mathrm{d}\omega$； （d）$\mathscr{F}^{-1}\{\mathrm{Re}[X(\omega)]\}$ 的图形。

4.37 图 P4.37 表示一调制和解调系统，已知调制信号 $x_1(t) = \sin\Omega t + (1/3)\sin 3\Omega t$，载波信号 $x_2(t)$ 为周期性矩形脉冲，周期 $T = \dfrac{2\pi}{10\Omega}$，滤波器 I 的通带范围是 $5\Omega \sim 15\Omega$。

（a）画出 $x_3(t)$ 和 $x_4(t)$ 的波形及其频谱；

（b）为正确完成解调，试给出 $x_5(t)$ 的波形（或表示式），并说明滤波器 II 通带范围如何决定。

（c）在正确回答（b）之后，画出 $x_6(t)$、$x_7(t)$ 波形及频谱图。

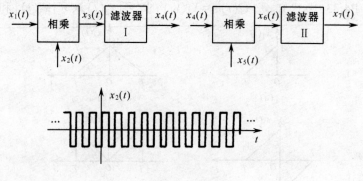

图 P4.37

4.38 已知 $x_1(t)$ 和 $x_2(t)$ 如图 P4.38（a）和（b）所示，求 $x_1(t) \circ x_2(t)$ 并画出互相关函数 $R_{12}(t)$ 的图形。

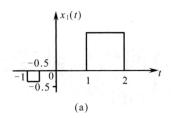

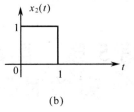

(a)　　　　　　　　　　(b)

图 P4.38　待相关的两个信号

4.39　如图 P4.39 所示,已知 $x(t)$ 的频谱密度函数为 $X(\omega)$,试根据傅里叶变换的性质(不作积分运算)求:

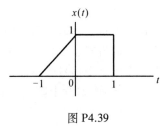

图 P4.39

(a) $X(\omega)\big|_{\omega=0}$;

(b) $\int_{-\infty}^{\infty} X(\omega)\,\mathrm{d}\omega$;

(c) $\int_{-\infty}^{\infty} |X(\omega)|^2 \mathrm{d}\omega$。

4.40　应用傅里叶变换的性质求 $\int_{-\infty}^{\infty} |\mathrm{sinc}(t)|^2 \mathrm{d}t$ 的值。

4.41　已知 $x(t)$ 如图 P4.38(b)中 $x_2(t)$ 所示,试求其自相关函数。

4.42　试求下列信号 $x(t)$ 的平均功率和功率谱密度。

(a) $x(t) = A_1 \cos(2\,000\pi t) + A_2 \sin(200\pi t)$;

(b) $x_2(t) = [1+\sin 200\pi t]\cos 2\,000\pi t$。

4.43　已知信号 $x(t)$ 的功率谱密度 $p_x(\omega)$,试证明 $\dfrac{\mathrm{d}x(t)}{\mathrm{d}t}$ 的功率谱密度为 $\omega^2 p_x(\omega)$。

4.44　试分别求图 P4.44 所示三信号的占有频带宽度。

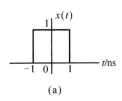

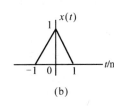

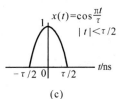

(a)　　　　　　　　(b)　　　　　　　　(c)

图 P4.44

第5章 离散时间傅里叶变换
离散时间信号的谱分析

5.1 引　言

在上一章中,已经讨论了连续时间傅里叶变换、连续时间信号的谱分析与时—频分析,在本章中我们将对应地讨论离散时间傅里叶变换、离散时间信号的谱分析。和上一章一样,讨论的出发点仍是把信号表示成一组基本信号的加权和。不同的是,上一章是以复指数函数 $e^{jk\omega_0 t}$ 作为基本信号,本章中则用复指数序列 $e^{j\Omega n}$ 作为基本信号;在第 1 章中已经指出,一个周期为 N 的复指数序列集中,只有 N 个复指数序列是独立的,因此一个离散时间周期信号的傅里叶级数是一个有限项级数,这与连续时间周期信号的傅里叶级数是一个无穷项级数是不同的。实际上,离散傅里叶变换和 FFT(快速傅里叶变换)算法,从本质上根据的就是这一有限性。这一性质使我们可以应用数字计算机来处理信号与系统分析问题。

尽管离散时间信号并不都是从连续时间信号抽样得到,但为了了解连续时间信号离散化后的频谱变化,在本章中我们首先讨论抽样定理,研究信号抽样后的频谱变化规律,然后讨论离散时间信号的傅里叶分析。通过周期信号的离散时间傅里叶级数表示、非周期信号的离散时间傅里叶变换、离散傅里叶变换的性质与应用,掌握离散时间信号频谱、离散时间与连续时间信号傅里叶表示之间的对偶关系等基本概念和分析方法。

5.2　连续时间信号的离散化　时域抽样定理

抽样定理是解决连续时间信号和离散时间信号传输间的等效问题。如果一个连续时间信号可以用其等效的离散时间信号(序列)代替,即若离散时间信号包含了连续时间信号中的全部信息,那么,就不一定非要传输和处理连续时间信号,而只要传输和处理离散时间信号就够了。

我们都有这样的经验,即在取得足够多的实验数据以后,就可以在坐标纸上把这些点连接起来而构成一条光滑的曲线。抽样定理实际上表达了这种思想,即对于连续时间信号,并不需要无限多个连续的时间点上的瞬时值来决定其变化规律,而只需要各个等间隔点上有限多个离散的抽样值。

1. 用信号的样本表示连续时间信号　唯一性问题

抽样就是按一定的时间间隔 T 对连续时间信号 $x(t)$ 取值(抽取样本值)。由此可得一不连续的波形 $x_\Delta(t)$,如图 5-1(c)所示,称为 $x(t)$ 的抽样数据信号,简称为抽样信号。

在实际中,抽样信号可通过两个信号相乘得到,即

$$x_p(t) = x(t)p(t) \tag{5-1}$$

式中,$p(t)$ 是一个周期窄矩形脉冲串,其持续时间为 Δ,幅度为 $1/\Delta$,重复周期为 T,如图 5-1(b)所

示，$x_\Delta(t)$ 是一个幅度被 $x(t)$ 调制的已调脉冲波，其波形如图 5-1(c) 所示。当 Δ 趋于零时，$p(t)$ 就变成了一个周期冲激串，即

$$p(t) = \sum_{n=-\infty}^{\infty} \delta(t - nT) \tag{5-2}$$

而 $x_p(t)$ 也成为一个冲激串，其冲激强度等于 $x(t)$ 以 T 为间隔处的样本，即

$$x_p(t) = x(t) \sum_{n=-\infty}^{\infty} \delta(t - nT) = \sum_{n=-\infty}^{\infty} x(nT)\delta(t - nT) \tag{5-3}$$

如图 5-2(c) 所示。

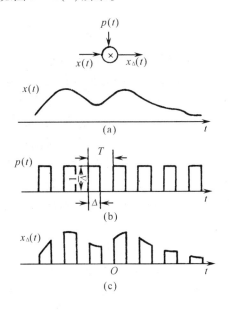

图 5-1　以周期矩形脉冲串进行抽样
(a) 原信号；(b) 周期脉冲串；(c) 抽样信号

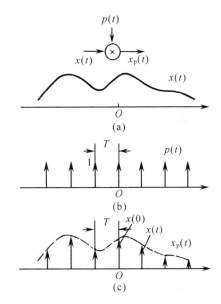

图 5-2　以周期冲激串进行抽样
(a) 原信号；(b) 周期冲激串；(c) 抽样信号

一般说来，并非抽样间隔 T 为任意值从 $x(t)$ 抽取的样本 $x(nT)$ 都能唯一地表示原信号。例如在图 5-3 中，由于 T 选得过宽，三个不同的连续时间信号在 T 的整倍数时刻点上有相同的值，即

$$x_1(kT) = x_2(kT) = x_3(kT)$$

然而，如果信号的频带是有限的，并且它的样本取得足够密（相对于信号的最高频率），那么这些样本值就能唯一地表征信号，并且能从这些样本中把原始信号完全恢复出来，这个条件就是抽样定理要解决的。

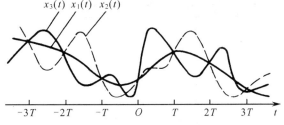

图 5-3　在 $t=kT$ 上具有相同值的三个连续时间信号

2. 抽样信号的频谱

若 $x(t) \longleftrightarrow X(\omega)$，$x_p(t) \longleftrightarrow X_p(\omega)$

$$p(t) = \sum_{n=-\infty}^{\infty} \delta(t - nT) \longleftrightarrow P(\omega) = \frac{2\pi}{T} \sum_{k=-\infty}^{\infty} \delta(\omega - k\omega_s)$$

式中 $\omega_s = 2\pi/T$。

则根据频域卷积定理可得抽样信号

$$x_p(t) = x(t)p(t)$$

的频谱为

$$X_p(\omega) = \frac{1}{2\pi}[X(\omega) * P(\omega)] = \frac{1}{T}\left[X(\omega) * \sum_{k=-\infty}^{\infty} \delta(\omega - k\omega_s)\right]$$

$$= \frac{1}{T} \sum_{k=-\infty}^{\infty} X(\omega - k\omega_s) \qquad (5-4)$$

由此可见,以周期冲激串进行抽样所得的抽样信号的频谱 $X_p(\omega)$ 是周期的连续频率函数,它是由一组移位 $X(\omega)$,在幅度上乘以常数 $1/T$,以抽样频率 ω_s 为周期重复组成的,如图 5-4(c) 所示。可见,对连续时间信号 $x(t)$ 进行时域抽样(离散化),对应于在频域中将 $x(t)$ 的频谱 $X(\omega)$ 进行周期重复的过程。换句话说,时域的抽样(离散化),对应于频域的周期性。在第 4 章中我们已经遇到,频域的抽样(即频谱的离散化)对应于时域的周期性。总之,一个函数(信号或频谱)在一个域(时域或频域)内是周期性的,则在另一域内,必然具有离散形式。反之,若在一个域(时域或频域)内函数是离散的,则在另一域内必然为周期性的。这个结论非常重要。

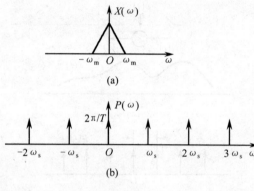

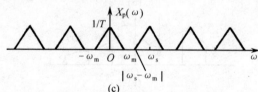

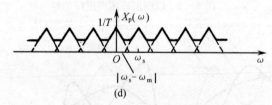

图 5-4 抽样前后信号的频谱

(a) 原始信号的频谱;(b) 冲激串的频谱;

(c) $\omega_s > 2\omega_m$ 时抽样信号的频谱;

(d) $\omega_s < 2\omega_m$ 时抽样信号的频谱

从图 5-4 中还可看到,若

$$\omega_s \geqslant 2\omega_m \qquad (5-5)$$

或

$$T \leqslant 1/(2f_m) \qquad (5-6)$$

则相邻移位 $X(\omega)$ 之间无重叠现象,不会产生频谱重叠失真。但若不满足式(5-5)或式(5-6),即 $\omega_s < 2\omega_m$,则相邻移位 $X(\omega)$ 之间出现重叠现象,将产生频谱重叠失真,如图 5-4(d) 所示。

若把 $T \leqslant 1/(2f_m)$ (即 $\omega_s \geqslant 2\omega_m$) 的抽样信号 $x_p(t)$ 通过一低通滤波器,该滤波器的频率响应为

$$H(\omega) = \begin{cases} T, & |\omega| < \omega_c \, \text{且} \, \omega_m < \omega_c < (\omega_s - \omega_m) \\ 0, & |\omega| > \omega_c \end{cases} \qquad (5-7)$$

如图 5－5 所示,根据时域卷积定理,该滤波器的输出频谱 $X_r(\omega)$ 应等于输入频谱 $X_p(\omega)$ 和频率响应 $H(\omega)$ 的乘积,由于 $H(\omega)$ 满足式(5－7),所以

$$X_r(\omega) = X_p(\omega)H(\omega)$$
$$= X(\omega) \qquad (5-8)$$

对上式两边取傅里叶反变换,得

$$x_r(t) = x(t) \qquad (5-9)$$

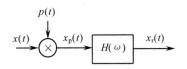

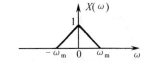

可见,一个连续时间信号一般不能由其样本唯一地恢复。但在有限带宽信号的特定情况下,按高于最高频率分量频率的两倍对之抽样,则抽样后的信号通过理想低通滤波器就能恢复原信号。这一重要结果是在理想抽样的情况下由香农(Shannon)导出的,称为抽样定理。

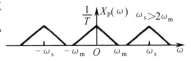

3. 时域抽样定理

设 $x(t)$ 是一个有限带宽信号,即在 $|\omega| > \omega_m$ 时, $X(\omega) = 0$,若 $\omega_s > 2\omega_m$ 或 $T < 1/(2f_m)$,则 $x(t)$ 可以唯一地由其样本 $x(nT)$,$n = 0, \pm 1, \pm 2, \cdots$ 确定。

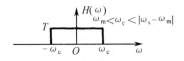

据此,若已知 $x(t)$,我们可用如下办法得到 $x(t)$ 的样本 $x(nT)$ 并重建 $x(t)$:通过周期冲激串 $p(t)$ 与 $x(t)$ 相乘,就可得一冲激串 $x_p(t)$,其冲激强度就是依次而来的样本值 $x(nT)$;然后将该冲激串通过一个增益为 T,截止频率大于 ω_m 而小于 $\omega_s - \omega_m$ 的理想低通滤波器,那么该滤波器的输出就是 $x(t)$。

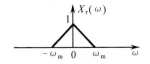

图 5－5　信号样本通过理想低通滤波器恢复出原信号

通常把抽样频率 ω_s 称为奈奎斯特频率(Nyquist frequency),把抽样定理规定的最低抽样频率 $2\omega_m$ 称为奈奎斯特抽样率(Nyquist sampling rate),把 $T = 1/(2f_m)$ 称为奈奎斯特抽样间隔(Nyquist sampling interval)。若 $x(t)$ 的抽样间隔大于 $1/(2f_m)$,则相邻移位 $X(\omega)$ 之间将出现重叠现象,因此要从 $X_p(\omega)$ 中恢复 $X(\omega)$ 时将产生一定的误差,即所谓混叠误差。从图 5－4(d)可以看到,这时 $X_p(\omega)$ 在 $\pm\omega_m$ 附近将出现 $\omega_s - \omega_m$ 的混叠频率。为了避免出现混叠现象,通常在 $x(t)$ 抽样之前,先通过低通滤波器,把 $x(t)$ 的频带限制在 ω_m 范围以内,这种滤波器通称为抗混叠滤波器。实际上,$x(t)$ 的抽样间隔取得太宽,相当于 $x(t)$ 的样本取得太少,则 $x(t)$ 波形中迅速变化的成分将被遗漏,信号的样本 $x_p(t)$ 将不能代表 $x(t)$ 的变化细节,因此 $x(t)$ 将不能由其样本 $x_p(t)$ 或相应的谱 $X_p(\omega)$ 唯一地确定。

上面的结论是用频域分析法得到的,应用时域分析法也可得到同一的结果,即滤波器的输出

$$x_r(t) = x_p(t) * h(t) \qquad (5-10)$$

式中 $x_p(t)$ 用式(5－3)代入,得

$$x_r(t) = \sum_{n=-\infty}^{\infty} x(nT)\delta(t-nT) * h(t)$$

$$= \sum_{n=-\infty}^{\infty} x(nT)h(t-nT) \qquad (5-11)$$

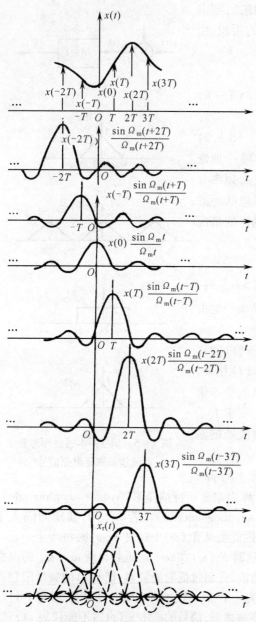

图 5 - 6　由样本值重建原连续时间信号的过程

对于图 5 - 5 中的理想低通滤波器来说

$$h(t) = (T\omega_c / \pi)\, \text{sinc}(\omega_c t)$$

$$(5 - 12)$$

设 $\omega_c = \omega_m = \omega_s / 2 = \pi / T$，那么

$$x_r(t) = \sum_{n = -\infty}^{\infty} x(nT)\, \text{sinc}[\omega_m(t - nT)]$$

$$(5 - 13)$$

式中，$\text{sinc}[\omega_m(t - nT)]$ 称为内插函数，因为利用这个函数对样值 $x(nT)$ 进行插值时，可以得到 $x_r(t)$ 对所有 t 的数值。根据式（5 - 13）绘出的 $x_r(t)$ 波形如图 5 - 6 所示。从图中可见，$x_r(t)$ 是由 $x(t)$ 的样本 $x(nT)$ 与相应延迟抽样函数 $\text{sinc}[\omega_m(t - nT)]$ 相乘后叠加而成的。由于 $x(nT)\text{sinc}[\omega_m(t - nT)]$ 是一个以 nT 为中心呈偶对称的衰减余弦函数，除中心峰值为 $x(nT)$ 外，还具有等间隔的零点。所以当 $t = nT$（$n = 0, \pm 1, \pm 2, \cdots$）时，只有第 n 项等于 $x(nT)$，而其余各项均为零。例如 $n = 1$，则式（5 - 13）和式中因为

$$\text{sinc}[\omega_m(nT - T)] = \begin{cases} 1, & n = 1 \\ 0, & n \neq 1 \end{cases}$$

$$(5 - 14)$$

所以 $x_r(T) = x(T)$，同理 $x_r(nT) = x(nT)$。这说明在抽样时刻，式（5 - 13）能给出准确的 $x(t)$ 值。在非抽样时刻，因为和式（5 - 13）中各项均不为零，所以在抽样点间任一时刻的 $x_r(t)$ 值应由该无限项的和来决定。值得注意的是，式（5 - 13）也是 $x_r(t)$ 的正交函数展开式，其中的基本函数就是 $\text{sinc}[\omega_m(t - nT)]$，$n = 0, \pm 1, \pm 2, \cdots$。在这个展开式中，$x_r(t)$ 的傅里叶系数就是 $x(t)$ 的样本 $x(nT)$。因此 $x(nT)$ 可以看成是连续时间信号 $x_r(t)$ 或 $x(t)$ 离散化后的表示形式，即 $x_r(t) = x(t)$。

5.3　频域抽样定理

上一章已经指出，非周期连续时间信号 $x(t)$ 的频谱 $X(\omega)$ 为连续频谱，如果 $X(\omega)$ 在频域按一定的频率间隔 ω_0 取值，则得

$$\tilde{X}(\omega) = X(\omega) \cdot \sum_{k = -\infty}^{\infty} \delta(\omega - k\omega_0)$$

$$(5 - 15)$$

如图 5 - 7(a)和(b)所示。显然,这就是图 5 - 2 中时域冲激串抽样的频域对偶。根据时域卷积定理,式(5 - 15)可写成

$$\mathscr{F}^{-1}[\tilde{X}(\omega)] = \mathscr{F}^{-1}[X(\omega)] * \mathscr{F}^{-1}[\sum_{k=-\infty}^{\infty}\delta(\omega - k\omega_0)] \qquad (5-16)$$

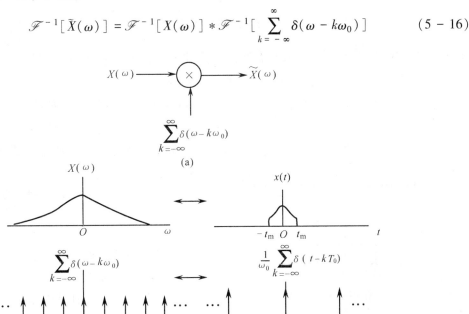

图 5 - 7　频域抽样及其对应的信号波形

从式(4 - 146)中可见,以 ω_0 为周期的频域冲激串,其傅里叶反变换也是一周期冲激串,该冲激串的周期 $T_0 = 2\pi/\omega_0$,即

$$\mathscr{F}^{-1}[\sum_{k=-\infty}^{\infty}\delta(\omega - k\omega_0)] = \frac{1}{\omega_0}\sum_{k=-\infty}^{\infty}\delta(t - kT_0) \qquad (5-17)$$

由于 $\tilde{x}(t) \longleftrightarrow \tilde{X}(\omega)$,$x(t) \longleftrightarrow X(\omega)$,所以式(5 - 16)可以写成

$$\tilde{x}(t) = x(t) * \frac{1}{\omega_0}\sum_{k=-\infty}^{\infty}\delta(t - kT_0) \qquad (5-18)$$

于是,便可得到 $X(\omega)$ 被抽样后即 $\tilde{X}(\omega)$ 所对应的时间函数

$$\tilde{x}(t) = \frac{1}{\omega_0}\sum_{k=-\infty}^{\infty}x(t - kT_0) \qquad (5-19)$$

式(5 - 19)表明,$x(t)$ 的频谱 $X(\omega)$ 在频域中以 ω_0 间隔抽样,等效于在时域中 $x(t)$ 以 $T_0\left(=\dfrac{2\pi}{\omega_0}\right)$ 为周期进行重复,如图 5 - 7(b)和(c)所示。显然,若 $x(t)$ 是时限(时宽有限)的,即

$$x(t) = 0, \mid t \mid > t_m \tag{5-20}$$

如图5-8所示,如果

$$T_0 > 2t_m \text{ 或 } f_0 < \frac{1}{2t_m} \tag{5-21}$$

则由式(5-19)给出的 $\tilde{x}(t)$ 就由互不重叠的、周期重复的 $x(t)$ 所组成,其周期

$$T_0 = 2\pi/\omega_0 \tag{5-22}$$

在此情况下,原始信号 $x(t)$ 就可通过门函数 $G_{T_1}(t)$ 与 $\tilde{x}(t)$ 相乘来重建,如图5-8所示。

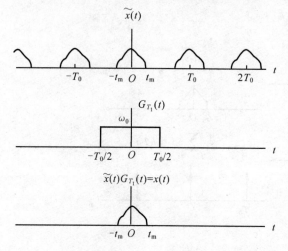

图5-8 频谱样本通过门函数恢复出原始信号

根据时域与频域的对称性,我们可以从时域抽样定理直接推出频域抽样定理:

设 $x(t)$ 是一个有限时宽信号,即在 $\mid t \mid > t_m$ 时 $x(t) = 0$,若 $T_0 > 2t_m$ 或 $f_0 < \frac{1}{2t_m}$,则 $x(t)$ 可以唯一地由其频谱样本 $X(k\omega_0)$,$k = 0, \pm 1, \pm 2, \cdots$ 确定。

据此,若已知时限信号 $x(t)$ 的频谱 $X(\omega)$,我们可以用如下方法得到 $X(\omega)$ 的样本 $X(k\omega_0)$ 并重建 $x(t)$。通过周期冲激串 $\sum\limits_{k=-\infty}^{\infty} \delta(\omega - k\omega_0)$ 与 $X(\omega)$ 相乘就可得一频域冲激串 $\tilde{X}(\omega)$,在满足 $T_0 > 2t_m$ 或 $\omega_0 < \frac{\pi}{t_m}$ 条件下,其对应的时间函数 $\tilde{x}(t)$ 就是 $x(t)$ 以 T_0 ($= \frac{2\pi}{\omega_0}$) 为周期互不重叠的周期重复,然后将 $\tilde{x}(t)$ 与一高度为 ω_0、宽度为 T_0 的门函数 $G_{T_0}(t)$ 相乘,即

$$x(t) = \tilde{x}(t) G_{T_0}(t) \tag{5-23}$$

其中

$$G_{T_0}(t) = \begin{cases} \omega_0, & \mid t \mid \leqslant T_0/2 \\ 0, & \text{其他} \end{cases} \tag{5-24}$$

如图5-8所示,就可选出原始信号 $x(t)$。但要注意,如果不等式(5-21)不满足,则式(5-19)中 $x(t)$ 的周期重复在图5-8中就一定重叠,这时 $x(t)$ 就无法从 $\tilde{x}(t)$ 恢复出来,这就是与"频域混选"呈对偶的"时域混选"。

从以上讨论和图5-2(c)、图5-4(c)可见,离散信号(抽样信号)的频谱是周期的;而由图5-7(c)和(b)可见,周期信号的频谱是离散的。所以,不难推得周期离散信号的频谱既是离散的又是周期的。

5.4　周期的离散时间信号的表示　离散傅里叶级数

1. 用复指数序列表示周期的离散时间信号

在第 1 章中已经讨论过,一个周期的离散时间信号必须满足

$$x[n] = x[n+N] \qquad (5-25)$$

式中,N 是某一正整数,是 $x[n]$ 的周期。例如,复指数序列 $e^{j(2\pi/N)n}$ 是周期序列,其周期为 N,基波频率为

$$\Omega_0 = 2\pi/N \qquad (5-26)$$

成谐波关系的复指数序列集

$$\varphi_k[n] = e^{jk2\pi n/N}, k = 0, \pm 1, \pm 2, \cdots \qquad (5-27)$$

也是周期序列,其中每个分量的频率是 Ω_0 的整数倍。

值得注意的是,在一个周期为 N 的复指数序列中,只有 N 个复指数序列是独立的,即只有 $\varphi_0[n], \varphi_1[n], \cdots, \varphi_{N-1}[n]$ 等 N 个是互不相同的。这是因为 $\varphi_N[n] = \varphi_0[n], \varphi_{N+1}[n] = \varphi_1[n], \cdots$。这与连续时间复指数函数集 $\{e^{jk\omega_0 t}, k=0, \pm 1, \cdots, \pm\infty\}$ 中有无限多个互不相同的复指数函数是不同的。

因为

$$\varphi_k[n] = \varphi_{k+N}[n] = \varphi_{k+rN}[n], \quad r \text{ 为整数} \qquad (5-28)$$

即当 k 变化一个 N 的整倍数时,可以得到一个完全一样的序列,所以基波周期为 N 的周期序列 $x[n]$ 可用 N 个成谐波关系的复指数序列的加权和表示。即

$$x[n] = \sum_{k=\langle N \rangle} c_k \varphi_k[n] = \sum_{k=\langle N \rangle} c_k e^{jk2\pi n/N} \qquad (5-29)$$

这里求和限 $k = \langle N \rangle$ 表示求和仅需包括 N 项,k 既可取 $k = 0, 1, 2, \cdots, N-1$,也可以取 $k = 3, 4, \cdots, N+1, N+2$ 等,无论怎样取法,由于式(5-28)关系存在,式(5-29)右边求和结果都是相同的。将周期序列表示成式(5-29)的形式,即一组成谐波关系的复指数序列的加权和,称为离散傅里叶级数(Discrete Time Fourier Series),而系数 c_k 则称为离散傅里叶系数。如前所述,在离散时间情况下这个级数是一个有限项级数,这与连续时间情况下是一个无限项级数是不同的。

2. 离散傅里叶系数的确定

(1)解联立方程法。

如果已知 $x[n]$ 在任一基波周期 N 内的 N 个值(样本),即 $x[0], x[1], x[2], \cdots, x[N-1]$,则由式(5-29)可得 N 个方程:

$$x[0] = \sum_{k=\langle N \rangle} c_k = c_0 + c_1 + \cdots + c_{N-1}$$

$$x[1] = \sum_{k=\langle N \rangle} c_k e^{jk(2\pi/N)} = c_0 + c_1 e^{j2\pi/N} + \cdots + c_{N-1} e^{j2\pi(N-1)/N}$$

$$\cdots$$

$$x[N-1] = \sum_{k=\langle N \rangle} c_k e^{j2\pi k(N-1)/N}$$

$$= c_0 + c_1 e^{j2\pi(N-1)/N} + \cdots + c_{N-1} e^{j2\pi(N-1)^2/N} \qquad (5-30)$$

联解这一组方程,就可得系数 c_k。

(2)正交函数系数法。

与连续傅里叶系数求法类似,将式(5-29)两边同乘 $e^{-jr(2\pi/N)n}$,并在周期 N 内求和,即

$$\sum_{n=\langle N\rangle} x[n]e^{-jr(2\pi/N)n} = \sum_{n=\langle N\rangle} \sum_{k=\langle N\rangle} c_k \exp[j(k-r)(2\pi/N)n]$$
$$= \sum_{k=\langle N\rangle} c_k \sum_{n=\langle N\rangle} \exp[j(k-r)(2\pi/N)n] \qquad (5-31)$$

因为

$$\sum_{n=\langle N\rangle} e^{j(k-r)(2\pi/N)n}$$
$$= \begin{cases} N, & k-r=0, \pm N, \pm 2N, \cdots \\ 0, & \text{其他} \end{cases} \qquad (5-32)$$

所以式(5-31)右边内层对 n 求和仅当 $k-r=0$ 或 N 的整倍数时不为零。如果我们把 r 值的变化范围选成与外层求和 k 值的变化范围一样,而在该范围内选择 r 值,则式(5-31)右边在 $k=r$ 时,就等于 Nc_k,在 $k \neq r$ 时就等于零,即

$$\sum_{n=\langle N\rangle} x[n]\exp[-jk(2\pi/N)n] = c_k N \qquad (5-33)$$

所以

$$\boxed{\begin{aligned} x[n] &= \sum_{k=\langle N\rangle} c_k e^{jk(2\pi/N)n} \qquad (5-34) \\ c_k &= \frac{1}{N}\sum_{n=\langle N\rangle} x[n]e^{-jk(2\pi/N)n} \qquad (5-35) \end{aligned}}$$

式(5-34)和式(5-35)确立了周期离散时间信号 $x[n]$ 和其傅里叶系数 c_k 之间的关系,记为

$$x[n] \longleftrightarrow c_k \qquad (5-36)$$

式(5-34)称为综合公式。它说明当根据式(5-35)计算出 c_k 值并将其结果代入式(5-34)时所得的和就等于 $x[n]$。式(5-35)称为分析公式,它说明当已知 $x[n]$ 就可以根据该式分析出它所含的频谱。

傅里叶系数 c_k 也称为 $x[n]$ 的频谱系数。这些系数说明了 $x[n]$ 可分解成 N 个成谐波关系的复指数序列的和。从式(5-29)可见,我们若从 0 到 $N-1$ 范围内取 k,则

$$x[n] = c_0\varphi_0[n] + c_1\varphi_1[n] + \cdots + c_{N-1}\varphi_{N-1}[n] \qquad (5-37)$$

类似地,若从 1 到 N 范围内取 k,则

$$x[n] = c_1\varphi_1[n] + c_2\varphi_2[n] + \cdots + c_N\varphi_N[n] \qquad (5-37a)$$

由式(5-28)知道,$\varphi_0[n] = \varphi_N[n]$,因此只要把式(5-37)和式(5-37a)比较,就可以得出 $c_0 = c_N$。同理,可得

$$c_k = c_{k+N} \qquad (5-38)$$

它是以 N 为周期的离散频率序列,说明周期的离散时间函数对应于频域为周期的离散频率函数。

例 5-1 已知 $x[n] = \sin\Omega_0 n$,求其频谱系数。

解:根据 $2\pi/\Omega_0$ 比值是一个整数、两个整数的比或一个无理数,可能出现三种不同的情

况。由第 1 章知道,在前两种情况下,$x[n]$ 是周期的,但在第三种情况下就不是周期的。因此,这一信号的离散傅里叶级数仅适用于前两种情况。

① 当 $2\pi/\Omega_0$ 是一个整数 N 即 $\Omega_0 = 2\pi/N$ 时,$x[n]$ 是周期序列,其基波周期为 N,所得结果与在连续时间情况下类似。这时

$$x[n] = \frac{1}{2\mathrm{j}}\mathrm{e}^{\mathrm{j}(2\pi/N)n} - \frac{1}{2\mathrm{j}}\mathrm{e}^{-\mathrm{j}(2\pi/N)n}$$

与式(5-34)比较,可直接得

$$c_1 = 1/2\mathrm{j}, \quad c_{-1} = -1/2\mathrm{j}$$

其余系数均为 0。正如前面所说的,与连续时间情况不同,这些系数以 N 为周期重复,所以在频率轴上还会出现 $c_{N+1} = 1/2\mathrm{j}$,$c_{N-1} = -1/2\mathrm{j}$,等等。当 $N = 5$ 时,其离散傅里叶系数如图 5-9 所示。由图中可见,这些系数是以 $N = 5$ 为周期无限重复的,但在综合公式(5-34)中仅用到其中一个周期。

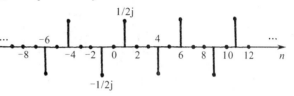

图 5-9　$x(n) = \sin(2\pi/5)n$ 的离散傅里叶系数

② 当 $2\pi/\Omega_0$ 是两个整数的比 N/m,即 $\Omega_0 = 2\pi m/N$ 时,假定 m 和 N 没有公共因子,由第 1 章知道,这时 $x[n]$ 的基波周期也是 N。

$$x[n] = \left[\mathrm{e}^{\mathrm{j}m(2\pi/N)n} - \mathrm{e}^{-\mathrm{j}m(2\pi/N)n}\right]/2\mathrm{j}$$

与式(5-34)比较,可得

$$c_m = 1/2\mathrm{j}, \quad c_{-m} = -1/2\mathrm{j}$$

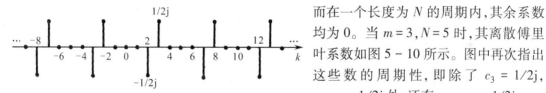

图 5-10　$x[n] = \sin3(2\pi/5)n$ 的离散傅里叶系数

而在一个长度为 N 的周期内,其余系数均为 0。当 $m = 3$,$N = 5$ 时,其离散傅里叶系数如图 5-10 所示。图中再次指出这些数的周期性,即除了 $c_3 = 1/2\mathrm{j}$,$c_{-3} = -1/2\mathrm{j}$ 外,还有 $c_{-2} = c_8 = 1/2\mathrm{j}$,$c_2 = c_7 = -1/2\mathrm{j}$,…。但应注意,在长度为 $N(=5)$ 的任意周期内,仅有两个非零的离散傅里叶系数,所以在综合公式中仅有两个非零项。

例 5-2　已知
$$x[n] = 1 + \sin(2\pi/N)n + 3\cos(2\pi/N)n + \cos(4\pi n/N + \pi/2)$$
式中,N 为整数,求其频谱。

解: 这个信号是周期的,其周期为 N。将 $x[n]$ 直接展开成复指数形式,得

$$x[n] = 1 + \left[\mathrm{e}^{\mathrm{j}(2\pi/N)n} - \mathrm{e}^{-\mathrm{j}(2\pi/N)n}\right]/2\mathrm{j} +$$
$$3\left[\mathrm{e}^{\mathrm{j}(2\pi/N)n} + \mathrm{e}^{-\mathrm{j}(2\pi/N)n}\right]/2 +$$
$$\left[\mathrm{e}^{\mathrm{j}(4\pi n/N + \frac{\pi}{2})} + \mathrm{e}^{-\mathrm{j}(4\pi n/N + \frac{\pi}{2})}\right]/2$$

将相应项归并后,得

$$x[n] = 1 + (3/2 + 1/2\mathrm{j})\mathrm{e}^{\mathrm{j}(2\pi/N)n} + (3/2 - 1/2\mathrm{j})\mathrm{e}^{-\mathrm{j}(2\pi/N)n} +$$
$$(\mathrm{e}^{\mathrm{j}\pi/2}/2)\mathrm{e}^{\mathrm{j}2(2\pi/N)n} + (\mathrm{e}^{-\mathrm{j}\pi/2}/2)\mathrm{e}^{-\mathrm{j}2(2\pi/N)n}$$

与式(5-34)比较,可得

$$c_0 = 1, c_1 = 3/2 + 1/2j = 3/2 - j1/2, c_{-1} = 3/2 + j1/2 = c_1^*$$

$$c_2 = j1/2, \; c_{-2} = -j1/2 = c_2^*$$

而在长度为 N 的周期内,其余系数均为 0。再次指出,这些系数是周期的,其周期为 N。例如,$c_N = c_{2N} = c_{-N} = c_0 = 1, c_{1+N} = c_{1+2N} = c_{1-2N} = c_1 = 3/2 - j1/2, c_{2+N} = c_{2+2N} = c_{2-N} = c_2 = j1/2, \cdots$。在图 5 - 11 中,画出了 $x[n]$ 的离散傅里叶系数的模和相位,即其振幅频谱和相位频谱图。

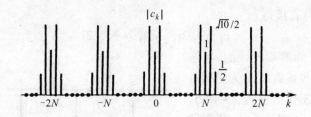

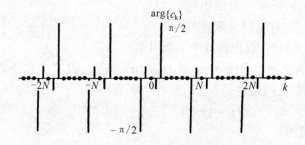

图 5 - 11　例 5 - 2 中 $x[n]$ 的振幅频谱和相位频谱

在本例中,我们看到对所有的 k 值,有

$$c_{-k} = c_k^* \tag{5 - 39}$$

实际上,只要 $x[n]$ 是实序列,这个关系总是成立的。这一性质是和第 4 章中讨论的连续傅里叶系数的性质是一致的。

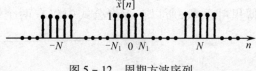

图 5 - 12　周期方波序列

例 5 - 3　已知一个周期方波序列如图 5 - 12所示,求其频谱。

解:从图中可见,这个序列是对 $n = 0$ 轴对称的,因此,求和时选择一个对称区间比较方便。由式(5 - 35)得

$$c_k = \frac{1}{N} \sum_{n=-N/2}^{N/2} x[n] e^{-jk(2\pi/N)n}$$

$$= \frac{1}{N} \sum_{n=-N_1}^{N_1} e^{-jk(2\pi/N)n}$$

令 $m = n + N_1$,则

$$c_k = \frac{1}{N} \sum_{m=0}^{2N_1} e^{-jk(2\pi/N)(m-N_1)}$$

$$= \frac{1}{N} e^{jk(2\pi/N)N_1} \sum_{m=0}^{2N_1} e^{-jk/(2\pi/N)m}$$

利用有限项几何级数求和公式

$$\sum_{m=0}^{M-1} \alpha^m = \frac{1-\alpha^M}{1-\alpha}$$

可得

$$
\begin{aligned}
c_k &= \frac{1}{N} e^{jk(2\pi/N)N_1} \left(\frac{1 - e^{-jk(2\pi/N)(2N_1+1)}}{1 - e^{-jk(2\pi/N)}} \right) \\
&= \frac{1}{N} e^{jk(2\pi N_1/N)} \frac{e^{j2\pi k(N_1+1/2)/N} (e^{j2\pi k(N_1+1/2)/N} - e^{-j2\pi k(N_1+1/2)/N})}{e^{-j2\pi k/2N}(e^{j2\pi k/2N} - e^{-j2\pi k/2N})} \\
&= \begin{cases} \dfrac{1}{N} \dfrac{\sin(2\pi k(N_1+1/2)/N)}{\sin(\pi k/N)}, & k \neq 0, \pm N, \pm 2N, \cdots \\ (2N_1+1)/N, & k = 0, \pm N, \pm 2N, \cdots \end{cases}
\end{aligned}
\quad (5-40)
$$

与周期的连续时间信号一样,周期的离散时间信号也可用周期 N 与傅里叶系数 c_k 乘积表示频谱分布。令 $\Omega = 2\pi k/N$,则

$$Nc_k = \frac{\sin[(2N_1+1)\Omega/2]}{\sin(\Omega/2)} \quad (5-41)$$

设 $2N_1+1=5$,按式$(5-41)$分别令 $N=10,20$ 和 40 三种情况作图,得三种不同周期的周期方波序列的频谱图,如图 $5-13$ 所示。从图中可见,随着 N 增大,但 N_1 不变时,Nc_k 包络线保持不

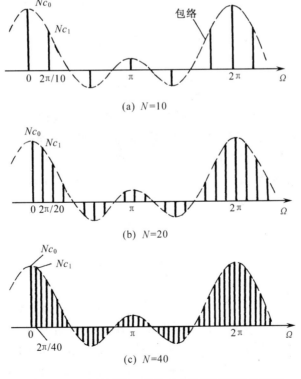

图 5 - 13 重复周期 N 变化对方波序列频谱的影响

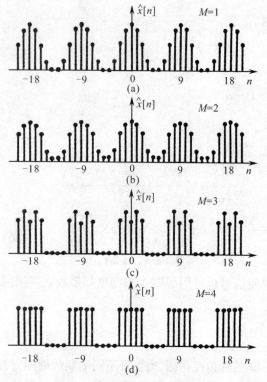

图 5 - 14　周期方波序列在 $N=9,2N_1+1=5$
时部分和综合波形

变,但谱线间隔减小了。若把 c_k 看成 Nc_k 包络线的样本,即包络函数的抽样值,显然,随着 N 增大,抽样间隔 $\Omega_0=2\pi/N$ 减小了。

把本例与第 4 章中讨论的周期矩形脉冲的频谱比较一下可见,在那里,频谱包络的函数形式是 sinc 函数,它是非周期的离散频率函数。而在离散时间情况下,这一函数形式不能得到,因为离散傅里叶系数是周期的,所以它的包络也一定是周期的。

3. 离散傅里叶级数的收敛性

在 4.6 节讨论连续时间傅里叶级数的收敛问题时,我们曾以对称周期方波为例,并看到随着所取的项数趋于无限大,式(4 - 99)中的部分和是如何收敛于方波信号的,特别是在不连续点处出现吉伯斯现象。现在,我们来考虑一个类似的离散时间方波的部分和序列。为了简单起见,先假设周期 N 为奇数,即在图 5 - 12 所示的周期方波序列中取 $N=9$, $2N_1+1=5$,求其离散傅里叶级数的部分和,即

$$\hat{x}[n]=\sum_{k=-M}^{M}c_k\mathrm{e}^{jk(2\pi/N)n} \qquad (5-42)$$

根据上式分别令 $M=1,2,3$ 和 4 作图,可得四个不同 M 值时的波形如图 5 - 14 所示。由图可见,当 $m=4$ 时,部分和 $\hat{x}[n]=x[n]$,而且

$$\sum_{n=\langle N\rangle}|x[n]|<\infty \qquad (5-43)$$

因此,在离散时间情况下,不存在任何收敛问题,也不存在吉伯斯现象。这是一般情况,因为任何离散时间周期序列都是由有限个(N 个)参数来表征的,即一个周期内的 N 个序列值。离散傅里叶级数分析公式(5 - 35)只是把 N 个序列值变换为一组等效的 N 个傅里叶系数值;而综合公式(5 - 34)则告诉我们如何用有限项级数来恢复原来的序列值。因此,如果我们取 $M=(N-1)/2$,那么式(5 - 42)就包括了 N 项,与由综合公式(5 - 34)求得的完全一致,即

$$\hat{x}[n]=x[n]$$

类似地,若 N 为偶数,可令

$$\hat{x}[n]=\sum_{k=-M+1}^{M}c_k\mathrm{e}^{jk(2\pi/N)n} \qquad (5-44)$$

则当 $M=N/2$ 时,这个和式仍由 N 项组成,这与由式(5 - 34)求得的也完全一致,即 $\hat{x}[n]=x[n]$。相比之下,一个连续时间周期信号在一个周期内有一个连续取值问题,这就要求用无限多项级数来表示它。因此,在式(4 - 99)和图 4 - 15 中没有任何一个部分和 $x_N(t)$ 与 $x(t)$ 完全一致。这样,随着项数趋于无穷多而考虑求极限问题时,自然就会产生收敛问题了。

5.5　非周期离散时间信号的表示　离散时间傅里叶变换

1. 非周期序列的表示

下面我们讨论图 5 – 15(a) 所示的非周期序列 $x[n]$，该序列具有有限持续期 $2N_1$，N_1 是一个正整数，即在 $|n|>N_1$ 时 $x[n]=0$。我们希望在整个区间 $(-\infty,\infty)$ 内，将此序列表示为复指数序列之和。为此目的我们构成一个新的周期序列 $\tilde{x}[n]$，其周期为 N，如图 5 – 15(b) 所示。周期 N 必须选得足够大，使得相邻的 $x[n]$ 间不产生重叠。这个新序列 $\tilde{x}[n]$ 是一个周期的离散时间函数，因此可用离散傅里叶级数表示。在极限的情况下，我们令 $N\to\infty$，则周期序列 $\tilde{x}[n]$ 中的序列将在无穷远后重复出现。因此在 $N\to\infty$ 的极限情况下，$\tilde{x}[n]$ 和 $x[n]$ 相同，即对任何 n 值，有

$$\tilde{x}[n] = x[n],\quad N\to\infty \tag{5-45}$$

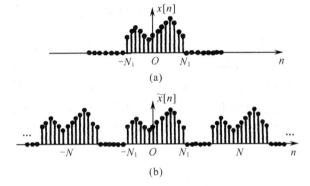

图 5 – 15　非周期序列 $x[n]$ 及其开拓 $\tilde{x}[n]$

这样，若在 $\tilde{x}[n]$ 的离散傅里叶级数里令 $N\to\infty$，则此级数的极限也就是 $x[n]$。

根据式 (5 – 34) 和式 (5 – 35) 得 $\tilde{x}[n]$ 的离散傅里叶级数对为

$$\tilde{x}[n] = \sum_{k=-N/2}^{N/2} c_k \mathrm{e}^{jk(2\pi/N)n} \tag{5-46}$$

$$c_k = \frac{1}{N} \sum_{k=-N/2}^{N/2} \tilde{x}[n] \mathrm{e}^{-jk(2\pi/N)n} \tag{5-47}$$

因为在区间 $(-N/2,N/2)$ 内，$\tilde{x}[n]=x[n]$，在极限的情况下，$N\to\infty$

$$\Omega_0 = \frac{2\pi}{N} \to \mathrm{d}\Omega,\quad k\Omega_0 \to \Omega \tag{5-48}$$

$$Nc_k = \sum_{n=-\infty}^{\infty} x[n] \mathrm{e}^{-j\Omega n} \tag{5-49}$$

与连续时间情况一样，我们定义 Nc_k 的包络 $X(\mathrm{e}^{j\Omega})$ 为

$$X(\mathrm{e}^{j\Omega}) = \sum_{n=-\infty}^{\infty} x[n] \mathrm{e}^{-j\Omega n} \tag{5-50}$$

称之为非周期序列 $x[n]$ 的离散时间傅里叶变换，而周期序列的离散傅里叶系数 c_k 等于包络函数 $X(\mathrm{e}^{jk\Omega_0})$ 的抽样值，即

$$c_k = \frac{1}{N} X(e^{jk\Omega_0}) \tag{5-51}$$

将式(5-51)代入式(5-46)得

$$\tilde{x}[n] = \sum_{k=\langle N\rangle} \frac{1}{N} X(e^{jk\Omega_0}) e^{jk\Omega_0 n} \tag{5-52}$$

因为$\Omega_0 = 2\pi/N$或$1/N = \Omega_0/2\pi$,所以式(5-52)可重写为

$$\tilde{x}[n] = \frac{1}{2\pi} \sum_{k=\langle N\rangle} X(e^{jk\Omega_0}) e^{jk\Omega_0 n} \Omega_0 \tag{5-53}$$

和式(4-104)一样,随着$N \to \infty$,对任何有限n值,$\tilde{x}[n] = x[n]$,并且

$$\Omega_0 = 2\pi/N \to d\Omega \qquad k\Omega_0 \to \Omega$$

式(5-53)就过渡为一个积分,其积分限为$N\Omega_0 = 2\pi$,即

$$x[n] = \frac{1}{2\pi} \int_{2\pi} X(e^{j\Omega}) e^{j\Omega n} d\Omega$$

上式积分是由$\tilde{x}[n]$取极限得到的,称为离散时间傅里叶积分。它使我们成功地把非周期序列$x[n]$表示为一组复指数序列的连续和。从式中可见,$x[n]$可分解为无穷多个复指数序列分量的和,每一个复指数序列的振幅$X(e^{j\Omega})d\Omega/2\pi$是无穷小,但正比于$X(e^{j\Omega})$,所以用$X(e^{j\Omega})$表示$x[n]$的频谱。不过要注意的是,此频谱是连续、周期的,其频谱周期为$N\Omega_0 = 2\pi$。

上式和式(5-50)是在离散时间情况下的一对重要变换式,称为离散时间傅里叶变换对,我们把它重写如下:

$$x[n] = \frac{1}{2\pi} \int_{2\pi} X(e^{j\Omega}) e^{j\Omega n} d\Omega \tag{5-54}$$

$$X(e^{j\Omega}) = \sum_{n=-\infty}^{\infty} x[n] e^{-j\Omega n} \tag{5-55}$$

式(5-54)和式(5-55)确立了非周期离散时间信号$x[n]$及其离散时间傅里叶变换$X(e^{j\Omega})$之间的关系,记为

$$x[n] \longleftrightarrow X(e^{j\Omega}) \tag{5-56}$$

式(5-54)称为综合公式,它说明当根据式(5-55)计算出$X(e^{j\Omega})$并将其结果代入式(5-54)时所得的积分就等于$x[n]$。式(5-55)称为分析公式,它说明当已知$x[n]$可以根据该式分析出它所含的频谱。$X(e^{j\Omega})$是连续频率Ω的函数,又称为频谱函数。可见,非周期的离散时间函数对应于频域中是一个连续的、周期的频率函数。

2. 离散时间傅里叶变换的收敛

在5.4节讨论离散傅里叶级数收敛问题时曾经指出,由于周期序列在一个周期内仅有有限个序列和,$\sum_{n=\langle N\rangle} |\tilde{x}[n]| < \infty$,所以离散傅里叶级数不存在任何收敛问题。现在我们来讨论离散时间傅里叶变换的收敛问题。正如上面所说的,非周期序列$x[n]$可以看作是周期为无限长的周期序列,如果序列的长度(持续期)有限,则因在有限持续期内序列绝对可和,因此也不存在任何收敛问题。但若序列长度(持续期)为无限长,那么就必须考虑式(5-55)无限项求和的收敛问题了。显然,如果$x[n]$绝对可和,即

$$\sum_{n=-\infty}^{\infty} \mid x[n] \mid < \infty \tag{5-57}$$

则式(5-55)一定收敛。所以离散时间傅里叶变换的收敛条件为序列绝对可和,即满足式(5-57)。这与连续时间傅里叶变换要求函数绝对可积是相似的。

3. 离散时间和连续时间傅里叶变换的差别

离散时间傅里叶变换和连续时间傅里叶变换相比,除了有很多相似外,还有很大差别。其主要差别有:

(1) 综合公式中频率积分区间为 $N\Omega_0 = 2\pi$ 而不是无穷;

(2) 离散时间傅里叶变换 $X(e^{j\Omega})$ 是周期的连续频率函数,其周期为 2π,即频率相差 2π, $X(e^{j\Omega})$ 相同。

上述两个主要差别是因为周期为 N 的复指数序列中只有 N 个复指数序列是独立的,其频率区间为 $N\Omega_0 = 2\pi$。即在频率上相差 2π 的复指数序列是完全相同的。对周期序列而言,这就意味着傅里叶系数是周期的,而离散傅里叶级数是有限项级数的和。对非周期序列而言,这就意味着 $X(e^{j\Omega})$ 的周期性,而综合公式只是在一个频率区间内积分,这个频率区间就是 $N\Omega_0 = 2\pi$。在第 1 章已经指出过复指数序列 $e^{j\Omega n}$ 的周期性性质,即 $\Omega = 0$ 和 $\Omega = 2\pi$ 都是同一信号。因此位于 $\Omega = 0, \pm 2\pi$ 或其他 π 的偶数倍附近都相应于低

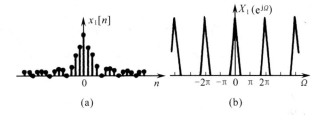

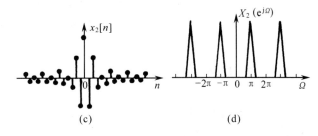

图 5-16　非周期序列及其频谱

频;而 $\Omega = \pm\pi, \pm 3\pi$ 或其他 π 的奇数倍附近都相应于高频。例如,图 5-16(a)中的序列 $x_1[n]$,其序列值变化较慢,所以其频谱 $X_1(e^{j\Omega})$ 集中在 $\Omega = 0, \pm 2\pi, \pm 4\pi, \cdots$ 附近;再看图 5-16(b)中序列 $x_2[n]$,其序列值正负交替,变化较快,所以其频谱 $X_2(e^{j\Omega})$ 集中在 $\Omega = \pm\pi, \pm 3\pi, \cdots$ 附近。

4. 离散时间傅里叶变换计算举例

例 5-4　已知非周期序列

$$x[n] = \alpha^n u[n], \qquad \mid \alpha \mid < 1 \tag{5-58}$$

求其频谱。

解: 由式(5-55)得

$$\begin{aligned}
X(e^{j\Omega}) &= \sum_{n=-\infty}^{\infty} \alpha^n u[n] e^{-j\Omega n} = \sum_{n=0}^{\infty} (\alpha e^{-j\Omega})^n \\
&= \frac{1}{1 - \alpha e^{-j\Omega}} = \frac{1}{1 - \alpha(\cos\Omega - j\sin\Omega)} \\
&= \frac{1}{1 - \alpha\cos\Omega + j\alpha\sin\Omega}
\end{aligned} \tag{5-59}$$

$$|X(e^{j\Omega})| = \frac{1}{\sqrt{1 + \alpha^2 - 2\alpha\cos\Omega}} \qquad (5-60)$$

$$\arg\{X(e^{j\Omega})\} = -\arctan\left(\frac{\alpha\sin\Omega}{1 - \alpha\cos\Omega}\right) \qquad (5-61)$$

(1) $\alpha>0$,即 $0<\alpha<1$,这时 $x[n]$ 的频谱的模和相位如图 5-17(a)所示;

(2) $\alpha<0$,即 $-1<\alpha<0$,这时 $x[n]$ 的频谱的模和相位如图 5-17(b)所示。

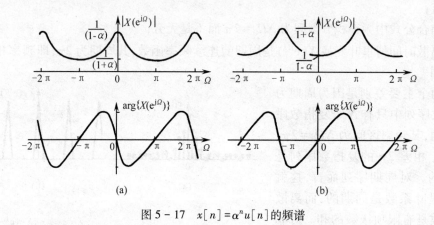

图 5-17 $x[n]=\alpha^n u[n]$ 的频谱

(a) $0<\alpha<1$; (b) $-1<\alpha<0$

例 5-5 已知双边指数序列

$$x[n] = \alpha^{|n|}, 0 < \alpha < 1 \qquad (5-62)$$

如图 5-18(a)所示,求其频谱。

解:由式(5-55)得

$$X(e^{j\Omega}) = \sum_{n=-\infty}^{\infty} \alpha^{|n|} e^{-j\Omega n} = \sum_{n=-\infty}^{-1} \alpha^{-n} e^{-j\Omega n} + \sum_{n=0}^{\infty} \alpha^n e^{-j\Omega n}$$

在右边第一求和式中,以 $m=-n$ 置换,可得

$$X(e^{j\Omega}) = \sum_{m=1}^{\infty} (\alpha e^{j\Omega})^m + \sum_{n=0}^{\infty} (\alpha e^{-j\Omega})^n$$

上式第二个和式是一无穷几何级数;第一个也是一个无穷几何级数,但缺首项,因此上式可写成

$$X(e^{j\Omega}) = \frac{1}{1 - \alpha e^{j\Omega}} - 1 + \frac{1}{1 - \alpha e^{-j\Omega}}$$

$$= \frac{1 - \alpha^2}{1 - 2\alpha\cos\Omega + \alpha^2} \qquad (5-63)$$

它是实偶函数。可见,$x[n]$ 为实偶序列,其频谱也是实偶函数,如图 5-18(b)所示。

例 5-6 一矩形脉冲序列

$$x[n] = \begin{cases} 1, & |n| \leq N_1 \\ 0, & |n| > N_1 \end{cases} \qquad (5-64)$$

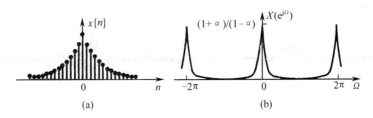

图 5 - 18　双边指数序列及其频谱

如图 5 - 19(a)所示, $N_1 = 2$, 求其频谱。

解: 由式(5 - 55)得

$$X(\mathrm{e}^{\mathrm{j}\Omega}) = \sum_{n=-N_1}^{N_1} \mathrm{e}^{-\mathrm{j}\Omega n} \qquad (5-65)$$

用例 5 - 3 中求得式(5 - 41)的同样方法, 可得

$$X(\mathrm{e}^{\mathrm{j}\Omega}) = \frac{\sin\left[\Omega\left(N_1 + \dfrac{1}{2}\right)\right]}{\sin(\Omega/2)} \qquad (5-66)$$

当 $N_1 = 2$ 时由式(5 - 66)作图得其频谱 $X(\mathrm{e}^{\mathrm{j}\Omega})$ 如图 5 - 19(b)所示。与图 5 - 13 比较可见, 矩形脉冲序列的频谱 $X(\mathrm{e}^{\mathrm{j}\Omega})$ 与由它开拓的周期方波序列的频谱 Nc_k 包络线的形状完全相同, 两者都是周期的且周期为 2π。这是因为两者都是离散序列, 正如 5.2 节指出的, 时域的离散性对应于频域

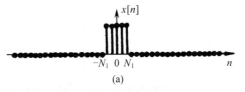

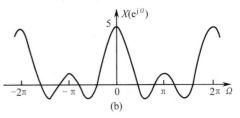

图 5 - 19　矩形脉冲序列及其频谱

中的周期性, 即两者频谱都是周期的。不同的是, 周期方波序列的频谱 Nc_k 是离散的, 而非周期的矩形脉冲序列的频谱 $X(\mathrm{e}^{\mathrm{j}\Omega})$ 是连续的。这是因为在时域中前者是周期的, 后者是非周期的。正如前面指出的, 时域的周期性对应于频域的离散性, 时域的非周期性对应于频域的连续性, 即周期信号的频谱是离散的, 非周期信号的频谱是连续的。

在 5.4 节中已经指出, 由于综合公式(5 - 34)是一个有限项的和, 因此周期序列的离散傅里叶级数不存在任何收敛问题。类似地, 对离散时间傅里叶变换来说, 由于其综合公式(5 - 54)中积分区间是有限的, 因此非周期序列的离散时间傅里叶积分也不存在任何收敛问题。另外, 如果我们取频率区间 $|\Omega| \leqslant w$ 内的复指数序列的积分来近似表示一个非周期序列, 即

$$\hat{x}[n] = \frac{1}{2\pi}\int_{-w}^{w} X(\mathrm{e}^{\mathrm{j}\Omega})\mathrm{e}^{\mathrm{j}\Omega n}\mathrm{d}\Omega \qquad (5-67)$$

如果 $w = \pi$, 则 $\hat{x}[n] = x[n]$, 说明非周期序列和图 5 - 14 中的周期序列一样, 不会出现任何吉伯斯现象。这一点还可用下例说明。

例 5 - 7　求单位抽样序列

$$x[n] = \delta[n]$$

的频谱。

解: 由式(5 - 55)得

$$X(\mathrm{e}^{\mathrm{j}\Omega}) = 1 \qquad (5-68)$$

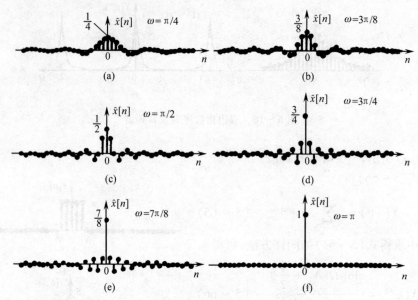

图 5-20 单位抽样序列在不同积分区间的综合波形

即在所有频率上都是相等的。这与连续时间情况一样。

下面我们把式(5-68)代入式(5-67),得

$$\hat{x}[n] = \frac{1}{2\pi}\int_{-\omega}^{\omega} e^{j\Omega n}d\Omega = \frac{\sin\omega n}{\pi n} \tag{5-69}$$

取 $\omega = \pi/4, 3\pi/8, \pi/2, 3\pi/4, 7\pi/8$ 和 π 时 $\hat{x}[n]$ 的波形如图 5-20(a)~(f)所示。从图中可见,随 ω 增大,其振荡幅度相对于 $x[0]$ 减小;当 $\omega = \pi$ 时,振荡消失,$\hat{x}[n] = x[n]$。

5.6 离散傅里叶级数和离散时间傅里叶变换的关系

上一节在导出非周期序列的离散傅里叶变换时是把非周期序列 $x[n]$ 看成开拓周期序列 $\tilde{x}[n]$ 在周期 $N \to \infty$ 的极限,所以开拓周期序列的离散傅里叶级数和非周期序列的离散时间傅里叶变换之间是有密切联系的。本节我们将讨论这一关系,并导出周期序列的离散时间傅里叶变换。

1. 离散傅里叶系数和离散时间傅里叶变换的关系

在 5.5 节已经导出,周期序列 $\tilde{x}[n]$ 的离散傅里叶系数 c_k 是它一个周期内序列 $x[n]$ 的离散时间傅里叶变换 $X(e^{j\Omega})$ 的抽样值,即若

$$\tilde{x}[n] \longleftrightarrow c_k, \qquad x[n] \longleftrightarrow X(e^{j\Omega})$$

$$x[n] = \begin{cases} \tilde{x}[n], & M \leqslant n \leqslant M+N-1 \\ 0, & \text{其他} \end{cases} \tag{5-70}$$

式中 M 为任意整数,N 为周期,则

$$c_k = X(e^{jk2\pi/N})/N \tag{5-71}$$

例 5 - 8 求周期抽样序列串

$$\tilde{x}[n] = \sum_{k=-\infty}^{\infty} \delta[n - kN] \qquad (5-72)$$

的离散傅里叶系数。

解: 在例 5 - 7 中已经求得 $\tilde{x}[n]$ 一个周期内序列即 $x[n] = \delta[n]$ 的离散时间傅里叶变换 $X(e^{j\Omega}) = 1$。根据式(5 - 71)得

$$c_k = 1/N \qquad (5-73)$$

2. 周期序列的离散时间傅里叶变换

为了导出周期序列的离散时间傅里叶变换,先考虑作为离散时间信号基本信号的复指数序列

$$x[n] = e^{j\Omega_0 n} \qquad (5-74)$$

的离散时间傅里叶变换。

在连续时间情况下,我们知道

$$e^{j\omega_0 t} \longleftrightarrow 2\pi\delta(\omega - \omega_0) \qquad (5-75)$$

时域的离散性对应于频域的周期性,其频率周期为 2π。可以证明复指数序列 $x[n] = e^{j\Omega_0 n}$ 的离散时间傅里叶变换 $X(e^{j\Omega})$ 是 $\Omega = \Omega_0, \Omega_0 \pm 2\pi, \Omega_0 \pm 4\pi, \cdots$ 等处的一串冲激,即

$$X(e^{j\Omega}) = \sum_{l=-\infty}^{\infty} 2\pi\delta(\Omega - \Omega_0 - 2\pi l) \qquad (5-76)$$

如图 5 - 21 所示。

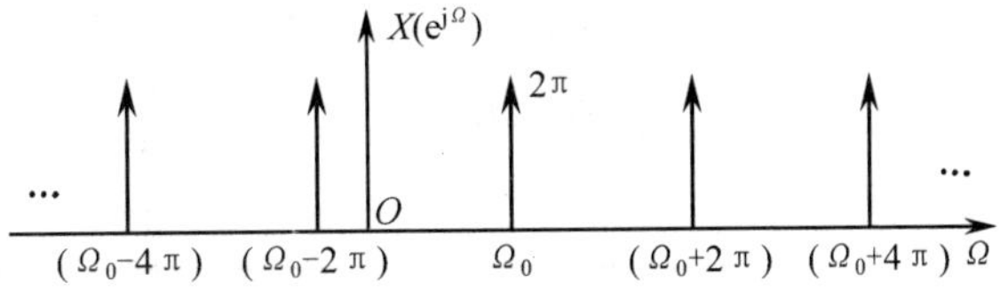

为了验证式(5 - 76),我们求其反变换 $x[n]$。由式(5 - 54)得

图 5 - 21 $e^{j\Omega_0 n}$ 的离散时间傅里叶变换

$$x[n] = \frac{1}{2\pi}\int_{2\pi}\left[\sum_{l=-\infty}^{\infty} 2\pi\delta(\Omega - \Omega_0 - 2\pi l)\right] e^{j\Omega n}\,d\Omega$$

注意,在任意一个长度为 2π 的积分区间内只包含和式(5 - 76)中的一个冲激,因此,若所选积分区间包含 $\Omega = \Omega_0 + 2\pi r$ 处的冲激,r 为任意整数,则

$$x[n] = e^{j(\Omega_0 + 2\pi r)n} = e^{j\Omega_0 n}$$

即

$$e^{j\Omega_0 n} \longleftrightarrow \sum_{l=-\infty}^{\infty} 2\pi\delta(\Omega - \Omega_0 - 2\pi l) \qquad (5-77)$$

下面我们考虑更一般的情况,即

$$x[n] = b_1 e^{j\Omega_1 n} + b_2 e^{j\Omega_2 n} + \cdots + b_M e^{j\Omega_M n} \qquad (5-78)$$

则由式(5 - 77)得其傅里叶变换为

$$X(e^{j\Omega}) = b_1 \sum_{l=-\infty}^{\infty} 2\pi\delta(\Omega - \Omega_1 - 2\pi l) + b_2 \sum_{l=-\infty}^{\infty} 2\pi\delta(\Omega - \Omega_2 - 2\pi l) + \cdots +$$

$$b_M \sum_{l=-\infty}^{\infty} 2\pi\delta(\Omega - \Omega_M - 2\pi l) \qquad (5-79)$$

即 $X(e^{j\Omega})$ 是一个周期冲激串,这些冲激位于每一个复指数序列频率 $\Omega_1, \Omega_2, \cdots, \Omega_M$ 以及与这

些频率相距 2π 整倍数的所有频率点上。因此,在任意一个 2π 的间隔内,只包含式(5 - 79)右边每一个和式中的一个冲激。

注意,不论式(5 - 78)是否为周期序列,即 Ω 是否具有 $\Omega = 2\pi m/N$(m 和 N 是整数)的形式,式(5 - 79)都成立。当式(5 - 78)中每一个复指数序列的频率都具有

$$\Omega = 2\pi m/N, m \text{ 为不同的整数} \tag{5 - 80}$$

形式时,$x(n)$ 才是周期的,其周期为 N。

设 $x[n]$ 是周期的,且周期为 N,则 $x[n]$ 可用离散傅里叶级数表示,即

$$x[n] = c_0 + c_1 e^{j(2\pi/N)n} + c_2 e^{j2(2\pi/N)n} + \cdots + \\ c_{N-1} e^{j(N-1)(2\pi/N)n} \tag{5 - 81}$$

与式(5 - 78)比较,相当于 $\Omega_1 = 0, \Omega_2 = 2\pi/N, \Omega_3 = 2(2\pi/N), \cdots, \Omega_M = (N-1)(2\pi/N)$。因此,由式(5 - 79)得 $x[n]$ 的傅里叶变换为

$$X(e^{j\Omega}) = C_0 \sum_{l=-\infty}^{\infty} 2\pi\delta(\Omega - 2\pi l) + c_1 \sum_{l=-\infty}^{\infty} 2\pi\delta(\Omega - 2\pi/N - 2\pi l) + \cdots + \\ c_{N-1} \sum_{l=-\infty}^{\infty} 2\pi\delta[\Omega - (N-1)2\pi/N - 2\pi l] \tag{5 - 82}$$

如图 5 - 22(d)所示。图 5 - 22(a)是式(5 - 82)中的第一个和式,根据傅里叶系数周期性有 $2\pi c_0 = 2\pi c_N = 2\pi c_{-N}$;图 5 - 22(b) 是式(5 - 82)中的第二个和式;图 5 - 22(c)是其中最后一

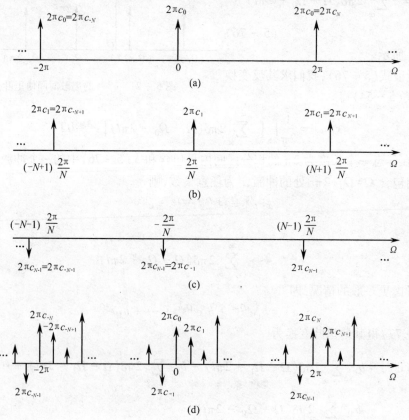

图 5 - 22   周期序列的傅里叶变换

个和式。由于 c_k 的周期性，$X(e^{j\Omega})$ 可看作一串冲激，这些冲激出现在基波频率 $2\pi/N$ 的整倍数频率上，位于 $\Omega = 2\pi k/N$ 的冲激强度为 $2\pi c_k$，即

$$X(e^{j\Omega}) = \sum_{k=-\infty}^{\infty} 2\pi c_k \delta(\Omega - 2\pi k/N) \tag{5-83}$$

例 5 - 9　求余弦序列

$$x[n] = \cos\Omega_0 n$$

的频谱。

解：
$$\cos\Omega_0 n = \frac{1}{2}e^{j\Omega_0 n} + \frac{1}{2}e^{-j\Omega_0 n}$$

由式(5 - 79)，得其频谱为

$$X(e^{j\Omega}) = \sum_{l=-\infty}^{\infty} \pi[\delta(\Omega - \Omega_0 - 2\pi l) + \delta(\Omega + \Omega_0 + 2\pi l)] \tag{5-84}$$

如图 5 - 23 所示。这个结果对研究以余弦序列为载波的幅度调制的频谱非常重要。

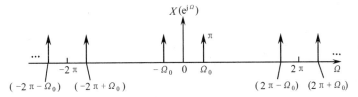

图 5 - 23　余弦序列的频谱

例 5 - 10　求周期抽样序列串

$$x[n] = \sum_{k=-\infty}^{\infty} \delta[n - kN] \tag{5-85}$$

的傅里叶变换。

　　解：由式(5 - 73)和式(5 - 83)得

$$X(e^{j\Omega}) = \frac{2\pi}{N} \sum_{k=-\infty}^{\infty} \delta\left(\Omega - \frac{2\pi k}{N}\right) \tag{5-86}$$

如图 5 - 24 所示。从图 5 - 24 中可见，随着时域周期增大，即抽样序列间的间隔增大，在频域中冲激之间的间隔(基波频率)减小。

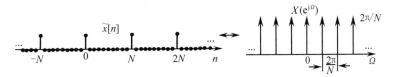

图 5 - 24　周期抽样序列串及其傅里叶变换

5.7　离散傅里叶变换

1. 从离散傅里叶级数到离散傅里叶变换

至此我们已经讨论了四种信号的傅里叶变换：① 周期连续时间信号的傅里叶级数，其傅

里叶系数在频域是离散的、非周期的;② 非周期连续时间信号的傅里叶变换,它在频域是连续的、非周期的;③ 非周期离散时间信号的傅里叶变换,它在频域是连续的、周期的;④ 周期离散时间信号的离散傅里叶级数,其傅里叶系数在频域是离散的、周期的。

在实际中,经常遇到的是有限长的非周期序列。例如在生物医学工程中经常通过人体不同部位加一个电刺激产生诱发响应来观测病变或穴位,这种诱发响应是逐渐衰减到零的,整个过程是一个短暂的过渡过程,因此它是一个非周期的有限持续期的时间函数。如果对它进行抽样,则得一个有限长的非周期序列 $x[n]$,对这个序列进行计算机处理时,由于它的傅里叶变换是个连续的频率函数 $X(e^{j\Omega})$,它在频域不能直接进行数字处理。我们需要设法将 $X(e^{j\Omega})$ 变为一个频域中的有限长序列。从离散傅里叶级数变换对中使我们得到一个新的想法,即若把给定的有限长序列 $x[n]$,$0 \leqslant n \leqslant N-1$ 作周期开拓得 $\tilde{x}[n]$,则 $\tilde{x}[n]$ 就是一个以 N 为周期的离散时间序列,其傅里叶系数为

$$c_k = \frac{1}{N} \sum_{n=\langle N \rangle} \tilde{x}[n] e^{-jk(2\pi/N)n}$$

$$= \frac{1}{N} \sum_{n=0}^{N-1} x[n] e^{-jk(2\pi/N)n} = \frac{1}{N} X(k\Omega_0) \qquad (5-87)$$

取 $Nc_k = X(k\Omega_0)$ 中的一个周期,记以 $X[k]$,则得 N 点 $X[k]$ 序列

$$X(k) = Nc_k = \sum_{n=0}^{N-1} x[n] e^{-jk(2\pi/N)n}$$

$$k = 0,1,\cdots,N-1 \qquad (5-88)$$

称为有限长序列 $x[n]$ 的离散傅里叶变换(Discrete Fourier Transform),简称为 DFT。

取 $\tilde{x}[n]$ 的一个周期即为 $x[n]$,即

$$x[n] = \tilde{x}[n] = \frac{1}{N} \sum_{k=0}^{N-1} X[k] e^{jk(2\pi/N)n}$$

$$n = 0,1,\cdots,N-1$$

称为离散傅里叶反变换(Inverse Discrete Fourier Transform),简称为 IDFT。

上式和式(5-88)是在离散时间情况下一对非常重要的变换式,称为离散傅里叶变换对,我们把它重写如下:

$$x[n] = \frac{1}{N} \sum_{k=0}^{N-1} X[k] e^{jk(2\pi/N)n}, n = 0,1,\cdots,N-1 \qquad (5-89)$$

$$X[k] = \sum_{n=0}^{N-1} x[n] e^{-jk(2\pi/N)n}, k = 0,1,\cdots,N-1 \qquad (5-90)$$

式(5-89)和式(5-90)确立了有限长非周期序列 $x[n]$ 和其离散傅里叶变换 $X[k]$ 之间的关系,记为

$$x[n] \longleftrightarrow X[k] \qquad (5-91)$$

式(5-89)称为综合公式,它说明当根据式(5-90)计算出 $X[k]$ 值并将其结果代入式(5-89)时所得的和就是 $\tilde{x}[n]$ 的第一周期,即 $x[n]$。式(5-90)称为分析公式,它说明当已知 $x[n]$,可以根据该式分析出该序列 $x[n]$ 的频谱 $X(e^{j\Omega})$ 的 N 个样点值。即 $X[k]$ 是 $x[n]$ 的离散近似谱。

从离散傅里叶变换的引出,可以看到,离散傅里叶变换是将有限长非周期序列作了周期开

拓,再作离散傅里叶级数变换,然后在离散傅里叶级数中截取一个周期定义的。因此,离散傅里叶变换和离散傅里叶级数、离散时间傅里叶变换之间有着紧密的联系。正因为如此,它也承袭了离散时间傅里叶变换某些重要性质。离散傅里叶变换在数字信号分析和数字系统实现中有着广泛的用途。它的重要性还表现在它有一种快速有效的 FFT(快速傅里叶变换)算法来计算 DFT。式(5－89)和式(5－90)中 N 的选取是很灵活的,只要选择得比 $x[n]$ 或响应 $y[n]$ 的持续期大就可以了。为了使式(5－90)中的求和长度更为明显,往往称式(5－90)中的 $X[k]$ 为 N 点 DFT。

2. 离散傅里叶变换计算举例

为计算方便,我们引入符号 W

$$W = e^{-j2\pi/N} \tag{5－92}$$

则式(5－89)式(5－90)可写成

$$x[n] = \frac{1}{N}\sum_{k=0}^{N-1} X[k] W^{-kn}, n = 0,1,\cdots,N-1 \tag{5－93}$$

$$X[k] = \sum_{n=0}^{N-1} x[n] W^{kn}, k = 0,1,\cdots,N-1 \tag{5－94}$$

式(5－93)和式(5－94)也可改写成矩阵形式,即

$$
\begin{bmatrix} x[0] \\ x[1] \\ \vdots \\ x[N-1] \end{bmatrix} = \frac{1}{N}
\begin{bmatrix} W^0 & W^0 & \cdots & W^0 \\ W^0 & W^{-1\times1} & \cdots & W^{-1(N-1)} \\ \vdots & \vdots & & \vdots \\ W^0 & W^{-(N-1)\times1} & \cdots & W^{-(N-1)^2} \end{bmatrix}
\begin{bmatrix} X[0] \\ X[1] \\ \vdots \\ X[N-1] \end{bmatrix} \tag{5－95}
$$

$$
\begin{bmatrix} X[0] \\ X[1] \\ \vdots \\ X[N-1] \end{bmatrix} =
\begin{bmatrix} W^0 & W^0 & \cdots & W^0 \\ W^0 & W^{1\times1} & \cdots & W^{(N-1)} \\ \vdots & \vdots & & \vdots \\ W^0 & W^{(N-1)\times1} & \cdots & W^{(N-1)^2} \end{bmatrix}
\begin{bmatrix} \boldsymbol{x}[0] \\ \boldsymbol{x}[1] \\ \vdots \\ \boldsymbol{x}[N-1] \end{bmatrix} \tag{5－96}
$$

例 5－11　求序列 $x[n] = \{1,1,1,1\}$ 的 DFT。

解: 这是求 $N=4$ 点的 DFT, $W = e^{-j2\pi/4} = -j$,由式(5－94)得

$$X[k] = \sum_{n=0}^{N-1} x[n] W^{kn} = 1 + (-j)^k + (-j)^{2k} + (-j)^{3k}$$

令 $k=0,1,2,3$,依次代入上式,可得

$$X[0] = 1 + 1 + 1 + 1 = 4$$
$$X[1] = 1 - j - 1 + j = 0$$
$$X[2] = 1 - 1 + 1 - 1 = 0$$
$$X[3] = 1 + j - 1 - j = 0$$

结果表明,序列 $x[n] = \{1,1,1,1\}$ 的 DFT 仅在 $k=0$ 样点取值为 4,而在其余样点都是零。即

$$X[k] = 4\delta[k]$$

不难想到,若将 $x[n]$ 进行周期开拓(周期 $N=4$),则

$$\tilde{x}[n] = 1$$

其离散傅里叶系数

$$c_k = \sum_{l=-\infty}^{\infty} \delta[k - lN]$$

为周期抽样序列串,取其第一周期,即 $X[k] = Nc_k = 4\delta[k]$。

例 5 – 12   求上例频域序列 $X[k] = \{4,0,0,0\}$ 的时间序列。

解:这是求 $N = 4$ 点的 IDFT,$W_4 = e^{-j(2\pi/4)} = -j$,由式(5 – 95)得

$$\begin{bmatrix} x[0] \\ x[1] \\ x[2] \\ x[3] \end{bmatrix} = \frac{1}{4} \begin{bmatrix} W^0 & W^0 & W^0 & W^0 \\ W^0 & W^{-1} & W^{-2} & W^{-3} \\ W^0 & W^{-2} & W^{-4} & W^{-6} \\ W^0 & W^{-3} & W^{-6} & W^{-9} \end{bmatrix} \begin{bmatrix} X[0] \\ X[1] \\ X[2] \\ X[3] \end{bmatrix} = \frac{1}{4} \begin{bmatrix} 1 & 1 & 1 & 1 \\ 1 & j & -1 & -j \\ 1 & -1 & 1 & -1 \\ 1 & -j & -1 & j \end{bmatrix} \begin{bmatrix} 4 \\ 0 \\ 0 \\ 0 \end{bmatrix} = \begin{bmatrix} 1 \\ 1 \\ 1 \\ 1 \end{bmatrix}$$

这正是例 5 – 11 中的 $x[n]$,表明上例所求的 DFT 正确。

例 5 – 13   求有限长序列 $x[n] = \{1,2,1,0\}$ 的 DFT。

解:$N = 4$,$W_4 = e^{-j2\pi/4} = -j$,由式(5 – 96)可得

$$\begin{bmatrix} X[0] \\ X[1] \\ X[2] \\ X[3] \end{bmatrix} = \begin{bmatrix} W^0 & W^0 & W^0 & W^0 \\ W^0 & W^1 & W^2 & W^3 \\ W^0 & W^2 & W^4 & W^6 \\ W^0 & W^3 & W^6 & W^9 \end{bmatrix} \begin{bmatrix} x[0] \\ x[1] \\ x[2] \\ x[3] \end{bmatrix}$$

$$= \begin{bmatrix} 1 & 1 & 1 & 1 \\ 1 & -j & -1 & j \\ 1 & -1 & 1 & -1 \\ 1 & j & -1 & -j \end{bmatrix} \begin{bmatrix} 1 \\ 2 \\ 1 \\ 0 \end{bmatrix} = \begin{bmatrix} 4 \\ -j2 \\ 0 \\ j2 \end{bmatrix}$$

5.8   离散时间傅里叶变换的性质

离散时间傅里叶变换揭示了离散时间序列时域特性和频域特性之间的内在联系。掌握离散时间傅里叶变换的性质,一方面将使我们对变换本质有进一步的了解;另一方面可以简化序列傅里叶正变换和反变换的运算。由于离散时间傅里叶变换与离散傅里叶级数以及离散傅里叶变换之间的紧密联系,因此离散时间傅里叶变换的很多性质在离散傅里叶级数和离散傅里叶变换中都能找到对应的性质。除了在讨论过程中经常联系外,在后面将把它们的这些性质分别汇总于表 5.1~表 5.3,以便比较与查用。

1. 周期性

在前面几节中已经多次提到,时域的离散性对应于频域的周期性。所以,序列的离散时间傅里叶变换 $X(e^{j\Omega})$ 对 Ω 总是周期的,其周期为 2π。同理,周期序列的离散傅里叶系数 c_k 也是周期的,其频率周期也是 2π。这一点与连续时间傅里叶变换和级数都是不同的,必须特别注意。

2. 线性

若 $x_1[n] \longleftrightarrow X_1(e^{j\Omega})$,$x_2(n) \longleftrightarrow X_2(e^{j\Omega})$,$a_1$ 和 a_2 为两个常数,则

$$a_1 x_1[n] + a_2 x_2[n] \longleftrightarrow a_1 X_1(e^{j\Omega}) + a_2 X_2(e^{j\Omega}) \tag{5 – 97}$$

即 n 个序列和的频谱等于各个序列频谱的和,这个性质对离散傅里叶级数(记为 DFS)和 DFT 同样成立。

3. 共轭对称性

若 $x[n]$ 是一个实数序列，则

$$X(e^{-j\Omega}) = X^*(e^{j\Omega}) \tag{5-98}$$

称 $X(e^{j\Omega})$ 具有共轭对称性。

在一般情况下，$X(e^{j\Omega})$ 是复数，即

$$X(e^{j\Omega}) = \text{Re}\{X(e^{j\Omega})\} + j\text{Im}\{X(e^{j\Omega})\} \tag{5-99}$$

$$X(e^{-j\Omega}) = \text{Re}\{X(e^{-j\Omega})\} + j\text{Im}\{X(e^{-j\Omega})\} \tag{5-100}$$

由式(5-98)得

$$X(e^{-j\Omega}) = \text{Re}\{X(e^{j\Omega})\} - j\text{Im}\{X(e^{j\Omega})\} \tag{5-101}$$

比较式(5-100)和式(5-101)，可得

$$\text{Re}\{X(e^{-j\Omega})\} = \text{Re}\{X(e^{j\Omega})\}, \text{Im}\{X(e^{-j\Omega})\} = -\text{Im}\{X(e^{j\Omega})\} \tag{5-102}$$

可见，与连续时间情况一样，离散时间信号频谱的实部是 Ω 的偶函数，虚部是 Ω 的奇函数。类似地，$X(e^{j\Omega})$ 的模是 Ω 的偶函数，而 $X(e^{j\Omega})$ 的相位是 Ω 的奇函数。在 DFS 和 DFT 中也有类似的性质，即若 $\tilde{x}[n]$ 是实周期序列，则 c_k 也具有共轭对称的性质，即

$$c_{-k} = c_k^* \tag{5-103}$$

同理

$$X[-k] = X^*[k] \tag{5-104}$$

若将 $x[n]$ 分解为偶、奇两部分，即

$$x[n] = \text{Ev}\{x[n]\} + \text{Od}\{x[n]\} \tag{5-105}$$

则

$$\text{Ev}\{x[n]\} \longleftrightarrow \text{Re}\{X(e^{j\Omega})\}, \text{Od}\{x[n]\} \longleftrightarrow j\text{Im}\{X(e^{j\Omega})\} \tag{5-106}$$

即 $x[n]$ 偶部的频谱是 Ω 的实偶函数，$x[n]$ 奇部的频谱是 Ω 的虚奇函数。若 $x[n]$ 是实偶函数，则其 $X(e^{j\Omega})$ 也是实偶函数，在例 5-5 中的 $x[n] = \alpha^{|n|}$ 便是一例。

4. 位移性

若 $x[n] \longleftrightarrow X(e^{j\Omega})$，则

$$x[n-m] \longleftrightarrow X(e^{j\Omega})e^{-j\Omega m} \tag{5-107}$$

在 DFS 和 DFT 也有类似的性质。即若 $\tilde{x}[n] \longleftrightarrow c_k$，则

$$\tilde{x}[n-m] \longleftrightarrow c_k e^{-jk(2\pi/N)m} \tag{5-108}$$

同理

$$x[n-m] \longleftrightarrow X[k]W^{km} \tag{5-109}$$

5. 频移性

若 $x[n] \longleftrightarrow X(e^{j\Omega})$，则

$$x[n]e^{j\Omega_0 n} \longleftrightarrow X(e^{j(\Omega-\Omega_0)}) \tag{5-110}$$

在 DFS 中也有类似的性质，即若 $\tilde{x}[n] \longleftrightarrow c_k$，则

$$\tilde{x}[n]e^{jm\Omega_0 n} \longleftrightarrow c_{k-m} \tag{5-111}$$

6. 时域差分

若 $x[n] \longleftrightarrow X(e^{j\Omega})$，则

$$x[n] - x[n-1] \longleftrightarrow X(e^{j\Omega}) - X(e^{j\Omega})e^{-j\Omega} = (1 - e^{-j\Omega})X(e^{j\Omega}) \qquad (5-112)$$

说明序列在时域求一次差分,等效于在频域中用 $(1 - e^{-j\Omega})$ 去乘它的频谱。

7. 时域求和

若 $x[n] \longleftrightarrow X(e^{j\Omega})$，且 $X(e^{j0}) = 0$，则

$$y[n] = \sum_{m=-\infty}^{n} x[m] \longleftrightarrow Y(e^{j\Omega}) = \frac{X(e^{j\Omega})}{1 - e^{-j\Omega}} \qquad (5-113)$$

这是因为

$$y[n] - y[n-1] = \sum_{m=-\infty}^{n} x[m] - \sum_{m=-\infty}^{n-1} x[m] = x[n]$$

对上式两边取傅里叶变换,得

$$Y(e^{j\Omega}) - Y(e^{j\Omega})e^{-j\Omega} = X(e^{j\Omega})$$

所以

$$Y(e^{j\Omega}) = \frac{X(e^{j\Omega})}{1 - e^{-j\Omega}}$$

与连续时间积分性质类似,当 $X(e^{j0}) \neq 0$ 时,有

$$\sum_{m=-\infty}^{n} x[m] \longleftrightarrow \frac{X(e^{j\Omega})}{1 - e^{-j\Omega}} + \pi X(e^{j0}) \sum_{k=-\infty}^{\infty} \delta(\Omega - 2\pi k) \qquad (5-114)$$

式中右边出现冲激串,反映求和中可能出现的直流或平均值。

例 5 - 14 求单位阶跃序列

$$y[n] = u[n]$$

的频谱。

解: 由第 1 章已知

$$u[n] = \sum_{m=-\infty}^{n} \delta[m]$$

根据时域求和性质和 $\delta[n] \longleftrightarrow 1, X(e^{j0}) = \delta[0] = 1$，可得

$$u[n] \longleftrightarrow \frac{1}{1 - e^{-j\Omega}} + \pi \sum_{k=-\infty}^{n} \delta(\Omega - 2\pi k) \qquad (5-115)$$

8. 反转性质

若 $x[n] \longleftrightarrow X(e^{j\Omega})$，则

$$x[-n] \longleftrightarrow X[e^{-j\Omega}] \qquad (5-116)$$

在 DFS 和 DFT 中也有类似性质,即若 $\tilde{x}[n] \longleftrightarrow c_k$，则

$$\tilde{x}[-n] \longleftrightarrow c_{-k} \qquad (5-117)$$

同理,若 $x[n] \longleftrightarrow X[-k]$ 则

$$x[-n] \longleftrightarrow X[-k] \tag{5-118}$$

9. 尺度变换性质

若 $x[n] \longleftrightarrow X(\mathrm{e}^{\mathrm{j}\Omega})$,且定义

$$x_{(k)}[n] = \begin{cases} x[n/k], & n \text{ 是 } k \text{ 的倍数} \\ 0, & n \text{ 不是 } k \text{ 的倍数} \end{cases} \tag{5-119}$$

则

$$x_{(k)}[n] \longleftrightarrow X(\mathrm{e}^{\mathrm{j}k\Omega}) \tag{5-120}$$

根据定义式 $(5-119)$, $x_{(k)}[n]$ 是在 n 的连续整数值之间插入 $(k-1)$ 个零而得到的序列。在图 $5-25$ 左边画出了 $x[n]$, $x_{(2)}[n]$ 和 $x_{(3)}[n]$ 的波形。从图中可见 $x_{(k)}[n]$ 相当于 $x[n]$ 的扩展。由式 $(5-55)$ 并令 $r=n/k$ 可得 $x_{(k)}[n]$ 的傅里叶变换为

$$X_{(k)}(\mathrm{e}^{\mathrm{j}\Omega}) = \sum_{n=-\infty}^{\infty} x_{(k)}[n]\mathrm{e}^{-\mathrm{j}\Omega n} = \sum_{r=-\infty}^{\infty} x_{(k)}[rk]\mathrm{e}^{-\mathrm{j}\Omega rk}$$

$$= \sum_{r=-\infty}^{\infty} x[r]\mathrm{e}^{-\mathrm{j}(k\Omega)r} = X(\mathrm{e}^{\mathrm{j}k\Omega})$$

图 $5-25$ 分别绘出了序列 $x[n]$, $x_{(2)}[n]$ 和 $x_{(3)}[n]$ 及其频谱的图形。从式 $(5-120)$ 和图 $5-25$ 中,又一次看到时域和频域间的相反关系。如当取 $k>1$ 时,信号在时域中拉开(扩展)了,而其傅里叶变换 $X(\mathrm{e}^{\mathrm{j}\Omega})$ 在频域中压缩了。例如, $x[n]$ 的频谱 $X(\mathrm{e}^{\mathrm{j}\Omega})$ 是周期的,其周期为 2π ;而 $x[n/k]$ 的频谱 $X(\mathrm{e}^{\mathrm{j}k\Omega})$ 也是周期的,但其周期为 $2\pi/|k|$ 。

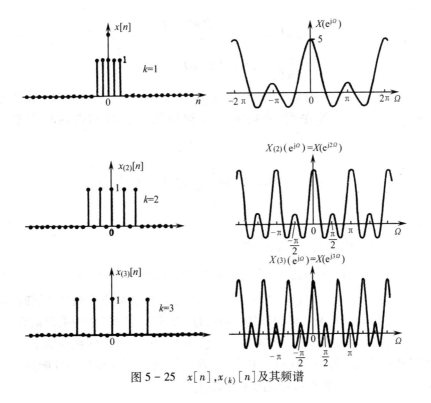

图 $5-25$ 　$x[n]$, $x_{(k)}[n]$ 及其频谱

在 DFS 和 DFT 中也有类似的性质,即若

$$\tilde{x}_{(m)}[n] = \begin{cases} \tilde{x}[n/m], & n \text{ 为 } m \text{ 的倍数} \\ 0, & n \text{ 不是 } m \text{ 的倍数} \end{cases} \tag{5 - 121}$$

周期为 mN,则

$$\tilde{x}_{(m)}[n] \longleftrightarrow (1/m)\, c_k, \text{频域周期为 } 2\pi/m \tag{5 - 122}$$

同理

$$x_{(m)}[n] \longleftrightarrow (1/m)X(k) \tag{5 - 123}$$

10. 频域微分

若 $x[n] \longleftrightarrow X(e^{j\Omega})$,则

$$nx[n] \longleftrightarrow j\frac{dX(e^{j\Omega})}{d\Omega} \tag{5 - 124}$$

11. 帕色伐尔定理

若 $x[n] \longleftrightarrow X(e^{j\Omega})$,则

$$\sum_{n=-\infty}^{\infty} |x[n]|^2 = \frac{1}{2\pi}\int_{2\pi} |X(e^{j\Omega})|^2 d\Omega \tag{5 - 125}$$

证明:
$$\sum_{n=-\infty}^{\infty} |x(n)|^2 = \sum_{n=-\infty}^{\infty} x(n)x^*(n) = \sum x[n]\left[\frac{1}{2\pi}\int_{-\pi}^{\pi} X(e^{j\Omega})e^{j\Omega n}d\Omega\right]^*$$

$$= \frac{1}{2\pi}\int_{-\pi}^{\pi} X^*(e^{j\Omega})\sum x[n]e^{-j\Omega n}d\Omega$$

$$= \frac{1}{2\pi}\int_{-\pi} X^*(e^{j\Omega})X(e^{j\Omega})d\Omega$$

$$= \frac{1}{2\pi}\int_{2\pi} |X(e^{j\Omega})|^2 d\Omega$$

式(5 - 125)左边是在时域中求得的信号能量,右边是在频域中求得的信号能量。定理说明,对于非周期序列,在时域中求得的信号能量和在频域中求得的信号能量相等。

5.9 时域卷积定理及其应用

1. 时域卷积定理

若 $x[n] \longleftrightarrow X(e^{j\Omega}), h[n] \longleftrightarrow H(e^{j\Omega})$,则

$$y[n] = x[n] * h[n] \longleftrightarrow Y(e^{j\Omega}) = X(e^{j\Omega})H(e^{j\Omega}) \tag{5 - 126}$$

上述定理说明,在时域中两个序列的卷积等效于频域中这两个序列的离散时间傅里叶变换的乘积。即与连续时间情况一样,时域中的卷积运算等效于频域中的乘积运算。这个定理在离散时间系统分析中非常有用,是傅里叶分析法研究 LTI 离散时间系统的基础。它从频域说明了输入频谱通过系统后的变化就是 $H(e^{j\Omega})$,$H(e^{j\Omega})$ 是该系统单位抽样响应 $h[n]$ 的离散时间傅里叶变换,也称为离散时间系统的频率响应。

2. 时域卷积定理的应用

下面应用时域卷积定理求解系统对任意非周期序列 $x[n]$ 的响应。根据系统的线性时不变的性质,如果已知系统对复指数序列 $e^{j\Omega n}$ 的响应为 $H(e^{j\Omega})e^{j\Omega n}$,我们就可以求出该系统对所有不同频率的复指数序列以及这些不同频率的复指数序列线性组合的响应。这就是频域分析法的基本观点,下面就以这个观点进行分析。

设输入非周期序列 $x[n]$,其频谱为 $X(e^{j\Omega})$,系统对复指数序列的响应为 $H(e^{j\Omega})e^{j\Omega n}$,即

$$e^{j\Omega n} \to H(e^{j\Omega})e^{j\Omega n} \tag{5-127}$$

根据 LTI 系统的齐次性,有

$$\frac{1}{2\pi}X(e^{j\Omega})\mathrm{d}\Omega e^{j\Omega n} \to \frac{1}{2\pi}X(e^{j\Omega})\mathrm{d}\Omega \cdot H(e^{j\Omega})e^{j\Omega n} \tag{5-128}$$

在 5.5 节已经证明,非周期序列可用任一 2π 频率区间内的复指数序列的连续和表示,即

$$x[n] = \frac{1}{2\pi}\int_{2\pi} X(e^{j\Omega})e^{j\Omega n}\mathrm{d}\Omega$$

根据 LTI 系统的叠加性质,有

$$\frac{1}{2\pi}\int_{2\pi} X(e^{j\Omega})e^{j\Omega n}\mathrm{d}\Omega \to \frac{1}{2\pi}\int_{2\pi} X(e^{j\Omega})H(e^{j\Omega})e^{j\Omega n}\mathrm{d}\Omega \tag{5-129}$$

上式右边就是该系统对非周期序列 $x[n]$ 的零状态响应,即

$$y[n] = \frac{1}{2\pi}\int_{2\pi} X(e^{j\Omega})H(e^{j\Omega})e^{j\Omega n}\mathrm{d}\Omega \tag{5-130}$$

式中,$X(e^{j\Omega})H(e^{j\Omega})$ 为输出频谱,即

$$Y(e^{j\Omega}) = X(e^{j\Omega})H(e^{j\Omega}) \tag{5-131}$$

所以,式(5-130)也是输出频谱 $Y(e^{j\Omega})$ 的离散时间傅里叶反变换。

式(5-131)表明,系统对输入序列的作用,表现为以 $H(e^{j\Omega})$ 与输入频谱 $X(e^{j\Omega})$ 相乘,从而使输出频谱的振幅和相位变化。所以从频域角度,LTI 系统的作用是一个频谱振幅和相位的变换器,通过它可以变换频谱的振幅和相位,使输出波形符合人们的要求。例如,让需要的信号频谱通过(不改变其振幅和相位),而把不需要的干扰频谱抑制掉(减小其振幅或使其为零),这就是滤波的基本思想。

例 5-15　一个 LTI 离散时间系统,已知

$$h[n] = \delta[n-m], \quad x[n] \longleftrightarrow X(e^{j\Omega})$$

用频域分析法求 $x[n]$ 通过系统后的波形变化。

解:先求系统的频率响应 $H(e^{j\Omega})$,由式(5-55)

$$H(e^{j\Omega}) = \sum_{n=-\infty}^{\infty} h[n]e^{-j\Omega n} = \sum_{n=-\infty}^{\infty} \delta[n-m]e^{-j\Omega n}$$

$$= e^{-j\Omega m}$$

$$Y(e^{j\Omega}) = X(e^{j\Omega})H(e^{j\Omega}) = X(e^{j\Omega})e^{-j\Omega m}$$

根据离散时间傅里叶变换的位移性质,得

$$y[n] = x[n-m]$$

可见,$x[n]$ 通过该系统后输出波形不变,只是沿时间轴右移 m。

例 5 – 16 一个 LTI 系统,已知 $h[n] = \alpha^n u[n]$,$x[n] = \beta^n u[n]$,求系统响应。

解:(1) 求 $H(e^{j\Omega})$ 和 $X(e^{j\Omega})$。

$$H(e^{j\Omega}) = \sum_{n=-\infty}^{\infty} h[n] e^{-j\Omega n} = \sum_{n=0}^{\infty} \alpha^n e^{-j\Omega n}$$

$$= \sum_{n=0}^{\infty} (\alpha e^{-j\Omega})^n = \frac{1}{1 - \alpha e^{-j\Omega}}$$

同理

$$X(e^{j\Omega}) = \frac{1}{1 - \beta e^{-j\Omega}}$$

(2) $Y(e^{j\Omega}) = X(e^{j\Omega}) H(e^{j\Omega}) = \dfrac{1}{(1 - \alpha e^{-j\Omega})(1 - \beta e^{-j\Omega})}$;

(3) 求 $Y(e^{j\Omega})$ 的反变换 $y[n]$。

根据 $Y(e^{j\Omega})$ 表示式中 α 与 β 是否相等分两种情况讨论:

① $\alpha \neq \beta$。

这时,求反变换最方便的方法是将 $Y(e^{j\Omega})$ 展开成部分分式,再求每一个分式的反变换,即

$$Y(e^{j\Omega}) = \frac{A}{1 - \alpha e^{-j\Omega}} + \frac{B}{1 - \beta e^{-j\Omega}}$$

式中

$$A = (1 - \alpha e^{-j\Omega}) Y(e^{j\Omega}) \Big|_{e^{-j\Omega} = 1/\alpha}$$

$$= \frac{1}{1 - \beta/\alpha} = \frac{\alpha}{\alpha - \beta}$$

$$B = (1 - \beta e^{-j\Omega}) Y(e^{j\Omega}) \Big|_{e^{-j\Omega} = 1/\beta} = \frac{\beta}{\alpha - \beta}$$

$$Y(e^{j\Omega}) = \frac{\alpha}{\alpha - \beta} \frac{1}{1 - \alpha e^{-j\Omega}} + \frac{\beta}{\alpha - \beta} \frac{1}{1 - \beta e^{-j\Omega}}$$

$$y[n] = \frac{\alpha}{\alpha - \beta} \alpha^n u[n] - \frac{\beta}{\alpha - \beta} \beta^n u[n] \qquad \alpha \neq \beta$$

② $\alpha = \beta$。

这时,$Y(e^{j\Omega}) = \dfrac{1}{(1 - \alpha e^{-j\Omega})^2}$

因为 $\dfrac{d}{d\Omega}\left(\dfrac{1}{1 - \alpha e^{-j\Omega}}\right) = \dfrac{-j\alpha e^{-j\Omega}}{(1 - \alpha e^{-j\Omega})^2}$,所以上式可写成

$$Y(e^{j\Omega}) = \frac{j}{\alpha} e^{j\Omega} \frac{d}{d\Omega}\left(\frac{1}{1 - \alpha e^{-j\Omega}}\right)$$

已知

$$\alpha^n u[n] \longleftrightarrow \frac{1}{1 - \alpha e^{-j\Omega}}$$

由频率微分性质,得

$$n\alpha^n u[n] \longleftrightarrow j \frac{d}{d\Omega}\left(\frac{1}{1 - \alpha e^{-j\Omega}}\right)$$

根据位移性质

$$(n+1)\alpha^{n+1}u[n+1] \longleftrightarrow \mathrm{j}e^{\mathrm{j}\Omega}\frac{\mathrm{d}}{\mathrm{d}\Omega}\left(\frac{1}{1-\alpha e^{-\mathrm{j}\Omega}}\right)$$

对上式两边除 α，得

$$(n+1)\alpha^{n}u[n+1] \longleftrightarrow \frac{\mathrm{j}}{\alpha}e^{\mathrm{j}\Omega}\frac{\mathrm{d}}{\mathrm{d}\Omega}\left(\frac{1}{1-\alpha e^{-\mathrm{j}\Omega}}\right)$$

上式右边是 $Y(e^{\mathrm{j}\Omega})$，左边是 $Y(e^{\mathrm{j}\Omega})$ 的反变换，所以

$$y[n] = \mathscr{F}^{-1}\{Y(e^{\mathrm{j}\Omega})\} = (n+1)\alpha^{n}u[n+1] = (n+1)\alpha^{n}u[n]$$

由上面分析可见，在频域分析法中，系统的特性用频率响应 $H(e^{\mathrm{j}\Omega})$ 来表征。例如两个离散时间系统级联后的频率响应 $H(e^{\mathrm{j}\Omega})$ 是两者频率响应的乘积，即 $H(e^{\mathrm{j}\Omega}) = H_1(e^{\mathrm{j}\Omega}) \times H_2(e^{\mathrm{j}\Omega})$；而两个离散时间系统并联后的频率响应 $H(e^{\mathrm{j}\Omega})$ 是两者频率响应的和，即 $H(e^{\mathrm{j}\Omega}) = H_1(e^{\mathrm{j}\Omega}) + H_2(e^{\mathrm{j}\Omega})$。与连续时间系统一样，只有稳定的 LTI 离散时间系统才有频率响应。这是因为系统的稳定条件是该系统的单位抽样响应绝对可和，即

$$\sum_{n=-\infty}^{\infty} |h[n]| < \infty \qquad (5-132)$$

而这个条件正保证 $h[n]$ 的傅里叶变换收敛，即保证其有一确定的频率响应。

5.10　周期卷积定理及其应用
用 DFT 计算两个有限长序列的卷积

1. 周期卷积的定义

上一节我们已经讨论了两个非周期序列的卷积，即

$$y[n] = \sum_{k=-\infty}^{\infty} x[k]h[n-k] \qquad (5-133)$$

并阐明了时域卷积定理及其应用。值得注意的是，这个定理不能直接用于两个都是周期序列的情况。因为在这种情况下，两个序列的卷积和不可能收敛。这反映了具有周期的单位抽样响应的 LTI 系统是不稳定的（$\sum\limits_{n=-\infty}^{\infty} |h[n]| = \infty$），因而该系统不存在一个确定的频率响应 $H(e^{\mathrm{j}\Omega})$。但是，在实际中，研究两个具有相同周期的周期序列的卷积却是很有用的，这种卷积称为周期卷积。两个具有相同周期 N 的序列 $\tilde{x}_1[n]$ 和 $\tilde{x}_2[n]$ 的周期卷积定义为

$$\tilde{y}[n] = \sum_{m=\langle N\rangle} \tilde{x}_1[m]\tilde{x}_2[n-m] \qquad (5-134)$$

记为 $\tilde{x}_1[n] * \tilde{x}_2[n]$，即

$$\tilde{y}[n] = \tilde{x}_1[n] * \tilde{x}_2[n] \qquad (5-135)$$

相对于周期卷积来说，有时也把一般的卷积称为非周期卷积。周期卷积的运算和非周期卷积一样，也是先把 $\tilde{x}_2[m]$ 反转再移位，然后与 $\tilde{x}_1[m]$ 相乘，只是所得乘积的求和只在一个周期内进行，如图 5-26 所示。随着 n 变化，$\tilde{x}_2[n-m]$ 的一个周期从求和区间内移出去，而其下一个周期又移进该求和区间。当 $n=N$ 时，周期序列 $\tilde{x}_2[n-m]$ 移满了一个整周期，由此看来和

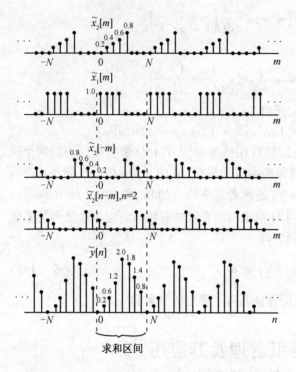

图 5 - 26 周期卷积的图解

它没有移位前一样,即 $\tilde{y}[n+N]=\tilde{y}[n]$。因此不难看出,周期卷积 $\tilde{y}[n]$ 也是一个周期序列,其周期也是 N。而且周期卷积的结果与选定哪一个长度为 N 的区间作为求和区间是无关的。

2. 周期卷积定理

如果三个周期序列 $\tilde{x}_1[n]$、$\tilde{x}_2[n]$ 和 $\tilde{y}[n]$ 的离散傅里叶系数乘以 N 分别为 $\tilde{X}_1[k]$、$\tilde{X}_2[k]$ 和 $\tilde{Y}[k]$,即若 $\tilde{x}_1[n] \longleftrightarrow \tilde{X}_1[k]$,$\tilde{x}_2[n] \longleftrightarrow \tilde{X}_2[k]$,$\tilde{y}[n] \longleftrightarrow \tilde{Y}[k]$,则

$$\tilde{y}[n] = \tilde{x}_1[n] * \tilde{x}_2[n] \longleftrightarrow$$

$$\tilde{Y}[k] = \tilde{X}_1[k]\tilde{X}_2[k] \qquad (5-136)$$

证明:由式(5 - 35)的 $\tilde{y}[n]$ 的离散傅里叶系数乘以 N 为

$$\tilde{Y}[k] = \sum_{n=\langle N \rangle} \tilde{y}[n] W^{kn}$$

$$(5-137)$$

式中,$W = \mathrm{e}^{-\mathrm{j}2\pi/N}$,$\tilde{y}[n] = \tilde{x}_1[n] * \tilde{x}_2[n]$,

所以

$$\tilde{Y}[k] = \sum_{n=\langle N \rangle} \left[\sum_{m=\langle N \rangle} \tilde{x}_1[m] \tilde{x}_2[n-m] \right] W^{kn}$$

$$= \sum_{m=\langle N \rangle} \tilde{x}_1[m] \left[\sum_{n=\langle N \rangle} \tilde{x}_2[n-m] W^{k(n-m)} \right] W^{km} \qquad (5-138)$$

上式右边方括号内的和式可写成

$$\sum_{n=m}^{m+N-1} \tilde{x}_2[n-m] W^{k(n-m)} = \sum_{r=0}^{N-1} \tilde{x}_2[r] W^{kr} = \tilde{X}_2[k], r = n-m \qquad (5-139)$$

代入式(5 - 138),得

$$\tilde{Y}[k] = \sum_{m=\langle N \rangle} [\tilde{x}_1[m] W^{km}] \tilde{X}_2[k]$$

$$= \tilde{X}_1[k]\tilde{X}_2[k] \qquad (5-140)$$

可见,在时域中两个周期序列的周期卷积等于频域中这两个序列的离散傅里叶系数乘以 N 的乘积。换句话说,时域中的周期卷积运算等效于频域中的乘积运算。这个定理在系统分析中非常有用,它的最重要用途就是可以用 DFT 来计算两个有限长序列的卷积。

3. 用 DFT 计算两个有限长序列的卷积

设 $x_1[n]$ 和 $x_2[n]$ 为两个有限长序列,其序列长度分别为 N_1 和 N_2,即在此区间以外

$$x_1[n] = 0, 在 0 \leqslant n \leqslant N_1 - 1 区间外$$

$$x_2[n] = 0, 在 0 \leqslant n \leqslant N_2 - 1 区间外 \qquad (5-141)$$

则这两个有限长序列的卷积

$$y[n] = x_1[n] * x_2[n] \tag{5-142}$$

也是一个有限长序列,它的序列长度

$$N = N_1 + N_2 - 1 \tag{5-143}$$

于是,我们选择任一整数 $N \geq N_1 + N_2 - 1$,并定义两个周期序列 $\tilde{x}_1[n]$ 和 $\tilde{x}_2[n]$,其周期为 N,并且使

$$\begin{cases} \tilde{x}_1[n] = x_1[n], & 0 \leq n \leq N-1 \\ \tilde{x}_2[n] = x_2[n], & 0 \leq n \leq N-1 \end{cases} \tag{5-144}$$

则

$$\tilde{y}[n] = \tilde{x}_1[n] * \tilde{x}_2[n] = \sum_{m=\langle N \rangle} \tilde{x}_1[m]\tilde{x}_2[n-m]$$

$$= \sum_{m=0}^{N-1} x_1[m]x_2[n-m] = y[n], 0 \leq n \leq N-1 \tag{5-145}$$

即

$$y[n] = \begin{cases} \tilde{y}[n], & 0 \leq n \leq N-1 \\ 0, & \text{在 } 0 \leq n \leq N-1 \text{ 区间外} \end{cases} \tag{5-146}$$

可见,若在式(5-144)中选择足够长的 N,就可使周期卷积 $\tilde{y}[n]$ 在一个周期内等于两个有限长序列的非周期卷积 $y[n]$,而在区间 $0 \leq n \leq N-1$ 以外,$y[n] = 0$。因此,$x_1[n]$ 和 $x_2[n]$ 的非周期卷积 $y[n]$ 完全可以由 $\tilde{x}_1[n]$ 和 $\tilde{x}_2[n]$ 的周期卷积 $\tilde{y}[n]$ 来确定。另外,从周期卷积定理知道,$\tilde{y}[n]$ 的 N 乘以离散傅里叶系数 $\tilde{Y}[k] = \tilde{X}_1[k]\tilde{X}_2[k]$,而 $\tilde{y}[n]$、$\tilde{x}_1[n]$ 和 $\tilde{x}_2[n]$ 在 $0 \leq n \leq N-1$ 内分别与 $y[n]$、$x_1[n]$ 和 $x_2[n]$ 是相等的,所以,从式(5-90)可见,三个周期信号的 N 乘以离散傅里叶系数就等于 $y[n]$、$x_1[n]$ 和 $x_2[n]$ 的 DFT,即

$$\tilde{Y}[k] = Y[k], \quad \tilde{X}_1[k] = X_1[k], \quad \tilde{X}_2[k] = X_2[k] \tag{5-147}$$

所以

$$Y[k] = X_1[k]X_2[k] \tag{5-148}$$

于是,根据周期卷积定理和合适的选择周期 N 可得用 DFT 计算两个有限长序列卷积的算法如下:

(1) 求 $x_1[n]$ 和 $x_2[n]$ 的 DFT,由式(5-94)得

$$X_1[k] = \sum_{n=0}^{N-1} x_1[n]W^{kn}, k = 0, 1, \cdots, N-1$$

$$X_2[k] = \sum_{n=0}^{N-1} x_2[n]W^{kn}, k = 0, 1, \cdots, N-1 \tag{5-149}$$

(2) 将两个 DFT 相乘,得

$$Y[k] = X_1[k]X_2[k], k = 0, 1, \cdots, N-1 \tag{5-150}$$

(3) 计算 $Y(k)$ 的 IDFT,由式(5-93)得

$$y[n] = \frac{1}{N}\sum_{k=0}^{N-1} Y[k]W^{-kn}, n = 0, 1, \cdots, N-1 \tag{5-151}$$

这里,求 $X_1[k]$、$X_2[k]$ 以及 $Y[k]$ 的 IDFT 都可以用 FFT 完成,而第(2)步是简单的乘法运算,所以包括第(1)步到第(3)步的整个算法是一种计算有限长序列卷积的高效算法。

5.11　周期相关定理及其应用

1. 序列相关

设 $x_1[n]$ 和 $x_2[n]$ 为两个有限长序列,其序列长度分别为 N_1 和 N_2,则此两个序列相关为

$$y[n] = \sum_{m=-\infty}^{\infty} x_1[m] x_2[m-n] \tag{5-152}$$

记为 $x_1[n] \circ x_2[n]$,即

$$y[n] = x_1[n] \circ x_2[n] \tag{5-153}$$

也是一个有限长序列,其序列长度

$$N = N_1 + N_2 - 1 \tag{5-154}$$

例 5-17　已知 $x_1[n] = \{1,1,1,1\}$,$x_2[n] = \{½,½,½,½\}$,求 $y[n] = x_1[n] \circ x_2[n]$。

解:$y[n] = \sum_{m=-\infty}^{\infty} x_1[m] x_2[m-n]$

为了计算这两个序列相关,我们给出 $x_1[m]$ 和四个区间的 $x_2[m-n]$ 图形,如图 5-27 所示。

区间 1,即 $n < -N_2 + 1 = -3$,这时 $x_1[m]$ 和 $x_2[m-n]$ 无任何重叠部分,所以 $y[n] = 0$。

区间 2,即 $-3 \leq n \leq 0$,这时乘积

$$x_1[m] x_2[m-n] = \begin{cases} 1/2, & 0 \leq m \leq 3+n \\ 0, & 其他 \end{cases}$$

$$y[n] = \sum_{m=0}^{3+n} x_1[m] x_2[m-n], n = -3, -2, -1, 0$$

所以 $y[-3] = 1/2$,　$y[-2] = \sum_{m=0}^{1} x_1[m] x_2[m+2] = x_1[0] x_2[2] + x_1[1] x_2[3] = 1$,

$y[-1] = \sum_{m=0}^{2} x_1[m] x_2[m+1] = 3/2$,　$y[0] = \sum_{m=0}^{3} x_1[m] x_2[m] = 2$

区间 3,$0 \leq n \leq 3$,这时

$$x_1[m] x_2[m-n] = \begin{cases} 1/2, & n \leq m \leq 3 \\ 0, & 其他 \end{cases}$$

$$y[n] = \sum_{m=n}^{3} x_1[m] x_2[m-n], n = 0, 1, 2, 3$$

所以

$$y[0] = \sum_{m=0}^{3} x_1[m] x_2[m] = 2$$

$$y[1] = \sum_{m=1}^{3} x_1[m] x_2[m-1] = 3/2$$

$$y[2] = \sum_{m=2}^{3} x_1[m] x_2[m-2] = 1$$

$$y[3] = \sum_{m=3}^{3} x_1[m] x_2[m-3] = 1/2$$

区间 4, $n > N_1 - 1 = 3$, 这时 $x_1[m]$ 和 $x_2[m - n]$ 无重叠部分。所以
$$y[n] = 0$$

综合以上所得, 可得 $y[n]$ 的图形如图 5 - 27 所示, 其相关值 $y[n]$ 不为 0 的区间为 $-N_2 + 1 \leqslant n \leqslant N_1 - 1$。

从上面的例子还可以看到, 如果知道了两个序列的图形就能帮助我们了解两个非零值序列的重叠范围, 确定相关的下限与上限, 使运算简化。此外, 还可以看到两个有限长序列相关也是一个有限长序列; 其序列的长度即序列值不为零的个数为两个序列的长度之和减 1, 如式 (5 - 154) 所示。如在本例中 $N_1 = 4, N_2 = 4$, 所以
$$N = 4 + 4 - 1 = 7$$
这与图 5 - 27 所示的结果一致。

2. 周期相关的定义

两个具有相同周期的序列 $\tilde{x}_1[n]$ 和 $\tilde{x}_2[n]$ 的周期相关的定义为
$$\tilde{y}[n] = \sum_{m = \langle N \rangle} \tilde{x}_1[m] \tilde{x}_2[m - n] \tag{5 - 155}$$

记为 $\tilde{x}_1[n] \circ \tilde{x}_2[n]$, 即

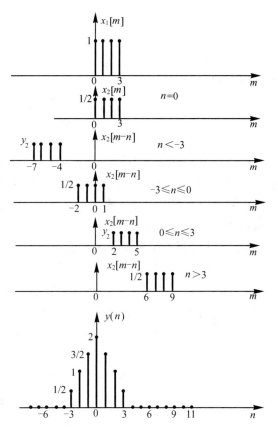

图 5 - 27　两个序列相关的图解

$$\tilde{y}[n] = \tilde{x}[n] \circ \tilde{x}_2[n] \tag{5 - 156}$$

相对于周期相关来说, 有时也把一般的相关称为非周期相关。周期相关表示式 (5 - 155) 与周期卷积表示式 (5 - 134) 在形式上是相似的, 它们的差别只是不要求 $\tilde{x}_2[m]$ 沿纵轴反转。因此, 为了求周期相关, 我们可以简单地将 $\tilde{x}_2[m - n]$ 平移过 $x_1[m]$, 并且对平移量 n 的每一值将乘积在一个周期内求和。

3. 周期相关定理

若 $\tilde{x}_1[n] \longleftrightarrow \tilde{X}_1(k), \tilde{x}_2[n] \longleftrightarrow X_2[k]$ 和 $\tilde{y}[n] \longleftrightarrow \tilde{Y}[k]$, 则
$$\tilde{y}[n] = \tilde{x}_1[n] \circ \tilde{x}_2[n] \longleftrightarrow \tilde{Y}[k] = \tilde{X}_1[k] \tilde{X}_2^*[k] \tag{5 - 157}$$
式中, $X_2^*[k]$ 为 $X_2[k]$ 的共轭。

证明: 由式 (5 - 35) 和式 (5 - 155) 的 $\tilde{y}[n]$ 的离散傅里叶系数乘以 N 为
$$\tilde{Y}[k] = \sum_{n = \langle N \rangle} \left[\sum_{m = \langle N \rangle} \tilde{x}_1[m] \tilde{x}_2[m - n] \right] W^{kn}$$
$$= \sum_{m = \langle N \rangle} \tilde{x}_1[m] \left[\sum_{n = \langle N \rangle} \tilde{x}_2[m - n] W^{-k(m - n)} \right] W^{km} \tag{5 - 158}$$
上式右边方括号内的和式可写成

$$\sum_{n=m}^{m+N-1} \tilde{x}_2[m-n]W^{-k(m-n)} = \sum_{r=0}^{N-1} \tilde{x}_2[r]W^{-kr} = \tilde{X}_2^*[k]$$

$$r = m - n \tag{5 - 159}$$

代入式(5 - 158),得

$$\tilde{Y}[k] = \left[\sum_{m=\langle N \rangle} \tilde{x}_1[m]W^{km}\right]\tilde{X}_2^*[k]$$

$$= \tilde{X}_1[k]X_2^*[k] \tag{5 - 160}$$

可见,在时域中两个周期序列的周期相关等效于频域中一个周期序列 N 乘以离散傅里叶系数,乘上另一周期序列 N 乘以离散傅里叶系数的共轭值。换句话说,时域中的周期相关运算等效于频域中的乘积运算。这个定理在信号检测与识别中非常有用,它的一个重要用途就是可以用 DFT 来计算两个有限长序列相关。

4. 用 DFT 计算两个有限长序列相关

设 $x_1[n]$ 和 $x_2[n]$ 为两个有限长序列,其序列长度分别为 N_1 和 N_2,则此两个有限长序列相关 $y[n]$ 如式(5 - 152),它也是一个有限长序列,其序列长度 N 如式(5 - 154)。于是,我们可定义两个周期序列 $\tilde{x}_1[n]$ 和 $\tilde{x}_2[n]$,其周期

$$N \geqslant N_1 + N_2 - 1 \tag{5 - 161}$$

且使

$$\left.\begin{array}{l} \tilde{x}_1[n] = x_1[n], \quad 0 \leqslant n \leqslant N - 1 \\ \tilde{x}_2[n] = x_2[n], \quad 0 \leqslant n \leqslant N - 1 \end{array}\right\} \tag{5 - 162}$$

则

$$\tilde{y}[n] = \sum_{m=\langle N \rangle} \tilde{x}_1[m]\tilde{x}_2[m-n]$$

$$= \sum_{m=\langle N \rangle} x_1[n]x_2[m-n]$$

$$= y[n], \quad n = \langle N \rangle \text{ 或 } -N_2 + 1 \leqslant n \leqslant N_1 - 1 \tag{5 - 163}$$

即

$$y[n] = \begin{cases} \tilde{y}[n], & n = \langle N \rangle \text{ 或 } -N_2 + 1 \leqslant n \leqslant N_1 - 1 \\ 0, & \text{其他} \end{cases} \tag{5 - 164}$$

可见,两个有限长序列相关等于两个周期序列相关的主值序列,即若在式(5 - 163)中选择合适[满足式(5 - 161)]的周期 N,就可使周期相关 $\tilde{y}[n]$ 在一个周期内等于两个有限长序列相关 $y[n]$。所以,$x_1[n]$ 和 $x_2[n]$ 相关完全可以由 $\tilde{x}_1[n]$ 和 $\tilde{x}_2[n]$ 的周期相关 $\tilde{y}[n]$ 来确定。另外,从周期相关定理知道,在主值周期

$$Y[k] = X_1[k]X_2^*[k] \tag{5 - 165}$$

所以,选择合适的周期 N,可得用 DFT 计算两个有限长序列相关的算法如下:

(1) 求 $x_1[n]$ 和 $x_2[n]$ 的 DFT。由式(5 - 94)得

$$X_1[k] = \sum_{n=0}^{N-1} x_1[n]W^{kn}, k = 0, 1, \cdots, N - 1$$

$$X_2[k] = \sum_{n=0}^{N-1} x_2[n]W^{kn}, k = 0, 1, \cdots, N - 1 \tag{5 - 166}$$

（2）将一个 DFT 与另一个 DFT 的共轭值相乘，即

$$Y[k] = X_1[k]X_2^*[k], k = -N_2 + 1, -N_2 + 2, \cdots, 0, 1, \cdots, N_1 - 1 \qquad (5-167)$$

（3）计算 $Y[k]$ 的 IDFT，由式（5-93）得

$$y(n) = \frac{1}{N}\sum_{k=-N_2+1}^{N_1-1} Y[k]W^{-kn}, n = -N_2 + 1, -N_2 + 2, \cdots, 0, 1, \cdots, N-1 \qquad (5-168)$$

这里，求 $X_1[k]$、$X_2[k]$ 以及 $Y[k]$ 的 IDFT 与卷积类似，都可以用 FFT 完成，而第（2）步是简单的取共轭与乘积运算，所以包括第（1）步至第（3）步的整个算法是一种计算两个有限长序列相关的高效算法。

5.12　频域卷积定理及其应用

1. 频域卷积定理

若 $x_1[n] \longleftrightarrow X_1(e^{j\Omega}), x_2[n] \longleftrightarrow X_2(e^{j\Omega})$，则

$$y[n] = x_1[n]x_2[n] \longleftrightarrow Y(e^{j\Omega}) = \frac{1}{2\pi}[X_1(e^{j\Omega}) * X_2(e^{j\Omega})] \qquad (5-169)$$

证明：由式（5-55）得 $y[n]$ 的离散时间傅里叶变换为

$$Y(e^{j\Omega}) = \sum_{n=-\infty}^{\infty} y[n]e^{-j\Omega n} = \sum_{n=-\infty}^{\infty} x_1[n]x_2[n]e^{-j\Omega n} \qquad (5-170)$$

由式（5-54）并令 $\Omega=\theta$，得

$$x_1[n] = \frac{1}{2\pi}\int_{2\pi} X_1(e^{j\theta})e^{j\theta n}d\theta \qquad (5-171)$$

代入式（5-170）并交换求和和积分的次序，可得

$$Y(e^{j\Omega}) = \frac{1}{2\pi}\int_{2\pi} X_1(e^{j\theta})\left[\sum_{n=-\infty}^{\infty} x_2[n]e^{-j(\Omega-\theta)n}\right]d\theta \qquad (5-172)$$

与式（5-55）比较可知，式（5-172）右边方括号中的和式就是 $X_2(\Omega-\theta)$，于是

$$Y(e^{j\Omega}) = \frac{1}{2\pi}\int_{2\pi} X_1(e^{j\theta})X_2(e^{j(\Omega-\theta)})d\theta$$

$$= \frac{1}{2\pi}[X_1(e^{j\Omega}) * X_2(e^{j\Omega})] \qquad (5-173)$$

可见，在时域中两个序列相乘，等效于频域中这两个序列的频谱相卷积。换句话说，时域中的乘积运算等效于频域中的卷积运算。

2. 频域卷积定理的应用

与连续时间情况一样，两个序列相乘可以理解为用一个序列去调制另一序列的幅度，因此两个序列相乘，也称为幅度调制，频域卷积定理也称为调制定理。这个定理在无线电电子学中非常有用，是研究脉冲调制、解调和抽样系统的基础。

例 5-18　已知 $x_1[n] = e^{j\pi n} = (-1)^n$ 是一个频率为 π 的周期序列，$x_2[n]$ 的频谱如图 5-28(b)所示，求乘积 $x_1[n]x_2[n]$ 序列的频谱。

解：由式（5-76）得 $x_1[n]$ 的频谱

$$X_1(e^{j\Omega}) = 2\pi\sum_{l=-\infty}^{\infty} \delta(\Omega - \pi - 2\pi l)$$

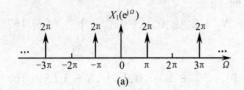

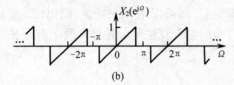

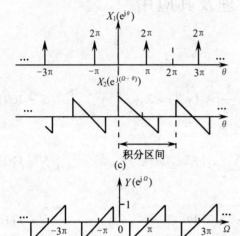

图 5-28　乘积序列的频谱

$$= 2\pi \sum_{l=-\infty}^{\infty} \delta\left[\Omega - (2l+1)\pi\right]$$

如图 5-28(a)所示。根据频域卷积定理,时域中两个序列相乘等效于频域中这两个序列的频谱相卷积,即

$$Y(e^{j\Omega}) = \frac{1}{2\pi}\int_{2\pi} X_1(e^{j\theta}) X_2(e^{j(\Omega-\theta)}) \, d\theta$$

$$(5-174)$$

根据上式可得用图解法求 $Y(e^{j\Omega})$ 的步骤如下:

(1) 变量置换、反转。即 $X_1(e^{j\Omega}) \to X_1(e^{j\theta})$, $X_2(e^{j\Omega}) \to X_2(e^{-j\theta})$ 。

(2) 平移。即 $X_2(e^{-j\theta}) \to X_2(e^{j(\Omega-\theta)})$ 。

(3) 相乘。得 $X_1(e^{j\theta}) X_2(e^{j(\Omega-\theta)})$ 。

(4) 积分。式(5-174)的积分可在 θ 的任何一个 2π 区间内完成,这里选择 $0 \leq \theta \leq 2\pi$,所以在积分区间内

$$X_1(e^{j\theta}) X_2(e^{j(\Omega-\theta)}) = 2\pi\delta(\theta-\pi) X_2(e^{j(\Omega-\theta)})$$
$$= 2\pi X_2(e^{j(\Omega-\theta)})\delta(\theta-\pi)$$

代入式(5-174),得

$$Y(e^{j\Omega}) = \int_0^{2\pi} X_2(e^{j(\Omega-\theta)})\delta(\theta-\pi)\,d\theta = X_2(e^{j(\Omega-\pi)})$$

如图 5-28(d)所示。从图中可见, $X_2(e^{j\Omega})$ 中心从 0 平移到 π 。说明当用序列 $x_1[n] = e^{j\pi n}$ 去调制 $x_2[n]$ 后, $x_2[n]$ 的频谱就从 0 搬移到 π ,即从低频搬移到高频。

5.13　离散时间傅里叶变换的性质小结

到此为止,我们已经讨论了离散时间傅里叶变换的十三个性质,为了便于读者查用与比较,现把这些性质汇总于表 5-1。正如在 5.7 节中指出过的,其中很多性质在离散傅里叶级数和离散傅里叶变换中都能找到对应的性质,现把 DFS 和 DFT 的这些性质分别汇总于表 5-2 和表 5-3。把这些表与表 4-2~表 4-4 比较一下,就可对连续时间和离散时间傅里叶变换之间的异同点更加清楚。

表 5-1　离散时间傅里叶变换的性质

性质	时域 $x[n]$	频域 $X(e^{j\Omega})$
1. 周期性	非周期、离散	周期、连续,周期为 2π
2. 线性	$ax_1[n]+bx_2[n]$	$aX_1(e^{j\Omega})+bX_2(e^{j\Omega})$
3. 共轭对称性	$x[n]$ 为实数序列	$X(e^{-j\Omega}) = X^*(e^{j\Omega})$
4. 位移性	$x[n-m]$	$X(e^{j\Omega})e^{-j\Omega m}$

续表

性质	时域 $x[n]$	频域 $X(e^{j\Omega})$
5. 频移性	$x[n]e^{j\Omega_0 n}$	$X(e^{j(\Omega-\Omega_0)})$
6. 尺度变换	$x_{(k)}[n]$ $\begin{cases} x(n/k), & n \text{ 是 } k \text{ 的倍数} \\ 0, & n \text{ 不是 } k \text{ 的倍数} \end{cases}$	$X(e^{jk\Omega})$
7. 反转性	$x[-n]$	$X(e^{-j\Omega})$
8. 时域差分	$x[n]-x[n-1]$	$(1-e^{-j\Omega})X(e^{j\Omega})$
9. 时域求和	$\displaystyle\sum_{m=-\infty}^{n} x[m]$	$\dfrac{X(e^{j\Omega})}{1-e^{-j\Omega}} + \pi X(e^{j0})\displaystyle\sum_{k=-\infty}^{\infty}\delta(\Omega-2\pi k)$
10. 频域微分	$nx[n]$	$j\dfrac{dX(e^{j\Omega})}{d\Omega}$
11. 时域卷积	$x_1[n]*x_2[n]$	$X_1(e^{j\Omega})X_2(e^{j\Omega})$
12. 频域卷积	$x_1[n]x_2[n]$	$\dfrac{1}{2\pi}[X_1(e^{j\Omega})*X_2(e^{j\Omega})]$
13. 时域相关	$x_1[n]\circ x_2[n]$	$X_1(e^{j\Omega})X_2^*(e^{j\Omega})$
14. 非周期序列帕色伐尔定理	$\displaystyle\sum_{n=\infty}^{\infty}[x[n]]^2 = \dfrac{1}{2\pi}\int_{2\pi}|X(e^{j\Omega})|^2 d\Omega$	

表 5 - 2 离散傅里叶级数的性质

性质	时域 $x[n]$	频域 $\tilde{X}[k]$ $(=Nc_k)$
1. 周期性	周期、离散,周期为 N	周期、离散,周期为 N
2. 线性	$a\tilde{x}_1[n]+b\tilde{x}_2[n]$	$a\tilde{X}_1[k]+b\tilde{X}_2[k]$
3. 共轭对称性	$\tilde{x}[n]$ 为实序列	$\tilde{X}[-k]=\tilde{X}^*[k]$
4. 位移性	$\tilde{x}[n-m]$	$\tilde{X}[k]e^{-jk(2\pi/N)m}$
5. 频移性	$\tilde{x}[n]e^{jm\Omega_0 n}$	$\tilde{X}[k-m]$
6. 尺度变换	$\tilde{x}_{(k)}[n]$ $\begin{cases} x[n/m], & n \text{ 为 } m \text{ 的倍数} \\ 0, & n \text{ 不是 } m \text{ 的倍数} \end{cases}$ (周期性,周期为 mN)	$\dfrac{1}{m}\tilde{X}[k]$ (周期性,周期为 $2\pi/m$)
7. 反转性	$\tilde{x}[-n]$	$\tilde{X}[-k]$
8. 时域差分	$\tilde{x}[n]-\tilde{x}[n-1]$	$(1-e^{-jk(2\pi/N)})\tilde{X}[k]$
9. 时域求和	$\displaystyle\sum_{m=-\infty}^{n}\tilde{x}[m]$(仅当 $X[0]=0$ 时,才是 有限值,且是周期的)	$\dfrac{\tilde{X}[k]}{1-e^{jk(2\pi/N)}}$
10. 时域周期卷积	$\tilde{x}_1[n]*\tilde{x}_2[n]$	$\tilde{X}_1[k]\tilde{X}_2[k]$
11. 时域周期相关	$\tilde{x}_1[n]\circ\tilde{x}_2[n]$	$\tilde{X}_1[k]\tilde{X}_2^*[k]$
12. 频域周期卷积	$\tilde{x}_1[n]\tilde{x}_2[n]$	$\tilde{X}_1[k]*\tilde{X}_2[k]$
13. 周期序列的帕色伐尔定理	$\displaystyle\sum_{n=(N)}[\tilde{x}[n]]^2 = \dfrac{1}{N}\sum_{k=(N)}|\tilde{X}[k]|^2$	

表 5-3　DFT 的性质

性质	时域 $x[n]$	频域 $X[k]$
1. 线性	$ax_1[n]+bx_2[n]$	$aX_1[k]+bX_2[k]$
2. 共轭对称性	$x[n]$ 为实序列	$X[-k]=X^*[k]$
		$\mathrm{Re}\{X[k]\}=\mathrm{Re}\{X[-k]\}$
		$\mathrm{Im}\{X[k]\}=-\mathrm{Im}\{X[-k]\}$
		$\lvert X[k]\rvert=\lvert X[-k]\rvert$
		$\arg\{X[k]\}=-\arg\{X[-k]\}$
	$x[n]$ 为实偶序列	$X[k]$ 为实偶函数
	$x[n]$ 为实奇序列	$X[k]$ 为虚奇函数
3. 位移性	$x[n-m]$	$X[k]W^{km}$
4. 频移性	$x[n]W^{ln}$	$X[k-l]$
5. 反转性	$x[-n]$	$X[-k]$
6. 时域差分	$x[n]-x[n-1]$	$(1-W^k)X[k]$
7. 时域求和	$\displaystyle\sum_{m=-\infty}^{n}x[m],$ $X[0]=0$	$\dfrac{X[k]}{1-W^k}$
8. 时域卷积	$\displaystyle\sum_{m=0}^{N-1}x_1[m]x_2[n-m]$ $n=0,1,\cdots,N-1$ $N\geqslant N_1+N_2-1$	$X_1[k]X_2[k]$
9. 时域相关	$\displaystyle\sum_{m=\langle N\rangle}x_1[m]x_2[m-n]$ $n=-N_2+1,\cdots,0,1,\cdots,N_1-1$ $N=N_1+N_2-1$	$X_1[k]X_2^*[k]$
10. 频域卷积	$x_1[n]x_2[n]$	$\displaystyle\sum_{l=0}^{N-1}X_1[l]X_2[k-l],k=0,1,\cdots,N-1$
11. 帕色伐尔定理	$\displaystyle\sum_{n=0}^{N-1}[x[n]]^2=\dfrac{1}{N}\sum_{k=0}^{N-1}\lvert X[k]\rvert^2$	

习　　题

5.1　求下列周期序列的数字频率、周期和离散傅里叶系数,并画出其振幅频谱和相位频谱图

(a) $x[n]=\sin[\pi(n-1)/4]$;

(b) $x[n]=\cos(2\pi n/3)+\sin(2\pi n/7)$;

(c) $x[n]$ 以 6 为周期,且 $x[n]=(1/2)^n$,$-2\leqslant n\leqslant3$;

(d) $x[n]=\sin(2\pi n/3)\cos(\pi n/2)$;

(e) $x[n]$ 以 4 为周期,且 $x[n]=1-\sin(\pi n/4)$,$0\leqslant n\leqslant3$;

(f) $x[n]$ 如图 P5.1(a)所示;

（g）$x[n]$ 如图 P5.1（b）所示；

（h）$x[n]$ 如图 P5.1（c）所示。

5.2　已知 $x(t)$ 为一个有限带宽信号，其频带宽度为 B Hz，试求 $x(2t)$ 和 $x(t/3)$ 的奈奎斯特抽样率和奈奎斯特抽样间隔。

5.3　已知 $x(t)=\dfrac{\sin 4\pi t}{\pi t}$，当对 $x(t)$ 抽样时，求能恢复原信号的最大抽样间隔。

5.4　试确定下列信号的最小抽样率和最大抽样间隔。

（a）$\mathrm{sinc}(100t)$；

（b）$[\mathrm{sinc}(100t)]^2$；

（c）$\mathrm{sinc}(100t)+\mathrm{sinc}(50t)$；

（d）$\mathrm{sinc}(100t)+[\mathrm{sinc}(50t)]^2$。

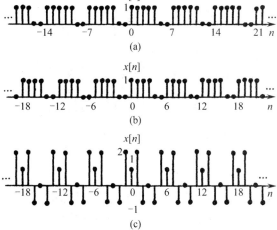

图 P5.1

5.5　已知连续时间信号 $x(t)=2\sin 2\pi\times2\times10^3 t+\sin 2\pi\times4\times10^3 t$，以 $T=0.1$ ms 的间隔进行抽样。

（a）试画出 $x(t)$ 抽样前后的频谱图；

（b）由 $x[n]$ 能否重建 $x(t)$？若以 $T=0.2$ ms 进行抽样怎样？

（c）由 $x[n]$ 重建 $x(t)$，应通过何种滤波器，其截止频率如何选择？

5.6　画出下列信号在抽样瞬时 $t=0,\pm1/4,\pm1/2,\cdots$ 的样值。

（a）$\cos 2\pi t$；

（b）$\sin 4\pi t$。

5.7　已知信号 $x(t)=[\mathrm{sinc}(\pi wt)]^2$，在 $t=0,\pm1/2w,\pm1/w,\cdots$ 时进行理想抽样，且通过一个通频带为 w，增益为 1，延迟为 0 的理想低通滤波器重建信号 $x(t)$，试用类似于作图 5-6 的方法来说明 $x(t)$ 信号的重建。

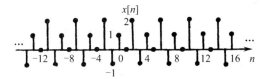

图 P5.8

5.8　已知周期序列如图 P5.8 所示，试确定其周期 N，写出其离散傅里叶级数表示式，并分别用下列两种方法求其离散傅里叶系数。

（a）解联立方程法；

（b）正交函数系数法。

5.9　在下列小题中已知周期序列的离散傅里叶系数，其周期为 8，试分别求其周期序列 $x[n]$。

（a）$c_k=\cos(k\pi/4)+\sin(3k\pi/4)$；

（b）$c_k=\begin{cases}\sin(k\pi/3), & 0\leqslant k\leqslant6 \\ 0, & k=7\end{cases}$；

（c）c_k 如图 P5.9（a）所示；

（d）c_k 如图 P5.9（b）所示。

5.10　设 $x[n]$ 是一个周期序列，其周期为 N，DFS 表示为

… (omitted)

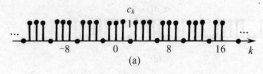

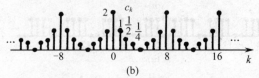

图 P5.9

$$x[n] = \sum_{k=\langle N \rangle} c_k e^{jk(2\pi/N)n} \quad (P5.10)$$

（a）求下列信号的 DFS 表示式,其离散傅里叶系数用式(P5.10)中的 c_k 表示。

（Ⅰ）$x[n-m]$。

（Ⅱ）$x[n] - x[n-1]$。

（Ⅲ）$x[n] - x[n-N/2]$,N 为偶数。

（Ⅳ）$x[n] + x[n+N/2]$,N 为偶数。注意这个和序列的周期为 $N/2$。

（Ⅴ）$(-1)^n x[n]$,N 为偶数。

（Ⅵ）$(-1)^n x[n]$,N 为奇数。注意该乘积序列的周期为 $2N$。

（b）若 N 为偶数,且式(P5.10)中的 $x[n]$ 满足 $x[n] = -x[n+N/2]$,对所有 n,证明对所有的偶整数 k,有 $c_k = 0$。

5.11　计算下列序列的离散时间傅里叶变换。

（a）$x[n]$ 如图 P5.11(a)所示;

（b）$2^n u[-n]$;

（c）$(1/4)^n u[n+2]$;

（d）$[a^n \sin\Omega_0 n]u[n]$,$|a| \leqslant 1$;

（e）$a^{|n|}\sin\Omega_0 n$,$|a|<1$;

（f）$(1/2)^n \{u[n+3] - u[n-2]\}$;

（g）$n\{u[n+N] - u[n-N-1]\}$;

（h）$\cos(18\pi n/7) + \sin(2n)$;

（i）$\sum_{k=0}^{+\infty} (1/4)^n \delta[n-3k]$;

（j）$x[n]$ 如图 P5.11(b)所示;

（k）$\delta[4-2n]$;

（l）$x[n] = \begin{cases} \cos(\pi n/3), & -4 \leqslant n \leqslant 4 \\ 0, & \text{其他}; \end{cases}$

（m）$n(1/2)^{|n|}$;

（n）$\left[\dfrac{\sin(\pi n/3)}{\pi n}\right]\left[\dfrac{\sin(\pi n/4)}{\pi n}\right]$;

（o）$x[n]$ 如图 P5.11(c)所示。

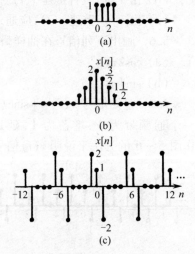

图 P5.11

5.12　下面是一些离散时间信号的傅里叶变换,试确定与每个变换相对应的信号。

（a）$X(e^{j\Omega}) = \begin{cases} 0, & 0 \leqslant |\Omega| \leqslant w \\ 1, & w < |\Omega| \leqslant \pi \end{cases}$;

（b）$X(e^{j\Omega}) = 1 - 2e^{-j3\Omega} + 4e^{j2\Omega} + 3e^{-j6\Omega}$;

（c）$X(e^{j\Omega}) = \sum_{k=-\infty}^{+\infty} (-1)^k \delta(\Omega - \pi k/2)$;

（d）$X(e^{j\Omega}) = \cos^2\Omega$;

（e）$X(e^{j\Omega}) = \cos(\Omega/2) + j\sin\Omega, -\pi \leq \Omega \leq \pi$；

（f）$X(e^{j\Omega})$ 如图 P5.12(a) 所示；

（g）$X(e^{j\Omega})$ 如图 P5.12(b) 所示；

（h）$|X(e^{j\Omega})| = \begin{cases} 0, & 0 \leq |\Omega| \leq \pi/3 \\ 1, & \pi/3 < |\Omega| \leq 2\pi/3 \\ 0, & 2\pi/3 < |\Omega| \leq \pi \end{cases}$；

$\arg\{X(e^{j\Omega})\} = 2\Omega$；

（i）$X(e^{j\Omega}) = \dfrac{e^{-j\Omega}}{1 + (e^{-j\Omega} - e^{-j2\Omega})/6}$。

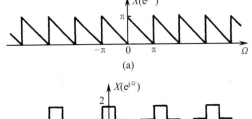

图 P5.12

5.13　设 $X(e^{j\Omega})$ 代表图 P5.13 所示信号 $x[n]$ 的傅里叶变换。不求出 $X(e^{j\Omega})$ 而完成下列运算。

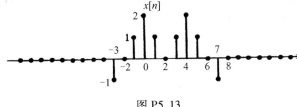

图 P5.13

（a）求 $X(e^{j0})$ 的值；

（b）求 $\arg\{X(e^{j\Omega})\}$；

（c）求值 $\int_{-\pi}^{\pi} X(e^{j\Omega}) d\Omega$；

（d）求 $X(e^{j\pi})$；

（e）确定并画出傅里叶变换为 $\text{Re}\{X(e^{j\Omega})\}$ 的信号。

5.14　求 $\{4, -j2, 0, j2\}$ 的 IDFT。

5.15　求 $\{1,1,0,0\}$ 的 DFT 和 $\{1,0,1,0\}$ 的 IDFT。

5.16　试用 DFT 法求两个有限长序列的卷积 $\{1,1,0,0\} * \{1,1,0,0\}$，并用时域卷积法验证之。

5.17　已知 $x_1[n] = \{1,3,5,7\}, x_2[n] = \{8,6,4,2\}$。

（a）用图解法求 $x_1[n] * x_2[n]$；

（b）用周期卷积定理求 $x_1[n] * x_2[n]$。

5.18　已知 $x_1[n] = x_2[n] = \{1,1,1,1,1\}$

（a）用图解法求 $x_1[n] \circ x_2[n]$；

（b）用 DFT 法求 $x_1[n] \circ x_2[n]$。

5.19　已知 $x_1[n] = \{1,1,1,1\}, x_2[n] = \{1/2,1/2,1/2\}$。

（a）用图解法求 $x_1[n] \circ x_2[n]$；

（b）用 DFT 法求 $x_1[n] \circ x_2[n]$。

5.20　已知有限长序列 $x[n]$，其离散傅里叶变换 $\text{DFT}\{x[n]\} = X[k]$，试用频移性质求：

（a）$\text{DFT}\left\{x[n]\cos\left(\dfrac{2\pi m}{N} \cdot n\right)\right\}$；

（b）$\text{DFT}\left\{x[n]\sin\left(\dfrac{2\pi m}{N} \cdot n\right)\right\}$。

5.21　已知如下 $X[k]$，试求 $\text{IDFT}\{X[k]\}$。

(a) $X[k] = \begin{cases} \dfrac{N}{2}e^{j\varphi}, & k=m \\[2mm] \dfrac{N}{2}e^{-j\varphi}, & k=N-m \\[2mm] 0, & \text{其他} \end{cases}$

式中, m 为一正整数, 且 $0<m<N/2$;

(b) $X[k] = \begin{cases} \dfrac{N}{2j}e^{j\varphi}, & k=m \\[2mm] -\dfrac{N}{2j}e^{-j\varphi}, & k=N-m^{\circ} \\[2mm] 0, & \text{其他} \end{cases}$

5.22 已知 $x_1[n] = \{0,1,2,1,0,0,1,0,1\}$, $x_2[n] = \{1,2,1\}$, 试用图解法求 $y[n] = x_1[n] \circ x_2[n]$, 并确定 $x_1[n]$ 中出现与 $x_2[n]$ 相似区域的位置。

第6章 连续时间和离散时间系统的频域分析

6.1 引 言

在第2章和第3章中,作为LTI系统时域分析的一种主要方法——卷积积分与卷积和,其出发点是把系统的输入信号表示为移位冲激的连续和(积分)或离散和(累加),然后把对应于冲激集合中每一项的响应进行叠加,则求得系统的总响应。这种分析方法比较直观,只是对于像信号滤波、调制、抽样等许多实际问题,直接运用卷积方法不易获得很清楚的物理解释。

本章将对LTI系统建立另一种分析方法,讨论的出发点是以复指数信号(含连续与离散)为基本信号(不同于第2章和第3章中以冲激为基本信号),如在第4章和第5章所做的,将输入信号表示成复指数信号的线性组合,并利用系统的叠加性质,把对应于不同频率复指数信号的响应进行叠加,结果便是输入信号作用下系统的响应。这种分析方法就是在信号与系统研究中起着极其重要作用的频域分析法,由于采用的数学工具是傅里叶级数和傅里叶变换,也称这种方法为傅里叶分析法。

频域分析和时域分析这两种方法的区别,源于它们所采用的基本信号不同。复指数信号和冲激信号虽然都属于时间 t 或 n 的函数,但前者表示任意信号时以频率 ω 或 Ω 不同为特征,后者则以时间上的移位为特征。

傅里叶分析法之所以被广泛应用于LTI系统分析中,概括地说有三个原因:一是LTI系统对复指数信号的响应十分简单,它远比系统对冲激函数 $\delta(t)$ 或 $\delta[n]$ 的响应来得简单。二是利用信号频谱的概念便于说明信号传输、信号滤波、调制以及抽样等许多实际应用问题。三是频域分析法容易推广到复频域分析,如在第7章和第8章要讨论的拉氏变换和Z变换分析法。包括傅里叶变换在内的各种变换法(统称变换域分析),在算法上都要通过函数变量的变换,使系统方程转换为更便于处理的简单形式,以简化求解系统响应的过程。例如本章要讨论的傅里叶分析法,是通过傅里叶变换把时域中的微分方程或差分方程变换为频域中的代数方程,然后经过简单的代数运算可求得系统响应的频域解,再利用傅里叶反变换得出系统的时域响应。

本章讨论的主要内容包括:以并行的方式同时讨论连续时间系统和离散时间系统的频域分析。从第4章和第5章得到的傅里叶变换理论出发,陆续引出两种系统的频率响应、系统在任意激励下的傅里叶分析、信号无失真传输条件、理想滤波器、系统的物理可实现条件以及傅里叶变换的基本理论在滤波、抽样等方面运用的初步知识。

6.2 LTI系统对复指数信号的响应 频率响应

1. 特征函数、特征值、频率响应

现在应用卷积积分和卷积和的方法,考虑LTI系统对复指数信号 e^{st} 和 z^n 的零状态响应。其中 s 和 z 可以是任意复数,表示为

$$s = \sigma + j\omega, \qquad z = re^{j\Omega} \qquad\qquad (6-1)$$

式中,$\omega(\mathrm{rad/s})$、$\Omega(\mathrm{rad})$ 为实频率,而 s、z 称为复频率。由系统的单位冲激响应 $h(t)$ 或 $h[n]$,可写出系统在复指数信号作用下的零状态响应

$$y(t) = \int_{-\infty}^{\infty} h(\tau) e^{s(t-\tau)} \mathrm{d}\tau = e^{st} \int_{-\infty}^{\infty} h(\tau) e^{-s\tau} \mathrm{d}\tau$$

$$y[n] = \sum_{k=-\infty}^{\infty} h[k] z^{(n-k)} = z^n \sum_{k=-\infty}^{\infty} h[k] z^{-k}$$

若上式中的积分和求和收敛,可记为

$$H(s) = \int_{-\infty}^{\infty} h(\tau) e^{-s\tau} \mathrm{d}\tau \qquad\qquad (6-2)$$

$$H(z) = \sum_{k=-\infty}^{\infty} h[k] z^{-k} \qquad\qquad (6-3)$$

于是在复指数信号作用下系统的输入—输出关系可表示为

$$e^{st} \longrightarrow H(s) e^{st} \qquad\qquad (6-4)$$

$$z^n \longrightarrow H(z) z^n \qquad\qquad (6-5)$$

式中,$-\infty < t < \infty$,$-\infty < n < \infty$。由上式可见,输出仅比输入多了一个乘因子 $H(s)$ 或 $H(z)$,它们是复频率 s 或 z 的函数,函数值一般为复数。当输入信号的复频率为某指定值时,$H(s)$ 和 $H(z)$ 就是复常数。如果系统对一个信号的响应仅是一个复常数乘以输入信号,则称该输入信号为系统的特征函数,而复常数称为系统的特征值。从式(6-2)和式(6-3)可以看到,系统特征值 $H(s)$、$H(z)$ 与系统的单位冲激响应之间存在着密切关系。当限定复频率 s 仅有虚部($s=j\omega$)、z 的模为单位 1($z=e^{j\Omega}$),则式(6-2)和式(6-3)变成

$$H(\omega) = \int_{-\infty}^{\infty} h(t) e^{-j\omega t} \mathrm{d}t \qquad\qquad (6-6)$$

$$H(e^{j\Omega}) = \sum_{n=-\infty}^{\infty} h[n] e^{-j\Omega n} \qquad\qquad (6-7)$$

相应地,系统的输入—输出关系变成

$$e^{j\omega t} \longrightarrow H(\omega) e^{j\omega t} \qquad\qquad (6-8)$$

$$e^{j\Omega n} \longrightarrow H(e^{j\Omega}) e^{j\Omega n} \qquad\qquad (6-9)$$

式中,$-\infty < t < \infty$,$-\infty < n < \infty$。

　　这里,LTI 系统的输入是单位振幅的复正弦信号,零状态响应仍是同频率(ω 或 Ω)的复正弦信号,仅其幅度乘以系统的特征值 $H(\omega)$ 或 $H(e^{j\Omega})$,一般称此特征值为系统的稳态频率响应或简称频率响应。由式(6-6)和式(6-7)可见,系统频率响应与其单位冲激响应恰好是一对傅里叶变换。

　　稳态频率响应这种称谓有着明确的物理意义:频率为 ω 或 Ω 的复正弦信号在 $t = -\infty$ 或 $n = -\infty$ 作用于稳定系统,我们在某限定时刻 t 或 n 观察到的系统零状态响应,只剩下稳态响应部分,由正弦开始激励时引发的系统瞬态响应部分早已消失,所以正弦激励下稳定系统的零状态响应就是稳态响应。如果把频率响应写成极坐标形式

$$H(\omega) = |H(\omega)| e^{j[\sphericalangle H(\omega)]}$$

$$H(e^{j\Omega}) = |H(e^{j\Omega})| e^{j[\sphericalangle H(e^{j\Omega})]}$$

则式(6-8)和式(6-9)可改写为

$$e^{j\omega t} \longrightarrow |H(\omega)| \, e^{j[\omega t + \sphericalangle H(\omega)]} \tag{6-10}$$

$$e^{j\Omega n} \longrightarrow |H(e^{j\Omega})| \, e^{j[\Omega n + \sphericalangle H(e^{j\Omega})]} \tag{6-11}$$

讨论至此,已经清楚地看到,LTI 系统对复指数信号的响应的确十分简单,输出即为输入乘以特征值(频率响应),或者说,输出仍为同频率的复指数信号,改变的只是振幅和相位。

当系统输入为任意函数 $x(t)$ 或 $x[n]$,其傅里叶变换 $X(\omega)$、$X(e^{j\Omega})$ 存在,通过卷积法可得到系统的零状态响应

$$y(t) = h(t) * x(t), \qquad y[n] = h[n] * x[n] \tag{6-12}$$

由卷积定理可写出

$$Y(\omega) = H(\omega)X(\omega), \qquad Y(e^{j\Omega}) = H(e^{j\Omega})X(e^{j\Omega}) \tag{6-13}$$

对 $Y(\omega)$ 和 $Y(e^{j\Omega})$ 进行傅里叶反变换,则得到系统的零状态响应 $y(t)$ 和 $y[n]$。需要指出,这时的零状态响应一般既包括稳态响应,也有瞬态响应。

对上述讨论加以归纳,我们给出系统频率响应的三种定义形式:

(1)系统的特征值(复系数),如式(6-8)和式(6-9)。

(2)冲激响应的傅里叶变换,如式(6-6)和式(6-7)。

(3)系统零状态响应与输入的傅里叶变换之比,即由式(6-13)写出

$$H(\omega) = Y(\omega)/X(\omega) \tag{6-14}$$

$$H(e^{j\Omega}) = Y(e^{j\Omega})/X(e^{j\Omega}) \tag{6-15}$$

2. 线性常系数微分方程和差分方程描述的系统的频率响应

对于用如下 N 阶微分方程和差分方程描述的系统

$$\sum_{k=0}^{N} a_k y^{(k)}(t) = \sum_{k=0}^{M} b_k x^{(k)}(t) \tag{6-16}$$

$$\sum_{k=0}^{N} a_k y[n-k] = \sum_{k=0}^{M} b_k x[n-k] \tag{6-17}$$

在系统起始松弛条件下(以保证该系统是因果的、线性时不变的),对上述方程两侧取傅里叶变换,可得

$$Y(\omega)\sum_{k=0}^{N} a_k (j\omega)^k = X(\omega)\sum_{k=0}^{M} b_k (j\omega)^k$$

$$Y(e^{j\Omega})\sum_{k=0}^{N} a_k e^{-jk\Omega} = X(e^{j\Omega})\sum_{k=0}^{M} b_k e^{-jk\Omega}$$

按频率响应的第三种定义,得系统频率响应为

$$H(\omega) = \frac{Y(\omega)}{X(\omega)} = \frac{\displaystyle\sum_{k=0}^{M} b_k (j\omega)^k}{\displaystyle\sum_{k=0}^{N} a_k (j\omega)^k} \tag{6-18}$$

$$H(e^{j\Omega}) = \frac{Y(e^{j\Omega})}{X(e^{j\Omega})} = \frac{\displaystyle\sum_{k=0}^{M} b_k e^{-jk\Omega}}{\displaystyle\sum_{k=0}^{N} a_k e^{-jk\Omega}} \tag{6-19}$$

上式表明了用微分方程和差分方程描述系统的一个重要特性,它们的频率响应分别是复变量

$j\omega$ 和 $e^{j\Omega}$ 的有理函数。把式(6-18)、式(6-19)与式(6-16)、式(6-17)对比,发现二者之间有相同的线性结构,仅是微分方程中 k 次导数变成 $H(\omega)$ 中 $j\omega$ 的 k 次方,差分方程中 k 次延迟变成 $e^{-j\Omega}$ 的 k 次方。同学们只需记住这些对应规律,就可以从微分方程或差分方程直接写出对应的频率响应。

用微分方程和差分方程描述系统的频率响应还有一个重要特性,即 $H(\omega)$ 和 $H(e^{j\Omega})$ 满足共轭对称性

$$H(\omega) = H^*(-\omega) \tag{6-20}$$
$$H(e^{j\Omega}) = H^*(e^{-j\Omega}) \tag{6-21}$$

这个特性可以解释如下:以连续时间系统为例,其线性常系数微分方程的特征根是实数或共轭复数,从第2章知道,由这样的特征根决定的系统单位冲激响应 $h(t)$ 一定是时间的实函数,而实函数的傅里叶变换 $H(\omega)$ 必然满足共轭对称性。

例6-1 考虑连续时间系统的微分方程
$$y''(t) + 4y'(t) + 3y(t) = x'(t) + 2x(t)$$
求系统的频率响应和单位冲激响应。

解:根据微分方程和 $H(\omega)$ 间的对应关系,写出
$$H(\omega) = \frac{j\omega + 2}{(j\omega)^2 + 4(j\omega) + 3} = \frac{j\omega + 2}{(j\omega + 1)(j\omega + 3)}$$
$$= \frac{A}{j\omega + 1} + \frac{B}{j\omega + 3}$$

式中,

$$A = H(\omega)(j\omega + 1)\big|_{j\omega = -1} = \frac{1}{2}$$

$$B = H(\omega)(j\omega + 3)\big|_{j\omega = -3} = \frac{1}{2}$$

进行傅里叶反变换,得

$$h(t) = \frac{1}{2}(e^{-t} + e^{-3t})u(t)$$

例6-2 考虑离散时间系统的差分方程
$$y[n] - \frac{3}{4}y[n-1] + \frac{1}{8}y[n-2] = 2x[n]$$
求系统的频率响应和单位抽样响应。

解:由差分方程和 $H(e^{j\Omega})$ 间的对应关系,写出
$$H(e^{j\Omega}) = \frac{2}{1 - \frac{3}{4}e^{-j\Omega} + \frac{1}{8}e^{-j2\Omega}} = \frac{2}{\left(1 - \frac{1}{2}e^{-j\Omega}\right)\left(1 - \frac{1}{4}e^{-j\Omega}\right)}$$
$$= \frac{A}{1 - \frac{1}{2}e^{-j\Omega}} + \frac{B}{1 - \frac{1}{4}e^{-j\Omega}}$$

式中,

$$A = H(e^{j\Omega})\left(1 - \frac{1}{2}e^{-j\Omega}\right)\bigg|_{e^{-j\Omega} = 2} = 4$$

$$B = H(\mathrm{e}^{\mathrm{j}\varOmega})\left(1 - \frac{1}{4}\mathrm{e}^{-\mathrm{j}\varOmega}\right)\Bigg|_{\mathrm{e}^{-\mathrm{j}\varOmega}=4} = -2$$

进行离散时间傅里叶反变换,得

$$h[n] = \left[4\left(\frac{1}{2}\right)^{n} - 2\left(\frac{1}{4}\right)^{n}\right]u[n]$$

例 6-1 和例 6-2 在进行傅里叶反变换时都应用了部分分式展开方法,前者展开的对象是以 jω 为变量的有理分式,后者是以 $\mathrm{e}^{-\mathrm{j}\varOmega}$ 为变量的有理分式。上述两个例子都是用微分方程或差分方程描述的二阶 LTI 系统,它们的单位冲激(抽样)响应不仅是实函数,而且都是因果函数,$h(t)=0,t<0$;$h[n]=0,n<0$。这种情况并非偶然,它们是由微分(差分)方程所描述系统的第三个特性 —— 因果性所决定的。我们在第 1 章讨论系统的特性与分类时曾给出一个一阶微分方程的例子,在那里曾指出,当系统满足起始松弛条件时,系统是因果的。对于 N 阶微分(差分)方程描述的系统,由于可以把 N 阶方程变成 N 个一阶微分(差分)方程来描述系统(读者在第 9 章讨论状态方程时可以看到这样的结果),因此可以断言,高阶微分(差分)方程描述的系统,在起始松弛条件下也一定是因果的。

3. 电路的频域模型 —— 复阻抗模型

对于连续时间系统,有一种情况是已知电路的时域模型,这时如何求取系统的频率响应?有两种途径可以解决这个问题:一是先在时域列写出描述电路的微分方程,然后再依据前面给出的对应关系直接写出频率响应;二是把电路的时域模型变成频域(复阻抗)模型,再根据电路分析中所学的方法得出频率响应。如何从电路的时域模型得到频域模型?具体做法是:把电路中的支路电流、电压以及表示电流源、电压源的时间函数都用它们的傅里叶变换来代替,并把电路中 R、L、C 元件用它们的复阻抗来代替。这些做法在形式上与电路分析中的相量模型相似,不过我们这里从 R、L、C 元件的伏安关系入手,运用傅里叶变换微分或积分性质,并按频率响应的第三种定义方式,得出各个元件的复阻抗(或复导纳)。表 6-1 列出了推导的结果,具体推导过程请同学们自己完成。(提示:推导中设储能元件起始松弛,元件的激励和响应均为复正弦信号)

表 6-1　R、L、C 元件的 VIR 及复阻抗(导纳)

元件	激励	响应	VIR(时域)	VIR(频域)	复阻抗	复导纳
R	$i(t)$	$v(t)$	$v(t) = Ri(t)$	$V(\omega) = RI(\omega)$	R	
R	$v(t)$	$i(t)$	$i(t) = \dfrac{1}{R}v(t)$	$I(\omega) = \dfrac{1}{R}V(\omega)$		$1/R$
L	$i(t)$	$v(t)$	$v(t) = L\dfrac{\mathrm{d}i(t)}{\mathrm{d}t}$	$V(\omega) = \mathrm{j}\omega LI(\omega)$	$\mathrm{j}\omega L$	
L	$v(t)$	$i(t)$	$i(t) = \dfrac{1}{L}\displaystyle\int_{0_-}^{t} v(\tau)\,\mathrm{d}\tau$	$I(\omega) = \dfrac{1}{\mathrm{j}\omega L}V(\omega)$		$\dfrac{1}{\mathrm{j}\omega L}$
C	$i(t)$	$v(t)$	$v(t) = \dfrac{1}{C}\displaystyle\int_{0_-}^{t} i(\tau)\,\mathrm{d}\tau$	$V(\omega) = \dfrac{1}{\mathrm{j}\omega C}I(\omega)$	$\dfrac{1}{\mathrm{j}\omega C}$	
C	$v(t)$	$i(t)$	$i(t) = C\dfrac{\mathrm{d}v(t)}{\mathrm{d}t}$	$I(\omega) = \mathrm{j}\omega CV(\omega)$		$\mathrm{j}\omega C$

例6-3 求图6-1(a) 中 RC 电路的频率响应和冲激响应。电容 C 上的初始电压等于零。

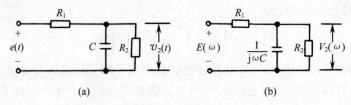

图6-1 简单 RC 电路及其变换电路

解: 先将图6-1(a) 电路中元件用相应的等效阻抗代替,得出变换电路,如图6-1(b) 所示。利用阻抗分压关系得到电路输出电压的傅里叶变换为

$$V_2(\omega) = \frac{E(\omega)}{R_1 + \dfrac{1}{\dfrac{1}{R_2} + j\omega C}} \cdot \frac{1}{\dfrac{1}{R_2} + j\omega C} = \frac{E(\omega)}{R_1 C\left(j\omega + \dfrac{R_1 + R_2}{R_1 R_2 C}\right)}$$

于是由式(6-14) 可计算出该电路的频率响应

$$H(\omega) = \frac{V_2(\omega)}{E(\omega)} = \frac{\dfrac{1}{R_1 C}}{j\omega + \dfrac{R_1 + R_2}{R_1 R_2 C}}$$

电路的冲激响应为

$$h(t) = \mathscr{F}^{-1}[H(\omega)] = \frac{1}{R_1 C} e^{-\frac{R_1 + R_2}{R_1 R_2 C} t} u(t)$$

当我们要求计算的系统电路模型比较复杂时,只利用阻抗的串并联或分压分流等简单电路法则进行简化会遇到困难,这时可借助电路分析理论中像 KVL、KCL 等更为一般的电路定律,列写回路方程或节点方程以求取系统的频率响应。有关这方面的例题在这里就不列举了,读者可以通过本章及第7章的习题自行练习。

6.3 互联系统的频率响应 级联和并联结构

1. 互联系统的频率响应

在第2章、第3章讨论卷积积分和卷积和的性质时,曾得到级联和并联系统的单位冲激(抽样) 响应分别是

级联: $$h(t) = h_1(t) * h_2(t) \tag{6-22}$$
$$h[n] = h_1[n] * h_2[n] \tag{6-23}$$

并联: $$h(t) = h_1(t) + h_2(t) \tag{6-24}$$
$$h[n] = h_1[n] + h_2[n] \tag{6-25}$$

由傅里叶变换的线性性质及卷积定理可得出互联系统频率响应与子系统频率响应之间的关

系,即

级联：
$$H(\omega) = H_1(\omega)H_2(\omega) \tag{6-26}$$
$$H(e^{j\Omega}) = H_1(e^{j\Omega})H_2(e^{j\Omega}) \tag{6-27}$$

并联：
$$H(\omega) = H_1(\omega) + H_2(\omega) \tag{6-28}$$
$$H(e^{j\Omega}) = H_1(e^{j\Omega}) + H_2(e^{j\Omega}) \tag{6-29}$$

对于反馈连接系统,在时域分析中没有如级联、并联那样简单的规律可循,但若变换到频域情况就不一样了。考虑图6-2框图的例子,外界的输入为$x(t)$,系统输出为$y(t)$,输出经子系统$h_2(t)$反馈至输入端,与外界输入相减(此为负反馈)得$e(t)$,作为子系统$h_1(t)$的输入。设$x(t)$、$y(t)$、$z(t)$、$e(t)$的傅里叶变换均存在,可写出下面代数方程：

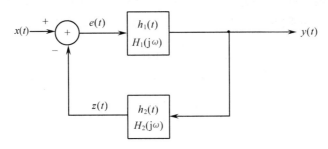

图6-2　反馈连接系统举例

$$Y(\omega) = H_1(\omega)E(\omega)$$
$$E(\omega) = X(\omega) - Z(\omega)$$
$$Z(\omega) = H_2(\omega)Y(\omega)$$

经过代入运算和整理可得反馈系统的频率响应：

$$H(\omega) = \frac{Y(\omega)}{X(\omega)} = \frac{H_1(\omega)}{1 + H_1(\omega)H_2(\omega)} \tag{6-30}$$

这就是图6-2所示负反馈系统的频率响应,其分子是前向传输子系统$h_1(t)$的频率响应,分母是前向及反馈子系统频率响应之积再加单位1。若图6-2中反馈子系统输出$z(t)$以"+"号作用于加法器,式(6-30)会变成

$$H(\omega) = \frac{H_1(\omega)}{1 - H_1(\omega)H_2(\omega)} \tag{6-31}$$

由以上分析可见,包括反馈在内的三种互联方式,从时域变换到频域以后,不仅使原来的运算得以简化,分析过程也更有规律可循,尤其对于反馈连接。在第7章、第8章还将看到,当问题从时域变换到复频域(那里变换函数不是以$j\omega$或$e^{j\Omega}$为变量,而是以s或z为变量),同样可以收到简化分析的效果。

2. 级联和并联结构

从式(6-26)~式(6-29)出发,可以把复杂系统分解成简单系统的级联或并联,每一个简单系统(或称子系统)一般都是用一阶或二阶微分(差分)方程描述的系统,而且在框图模拟时采用直接Ⅱ型结构。因此可以说,一阶和二阶系统是构成高阶系统的基本组成单元,弄清它们的有关特性是至关重要的。

如果对式(6-18)和式(6-19)给定的系统频率响应的分子、分母多项式进行因式分

解,可得

$$H(\omega) = \frac{b_M}{a_N} \frac{\displaystyle\prod_{k=1}^{M} (j\omega + z_k)}{\displaystyle\prod_{k=1}^{N} (j\omega + p_k)} \qquad (6-32)$$

及

$$H(e^{j\Omega}) = \frac{b_0}{a_0} \frac{\displaystyle\prod_{k=1}^{M} (1 + z_k e^{-j\Omega})}{\displaystyle\prod_{k=1}^{N} (1 + p_k e^{-j\Omega})} \qquad (6-33)$$

式中 z_k, p_k 可以是实数,也可以是复数。若为复数,必以共轭对形式出现,这时应把两个一阶因式合并为一个具有实系数的二次式。上述二式若用子系统频率响应表示,则有

$$H(\omega) = \frac{b_M}{a_N} \prod_{k=1}^{P} H_k(\omega) \qquad (6-34)$$

及

$$H(e^{j\Omega}) = \frac{b_0}{a_0} \prod_{k=1}^{P} H_k(e^{j\Omega}) \qquad (6-35)$$

式中 $H_k(\omega)$、$H_k(e^{j\Omega})$ 是一阶或二阶子系统的频率响应,这样一个 N 阶系统可用 P 个一阶或二阶子系统的级联来实现。需要指出,在级联实现以及下面要讨论的并联实现时,尽量采用二阶子系统,两个实系数的一次式相乘就可得到二次式。

为了得到并联结构实现,需把式(6 - 18)、式(6 - 19)展成部分分式,即

$$H(\omega) = \frac{b_M}{a_N} + \sum_{k=1}^{N} \frac{A_k}{j\omega + p_k} \qquad (6-36)$$

$$H(e^{j\Omega}) = \frac{b_0}{a_0} + \sum_{k=1}^{N} \frac{A_k}{1 - p_k e^{-j\Omega}} \qquad (6-37)$$

式中 p_k 可以是实数,也可以是复数。若为复数必以共轭对形式出现,这时应把两个复系数的一次分式相加而得到具有实系数的二次分式。当然,两个实系数的一次分式相加也可得到实系数二次分式。以上二式中,常数项(b_M/a_N)或(b_0/a_0)只有当分子多项式阶数 M 等于分母阶数 N 时才会出现。对于离散时间系统,常有 $M > N$ 的情况出现,这时,式(6 - 37)不仅是出现常数项,而是在分式和以外还存在一个以 $e^{-j\Omega}$ 为变量的多项式。

例 6 - 4 已知一个四阶 LTI 系统的频率响应 $H(\omega)$

$$H(\omega) = \frac{1}{[(j\omega)^2 + 0.7(j\omega) + 1][(j\omega)^2 + 2(j\omega) + 1]} \qquad (6-38)$$

要求画出它的级联结构和并联结构实现。

解:对于级联结构实现,可先写出两个二阶子系统的频率响应

$$H_1(\omega) = \frac{1}{(j\omega)^2 + 0.7(j\omega) + 1} \qquad (6-39)$$

$$H_2(\omega) = \frac{1}{(j\omega)^2 + 2(j\omega) + 1} \qquad (6-40)$$

对于式(6 - 39)和式(6 - 40)这样的频率响应,它对应的微分方程为如下形式:

$$\frac{\mathrm{d}^2 y(t)}{\mathrm{d}t^2} + a_{1k}\frac{\mathrm{d}y(t)}{\mathrm{d}t} + a_{0k}y(t) = x(t)$$

上式所表示的二阶方程用直接 Ⅱ 型实现。图6－3(a) 示出了式(6－38)所表示的 $H(\omega)$ 的级联结构。

为了把式(6－38) 的 $H(\omega)$ 实现为并联结构,应先把 $H(\omega)$ 展成部分分式,即

$$H(\omega) = \frac{A_1(\mathrm{j}\omega) + A_0}{(\mathrm{j}\omega)^2 + 0.7(\mathrm{j}\omega) + 1} + \frac{B_1(\mathrm{j}\omega) + B_0}{(\mathrm{j}\omega)^2 + 2(\mathrm{j}\omega) + 1} \tag{6－41}$$

把上式两侧通分,并令两侧$(\mathrm{j}\omega)$的同幂次项系数相等,可解得待定系数值为

$$A_1 = -B_1 = -10/13,\ A_0 = -7/13,\ B_0 = 20/13 \tag{6－42}$$

于是式(6－41) 中两个二阶子系统的频率响应为

$$H_1(\omega) = \frac{-\dfrac{10}{13}(\mathrm{j}\omega) - \dfrac{7}{13}}{(\mathrm{j}\omega)^2 + 0.7(\mathrm{j}\omega) + 1} \tag{6－43}$$

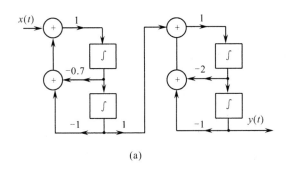

(a)

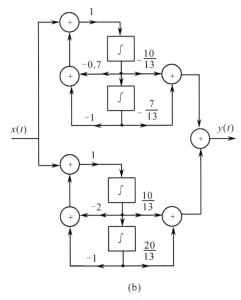

(b)

图 6－3　式(6－38) 的实现结构

$$H_2(\omega) = \frac{\dfrac{10}{13}(j\omega) + \dfrac{20}{13}}{(j\omega)^2 + 2(j\omega) + 1}$$

写出这两个子系统 $H_k(\omega)$ 所对应的二阶微分方程并用直接 Ⅱ 型实现。图 6-3(b) 示出了式 (6-38) 所表示的 $H(\omega)$ 的并联结构图。

例 6-5 某离散时间系统的频率响应

$$H(e^{j\Omega}) = \frac{1}{\left(1 + \dfrac{1}{2}e^{-j\Omega}\right)\left(1 - \dfrac{1}{4}e^{-j\Omega}\right)} \tag{6-44}$$

试得出其直接型、级联型和并联型结构图。

解: 把式(6-44)分母展开为多项式,得

$$H(e^{j\Omega}) = \frac{1}{1 + \dfrac{1}{4}e^{-j\Omega} - \dfrac{1}{8}e^{-j2\Omega}}$$

它对应的差分方程为

$$y[n] + \frac{1}{4}y[n-1] - \frac{1}{8}y[n-2] = x[n]$$

画出直接 Ⅱ 型结构如图 6-4(a) 所示。

把式(6-44)写成

$$H(e^{j\Omega}) = \left[\frac{1}{1 + \dfrac{1}{2}e^{-j\Omega}}\right]\left[\frac{1}{1 - \dfrac{1}{4}e^{-j\Omega}}\right] \tag{6-45}$$

级联的两个子系统都是一阶的,按式(6-45)的顺序写出它们的差分方程:

$$w[n] + \frac{1}{2}w[n-1] = x[n]$$

$$y[n] - \frac{1}{4}y[n-1] = w[n]$$

其中 $w[n]$ 是第一个子系统的输出,亦即第二个子系统的输入。画出的级联结构如图 6-4(b) 所示。

对式(6-44)进行部分分式展开:

$$H(e^{j\Omega}) = \frac{2/3}{1 + \dfrac{1}{2}e^{-j\Omega}} + \frac{1/3}{1 - \dfrac{1}{4}e^{-j\Omega}}$$

两个并联的一阶系统的差分方程是

$$w_1[n] + \frac{1}{2}w_1[n-1] = \frac{2}{3}x[n]$$

$$w_2[n] - \frac{1}{4}w_2[n-1] = \frac{1}{3}x[n]$$

$$y[n] = w_1[n] + w_2[n]$$

其中 $w_1[n]$、$w_2[n]$ 是两个子系统的输出。式(6-44)的并联结构实现如图6-4(c)所示。

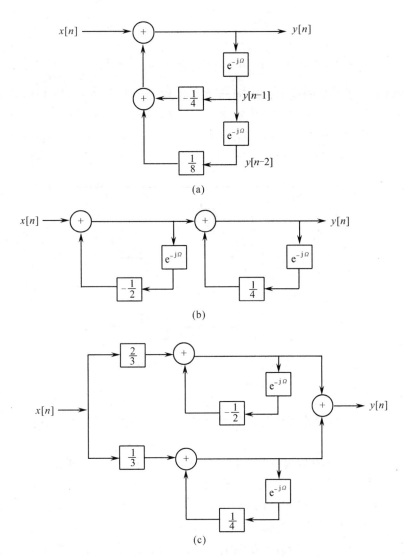

图 6 - 4　例 6 - 5 的系统方框图表示

（a）直接型；（b）级联型；（c）并联型

例 6 - 6　考虑系统函数

$$H(e^{j\Omega}) = \frac{1 - \dfrac{7}{4}e^{-j\Omega} - \dfrac{1}{2}e^{-j2\Omega}}{1 + \dfrac{1}{4}e^{-j\Omega} - \dfrac{1}{8}e^{-j2\Omega}} \tag{6 - 46}$$

运用级联概念画出其直接型结构图。

解：把式（6 - 46）写成

$$H(e^{j\Omega}) = \left[\frac{1}{1 + \dfrac{1}{4}e^{-j\Omega} - \dfrac{1}{8}e^{-j2\Omega}}\right]\left[1 - \frac{7}{4}e^{-j\Omega} - \frac{1}{2}e^{-j2\Omega}\right]$$

两个级联子系统的差分方程是

$$w[n] + \frac{1}{4}w[n-1] - \frac{1}{8}w[n-2] = x[n] \qquad (6-47)$$

$$y[n] = w[n] - \frac{7}{4}w[n-1] - \frac{1}{2}w[n-2] \qquad (6-48)$$

其中 $w[n]$ 为第一个子系统的输出,第二个子系统的输入。据式(6-47)画出子系统1的直接型结构如图 6-4(a) 所示,只是图中的输出 $y[n]$ 应改为 $w[n]$,且两个延迟器的输出端依次应改为 $w[n-1]$ 和 $w[n-2]$。再对 $w[n]$、$w[n-1]$、$w[n-2]$ 这三个信号分别乘以 1、$-7/4$、$-1/2$ 并求和,便实现了式(6-48)。图 6-5 就是实现式(6-46)的直接 Ⅱ 型结构。

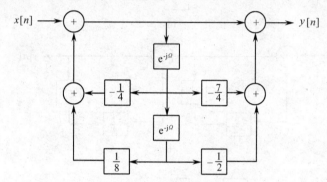

图 6-5　式(6-46) 的实现结构

顺便指出,在式(6-47) 和式(6-48) 表征的两个子系统中,前者的模拟图中有反馈通路,故称为递归结构,而后者若画出其模拟图,则只有前向通路,不存在反馈通路,故称非递归结构。

从本节关于 LTI 系统的结构或实现的讨论中,同学们已经观察到:

① 对于一个由线性常微分(差分)方程表征的系统,可有很多不同的结构来模拟它、实现它。所有这些可供选择的结构,在理论上说,它们所实现的频率响应都是等效的。但在实际实现时,不同的结构要考虑的影响频率响应的实际因素并不完全一样。例如,在任何实际系统中都不可能把微分(差分)方程中各系数真正置于所要求的值上,而且这些系数还可能随时间、环境的改变而变化。这就提出了如何选择实现结构以使系统频率响应的特性尽可能少地随系数的变化而变化,这是一个关于某种实现对其参数变化的灵敏度问题。本书虽然不讨论这一问题,但是我们这里研究的分析方法提供了探讨这个问题及其他有关问题的基础,而这些问题对于如何选择一个 LTI 系统的实现结构具有十分重要的意义。

② 一阶和二阶系统代表了一种最基本的结构,通过级联或并联实现可由它们组成具有高阶频率响应的复杂系统。因此一阶、二阶系统在线性系统的分析和设计中起着重要作用,透彻了解这些基本系统的各个方面,如冲激响应、阶跃响应、频率响应以及有关系统参数(时间常数、阻尼系数、无阻尼自然频率、Q 值) 等,也就具有重要意义。由于读者在《电路分析基础》中已经学过这些内容,这里就不再赘述了。

6.4　利用频率响应 $H(\omega)$ 或 $H(e^{j\Omega})$ 求系统对任意输入的响应

在第 2 章、第 3 章讨论系统的时域分析时提到,当已知或已求出表征 LTI 系统的单位冲激(抽样)响应 $h(t)$ 或 $h[n]$ 时,系统的激励 — 响应关系是

$$y(t) = h(t) * x(t) \tag{6-49}$$

$$y[n] = h[n] * x[n] \tag{6-50}$$

引用傅里叶变换的时域卷积定理,则把上式简化为乘积运算:

$$Y(\omega) = H(\omega)X(\omega) \tag{6-51}$$

$$Y(e^{j\Omega}) = H(e^{j\Omega})X(e^{j\Omega}) \tag{6-52}$$

本节要讨论的问题就是在已得出系统频率响应后,以式(6-51)和式(6-52)为依据,求解系统在不同输入下的零状态响应。而且,式(6-51)和式(6-52)体现了系统对输入信号各频率分量进行加权的功能,通过频率响应的加权作用改变了输入信号的频谱,这正是滤波器工作的基本依据。关于滤波问题在本章的后面予以讨论。

1. 有始信号接入 LTI 系统的零状态响应

有始信号一般用 $x(t)u(t)$ 表示,它所包含的频率分量与无始信号 $x(t)$ 不同,因此当有始信号作用于系统时,其响应将与 $x(t)$ 作用时的响应不同。一般来说,这时响应中除包含与 $x(t)$ 作用时相同的响应分量外,还会包含因信号在 $t=0$ 接入系统所产生的按指数规律衰减的瞬态响应分量。

例 6 - 7　单位阶跃电压作用于图 6-6(a)所示 RL 电路,求电阻 R 上的响应电压。已知电感 L 初始电流为零。

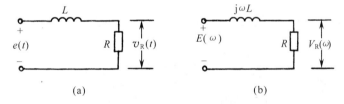

(a)　　　　　　　　　　　　(b)

图 6 - 6　简单 RL 电路及其变换电路

解:这是一个求解 LTI 系统对有始信号或者说对非周期性输入的响应问题。首先应用图 6 - 6(b)所示 RL 电路的变换电路求出电路的频率响应,即

$$H(\omega) = \frac{V_R(\omega)}{E(\omega)} = \frac{R}{j\omega L + R} = \frac{R/L}{j\omega + R/L}$$

单位阶跃输入的傅里叶变换是

$$E(\omega) = \mathscr{F}\{u(t)\} = \frac{1}{j\omega} + \pi\delta(\omega)$$

于是响应 $v_R(t)$ 的傅里叶变换为

$$V_{\mathrm{R}}(\omega) = H(\omega)E(\omega) = \frac{R/L}{\mathrm{j}\omega + R/L}\left[\frac{1}{\mathrm{j}\omega} + \pi\delta(\omega)\right]$$

$$= \frac{R}{L}\left[\frac{1}{\mathrm{j}\omega(\mathrm{j}\omega + R/L)} + \pi\delta(\omega)\frac{1}{\mathrm{j}\omega + R/L}\right]$$

$$= \frac{R}{L}\left[\frac{L/R}{\mathrm{j}\omega} - \frac{L/R}{(\mathrm{j}\omega + R/L)} + \pi\delta(\omega)L/R\right]$$

$$= \left[\frac{1}{\mathrm{j}\omega} + \pi\delta(\omega)\right] + \frac{1}{\mathrm{j}\omega + R/L}$$

求 $V_{\mathrm{R}}(\omega)$ 的反变换,则得

$$v_{\mathrm{R}}(t) = u(t) - \mathrm{e}^{-Rt/L}u(t) = (1 - \mathrm{e}^{-Rt/L})u(t) \qquad (6-53)$$

从式(6-53)可以看出,电路的零状态响应包括两部分,式中第一项为稳态响应分量,它只决定于系统的输入;第二项为瞬态响应分量,只决定于电路本身的特性而与输入无关。因此在这个例题中,瞬态响应也即系统的自然响应,稳态响应也即系统的受迫响应。

将图6-6(a)简单 RL 电路阶跃输入和响应的波形示于图6-7中。显然,输出信号的波形与输入相比产生了失真,这表现在输出波形在 $t=0$ 时刻不再是急剧上升,而是按指数规律上升,上升的速度取决于电路的时间常数 $\tau = L/R$。从频率响应对输入信号中不同频率分量的加权作用而言,零状态响应在 $t=0$ 时上升速度减缓是由于该电路允许低频分量较为顺利地通过,而不允许高频分量通过,也就是说,此 RL 电路起到了低通滤波的作用。如果电路的时间常数减小,响应的上升速度将加快,这意味着电路允许较多的高频分量通过,亦即低通滤波器的通频带加宽了。与滤波器有关的更多概念,将在后面详细介绍。

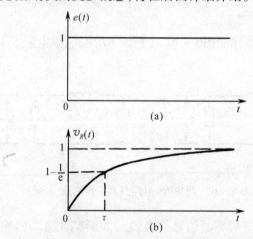

图6-7 简单 RL 电路输入与输出波形

例6-8 已知一个 LTI 系统的单位抽样响应和输入

$$h[n] = \alpha^n u[n], \quad x[n] = \beta^n u[n]$$

求系统的零状态响应。

解: 由 $h[n]$ 和 $x[n]$ 分别得频率响应和输入的 DTFT 为

$$H(\mathrm{e}^{\mathrm{j}\Omega}) = \frac{1}{1 - \alpha\mathrm{e}^{-\mathrm{j}\Omega}}$$

$$X(e^{j\Omega}) = \frac{1}{1 - \beta e^{-j\Omega}}$$

于是输出的 DTFT 为

$$Y(e^{j\Omega}) = H(e^{j\Omega})X(e^{j\Omega}) = \frac{1}{(1 - \alpha e^{-j\Omega})(1 - \beta e^{-j\Omega})}$$

若 $\alpha \neq \beta, Y(e^{j\Omega})$ 展成两个分式之和

$$Y(e^{j\Omega}) = \frac{\alpha}{\alpha - \beta} \frac{1}{1 - \alpha e^{-j\Omega}} - \frac{\beta}{\alpha - \beta} \frac{1}{1 - \beta e^{-j\Omega}}$$

故得零状态响应

$$y[n] = \frac{\alpha}{\alpha - \beta} \alpha^n u[n] - \frac{\beta}{\alpha - \beta} \beta^n u[n] \qquad (6-54)$$

若 $\alpha = \beta$,这时

$$Y(e^{j\Omega}) = \frac{1}{(1 - \alpha e^{-j\Omega})^2}$$

据 DTFT 的频率微分性质和移位性质,有

$$\alpha^n u[n] \longleftrightarrow \frac{1}{1 - \alpha e^{-j\Omega}}$$

$$n\alpha^n u[n] \longleftrightarrow j \frac{d}{d\Omega}\left(\frac{1}{1 - \alpha e^{-j\Omega}}\right) = \frac{\alpha e^{-j\Omega}}{(1 - \alpha e^{-j\Omega})^2}$$

$$(n+1)\alpha^{n+1} u[n+1] \longleftrightarrow \frac{\alpha}{(1 - \alpha e^{-j\Omega})^2}$$

$$(n+1)\alpha^n u[n+1] = (n+1)\alpha^n u[n] \longleftrightarrow \frac{1}{(1 - \alpha e^{-j\Omega})^2}$$

因此,得 $\alpha = \beta$ 情况下的系统零状态响应为

$$y[n] = (n+1)\alpha^n u[n]$$
$$= \alpha^n u[n] + n\alpha^n u[n] \qquad (6-55)$$

式(6 - 54)和式(6 - 55)中的第一项为系统的自由响应,第二项为强迫响应。在此零状态响应中如何划分瞬态响应和稳态响应?这要视 α 或 β 的绝对值大小而定。

2. 傅里叶级数与 LTI 系统

傅里叶级数可以表示几乎所有的连续时间周期信号和离散时间周期信号。在本章开始已经指出,一个 LTI 系统对复指数信号的响应有特别简单的形式,请参看式(6 - 4)、式(6 - 5)及式(6 - 8)、式(6 - 9)。再者,由 LTI 系统的叠加性质,使一个 LTI 系统对复指数信号线性组合的响应也同样简单和容易表示。

分别考虑连续时间和离散时间情况。令 $x(t)$、$x[n]$ 为周期信号,它们的傅里叶级数是

$$x(t) = \sum_{k=\infty}^{\infty} c_k e^{jk\omega_0 t}, \qquad -\infty < t < \infty \qquad (6-56)$$

$$x[n] = \sum_{k=(N)} c_k e^{jk\Omega_0 n}, \qquad -\infty < n < \infty \qquad (6-57)$$

LTI 系统在 $x(t)$、$x[n]$ 作用下的输出则是

$$y(t) = \sum_{k=-\infty}^{\infty} c_k H(k\omega_0) e^{jk\omega_0 t} \qquad (6-58)$$

$$y[n] = \sum_{k=(N)} c_k H(e^{jk\Omega_0}) e^{jk\Omega_0 n} \qquad (6-59)$$

显然,输出 $y(t)$ 和 $y[n]$ 也是周期的,且与输入有相同的基波频率;而且,若 $\{c_k\}$ 是输入 $x(t)$ 或 $x[n]$ 的一组傅里叶系数,那么 $\{c_k H(k\omega_0)\}$ 和 $\{c_k H(e^{jk\Omega_0})\}$ 就是输出 $y(t)$ 或 $y[n]$ 的一组傅里叶系数,分别表示为

$$b_k = c_k H(k\omega_0) \qquad (6-60)$$

$$b_k = c_k H(e^{jk\Omega_0}) \qquad (6-61)$$

式(6-60)、式(6-61)可看作式(6-51)和式(6-52)的离散频率形式,它告诉我们一个重要事实:LTI 系统对周期输入的作用就是通过乘以相应频率点上的频率响应值来逐个地改变输入信号的每一个傅里叶系数。

例 6-9 有一周期信号 $x(t)$ 的基波频率为 2π,写成级数形式为

$$x(t) = \sum_{k=-3}^{3} c_k e^{jk2\pi t}$$

式中,$c_0 = 1, c_1 = c_{-1} = \dfrac{1}{4}, c_2 = c_{-2} = \dfrac{1}{2}; c_3 = c_{-3} = \dfrac{1}{3}$。令 $x(t)$ 作用于某个 LTI 系统,系统的单位冲激响应是

$$h(t) = e^{-t} u(t)$$

求系统的响应 $y(t)$。

解: 系统的频率响应为

$$H(\omega) = \frac{1}{1+j\omega}$$

利用式(6-58)和式(6-60),考虑本例中 $\omega_0 = 2\pi$,可得

$$y(t) = \sum_{k=-3}^{3} b_k e^{jk2\pi t} \qquad (6-62)$$

据 $b_k = c_k H(k2\pi)$ 可计算出

$$b_0 = 1$$

$$b_1 = \frac{1}{4}\left(\frac{1}{1+j2\pi}\right), \quad b_{-1} = \frac{1}{4}\left(\frac{1}{1-j2\pi}\right)$$

$$b_2 = \frac{1}{2}\left(\frac{1}{1+j4\pi}\right), \quad b_{-2} = \frac{1}{2}\left(\frac{1}{1-j4\pi}\right) \qquad (6-63)$$

$$b_3 = \frac{1}{3}\left(\frac{1}{1+j6\pi}\right), \quad b_{-3} = \frac{1}{3}\left(\frac{1}{1-j6\pi}\right)$$

应注意,$y(t)$ 一定是实值信号,因为 $y(t)$ 是两个实值信号 $x(t)$ 和 $h(t)$ 的卷积。检查一下式(6-63),这些系数满足共轭对称性 $b_k^* = b_{-k}$,因此式(6-62)一定能写成三角形式的傅里叶级数,请同学们自行练习。

例 6-10 考虑一离散时间 LTI 系统,其单位抽样响应 $h[n] = \alpha^n u[n]$,$|\alpha| < 1$,输入为

$$x[n] = \cos\left(\frac{2\pi n}{N}\right) \qquad (6-64)$$

求系统的响应 $y[n]$。

解: $x[n]$ 可写成离散傅里叶级数形式

$$x[n] = \frac{1}{2}e^{j(2\pi/N)n} + \frac{1}{2}e^{-j(2\pi/N)n}$$

即指数傅里叶系数 $a_1 = a_{-1} = \frac{1}{2}$，其余 $a_k = 0$。系统的频率响应为

$$H(e^{j\Omega}) = \frac{1}{1 - \alpha e^{-j\Omega}}$$

利用式（6 - 59）和式（6 - 61），得到输出的傅里叶级数为

$$y[n] = \frac{1}{2}H(e^{j2\pi/N})e^{j(2\pi/N)n} + \frac{1}{2}H(e^{-j2\pi/N})e^{-j(2\pi/N)n}$$

$$= \frac{1}{2}\left(\frac{1}{1 - \alpha e^{-j2\pi/N}}\right)e^{j(2\pi/N)n} + \frac{1}{2}\left(\frac{1}{1 - \alpha e^{j2\pi/N}}\right)e^{-j(2\pi/N)n}$$

若将频率响应写为 $H(e^{j\Omega}) = re^{j\theta}$，以此代入上式，可化简为

$$y[n] = r\cos\left(\frac{2\pi}{N}n + \theta\right) \tag{6 - 65}$$

例如，若 $N = 4$，则 $x[n] = \cos\left(\frac{\pi n}{2}\right)$，而 $H(e^{j\Omega})$ 为

$$H(e^{j\Omega}) = \frac{1}{1 - \alpha e^{-j\pi/2}} = \frac{1}{1 + \alpha j} = \frac{1}{\sqrt{1 + \alpha^2}}e^{j(-\arctan\alpha)}$$

因此

$$y[n] = \frac{1}{\sqrt{1 + \alpha^2}}\cos\left(\frac{\pi n}{2} - \arctan\alpha\right) \tag{6 - 66}$$

例 6 - 9 和例 6 - 10 是研究周期信号作用于稳定 *LTI* 系统的例子，前者的输入是非正弦周期信号，后者是单一频率的正弦信号。解题过程都利用了周期信号展开为傅里叶级数这一表示法。仅就级数中某一复正弦项而言，它们都是 *LTI* 系统的特征函数，因此其输出是具有同频率的复正弦信号，改变的只是复振幅，或者输出相对输入来说，振幅乘以频率响应值的模，相位加上频率响应值的辐角。另外，从这两个例子还看到，*LTI* 系统对周期输入的响应就是稳态响应。因为周期信号必存在于整个时域，即该信号在 t = - ∞ 就施加于系统，输入之始激起的系统瞬态响应，对于稳定系统而言，在某特定时刻 t 早已消失，输出中只剩下稳态响应。

6.5　LTI 系统频率响应的模和相位表示　无失真传输

上节讨论的例题向我们表明，一个 LTI 系统对输入的作用就是改变信号每一频率分量的复振幅，利用模 — 相位来看这个作用就能更直观、更详细地了解该作用的性质。由式（6 - 51）、式（6 - 52）可写出

$$|Y(\omega)| = |H(\omega)||X(\omega)|, \quad \sphericalangle Y(\omega) = \sphericalangle H(\omega) + \sphericalangle X(\omega) \tag{6 - 67}$$

$$|Y(e^{j\Omega})| = |H(e^{j\Omega})||X(e^{j\Omega})|, \quad \sphericalangle Y(e^{j\Omega}) = \sphericalangle H(e^{j\Omega}) + \sphericalangle X(e^{j\Omega}) \tag{6 - 68}$$

上式可见，一个 LTI 系统对输入傅里叶变换模特性的作用就是乘以频率响应的模，为此，

$|H(\omega)|$ 或 $|H(e^{j\Omega})|$ 一般称为系统的增益;而 LTI 系统将输入的相位在其基础上附加频率响应的相位,因此 $\sphericalangle H(\omega)$ 或 $\sphericalangle H(e^{j\Omega})$ 一般称为系统的相移。若系统的增益不为常数,将使系统响应中各频率分量的相对幅度产生变化,引起输出波形不同于输入,这就是幅度失真。另外,系统的相移可以改变输入信号中各频率分量之间的相对相位关系,这样即使系统的增益对所有频率为常数,也有可能使输出波形相对输入产生很大变化,这就是相位失真。

必须指出,如果系统对输入的改变是以一种人们所希望的方式进行的,这种改变无论是由频率响应的模还是相位引起,一般不称为失真。只有当系统引起的改变不是所希望的,所造成的影响才称为幅度或相位失真。而且,线性系统的幅度失真与相位失真都不产生新的频率分量。对于非线性系统,由于其非线性特性而对输入信号产生非线性失真,非线性失真可能产生新的频率分量。这里只研究线性系统的幅度和相位这两种失真,统称为线性失真。

1. 无失真传输

所谓无失真传输是指输入信号通过系统后,其响应仅在大小和出现的时间上与输入不同,而无波形上的改变,即

$$y(t) = Kx(t - t_0) \tag{6-69}$$
$$y[n] = Kx[n - n_0] \tag{6-70}$$

式中 t_0 和 n_0 分别是系统输出滞后于输入的时间,其中 t_0 可取任意实数,而 n_0 只能取整数。t_0 和 n_0 分别称为连续和离散系统的延时。

为满足式(6-69)、式(6-70),实现无失真传输,应对系统的时域特性(单位冲激响应)和频域特性(频率响应)提出怎样的要求? 在第 3 章已经讨论过纯时延系统的单位冲激响应,现在若把一个 K 倍乘器与纯时延系统进行级联,其单位冲激响应为

$$h(t) = K\delta(t - t_0) \tag{6-71}$$
$$h[n] = K\delta[n - n_0] \tag{6-72}$$

这样的 LTI 系统对任何输入 $x(t)$ 或 $x[n]$ 的响应就是式(6-69)、式(6-70) 所表示的无失真传输。因此,式(6-71)、式(6-72) 称为连续时间和离散时间系统实现无失真传输的时域条件。

若对式(6-71)、式(6-72) 进行傅里叶变换,就得出无失真传输系统的频率响应,即

$$H(\omega) = Ke^{-j\omega t_0} \tag{6-73}$$
$$H(e^{j\Omega}) = Ke^{-j\Omega n_0} \tag{6-74}$$

上述两式就是连续时间和离散时间系统实现无失真传输的频域条件,这就是,系统频率响应必须在信号的全部频带内,其模特性是一常数,相位特性是通过原点的直线,如图 6-8 所示。

显然,无失真传输的频域条件和时域条件完全等价,而且线性相位 $-\omega t_0$、$-\Omega n_0$ 与常数延时 t_0、n_0 完全等价。对此,可以从物理概念上得到解释。以连续时间系统为例,当在所有频率范围内幅频响应 $|H(\omega)|$ 为常数时,它对输入信号的各频率分量均放大或衰减相同的倍数;若系统又具有线性相位特性,则使输入信号各频率分量滞后的相位均正比于其频率,或者说各频率分量都滞后相同的时间 t_0。因此,系统的输出信号,除了幅度有变化外,仅造成波形的延时。

2. 线性相位和非线性相位

如果输入信号通过一个具有非线性相位特性的系统,输入信号中各不同频率分量因其滞后的相位不正比于频率,故滞后的时间不再相同。当这些频率分量在输出端叠加在一起时,就会得到一个看起来与输入信号有很大不同的系统输出。关于线性相位和非线性相位特性对信

号通过系统传输的影响,在图6－9中以连续时间情况为例给予了说明。

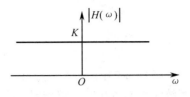

在图6－9(a)中画出一个信号,它作为输入分别施加到三个系统上。图6－9(b)是当系统频率响应 $H_1(\omega)$ 为单位增益、线性相位时的输出,它使输出延时 $t_0 = 10$ s。图6－9(c)展示的是系统增益为1,具有非线性相位特性时的输出,也即

$$H_2(\omega) = e^{j\theta_2(\omega)}$$

式中, $\theta_2(\omega)$ 是 ω 的非线性函数。图6－9(d)是另一个非线性相移系统的输出,其频率响应的相移是 $\theta_2(\omega)$ 再附加一个线性相移项,即

$$H_3(\omega) = H_2(\omega)e^{-j\omega t_0}$$

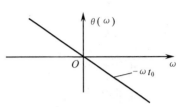

图6－8　无失真传输系统的频域特性

因此,图6－9(d)的输出也可看成是 $H_2(\omega)$ 系统再级联一个纯时延系统的最后输出。

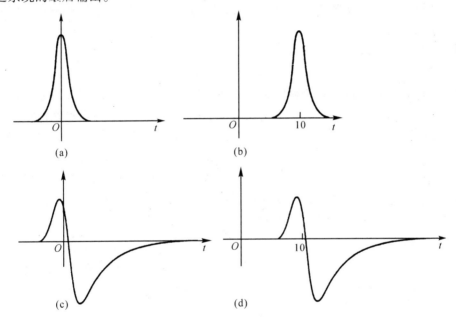

图6－9　系统相位特性对信号传输的影响
(a)作为输入加到几个频率响应模为1的系统上的信号;
(b)具有线性相位的系统响应;(c)具有非线性相位系统的响应;
(d)相位特性为(c)系统的非线性相位外加一个线性相移项的系统响应

顺便指出一点,图6－9所举的例子都具有单位增益,输入信号之傅里叶变换的模通过系统时都没有变化,这样的系统一般称为全通系统。一个全通系统对输入的影响完全由它的相位特性决定。

无论是线性相位还是非线性相位系统,信号不同频率分量通过系统所产生的时移等于该频率下相位特性的斜率,如线性相位特性 $\theta(\omega) = -\omega t_0$,信号通过系统的时移为

$$\frac{\mathrm{d}\theta(\omega)}{\mathrm{d}\omega} = -t_0 \qquad (6-75)$$

式中的"－"号代表延时 t_0,输入信号各频率分量的延时相同。如为非线性相位,$\theta(\omega)$ 对 ω 的导数将是 ω 的函数,不再是常数,意味着不同频率分量通过系统的时移不同。描述信号通过系统时移的方法是以**群延时**(或称**群时延**)特性来表示的,它定义为

$$\tau(\omega) = -\frac{\mathrm{d}\theta(\omega)}{\mathrm{d}\omega} \qquad (6-76)$$

对于实际的传输系统,$\dfrac{\mathrm{d}\theta(\omega)}{\mathrm{d}\omega}$ 为负值,因而群延时 τ 为正值。通常利用 $\Delta\theta(\omega)$ 与 $\Delta\omega$(当 $\Delta\omega$ 足够小)之比的绝对值来近似计算或测量 $\tau(\omega)$ 值。

群时延的概念可以直接用到离散时间系统上去,它用下面的式子来定义:

$$\tau(\Omega) = -\frac{\mathrm{d}\theta(\Omega)}{\mathrm{d}\Omega} \qquad (6-77)$$

对于线性相位 $\theta(\Omega) = -\Omega n_0$,其群时延为 n_0。

下面通过一个幅度被调制的正弦信号通过非线性相位系统的例子,来解释群时延及与之相联系的相时延的概念。

例 6 - 11 一个幅度调制信号

$$x(t) = s(t)\cos(\omega_0 t)$$

式中,$s(t)$ 称为**基带信号**,它是**调幅信号** $x(t)$ 的包络;ω_0 称为载波频率(简称载频),而且当

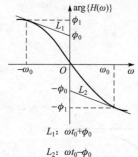

$L_1:\ \omega t_0 + \phi_0$

$L_2:\ \omega t_0 - \phi_0$

图 6 - 10 例 6 - 11 系统的相位特性

$s(t)$ 的频谱宽度远小于 ω_0 时,称 $x(t)$ 为**窄带调幅信号**。令 $x(t)$ 通过一个 LTI 系统,该系统在载频 ω_0 邻域内[即涵盖 $s(t)$ 谱宽的一个很小的频域范围]的增益为单位 1,而相移呈现如图6 - 10 的非线性特性,图中 L_1、L_2 分别是相位曲线在负、正载频处的切线。据此可写出系统在正、负载频邻域内的频率响应:

$$H(\omega) = \begin{cases} \mathrm{e}^{\mathrm{j}(\omega t_0 + \phi_0)}, & \omega \approx -\omega_0 \\ \mathrm{e}^{\mathrm{j}(\omega t_0 - \phi_0)}, & \omega \approx \omega_0 \end{cases} \qquad (6-78)$$

式中,t_0 为切线 L_1、L_2 的斜率,ϕ_0 为切线在纵坐标上的截距。

解:首先利用尤拉公式把系统输入写成

$$x(t) = \frac{1}{2}s(t)\mathrm{e}^{\mathrm{j}\omega_0 t} + \frac{1}{2}s(t)\mathrm{e}^{-\mathrm{j}\omega_0 t}$$

其傅里叶变换为

$$X(\omega) = \frac{1}{2}S(\omega - \omega_0) + \frac{1}{2}S(\omega + \omega_0) \qquad (6-79)$$

利用傅里叶分析法求解系统输出:

$$Y(\omega) = H(\omega)X(\omega) = \frac{1}{2}S(\omega - \omega_0)\mathrm{e}^{\mathrm{j}(\omega t_0 - \phi_0)} + \frac{1}{2}S(\omega + \omega_0)\mathrm{e}^{\mathrm{j}(\omega t_0 + \phi_0)}$$

$$= \left[\frac{1}{2}S(\omega - \omega_0)\mathrm{e}^{-\mathrm{j}\phi_0} + \frac{1}{2}S(\omega + \omega_0)\mathrm{e}^{\mathrm{j}\phi_0}\right]\mathrm{e}^{\mathrm{j}\omega t_0} \qquad (6-80)$$

进行傅里叶反变换,最后可得到

$$y(t) = s(t + t_0)\cos[\omega_0(t + t_0) - \phi_0] \tag{6-81}$$

利用图 6-10 中 ϕ_1 与 ϕ_0 的关系式, $-\phi_1 = \omega_0 t_0 - \phi_0$, $-\phi_1$ 是系统相移在 $\omega = \omega_0$ 处的相位值。可把输出写成

$$y(t) = s(t + t_0)\cos\left[\omega_0\left(t - \frac{\phi_1}{\omega_0}\right)\right] \tag{6-82}$$

现在对式 (6-82) 加以分析,这里 t_0 是系统非线性相移在 $\omega = \pm\omega_0$ 处的切线斜率,一般是负值。从式 (6-82) 看出,系统输出中的包络被延时了 t_0,它代表 $s(t)$ 所含频率分量的共同延时,因此这里 t_0 便是前面定义的**群时延**,在窄带调幅信号中也常称为**包络延时**,它决定于系统非线性相移在载频处的斜率值。式 (6-82) 载频中 $-\dfrac{\phi_1}{\omega_0}$ 也具有时间的量纲,在窄带调幅信号中代表另一种延时,称为**相时延**或**载频时延**,它决定于系统非线性相移在载频处的相位值与载频之比。

一般说来,未调制的基带信号通过 LTI 系统,实现无失真传输就须满足前边讨论的时域条件或频域条件。在工程应用中,只要在待传输信号频宽内满足这些条件,就认为实现了无失真传输。而对于窄带调幅信号通过线性系统,主要看系统相移特性在载频邻域内是否具有足够的可线性化范围,即在基带信号 $s(t)$ 的有效频宽范围内,可否用载频处的切线代表非线性相移曲线,如是,则输出存在如上所述的包络延时和载频延时,波形不会发生明显改变。

6.6　波　特　图

在用傅里叶分析法研究 LTI 系统时会发现,用图解方法表示傅里叶变换是很方便的。在第 4 章,曾对 $X(\omega)$ 分别画出过 $|X(\omega)|$ 和 $\arg\{X(\omega)\}$ 作为 ω 的函数曲线,并分别称为信号 $x(t)$ 的幅谱和相谱。这种表示法是很有用、很直观的。对于连续时间系统的 $H(\omega)$,除了可直接画出 $|H(\omega)|$ 和 $\arg\{H(\omega)\}$ 作为 ω 函数的曲线外,还有一种应用更为广泛的图解表示法,即对数作图表示法。这种表示法是我们从式 (6-67) 联想到的,如果把式 (6-67) 中的 $\arg\{H(\omega)\}$ 和 $\arg\{X(\omega)\}$ 分别作为 ω 的函数曲线画出, $\arg\{Y(\omega)\}$ 就是这两条曲线在对应点上的相加。那么,若画出 $\lg|H(\omega)|$ 和 $\lg|X(\omega)|$ 曲线并把两条曲线逐点相加就得到 $\lg|Y(\omega)|$。因此对数模特性曲线在分析 LTI 系统时是非常方便的。例如,LTI 系统级联后的频率响应是各子系统频率响应的乘积,应用对数模特性图解法,我们就可以把每个子系统的对数模特性和相位特性分别相加,从而得到级联后总的对数模特性和相位特性。

上面谈到的这种图解表示法中应用最广泛的是波特图。在波特图中,把 $\arg\{H(\omega)\}$ 和 $20\log_{10}|H(\omega)|$ 画成 ω(对数标尺)的函数曲线,其中 $\arg\{H(\omega)\}$ 表示相移,单位是度或弧度; $20\log_{10}|H(\omega)|$ 正比于对数模,是以分贝(dB)为单位的系统模特性。在波特图中记住几个临界数据很有用,它们是:1 dB 近似为 $|H(\omega)| = 1.12$, 3 dB 近似为 $|H(\omega)| = 1.41$, 6 dB 近似为 $|H(\omega)| = 2$, 以及 0 dB 相应于 $|H(\omega)| = 1$, 20 dB 相应于 $|H(\omega)| = 10$, 40 dB 相应于 $|H(\omega)| = 100$,等等。如果前述等式中分贝数前加 " $-$ " 号,则频响的模值取倒数,如 -20 dB 相应于 $|H(\omega)| = 0.1$。

典型的波特图如图 6-11 所示。应当指出,这些波特图中,横坐标采用对数标尺,但标注的数值仍是 ω,而不是 $\log_{10}\omega$。这种情况归纳起来就是八个字:"对数标尺,原值标注"。要指出的另一点是,如图 6-11 所示系统波特图中,都仅画出正 ω 轴的那一部分。这是因为系统冲

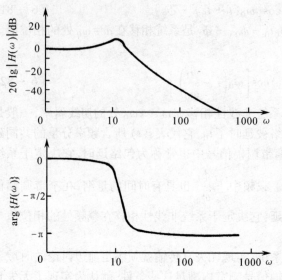

激响应 $h(t)$ 是实函数,于是 $|H(\omega)|$ 一定是 ω 的偶函数,$\arg\{H(\omega)\}$ 是 ω 的奇函数,据此,当需要时很容易得到负 ω 轴的那部分特性。

对于用微分方程描述的 LTI 系统来说,由于横坐标采用对数标尺,不仅可在比较大的频率范围内图示系统模和相位随 ω 的变化特性,而且还会大大方便系统特性曲线的绘制,因为这种对数模相对于对数频率标尺的图形可以容易地用线性渐近线来逼近。下面将以一阶和二阶连续时间系统为例说明分段线性逼近波特图的画法。

例6-12 一阶 RC 低通电路如图 6-12 所示,联系输出 $v_C(t)$ 和输入 $e(t)$ 的微分方程如下

图 6-11 典型的波特图

(这里横坐标以 ω 的对数表示)

$$RC\frac{dv_C(t)}{dt} + v_C(t) = e(t) \tag{6-83}$$

写出系统的频率响应 $H(\omega)$,并画出波特图。

解:系统频率响应是

$$H(\omega) = \frac{1}{1 + j\omega RC} = \frac{1}{1 + j\dfrac{\omega}{\omega_c}}, \omega_c = \frac{1}{RC} = 10.9 \times 10^4 (\text{rad/s})$$

$$\tag{6-84}$$

$R = 9.2\ \text{k}\Omega, C = 0.01\ \mu\text{F}$

图 6-12 例 6-12 RC 电路

或

$$f_c = \frac{\omega_c}{2\pi} = 17.4\ (\text{kHz})$$

据式(6-84)写出系统模特性及其分贝表示的对数模特性:

$$|H(\omega)| = \frac{1}{\left[1 + \left(\dfrac{\omega}{\omega_c}\right)^2\right]^{1/2}}$$

$$20\log_{10}|H(\omega)| = -10\log_{10}\left[1 + \left(\frac{\omega}{\omega_c}\right)^2\right]\ \text{dB} \tag{6-85}$$

按低频段、高频段分段表示式(6-85):

对于低频段,$\omega \ll \omega_c$,$20\log_{10}|H(\omega)| \approx 0\ \text{dB}$

高频段,$\omega \gg \omega_c$,$20\log_{10}|H(\omega)| \approx -20\log_{10}\left(\dfrac{\omega}{\omega_c}\right)\ \text{dB}$

转折频率,$\omega = \omega_c$,$20\log_{10}|H(\omega)| = -10\log_{10}(2) \approx -3\ \text{dB}$

以上可以看出,低频段特性曲线可用 0 dB 水平线来近似,高频段可用斜率为十倍频程下降 20 dB(-20 dB/dec)的直线近似,这两条直线的相交频率即 $\omega = \omega_c = 2\pi f_c$ 称为转折频率。

至此,我们可以画出分贝对数模特性的渐近线图形,如图6-13(a)所示,图中也画出实际曲线的走向,可见二者最大误差出现在转折频率$f_c = 17.4$ kHz处,误差约为3 dB。

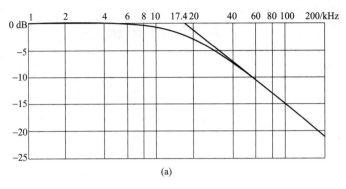

(a)

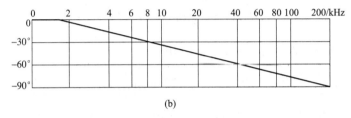

(b)

图6-13 一阶低通系统的波特图
(a)模特性;(b)相位特性

由式(6-84)得出系统的相位特性如下:

$$\arg\{H(\omega)\} = -\arctan\left(\frac{\omega}{\omega_c}\right) \tag{6-86}$$

仍按低频、高频分段表示上式:

对于 $\omega < 0.1\omega_c$, $\arg\{H(\omega)\} \approx 0$ rad

$\omega > 10\omega_c$, $\arg\{H(\omega)\} \approx -\dfrac{\pi}{2}$ rad

$\omega = \omega_c$, $\arg\{H(\omega)\} = -\dfrac{\pi}{4}$ rad

相位曲线可用三段直线来近似,如图6-13(b)所示,即低频段的0 rad水平线,高频段的$-\dfrac{\pi}{2}$ rad的水平线,以及自$0.1\omega_c \sim 10\omega_c$区间的斜率为$-\dfrac{\pi}{4}$/dec的直线。最大误差发生在$\omega = 0.1\omega_c$和$\omega = 10\omega_c$处,误差约为6°。

在工程应用中,多直接采用由渐近线构成的折线图来近似表示系统的幅频或相频特性,可以不画出实际曲线。另外,请同学们思考如下问题:假如式(6-84)的频率响应取倒数,即变成一个因子$\left[1 + j\left(\dfrac{\omega}{\omega_c}\right)\right]$,它的波特图应如何画?请同学们思考后给出其结果。

例6-13 一阶RC高通电路如图6-14所示,联系输出$v_R(t)$和输入$e(t)$的微分方程是

$$v'_R(t) + \frac{1}{RC}v_R(t) = e'(t)$$

写出系统的频率响应,并画出波特图。

解: 系统频率响应是

$$H(\omega) = \frac{j\omega}{j\omega + \frac{1}{RC}} = \frac{1}{1 - j\left(\frac{\omega_c}{\omega}\right)}, \omega_c = \frac{1}{RC} \qquad (6-87)$$

其模及分贝表示的对数模为

$$|H(\omega)| = \frac{1}{\left[1 + \left(\frac{\omega_c}{\omega}\right)^2\right]^{1/2}}$$

$$20\log_{10}|H(\omega)| = -10\log_{10}\left[1 + \left(\frac{\omega_c}{\omega}\right)^2\right] \text{ dB} \qquad (6-88)$$

图 6 - 14 例 6 - 13 中的 RC 电路

对于 $\omega \gg \omega_c$(高频段),$20\log_{10}|H(\omega)| \approx 0$ dB

$\omega \ll \omega_c$(低频段),$20\log_{10}|H(\omega)| \approx -20\log_{10}\left(\frac{\omega_c}{\omega}\right)$ dB

$\omega = \omega_c$(转折频率),$20\log_{10}|H(\omega)| = -3$ dB

可以看出,在波特图中低频段一条斜率为 20 dB/dec 的直线与高频段的 0 dB 线相交于 $\omega = \omega_c$ 处,如图 6 - 15(a) 所示。

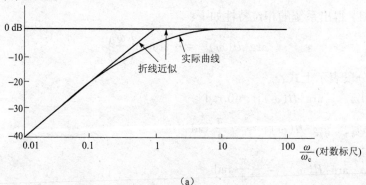

(a)

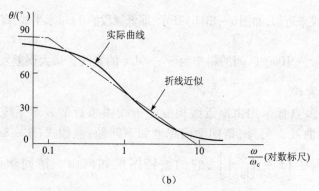

(b)

图 6 - 15   一阶高通系统的波特图

(a) 模特性;(b) 相位特性

由式(6 – 87)得到系统的相频特性如下：

$$\arg\{H(\omega)\} = \arctan\left(\frac{\omega_c}{\omega}\right) \tag{6 – 89}$$

通过 $\omega < 0.1\omega_c$、$\omega > 10\omega_c$、$\omega = \omega_c$ 三段近似，得到相频特性的三条渐近线，如图 6 – 15(b) 所示。

同学们掌握了类似这两个例题中因子 $\left[1 + j\left(\dfrac{\omega}{\omega_c}\right)\right]$ 和 $\left[1 - j\left(\dfrac{\omega_c}{\omega}\right)\right]$ 的波特图画法，就可以举一反三地应对更复杂的系统频率响应，因为采用级联分析的思路，可把复杂频率响应分解为上述两种因子之积，分别画出每个因子的波特图后再对其进行相加（减），便得出复杂系统的波特图。例如，一个系统的频率响应如下式：

$$H(\omega) = 10 \frac{1 + (j\omega/10)}{(1 + j\omega)\left[1 + (j\omega/100)\right]}$$

同学可以对式中各因子 $(1 + j\omega)$、$[1 + (j\omega/100)]$ 和 $[1 + (j\omega/10)]$ 作出渐近线波特图，并进行加或减。注意，加减时要计及 $H(\omega)$ 的系数 10 所引入的 20 dB。

应当指出，具有单实根的二阶因子，应先把它分解为两个一阶因子的乘积后再作波特图。但对于具有共轭复根的二阶因子必须把它作为一个整体对待，这种情况下波特图的画法与前面讨论的一阶因子作法有所不同。下面通过一个例子对此予以简要讨论。

例6 – 14 二阶电路如图 6 – 16 所示，其输出 $v_2(t)$ 与输入 $e(t)$ 由如下微分方程联系：

$$\frac{d^2v_2(t)}{dt^2} + \frac{1}{RC}\frac{dv_2(t)}{dt} + \frac{1}{LC}v_2(t) = \frac{1}{LC}e(t)$$

求系统的频率响应，并画出波特图。

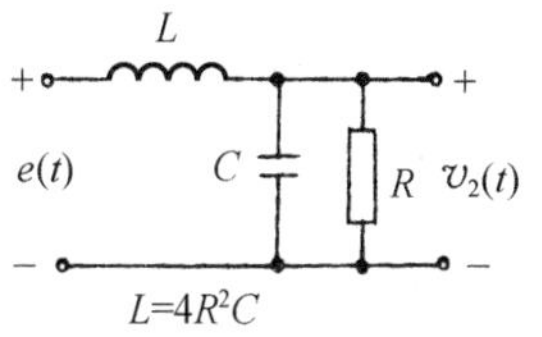

解： 前两例中讨论的一阶电路，其描述参数只有一个，即时间常数 $\tau = RC$，或截止频率 $\omega_c = \dfrac{1}{RC}$。描述二阶电路要有两个参数，即阻尼系数 $\alpha = \dfrac{1}{2RC}$ 和无阻尼自然频率 $\omega_0^2 = \dfrac{1}{LC}$；有时也用阻尼比 $\xi =$

图 6 – 16 例 6 – 14 的
二阶电路

$\dfrac{\alpha}{\omega_0}$ 代替阻尼系数 α，而且依据 $\xi > 1$、$\xi = 1$ 和 $\xi < 1$，则系统分别处于过阻尼、临界阻尼和欠阻尼状态。

前两种状态下，二阶系统具有实单根或重根，可分解为两个一阶系统级联；而欠阻尼状态下，系统具有共轭复根，此时波特图的作法是我们要讨论的焦点。

二阶电路的频率响应及分贝形式的对数模如下：

$$H(\omega) = \frac{\omega_0^2}{(j\omega)^2 + 2\xi\omega_0(j\omega) + \omega_0^2} = \frac{1}{\left[1 - \left(\dfrac{\omega}{\omega_0}\right)^2\right] + j2\xi\left(\dfrac{\omega}{\omega_0}\right)} \tag{6 – 90}$$

$$20\log_{10}|H(\omega)| = -10\log_{10}\left\{\left[1 - \left(\frac{\omega}{\omega_0}\right)^2\right]^2 + 4\xi^2\left(\frac{\omega}{\omega_0}\right)^2\right\} \text{dB} \tag{6 – 91}$$

对于 $\omega \ll \omega_0$（低频段），$20\log_{10}|H(\omega)| \approx 0$ dB

$$\omega \gg \omega_0(高频段), 20\log_{10}|H(\omega)| \approx -40\log_{10}\left(\frac{\omega}{\omega_0}\right)$$

低频渐近线(0 dB 水平线)和高频渐近线(斜率为 -40 dB/dec 或 -12 dB/oct 的直线,这里 oct 代表倍频程)的交点频率是 $\omega = \omega_0$,此频率即为二阶系统频响波特图的转折频率。在欠阻尼状态下,二阶系统频响的实际曲线与渐近线可能相差很远,而且与阻尼比 ξ 的取值密切相关。图 6 - 17(a) 作出了几个不同 ξ 值的 $|H(\omega)|$ 实际幅频曲线。通常在作这种频响的幅频波特图时,先标出转折频率并画出低频和高频渐近线,再依据图 6 - 17(a) 对转折频率附近曲线进行修正,以得出更接近实际的波特图。应指出,不同 ξ 值下曲线峰值皆位于 $\omega = \omega_0$ 处。

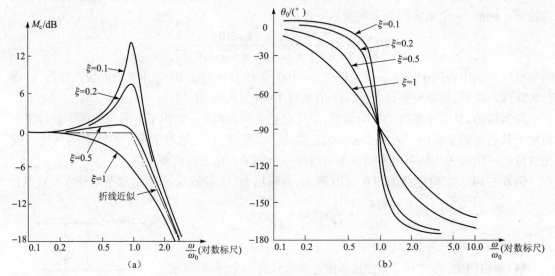

图 6 - 17 具有共轭复根二阶系统的波特图

(a) 幅频波特图;(b) 相频波特图

由式(6 - 90) 得到二阶系统的相位特性如下:

$$\arg\{H(\omega)\} = -\arctan\frac{2\xi\omega/\omega_0}{1 - (\omega/\omega_0)^2} \tag{6 - 92}$$

对于低频段,$\arg\{H(\omega)\} \approx 0°$;高频段,$\arg\{H(\omega)\} \approx 180°$;$\omega = \omega_0$ 处,$\arg\{H(\omega)\} = -90°$,此值与 ξ 取何值无关。不同 ξ 值的实际相频曲线如图 6 - 17(b) 所示。

在离散时间情况下,频率响应的模也常用 dB 来表示,其理由与连续时间情况下相同。但在离散时间情况下一般不用对数频率坐标,因为这时要考虑的频率范围总是有限的(例如 0 ~ 2π),并且对微分方程所具有的优点(即线性渐近线)对差分方程不适用。图 6 - 18 示出一个典型离散系统频率响应的模和相位特性,图中 $20\log_{10}|H(e^{j\Omega})|$ dB 和 $\angle H(e^{j\Omega})$ 作为 Ω 的函数图形。与连续时间情况类似,对实值 $h[n]$,仅需画出 $0 \le \Omega \le \pi$ 范围的 $H(e^{j\Omega})$,因为在这种情况下,利用傅里叶变换的共轭对称性质容易计算并画出 $-\pi \le \Omega \le 0$(或 $\pi \le \Omega \le 2\pi$) 范围内的 $H(e^{j\Omega})$。

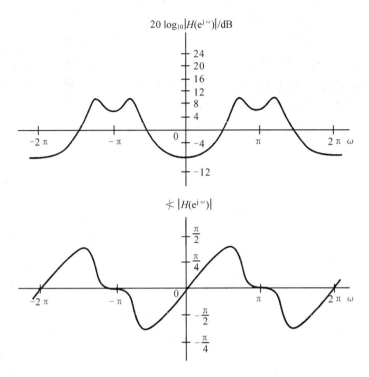

图 6 - 18　一个离散时间频率响应 $H(e^{j\Omega})$ 的模和相位的典型作图表示

6.7　理想滤波器和可实现的非理想滤波器

在傅里叶变换的各种不同应用中,有一种是颇受关注的,这就是滤波。所谓滤波,是指改变一个信号中各频率分量的相对大小,或者全部消除某些频率分量的过程。如同式(6 - 60)和式(6 - 61)已指出的,一个 LTI 系统输出的傅里叶系数就是输入的傅里叶系数乘以该系统的频率响应。因此,通过恰当选取 LTI 系统的频率响应,可以很方便地实现滤波——基本上无失真地通过某些频率分量,而显著地衰减掉或消除另一些频率分量。实现这样一种滤波功能的系统,通常称为频率选择性滤波器。

傅里叶变换方法即频域方法为研究这一重要的应用领域提供了理想的工具。在这一节将讨论理想化的频率选择性滤波器的有关基本概念,并简要介绍一些可实现的非理想滤波器的知识。

1. 理想频率选择性滤波器的频域特性

频率选择性滤波器的应用极为广泛,它渗透到几乎所有现代技术中,复杂的电子系统中必然采用某种形式的滤波器。由于应用场合不同,所要求的滤波器频率特性会有很大变化,然而有几种基本类型的滤波器被广泛采用,并且已经赋予了一些专有名词标明它们的功能。例如,一个低通滤波器就是通过"低频",而衰减或阻止"较高频率"的滤波器。注意,这里的低频,在连续时间系统中是指 $\omega = 0$ 附近的频率,而在离散时间系统中是 $\Omega = 0,2\pi$ 及所有 π 的偶数倍的频率;而较高频率是指 ω 取较大乃至无穷大的值,而 Ω 取 π 或 π 的奇数倍的频率。一个高通滤波器就是通过高频而衰减或阻止低频的滤波器。带通滤波器是通过高频和低频之间的某一频带范围内的频率,而衰减掉此频带以外频率的滤波器。在这些滤波器中,通过的频率范围称为通带,衰减或阻止通过的频率范围称为阻带,而通带和阻带的边界称为截止频率。

一个可实现的频率选择性滤波器的特性与一个理想滤波器特性之间是有区别的。所谓理想频率选择性滤波器,它能无失真地通过一部分频率的信号,并全部阻止掉所有其他频率的信号。例如,一个截止频率为 ω_c 的连续时间理想低通滤波器是这样一个 LTI 系统,它通过位于 $-\omega_c \leq \omega \leq \omega_c$ 内的复指数信号 $e^{j\omega t}$,而阻止掉上述频率范围以外的信号。也就是说,该滤波器的频率响应是

$$H(\omega) = \begin{cases} 1, & |\omega| \leq \omega_c \\ 0, & |\omega| > \omega_c \end{cases} \tag{6-93}$$

频域特性示于图 6 - 19 中,可见理想滤波器有极好的频率选择性。

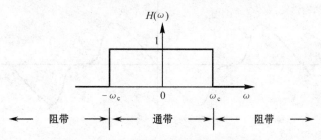

图 6 - 19　理想低通滤波器的频率响应

图 6 - 20(a) 是一个截止频率为 ω_c 的理想连续时间高通滤波器的频率响应,图 6 - 20(b) 是一个下截止频率为 ω_{c1}、上截止频率为 ω_{c2} 的理想连续时间带通滤波器的频率响应。可以看到,每种滤波器的特性对 $\omega = 0$ 都是对称的,看起来高通和带通滤波器好像都有两个通带!其实不然,这是由于我们采用了复指数信号 $e^{j\omega t}$,而不是采用正弦信号 $\sin\omega t$ 和 $\cos\omega t$。因为 $e^{j\omega t} + e^{-j\omega t} = \cos\omega t$,即两个正负频率的复指数信号组成了同一频率 ω 的正弦信号。通常在定义理想滤波器时采用图 6 - 19 和图 6 - 20 所示的对称频域特性。

以完全类似的方式可以定义相应的理想离散时间频率选择性滤波器,其频率响应特性如图 6 - 21 所示,图(a) 为低通滤波器特性,图(b) 为高通滤波器特性,图(c) 为带通滤波器特性。这里应注意的是,对离散时间滤波器来说,频率响应 $H(e^{j\Omega})$ 一定是以 2π 为周期的,且其低频靠近 π 的偶数倍,而高频在 π 的奇数倍附近。

理想滤波器在很多应用中用于描述理想化系统,但实际上,它们是不可实现的,只能近似地实现它们的特性。再者,即使它们可以被实现,理想滤波器的某些特性在实际中不一定总是需要的,例如后面将要讨论的,其阶跃响应在跳变点附近呈现过冲(超量)和振荡。

以上给出的理想滤波器的定义都具有零相位特性,即频率响应 $H(\omega)$ 或

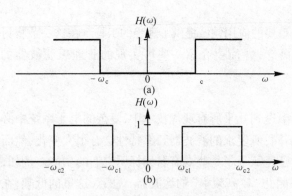

图 6 - 20　理想高通和理想带通滤波器的频率响应
(a) 理想高通滤波器的频率响应;
(b) 理想带通滤波器的频率响应

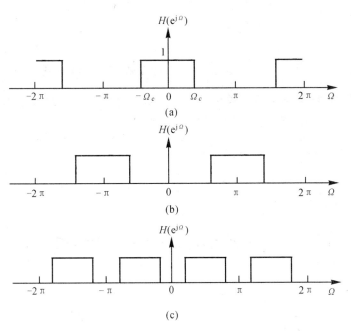

图 6 - 21　离散时间理想频率选择性滤波器
（a）低通；（b）高通；（c）带通

$H(e^{j\Omega})$ 在通带内均为正实数。当位于通带内的复指数信号 $e^{j\omega t}$ 通过时，其输出与输入完全相同，不存在延时。理想滤波器的另一种定义方式是在通带内具有线性相位特性，它相对零相位特性的理想滤波器的响应来说，仅引入一个恒定的时移。图 6 - 22 所示为线性相位理想低通滤波器的频域特性。

2. 理想频率选择性滤波器的时域特性

　　这里的讨论集中在理想低通滤波器，对于其他类型的滤波器，如高通或带通滤波器，请同学们通过习题自行理解。可以发现，与低通滤波器非常类似的一些概念和结果在高通和带通中也都成立。

　　连续时间理想低通滤波器的频率响应如式（6 - 93）或如图 6 - 19 所示。离散时间低通滤波器的频率响应如图 6 - 21（a）所示，在 $[-\pi,\pi]$ 区间内的表达式为

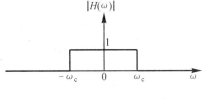

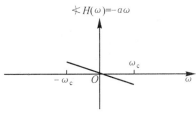

图 6 - 22　具有线性相位特性的理想低通滤波器

$$H(e^{j\Omega}) = \begin{cases} 1, & |\Omega| \leqslant \Omega_c \\ 0, & \Omega_c < |\Omega| \leqslant \pi \end{cases} \qquad (6 - 94)$$

　　根据第 4 章、第 5 章得出的常用傅里叶变换对，可写出式（6 - 93）和式（6 - 94）的反变换，也即理想低通滤波器的单位冲激（抽样）响应为

$$h(t) = \frac{\sin\omega_c t}{\pi t} = \frac{\omega_c}{\pi}\text{sinc}(\omega_c t) \qquad (6 - 95)$$

$$h[n] = \frac{\sin\Omega_c n}{\pi n} = \frac{\Omega_c}{\pi}\text{sinc}(\Omega_c n) \qquad (6-96)$$

如图 6-23(a) 和 (b) 所示,图(b) 中设 $\Omega_c = \dfrac{\pi}{4}$。如果式(6-93) 和式(6-94) 这两个理想低通的频率响应是线性相位特性,则其单位冲激响应就只是延迟一个等于该相位特性斜率负值的量。连续时间单位冲激响应的情况如图 6-24 所示。

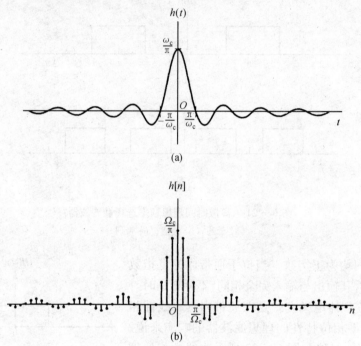

(a)

(b)

图 6-23 连续／离散时间理想低通滤波器的单位冲激响应

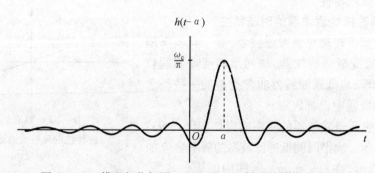

图 6-24 模和相位如图 6-22 的理想低通的单位冲激响应

应当指出,无论在连续时间或离散时间情况下,滤波器的通带宽度都正比于 ω_c 或 Ω_c,而单位冲激响应的主瓣宽度都正比于 $1/\omega_c$ 或 $1/\Omega_c$,因此当滤波器的带宽增加时,单位冲激响应的主瓣(或者说相邻过零点的距离)就愈来愈窄;反之亦然。这与第4章、第5章讨论的尺度变换性质中时间与频率之间的相反关系是一致的。

表征系统时域特性的另一种方式是单位阶跃响应,这在某些应用领域是更常用的一种方式。单位阶跃响应是单位冲激响应的积分,故连续时间理想低通的单位阶跃响应为

$$s(t) = \frac{1}{\pi} \int_{-\infty}^{t} \frac{\sin\omega_c\tau}{\tau} \mathrm{d}\tau$$

$$= \frac{1}{\pi} \int_{-\infty}^{0} \frac{\sin\omega_c\tau}{\tau} \mathrm{d}\tau + \frac{1}{\pi} \int_{0}^{t} \frac{\sin\omega_c\tau}{\tau} \mathrm{d}\tau$$

$$= -\frac{1}{\pi} \int_{0}^{-\infty} \frac{\sin\omega_c\tau}{\omega_c\tau} \mathrm{d}(\omega_c\tau) + \frac{1}{\pi} \int_{0}^{\omega_c t} \frac{\sin\omega_c\tau}{\omega_c\tau} \mathrm{d}(\omega_c\tau)$$

$$= -\frac{1}{\pi} \int_{0}^{-\infty} \frac{\sin x}{x} \mathrm{d}x + \frac{1}{\pi} \int_{0}^{y} \frac{\sin x}{x} \mathrm{d}x$$

式中，$x = \omega_c\tau, y = \omega_c t$。若对上式第一项进行变量代换 $x \to -x$，可得

$$s(t) = \frac{1}{\pi} \int_{0}^{\infty} \frac{\sin x}{x} \mathrm{d}x + \frac{1}{\pi} \int_{0}^{y} \frac{\sin x}{x} \mathrm{d}x$$

$$= \frac{1}{\pi} \cdot \frac{\pi}{2} + \frac{1}{\pi} \mathrm{Si}(y) \tag{6-97}$$

式(6-97)第二项引用了正弦积分的符号

$$\mathrm{Si}(y) = \int_{0}^{y} \frac{\sin x}{x} \mathrm{d}x \tag{6-98}$$

正弦积分已制成标准表格或曲线，可在一些数学教材中查到。图 6-25 同时画出 $\sin x/x$ 和 $\mathrm{Si}(y)$ 的曲线，可以看到 $\mathrm{Si}(y)$ 是 y 的奇函数，随 y 值自原点增加，$\mathrm{Si}(y)$ 从 0 增长，以后围绕 $\frac{\pi}{2}$ 振荡，振荡幅度逐渐衰减而趋于 $\frac{\pi}{2}$；各极值点与函数 $\sin x/x$ 的零点相对应，例如 $\mathrm{Si}(y)$ 的第一峰点和 $\sin x/x$ 的第一个过零点同时出现于横轴等于 π 的地方。

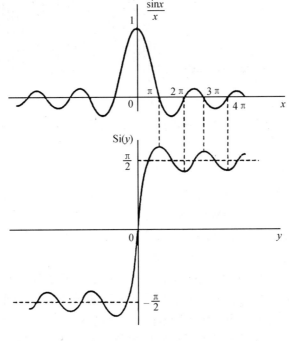

图 6-25　$\sin x/x$ 和 $\mathrm{Si}(y)$ 的函数曲线

引用上述推导结果,连续时间理想低通滤波器的单位阶跃响应写为

$$s(t) = \frac{1}{2} + \frac{1}{\pi}\text{Si}(\omega_c t) \qquad (6-99)$$

它的波形如图 6 - 26(a) 所示。对于离散时间理想低通滤波器,可以通过对 $h[n]$ 求和而得到其单位阶跃响应,它的序列图形见图 6 - 26(b)。从图中可以看到,理想滤波器的阶跃响应都有比它们最后稳态值大的超量,并且呈现出称之为振铃的振荡现象。若把 $t = 0$ 或 $n = 0$ 左右两个振荡峰值点之间的时间定义为阶跃响应的上升时间,则连续时间理想低通滤波器的上升时间为 $t_r = 2\pi/\omega_c$,离散时间理想低通滤波器的上升时间为 $2\pi/\Omega_c$ 取整的值。这也就是说,理想低通滤波器的通带愈窄,阶跃响应的上升时间将愈长,这里再次体现了时域与频域之间的尺度反比关系。

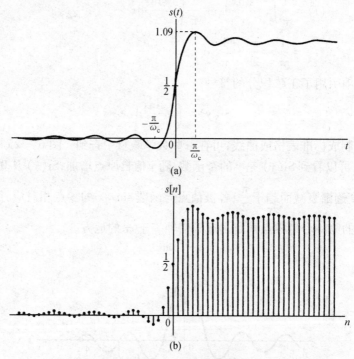

图 6 - 26 理想低通滤波器的单位阶跃响应
(a) 连续时间理想低通滤波器的阶跃响应;
(b) 离散时间理想低通滤波器的阶跃响应

另外要提到的是,第一,如前所述,理想低通滤波器虽然有极好的频率选择性,但其阶跃响应所表现出的过冲和振铃这些特性是不希望存在的。第二,理想低通滤波器的阶跃响应与其单位冲激响应一样,都不满足因果性要求,即其响应领先于激励而提前出现,因此,这种理想滤波器在实时条件下是物理不可实现的。第三,上述关于滤波器阶跃响应的上升时间与其通带宽度(或截止频率)成反比的结论,虽然是在理想条件下得出的,但对各种实际的滤波器同样具有指导意义,前面讨论的例 6 - 7 的结果就是一个例证。第四,滤波器阶跃响应的上升时间与带宽不能同时减小,或者说这二者的乘积是一个常数值,且对不同的系统二者乘积取不同的常数值,但此常数值存在下限,这将由著名的"测不准原理"所决定。

3. 用微分方程和差分方程描述的非理想滤波器

在前面已经指出,理想滤波器的通带和阻带是截然划分的,这样的滤波特性导致它的阶跃响应在跳变点附近呈现过冲和振荡。在某些情况下,这种时域特性是不希望存在的。退一步说,即使我们需要一个理想的滤波特性而不考虑其他,它也是不可能实现的。在实际滤波器的通带和阻带之间应该容许有一个渐变的过渡特性,同时滤波器在通带和阻带范围内模特性也容许有一定限度的起伏存在。对于实际的连续时间低通滤波器来说,上述对滤波特性的容限要求可由图 6 - 27 表示。在图6 - 27 中,δ_1 为可容许的通带起伏,而 δ_2 为可容许的阻带起伏,所要求的滤波器频率响应的模则位于非阴影区之内。ω_c 和 ω_s 分别称为通带边界和

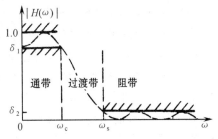

图 6 - 27　低通滤波器的容限图

阻带边界频率,从 ω_c 到 ω_s 的频率范围称为过渡带。以上讨论的概念和定义同样适用于高通、带通等其他连续时间频率选择性滤波器。对于实际的离散时间滤波器,其频域特性的容限图与图6 - 27 相似,唯一不同的是其最高频率不是无限趋大,而是 $\Omega = \pi$,且频率特性以 2π 为周期无限重复。

在本书前面的讨论中,我们已经建立了如下的概念:系统的可实现性与其因果性是紧密联系的。对于用微分方程或差分方程描述的 LTI 系统,凡是满足初始松弛条件的都是因果系统。根据上述概念,再结合6.6 节例6 - 12 ~ 例6 - 14 讨论的一阶、二阶电路,我们从中可以得出如下结论:

① 这些用电路模型给出的系统都可用微分方程描述,其频率响应都是在初始松弛条件下获得的,无疑这些都是因果系统,因而也就是物理可实现的。

② 这些可实现的系统,从其在频域画出的波特图可见,它们各具有某种频率选择滤波的功能。如例6 - 12 为低通,例6 - 13 为高通,例6 - 14 当 $\xi \geqslant 1$ 时为低通,$\xi \ll 1$ 时可有带通功能。这些滤波器从通带到阻带都存在过渡带,但过渡带的陡峭程度(或者说它们对理想滤波器的逼近程度)是不同的,系统的阶数愈高过渡带愈陡峭,如例6 - 12 过渡带斜率是 - 20 dB/dec,而例6 - 14 是 - 40 dB/dec。

③ 由前面两点可以引出,如何设计出一个满足用户要求的实际滤波器,解决该问题的核心是如何选择一个由常系数线性微分(差分)方程表征的系统,其实也就是如何确定该方程的阶数和系数,这一步骤在滤波器设计理论中称为**逼近问题**。接下来就是选择系统结构和元件参数来实现之,这就是滤波器设计理论中的**实现问题**。

前人对逼近问题已经做出了许多成果,下面要介绍的巴特沃斯(Butterworth)逼近就是其中一例。巴特沃斯逼近又称最平逼近,因其模频率特性在零频附近较之其他逼近形式最为平坦而得名。这种逼近形式是从频率响应的模特性出发来解决因果逼近问题的,而不去考虑相位特性;当然也可以仅从相位特性出发而不去关心其模特性,例如最平时延逼近,这方面的内容本书不作介绍。

通过巴特沃斯逼近设计出的低通滤波器称为巴特沃斯低通滤波器,其频率响应的模函数为

$$|H(\omega)| = \frac{1}{\sqrt{1 + (\omega/\omega_c)^{2N}}} , \quad N = 1,2,3,\cdots \tag{6-100}$$

式中,ω_c是低通滤波器的截止频率;N是低通滤波器的阶数。

ω_c和N是决定巴特沃斯低通滤波器频率响应形状的两个自由参数,其中ω_c是$|H(\omega)|$下降至$|H(0)|$值的$1/\sqrt{2}$时的频率,在对数模特性曲线上,就是增益从$\omega = 0$处的最大值衰减3 dB 的频率,而N实际上就是表征巴特沃斯滤波器的微分方程的阶数。关于如何从模$|H(\omega)|$得到$H(\omega)$,得到$H(\omega)$自然也就得到微分方程,这个问题留待第 7 章研究拉普拉斯变换时再解决。图6 - 28 示出了 N 取不同值的巴特沃斯低通模特性曲线。从图 6 - 28 和式(6 - 100)都能明显看出,巴特沃斯低通特性随频率升高而单调下降,且阶次越高,从通带到阻带下降得越快;在接近零频(直流)处,其模特性呈现平坦状,且阶次越高,保持平坦的频率范围越宽。在$\omega = \omega_c$处,滤波器增益为$1/\sqrt{2}$,且与滤波器的阶次无关。总的说来,巴特沃斯的模特性在低频端最接近理想特性。但在接近截止频率和阻带内,它比其他形式的滤波器(如切比雪夫或椭圆滤波器)要差一些。

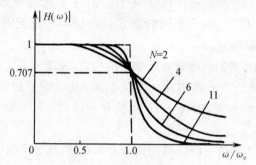

图 6 - 28　巴特沃斯低通滤波器线性模特性

在滤波器设计中,采用对数模特性更为方便。这样式(6 - 100)可写为

$$\alpha(\omega) = -10 \log_{10}[1 + (\omega/\omega_c)^{2N}] \text{ dB} \tag{6-101}$$

根据式(6 - 101)可以画出巴特沃斯滤波器模特性的波特图,如图 6 - 29 所示,其低频段近似0 dB,高频段每 10 倍频程有 $20N$ dB 的衰减。

与式(6 - 101)相对应,滤波器特性容限图中通、阻带起伏δ_1和δ_2可分别表示为以分贝为单位的对数形式,即

$$\alpha_1 = 20\log_{10}\delta_1 = -10\log_{10}[1 + (\omega_c/\omega_c)^{2N}] = -3 \text{ dB} \tag{6-102}$$

$$\alpha_2 = 20\log_{10}\delta_2 = -10\log_{10}[1 + (\omega_s/\omega_c)^{2N}] \text{ dB} \tag{6-103}$$

而且从式(6 - 103)可得出巴特沃斯滤波器阶数 N 的公式:

$$N = \frac{\log_{10}(10^{-0.1\alpha_2} - 1)}{2\log_{10}(\omega_s/\omega_c)} \tag{6-104}$$

这是一个十分有用的公式,已知滤波器技术要求$\omega_c,\omega_s,(\alpha_1 = -3 \text{ dB})$和$a_2$,就可应用此公式计算出所要求的巴特沃斯滤波器的阶数,进而可从式(6 - 100)经由拉普拉斯变换的零极点分析得出系统频率响应$H(\omega)$,亦即得到系统的微分方程描述,实现了因果逼近。

以上讨论局限于连续时间的非理想滤波器,下面讨论一类因果稳定的离散时间非理想滤

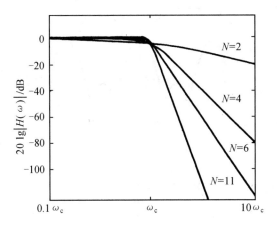

图 6 - 29   巴特沃斯低通滤波器对数模特性

波器,它们是用如下非递归差分方程描述的:

$$y[n] = \sum_{k=0}^{N} b_k x[n-k] \qquad (6-105)$$

其单位抽样响应是

$$h[n] = \sum_{k=0}^{N} b_k \delta[n-k] \qquad (6-106)$$

可见这种系统的单位抽样响应是 $N+1$ 点的有限长因果序列,而且由于系数 b_k 均为有限值,系统必定是稳定的。下面举一个离散时间低通滤波器的例子。

例 6 - 15   考虑一种均匀平滑低通滤波器,其方程式(6 - 105)中所有系数为相同的常数,取值 1,即

$$y[n] = \frac{1}{N+1} \sum_{k=0}^{N} x[n-k] \qquad (6-107)$$

分别求出 $N=2,32$ 的离散时间滤波器的抽样响应和频率响应。

解:对于 $N=2$,得到的是一个 3 点因果平滑滤波器的差分方程,即

$$y[n] = (1/3)\{x[n] + x[n-1] + x[n-2]\} \qquad (6-108)$$

其抽样响应和频率响应分别为

$$h[n] = (1/3)\{\delta[n] + \delta[n-1] + \delta[n-2]\} \qquad (6-109)$$

$$H(e^{j\Omega}) = (1/3)(1 + e^{-j\Omega} + e^{-j2\Omega})$$
$$= (1/3)(1 + 2\cos\Omega)e^{-j\Omega} \qquad (6-110)$$

$h[n]$ 是长度为 3 的序列,幅值均为 1/3;幅频响应见图 6 - 30(a),呈现低通特性,但过渡带不陡峭,阻带衰减也太小(约为 - 10 dB)。如果增加滤波器的阶数 N,例如取 $N=32$,则系统的差分方程和单位抽样响应分别是

$$y[n] = \frac{1}{33} \sum_{k=0}^{32} x[n-k] \qquad (6-111)$$

$$h[n] = \begin{cases} 1/33, & 0 \leqslant n \leqslant 32 \\ 0, & \text{其他 } n \end{cases} \qquad (6-112)$$

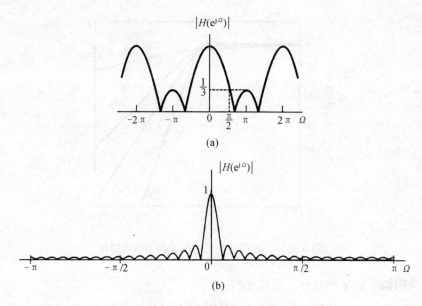

图 6 – 30　均匀平滑因果低通滤波器的幅频特性

从常用的 DTFT 变换对可知,该系统的频率响应就是式(6 – 112)矩形序列的离散时间傅里叶变换:

$$H(\mathrm{e}^{\mathrm{j}\Omega}) = \frac{1}{33} \frac{\sin(33\Omega/2)}{\sin(\Omega/2)} \mathrm{e}^{-\mathrm{j}33\Omega/2} \tag{6 – 113}$$

图 6 – 30(b)示出了 $N = 32$ 时平滑滤波器的幅频特性,可以看出,随着 N 增大,过渡特性较 $N = 2$ 时陡峭,阻带衰减稍有增加(约为 – 13 dB),截止频率(即通带宽度)减小,由 $N + 1 = 3$ 点时的 $2\pi/3$ 减至 $N + 1 = 33$ 点时的 $2\pi/33$。

如果不是将式(6 – 105)中的系数取相同的值,而是用其他方法来选择这些系数,就可能在给定的滤波器长度内尽可能地锐化过渡带,并增大阻带衰减。这些方法在数字信号处理课程中会详细讨论到。

这一节讨论的用微分方程和差分方程描述的非理想滤波器都是物理可实现的。就时域特性而言,这些滤波器的冲激响应的出现是有起因的,没有在冲激作用之前就产生,也就是说满足因果条件。从频域特性来看,如果系统频率响应的模 $| H(\mathrm{j}\omega) |$ 满足平方可积条件,即

$$\int_{-\infty}^{\infty} | H(\mathrm{j}\omega) |^2 \mathrm{d}\omega < \infty \tag{6 – 114}$$

佩利(Paley)和维纳(Wiener)证明了 $| H(\mathrm{j}\omega) |$ 物理可实现的必要条件是

$$\int_{-\infty}^{\infty} \frac{| \ln | H(\mathrm{j}\omega) | |}{1 + \omega^2} \mathrm{d}\omega < \infty \tag{6 – 115}$$

式(6 – 115)称为佩利—维纳准则。该准则证明了频率响应的模不可在一有限频带内为零(可允许在某些不连续的频率点上为零),而且模随频率的衰减不能过于迅速。本节讨论的这些系统其幅度特性都满足佩利—维纳证明过的这些条件。违反佩利—维纳条件(或称准则)的系统,其冲激响应必先于冲激激励出现。

6.8 希尔伯特变换

1. 因果 LTI 系统的希尔伯特变换特性

如前所述,系统可实现性的实质是具有因果性。本节将证明,由于因果性限制,频率响应的实部和虚部之间具有一种相互制约的特性,这种特性以希尔伯特(Hilbert)变换的形式表现出来。

对于连续时间因果系统,其冲激响应满足

$$h(t) = h(t)u(t) \tag{6-116}$$

将 $h(t)$ 的傅里叶变换即频率响应 $H(\omega)$ 分解为实部 $R(\omega)$ 和虚部 $jX(\omega)$ 之和

$$H(\omega) = \mathscr{F}\{h(t)\} = R(\omega) + jX(\omega) \tag{6-117}$$

根据傅里叶变换的频域卷积定理,式(6-116)可写成

$$\mathscr{F}\{h(t)\} = \frac{1}{2\pi}\{\mathscr{F}[h(t)] * \mathscr{F}[u(t)]\}$$

或写成

$$
\begin{aligned}
R(\omega) + jX(\omega) &= \frac{1}{2\pi}\left\{[R(\omega) + jX(\omega)] * \left[\pi\delta(\omega) + \frac{1}{j\omega}\right]\right\} \\
&= \frac{1}{2\pi}\left\{R(\omega) * \pi\delta(\omega) + X(\omega) * \frac{1}{\omega}\right\} + \\
&\quad j\frac{1}{2\pi}\left\{X(\omega) * \pi\delta(\omega) - R(\omega) * \frac{1}{\omega}\right\} \\
&= \left\{\frac{R(\omega)}{2} + \frac{1}{2\pi}\int_{-\infty}^{\infty}\frac{X(\lambda)}{\omega - \lambda}d\lambda\right\} + j\left\{\frac{X(\omega)}{2} - \frac{1}{2\pi}\int_{-\infty}^{\infty}\frac{R(\lambda)}{\omega - \lambda}d\lambda\right\}
\end{aligned}
$$

解得

$$R(\omega) = \frac{1}{\pi}\int_{-\infty}^{\infty}\frac{X(\lambda)}{\omega - \lambda}d\lambda \tag{6-118}$$

$$X(\omega) = -\frac{1}{\pi}\int_{-\infty}^{\infty}\frac{R(\lambda)}{\omega - \lambda}d\lambda \tag{6-119}$$

式(6-118)和式(6-119)称为希尔伯特变换对。它揭示了因果系统 $H(\omega)$ 的一个重要特性:它的实部和虚部不是相互独立的,即实部可由虚部唯一地确定,反之亦然。换言之,如果选定了 LTI 系统频率响应的实部(或虚部),若再任意选择它的虚部(或实部),那就不能保证这样配对构成的系统是一个因果系统。

对于离散时间系统,当满足因果性时,其单位抽样响应可写成

$$h[n] = h[n]u[n]$$

而对应的频率响应写成实部与虚部之和

$$\tilde{H}(\Omega) = \mathscr{F}\{h[n]\} = \tilde{R}(\Omega) + j\tilde{X}(\Omega) \tag{6-120}$$

这里为简便计,把 $H(e^{j\Omega})$ 写成 $\tilde{H}(\Omega)$。仿照连续时间情况下证明式(6-118)和式(6-119)的过程,在 $h[n]$ 为实因果序列时,可以证得

$$\tilde{R}(\Omega) = \frac{1}{2\pi}\int_{(2\pi)}\tilde{X}(\sigma)\cot\left(\frac{\Omega - \sigma}{2}\right)d\sigma + h[0] \tag{6-121}$$

$$\tilde{X}(\Omega) = -\frac{1}{2\pi}\int_{(2\pi)}\tilde{R}(\sigma)\cot\left(\frac{\Omega-\sigma}{2}\right)\mathrm{d}\sigma \tag{6-122}$$

由于离散时间情况下,$\tilde{H}(\Omega)$ 及其实部和虚部均为以 2π 为周期的连续频率函数,因此常把式(6-121)和式(6-122)称为周期连续函数的希尔伯特变换对,而把式(6-118)和式(6-119)称为非周期连续函数的希尔伯特变换对。离散时间情况下的希尔伯特变换同样揭示了任何一个因果序列 DTFT 的实部和虚部彼此也不是独立的,除了式(6-121)多一项 $h[0]$ 之外,其实部由虚部唯一地确定,而虚部则由实部唯一地确定。

用类似的方法还可以研究因果 LTI 系统频率响应的模和相位之间的约束关系。若将因果 LTI 系统频率响应 $H(\omega)$ 或 $\tilde{H}(\Omega)$ 表示为极坐标形式,取其自然对数则有

$$\ln H(\omega) = \ln|H(\omega)| + \mathrm{j}\theta(\omega) \tag{6-123}$$

$$\ln\tilde{H}(\Omega) = \ln|\tilde{H}(\Omega)| + \mathrm{j}\tilde{\theta}(\Omega) \tag{6-124}$$

可以证明,对最小相移系统,因果性意味着对数幅频响应 $\ln|H(\omega)|$ 或 $\ln|\tilde{H}(\Omega)|$ 分别与相频响应 $\theta(\omega)$ 或 $\tilde{\theta}(\Omega)$ 之间也存在一种约束关系,相互构成一个变换对,称为波特关系式。这个关系式提示人们,在系统设计和实现中,当设计好一个幅频响应后,不能再任意地选择所希望的相频响应,反之亦然。否则,不能确保设计出来的系统是一个因果 LTI 系统,因此也就无法实现。

2. 解析信号的希尔伯特变换表示法

以上讨论已经揭示出:一个因果的时间函数或序列,其傅里叶变换的实部与虚部由希尔伯特变换式相互制约。根据时频对偶原理,我们若假设一个时间复信号表示为实部加虚部的形式,即

$$v(t) = x(t) + \mathrm{j}\hat{x}(t) \tag{6-125}$$

当式(6-125)中实部信号 $x(t)$ 和虚部信号 $\hat{x}(t)$(注意,$x(t)$ 和 $\hat{x}(t)$ 都是实信号)之间满足如下希尔伯特变换:

$$\hat{x}(t) = \frac{1}{\pi}\int_{-\infty}^{\infty}\frac{x(\tau)}{t-\tau}\mathrm{d}\tau \tag{6-126}$$

$$x(t) = -\frac{1}{\pi}\int_{-\infty}^{\infty}\frac{\hat{x}(\tau)}{t-\tau}\mathrm{d}\tau \tag{6-127}$$

可以证明该复信号 $v(t)$ 的傅里叶变换 $V(\omega)$ 之非零值部分仅存在于正频域,即

$$V(\omega) = X(\omega) + \mathrm{j}\hat{X}(\omega) = 0, \quad \omega < 0 \tag{6-128}$$

这就是说,一个复时间函数的实部和虚部若彼此构成一个希尔伯特变换对,则其傅里叶变换是一个因果连续频率函数。通常把实、虚部满足式(6-126)和式(6-127)的复信号 $v(t)$ 称为**解析信号**。用解析信号 $v(t)$ 代表实信号 $x(t)$,使其傅里叶变换只限于正频域部分,这种信号复数化的表示法称为解析信号表示法。

下面分析式(6-128)中 $X(\omega)$ 和 $\hat{X}(\omega)$ 之间的关系。首先要弄清 $X(\omega)$ 和 $\hat{X}(\omega)$ 分别是式(6-125)中两个实信号 $x(t)$ 和 $\hat{x}(t)$ 的傅里叶变换,依据傅里叶变换的共轭对称性质,下述关系将成立:

$$X(\omega) = X^*(-\omega) \text{ 和 } \hat{X}(\omega) = \hat{X}^*(-\omega) \tag{6-129}$$

基于上式,并考虑到式(6-128)关于 $V(\omega)$ 在负频域等于零的要求,则 $X(\omega)$ 和 $\hat{X}(\omega)$ 必须满足如下关系:

$$\hat{X}(\omega) = \begin{cases} \mathrm{j}X(\omega), & \omega < 0 \\ -\mathrm{j}X(\omega), & \omega > 0 \end{cases} \tag{6-130}$$

或写成

$$X(\omega) = \begin{cases} -\mathrm{j}\hat{X}(\omega), & \omega < 0 \\ \mathrm{j}\hat{X}(\omega), & \omega > 0 \end{cases} \tag{6-131}$$

上述二式可借用符号函数表示成

$$\hat{X}(\omega) = -\mathrm{j}X(\omega)\,\mathrm{sgn}(\omega) \tag{6-132}$$

$$X(\omega) = \mathrm{j}\hat{X}(\omega)\,\mathrm{sgn}(\omega) \tag{6-133}$$

若令

$$H(\omega) = -\mathrm{j}\,\mathrm{sgn}(\omega) = \begin{cases} \mathrm{j}, & \omega < 0 \\ -\mathrm{j}, & \omega > 0 \end{cases} \tag{6-134}$$

则式(6-132)和式(6-133)可写成

$$\hat{X}(\omega) = X(\omega)H(\omega) \quad \text{或} \quad X(\omega) = \hat{X}(\omega)[-H(\omega)] \tag{6-135}$$

上式表明,$\hat{X}(\omega)$ 可由 $X(\omega)$ 通过一个频率响应如式(6-134)的 LTI 系统来获得,反过来,$X(\omega)$ 也可由 $\hat{X}(\omega)$ 通过频率响应为 $[-H(\omega)]$ 的 LTI 系统得到。具有式(6-134)频率响应的系统称为 90° 移相器,如图 6-31(a)所示。任何实际信号通过该系统时,它的每个正弦分量的相位均滞后 90°。

对式(6-134)的 $H(\omega)$,应用傅里叶变换的频域微分性质可得 90° 移相器的单位冲激响应

$$h(t) = \begin{cases} \dfrac{1}{\pi t}, & t \neq 0 \\ 0, & t = 0 \end{cases} \tag{6-136}$$

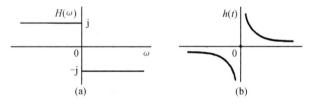

图 6-31　连续时间 90° 移相器的频率响应和单位冲激响应

$h(t)$ 的图形示于图 6-31(b)。将式(6-135)变换到时域就是

$$\hat{x}(t) = x(t) * h(t) \quad \text{或} \quad x(t) = \hat{x}(t) * [-h(t)] \tag{6-137}$$

代入式(6-136)的 $h(t)$ 表达式,就可看到解析信号 $v(t)$ 的实部和虚部彼此互成希尔伯特变换关系,因此从时域观察,上述 90° 移相器也称为希尔伯特变换器。

当满足希尔伯特变换时,解析信号 $v(t)$ 的频谱为

$$V(\omega) = \begin{cases} 2X(\omega), & \omega > 0 \\ 0, & \omega < 0 \end{cases} \tag{6-138}$$

由此看出,解析信号不仅使负频域的频谱为零,而且保留了实信号 $x(t)$ 的全部信息。这就是说,实信号 $x(t)$ 表示成它的复解析信号 $v(t)$ 后,其频谱占有宽度减少到原来的 1/2,这在通信和信号处理中有重要的实际意义。

例 6 - 16　试证明单位复指数信号 $e^{j\omega_0 t}$ 是一个解析信号,其中 $\omega_0 > 0$。

解: 由于已知 $e^{j\omega_0 t} = \cos\omega_0 t + j\sin\omega_0 t$,若能证明其实部 $\cos\omega_0 t$ 与虚部 $\sin\omega_0 t$ 之间满足式(6 - 126)的希尔伯特变换,就证明了 $e^{j\omega_0 t}$ 为一解析信号。

式(6 - 126) 可以写成 $\hat{x}(t) = x(t) * \dfrac{1}{\pi t}$,应用卷积定理可得实部 $\cos\omega_0 t$ 的伴随信号 $\hat{x}(t)$ 的傅里叶变换是

$$\hat{X}(\omega) = \mathscr{F}\{\cos\omega_0 t\} \cdot \mathscr{F}\left\{\frac{1}{\pi t}\right\} = \mathscr{F}\{\cos\omega_0 t\} \cdot \mathscr{F}\{h(t)\}$$

$$= [\pi\delta(\omega - \omega_0) + \pi\delta(\omega + \omega_0)]H(\omega)$$

将式(6 - 134) 代入上式,得

$$\hat{X}(\omega) = \begin{cases} -j\pi\delta(\omega - \omega_0), & \omega > 0 \\ j\pi\delta(\omega + \omega_0), & \omega < 0 \end{cases}$$

对于正频率 ω_0,显然上式表示的 $\hat{X}(\omega)$ 是正弦函数 $\sin\omega_0 t$ 的傅里叶变换,也就是说

$$\hat{x}(t) = \sin\omega_0 t$$

于是 $e^{j\omega_0 t}$ 为一解析信号的结论得证。同时也获得了由实信号 $\cos\omega_0 t$ 生成复信号 $e^{j\omega_0 t}$ 的方法,即令 $\cos\omega_0 t$ 通过一个 90° 移相器,其输出作为虚部再与 $\cos\omega_0 t$ 求和,便得到 $e^{j\omega_0 t}$。

对离散时间序列也有类似的解析信号表示法,一个实序列 $x[n]$ 与其相伴序列 $\hat{x}[n]$ 构成一个复序列 $v[n]$,即

$$v[n] = x[n] + j\hat{x}[n] \tag{6 - 139}$$

相伴序列 $\hat{x}[n]$ 生成的方法:令 $x[n]$ 通过如下离散时间 LTI 系统

$$\tilde{H}(\Omega) = -j\,\widetilde{\text{sgn}}(\Omega) \tag{6 - 140}$$

或

$$h[n] = \begin{cases} \dfrac{2\sin^2(\pi n/2)}{\pi n}, & n \neq 0 \\ 0, & n = 0 \end{cases} \tag{6 - 141}$$

系统的输出则是 $\hat{x}[n]$。式(6 - 140) 中 $\widetilde{\text{sgn}}(n)$ 是周期为 2π 的符号函数。$\tilde{H}(\Omega)$ 和 $h[n]$ 示于图 6 - 32 中,这里表示的系统称为离散时间 90° 移相器或离散时间希尔伯特变换器。

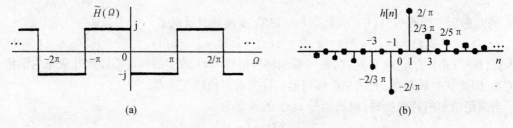

图 6 - 32　离散时间 90° 移相器的频率响应和单位抽样响应

(a) 频率响应 $\tilde{H}(\Omega)$；(b) 单位冲激响应 $h[n]$

在满足上述条件下,解析信号 $v[n]$ 的频谱在一半频域内为零,同时保留了实序列的全部信息,即

$$\tilde{V}(\Omega) = \begin{cases} 2\tilde{X}(\Omega), & 2l\pi < \Omega < (2l+1)\pi \\ 0, & (2l-1)\pi < \Omega < 2l\pi \end{cases} \qquad (6-142)$$

6.9　连续时间信号的离散时间处理

在许多应用中,首先把一个连续时间信号转换为一个离散时间信号,然后进行处理,处理完后再把它转换为连续时间信号。这种处理方式的一个显著优点是,离散时间信号处理可以借助于某一通用或专用计算机、各种微处理器或任何面向离散时间信号处理而专门设计的各种装置来实现。

一般来说,对连续时间信号的这种处理方法可以看作是如图6-33所示的三个环节的级联,其中 $x(t)$ 和 $y_c(t)$ 是连续时间信号,$x_d[n]$ 和 $y_d[n]$ 是对应于 $x(t)$ 和 $y_c(t)$ 的离散时间信号。就整个系统而言,图6-33所示系统仍是一个连续时间系统,因为系统的输入、输出都是连续时间信号。通过周期抽样(抽样频率应满足抽样定理中的条件),$x(t)$ 可以用它的样本值 $x(nT)$ 来表示,也就是说,离散时间序列 $x_d[n]$ 以下式与 $x(t)$ 相联系:

$$x_d[n] = x(nT) \qquad (6-143)$$

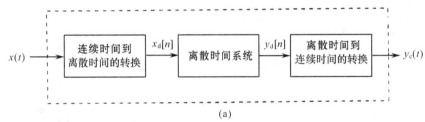

(a)

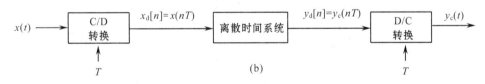

(b)

图6-33　连续时间信号的离散时间处理

图6-33中第一个方框"连续时间到离散时间的转换"(缩写为C/D)就是实现 $x(t)$ 到 $x_d[n]$ 的变换。而图中第三个方框完成一个与上述过程相反的变换,即"离散时间到连续时间的转换",并缩写为D/C。D/C的作用是在输入的各样本点之间进行内插,以产生一个相应的连续时间信号 $y_c(t)$。$y_c(t)$ 与输入离散时间序列 $y_d[n]$ 之间以下式关联:

$$y_d[n] = y_c(nT) \qquad (6-144)$$

在诸如数字计算机和其他数字系统中,离散时间信号是以数字形式给出的,这时用于实现C/D转换的器件称为模拟数字(A/D)转换器,而实现D/C转换的器件称为数字模拟(D/A)转换器。

1. 时间归一与频率尺度变换

为了进一步明了 $x(t)$ 和 $x_d[n]$ 之间的关系,可以把C/D变换过程分解成一个周期抽样环节和紧跟其后的一个把冲激串映射为序列的环节,如图6-34(a)所示。图中第一步为周期冲激抽样,产生的 $x_p(t)$ 是一个冲激串,各冲激的幅度(即强度或面积)与 $x(t)$ 的样本值相对应,时间间隔等于抽样周期 T。经过从冲激串到离散时间序列的转换便得到 $x_d[n]$,它是以 $x(t)$ 的样本值为序列值、时间间隔为单位1的离散时间信号。因此第二个环节可以认为是时间 T 被归一化的过程,图6-34(b)和(c)清楚地表示出由 $x_p(t)$ 到 $x_d[n]$ 的这一转换过程,其中 $x_p(t)$ 是分别以 $T = T_1$ 和 $T = 2T_1$ 两种抽样率从同一连续时间信号得到的冲激抽样结果。

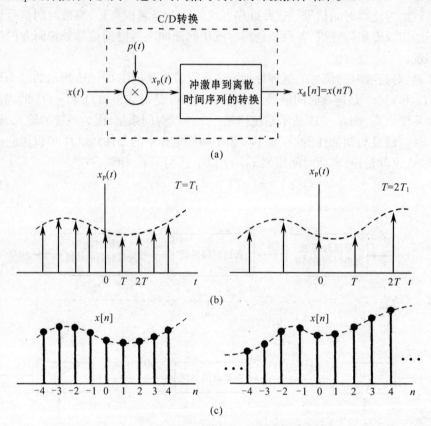

图6-34 分两步实现 C/D 转换的框图与波形图

(a) 整个系统;(b) 两种采样率的 $x_p(t)$,虚线包络代表 $x(t)$;(c) 两种不同采样率的输出序列

现在,在频域考察一下图6-34的处理过程。应用第5章5.2节冲激抽样所得 $x_p(t)$ 的表达式

$$x_p(t) = \sum_{n=-\infty}^{\infty} x(nT)\delta(t - nT) \tag{6-145}$$

由于 $\delta(t - nT)$ 的傅里叶变换是 $e^{-j\omega nT}$,故有

$$X_p(\omega) = \sum_{n=-\infty}^{\infty} x(nT)e^{-j\omega nT} \tag{6-146}$$

而序列 $x_d[n]$ 的离散时间傅里叶变换是

$$X_d(e^{j\Omega}) = \sum_{n=-\infty}^{\infty} x_d[n]e^{-j\Omega n} = \sum_{n=-\infty}^{\infty} x(nT)e^{-j\Omega n} \tag{6-147}$$

将式(6－146)与式(6－147)对比可见, $X_d(e^{j\Omega})$ 和 $X_p(\omega)$ 由下式关联着:

$$X_d(e^{j\Omega}) = X_p(\Omega/T), \qquad \omega = \Omega/T \tag{6－148}$$

另外,第 5 章中也曾给出周期(ω_s)形式的 $X_p(\omega)$, 即

$$X_p(\omega) = \frac{1}{T} \sum_{k=-\infty}^{\infty} X(\omega - k\omega_s) \tag{6－149}$$

因此对应地有

$$X_d(e^{j\Omega}) = \frac{1}{T} \sum_{k=-\infty}^{\infty} X(\Omega - 2\pi k)/T \tag{6－150}$$

图 6－35 中以两种不同的抽样率,画出了 $X(\omega)$、$X_p(\omega)$ 和 $X_d(e^{j\Omega})$ 三个频谱,从中可以看到, $X_d(e^{j\Omega})$ 和 $X_p(\omega)$ 都是 $X(\omega)$ 的周期化重复,二者唯一的不同是频率坐标有一尺度变换,使 $X_p(\omega)$ 的周期 $\omega_s = 2\pi/T$ 变成 $X_d(e^{j\Omega})$ 周期 2π。 $X(\omega)$ 频谱由于图 6－34 的第一步(周期抽样)变成 $X_p(\omega)$ 的周期性重复,而按式(6－148)所作的线性尺度变换,可以视为图 6－34 第二步所引入的时间归一化的结果,即由于 T 的归一(相当于除以 T),使模拟域频率周期 $2\pi/T$ 变成数字域频率周期 2π(相当 ω 域乘以 T)。因此,在连续时间信号的离散时间处理中,记住模拟频率 $\omega(\text{rad/s})$ 到数字频率 $\Omega(\text{rad})$ 的变换关系 $\Omega = \omega T$ 是十分有益的。

图 6－33 的系统中,经过离散时间系统处理后,所得到的序列 $y_d[n]$ 经过图 6－34 中各步骤的逆过程,最终转换为一个连续时间信号 $y_c(t)$。这个逆过程是由图 6－36 所示的两个环节构成的,第一步把离散时间序列 $y_d[n]$ 转换为冲激串 $y_p(t)$,冲激的幅度与序列值相对应;第二步借助截止频率为 $\omega_s/2$ 的低通滤波器对 $y_p(t)$ 进行内插而获得连续时间信号 $y_c(t)$,相应的内插公式在第 5 章中已经给出。以上过程可以归结为三个关系式,即

$$y_d[n] = y_c(nT) \tag{6－151}$$

$$y_p(t) = \sum_{n=-\infty}^{\infty} y_c(nT)\delta(t - nT) \tag{6－152}$$

$$y_c(t) = \sum_{n=-\infty}^{\infty} y_c(nT)\text{sinc}\left[\frac{\omega_s}{2}(t - nT)\right] \tag{6－153}$$

若把图 6－33 中离散时间系统的频率响应表示为 $H_d(e^{j\Omega})$, 再结合图 6－34(a)和图 6－36,则图 6－33 的整个系统就细化为图 6－37。图中 $x_d[n] \to y_d[n]$ 是离散时间系统的输入和输出,其频域关系为

$$Y_d(e^{j\Omega}) = H_d(e^{j\Omega})X_d(e^{j\Omega}) \tag{6－154}$$

变换到 $x_p(t) \to y_p(t)$, $X_p(\omega)$ 和 $Y_p(\omega)$ 就相应于对 $X_d(e^{j\Omega})$ 和 $Y_d(e^{j\Omega})$ 进行频率尺度变换 $\Omega = \omega T$, 因此式(6－154)可以写成

$$Y_p(\omega) = H_d(e^{j\omega T})X_p(\omega) \tag{6－155}$$

如果进行尺度变换的同时再给予低通滤波,只取靠近频率原点的一个频域周期,就得图 6－37 整个系统的输入与输出的频域关系式

$$Y_c(\omega) = H_c(\omega)X(\omega) \tag{6－156}$$

这就是说,当输入 $x(t)$ 是充分带限的,并满足抽样定理的条件,图 6－37 事实上就等效于一个频率响应为 $H_c(\omega)$ 的连续时间系统, $H_c(\omega)$ 与离散时间频率响应 $H_d(e^{j\Omega})$ 的关系是

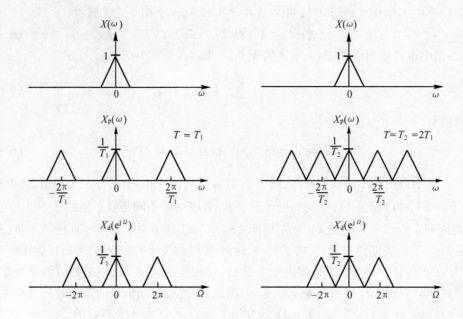

图 6 - 35　两种不同抽样率下，$X(\omega)$、$X_p(\omega)$ 和 $X_d(e^{j\Omega})$ 之间的关系

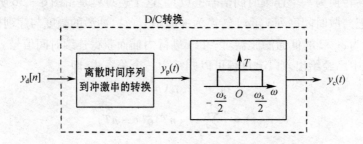

图 6 - 36　离散时间序列到连续时间的转换

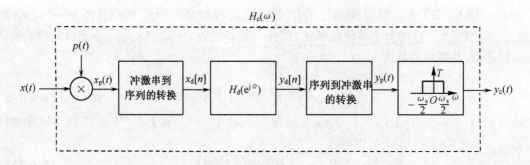

图 6 - 37　利用离散时间系统处理连续时间信号的过程

$$H_c(\omega) = \begin{cases} H_d(e^{j\omega T}), & |\omega| < \omega_s/2 \\ 0, & |\omega| > \omega_s/2 \end{cases} \qquad (6-157)$$

即：等效的连续时间频率响应就是离散时间频率响应在一个周期内的特性，只是频率轴有一个

线性尺度变化。

例6-17 现在考虑一个连续时间带限微分器如何用离散时间系统来实现。在图像处理中,连续时间微分器常用于边缘增强,其输出等于输入的导数,相应的系统频率响应是

$$H(\omega) = j\omega \tag{6-158}$$

试确定用于实现此频率响应的离散时间频率响应。

解:设带限微分器的频率响应为

$$H_c(\omega) = \begin{cases} j\omega, & |\omega| < \omega_c \\ 0, & |\omega| > \omega_c \end{cases} \tag{6-159}$$

$H_c(\omega)$ 图形示于图6-38中。利用式(6-157)的关系,若取抽样率 $\omega_s = 2\omega_c$(即抽样间隔 $T = \pi/\omega_c$),可以写出相应的离散时间频率响应 $H_d(e^{j\Omega})$ 是

$$H_d(e^{j\Omega}) = j\frac{\Omega}{T}, \quad |\Omega| < \pi \tag{6-160}$$

其图形如图6-39所示。以此作为图6-37中离散时间系统的频率响应,只要在 $x(t)$ 的抽样中没有混叠出现,$y_c(t)$ 则一定是 $x(t)$ 的导数。

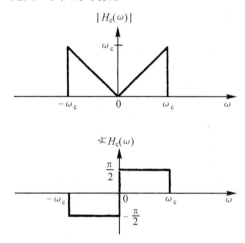

图 6-38 连续时间带限微分器的频率响应

2. 零阶保持抽样与内插

利用冲激串抽样最容易说明抽样定理这个重要事实:一个带限信号唯一地由其样本来代表。然而,对于产生和传输近似冲激的窄而幅度大的脉冲,在实际上是相当困难的,采用所谓零阶保持的方式来产生抽样信号往往更方便些。在这样的系统中,在给定的瞬时对 $x(t)$ 抽样,并将此样本值保持到下一个样本被采到为止。零阶保持的输出 $x_0(t)$ 在原理上可用图6-40所示系统来得到,即冲激串抽样后面紧跟一个具有矩形单位冲激响应的LTI系统。

为了由 $x_0(t)$ 重建 $x(t)$,考虑用一个单位冲激响应为 $h_r(t)$ 的重建滤波器,把它级联于图6-40中 $h_0(t)$ 系统的后面,希望级联后的最后输出 $r(t) = x(t)$。从第5章关于从抽样信号重建连续时间信号的讨论中知道,$h_0(t)$ 与 $h_r(t)$ 级联后的特性应是一个理想低通滤波器 $H(\omega)$。由于保持滤波器

$$H_0(\omega) = e^{-j\omega T/2}\left[\frac{2\sin(\omega T/2)}{\omega}\right] \tag{6-161}$$

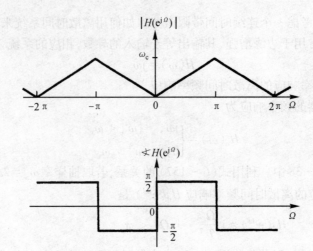

图6-39 用于实现连续时间带限微分器的离散时间滤波器的频率响应

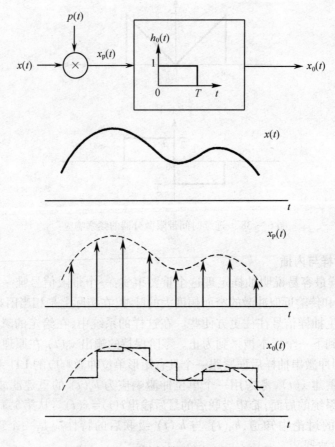

图6-40 零阶保持原理框图及波形图

这就要求

$$H_r(\omega) = \frac{e^{j\omega T/2}H(\omega)}{\dfrac{2\sin(\omega T/2)}{\omega}} \qquad (6-162)$$

假若理想低通滤波器 $H(\omega)$ 的截止频率等于 $\omega_s/2$,则紧跟在零阶保持滤波器 $H_0(\omega)$ 后面的重建滤波器的模和相位特性就如图 6 - 41 所示。

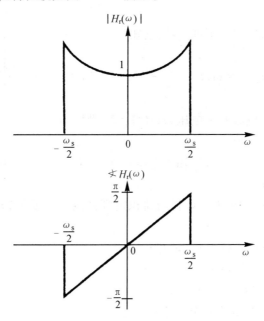

图 6 - 41　零阶保持采样重建滤波器的模与相位特性

应该指出,式(6 - 162)的频率响应是不可物理实现的,因此必须对它作一种近似的设计。事实上,许多情况下零阶保持输出 $x_0(t)$ 本身就可以认为是对原始信号 $x(t)$ 的一种充分近似,因而不必附加任何低通滤波。因为从本质上说,$x_0(t)$ 就代表了一种比较粗糙的样本间的内插。当然在某些应用中也可能在样本间进行某种较平滑的内插,如线性内插(将相邻样本点用直线段连接起来)和带限内插(利用理想低通滤波器的单位冲激响应作为内插函数)等。

习　　题

6.1　求图 P6.1 所示网络的频率响应 $H(\omega)=V_o(\omega)/V_i(\omega)$,并求出其线性模特性及相位特性的表达式。

6.2　图 P6.2 所示电路的初始状态为零,开关在 $t=0$ 时接通,其输入电压 $e(t)$ 为图示单个矩形脉冲。

（a）求电路的频率响应 $H(\omega)$;

（b）求电路的冲激响应 $h(t)$ 和阶跃响应 $s(t)$;

（c）用傅里叶分析法求流过 R_2 中的电流 $i_2(t)$。

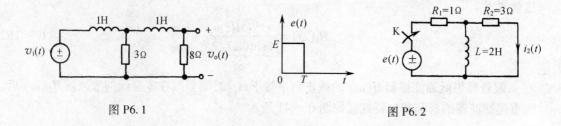

图 P6.1

图 P6.2

6.3 用傅里叶分析法回答下列问题,已知图 P6.3 所示电路的初始状态为零。

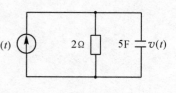

图 P6.3

(a) 当输入电流为 $i_1(t) = tu(t) - (t-1)u(t-1)$ 时,求电容 C 上电压 $v_1(t)$;

(b) 欲使在 $t \geqslant 0$ 时电容 C 上电压为 $v_2(t) = 2e^{-0.1t}u(t)$,求其输入电流 $i_2(t)$ 应为何值;

(c) 当输入电流 $i_3(t) = 10u(t)$,输出电压 $v_3(t) = 20(1 - e^{-0.1t})u(t)$,此时若电路中 R 改为 $2.5\ \Omega$,求电容 C 应为何值。

6.4 通过计算 $X(\omega)$ 和 $H(\omega)$,利用卷积定理并进行反变换,求下列每对信号 $x(t)$ 和 $h(t)$ 的卷积。

(a) $x(t) = te^{-2t}u(t)$,$h(t) = e^{-4t}u(t)$;

(b) $x(t) = te^{-2t}u(t)$,$h(t) = te^{-4t}u(t)$;

(c) $x(t) = e^{-t}u(t)$,$h(t) = e^{t}u(-t)$。

6.5 设下列每个 LTI 系统的输入皆为

$$x(t) = \cos 2\pi t + \sin 6\pi t$$

试确定每种情况下的零状态响应。

(a) $h(t) = \dfrac{\sin 4\pi t}{\pi t}$;

(b) $h(t) = \dfrac{[\sin 4\pi t][\sin 8\pi t]}{\pi t^2}$;

(c) $h(t) = \dfrac{[\sin 4\pi t][\cos 8\pi t]}{\pi t}$。

6.6 一个 LTI 系统的冲激响应为

$$h(t) = \frac{\sin 2\pi t}{\pi t}$$

对于下列每一输入波形求输出 $y_i(t)$。

(a) $x_1(t)$ 为图 P6.6(a) 中所示对称方波;

(b) $x_2(t)$ 为图 P6.6(b) 中所示对称方波;

(c) $x_3(t) = x_1(t)\cos 5\pi t$;

(d) $x_4(t) = \displaystyle\sum_{k=-\infty}^{+\infty} \delta\left(t - \frac{10k}{3}\right)$。

6.7 考虑一个 LTI 系统,它对输入

$$x(t) = [e^{-t} + e^{-3t}]u(t)$$

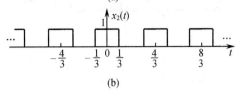

的响应为

$$y(t) = [2e^{-t} - 2e^{-4t}]u(t)$$

（a）求该系统的频率响应；

（b）确定该系统的冲激响应；

（c）求出联系输入和输出的微分方程,并用积分器、相加器和系数相乘器实现该系统。

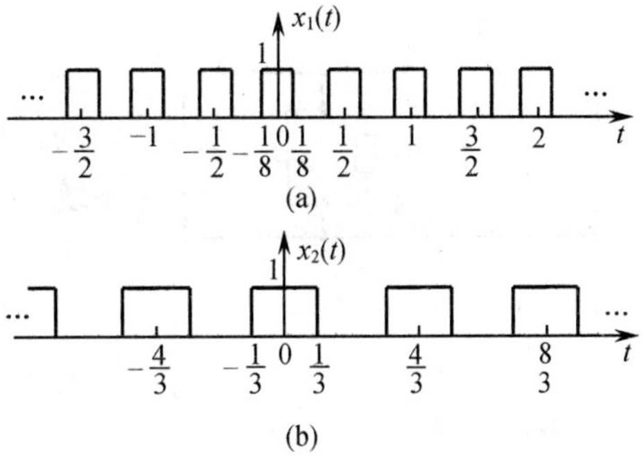

图 P6.6

6.8　一个因果 LTI 系统的输出 $y(t)$ 和输入 $x(t)$ 由下列微分方程联系：

$$\frac{dy(t)}{dt} + 2y(t) = x(t)$$

（a）求该系统的频率响应 $H(\omega) = Y(\omega)/X(\omega)$,并概略画出它的波特图；

（b）如果 $x(t) = e^{-t}u(t)$,试求其输出 $y(t)$；

（c）如果输入的傅里叶变换为

（ⅰ）$X(\omega) = \dfrac{1 + j\omega}{2 + j\omega}$；（ⅱ）$X(\omega) = \dfrac{2 + j\omega}{1 + j\omega}$；

（ⅲ）$X(\omega) = \dfrac{1}{(2 + j\omega)(1 + j\omega)}$。

分别求出相应的输出 $y(t)$。

6.9　一个因果系统的输入和输出由如下微分方程描述：

$$\frac{d^2 y(t)}{dt^2} + 6\frac{dy(t)}{dt} + 8y(t) = 2x(t)$$

（a）求该系统的冲激响应和阶跃响应；

（b）若 $x(t) = te^{-2t}u(t)$,求该系统的响应；

（c）对如下表征因果 LTI 系统的方程,重做（a）。

$$\frac{d^2 y(t)}{dt^2} + \sqrt{2}\frac{dy(t)}{dt} + y(t) = 2\frac{d^2 x(t)}{dt^2} - 2x(t)$$

6.10　（a）画出下列频率响应的波特图。

（ⅰ）$1 + (j\omega/10)$；　　　　　　　（ⅱ）$1 - (j\omega/10)$；

（ⅲ）$\dfrac{16}{(j\omega + 2)^4}$；　　　　　　　（ⅳ）$\dfrac{1 - (j\omega/10)}{1 + j\omega}$；

（ⅴ）$\dfrac{(j\omega/10) - 1}{1 + j\omega}$；　　　　　　（ⅵ）$\dfrac{1 + (j\omega/10)}{1 + j\omega}$；

（ⅶ）$\dfrac{1 - (j\omega/10)}{(j\omega)^2 + (j\omega) + 1}$；　　　（ⅷ）$\dfrac{10 + 5(j\omega) + 10(j\omega)^2}{1 + (j\omega/10)}$；

（ⅸ）$1 + j\omega + (j\omega)^2$；　　　　　（ⅹ）$1 - j\omega + (j\omega)^2$。

（b）求出并画出（a）中（ⅳ）和（ⅵ）的系统单位冲激响应和阶跃响应。

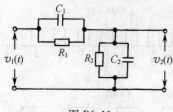

图 P6.11

由(iv)所给出的系统称为非最小相位系统,而由(vi)给出的系统称为最小相位系统。这两个系统的波特图有相同的模特性,但(iv)的相位值大于(vi)的相位值。这两个系统的时域特性也存在差异,试比较二者的单位冲激和阶跃响应,并给出相应结论。

6.11 (a) 电路如图 P6.11 所示,试求它的频率响应 $H(\omega) = V_2(\omega)/V_1(\omega)$。

(b) 为得到无失真传输,元件参数 R_1、R_2、C_1、C_2 应满足什么关系?

6.12 (a) 电路如图 P6.12 所示,求解联系电流源 $i_1(t)$ 和输出电压 $v_1(t)$ 的频率响应 $H(\omega) = V_1(\omega)/I_1(\omega)$;

(b) 若设 $L = 1$ H,$C = 1$ F,试确定使 $v_1(t)$ 与 $i_1(t)$ 波形相同(无失真)时的 R_1 和 R_2 值;

(c) 信号在经过该电路传输时有无时延?

6.13 一个因果 LTI 系统的频率响应为

$$H(\omega) = \frac{5(j\omega) + 7}{(j\omega + 4)[(j\omega)^2 + (j\omega) + 1]}$$

(a) 求该系统的冲激响应;

(b) 试确定由一个一阶系统和一个二阶系统构成的级联型结构(用相加器、积分器、倍乘器实现);

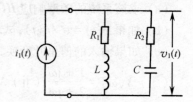

图 P6.12

(c) 试确定由一个一阶系统和一个二阶系统构成的并联结构。

6.14 (a) 一个 LTI 系统的频率响应为

$$H(\omega) = 1/(j\omega + 2)^3$$

用三个一阶系统级联构成该系统的一种实现。该系统能由三个一阶系统并联实现吗? 为什么?

(b) 对频率响应

$$H(\omega) = \frac{j\omega + 3}{(j\omega + 2)^2(j\omega + 1)}$$

重做(a),并用一个二阶系统和一个一阶系统的并联来实现该系统。

(c) 对(b)的频率响应构成四种不同的级联实现,每一种实现都应该由不同的二阶系统和一阶系统级联而成。

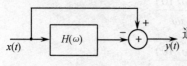

图 P6.15

6.15 图 P6.15 所示系统通常用于从低通滤波器获得高通滤波器,反之亦然。

(a) 若 $H(\omega)$ 为一截止频率等于 ω_{lp} 的理想低通滤波器,试证明整个系统相当于一个理想高通滤波器,确定它的截止频率并概略画出其冲激响应;

(b) 若 $H(\omega)$ 为一截止频率等于 ω_{hp} 的理想高通滤波器,试证明整个系统相当于一个理想低通滤波器,并确定它的截止频率。

6.16 与 6.7 节定义理想低通滤波器相似,理想带通滤波器是指在一个频率范围内允许

信号通过，而没有幅度或相位上的变化，如图 P6.16(a) 所示。设通带为 $\omega_0 - w/2 \leq |\omega| \leq \omega_0 + w/2$。

（a）求该滤波器的冲激响应；

（b）通过把一个一阶低通滤波器和一个一阶高通滤波器级联起来，如图 P6.16(b) 所示，可以近似一个带通滤波器。对这两个滤波器中的每一个，概略画出其波特图。

（c）利用（b）中结果，确定整个带通滤波器的波特图。

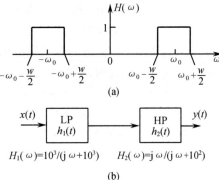

$H_1(\omega)=10^3/(\mathrm{j}\omega+10^3)$　　$H_2(\omega)=\mathrm{j}\omega/(\mathrm{j}\omega+10^2)$

(b)

图 P6.16

6.17　一个 LTI 离散时间系统的单位抽样响应为 $h[n] = (1/2)^n u[n]$，试用傅里叶分析法求该系统对下列信号的响应。

（a）$x[n] = (3/4)^n u[n]$；

（b）$x[n] = (n+1)(1/4)^n u[n]$；

（c）$x[n] = (-1)^n$。

6.18　一个 LTI 系统，已知 $h[n] = [(1/2)^n \cos(\pi n/2)] u[n]$，试用傅里叶变换法求系统对下列输入的响应。

（a）$x[n] = (1/2)^n u[n]$；

（b）$x[n] = \cos(\pi n/2)$。

6.19　设 $x[n]$ 和 $h[n]$ 分别是具有下列傅里叶变换的信号

$$X(\mathrm{e}^{\mathrm{j}\Omega}) = 3\mathrm{e}^{\mathrm{j}\Omega} + 1 - \mathrm{e}^{-\mathrm{j}\Omega} + 2\mathrm{e}^{-\mathrm{j}2\Omega}$$

$$H(\mathrm{e}^{\mathrm{j}\Omega}) = -\mathrm{e}^{-\mathrm{j}\Omega} + 2\mathrm{e}^{-\mathrm{j}2\Omega} + \mathrm{e}^{\mathrm{j}4\Omega}$$

求 $y[n] = x[n] * h[n]$。

6.20　已知输入 $x[n] = \sin(\pi n/8) - 2\cos(\pi n/4)$ 作用于具有下列单位抽样响应的 LTI 系统，试分别求其响应。

（a）$h[n] = \dfrac{\sin(\pi n/6)}{\pi n}$；

（b）$h[n] = \dfrac{\sin(\pi n/6)}{\pi n} + \dfrac{\sin(\pi n/2)}{\pi n}$；

（c）$h[n] = \dfrac{\sin(\pi n/6)\sin(\pi n/3)}{\pi^2 n^2}$。

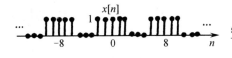

图 P6.21

6.21　一个 LTI 系统的单位抽样响应为 $h[n] = \dfrac{\sin(\pi n/3)}{\pi n}$，试分别求下列输入作用下的响应。

（a）$x[n]$ 为图 P6.21 所示的方波序列；

（b）$x[n] = \displaystyle\sum_{k=-\infty}^{\infty} \delta[n - 8k]$；

（c）$x[n] = (-1)^n$ 乘以图 P6.21 中的方波序列；

（d）$x[n] = \delta[n+1] + \delta[n-1]$。

6.22　(a) 设 $h[n]$ 和 $g[n]$ 是彼此互逆的两个稳定 LTI 离散时间系统的单位抽样响应,试导出这两个系统频率响应之间的关系。

(b) 考查由下列差分方程描述的 LTI 因果系统,求其频率响应,并确定其逆系统的单位抽样响应和表征逆系统的差分方程。

(Ⅰ) $y[n] = x[n] - (1/4)x[n-1]$;

(Ⅱ) $y[n] + (1/2)y[n-1] = x[n]$;

(Ⅲ) $y[n] + (1/2)y[n-1] = x[n] - (1/4)x[n-1]$;

(Ⅳ) $y[n] + (5/4)y[n-1] - (1/8)y[n-2] = x[n] - (1/4)x[n-1] - (1/8)x[n-2]$。

6.23　(a) 设 $x[n]$ 为一离散时间序列,其傅里叶变换为 $X(e^{j\Omega})$,如图 P6.23 所示。对下列每个信号 $p[n]$,概略画出 $z[n] = x[n]p[n]$ 的傅里叶变换。

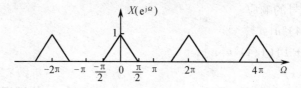

图 P6.23

(Ⅰ) $p[n] = \cos\pi n$;(Ⅱ) $p[n] = \cos(\pi n/2)$;(Ⅲ) $p[n] = \sin(\pi n/2)$;

(Ⅳ) $p[n] = \sum_{k=-\infty}^{\infty} \delta[n-2k]$;(Ⅴ) $p[n] = \sum_{k=-\infty}^{\infty} \delta[n-4k]$。

(b) 设把(a) 中的信号 $z(n)$ 作为输入,作用于单位抽样响应为 $h[n] = \dfrac{\sin(\pi n/2)}{\pi n}$ 的 LTI 系统,分别求(a) 中每一 $z(n)$ 作用下的输出 $y[n]$。

6.24　研究图 P6.24(a) 所示的互联系统,其中 $h_1[n] = \delta[n] - \dfrac{\sin(\pi n/2)}{\pi n}$,$H_2(e^{j\Omega})$ 和 $H_3(e^{j\Omega})$ 如图 P6.24(b) 所示。如果输入具有如图 P6.24(c) 所示的离散时间傅里叶变换,求输出。

6.25　一个离散时间微分器的频率响应 $H(e^{j\Omega})$ 如 6.9 节图 6-39 所示,设其中的 $\omega_c = \pi$。若输入为

$$x[n] = \cos[\Omega_0 n + \theta], \qquad 0 < \Omega_0 < \pi$$

求作为 Ω_0 函数的输出信号 $y[n]$。

6.26　已知一离散时间低通滤波器的单位抽样响应 $h[n]$ 为实值序列,频率响应的模在 $-\pi \leqslant \Omega \leqslant \pi$ 内为

$$|H(e^{j\Omega})| = \begin{cases} 1, & |\Omega| \leqslant \dfrac{\pi}{4} \\ 0, & \text{其余 } \Omega \end{cases}$$

求出并画出该滤波器在下列给出的群时延函数下的实值单位抽样响应。

(a) $\tau(\Omega) = 5$;(b) $\tau(\Omega) = \dfrac{5}{2}$;(c) $\tau(\Omega) = -\dfrac{5}{2}$。

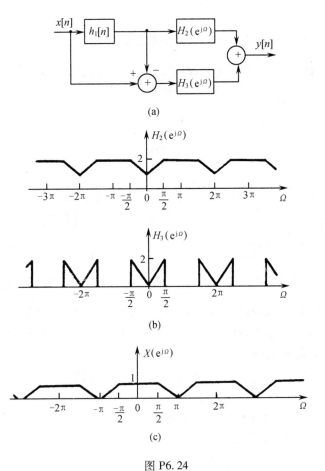

图 P6.24

6.27　一个因果系统的频率响应是

$$H(e^{j\Omega}) = e^{-j\Omega} \frac{1 - \dfrac{1}{2}e^{j\Omega}}{1 - \dfrac{1}{2}e^{-j\Omega}}$$

（a）证明 $|H(e^{j\Omega})|$ 对所有频率均为 1；

（b）证明

$$\measuredangle H(e^{j\Omega}) = -\Omega - 2\arctan\left(\frac{\dfrac{1}{2}\sin\Omega}{1 - \dfrac{1}{2}\cos\Omega}\right)$$

（c）证明该滤波器的群时延为

$$\tau(\Omega) = \frac{\dfrac{3}{4}}{\dfrac{5}{4} - \cos\Omega}$$

并大致画出 $\tau(\Omega)$。

6.28 画出下列每个频率响应的对数模和相位特性图。

(a) $1 + \dfrac{1}{2}e^{-j\Omega}$; (b) $1 + 2e^{-j\Omega}$; (c) $1 - 2e^{-j\Omega}$;

(d) $1 + 2e^{-j2\Omega}$; (e) $\dfrac{1}{\left(1 + \dfrac{1}{2}e^{-j\Omega}\right)^3}$; (f) $\dfrac{1 + \dfrac{1}{2}e^{-j\Omega}}{1 - \dfrac{1}{2}e^{-j\Omega}}$;

(g) $\dfrac{1 + 2e^{-j\Omega}}{1 + \dfrac{1}{2}e^{-j\Omega}}$; (h) $\dfrac{1 - 2e^{-j\Omega}}{1 + \dfrac{1}{2}e^{-j\Omega}}$; (i) $\dfrac{1}{\left(1 - \dfrac{1}{4}e^{-j\Omega}\right)\left(1 - \dfrac{3}{4}e^{-j\Omega}\right)}$;

(j) $\dfrac{1}{\left(1 - \dfrac{1}{4}e^{-j\Omega}\right)\left(1 + \dfrac{3}{4}e^{-j\Omega}\right)}$; (k) $\dfrac{1 + 2e^{-j2\Omega}}{\left(1 - \dfrac{1}{2}e^{-j\Omega}\right)^2}$。

6.29 考虑一理想离散时间低通滤波器,其单位脉冲响应为 $h[n]$,设低通频率响应 $H(e^{j\Omega})$ 的截止频率为 ω_c,通带内增益为 1。现在要得到一个新滤波器,其单位脉冲响应为 $h_1[n]$,对应的频率响应为 $H_1(e^{j\Omega})$。已知

$$h_1[n] = \begin{cases} h[n/2], & n \text{ 为偶数} \\ 0, & n \text{ 为奇数} \end{cases}$$

求出并画出 $H_1(e^{j\Omega})$,说明这种理想滤波器属于哪一类(低通、高通、带通、多通带等)。

6.30 考虑两个具有下面频率响应的 LTI 系统

$$H_1(e^{j\Omega}) = \frac{1 + \dfrac{1}{2}e^{-j\Omega}}{1 + \dfrac{1}{4}e^{-j\Omega}}, \qquad H_2(e^{j\Omega}) = \frac{\dfrac{1}{2} + e^{-j\Omega}}{1 + \dfrac{1}{4}e^{-j\Omega}}$$

(a) 证明:这两个频率响应具有相同的模函数,即 $|H_1(e^{j\Omega})| = |H_2(e^{j\Omega})|$,但是 $H_2(e^{j\Omega})$ 的群时延,当 $\Omega > 0$ 时,大于 $H_1(e^{j\Omega})$ 的群时延;

(b) 求出并画出这两个系统的单位脉冲响应和阶跃响应;

(c) 证明

$$H_2(e^{j\Omega}) = G(e^{j\Omega}) H_1(e^{j\Omega})$$

式中 $G(e^{j\Omega})$ 是一个全通系统,即 $|G(e^{j\Omega})| = 1$,对一切 Ω。

第7章 拉普拉斯变换 连续时间系统的复频域分析

7.1 引 言

法国数学家拉普拉斯（Laplace，1749—1825）成功地为英国工程师赫维赛德（Heaviside，1850—1925）的"运算法"找到了可靠的数学依据，并取名为"拉普拉斯变换法"，简称拉氏变换法。从此拉氏变换法在众多的工程科学领域得到了广泛的应用。尤其在研究线性时不变系统时，它始终是必须掌握的重要工具，其优点如下：

（1）许多不满足绝对可积的信号（如单位阶跃信号）在进行傅里叶变换时会受到限制，而用拉氏变换不仅简单，而且使 FT 得到推广，可以运用到更广泛的范围。

（2）用拉氏变换法求解系统响应时，它一方面把微积分方程转换为代数方程，使其运算简单；另一方面它可以自动地把系统的初始条件包含在变换式之内，使系统的零输入响应与零状态响应可以同时求出。

（3）借助系统函数的零极点分析，可以迅速判断系统的因果稳定性，直观地表示出系统具有的复频域特性。

7.2 拉普拉斯变换

1. 从傅里叶变换到拉氏变换

从第 4 章可知，当 $x(t)$ 满足狄里赫利条件时，就可以求得其傅里叶变换 $X(\omega)$

$$X(\omega) = \int_{-\infty}^{\infty} x(t) e^{-j\omega t} dt \qquad (7-1)$$

而狄里赫利条件之一的绝对可积的要求又限制了某些增长信号 $e^{at}(a > 0)$ 傅里叶变换的存在。为了使这些不满足狄里赫利条件的信号存在变换，我们引入一个衰减因子 $e^{-\sigma t}$（其中 σ 为任意常数），将其与 $x(t)$ 相乘，使 $e^{-\sigma t} x(t)$ 的积分得以收敛，绝对可积条件满足，为此，写出 $e^{-\sigma t} x(t)$ 的傅里叶变换式

$$\begin{aligned}
\mathscr{F}[e^{-\sigma t} x(t)] &= \int_{-\infty}^{\infty} x(t) e^{-\sigma t} e^{-j\omega t} dt \\
&= \int_{-\infty}^{\infty} x(t) e^{-(\sigma+j\omega)t} dt \\
&= X(\sigma + j\omega)
\end{aligned} \qquad (7-2)$$

相应的傅里叶反变换为

$$e^{-\sigma t} x(t) = \frac{1}{2\pi} \int_{-\infty}^{\infty} X(\sigma + j\omega) e^{j\omega t} d\omega \qquad (7-3)$$

等式两边乘以 $e^{\sigma t}$，则得到

$$x(t) = \frac{1}{2\pi} \int_{-\infty}^{\infty} X(\sigma + j\omega) e^{(\sigma+j\omega)t} d\omega \qquad (7-4)$$

将上式中的 $\sigma + j\omega$ 作变量代换,令

$$s = \sigma + j\omega \qquad (7-5)$$

则式(7-2) 可写为

$$X(s) = \int_{-\infty}^{\infty} x(t) e^{-st} dt \qquad (7-6)$$

由于 σ 为常数,因此 $d\omega = \dfrac{ds}{j}$,故式(7-4) 为

$$x(t) = \frac{1}{2\pi j} \int_{\sigma-j\infty}^{\sigma+j\infty} X(s) e^{st} ds \qquad (7-7)$$

式(7-6)、式(7-7) 就构成了一对拉氏变换式,式(7-6) 为正变换,式(7-7) 为反变换,$x(t)$ 为原函数,$X(s)$ 为象函数。由于以上 $x(t)$ 是在时域的双边都有定义的,所以称其为双边拉氏变换。有时以符号 $X_b(s)$ 表示双边拉氏变换。而实际的信号都是具有时间起始点的,若假设其起始时间为时间坐标的原点($t=0$),于是 $t < 0$ 时,$x(t) = 0$。为此式(7-6)、式(7-7) 可以写作

$$X(s) = \int_{0_-}^{\infty} x(t) e^{-st} dt \qquad (7-8)$$

$$x(t) = \begin{cases} \dfrac{1}{2\pi j} \int_{\sigma-j\infty}^{\sigma+j\infty} X(s) e^{st} ds, & t > 0 \\ 0, & t < 0 \end{cases} \qquad (7-9)$$

以上式(7-8) 与式(7-9) 为一对单边拉氏变换表示式。式(7-8) 中积分下限取 0_- 是考虑 $x(t)$ 中在时间原点 $t = 0$ 可能出现冲激函数等奇异函数,但为了简便,常把下限写为 0,只在必要时才把它写为 0_-。式(7-9) 为了方便也常常只写 $t > 0$ 的部分。$x(t)$ 的单边拉氏变换记为 $X(s)$,并常用记号 $\mathscr{L}[x(t)]$ 表示对 $x(t)$ 的拉氏变换,以 $\mathscr{L}^{-1}[X(s)]$ 表示对 $X(s)$ 的拉氏反变换。

$$\mathscr{L}[x(t)] = X(s) = \int_0^{\infty} x(t) e^{-st} dt \qquad (7-10)$$

$$\mathscr{L}^{-1}[X(s)] = x(t) = \frac{1}{2\pi j} \int_{\sigma-j\infty}^{\sigma+j\infty} X(s) e^{st} ds \qquad (7-11)$$

对比拉氏变换与傅里叶变换,可以看到有以下区别:

(1) $x(t)$ 的傅里叶变换为 $X(\omega)$,它把时间函数 $x(t)$ 变换到频率域函数 $X(\omega)$,时间变量 t 和频域变量 ω 都是实数;$x(t)$ 的拉氏变换为 $X(s)$,它把 $x(t)$ 变换为复频域函数 $X(s)$,t 是实数,而 s 是复数;$s = \sigma + j\omega$ 中 s 称为"复频率",σ 就是前面引入的衰减因子。ω 仅能描述振荡的频率,而 s 不仅能给出振荡的频率,还可以表示振荡幅度的增长或衰减的速率。

(2) 从拉氏反变换公式(7-11) 可以看出,拉氏变换是把连续时间信号 $x(t)$ 表示为复指数信号 e^{st} 的线性组合,而傅里叶变换是把 $x(t)$ 表示为 $e^{j\omega t}$ 的线性组合。在 s 平面(横轴为 σ,纵轴为 $j\omega$),s 取值于 s 平面的部分区域或整个平面,而 $j\omega$ 仅限制在 s 平面的虚轴上,从反变换公式的对比中可以看出傅里叶反变换在虚轴上进行,而拉氏反变换在与虚轴平行的一条线上(从 $\sigma - j\infty$ 到 $\sigma + j\infty$) 进行。

2. 拉氏变换的存在定理

以上 $x(t)$ 若不满足绝对可积条件,当乘以衰减因子以后就有可能满足绝对可积条件了。至于 $x(t)$ 的拉氏变换 $X(s)$ 是否一定存在呢? 这就要看 $x(t)$ 和 σ 值的相对关系而定了。下面先介绍拉氏变换存在定理。

若函数 $x(t)$ 满足下列条件:

(1) 在 $t \geq 0$ 的任一有限区间上分段连续;

(2) 当 $t \to +\infty$ 时,$x(t)$ 的增长速度不超过某一指数函数,亦即存在常数 $M > 0$ 及 $\alpha \geq 0$,使得

$$|x(t)| \leq M e^{\alpha t}, \qquad\qquad 0 \leq t < \infty \qquad\qquad (7-12)$$

成立,则称 $x(t)$ 的增大是指数阶的,其拉氏变换在 $\mathrm{Re}\{s\} > \alpha$ 的范围内一定存在,有关此定理的证明见有关参考书。以上 $x(t)$ 是正时域函数,如果 $x(t)$ 是负时域函数时,条件(2) 则是

$$|x(t)| \leq M e^{\beta t} \qquad -\infty < t \leq 0 \qquad\qquad (7-13)$$

只要能找到 M 和 β,则 $x(t)$ 称为指数阶函数,它的拉氏变换在一定的范围内必然存在。

对于以上指数阶函数还有另外一种定义方法,若能找到实数 α 和 β,并满足

$$\lim_{t \to \infty} e^{-\alpha t} x(t) = 0, \qquad\qquad \lim_{t \to -\infty} e^{-\beta t} x(t) = 0 \qquad\qquad (7-14)$$

则 $x(t)$ 为指数阶函数。当 $t > 0$ 时,$x(t)$ 不及 $M e^{\alpha t}$ 增长得快;当 $t < 0$ 时,$x(t)$ 不及 $M e^{\beta t}$ 增长得快,则其拉氏变换一定存在。一般常用的信号都是指数阶函数,只有某些函数如 e^{t^3} 或 t^t 不是指数阶函数,即使 $x(t)$ 乘以 $e^{\alpha t}$ 衰减函数仍不满足狄里赫利条件,只能进行变换,但一般实际问题中不会遇到。

3. 拉氏变换的收敛域

以上讨论的指数阶函数,当我们能找到 α 和 β 时,就能讨论使 $x(t)$ 的拉氏变换存在的区域,即:使式(7-6) 存在的 s 变量的取值范围就是拉氏变换的收敛域,简记为 ROC(Region Of Convergence)。下面分别以几种情况讨论:

(1) 当 $x(t)$ 是有限持续期信号时,它本身就满足绝对可积条件,其拉氏变换一定存在,其收敛域为 s 全平面,如图 7-1 所示。

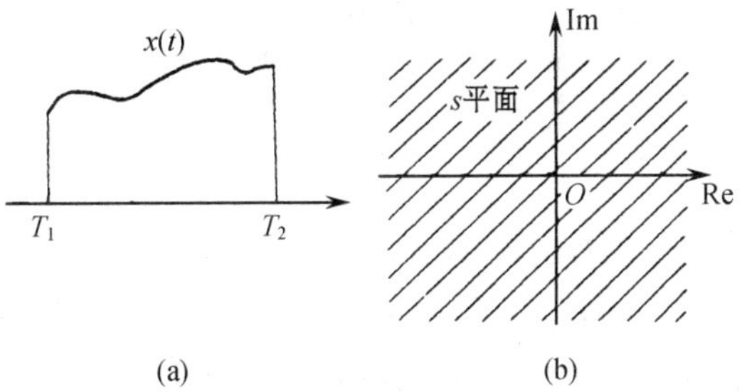

(2) 如果 $x(t)$ 是一个右边信号,则其拉氏变换的收敛域 $\mathrm{Re}\{s\} = \sigma > \sigma_0$,$\sigma_0$ 为某一实数,称 σ_0 为左边界。

图 7-1　$x(t)$ 及其收敛域

例 7-1　设 $x(t) = e^{-\alpha t} u(t)$,求其拉氏变换的收敛域。

解:
$$\mathscr{L}[x(t)] = \int_0^\infty e^{-\alpha t} \cdot e^{-st} \mathrm{d}t = \int_0^\infty e^{-(\alpha + s)t} \mathrm{d}t$$

$$= \frac{-e^{-(\alpha + s)t}}{\alpha + s} \bigg|_0^\infty = \frac{1}{s + \alpha} \qquad\qquad (7-15)$$

其极点为 $s = -\alpha$,收敛域 $\mathrm{Re}\{s\} > -\alpha$,如图 7-2 所示。

(3) 如果 $x(t)$ 是一个左边信号,则其拉氏变换为收敛域 $\mathrm{Re}\{s\} = \sigma < \sigma_0$,$\sigma_0$ 为某一实数,σ_0 为右边界。

例 7 - 2 设 $x(t) = -e^{-\alpha t}u(-t)$，求其拉氏变换的收敛域。

解：
$$\mathscr{L}[x(t)] = \int_{-\infty}^{\infty} -e^{-\alpha t}u(-t)e^{-st}dt$$
$$= \int_{-\infty}^{0} -e^{-(\alpha+s)t}dt$$
$$= -\frac{-e^{-(\alpha+s)t}}{(s+\alpha)}\bigg|_{-\infty}^{0} = \frac{1}{s+\alpha} \qquad (7-16)$$

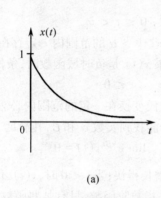

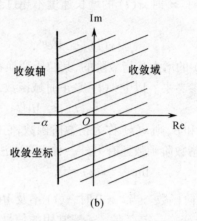

(a)   (b)

图 7 - 2　例 7 - 1 的 $x(t)$ 及其收敛域

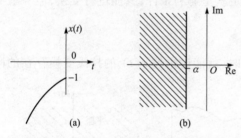

(a)   (b)

图 7 - 3　例 7 - 2 的 $x(t)$ 及其收敛域

其极点是 $s = -\alpha$，收敛域为 $\text{Re}\{s\} < -\alpha$，如图 7 - 3 所示。

比较式(7 - 15)与式(7 - 16)可以看出：

(1) 单边右边信号 $e^{-\alpha t}u(t)$ 与单边左边信号 $-e^{-\alpha t}u(-t)$ 的拉氏变换是一样的，但其收敛域不一样。对应于右边信号，收敛域是一个左边界，$\text{Re}\{s\} > -\alpha = \sigma_{左}$；对应于左边信号，收敛域是一个右边界，$\text{Re}\{s\} < -\alpha = \sigma_{右}$。

(2) 对于任意一个象函数 $X(s)$，必须视其收敛域的范围才能确定其时间域函数，不同的收敛域，其对应的时间域函数是不一样的。

(3) 对于双边信号 $x(t)$ 的拉氏变换，其 $X(s)$ 的收敛域为 $\sigma_{左} < \text{Re}\{s\} < \sigma_{右}$，$\sigma_{左}$ 和 $\sigma_{右}$ 都是实数，并且必须满足 $\sigma_{左} < \sigma_{右}$。否则双边信号的拉氏变换不存在。

例 7 - 3
$$x(t) = \begin{cases} 1, & t > 0 \\ e^t, & t < 0 \end{cases}$$

求 $x(t)$ 的拉氏变换，并讨论收敛域。

解： 正时域函数
$$x(t) = u(t)$$
$$X(s) = \int_{0}^{\infty} e^{-st}dt = -\frac{e^{-st}}{s}\bigg|_{0}^{\infty} = \frac{1}{s}$$

$s = 0$ 为极点，$\text{Re}\{s\} > 0$。

负时域函数

$$x(t) = e^t u(-t)$$

$$X(s) = \int_{-\infty}^{0} e^t e^{-st} dt = \int_{-\infty}^{0} e^{(1-s)t} dt$$

$$= \frac{e^{(1-s)t}}{1-s} \bigg|_{-\infty}^{0} = -\frac{1}{s-1}$$

$s = 1$ 为极点，$\text{Re}\{s\} < 1$，如图 $7 - 4$ 所示。

由于 $\sigma_左 = 0, \sigma_右 = 1$，而 $0 < \text{Re}\{s\} < 1$，则此双边拉氏变换存在。相反，如果 $\sigma_右 < \sigma_左$，则双边拉氏变换没有共同的收敛域，拉氏变换不存在。

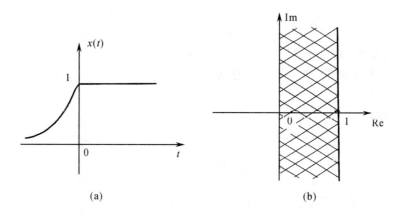

图 $7 - 4$　例 $7 - 3$ 的 $x(t)$ 及其收敛域

（4）$X(s)$ 的收敛域内不含极点。收敛域的边界由极点决定。

综上所述，对于指数阶信号 $x(t)$ 可以通过其拉氏变换，对其极点进行分析，可以得出 $X(s)$ 的收敛域的范围，亦可以通过式（$7 - 14$）指数阶函数定义的方法得到（后者在只求收敛域时可用）。共分为四种情况：对有限持续信号其收敛域为整个 s 平面；对右边信号其收敛域为 $\text{Re}\{s\} > \sigma_左$；对左边信号其收敛域为 $\text{Re}\{s\} < \sigma_右$；对双边信号要视 $\sigma_左$ 与 $\sigma_右$ 的情况而定，它在平行于 $j\omega$ 轴的一个带状区域内，或没有共同收敛的范围。总之收敛域里没有极点，收敛的范围亦是由 $X(s)$ 的极点所决定的。

7.3　拉氏变换的性质

在利用拉氏变换法进行计算时，掌握好拉氏变换的各种性质是很重要的，它往往使拉氏正反变换的运算变得十分简洁、方便。

1. 线性性质

拉氏变换的线性性质：对于由多个函数组合的函数的拉氏变换等于各函数拉氏变换的线性组合，即是：

若　　　　　　　$x_1(t) \longleftrightarrow X_1(s)$　　　　　　ROC $= R_1$

　　　　　　　　$x_2(t) \longleftrightarrow X_2(s)$　　　　　　ROC $= R_2$

则　　$ax_1(t) + bx_2(t) \longleftrightarrow aX_1(s) + bX_2(s)$　　ROC $= R_1 \cap R_2$　　　（$7 - 17$）

式中，a、b 为常数，符号 $R_1 \cap R_2$ 表示 R_1 与 R_2 的交集。交集一般小于 R_1 和 R_2，但有时亦可能扩大。

例 7 - 4 已知

$$x_1(t) \longleftrightarrow X_1(s) = \frac{1}{s+1} \qquad \mathrm{Re}\{s\} > -1$$

$$x_2(t) \longleftrightarrow X_2(s) = \frac{1}{(s+1)(s+2)} \qquad \mathrm{Re}\{s\} > -1$$

求 $x_1(t) - x_2(t)$ 的拉氏变换 $X(s)$ 并讨论其收敛域。

解：$X(s) = X_1(s) - X_2(s)$

$$= \frac{1}{s+1} - \frac{1}{(s+1)(s+2)} = \frac{s+1}{(s+1)(s+2)} = \frac{1}{s+2}$$

$X(s)$ 的收敛域为 $\mathrm{Re}\{s\} > -2$。

很明显收敛域扩大了，产生此现象的原因就是计算过程中零点与极点相消，使 $X(s)$ 的收敛域扩大。

2. 时域平移

若 $\qquad\qquad x(t) \longleftrightarrow X(s) \qquad\qquad\qquad \mathrm{ROC} = R$

则 $\qquad\qquad x(t - t_0) \longleftrightarrow \mathrm{e}^{-st_0} X(s) \qquad\qquad \mathrm{ROC} = R \qquad\qquad (7-18)$

以上性质的证明只需把 $x(t - t_0)$ 代入拉氏变换式，再进行变量代换即可得到。此性质说明时间域波形延迟了 t_0，则其拉氏变换式为原拉氏变换乘以 e^{-st_0}，且其收敛域不变。此性质对单边、双边拉氏变换都是适用的。

例 7 - 5 求图 7 - 5(a) 所示时间函数 $u(t - 1)$ 的拉氏变换。

解：从例 7 - 3 可知，阶跃函数 $u(t)$ 的拉氏变换为 $\frac{1}{s}$，其收敛域为 $\mathrm{Re}\{s\} > 0$。

根据时间平移性质

$$u(t - 1) = \mathrm{e}^{-s} \cdot \frac{1}{s} \qquad\qquad \mathrm{Re}\{s\} > 0$$

所得平移后信号拉氏变换的收敛域如图 7 - 5(b) 所示，它与 $\frac{1}{s}$ 的收敛域相比较，其极点的位置没有改变，其收敛域也不会改变。

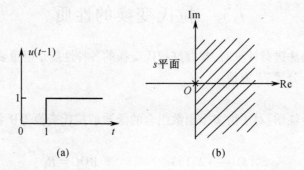

图 7 - 5　例 7 - 5 的 $u(t - 1)$ 及其收敛域

3. s 域平移

若 $\qquad x(t) \longleftrightarrow X(s) \qquad\qquad \text{ROC} = R$

则 $\qquad e^{s_0 t}x(t) \longleftrightarrow X(s - s_0) \qquad \text{ROC} = R + \text{Re}(s_0)$ $\qquad$ (7 - 19)

此性质说明，如果 s 域平移了 s_0，相当于时域函数乘以 $e^{s_0 t}$。其收敛域是原收敛域平移了 $\text{Re}\{s_0\}$，如果 s_0 仅为纯虚数，则收敛域不变，平移为零。

例 7 - 6　试求 $u(t), e^{2t}u(t), e^{-2t}u(t)$ 的拉氏变换，并比较其收敛域。

解: 从前面的计算已知

$$e^{-\alpha t}u(t) \longleftrightarrow \frac{1}{s + \alpha}$$

则

$$u(t) \longleftrightarrow \frac{1}{s} \qquad\qquad \text{Re}\{s\} > 0$$

$$e^{2t}u(t) \longleftrightarrow \frac{1}{s - 2} \qquad\qquad \text{Re}\{s\} > 2$$

$$e^{-2t}u(t) \longleftrightarrow \frac{1}{s + 2} \qquad\qquad \text{Re}\{s\} > -2$$

图 7 - 6(a)、(b)、(c) 分别表示了这三个函数的 $X(s)$ 的收敛域。读者可用 s 域平移性质重做此题，并说明其收敛域的变化。

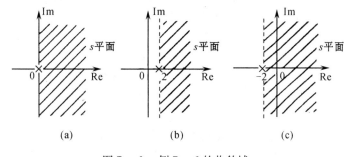

(a)　　　　　　(b)　　　　　　(c)

图 7 - 6　例 7 - 6 的收敛域

4. 时间尺度变换

若 $\qquad x(t) \longleftrightarrow X(s) \qquad\qquad \text{ROC} = R$

则 $\qquad x(at) \longleftrightarrow \dfrac{1}{|a|}X\left(\dfrac{s}{a}\right) \qquad \text{ROC} = aR$ $\qquad$ (7 - 20)

证明: 当 $a > 0$ 时，则有

$$\mathscr{L}[x(at)] = \int_{-\infty}^{\infty} x(at)e^{-st}\mathrm{d}t$$

$$\xLeftarrow{\text{令}\, at = \tau} \int_{-\infty}^{\infty} x(\tau)e^{\frac{-s\tau}{a}}\mathrm{d}\left(\frac{\tau}{a}\right)$$

$$= \frac{1}{a}\int_{-\infty}^{\infty} x(\tau)e^{-\left(\frac{s}{a}\right)\tau}\mathrm{d}\tau$$

$$= \frac{1}{a}X\left(\frac{s}{a}\right) \qquad\qquad \text{ROC} = aR$$

当 $a < 0$ 时,则有

$$\mathscr{L}[x(at)] = -\int_{-\infty}^{\infty} x(\tau) \mathrm{e}^{-s\frac{\tau}{a}} \mathrm{d}\left(\frac{\tau}{a}\right)$$

$$= \frac{1}{|a|}\int_{-\infty}^{\infty} x(\tau) \mathrm{e}^{-\left(\frac{s}{a}\right)\tau} \mathrm{d}\tau$$

$$= \frac{1}{|a|}X\left(\frac{s}{a}\right) \qquad \mathrm{ROC} = aR$$

例 7 – 7 已知 $x(t) \longleftrightarrow X(s)$,若 $a > 0, b > 0$,求 $x(at - b)u(at - b)$ 的拉氏变换。

解: 此题用到尺度变换,也用到时移性质。

先由时移性质可得

$$x(t - b)u(t - b) \longleftrightarrow X(s)\mathrm{e}^{-bs}$$

再用尺度变换性质得出结果

$$x(at - b)u(at - b) \longleftrightarrow \frac{1}{a}X\left(\frac{s}{a}\right)\mathrm{e}^{-s\frac{b}{a}}$$

亦可以先用尺度变换性质得

$$x(at)u(at) \longleftrightarrow \frac{1}{a}X\left(\frac{s}{a}\right)$$

再由时移性质求得

$$x\left(a\left(t - \frac{b}{a}\right)\right)u\left(a\left(t - \frac{b}{a}\right)\right) \longleftrightarrow \frac{1}{a}X\left(\frac{s}{a}\right)\mathrm{e}^{-s\frac{b}{a}}$$

所以

$$x(at - b)u(at - b) \longleftrightarrow \frac{1}{a}X\left(\frac{s}{a}\right)\mathrm{e}^{-s\frac{b}{a}}$$

两种方法结果一致。

5. 卷积性质

若

$$x_1(t) \longleftrightarrow X_1(s) \qquad \mathrm{ROC} = R_1$$
$$x_2(t) \longleftrightarrow X_2(s) \qquad \mathrm{ROC} = R_2$$

则

$$x_1(t) * x_2(t) \longleftrightarrow X_1(s)X_2(s) \qquad \mathrm{ROC}\, 包括\, R_1 \cap R_2$$

$$(7 - 21)$$

此性质把两函数时域的卷积积分运算变换到 s 域的乘积运算,在用拉氏变换求解系统的响应时是一个简便而重要的定理。注意这里收敛域的交集,当有零极点消除时,同样会使收敛域变大。

例 7 – 8 已知

$$x_1(t) = \mathrm{e}^{-\lambda t}u(t) \qquad \mathrm{Re}\{s\} > -\lambda$$
$$x_2(t) = u(t) \qquad \mathrm{Re}\{s\} > 0$$

求 $x_1(t) * x_2(t)$ 的拉氏变换,此时 $x_1(t), x_2(t)$ 皆为正时域函数。

解:

$$x_1(t) = \mathrm{e}^{-\lambda t}u(t) \longleftrightarrow \frac{1}{s + \lambda}$$

$$x_2(t) = u(t) \longleftrightarrow \frac{1}{s}$$

所以
$$x_1(t) * x_2(t) \longleftrightarrow X_1(s) \cdot X_2(s) = \frac{1}{s + \lambda} \times \frac{1}{s}$$

$$= \frac{1}{\lambda}\left(\frac{1}{s} - \frac{1}{s + \lambda}\right) \qquad \text{Re}\{s\} > 0$$

6. 时域微分性质

若
$$x(t) \longleftrightarrow X(s) \qquad \text{ROC} = R$$

则
$$\frac{dx(t)}{dt} \longleftrightarrow sX(s) \qquad \text{ROC 包括 } R \qquad (7 - 22)$$

注意:式(7 - 22)是针对 $x(t)$ 为双边信号的情况。而我们一般常用到单边信号,为此还需特别强调单边信号的微分和积分性质,必将与 $x(t)$ 的初始条件有关,请看以下性质。

7. 单边拉氏变换的时域微分性质

由前面的介绍可知,单边拉氏变换与双边拉氏变换的区别在于积分的下限,双边拉氏变换是从 $-\infty$ 到 ∞,而单边拉氏变换是从 0 到 ∞。

若
$$x(t) \longleftrightarrow X(s)$$

则
$$\frac{dx(t)}{dt} \longleftrightarrow sX(s) - x(0_-) \qquad (7 - 23)$$

证明:利用分部积分法

$$\mathscr{L}\left[\frac{dx(t)}{dt}\right] = \int_{0_-}^{\infty} \frac{dx(t)}{dt} e^{-st} dt$$

$$= x(t) e^{-st}\Big|_{0_-}^{\infty} + s \int_{0_-}^{\infty} x(t) e^{-st} dt$$

$$= sX(s) - x(0_-)$$

即
$$\frac{dx(t)}{dt} \longleftrightarrow sX(s) - x(0_-)$$

同理可推广到高阶导数的单边拉氏变换:

$$\frac{d^2 x(t)}{dt^2} \longleftrightarrow s^2 X(s) - sx(0_-) - x'(0_-)$$

$$\frac{d^n x(t)}{dt^n} \longleftrightarrow s^n X(s) - s^{n-1} x(0_-) - s^{n-2} x'(0_-) - \cdots - x^{(n-1)}(0_-)$$

以上是单边信号微分后的拉氏变换,除了 $sX(s)$ 项以外,还自动包含了信号的初始条件,这在今后系统的 s 域分析计算中十分有用。

8. 时域积分性质

若
$$x(t) \longleftrightarrow X(s) \qquad \text{ROC} = R$$

则
$$\int_{-\infty}^{t} x(\tau) d\tau \longleftrightarrow \frac{1}{s} X(s) \qquad \text{ROC 包含 } R \cap \{\text{Re}\{s\} > 0\}$$

$$(7 - 24)$$

此性质仍是双边信号的时域积分性质,而对单边拉氏变换的时域积分性质有不同的形式。

9. 单边拉氏变换的时域积分性质

若
$$x(t) \longleftrightarrow X(s)$$

则
$$\int_{-\infty}^{t} x(\tau)\mathrm{d}\tau \longleftrightarrow \frac{X(s)}{s} + \frac{\int_{-\infty}^{0} x(\tau)\mathrm{d}\tau}{s} \qquad (7-25)$$

证明:
$$\mathscr{L}\left[\int_{-\infty}^{t} x(\tau)\mathrm{d}\tau\right] = \mathscr{L}\left[\int_{-\infty}^{0} x(\tau)\mathrm{d}\tau + \int_{0}^{t} x(\tau)\mathrm{d}\tau\right]$$

上式的第一项为常量,即
$$\int_{-\infty}^{0} x(\tau)\mathrm{d}\tau = x^{(-1)}(0)$$

所以
$$\mathscr{L}\left[\int_{-\infty}^{0} x(\tau)\mathrm{d}\tau\right] = \frac{x^{(-1)}(0)}{s}$$

上式的第二项可借助分部积分求得
$$\mathscr{L}\left[\int_{0}^{t} x(\tau)\mathrm{d}\tau\right] = \int_{0}^{\infty}\left[\int_{0}^{t} x(\tau)\mathrm{d}\tau\right]\mathrm{e}^{-st}\mathrm{d}t$$
$$= \left[\frac{-\mathrm{e}^{st}}{s}\int_{0}^{t} x(\tau)\mathrm{d}\tau\right]\bigg|_{0}^{\infty} + \frac{1}{s}\int_{0}^{\infty} x(t)\mathrm{e}^{-st}\mathrm{d}t$$
$$= \frac{1}{s}X(s)$$

所以
$$\int_{-\infty}^{t} x(\tau)\mathrm{d}\tau \longleftrightarrow \frac{X(s)}{s} + \frac{\int_{-\infty}^{0} x(\tau)\mathrm{d}\tau}{s}$$
$$= \frac{1}{s}X(s) + \frac{x^{(-1)}(0)}{s}$$

式(7-25)说明对单边拉氏变换的积分性质,其象函数除了 $\dfrac{X(s)}{s}$ 项以外,还包含了信号的初始条件项,说明双边和单边拉氏变换的微分与积分性质确有不同。以后将用实例说明它的重要性。

10. s 域微分

若
$$x(t) \longleftrightarrow X(s) \qquad \mathrm{ROC} = R$$

则
$$-tx(t) \longleftrightarrow \frac{\mathrm{d}X(s)}{\mathrm{d}s} \qquad \mathrm{ROC} = R \qquad (7-26)$$

此性质不难用拉氏变换的定义式两边对 s 微分求得。

例7-9 求 $x(t) = t\mathrm{e}^{-at}u(t)$ 的拉氏变换。

解: 已知
$$\mathrm{e}^{-at}u(t) \longleftrightarrow \frac{1}{s+a} \qquad \mathrm{Re}\{s\} > -a$$

据式(7-26),有
$$-t\mathrm{e}^{-at}u(t) \longleftrightarrow \frac{\mathrm{d}}{\mathrm{d}s}\left[\frac{1}{s+a}\right] = \frac{-1}{(s+a)^2}$$

则
$$t\mathrm{e}^{-at}u(t) \longleftrightarrow \frac{1}{(s+a)^2} \qquad \mathrm{Re}\{s\} > -a$$

同理
$$\frac{t^2}{2}\mathrm{e}^{-at}u(t) \longleftrightarrow \frac{1}{(s+a)^3} \qquad \mathrm{Re}\{s\} > -a$$

$$\frac{t^{(n-1)}}{(n-1)!}\mathrm{e}^{-at}u(t) \longleftrightarrow \frac{1}{(s+a)^n} \qquad \mathrm{Re}\{s\} > -a$$

当有理的拉氏变换式有重极点时,用上式求反变换比较容易。

11. 时域乘积

前面已经讨论过时域卷积定理,即 $x_1(t) * x_2(t) \longleftrightarrow X_1(s)X_2(s)$。同理又可得到 s 域卷积定理或称为时域乘积定理,即

$$x_1(t)x_2(t) \longleftrightarrow \frac{1}{2\pi j}\left[X_1(s) * X_2(s)\right] = \frac{1}{2\pi j}\int_{\sigma-j\infty}^{\sigma+j\infty} X_1(p)X_2(s-p)\mathrm{d}p \qquad (7-27)$$

12. 初值定理

若当 $t < 0$ 时, $x(t) = 0$,而且在 $t = 0$ 时, $x(t)$ 不包含任何冲激,就可以直接从拉氏变换计算 $x(0_+)$。此定理的数学描述为

$$x(0_+) = \lim_{s\to\infty} sX(s) \qquad (7-28)$$

式中, $x(0_+)$ 是指 t 从正值方向趋于零时的值,它始终是 $x(0_+)$,不可能是 $x(0_-)$。

13. 终值定理

若当 $t < 0$ 时, $x(t) = 0$,而且在 $t = 0$ 时, $x(t)$ 不包含任何冲激,便可从象函数直接计算 $x(\infty)$ 值。终值定理的数学描述为

$$\lim_{t\to\infty} x(t) = x(\infty) = \lim_{s\to0} sX(s) \qquad (7-29)$$

用式 $(7-29)$ 求 $x(\infty)$ 的限制条件应该是 $x(\infty)$ 存在,这一条件映射到 s 域,应该是 $sX(s)$ 的收敛域为 $\mathrm{Re}\{s\} \geqslant 0$,即 $sX(s)$ 在 s 右半平面及虚轴上(包括原点)无极点。表 $7-1$ 综合了本节中所得到的全部性质,以便查看。

表 7 - 1　拉氏变换性质

$x(t) \longleftrightarrow X(s)$ ROC = R		$x_1(t) \longleftrightarrow X_1(s)$ ROC = R_1	$x_2(t) \longleftrightarrow X_2(s)$ ROC = R_2
序号	性质	结论	ROC 收敛域
1	线性	$a_1x_1(t) + a_2x_2(t) \longleftrightarrow a_1X_1(s) + a_2X_2(s)$	包括 $R_1 \cap R_2$
2	时域平移	$x(t - t_0) \longleftrightarrow X(s)\mathrm{e}^{-st_0}$	R
3	s 域平移	$\mathrm{e}^{s_0t}x(t) \longleftrightarrow X(s - s_0)$	$R + \mathrm{Re}\{s_0\}$
4	尺度变换	$x(at) \longleftrightarrow \frac{1}{\|a\|}X(\frac{s}{a})$	aR
5	时域卷积	$x_1(t) * x_2(t) \longleftrightarrow X_1(s)X_2(s)$	包括 $R_1 \cap R_2$
6	时域微分	$\frac{\mathrm{d}x(t)}{\mathrm{d}t} \longleftrightarrow sX(s)$	包括 R
7	单边拉氏变换的时域微分	$\frac{\mathrm{d}x(t)}{\mathrm{d}t} \longleftrightarrow sX(s) - x(0_-)$	
8	时域积分	$\int_{-\infty}^{t} x(\tau)\mathrm{d}\tau \longleftrightarrow \frac{1}{s}X(s)$	包括 $R \cap \{\mathrm{Re}\{s\} > 0\}$
9	单边拉氏变换的时域积分	$\int_{-\infty}^{t} x(\tau)\mathrm{d}\tau \longleftrightarrow \frac{1}{s}X(s) + \frac{\int_{-\infty}^{0} x(\tau)\mathrm{d}\tau}{s}$	

$x(t) \longleftrightarrow X(s)$		$x_1(t) \longleftrightarrow X_1(s)$		$x_2(t) \longleftrightarrow X_2(s)$	
ROC = R		ROC = R_1		ROC = R_2	
序号	性质	结论		ROC 收敛域	
10	s 域微分	$-tx(t) \longleftrightarrow \dfrac{\mathrm{d}X(s)}{\mathrm{d}s}$		R	
11	时域乘积	$x_1(t)x_2(t) \longleftrightarrow \dfrac{1}{2\pi\mathrm{j}}[X_1(s)*X_2(s)]$			
12	初值	$x(0_+) = \lim\limits_{s\to\infty} sX(s)$			
13	终值	$x(\infty) = \lim\limits_{s\to 0} sX(s)$			

7.4 常用函数的拉氏变换

记住一些常用拉氏变换对于后面的拉氏变换应用十分有用。

1. 单边右向信号的拉氏变换

(1) 指数信号。从例题 7 - 1 中的式(7 - 15) 可知

$$\mathrm{e}^{-\alpha t}u(t) \longleftrightarrow \frac{1}{s+\alpha} \qquad \mathrm{Re}\{s\} > -\alpha \qquad (7-30)$$

(2) 阶跃信号。从例题 7 - 3 可知

$$u(t) \longleftrightarrow \frac{1}{s} \qquad \mathrm{Re}\{s\} > 0 \qquad (7-31)$$

即指数函数 $\alpha = 0$ 的情况。

(3) 余弦信号。单边右向余弦信号可以写成

$$\cos\omega_0 t u(t) = \frac{1}{2}[\mathrm{e}^{\mathrm{j}\omega_0 t} + \mathrm{e}^{-\mathrm{j}\omega_0 t}]u(t)$$

根据线性性质有

$$\cos\omega_0 t u(t) \longleftrightarrow \mathscr{L}\left[\frac{1}{2}\mathrm{e}^{\mathrm{j}\omega_0 t}\right] + \mathscr{L}\left[\frac{1}{2}\mathrm{e}^{-\mathrm{j}\omega_0 t}\right]$$

$$= \frac{1}{2}\frac{1}{s-\mathrm{j}\omega_0} + \frac{1}{2}\frac{1}{s+\mathrm{j}\omega_0}$$

$$= \frac{s}{s^2+\omega_0^2} \qquad \mathrm{Re}\{s\} > 0 \qquad (7-32)$$

(4) 正弦信号。同样可以求得

$$\sin\omega_0 t u(t) \longleftrightarrow \frac{\omega_0}{s^2+\omega_0^2} \qquad \mathrm{Re}\{s\} > 0 \qquad (7-33)$$

(5) 指数调制的余弦和正弦信号。根据 s 域平移性质可以得到

$$e^{s_0 t} x(t) \longleftrightarrow X(s - s_0)$$

把它运用于式(7 - 32)和式(7 - 33),得

$$(e^{-\alpha t} \cos\omega_0 t) u(t) \longleftrightarrow \frac{s + \alpha}{(s + \alpha)^2 + \omega_0^2} \qquad \text{Re}\{s\} > -\alpha \qquad (7 - 34)$$

$$(e^{-\alpha t} \sin\omega_0 t) u(t) \longleftrightarrow \frac{\omega_0}{(s + \alpha)^2 + \omega_0^2} \qquad \text{Re}\{s\} > -\alpha \qquad (7 - 35)$$

(6) 根据 s 域的微分性质,可求得

$$e^{-at} u(t) \longleftrightarrow \frac{1}{s + a} \qquad \text{Re}\{s\} > -a$$

$$te^{-at} u(t) \longleftrightarrow \frac{1}{(s + a)^2} \qquad \text{Re}\{s\} > -a$$

$$\frac{t^{n-1}}{(n - 1)!} e^{-at} u(t) \longleftrightarrow \frac{1}{(s + a)^n} \qquad \text{Re}\{s\} > -a \qquad (7 - 36)$$

2. 单边左边信号的拉氏变换

(1) 指数信号。从例 7 - 2 可知

$$- e^{-\alpha t} u(-t) \longleftrightarrow \frac{1}{s + \alpha} \qquad \text{Re}\{s\} < -\alpha \qquad (7 - 37)$$

当 $\alpha = 0$ 时

$$- u(-t) \longleftrightarrow \frac{1}{s} \qquad \text{Re}\{s\} < 0 \qquad (7 - 38)$$

(2) $- \dfrac{t^{(n-1)}}{(n - 1)!} u(-t)$。把 s 域的微分性质应用于式(7 - 37) 得

$$- \frac{t^{n-1}}{(n - 1)!} u(-t) \longleftrightarrow \frac{1}{s^n} \qquad \text{Re}\{s\} < 0 \qquad (7 - 39)$$

3. 冲激信号的拉氏变换

$$\delta(t) \longleftrightarrow 1 \qquad \text{ROC 为 } s \text{ 平面} \qquad (7 - 40)$$

$$\delta'(t) \longleftrightarrow s \qquad \text{ROC 为 } s \text{ 平面} \qquad (7 - 41)$$

表 7 - 2 为常用的拉氏变换对。

表 7 - 2 常用拉氏变换对

序号	信号	变换	ROC 收敛域
1	$\delta(t)$	1	全部 s
2	$u(t)$	$\dfrac{1}{s}$	$\text{Re}\{s\} > 0$
3	$- u(-t)$	$\dfrac{1}{s}$	$\text{Re}\{s\} < 0$
4	$e^{-\alpha t} u(t)$	$\dfrac{1}{s + \alpha}$	$\text{Re}\{s\} > -\alpha$

序号	信号	变换	ROC 收敛域
5	$-e^{-\alpha t}u(-t)$	$\dfrac{1}{s+\alpha}$	$\mathrm{Re}\{s\} < -\alpha$
6	$\dfrac{t^{(n-1)}}{(n-1)!}u(t)$	$\dfrac{1}{s^n}$	$\mathrm{Re}\{s\} > 0$
7	$\dfrac{-t^{(n-1)}}{(n-1)!}u(-t)$	$\dfrac{1}{s^n}$	$\mathrm{Re}\{s\} < 0$
8	$\dfrac{t^{(n-1)}}{(n-1)!}e^{-\alpha t}u(t)$	$\dfrac{1}{(s+\alpha)^n}$	$\mathrm{Re}\{s\} > -\alpha$
9	$\dfrac{-t^{(n-1)}}{(n-1)!}e^{-\alpha t}u(-t)$	$\dfrac{1}{(s+\alpha)^n}$	$\mathrm{Re}\{s\} < -\alpha$
10	$\cos\omega_0 t u(t)$	$\dfrac{s}{s^2+\omega_0^2}$	$\mathrm{Re}\{s\} > 0$
11	$\sin\omega_0 t u(t)$	$\dfrac{\omega_0}{s^2+\omega_0^2}$	$\mathrm{Re}\{s\} > 0$
12	$(e^{-\alpha t}\cos\omega_0 t)u(t)$	$\dfrac{s+\alpha}{(s+\alpha)^2+\omega_0^2}$	$\mathrm{Re}\{s\} > -\alpha$
13	$(e^{-\alpha t}\sin\omega_0 t)u(t)$	$\dfrac{\omega_0}{(s+\alpha)^2+\omega_0^2}$	$\mathrm{Re}\{s\} > -\alpha$

7.5　拉氏反变换

拉氏反变换的计算方法可以有三种:一是根据常用拉氏变换表及其性质直接求得拉氏反变换,对于一些简单的象函数可以直接这样运算,这里不作解释与运算;二是留数法,根据拉氏反变换的定义公式(7-7),时间函数 $x(t)$ 可以用一个复指数信号的加权积分来表示,积分路径是一个在 s 平面内平行于 $\mathrm{j}\omega$ 轴的直线,当 $X(s)$ 满足一定条件时,可以将以上积分变为围线积分,利用复变函数中的留数定理来求得时域信号;三是部分分式法,当 $X(s)$ 为有理分式时, $X(s)$ 可以表示为两个多项式之比,为此可以用部分分式法进行反变换的运算。

1. 围线积分法(留数法)

按式(7-7)的拉氏反变换公式

$$x(t) = \frac{1}{2\pi\mathrm{j}}\int_{\sigma-\mathrm{j}\infty}^{\sigma+\mathrm{j}\infty} X(s)e^{st}\mathrm{d}s$$

为求此反变换,可以从积分限 $\sigma_1-\mathrm{j}\infty$ 到 $\sigma_1+\mathrm{j}\infty$ 补充一条积分路径以构成一闭合围线。现取积分路径是半径为无穷大的圆弧,如图7-7所示。此时 $X(s)$ 的全部极点都在围线以内。

当 $X(s)$ 满足复变函数理论中的约当辅助定理,即

(1) 当 $|s|\to\infty$ 时, $|X(s)|$ 对于 s 一致地趋近于零;

(2) 因子 e^{st} 的指数 st 的实部小于 $\sigma_1 t$,即 $\mathrm{Re}[st] = \sigma t < \sigma_1 t$,其中 σ_1 为一固定常数。

对于第一个条件,除少数情况,如单位冲激函数 $\delta(t)$ 的拉氏变换为1以外,一般都能满

足。对于第二个条件,当 $t > 0$ 时,$\mathrm{Re}\{s\}$ 应小于 σ,即积分应沿左半圆弧进行,而当 $t < 0$ 时,则应沿右半圆弧进行,由于我们大都在进行正时域信号的变换,即当 $t < 0$ 时,$x(t) = 0$,因此我们选取左边的围线。当此二条件满足时

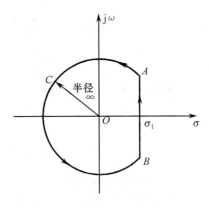

图 7 - 7 $X(s)$ 的围线积分路径

$$\int_{ACB} X(s)\mathrm{e}^{st}\mathrm{d}s = 0$$

则

$$x(t) = \frac{1}{2\pi\mathrm{j}}\int_{\sigma-\mathrm{j}\infty}^{\sigma+\mathrm{j}\infty} X(s)\mathrm{e}^{st}\mathrm{d}s$$

$$= \frac{1}{2\pi\mathrm{j}}\oint_{ACBA} X(s)\mathrm{e}^{st}\mathrm{d}s$$

$$= \sum_{i=1}^{n} \mathrm{Res}\left[X(s)\mathrm{e}^{st}\right]\Big|_{s=p_i}$$

$$(7-42)$$

为此,求反变换的运算转换为求被积函数各极点上的留数,若 P_i 为一阶极点,则留数为

$$\mathrm{Res}\left[X(s)\mathrm{e}^{st}\right]\Big|_{s=p_i} = \left[(s-p_i)X(s)\mathrm{e}^{st}\right]_{s=p_i} \tag{7-43}$$

若 P_i 为 k 阶极点,则

$$\mathrm{Res}\left[X(s)\mathrm{e}^{st}\right]\Big|_{s=p_i} = \frac{1}{(k-1)!}\left[\frac{\mathrm{d}^{(k-1)}}{\mathrm{d}s^{(k-1)}}(s-p_i)^k X(s)\mathrm{e}^{st}\right]_{s=p_i} \tag{7-44}$$

从式(7-43)和式(7-44)可以看出求留数时是三项乘积,其中一项为 e^{st},当 P_i 为高阶极点时,需将三项乘积求导数,为此计算起来比部分分式法困难得多。但留数法对 $X(s)$ 没有限制要求,$X(s)$ 为有理、无理皆可。而部分分式法要求 $X(s)$ 必须是有理函数。为此留数法的应用范围要更广一些。需要注意的是,当 $X(s)$ 为假分式时,需将 $X(s)$ 分解为多项式与真分式之和,s 多项式将得到 $\delta(t)$ 函数及其各阶导数,而真分式部分则可利用留数法或部分分式法求其反变换。

例 7 - 10 用留数法求下述函数的单边拉氏反变换

$$X(s) = \frac{s+2}{s(s+3)(s+1)^2}$$

解:$X(s)$ 有两个单极点 $P_1 = 0$,$P_2 = -3$ 及一个二重极点 $P_{3,4} = -1$,用留数法计算

$$\mathrm{Res}\left[X(s)\mathrm{e}^{st}\right]_{s=0} = \left[\frac{s+2}{(s+3)(s+1)^2}\mathrm{e}^{st}\right]_{s=0} = \frac{2}{3}$$

$$\mathrm{Res}\left[X(s)\mathrm{e}^{st}\right]_{s=-3} = \left[\frac{s+2}{s(s+1)^2}\mathrm{e}^{st}\right]_{s=-3} = \frac{1}{12}\mathrm{e}^{-3t}$$

$$\mathrm{Res}\left[X(s)\mathrm{e}^{st}\right]_{s=-1} = \frac{1}{(2-1)!}\left[\frac{\mathrm{d}}{\mathrm{d}s}(s+1)^2\frac{s+2}{s(s+3)(s+1)^2}\mathrm{e}^{st}\right]_{s=-1}$$

$$= \frac{\mathrm{d}}{\mathrm{d}s}\left[\frac{s+2}{s(s+3)}\mathrm{e}^{st}\right]_{s=-1}$$

$$= -\frac{1}{2}t\mathrm{e}^{-t} - \frac{3}{4}\mathrm{e}^{-t}$$

因此
$$x(t) = \sum_{i=1}^{3} \mathrm{Res}[X(s)\mathrm{e}^{st}]_{s=P_i}$$
$$= \left[\frac{2}{3} + \frac{1}{12}\mathrm{e}^{-3t} - \frac{1}{2}t\mathrm{e}^{-t} - \frac{3}{4}\mathrm{e}^{-t}\right]u(t)$$

2. 部分分式法

当 $X(s)$ 为有理分式时,它可以表示为两个多项式之比

$$X(s) = \frac{N(s)}{D(s)} = \frac{b_m s^m + b_{m-1}s^{m-1} + \cdots + b_1 s + b_0}{a_n s^n + a_{n-1}s^{n-1} + \cdots + a_1 s + a_0} \tag{7-45}$$

式中, a_i 和 b_i 都是实数; m 和 n 都是正整数,当 $m \geqslant n$ 时,上式为假分式,需用长除法使其变为 s 的多项式与真分式之和。一般情况下, $m < n$, $X(s)$ 为真分式,我们仅讨论 $m < n$ 的情况。 $X(s)$ 中满足分子多项式 $N(s) = 0$ 的点为零点, $X(s)$ 中满足分母多项式 $D(s) = 0$ 的点为极点 $s = p_i$。下面将用代数的方法,把 $X(s)$ 展成低阶项的线性组合,而其中的每一个低阶项又可以由拉氏变换的性质或直接查表而得,以下以极点的不同来求解拉氏反变换。

(1) $X(s)$ 的分母多项式 $D(s)$ 有 n 个互异的实根。

$$X(s) = \frac{b_m s^m + b_{m-1}s^{m-1} + \cdots + b_1 s + b_0}{a_n(s-p_1)(s-p_2)\cdots(s-p_n)}$$

$$= \frac{c_1}{s-p_1} + \frac{c_2}{s-p_2} + \cdots + \frac{c_n}{s-p_n} = \sum_{i=1}^{n} \frac{c_i}{s-p_i}$$

式中各系数

$$c_i = X(s)(s-p_i)\big|_{s=p_i} \tag{7-46}$$

再经过查表,很容易求得反变换 $x(t)$。

例 7 - 11 已知

$$X(s) = \frac{10(s+2)(s+5)}{s(s+1)(s+3)} \qquad \mathrm{Re}\{s\} > 0$$

求其反变换 $x(t)$。

解:
$$X(s) = \frac{c_1}{s} + \frac{c_2}{s+1} + \frac{c_3}{s+3}$$

式中各系数
$$c_1 = sX(s)\big|_{s=0} = \frac{100}{3}$$
$$c_2 = (s+1)X(s)\big|_{s=-1} = -20$$
$$c_3 = (s+3)X(s)\big|_{s=-3} = -\frac{10}{3}$$

因此
$$X(s) = \frac{\frac{100}{3}}{s} + \frac{-20}{s+1} - \frac{10}{3}\frac{1}{s+3} \qquad \mathrm{Re}\{s\} > 0$$

由于收敛域已经确定, $X(s)$ 的反变换 $x(t)$ 一定是正时域函数,即

$$x(t) = \left[\frac{100}{3} - 20\mathrm{e}^{-t} - \frac{10}{3}\mathrm{e}^{-3t}\right]u(t)$$

同学们可以考虑,在 $-1 < \mathrm{Re}\{s\} < 0$,或 $\mathrm{Re}\{s\} < -3$ 等情况下,相应的 $x(t)$ 将如何表示。

（2）分母多项式 $D(S)$ 有重根。

$$X(s) = \frac{N(s)}{D(s)} = \frac{N(s)}{(s-p_1)(s-p_2)\cdots(s-p_i)^r}$$

$$= \frac{c_1}{s-p_1} + \frac{c_2}{s-p_2} + \cdots + \frac{c_{i1}}{s-p_i} + \frac{c_{i2}}{(s-p_i)^2} + \cdots + \frac{c_{ir}}{(s-p_i)^r} \tag{7-47}$$

式中,系数 c_1、c_2 按式(7-46)计算;c_{ir} 的各系数按如下公式计算:

$$c_{ir} = (s-p_i)^r X(s) \big|_{s=p_i}$$

$$c_{i(r-1)} = \frac{\mathrm{d}}{\mathrm{d}s}[(s-p_i)^r X(s)] \bigg|_{s=p_i} \tag{7-48}$$

$$c_{i1} = \frac{1}{(r-1)!} \frac{\mathrm{d}^{r-1}}{\mathrm{d}s^{r-1}}[(s-p_i)^r X(s)] \bigg|_{s=p_i}$$

例 7-12　求下述单边拉氏变换的反变换:

$$X(s) = \frac{s+3}{(s+1)^3(s+2)}$$

解:　$X(s)$ 在 $p_1 = -1$ 处有一个三重极点,在 $p_2 = -2$ 处有单极点,则

$$X(s) = \frac{c_{13}}{(s+1)^3} + \frac{c_{12}}{(s+1)^2} + \frac{c_{11}}{s+1} + \frac{c_2}{s+2}$$

利用式(7-48)可得到

$$c_{13} = (s+1)^3 X(s) \big|_{s=-1} = \frac{s+3}{s+2} \bigg|_{s=-1} = 2$$

$$c_{12} = \frac{\mathrm{d}}{\mathrm{d}s}[(s+1)^3 X(s)] \big|_{s=-1} = \frac{\mathrm{d}}{\mathrm{d}s}\left[\frac{s+3}{s+2}\right] \bigg|_{s=-1} = -1$$

$$c_{11} = \frac{1}{2}\frac{\mathrm{d}^2}{\mathrm{d}s^2}\left(\frac{s+3}{s+2}\right) \bigg|_{s=-1} = 1$$

而

$$c_2 = (s+2) X(s) \big|_{s=-2} = -1$$

于是得到

$$X(s) = \frac{2}{(s+1)^3} - \frac{1}{(s+1)^2} + \frac{1}{s+1} - \frac{1}{s+2}$$

求出相应的时间信号

$$x(t) = [(t^2-t+1)\mathrm{e}^{-t} - \mathrm{e}^{-2t}] u(t)$$

注意以上已经指明是单边拉氏变换,为此对应的时间函数必是因果信号,如果没有指明单边拉氏变换,则必须提供收敛域范围才能确定相应的时间信号。

（3）分母多项式 $D(s)$ 含有共轭极点的情况。

当 $D(s)$ 含有复数极点时,此极点必然是共轭的,可以把此共轭复根视为两个不同的单根的方法去求解,这比两个不同的单根肯定要麻烦一些,但方法一样。另一种方法是保留 $X(s)$ 分母多项式 $D(s)$ 的二项式形式,并将它写成相应的余弦和正弦的拉氏变换,然后对 $X(s)$ 逐项进行反变换。

例 7-13　设

$$X(s) = \frac{s+3}{s^3+3s^2+7s+5} \qquad \mathrm{Re}\{s\} > -1$$

求其反变换。

解:将 $X(s)$ 展成

$$X(s) = \frac{s+3}{s^3+3s^2+7s+5} = \frac{s+3}{(s+1)(s^2+2s+5)}$$

$$= \frac{s+3}{(s+1)[(s+1)^2+2^2]} = \frac{c_1}{s+1} + \frac{c_2s+c_3}{(s+1)^2+2^2}$$

c_1 由式(7-46)算出:$c_1 = \frac{1}{2}$,将 c_1 代入上式,用比较系数法确定 $c_2 = -\frac{1}{2}$,$c_3 = \frac{1}{2}$,因此

$$X(s) = \frac{\frac{1}{2}}{s+1} + \frac{-\frac{1}{2}s+\frac{1}{2}}{(s+1)^2+4}$$

$$= \frac{\frac{1}{2}}{s+1} - \frac{1}{2}\frac{s+1}{(s+1)^2+4} + \frac{1}{2}\frac{2}{(s+1)^2+4} \qquad \mathrm{Re}\{s\} > -1$$

再进行拉氏反变换得

$$x(t) = \left[\frac{1}{2}e^{-t} - \frac{1}{2}e^{-t}\cos 2t + \frac{1}{2}e^{-t}\sin 2t\right]u(t)$$

以上讨论了部分分式法求拉氏反变换的几种情况:首先根据分母多项式的单根、复根和共轭复根三种情况,确定出各分式的表示式及待定系数;用各自的公式求出系数,经查表得到相应的时间函数,在确定时域函数时必须考虑所给收敛域的条件,同一个函数收敛域不同将有不同的时间函数。

例 7-14 已知

$$X(s) = \frac{1}{(s+1)(s+2)}$$

求(1) $\mathrm{Re}\{s\} > -1$;(2) $\mathrm{Re}\{s\} < -2$;(3) $-2 < \mathrm{Re}\{s\} < -1$ 三种情况下的拉氏反变换。

解:先将 $X(s)$ 展成部分分式

$$X(s) = \frac{1}{(s+1)(s+2)} = \frac{1}{s+1} - \frac{1}{s+2}$$

(1) $\mathrm{Re}\{s\} > -1$。

由于 $X(s)$ 有两个极点 $p_1 = -1$、$p_2 = -2$,当 $\mathrm{Re}\{s\} > -1$ 满足时,$\mathrm{Re}\{s\} > -2$ 必然满足,因此,相应的时间函数皆为正时域函数。

$$x(t) = (e^{-t} - e^{-2t})u(t)$$

(2) $\mathrm{Re}\{s\} < -2$。

当 $X(s)$ 的收敛域在 $\mathrm{Re}\{s\} < -2$ 的情况下,则必然满足 $\mathrm{Re}\{s\} < -1$ 的条件,因此相应的时间函数皆为负时域函数。

$$x(t) = [-e^{-t} + e^{-2t}]u(-t)$$

(3) $-2 < \mathrm{Re}\{s\} < -1$。

当收敛域在(3)的情况下

$$\frac{1}{s+1} \qquad \mathrm{Re}\{s\} < -1; \qquad \frac{1}{s+2} \qquad \mathrm{Re}\{s\} > -2$$

则

$$x(t) = -e^{-t}u(-t) - e^{-2t}u(t)$$

以上讨论了拉氏变换的部分分式法以及留数法。从计算来看,部分分式法是把拉氏反变换分几步求出,最后求得反变换,因此比较简单一些,但它只能用于 $X(s)$ 为有理分式的情况下;留数法可以使用在 $X(s)$ 为有理或无理函数两种情况下,但由于它是通过求留数直接求得拉氏反变换,因此计算时比较复杂,尤其在 $X(s)$ 有多重极点的情况下,求高阶导数就显得麻烦一些。$X(s)$ 为无理函数的情况在电路分析中较少遇到,因此多数反变换皆用部分分式法。

7.6　连续时间系统的复频域分析法

前面我们已经全面介绍了拉氏变换的基础知识,拉氏变换到底有什么用呢? 通过以前的介绍,我们知道它有以下优点,因此它是分析线性时不变系统的非常有效的方法,这些优点如下:

(1) 拉氏变换可以把描述 LTI 系统的微分方程变换为代数方程,因此求解方便。

(2) 如果系统有初始条件时,经过拉氏变换,这些初始条件自动包含在变换式中,可以同时得出系统的完全解。

(3) 在进行电路分析时,每个元件电阻 R、电感 L、电容 C 都有相应的复频域模型,因此可以直接根据元件 s 的模型求得电路方程的变换形式,十分简便。

下面分别从微分方程的拉氏变换解法、电路的 s 域模型及系统的拉氏变换分析法等几部分逐步来分析系统的 s 域解法。

1. 微分方程的 s 域解法

给定一个电路及输入信号求输出响应,这是最基本的电路分析问题。如何处理呢? 首先我们需要列出输入、系统及响应之间的微分方程,如果系统是 LTI 系统,则列出的将是常系数线性微分方程,解此方程的方法即第 2 章介绍的经典解法或零输入与零状态的解法。用拉氏变换法解决此问题就是把所列的微分方程双边进行拉氏变换,用代数方法求得响应函数的象函数,最后求得输出的响应。

例 7 - 15　已知电路如图 7 - 8(a) 所示。电路的起始状态为零,当开关闭合后,直流电源 E 接入电路,求电流 $i(t)$。

解: 首先列出电路的微分方程

$$L\frac{\mathrm{d}i(t)}{\mathrm{d}t} + Ri(t) + \frac{1}{C}\int_{-\infty}^{t} i(\tau)\mathrm{d}\tau = Eu(t)$$

因为 $i(0_-) = 0$, $\dfrac{1}{C}\displaystyle\int_{-\infty}^{0_-} i(\tau)\mathrm{d}\tau\bigg|_{t=0} = 0$,两边进行拉氏变换得

$$Ls\,I(s) + RI(s) + \frac{1}{Cs}I(s) = \frac{E}{s}$$

于是

$$I(s) = \frac{E/s}{Ls + R + \dfrac{1}{sC}} = \frac{E}{L}\,\frac{1}{\left(s^2 + \dfrac{R}{L}s + \dfrac{1}{LC}\right)}$$

当 $R = 2\ \Omega, L = 1\ \text{mH}, C = 1\,000\ \mu\text{F}, E = 10\ \text{V}$ 时

$$I(s) = \frac{10}{10^{-3}}\,\frac{1}{\left(s^2 + \dfrac{2}{10^{-3}}s + \dfrac{1}{10^{-3} \times 10^{-6}}\right)}$$

$$= 10^4\,\frac{1}{s^2 + 2 \times 10^3 s + 10^6} = \frac{10^4}{(s - p_1)(s - p_2)}$$

其中 $\qquad p_{12} = \dfrac{-2 \times 10^3 \pm \sqrt{4 \times 10^6 - 4 \times 10^6}}{2} = -10^3$

所以 $\qquad I(s) = 10^4 \dfrac{1}{(s + 10^3)^2}$

$$i(t) = 10^4 t e^{-1\,000 t} u(t)$$

$i(t)$ 的图形如图 7 - 8(b) 所示。

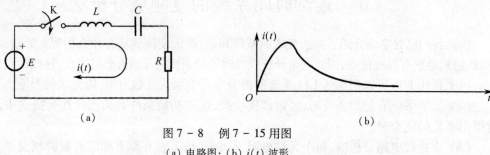

(a)　　　　　　　　　　　　　　　　(b)

图 7 - 8　　例 7 - 15 用图

(a) 电路图；(b) $i(t)$ 波形

此时电路处于临界阻尼状态,电路不能振荡。从此例可以看出,可以对电路列写微分方程,但不用微分方程的一般解法,而是通过对列出的微分方程两边进行拉氏变换,把微分方程变换为代数方程,这样就容易了许多。另一特点就是,如果系统具有初始条件,如初始电感电流或初始电容电压,在进行拉氏变换时已经自动包含在拉氏变换式中,免去了求零输入、零状态二道计算的麻烦,但从例 7 - 15 可以看到,当电路复杂、网孔和节点多时,微分方程的列写就十分麻烦,是否有更简便的方法呢? 有! 它就是下面要介绍的复频域模型法。

2. 电路元件的 s 域模型

为减少列写微分方程的麻烦,我们可以模仿正弦稳态分析中的相量法,先把电路元件的 s 域模型了解清楚,再把它们放到电路中去,然后用直流电路的 KVL 和 KCL 定律列写方程,此时列写方程将简单许多。

对电路元件 R、L、C 的时域关系式可表示为

$$\begin{cases} v_{\mathrm{R}}(t) = R i_{\mathrm{R}}(t) \\ v_{\mathrm{L}}(t) = L \dfrac{\mathrm{d} i_{\mathrm{L}}(t)}{\mathrm{d} t} \\ v_{\mathrm{C}}(t) = \dfrac{1}{C} \displaystyle\int_{-\infty}^{t} i_{\mathrm{C}}(\tau) \,\mathrm{d}\tau \end{cases} \qquad (7 - 49)$$

它们的 s 域表示式为

$$\begin{cases} v_{\mathrm{R}}(s) = R I_{\mathrm{R}}(s) \\ v_{\mathrm{L}}(s) = L s I_{\mathrm{L}}(s) - L i_{\mathrm{L}}(0_-) \\ v_{\mathrm{C}}(s) = \dfrac{1}{sC} I_{\mathrm{C}}(s) + \dfrac{1}{s} v_{\mathrm{C}}(0_-) \end{cases} \qquad (7 - 50)$$

从式(7 - 50) 可以看到:经过拉氏变换,L、C 的初始条件自动地包含在结果式中,画出相应各元件的时域和复频域模型,如图 7 - 9 所示。

在图 7 - 9 中,需注意 sL 和 $\dfrac{1}{sC}$ 是无初始储能时元件的模型,当 L 和 C 有初始电流或初始电压

时,相当于在电感电路中引入了一个初始的冲激电压源 $Li_L(0_-)\delta(t)$,其 s 域则为 $Li_L(0_-)$,对电容元件如有初始条件,则说明引入了一个初始的阶跃电压源 $v_C(0_-)u(t)$,其 s 域则为 $v_C(0_-)/s$。以上两模型是对应串联电路,用回路法列写方程所用。如果把以上模型换成并联电路,用节点法列方程时,则用图 7 - 9(g)、(h) 两个并联的模型。此时,电感和电容的方程写为

$$i_L(t) = \frac{1}{L}\int_{-\infty}^{t} v_L(\tau)\,\mathrm{d}\tau, \quad i_C(t) = C\frac{\mathrm{d}v_C(t)}{\mathrm{d}t}$$

对以上两式进行拉氏变换,则有

$$I_L(s) = \frac{V_L(s)}{sL} + \frac{i_L(0_-)}{s}, \quad I_C(s) = sCV_C(s) - CV_C(0_-)$$

此并联的电路模型适合于在列写节点方程时用。

有了 R、L、C 的 s 域模型,就可以避免列写电路的时域的微分方程,而直接列写电路的 s 域的基本方程以供求解。

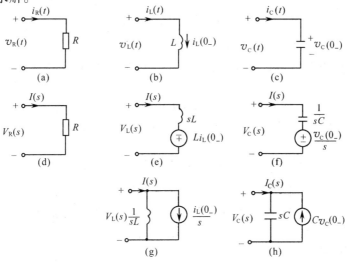

图 7 - 9 各元件的模型

3. 电路的 s 域模型解法

例 7 - 16 仍是对例 7 - 15 的 RLC 串联电路,在电感和电容都具有初始条件的情况下求系统的 $i(t)$。

解: 此时电路的复频域模型如图 7 - 10 所示,由于是串联电路,为此含初始状态的电感和电容都用串联电路的模型,此时的电流 $I(s)$ 为

$$I(s) = \frac{E(s) + Li_L(0_-) - v_C(0_-)/s}{R + Ls + \dfrac{1}{Cs}}$$

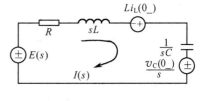

图 7 - 10 例 7 - 16 图

$$= \frac{E(s)}{R + Ls + \dfrac{1}{Cs}} + \frac{Li_L(0_-) - \dfrac{v_C(0_-)}{s}}{R + Ls + \dfrac{1}{Cs}}$$

此式的第一项与初始状态无关,它是响应的零状态响应部分;此式的第二项与输入无关,是响

应的零输入响应部分。由于篇幅的关系不再代入参数进行计算,而是再举一例。

例7-17 已知电路如图7-11所示,已知$u_s(t) = 12$ V,$L = 1$ H,$C = 1$ F,$R_1 = 3$ Ω,$R_2 = 2$ Ω,$R_3 = 1$ Ω,原电路已处于稳态。当$t = 0$时,开关K闭合,求K闭合后R_3两端电压的零输入响应$y_0(t)$和零状态响应$y_x(t)$。

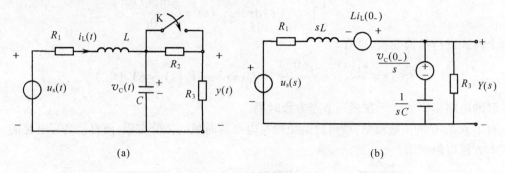

(a)   (b)

图7-11 例7-17用图

解: 首先求出电容电压和电感电流的初始值$i_L(0_-)$和$v_C(0_-)$,在$t = 0_-$时,开关未闭合,可求得

$$v_C(0_-) = \frac{R_2 + R_3}{R_1 + R_2 + R_3}u_s(t) = 6(\text{V})$$

$$i_L(0_-) = \frac{1}{R_1 + R_2 + R_3}u_s(t) = 2(\text{A})$$

画出电路的s域模型图,如图7-11(b)所示,列节点电流方程为

$$\left(\frac{1}{sL + R_1} + sC + \frac{1}{R_3}\right)Y(s) = \frac{Li_L(0_-)}{sL + R_1} + \frac{v_C(0_-)/s}{1/(sC)} + \frac{U_s(s)}{sL + R_1}$$

将L、C、R_1、R_2的参数代入上式得

$$\left(\frac{1}{s + 3} + s + 1\right)Y(s) = \frac{i_L(0_-)}{s + 3} + v_C(0_-) + \frac{U_s(s)}{s + 3}$$

解上式可得

$$Y(s) = \frac{i_L(0_-) + (s + 3)v_C(0_-)}{s^2 + 4s + 4} + \frac{U_s(s)}{s^2 + 4s + 4}$$

上式中第一项仅与初始条件有关,因此是响应的零输入响应;第二项仅与输入$U_s(s)$有关,因此是响应的零状态响应部分。

将初始条件$i_L(0_-)$和$v_C(0_-)$代入上式第一部分得零输入响应

$$Y_0(s) = \frac{2 + (s + 3) \times 6}{s^2 + 4s + 4} = \frac{6s + 20}{(s + 2)^2} = \frac{8}{(s + 2)^2} - \frac{6}{s + 2}$$

所以

$$y_0(t) = (8t - 6)\mathrm{e}^{-2t}u(t)\text{V}$$

将$U_s(s) = \dfrac{12}{s}$代入上式第二部分,则

$$Y_x(s) = \frac{12}{s(s+2)^2} = \frac{3}{s} - \frac{6}{(s+2)^2} - \frac{3}{s+2}$$

取其逆变换为

$$y_x(t) = \left[3 - (6t + 3)e^{-2t} \right] u(t) \, \mathrm{V}$$

由例 7 - 17 可见，用电路元件的 s 域模型法可以简化系统的求解，它把微分方程的求解问题转换成代数方程的求解，并且系统的初始条件可以直接转换在电路中，因此方便了许多，尤其对复杂的电路更显出其优越性。

7.7　系统函数与时域响应

一个连续时间 LTI 系统的系统函数定义为系统的零状态响应的拉氏变换与激励的拉氏变换之比，它是该系统单位冲激响应的拉氏变换。我们已知，系统的零状态响应 $y(t)$ 等于系统的单位冲激响应 $h(t)$ 与激励的卷积，即 $y(t) = x(t) * h(t)$，再对式两边进行拉氏变换 $Y(s) = X(s) \cdot H(s)$，即

$$H(s) = Y(s)/X(s) = \mathscr{L}\left[h(t) \right]$$

也就是说 $H(s)$ 为 $Y(s)$ 与 $X(s)$ 之比，亦是系统单位冲激响应 $h(t)$ 的拉氏变换。$h(t)$ 的含义是输入为 $\delta(t)$ 情况下的零状态响应，它反映了系统的固有性质，而 $H(s)$ 从复频域的角度反映了系统的固有性质，与外界的输入无关。所以，当谈及系统的性质时，就必须谈到 $H(s)$，$H(s)$ 是系统特性的完全描述。

而 $H(s)$ 的主要特征需由 $H(s)$ 的零极点及收敛域来决定的。下面就 $H(s)$ 的零极点分布与系统的因果性、稳定性及频率响应的关系等分别进行介绍。

1. $H(s)$ 的零极点与系统的因果性、稳定性

常用信号的拉氏变换是 s 的有理函数，即 s 的多项式之比［即式(7 - 45)］

$$H(s) = \frac{N(s)}{D(s)} = \frac{b_m s^m + b_{m-1} s^{m-1} + \cdots + b_1 s + b_0}{a_n s^n + a_{n-1} s^{n-1} + \cdots + a_1 s + a_0} \tag{7 - 51}$$

把式(7 - 51) 的分子、分母进行因式分解得

$$H(s) = \frac{A \prod\limits_{i=1}^{m} (s - z_i)}{\prod\limits_{i=1}^{n} (s - p_i)} \tag{7 - 52}$$

式中，$A = \dfrac{b_m}{a_n}$；z_i 和 p_i 分别为系统函数 $H(s)$ 的零点和极点。所谓零点是使分子多项式为零的点；所谓极点是使分母多项式为零的点，系统的极点又称为系统的固有频率或自然频率。设 $D(s) = 0$ 的根都是互异的，则式(7 - 52) 可用部分分式法展成以下形式：

$$H(s) = \frac{A_1}{s - p_1} + \frac{A_2}{s - p_2} + \cdots + \frac{A_k}{s - p_k} + \cdots + \frac{A_n}{s - p_n}$$

再经过反变换后得

$$h(t) = A_1 \mathrm{e}^{p_1 t} + A_2 \mathrm{e}^{p_2 t} + \cdots + A_k \mathrm{e}^{p_k t} + \cdots + A_n \mathrm{e}^{p_n t}$$

因此从 $H(s)$ 进行拉氏反变换很容易求得 $h(t)$。

对于一个因果的 LTI 系统，单位冲激响应 $h(t)$ 应该是右边的，即 $h(t) = 0, t < 0$，因此 $H(s)$ 的收敛域应在最右边极点以右；如果系统是非因果的，则系统的单位冲激响应 $h(t)$ 应该是左边的，则系统函数 $H(s)$ 的收敛域应在最左边极点以左。以上收敛域很容易在 s 平面画出其 ROC 的范围。

$H(s)$ 的极点分布及收敛域与系统的稳定性也是相关的，在第 2 章——连续时间系统的时域分析中已经指出，稳定系统的冲激响应 $h(t)$ 是绝对可积的，即

$$\int_{-\infty}^{\infty} |h(t)| \mathrm{d}t < \infty \qquad\qquad (7-53)$$

这亦是 $h(t)$ 的傅里叶变换 $H(\omega)$ 存在的条件之一，为此如系统稳定，必须要求系统的单位冲激响应 $h(t)$ 的傅里叶变换 $H(\omega)$ 存在，而 $H(\omega)$ 就是 $H(s)$ 当 $s = \mathrm{j}\omega$ 时的情况，所以 $H(s)$ 的收敛域必须包含虚轴，当系统既因果又稳定时，则要求 $H(s)$ 的极点在 s 域的左半平面，即 $H(s)$ 的 ROC 在最右一个极点以右，其收敛域必然包含了虚轴。

例 7 – 18　已知一个系统的单位冲激响应为 $h(t) = \mathrm{e}^{-t} u(t)$，问此系统的因果稳定性。

解：
$$\mathscr{L}[\mathrm{e}^{-t} u(t)] = \frac{1}{s+1} \qquad \mathrm{Re}\{s\} > -1 \qquad\qquad (7-54)$$

式(7 – 54) 的 ROC 位于最右极点以右，并且包含虚轴，为此该系统既是因果的，又是稳定的。

例 7 – 19　已知系统函数为

$$H(s) = \frac{\mathrm{e}^s}{s+1} \qquad \mathrm{Re}\{s\} > -1 \qquad\qquad (7-55)$$

问该系统是否为因果系统。

解：　$H(s)$ 的极点为 $p_1 = -1$，其收敛域 $\mathrm{Re}\{s\} > -1$，它是在最右边的极点以右，为此 $h(t)$ 一定是一个右边信号。

已知

$$\mathrm{e}^{-t} u(t) \longleftrightarrow \frac{1}{s+1} \qquad \mathrm{Re}\{s\} > -1$$

根据时移性质

$$\mathscr{L}^{-1}\left[\frac{\mathrm{e}^s}{s+1}\right] = \mathrm{e}^{-(t+1)} u(t+1) \qquad \mathrm{Re}\{s\} > -1$$

所以

$$h(t) = \mathrm{e}^{-(t+1)} u(t+1) \qquad\qquad (7-56)$$

该冲激响应在 $t < -1$ 时为 0，而不是在 $t < 0$ 时为 0，所以该系统并非因果系统。此例说明，因果系统的冲激响应一定是右边的，即 ROC 位于最右边极点的右边；但 $H(s)$ 的收敛域为右边时，系统不一定是因果系统，亦可能是非因果的。

2. $H(s)$ 的零极点与 $h(t)$ 波形的对应关系

前面已经谈到 $H(s)$ 的零极点分别是使 $H(s)$ 分子、分母多项式为零的点。如果分子、分母展开的多项式为多重根，还可以是多阶的零点和极点。例如：

$$H(s) = \frac{s[(s-1)^2 + 1]}{(s+1)^2 (s^2+4)}$$

此系统函数含有的零极点为

$$零点：\begin{cases} s_1 = 0 & （一阶） \\ s_2 = 1 + j & （一阶） \\ s_3 = 1 - j & （一阶） \end{cases}$$

$$极点：\begin{cases} p_1 = -1 & （二阶） \\ p_2 = j2 & （一阶） \\ p_3 = -j2 & （一阶） \end{cases}$$

将以上结果画于 s 平面内，用"○"表示零点，用"×"表示极点，如图 7 - 12 所示。

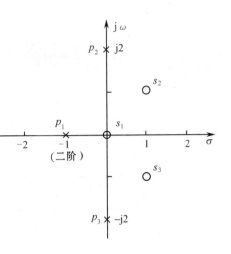

图 7 - 12 $H(s)$ 的零极点图

从拉氏反变换已知，$H(s)$ 的拉氏反变换即为 $h(t)$，而 $h(t)$ 的形式主要决定于 $H(s)$ 的极点。$H(s)$ 的零点不影响 $h(t)$ 的形式，只影响 $h(t)$ 的大小和初相位。表 7 - 3 为 $H(s)$ 与 $h(t)$ 的对照，并画出相应的图，如图 7 - 13 所示。

表 7 - 3 $H(s)$ 的极点位置与 $h(t)$ 波形的对照

复频域					在图 7 - 13 中的位置
	$H(s)$	极点位置	$h(t)$	特　性	
单实极点	$\dfrac{1}{s+p}$	$p = 0$ 位于原点	$u(t)$	直流	ⓞ
		$p > 0$，位于左半平面的实轴上	$e^{-|p|t}$	指数衰减，$|p|$ 越大，衰减速率越快	②和①，$|2| > |1|$
		$p < 0$，位于右半平面的实轴上	$e^{|p|t}$	指数增长，$|p|$ 越大，增长速率越快	④和③，$|4| > |3|$
共轭虚极点	$\dfrac{1}{s+j\omega_0} + \dfrac{1}{s-j\omega_0}$	位于 $j\omega$ 轴上	$\cos\omega_0 t$	$|\omega_0|$ 越大，正弦频率越高	⑤和⑥，$|6| > |5|$
共轭多极点	$\dfrac{1}{s+(\sigma_0+j\omega_0)} +$ $\dfrac{1}{s+(\sigma_0-j\omega_0)}$	$\sigma_0 > 0$ 位于左半 s 平面	$e^{-\sigma_0 t}\cos\omega_0 t$	$|\sigma_0|$ 越大，振幅衰减越快 $|\omega_0|$ 越大，正弦频率越高	⑦和⑧ ⑦和⑪
		$\sigma_0 < 0$ 位于右半 s 平面	$e^{\sigma_0 t}\cos\omega_0 t$	$|\sigma_0|$ 越大，振幅增长越快 $|\omega_0|$ 越大，正弦频率越高	⑨和⑩ ⑨和⑫

总结表 7 - 3 和图 7 - 13，可以看出 $H(s)$ 的极点与 $h(t)$ 的关系如下：

（1）若极点位于 s 平面的原点，$H(s) = \dfrac{1}{s}$，则 $h(t) = u(t)$，$h(t)$ 为单位阶跃响应（如图 7 - 13 中 O 点）。

（2）若极点位于 s 平面的实轴上，则 $h(t)$ 具有指数函数形式。若极点为负实数（$p_i = -a < 0$），则冲激响应是指数衰减形式（图 7 - 13 中的①②点）；若极点为正实数（$p_i = a > 0$），则对应的冲激响应是指数增长的形式（图 7 - 13 中的③④点）。

（3）虚轴上的共轭极点给出等幅振荡，离原点越远，振荡频率越高，如图 7 - 13 中⑤⑥点，

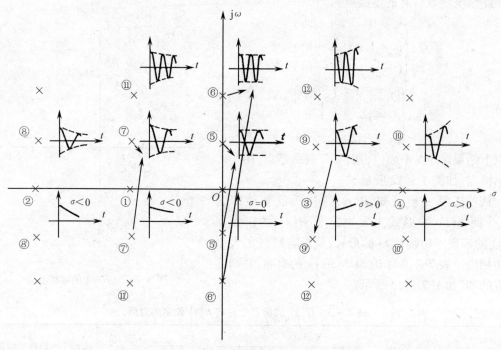

图 7 - 13 $H(s)$ 的极点所对应 $h(t)$ 的波形

⑥ 点比 ⑤ 点振荡频率高。

(4) 在左半平面的共轭极点对应于衰减振荡,如图 7 - 13 中的 ⑦⑧⑪ 点,⑧ 比 ⑦ 衰减得快,⑪ 比 ⑦ 振荡得快。

(5) 在右半平面的共轭极点对应于增幅振荡,如图 7 - 13 中的 ⑨⑩⑫ 点,⑩ 比 ⑨ 增长得快,⑫ 比 ⑨ 振荡得快。

7.8 系统函数与频率响应

1. 由 $H(s)$ 的零极点确定 $H(\omega)$

频率响应是指系统在正弦信号激励之下的稳态响应随信号频率的变化情况,它包括幅度响应及相位响应两个方面。在电路分析中已经研究了用相量法进行正弦稳态计算,而这里将用 $H(s)$ 及其零极点的分析来研究频率响应。它是用 $H(s)$ 的零极点图经几何求值得到 $H(\omega)$。当系统为稳定系统时,$H(s)$ 的收敛域必然包含虚轴,此时 $H(s)$ 的 s 就可以用 $j\omega$ 来代替,所以此种方法的前提是系统必须稳定。

前面已介绍过,系统函数 $H(s)$ 可以由其零极点和尺度因子描述,即

$$H(s) = K \frac{(s - z_1)(s - z_2) \cdots (s - z_r)}{(s - p_1)(s - p_2) \cdots (s - p_n)} \tag{7 - 57}$$

当输入信号的复频率 $s = s_0$ 时,上式变为

$$H(s_0) = K \frac{(s_0 - z_1)(s_0 - z_2) \cdots (s_0 - z_r)}{(s_0 - p_1)(s_0 - p_2) \cdots (s_0 - p_n)} \tag{7 - 58}$$

式中,s_0、z_i、p_i 及 $(s_0 - z_i)$ 等都是复数,都可由原点到该复数点的向量来表示,令 $s_0 - z_i = N_i = |N_i| e^{j\varphi_i}$,则 $(s_0 - z_i)$ 表示向量 s_0 与 z_i 的向量差,如图 7 - 14 所示。

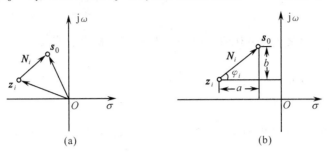

图 7 - 14　$H(s_0)$ 因子的几何图形

N_i 是从 z_i 点指向 s_0 点的向量,N_i 向量的模 N_i 及角 φ_i 根据 s_0 及 z_i 的坐标位置即可算出:

$$N_i = \sqrt{a^2 + b^2}, \quad \varphi_i = \arctan \frac{b}{a}$$

同理,式(7 - 58)中其他各零点及极点的因子亦可以画在 s 平面上,画出其矢量图,它可表示为

$$\frac{1}{s_0 - p_i} = \frac{1}{D_i e^{j\theta_i}} = \frac{1}{D_i} e^{-j\theta_i}$$

当多个 $(s_0 - z_i)$ 及多个 $(s_0 - p_i)$ 共同作用时,其结果就是各零点分别向 s_0 画矢量的乘积除以各极点分别向 s_0 画矢量的乘积,即

$$|H(s_0)| = K \frac{N_1 N_2 \cdots N_r}{D_1 D_2 \cdots D_n} \tag{7 - 59}$$

$$\phi(s_0) = (\varphi_1 + \varphi_2 + \cdots + \varphi_r) - (\theta_1 + \theta_2 + \cdots + \theta_n)$$

请注意,以上 s_0 点是在 s 平面上的任意一点。当我们把 s_0 点局限到 $j\omega$ 轴上时,则可以求得 $H(\omega)$:

$$H(s) \big|_{s=j\omega} = H(\omega) = |H(\omega)| e^{j\varphi(\omega)}$$

这就是第 5 章讨论过的激励为正弦信号时的系统频域响应函数。$H(\omega)$ 是一个复数,式中 $|H(\omega)|$ 表示幅值与 ω 的关系,称为幅频特性;$\varphi(\omega)$ 表示相角与 ω 的关系,称为相频特性。下面通过实例解释之。

例 7 - 20　求图7 - 15 所示系统输出 $V_R(s)$ 和 $V_C(s)$ 的频率响应特性。

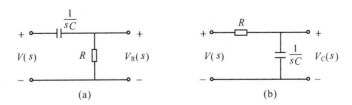

图 7 - 15　RC 电路

解:(1) 由图7 - 15(a),系统函数为

$$H(s) = \frac{V_R(s)}{V(s)} = \frac{R}{R + \dfrac{1}{sC}} = \frac{s}{s + \dfrac{1}{RC}}$$

说明 $H(s)$ 在原点有一个零点 $s = 0$,在 $s = -\dfrac{1}{RC}$ 处有一个极点。当 s_0 点沿 $j\omega$ 轴变化时

$$H(\omega) = H(s) \big|_{s = j\omega} = \frac{j\omega}{j\omega + \dfrac{1}{RC}} \tag{7-60}$$

为计算 $H(\omega)$ 的 $|H(\omega)|$ 和 $\varphi(\omega)$,画出 s 由 $0 \to \infty$,在图中取三个点 $j\omega_0$、$j\omega_a$、$j\omega_\infty$,下面逐点分析。

① 当 $j\omega \to 0$ 时,式(7-60) 的分子 $\to 0$,分母 $\to$ 常数 $\dfrac{1}{RC}$,所以

$$\lim_{\omega \to 0} |H(\omega)| = \frac{N_0}{D_0} = \frac{0}{\dfrac{1}{RC}} = 0$$

而相频

$$\lim_{\omega \to 0} \varphi(\omega) = 90° - 0° = 90°$$

② 当 $j\omega = ja = \dfrac{1}{RC}$ 时,

$$|H(\omega)| \big|_{\omega = \frac{1}{RC}} = \frac{N_a}{D_a} = \frac{\dfrac{1}{RC}}{\sqrt{2}/RC} = \frac{1}{\sqrt{2}}$$

$$\varphi(\omega) \big|_{\omega = \frac{1}{RC}} = 90° - 45° = 45°$$

此时式(7-60) 的分子和分母趋于一对相等的平行线。

③ 当 $j\omega = j\infty$ 时

$$\lim_{\omega \to \infty} |H(\omega)| = \frac{N_\infty}{D_\infty} = 1$$

$$\lim_{\omega \to \infty} \varphi(\omega) = 90° - 90° = 0°$$

将以上三种情况的幅频、相频特性连接起来,可以看出它是一个高通电路。在低频段,幅频、相频曲线都发生了变化,当 ω 达到一定数值以后,就趋于平稳,如图 7-16 所示。

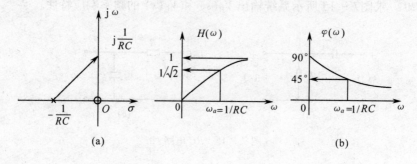

图 7-16 RC 高通电路的频响特性

（2）对图 7 - 15（b）的电路，当电路的输入不变，改为从电容输出时

$$H(\omega) = \frac{V_C(\omega)}{V(\omega)} = \frac{\dfrac{1}{\mathrm{j}\omega C}}{R + \dfrac{1}{\mathrm{j}\omega C}} = \frac{1}{RC} \cdot \frac{1}{\mathrm{j}\omega + \dfrac{1}{RC}} \tag{7-61}$$

则系统函数 $H(\omega)$ 在 $-\dfrac{1}{RC}$ 处具有一个单极点，于是可以求出其频率响应特性：

当 $\mathrm{j}\omega = 0$ 时，$H(\omega) = 1$，$\varphi(\omega) = 0$；

当 $\mathrm{j}\omega = \dfrac{1}{RC}$ 时，$|H(\omega)| = \dfrac{1}{\sqrt{2}}$，$\varphi(\omega) = -45°$；

当 $\mathrm{j}\omega = \infty$ 时，$|H(\omega)| = 0$，$\varphi(\omega) = -90°$。

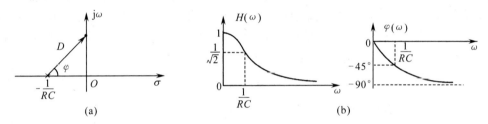

图 7 - 17 RC 低通电路的频响特性

从图 7 - 17 所示的幅频和相频特性曲线可以看出，它是一个低通电路。

例 7 - 21 一个二阶系统的微分方程及单位冲激响应为

$$\frac{\mathrm{d}^2 y(t)}{\mathrm{d}t^2} + 2\xi\omega_0 \frac{\mathrm{d}y(t)}{\mathrm{d}t} + \omega_0^2 y(t) = \omega_0^2 x(t)$$

$$h(t) = M\left[\mathrm{e}^{c_1 t} - \mathrm{e}^{c_2 t}\right] u(t)$$

式中，$c_1 = -\xi\omega_0 + \omega_0\sqrt{\xi^2 - 1}$；$c_2 = -\xi\omega_0 - \omega_0\sqrt{\xi^2 - 1}$；$M = \dfrac{\omega_n}{2}\sqrt{\xi^2 - 1}$

该系统的系统函数 $H(s)$ 和频率响应 $H(\omega)$ 分别为

$$H(s) = \frac{\omega_0^2}{s^2 + 2\xi\omega_0 s + \omega_0^2} = \frac{\omega_0^2}{(s - c_1)(s - c_2)} \tag{7-62}$$

$$H(\omega) = H(s)\big|_{s=\mathrm{j}\omega} = \frac{\omega_0^2}{(\mathrm{j}\omega - c_1)(\mathrm{j}\omega - c_2)} \tag{7-63}$$

将式中极点矢量写成 $(\mathrm{j}\omega - c_1) = N_1 \mathrm{e}^{\mathrm{j}\theta_1}$，$(\mathrm{j}\omega - c_2) = N_2 \mathrm{e}^{\mathrm{j}\theta_2}$，则频率响应表示为

$$H(\omega) = \omega_0^2 / (N_1 \mathrm{e}^{\mathrm{j}\theta_1} N_2 \mathrm{e}^{\mathrm{j}\theta_2})$$

其模和相位特性分别表示为

$$|H(\omega)| = \frac{\omega_0^2}{N_1 N_2}, \quad \varphi(\omega) = -(\theta_1 + \theta_2) \tag{7-64}$$

极点矢量的模和相角都是频率 ω 的函数，令 ω 从 0 变化到 ∞，便可以由式（7 - 64）得到模特性和相位特性曲线。实际上只要根据极点 c_1 和 c_2 在 s 平面的位置，考虑 N_1、N_2、θ_1、θ_2 随 ω 变化的规律，便可判断出特性曲线的轮廓。图 7 - 18 表示当无阻尼自然频率不变，阻尼系数 ξ

改变时,二阶系统 $H(s)$ 极点位置的四种情况。

① $\xi = 0, c_{1,2} = \pm j\omega_0$,极点位于 A、A';

② $0 < \xi < 1, c_{1,2} = -\xi\omega_0 \pm j\omega_0\sqrt{1-\xi^2}$,极点位于 B、B';

③ $\xi = 1, c_{1,2} = -\omega_0$,极点重合于负实轴 C 点;

④ $\xi > 1, c_{12} = -\xi\omega_0 \pm \omega_0\sqrt{\xi^2-1}$,极点位于负实轴 D、D'。

当 ξ 从 0 增大到 1 时,极点位置自虚轴沿半径为 ω_0 的圆移动至负实轴,重合于 $\sigma = -\omega_0$;当 $\xi > 1$ 时,两极点自点 C 分别向左、右移动,其移动轨迹如图 7 - 18 中箭头所示。图 7 - 19 相应于 $0 < \xi < 1$ 时极点分布,由该图可以看到,随着 ω 靠近 $\omega_0\sqrt{1-\xi^2}$,频率响应特性主要由极点矢量 $N_1 e^{j\theta_1}$ 决定,当 $\omega = \omega_0\sqrt{1-\xi^2}$ 时,N_1 出现最小值,因此模特性在该频率附近有一个峰值。如果用几何作图法,可以从图 7 - 19 中得到模特性。该特性最显著的特点是在极点附近有良好的频率选择性,并随着 ξ 的减小,曲线变得更尖锐。当 $\xi > 1$ 时,频率响应的模特性随 ω 增大而下降。在大 ξ 值下靠近 $j\omega$ 轴的极点矢量对特性的作用较远离 $j\omega$ 轴的极点矢量要灵敏得多,所以在低频区域,频率特性主要由靠近 $j\omega$ 轴的极点决定。

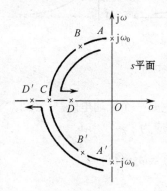

图 7 - 18　极点位置变化轨迹

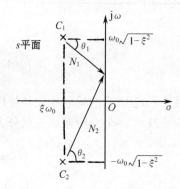

图 7 - 19　当 $0 < \xi < 1$ 极点分布

2. 由 $H(s)$ 设计滤波器举例

在第 6 章曾经介绍过巴特沃斯、切比雪夫等滤波器的概念,这里把滤波器的综合分析,用拉氏变换进行分析计算,使读者体会拉氏变换在系统分析中的实际应用。

已知 N 阶低通巴特沃斯滤波器频率响应的模平方函数

$$|H(\omega)|^2 = \frac{1}{1 + (j\omega/j\omega_c)^{2N}} \tag{7-65}$$

式中,N 是滤波器的阶数,根据给定的模平方函数 $|H(\omega)|^2$ 来确定系统函数 $H(s)$。按定义

$$|H(\omega)|^2 = H(\omega) \cdot H^*(\omega) \tag{7-66}$$

由于滤波器的单位冲激响应 $h(t)$ 是实函数,根据傅里叶变换的性质有 $H^*(\omega) = H(-\omega)$。于是有

$$H(\omega)H(-\omega) = \frac{1}{1 + (\omega/\omega_c)^{2N}} \tag{7-67}$$

考虑到 $H(s)|_{s=j\omega} = H(\omega)$,按式(7 - 67)可得

$$H(s)H(-s) = \frac{1}{1 + (s/\mathrm{j}\omega_c)^{2N}} \tag{7-68}$$

式(7-68)的分母多项式等于零的根就是 $H(s)H(-s)$ 的极点,这些极点应位于

$$s_p = (-1)^{\frac{1}{2N}}(\mathrm{j}\omega_c) \tag{7-69}$$

s_p 的模和相角分别是

$$|s_p| = \omega_c$$

$$\arg\{s_p\} = \frac{\pi(2k+1)}{2N} + \frac{\pi}{2} \tag{7-70}$$

图 7-20 画出了当 $N = 1, 2, 3$ 和 6 时, $H(s)H(-s)$ 的极点位置,这些极点的分布如图 7-20 所示。

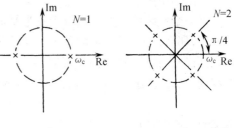
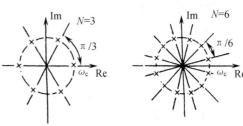

图 7-20　$H(s)H(-s)$ 极点分布

(1) 在 s 平面内,半径为 ω_c 的圆上有 $2N$ 个极点成等分割配置。

(2) 极点永远不会在 $\mathrm{j}\omega$ 轴上, N 为奇数时, σ 轴上有极点, N 为偶数时则没有。

(3) 相邻极点之间的角度差是 π/N rad。

可以看到 $H(s)H(-s)$ 的极点总是对称于 $\mathrm{j}\omega$ 轴成对配置的,例如,有一个极点在 $s_{p1} = a$,就有一个极点在 $s_{p2} = -a$,因此,在组成 $H(s)$ 时,可选取其中一个。如果限定系统是稳定的,而且是因果的,则与 $H(s)$ 有关的极点就应该是位于该圆上左半平面的极点。除了一个常数因子外,左半平面的极点位置就给出了 $H(s)$ 的性质。然而由式(7-68)可以看到 $H^2(s)|_{s=0} = 1$,或者说按式(7-67),常数因子的选择应使频率响应的模平方特性在 $\omega = 0$ 时为单位增益。现在设滤波器的阶数 $N = 1$, $N = 2$ 和 $N = 3$ 的三种情况,由图7-20中给出的相应阶数 $H(s)H(-s)$ 的极点分布,综合左半平面的极点,并且使 $|H(\omega)|^2_{\omega=0} = 1$,确定各滤波器的系统函数分别为

$$N=1, \quad H(s) = \frac{\omega_c}{s+\omega_c} \tag{7-71}$$

$$N=2, \quad H(s) = \frac{\omega_c}{(s+\omega_c \mathrm{e}^{\mathrm{j}\frac{\pi}{4}})(s+\omega_c \mathrm{e}^{-\mathrm{j}\frac{\pi}{4}})} \tag{7-72}$$

$$= \frac{\omega_c^2}{s^2+\sqrt{2}\,\omega_c s+\omega_c^2}$$

$$N=3, \quad H(s) = \frac{\omega_c^2}{(s+\omega_c)(s+\omega_c \mathrm{e}^{\mathrm{j}\frac{\pi}{3}})(s+\omega_c \mathrm{e}^{-\mathrm{j}\frac{\pi}{3}})}$$

$$= \frac{\omega_c^3}{(s+\omega_c)(s^2+\omega_c s+\omega_c^2)} = \frac{\omega_c^2}{s^3+2\omega_c s^2+2\omega_c^2 s+\omega_c^3} \tag{7-73}$$

有了以上各阶次的传递函数,就可以写出相应滤波器的设计:首先根据设计要求选定滤波器的种类,如巴特沃斯、切比雪夫等;然后根据通带、阻带及衰减度等指标计算出所需滤波器的阶数(公式或图表),选用不同的电路形式(无源或有源、T 型或 π 型等),亦有现成的图表可查,从表上查得的元件都是归一化的元件参数,再经过去归一化的处理即为实际值,最后还需

实际安装、调试和测试。有关滤波器的设计,可参阅有关书籍。

3. 全通网络及最小相移系统

(1)全通网络。

如果一个系统函数的极点位于左半平面,零点位于右半平面,而且零点与极点对于 $j\omega$ 轴互为镜像,那么,这种系统函数称为全通函数,此系统则称为全通网络。即它的幅频特性为常数,对所有的正弦信号都按同样的幅度传输。图7-21 表示一个二阶全通系统的零极点图。图中零点 z_1、z_2 分别与极点 p_1、p_2 对于 $j\omega$ 轴互为镜像关系,因此其相应的矢量长度相等,即

$$N_1 = M_1, \quad N_2 = M_2$$

此系统的频率特性可表示为

$$H(\omega) = K \frac{N_1 N_2}{M_1 M_2} e^{j[(\varphi_1 + \varphi_2) - (\theta_1 + \theta_2)]}$$

由于 $N_1 N_2$ 与 $M_1 M_2$ 相等,故

$$H(\omega) = K e^{j[(\varphi_1 + \varphi_2) - (\theta_1 + \theta_2)]}$$

其幅频特性为一常数 K,而其相位特性为

$$\varphi(\omega) = \varphi_1 + \varphi_2 - \theta_1 - \theta_2$$

如图7-21(a)所示,若矢量 M_1 与 N_1 的夹角为 α,M_2 与 N_2 的夹角为 β,则 $\varphi_1 - \theta_1 = -\alpha$,$\varphi_2 - \theta_2 = \beta$,于是 $\varphi(\omega) = \beta - \alpha$,图7-21(a)中 $p_1 = p_2^* = z_2 = z_1^*$,当 $\omega = 0$ 时,$\beta = \alpha$,故 $\varphi(\omega) = 0$。

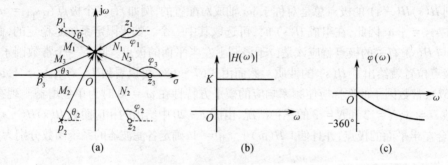

图7-21　二阶全通网络的频率响应

(a) 零极点图;(b) 幅频特性;(c) 相频特性

当 ω 沿 $j\omega$ 轴向上移动时,角 β 变小,角 α 增大,$\varphi(\omega)$ 为负,直到 $\omega \to \infty$ 时,$\varphi(\omega) = -360°$,其相频特性如图7-21(c)所示。

从以上的讨论可以看出,全通系统的幅频特性为一常数,但其相频特性不受约束,因而全通网络可在不改变待传送信号幅频特性的条件下,调整信号的相位特性,它可用于相位校正或相位均衡。

(2)最小相移系统。

对于具有相同幅频特性的系统,其系统函数的零点位于 s 左半平面或虚轴 $j\omega$ 上,该系统的相位特性 $\varphi(\omega)$ 最小,则此系统称为最小相移系统或最小相移网络。而系统函数若在右半平面有零点,则称为非最小相移函数。

图7-22 (a)表示系统函数 $H_a(s)$ 的两个极点 p_1 和 p_1^* 及两个零点 z_1 和 z_1^* 都在 s 平面的左半平面,图7-22(b)表示系统函数 $H_b(s)$ 的两个极点 p_1 及 p_1^* 在左半平面,而其零点位于右半平面,$H_a(s)$ 的零点对 σ 轴成镜像对称。于是可以写出其各自的系统函数为

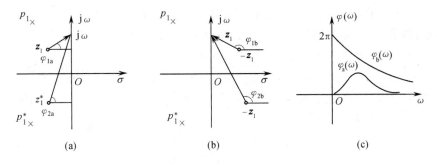

图 7-22 最小相位特性

（a）$H_a(s)$ 的零极点图；（b）$H_b(s)$ 的零极点图；（c）相位特性

$$H_a(s) = \frac{(s-z_1)(s-z_1^*)}{(s-p_1)(s-p_1^*)} \qquad H_b(s) = \frac{(s+z_1)(s+z_1^*)}{(s-p_1)(s-p_1^*)}$$

由于 $H_a(s)$ 与 $H_b(s)$ 的极点相同，因而各对应极点在 s 平面的矢量也相同，而其零点对称于虚轴，对应矢量的模相等，因此 $H_a(\omega)$ 和 $H_b(\omega)$ 的幅度相等，而相角不一样。$\varphi_{1b} = \pi - \varphi_{1a}$，$\varphi_{2b} = \pi - \varphi_{2a}$，为此 $H_a(\omega)$ 与 $H_b(\omega)$ 的相频特性 $\varphi_a(\omega)$ 及 $\varphi_b(\omega)$ 分别为

$$\varphi_a(\omega) = (\varphi_{1a} + \varphi_{2a}) - (\theta_1 + \theta_2)$$

$$\varphi_b(\omega) = (\pi - \varphi_{1a} + \pi - \varphi_{2a}) - (\theta_1 + \theta_2)$$

$$= 2\pi - (\varphi_{1a} + \varphi_{2a}) - (\theta_1 + \theta_2)$$

式中，θ_1、θ_2 为极点 p_1、p_1^* 所对应矢量的相角。$\varphi_a(\omega)$ 与 $\varphi_b(\omega)$ 之间相位差为

$$\varphi_b(\omega) - \varphi_a(\omega) = 2\pi - 2(\varphi_{1a} + \varphi_{2a})$$

从图 7-22（a）可知，当 ω 从 0 变化到无穷大时，$(\varphi_{1a} + \varphi_{2a})$ 由 0 增加到 π，因此 $\varphi_{1a} + \varphi_{2a} \leqslant \pi$，对于任意 ω 则有

$$\varphi_b(\omega) - \varphi_a(\omega) = 2\pi - 2(\varphi_{1a} + \varphi_{2a}) \geqslant 0$$

即对于任意 $0 \leqslant \omega \leqslant \infty$，有

$$\varphi_b(\omega) \geqslant \varphi_a(\omega)$$

则 $\varphi_a(\omega)$ 所对应的系统 $H_a(s)$ 为最小相移系统。

7.9 系统的实现

1. 系统的级联结构

一个连续 LTI 系统的系统函数 $H(s)$ 一般可以表示为

$$H(s) = \frac{b_M s^M + b_{M-1} s^{M-1} + \cdots + b_0}{a_N s^N + a_{N-1} s^{N-1} + \cdots + a_0} \tag{7-74}$$

式中，a_k、b_k 均为实数；M、N 为正整数。若把 $H(s)$ 的分子、分母多项式展开成二阶因子与一阶因子的乘积，则式（7-74）可写为

$$H(s) = \frac{b_M \prod\limits_{k=1}^{p} (s^2 + \beta_{1k} s + \beta_{0k}) \prod\limits_{k=1}^{M-2p} (s + \lambda_k)}{a_N \prod\limits_{k=1}^{q} (s^2 + \alpha_{1k} s + \alpha_{0k}) \prod\limits_{k=1}^{N-2q} (s + \gamma_k)} \tag{7-75}$$

式(7 - 75)表示$H(s)$的分子多项式有p对共轭复根,有$M - 2P$个单根;而分母多项式有q对的共轭复根和$N - 2q$个单根。为讨论方便设$M = N, p = q$,则式(7 - 75)为

$$H(s) = \frac{b_N}{a_N} \prod_{k=1}^{q} \frac{s^2 + \beta_{1k}s + \beta_{0k}}{s^2 + \alpha_{1k}s + \alpha_{0k}} \prod_{k=1}^{N-2q} \frac{s + \lambda_k}{s + \gamma_k} = \frac{b_N}{a_N} \prod_{k=1}^{q} H_{2k}(s) \prod_{k=1}^{N-2q} H_{1k}(s) \qquad (7 - 76)$$

因此,该系统可以由q个二阶系统和$N - 2q$个一阶系统的级联来实现。其中的每一个一阶子系统$H_{1k}(s)$和二阶子系统$H_{2k}(s)$分别为

$$H_{1k}(s) = \frac{s + \lambda_k}{s + \gamma_k}, \quad H_{2k}(s) = \frac{s^2 + \beta_{1k}s + \beta_{0k}}{s^2 + \alpha_{1k}s + \alpha_{0k}}$$

其所对应的微分方程为

$$\frac{\mathrm{d}y(t)}{\mathrm{d}t} + \gamma_k y(t) = \frac{\mathrm{d}x(t)}{\mathrm{d}t} + \lambda_k x(t)$$

$$\frac{\mathrm{d}^2 y(t)}{\mathrm{d}t^2} + \alpha_{1k} \frac{\mathrm{d}y(t)}{\mathrm{d}t} + \alpha_{0k} y(t) = \frac{\mathrm{d}^2 x(t)}{\mathrm{d}t^2} + \beta_{1k} \frac{\mathrm{d}x(t)}{\mathrm{d}t} + \beta_{0k} x(t) \qquad (7 - 77)$$

如果利用相加器、积分器和放大器实现上述微分方程所描述的系统,则可以得到每一个一阶和二阶子系统的直接 Ⅱ 型结构,如图7 - 23所示。

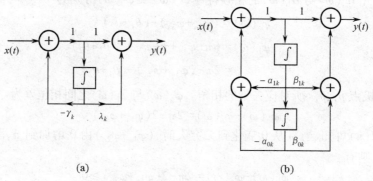

（a）　　　　　　　　　　　　（b）

图7 - 23　级联情况下连续时间系统的直接 Ⅱ 型结构

（a）一阶系统;（b）二阶系统

由于系统级联时的系统函数是每个子系统的系统函数的乘积,因此$H(s)$可以由图7 - 23表示的q个二阶与$(N - 2q)$个一阶系统的级联连接而成。

2. 系统的并联结构

如果将式(7 - 74)展开成部分分式,并设$M = N$,则有

$$H(s) = \frac{b_N}{a_N} + \sum_{k=1}^{N} \frac{A_k}{s + \gamma_k} \qquad (7 - 78)$$

同样,若将式(7 - 78)中共轭成对的两项合并,则可将式(7 - 78)写成

$$H(s) = \frac{b_N}{a_N} + \sum_{k=1}^{q} \frac{\gamma_{1k}s + \gamma_{0k}}{s^2 + \alpha_{1k}s + \alpha_{0k}} + \sum_{k=1}^{N-2q} \frac{A_k}{s + \gamma_k} \qquad (7 - 79)$$

即$H(s)$可以由若干个二阶系统和若干个一阶系统并联实现。其中一阶和二阶系统函数$H_{1k}(s)$和$H_{2k}(s)$分别为

$$H_{1k}(s) = \frac{A_k}{s + \gamma_k}$$

$$H_{2k}(s) = \frac{\gamma_{1k}s + \gamma_{0k}}{s^2 + \alpha_{1k}s + \alpha_{0k}} \tag{7-80}$$

对应的微分方程为

$$\frac{\mathrm{d}y(t)}{\mathrm{d}t} + \gamma_k y(t) = A_k x(t)$$

$$\frac{\mathrm{d}^2 y(t)}{\mathrm{d}t^2} + \alpha_{1k}\frac{\mathrm{d}y(t)}{\mathrm{d}t} + \alpha_{0k}y(t) = \gamma_{1k}\frac{\mathrm{d}x(t)}{\mathrm{d}t} + \gamma_{0k}x(t) \tag{7-81}$$

其直接 Ⅱ 型结构如图 7 - 24 所示。

如果把式(7 - 79)中一阶项两两合并,在 N 为偶数的情况下,式(7 - 79)可以表示为仅有常数项和二阶项的和,即

$$H(s) = \frac{b_N}{a_N} + \sum_{k=1}^{N/2} \frac{\gamma_{1k}s + \gamma_{0k}}{s^2 + \alpha_{1k}s + \alpha_{0k}}$$

因此,该系统可用图 7 - 25 所示的并联结构来实现。图中每一个子系统均是一个二阶系统,每个二阶子系统可以用图 7 - 24(b)所示的直接 Ⅱ 型结构来实现。

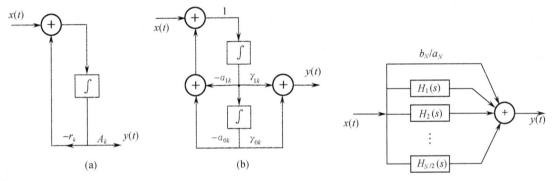

图 7 - 24   并联情况下连续时间系统的直接 Ⅱ 型结构
(a)一阶系统;(b)二阶系统

图 7 - 25   连续时间 LIT 系统的并联结构

7.10   系统的稳定性

1. 系统的稳定性

系统的稳定性在信号通过系统的分析中是至关重要的,如果系统存在不稳定因素,很容易使系统自成体系地振荡起来,无法正常地工作,下面将讨论稳定性的基本概念及判断稳定性的方法。

系统稳定性的定义有多种不同的形式。首先系统的稳定性是系统自身的性质之一,系统是否稳定与激励信号的情况无关。对于一个线性系统,可以分为稳定、临界稳定和不稳定三种情况。当一个系统受到激励以后,便会产生响应,当激励去除以后,如果响应随时间的增长而增长,则此系统为不稳定系统;如果激励去除以后,响应仍保持在一定的界限之内,可能是等幅振荡状态,也可能是非振荡的常数状态,则此系统为临界稳定系统;如果响应随时间的增长最终衰减为零,则此系统为稳定系统。一般前两种都称为不稳定系统。

第 1 章已经对系统的稳定性有所定义,即有界输入、有界输出系统(BIBO)为稳定系统,稳

定系统的充分必要条件是

$$\int_{-\infty}^{\infty} |h(t)| \mathrm{d}t \leqslant M \qquad (7-82)$$

式中,M 为有界的正值,或者说系统的单位冲激响应 $h(t)$ 绝对可积,则系统是稳定的。

以上对系统稳定性的分析都是从时域来分析的,并未涉及系统的因果性,即无论是因果稳定系统或非因果稳定系统都要满足式(7-82)的条件。对于因果系统,式(7-82)可改写为

$$\int_{0}^{\infty} |h(t)| \mathrm{d}t \leqslant M \qquad (7-83)$$

对于因果系统,从稳定性考虑,可分为稳定、不稳定和临界稳定三种情况。

① 稳定系统:$H(s)$ 的全部极点落于 s 左半平面(不包括虚轴),则满足

$$\lim_{t \to \infty} [h(t)] = 0 \qquad (7-84)$$

系统是稳定的。

② 不稳定系统:$H(s)$ 的极点落于 s 的右半平面,或在虚轴上具有二阶以上的极点,则在足够长时间以后,$h(t)$ 仍继续增长,系统是不稳定的。

③ 临界稳定系统:如果 $H(s)$ 的极点落于 s 平面的虚轴上,且只有一阶,则在长时间以后,$h(t)$ 趋于一个非零的数值或形成一个等幅振荡,这属于临界稳定的情况。一般亦划归不稳定状态。

2. 系统稳定性的判别方法

(1) 简单检查法。

$H(s)$ 的分母多项式

$$D(s) = a_0 + a_1 s + \cdots + a_n s^n \qquad (7-85)$$

的所有根位于左半平面的必要条件是所有的系数 $a_0, a_1, \cdots, a_n$ 都必须为非零的实数且同号,即多项式从最高幂次到最低幂次无缺项且同号。这个条件仅是必要条件,并非充分条件。

(2) R-H(罗斯—霍尔维茨,Routh-Hurwitz)准则。

利用 R-H 准则可以精确地求出 $D(s)=0$ 的根位于右半平面的数目,而不需要计算出实际的根,R-H 准则的形式很多,而且其证明亦相当复杂。以下主要介绍 R-H 的排列法,并给出其步骤。

设给定的多项式为

$$D(s) = a_n s^n + a_{n-1} s^{n-1} + \cdots + a_1 s + a_0$$

第一步:将 $D(s)$ 的系数按下列方式排成两行。

第一行　a_n　　a_{n-2}　　a_{n-4}　　a_{n-6}

第二行　a_{n-1}　　a_{n-3}　　a_{n-5}

其中,虚线箭头表示排列顺序。

第二步:在第一、二行的基础上排出第三行。

$$c_{n-1} = \frac{-\begin{vmatrix} a_n & a_{n-2} \\ a_{n-1} & a_{n-3} \end{vmatrix}}{a_{n-1}}, \qquad c_{n-3} = \frac{-\begin{vmatrix} a_n & a_{n-4} \\ a_{n-1} & a_{n-5} \end{vmatrix}}{a_{n-1}}$$

第三步:根据第二、三行元素,排出第四行。

$$d_{n-1} = \dfrac{-\begin{vmatrix} a_{n-1} & a_{n-3} \\ c_{n-1} & c_{n-3} \end{vmatrix}}{c_{n-1}}, \qquad d_{n-3} = \dfrac{-\begin{vmatrix} a_{n-1} & a_{n-5} \\ c_{n-1} & c_{n-5} \end{vmatrix}}{c_{n-1}}$$

依此类推,一直排到 $n+1$ 行为止。

R-H 阵列如下:

$$\begin{matrix}
a_n & a_{n-2} & a_{n-4} & \cdots \\
a_{n-1} & a_{n-3} & a_{n-5} & \cdots \\
c_{n-1} & c_{n-3} & c_{n-5} & \cdots \\
d_{n-1} & d_{n-3} & d_{n-5} & \cdots \\
\vdots & \vdots & \vdots & \vdots
\end{matrix} \qquad (7-86)$$

等此阵列排完以后,便可按如下方法进行判断:如果式(7-86)表示的阵列的第一列元素都具有相同的符号("+"或"-"号),则 $D(s)=0$ 的根全部位于左半平面;如果第一列元素的符号有改变,则该列元素符号改变的次数就是位于右半平面的 $D(s)=0$ 的根的个数。

例7-22　某系统函数 $H(s)$ 的分母多项式为 $D(s)=s^3+s^2+2s+8$,用R-H准则判别系统的稳定性。

解: 此 $H(s)$ 的 R-H 阵列为

$$\begin{matrix}
1 & 2 & 0 \\
1 & 8 & 0 \\
-6 & 0 & \\
8 & 0 &
\end{matrix}$$

显然此 R-H 阵列有两次符号的变化,$H(s)$ 的分母多项式有两个根位于右半平面,为此该系统不稳定。

用 R-H 准则判别稳定性时,有些情况需要特殊处理,如某一行的元素全部为零,可以判定该 $H(s)$ 有在虚轴或右半平面的极点,因而系统不稳定。若阵列中第一个元素为零,则阵列无法继续排列下去,可用极小的正函数代替,请同学们参考其他参考书。

由于稳定性在反馈系统的研究中常见,为此下面列举一例。

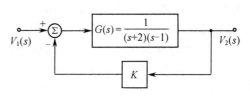

图 7-26　例 7-23 的电路

例7-23　如图7-26所示系统为一个反馈系统,请讨论当 K 从 0 增长时系统稳定性的变化。

解:
$$V_2(s) = [V_1(s) - KV_2(s)]G(s)$$

所以
$$\frac{V_2(s)}{V_1(s)} = \frac{G(s)}{1+KG(s)} = \frac{\dfrac{1}{(s-1)(s+2)}}{1+\dfrac{K}{(s-1)(s+2)}}$$

$$= \frac{1}{(s-1)(s+2)+K} = \frac{1}{s^2+s-2+K}$$

$$= \frac{1}{(s-p_1)(s-p_2)}$$

则其极点
$$p_{1,2} = -\frac{1}{2} \pm \sqrt{\frac{9}{4} - K}$$

当 $K = 0$ 时,$p_1 = -2$,$p_2 = 1$;

当 $K = 2$ 时,$p_1 = -1$,$p_2 = 0$;

当 $K = \frac{9}{4}$ 时,$p_1 = p_2 = -\frac{1}{2}$;

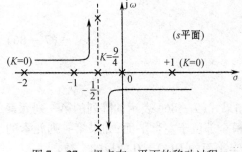

图 7 - 27 极点在 s 平面的移动过程

当 $K > \frac{9}{4}$ 时,$p_{1,2}$ 有共轭复根,并在左半平面。

总结以上:当 $K > 2$ 时系统稳定;$K = 2$ 时为临界稳定;$K < 2$ 时为系统不稳定。

K 值增长时,极点在 s 平面之移动过程示意于图 7 - 27,为此可以根据系统稳定性的要求正确选择反馈系数 K。

7.11 拉氏变换在滤波器设计中的应用

在第 6 章第 6.7 节已经介绍了理想滤波器及非理想滤波器的基本内容,但它们都是基于频率域的分析,而实际滤波器的设计都是在 s 域进行的,最后回归到频率域。滤波器的设计是一门课程,它充分反映了系统设计对输入信号的处理过程,是每位研究者在实际工作中必须面对的问题。它包含连续与离散、无源与有源等。由于篇幅的限制,这里只就滤波器设计作一简单介绍,全面的滤波器设计内容还需参考有关的专业书籍。

1. 理想滤波器的分类及近似方法

按照理想滤波器功能的分类,如第 6.7 节第一点所述,它可分为理想低通、理想高通、理想带通及理想带阻等。而理想滤波器在实际上是无法实现的,正如第 6.7 节第二点所述,理想滤波器的冲激响应都不满足因果性的要求,即其响应领先于激励而提前出现,所以它们是物理不可实现的。如何设计出滤波器呢? 既然理想的做不到,则只能做出近似理想的滤波器,也就是设计出一个可实现的系统,即用此因果系统来逼近理想滤波器。那么用什么样的方法逼近此理想滤波器呢? 在第 6.7 节中已经叙述过,由线性微分方程表征的系统(初始条件为零)可以实现,通过此微分方程的系数的变化与调整就使实际的滤波器满足了设计的要求。

由于滤波器设计过程中对幅频特性、过渡带的衰减程度及相位都有不同要求,为此基本上有 Butterworth(巴特沃斯)滤波器(最大最平坦滤波器)、Chebyshev(切比雪夫)滤波器(等波纹滤波器)及椭圆滤波器等。

图 7 - 28 为同阶次三种低通滤波器的幅频特性。

从图 7 - 28 中可以看出巴特沃斯低通特性随频率的升高而单调下降,在通带范围内,其模特性呈现平坦,阶次越高,保持平坦的频率范围越宽,从通带到阻带的衰减越快。而切比雪夫滤波器允许在通带里幅值在许可的误差范围内波浪式地随频率变化,而阻带以最平幅度近似。当通带与阻带都以等波纹的方式进行时就称为椭圆函数滤波器。从过渡带的衰减程度来看巴特沃斯滤波器最差，切比雪夫滤波器次之，椭圆函数滤波器较好。但从通带的平坦性来说，巴特沃斯滤波器最接近理想。以上几种滤波器只考虑了幅频特性，没有考虑相位问题。我们知道只有具备线性相位的系统才可能保证信号的无失真传输，例如，对彩电信号的处理，要求设计的滤波器具有良好的线性相频特性，这时就需要具有近似线性相位的滤波器，如汤姆逊（Thomson）滤波器等。

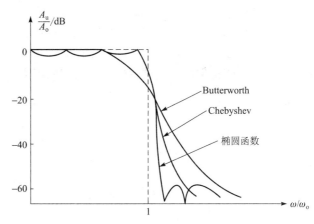

图 7 – 28 同阶次三种低通滤波器的幅频特性

2. 有源滤波器的特点

一般以电感、电容组成的无源电路来组成无源滤波器。大家知道，电感的使用将带来很多问题：如电感的损耗比电容大得多，因而其品质因数 Q_L 值较低（$Q_L = \omega L/r_L$），此 r_L 值愈大，Q_L 值愈低，会低于 1 000，而电容的品质因数 $Q_C = \dfrac{\omega C}{g_C}$，$g_C$ 为电容的损耗电导，一般较小，所以 Q_C 值可以高于 10 000。而随着频率 ω 的降低，Q_L 更小，损耗更大。又如，一般电感用铁磁材料为芯，从而造成其特性的非线性，很容易产生不需要的信号谐波，再者电感会发射和接收电磁波，从而把杂音干扰引入电路，造成不良干扰，另外电感的体积、质量和成本都偏高。工作频率越低，这些缺点越显著。为此我们必须设法消除电感，如用 RC 电路代替 LC 电路是可行的，但电阻的介入又会使信息的能量受损，为此我们将设计出具有放大作用的运算放大器与 RC 电路结合起来组成的有源滤波器，这样一方面可以弥补由电阻造成的能量损失，还可通过反馈使滤波器的性能得到提高，另一方面可以从此舍弃了电感，使整个滤波器的体积、质量大大减小，便于实现集成化。

3. 有源滤波器设计方法简介

设计任何滤波器之前必须首先提出设计要求，如截止频率、过渡带衰减速率、通带与阻带的要求等，首先根据设计要求选择合适的滤波器方案，确定传递函数，然后选择电路类型，确定和计算出电路各元件的参数值，最后安装调试。需要注意的一点是，任何滤波器的设计都以设计低通原型为始，继而可以转换为高通、带通、带阻等滤波器，为此我们仅介绍低通滤波器的设计。

（1）低通滤波器的近似方案及在 s 域的表示式。

第 6 章提到了用微分方程和差分方程来实现非理想的滤波器，把此方程进行频率域的变换就得到 $H(\omega)$ 和 $H(e^{j\Omega})$，而实际设计时需要把以上方程进行复频域的拉氏变换或 Z 变换。以连续系统为例，在第 6 章和本章的理想巴特沃斯低通滤波器的传递函数有相同的形式。

$$|H(\omega)| = \frac{1}{\sqrt{1 + (\omega/\omega_c)^{2N}}}, N = 1, 2, 3$$

式中,ω_c 是低通滤波器的截止频率,N 是低通滤波器的阶数。

当 $\omega_c = 1$ 时,此滤波器就是归一化的巴特沃斯滤波器 $H_N(\omega)$。

从第 7 章的讨论中我们已知 $H(\omega)$ 就是 $H(s)$ 中当 $\sigma = 0$ 的值,即 $H(s)\big|_{\sigma=0} = H(\omega)$,因此 $H(\omega)$ 仅是 $H(s)$ 的特例,当然此时 $H(s)$ 的收敛域也必须包含了虚轴,即 $\sigma = 0$ 点的集合。有了 $H(\omega)$,再以 $s = j\omega$ 或 $\omega = \dfrac{s}{j}$ 代入系统传递函数 $H(\omega)$ 即得到域的表示式

$$H_n(s) = H_n(\omega)\ \bigg|_{\omega=\frac{s}{j}} = \cfrac{1}{\sqrt{1 + \left(\dfrac{s}{j}\right)^{2N}}} \tag{7-87}$$

即

$$H_n(s)H_n(-s) = \cfrac{1}{1 + \left(\dfrac{s}{j}\right)^{2N}} \tag{7-88}$$

式中,n 代表频率归一化的意思,N 是滤波器的阶次。

$H_n(s)H_n(-s)$ 的根即是

$$1 + \left(\frac{s}{j}\right)^{2N} = 0$$

$$s^{2N} = -1(j)^{2N} = (-1)^{N+1} \tag{7-89}$$

从以上公式可以求出当 N 为奇数和偶数时的根。如果 N 为奇数,则 $H_n(s)H_n(-s)$ 有 1 的 $2N$ 个根,如果 N 是偶数,则它有 -1 的 $2N$ 个根。

对 N 为奇数, $s_k = 1\ \underline{/k\pi/N}$ $k = 0,1,2,\cdots,2N-1$

对 N 为偶数, $s_k = 1\ \underline{/\pi/(2N) + k\pi/N}$ $k = 0,1,2,\cdots,2N-1$

这些根展示在图 7-29 中,其中图 7-29(a) 是 N 为奇数的情况,在 $s = 1$ 处,即正实轴处有一个根(打上了 × 号),然后其他的根分布在以 $\dfrac{\pi}{N}$ 为间隔的单位圆上;当 N 为偶数时即图 7-29(b) 的情况,第一个根处于 $1\ \underline{/\pi/(2N)}$ 的位置,其余的根位于以 $\dfrac{\pi}{N}$ 为均匀间隔的单位圆上。

如果我们希望滤波器是因果和稳定的,则 $H_N(s)$ 的极点必然取在 $H_N(s)$ 的左半平面,$H_N(s)$ 可以写成以下形式:

$$H_N(s) = \frac{1}{\prod(s - s_k)} = \frac{1}{B_N(s)} \tag{7-90}$$

此式中 s_k 为 $H_N(s)H_N(-s)$ 全部左半平面的极点,$B_N(s)$ 能够写成巴特沃斯多项式的形式,如表 7-4 所示,此表给出了归一化低通巴特沃斯滤波器的分母多项式 $B_N(s)$ 的形式。

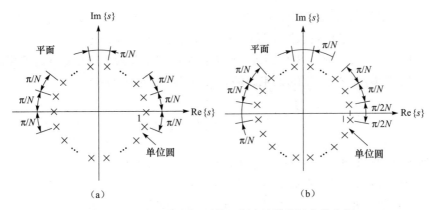

图 7 - 29　归一化低通巴特沃斯滤波器的极点分布图

(a) N 为奇数；(b) N 为偶数

表 7 - 4　归一化理想低通滤波器及巴特沃斯多项式

阶次 N	巴特沃斯多项式 $B_N(s)$
1	$s + 1$
2	$s^2 + \sqrt{2}s + 1$
3	$(s^2 + s + 1)(s + 1)$
4	$(s^2 + 0.76536s + 1)(s^2 + 1.84776s + 1)$
5	$(s + 1)(s^2 + 0.618s + 1)(s^2 + 1.618s + 1)$

例 7 - 24　求一阶归一化巴特沃斯的传递函数 $H_1(s)$。

解： 由于 $N = 1$ 为奇数，只有两个极点

$$s_1 = 1 \underline{/0} \qquad 和 \qquad s_2 = 1 \underline{/\pi}$$

只取左半平面的极点 s_2，$H_1(s)$ 能够写为

$$H_1(s) = \frac{1}{s - (-1)} = \frac{1}{s + 1}$$

例 7 - 25　求二阶归一化巴特沃斯滤波器的传递函数 $H_2(s)$。

解： 由于 $N = 2$ 为偶数，则 $B_N(s)$ 的根为

$$s_k = 1 \underline{/\pi/4 + k\pi/2} \qquad k = 0,1,2,3$$

这些极点位于单位圆上，第一个极点在角度 $\frac{\pi}{4}$ 处，其他极点依次相隔 $\frac{\pi}{2}$，如图 7 - 30 所示。

仅取其左半平面的两个极点：

$$H_2(s) = \frac{1}{(s - s_2)(s - s_3)}$$

$$= \frac{1}{[s - (-0.707 - j0.707)][s - (-0.707 + j0.707)]}$$

$$= \frac{1}{s^2 + \sqrt{2}s + 1}$$

有关更高阶巴特沃斯滤波器 $B_N(s)$ 的形式不再列表给出,需要的同学请参阅相关文献。

例 7 - 26 有源二阶巴特沃斯低通滤波器设计实例。

图 7 - 31 是一个典型的由 R、C 和运算放大器组成的增益为 1 的有源低通滤波器,此电路中 R 值相同,C_1 和 C_2 取不同的值,此电路的 s 域传递函数为

$$H(s) = \frac{1}{C_1 C_2 R^2 s^2 + 2C_1 Rs + 1}$$

设计要求:

① 滤波器的截止频率为 8 kHz,确定 R 及 C_1 和 C_2 的数值;

② 计算此滤波器频率为 20 kHz 时的衰减 dB 值;

③ 如果截止频率变为 10 kHz,要求在频率为 25 kHz 处至少有 30 dB 的衰减。

(a) 请确定滤波器的最小阶次;(b) 计算和确定滤波器的极点的位置,并叙述一下如何基于图 7 - 31 实现本题目的设计要求。

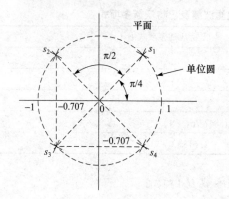

图 7 - 30 二阶归一化巴特沃斯 $H_N(s)H_N(-s)$ 的极点

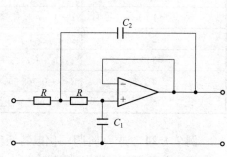

图 7 - 31 二阶有源滤波器电路图

解: ① 根据前面的讨论,二阶归一化巴特沃斯滤波器的传输函数为

$$H_N(s) = \frac{1}{s^2 + \sqrt{2}s + 1}$$

$$= \frac{1}{(s - 1 \angle 135°)(s - 1 \angle -135°)}$$

首先去归一化,$s \to \dfrac{s}{\omega_c}$。则

$$H(s) = \frac{1}{\left(\dfrac{s}{\omega_c}\right)^2 + \sqrt{2}\,\dfrac{s}{\omega_c} + 1}$$

$$= \frac{1}{s^2\left(\dfrac{1}{\omega_c}\right)^2 + s\left(\dfrac{\sqrt{2}}{\omega_c}\right) + 1}$$

所以

$$C_1 C_2 R^2 = \frac{1}{\omega_c^2}, \quad 2C_1 R = \frac{\sqrt{2}}{\omega_c}$$

此二方程有三个未知数 C_1、C_2 和 R，而只有两个方程，则我们取一个固定值，如取 $C_1 = 10 \text{ nF}$，即

$$2C_1R = 2 \times 10 \times 10^{-9} \times R = \frac{\sqrt{2}}{2\pi \times 8 \times 10^3}$$

可以算得

$$R = 1.41 \text{ k}\Omega$$

由于 $C_1C_2R^2 = \dfrac{1}{\omega_c^2} = 395.79 \times 10^{-12}$，所以 $C_2 = 20 \text{ nF}$，则 $C_1 = 10 \text{ nF}$，$C_2 = 20 \text{ nF}$，$R = 1.41 \text{ k}\Omega$ 是一组可取的数值，当然如果 C_1 另取一个其他的值，仍然是可行的。

②当 $\omega = 20 \text{ kHz}$ 时

$$\omega_N = \frac{20 \text{ kHz}}{\omega_c} = \frac{20 \text{ kHz}}{8 \text{ kHz}} = 2.5$$

根据对数模计算公式，对任何频率的衰减 dB 为

$$10\log_{10}\left[1 + (\omega_N)^{2N}\right] = 10\log_{10}\left[1 + (2.5)^{2\times2}\right] = 16.03(\text{dB})$$

因此，当频率为 20 kHz 时，幅度已经下降了 16.03 dB。

③当 $f_c = 10 \text{ kHz}$，$f = 25 \text{ kHz}$ 时，要求至少衰减 30 dB。

（a）
$$\omega_N = \frac{25 \text{ kHz}}{8 \text{ kHz}} = 2.5$$

则
$$30 = 10\log_{10}(1 + 2.5^{2N})$$

计算出 $N = 3.77$，取 $N = 4$ 为整数阶次即取四阶的滤波器才能满足设计的要求。

（b）计算此归一化滤波器极点的位置。

由前面的公式

$$s_k = 1 \Big/ \frac{\pi}{8} + k\frac{\pi}{4} = 1 \Big/ \left(k + \frac{1}{2}\right) \times 45° \qquad k = 0,1,2,\cdots,2N-1$$

因为 $N = 4$ 共有 $2N = 2 \times 4 = 8$ 个极点，其极点为：

$k = 0 \qquad \phi_0 = 22.5°$

$k = 1 \qquad \phi_1 = 67.5°$

$k = 2 \qquad \phi_2 = 112.5°$

$k = 3 \qquad \phi_3 = 157.5°$

$k = 4 \qquad \phi_4 = 202.5° = -157.5°$

$k = 5 \qquad \phi_5 = 247.5° = -112.5°$

$k = 6 \qquad \phi_6 = 292.5° = -67.5°$

$k = 7 \qquad \phi_7 = 237.5° = -22.5°$

由于只能选取 s 平面左半平面的四个极点，右半平面极点不取。则

$$p_{2,5} = 1 \underline{/\pm112.5°}$$

$$p_{3,4} = 1 \underline{/\pm157.5°}$$

经过去归一化处理之后，由于

$$\omega_c = 2\pi \times 10 \times 10^3 = 2\pi \times 10^4 (\text{rad/s})$$

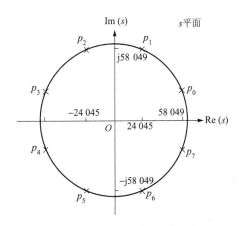

图 7 - 32　$N = 4$ 时极点分布图

则其极点位于

$$p_{2,5} = 2 \times 10^4 \pi \angle \pm 112.5° = -24\ 045 \pm j58\ 049$$

$$p_{3,4} = 2 \times 10^4 \pi \angle \pm 157.5° = -58\ 049 \pm j24\ 045$$

为实现滤波器的要求,必须使用两个二阶的有源低通滤波器,一个滤波器具有 p_2 与 p_5 一对极点,另一个二阶滤波器具有 p_3 与 p_4 一对极点,两级串联才能保证完成总的设计要求。

习　　题

7.1　确定下列时间函数 $x(t)$ 的拉氏变换 $X(s)$ 及其收敛域,并画出 $X(s)$ 的零极点图。

(a) $e^{-at}u(t)$,　$a < 0$;

(b) $-e^{-at}u(-t)$,　$a > 0$;

(c) $e^{at}u(t)$,　$a > 0$;

(d) $e^{-a|t|}$,　$a > 0$;

(e) $u(t - 4)$;

(f) $\delta(t - \tau)$;

(g) $e^{-t}u(t) + e^{-2t}u(t)$;

(h) $\cos(\omega_0 t + \phi)u(t)$。

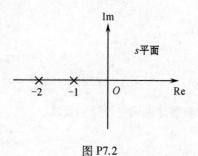

图 P7.2

7.2　已知 $X(s)$ 的零极点图如图 P7.2 所示。试求当时间函数 $x(t)$ 为下列情况时的 $X(s)$ 的收敛域,并图示之。

(a) $x(t)$ 是单边右向信号;

(b) $x(t)$ 是单边左向信号;

(c) $x(t)$ 是双边信号。

7.3　若 $x(t)$ 的傅里叶变换存在,试确定 $x(t)$ 的拉氏变换 $X(s)$ 的收敛域,并指出 $x(t)$ 是右向、左向或是双边的。已知 $X(s)$ 的零极图如图 P7.3 所示。

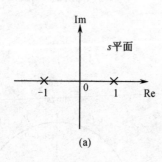

(a)

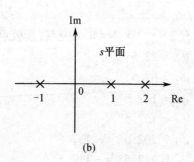

(b)

图 P7.3

7.4　试证明拉氏变换式 $X(s)$ 存在的充分条件是

$$\int_{-\infty}^{\infty} |x(t)| e^{-\sigma_0 t} dt < \infty$$

7.5　求下列函数 $x(t)$ 的拉氏变换 $X(s)$ 及其收敛域。

(a) $u(t) - u(t - 1)$;

(b) $\sin\omega_0(t - \tau)u(t - \tau)$;

(c) $-e^{-3t}u(-t)$;

(d) $e^{-3t}u(-t) + e^{-4t}u(t)$;

（e）$te^{-at}u(t)$，$a > 0$；　　　　　　　　　（f）$\sin \omega_0(t - \tau)u(t)$；

（g）$\delta(at + b)$，a，b 为实数；　　　　（h）$[e^{-5t}\mathrm{ch}3t]u(t)$。

7.6　由下列各 $X(s)$ 及其收敛域确定反变换 $x(t)$。

（a）$\dfrac{1}{s + 1}$，$\mathrm{Re}\{s\} > -1$；　　　　　（b）$\dfrac{1}{s + 1}$，$\mathrm{Re}\{s\} < -1$；

（c）$\dfrac{s}{s^2 + 16}$，$\mathrm{Re}\{s\} > 0$；　　　　（d）$\dfrac{(s + 1)e^{-s}}{(s + 1)^2 + 4}$，$\mathrm{Re}\{s\} > -1$；

（e）$\dfrac{s + 1}{s^2 + 5s + 6}$，$\mathrm{Re}\{s\} < -3$；　（f）$\dfrac{s^2 - s + 1}{s^2(s - 1)}$，$0 < \mathrm{Re}\{s\} < 1$；

（g）$\dfrac{s + 1}{s^2 + 5s + 6}$，$\mathrm{Re}\{s\} > -2$；　（h）$\dfrac{s + 1}{s(s + 1)(s + 2)}$，$-1 < \mathrm{Re}\{s\} < 0$。

7.7　画出以下各指数函数 $x(t)$ 的曲线，并求出相应的拉氏变换 $X(s)$。

（a）$e^{-2t}u(t)$；　　　　　　　　　　（b）$e^{-2(t-1)}u(t - 1)$；

（c）$e^{-2(t-1)}u(t)$；　　　　　　　　（d）$e^{-2t}u(t - 1)$。

7.8　求下列时间函数的拉氏变换及收敛域。

（a）$[t\sin\omega t]u(t)$；　　　　　　　（b）$[t^2 e^{-2t}]u(t)$；

（c）$\left[e^{-\frac{1}{5}t}\sin\left(\dfrac{\omega}{5}t\right)\right]u(t)$；　　（d）$[e^{-5t}\cos(5\omega t)]u(t)$。

7.9　求图 P7.9 所示 $x(t)$ 的拉氏变换 $X(s)$ 及其收敛域。

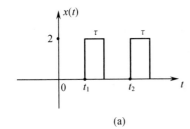　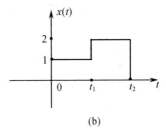

（a）　　　　　　　　　　　　　　　（b）

图 P7.9

7.10　已知因果系统的系统函数 $H(s)$ 及输入信号 $x(t)$，求系统的零状态响应 $Y_x(t)$。

（a）$H(s) = \dfrac{2s + 3}{s^2 + 2s + 5}$，　　　$x(t) = u(t)$；

（b）$H(s) = \dfrac{s + 4}{s(s^2 + 3s + 2)}$，　　$x(t) = e^{-t}u(t)$。

7.11　已知因果系统的系统函数 $H(s) = \dfrac{s + 1}{s^2 + 5s + 6}$，求系统对于以下输入 $x(t)$ 的零状态响应。

（a）$x(t) = e^{-3t}u(t)$；

（b）$x(t) = te^{-t}u(t)$。

7.12　已知某因果系统的微分方程模型及输入 $x(t)$，求零状态响应的初值 $y_x(0)$ 和终值 $y_x(\infty)$。

(a) $\dfrac{d^2}{dt^2}y(t) + 2\dfrac{d}{dt}y(t) + 5y(t) = 2\dfrac{d}{dt}x(t) + 3x(t)$,

$x(t) = u(t)$;

(b) $\dfrac{d^3}{dt^3}y(t) + 3\dfrac{d^2}{dt^2}y(t) + 2\dfrac{d}{dt}y(t) = \dfrac{d}{dt}x(t) + 4x(t)$,

$x(t) = e^{-t}u(t)$。

7.13 某因果的 LTI 系统的微分方程及初始条件为已知,试用拉氏变换法求零输入响应。

(a) $\dfrac{d^2}{dt^2}y(t) + 4y(t) = \dfrac{d}{dt}x(t)$,$y(0) = 0$,$y'(0) = 1$;

(b) $\dfrac{d^2}{dt^2}y(t) + 2\dfrac{d}{dt}y(t) + y(t) = \dfrac{dx(t)}{dt} + x(t)$,$y(0) = 1$,$y'(0) = 0$;

(c) $\dfrac{d^3}{dt^3}y(t) + 3\dfrac{d^2}{dt^2}y(t) + 2\dfrac{d}{dt}y(t) = \dfrac{dx(t)}{dt} + 4x(t)$,$y(0) = y'(0) = y''(0) = 1$。

7.14 已知某因果的 LTI 系统的输入 $x(t) = e^{-t}u(t)$,单位冲激响应 $h(t) = e^{-2t}u(t)$。

(a) 求 $x(t)$ 和 $h(t)$ 的拉氏变换;

(b) 求系统输出的拉氏变换 $Y(s)$;

(c) 求输出 $y(t)$;

(d) 用卷积积分法求 $y(t)$。

7.15 某因果 LTI 系统的阶跃响应为

$$y(t) = (1 - e^{-t} - te^{-t})u(t)$$

其输出为 $y(t) = (2 - 3e^{-t} + e^{-3t})u(t)$,试确定其输入 $x(t)$。

7.16 已知某稳定的 LTI 系统的 $t > 0$,$x(t) = 0$,其拉氏变换 $X(s) = \dfrac{s+2}{s-2}$,系统的输出

$y(t) = \left[-\dfrac{2}{3}e^{2t} \right] u(-t) + \dfrac{1}{3}e^{-t}u(t)$。

(a) 确定 $H(s)$ 及其收敛域;

(b) 确定冲激响应 $h(t)$;

(c) 如若该系统输入 — 时间函数 $x(t) = e^{3t}$,$-\infty < t < \infty$,求响应 $y(t)$。

7.17 用 $x(t)$ 的单边拉普拉斯变换 $X(s)$ 表示下列函数的单边拉氏变换。

(a) $tx(t)$;   (b) $x(t) \cdot \sin t$;   (c) $x(5t - 3)$;   (d) $t\dfrac{d^2x(t)}{dt^2}$。

7.18 已知某因果的 LTI 系统的微分方程为

$$\dfrac{d^2}{dt^2}y(t) + 3\dfrac{d}{dt}y(t) + 2y(t) = x(t),\ y(0) = 3,\ \dfrac{d}{dt}y(t)\bigg|_{t=0} = -5$$

求当 $x(t) = 2u(t)$ 时系统的零输入响应 $y_0(t)$ 和零状态响应 $y_x(t)$ 及全响应 $y(t)$。

7.19 已知 RLC 电路如图 P7.19 所示。

(a) 确定联系输入 $v_i(t)$ 与输出 $v_o(t)$ 的微分方程,并利用单边拉氏变换求电路对于输入 $v_i(t) = e^{-3t}u(t)$ 的全响应 $v_o(t)$。

(b) 用 s 域电路模型, 求在上述条件下的全响应 $v_o(t)$。

7.20　图 P7.20 是音频放大器的等效电路, 开关在 $t = 0$ 时刻断开。电容器 C 不带起始电压。若 $i(t) = 20\sin 10^4 t$ mA 及 $i(t)$ 是振幅为 20 mA、宽度为 1 ms 的矩形电流脉冲, 试分别决定其输出电压 $v_o(t)$。

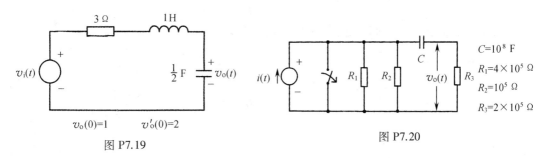

图 P7.19　　　　　　　　　　　图 P7.20

7.21　设 $X(s) = 1/[(s+1)(s-2)(s-3)]$, 试找出该 $X(s)$ 的反变换式可能的几种情况, 并说明各种情况下的收敛域。

7.22　分别求出下列各系统函数的单位冲激响应 $h(t)$, 并概略画出各零极点图及 $h(t)$ 的波形。

(a) $H(s) = \dfrac{s + 1}{(s+1)^2 + 2^2}$;　　　　　(b) $H(s) = \dfrac{s}{(s+1)^2 + 2^2}$;

(c) $H(s) = \dfrac{(s+1)^2}{(s+1)^2 + 2^2}$;　　　　(d) $H(s) = \dfrac{1 - e^{-s\tau}}{s}$。

7.23　已知电路如图 P7.23 所示。

(a) 写出系统函数 $H(s) = V_2(s)/V_1(s)$, 并在 s 平面上画出 $H(s)$ 的零极点分布, 它有何特征?

(b) 若激励 $v_1(t) = 10\sin t\, u(t)$, 求响应 $v_2(t)$, 并指出自然响应、受迫响应、暂态响应、稳定响应分量。

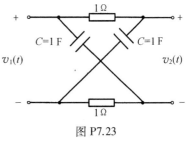

图 P7.23

7.24　若

$$H(s) = \dfrac{(s-1)^2 + 1}{(s+1)[(s+2)^2 + 1]}$$

试求一极点在左半 s 平面的三阶系统 $H_1(s)$ 和 $H_2(s)$, 使它们分别满足

(a) 和 $H(\omega)$ 幅频特性相同, 但相频特性不同;

(b) 和 $H(\omega)$ 相频特性相同, 但幅频特性不同。

7.25　判断下列系统函数 $H(s)$ 表示的系统的稳定性。

(a) $H(s) = \dfrac{s^2 + 2s + 1}{s^3 + 4s^2 - 3s + 2}$;　　　　(b) $H(s) = \dfrac{s^3 + s^2 + s + 2}{2s^3 + 7s + 9}$;

(c) $H(s) = \dfrac{s^2 + 4s + 2}{3s^3 + s^2 + 2s + 8}$;　　　(d) $H(s) = \dfrac{s^3 + 2s + 1}{2s^4 + s^3 + 12s^2 + 8s + 2}$。

7.26　应用 R-H 准则检验求下列每个多项式在右半平面根的个数。

(a) $s^5 + s^4 + 3s^3 + s + 2 = 0$;　　　(b) $10s^4 + 2s^3 + s^2 + 5s + 3 = 0$;

(c) $s^4 + 10s^3 - 8s^2 + 2s + 3 = 0$;　　(d) $s^5 + 2s^4 + 24s^3 + 48s^2 - 25s - 50 = 0$。

7.27　若系统是稳定的,求以下 $H(s)$ 中 K 值的范围。

$$H(s) = \frac{s^2 + 2s + 1}{s^4 + s^3 + 2s^2 + s + K}$$

7.28　用直接形式(级联或并联)模拟以下系统。

(a) $H(s) = \dfrac{2s + 3}{s(s + 1)^2(s + 3)}$;　　(b) $H(s) = \dfrac{2s^2 + 14s + 24}{s^2 + 3s + 2}$;

(c) $H(s) = \dfrac{2s^2 + 14s + 24}{s^2 + 3s + 2}$;　　(d) $H(s) = \dfrac{5(s + 1)}{5 + (s + 1)(s + 2)(s + 3)}$。

第8章　Z变换　离散时间系统的Z域分析

8.1　引　言

与第7章拉氏变换相对应,Z变换主要讨论离散时间序列的变换,它是分析与表征 LIT 离散时间系统的一个十分有用的数学工具。

Z变换的引入及其所具有的性质等都与拉氏变换有相似之处,然而在这两种变换之间也存在一些重要的差异。因此,在学习时要认真理解它们的异同,只有这样才能深入地理解及掌握好有关Z变换的基本原理与分析方法。

本章将陆续讨论Z变换的定义式、收敛域、性质及其与拉氏变换的关系等,并以此为基础研究离散时间系统的Z域分析、系统频率响应及Z变换在离散时间滤波方面的应用等。

8.2　Z变换及其收敛域

1. Z变换的定义

可以直接对离散信号给出Z变换的定义。序列 $x[n]$ 的Z变换 $X(z)$ 定义为

$$X(z) = \sum_{n=-\infty}^{\infty} x[n]z^{-n} \tag{8-1}$$

式中,z 是一个复变量。$x[n]$ 的Z变换有时记作 $\mathscr{Z}\{x[n]\}$,则

$$\mathscr{Z}\{x[n]\} = X(z) \tag{8-2}$$

式(8-1)定义的Z变换称为双边Z变换,而单边Z变换定义为

$$X(z) = \sum_{n=0}^{\infty} x[n]z^{-n} \tag{8-3}$$

显然,对于因果信号 $x[n]$,由于 $n<0$ 时,$x[n]=0$,单边和双边Z变换相等,否则不相等。这两者的许多基本性质并不完全相同。

那么Z变换与第5章介绍的离散时间傅里叶变换有何关系呢? 把复变量 z 写成极坐标的形式:

$$z = re^{j\Omega} \tag{8-4}$$

式中,r 表示 z 的模,Ω 表示 z 的相位,把式(8-4)代入式(8-1),则有

$$X(re^{j\Omega}) = \sum_{n=-\infty}^{\infty} x[n](re^{j\Omega})^{-n}$$

$$= \sum_{n=-\infty}^{\infty} \{x[n]r^{-n}\} e^{-j\Omega n} \tag{8-5}$$

从式(8-5)可以看出 $x[n]$ 的Z变换就是序列 $x[n]$ 乘以实指数序列后的离散时间傅里叶变换,即

$$X(re^{j\Omega}) = \mathscr{F}\{x[n]r^{-n}\} \qquad (8-6)$$

以前也谈到 $x[n]r^{-n}$ 必须满足绝对可和的条件,式(8-6)才能够成立。指数加权因子 r^{-n} 可以随 n 衰减或递增,这取决于 r 大于 1 或小于 1。当 $z=e^{j\Omega}$、$|z|=1$ 时,序列的 Z 变换即等于其离散时间傅里叶变换,即

$$X(z) = \Big|_{z=e^{j\Omega}} = \mathscr{F}\{x[n]\} = X(e^{j\Omega}) \qquad (8-7)$$

因此,离散时间傅里叶变换仅是 Z 变换的一个特例,是在复数 Z 平面中,半径为 1 的圆上的 Z 变换。这个圆称为单位圆。当 Z 变量从单位圆上推广到整个 Z 平面时,则离散序列 $x[n]$ 的变换从离散时间傅里叶变换扩展到 Z 变换。这是 Z 变换引入的第一种途径,即 $x[n]$ 乘以 r^{-n} 之后的离散时间傅里叶变换就形成了 Z 变换。

Z 变换引入的第二个途径,即 Z 变换是离散时间序列的拉氏变换。这里引入 z 与 s 之间的关系式 $z=e^{sT}$,其中 T 为连续信号经采样变成离散序列时的采样周期,此部分推导在本章的 8.9 节有详细叙述。这里仅引用式$(8-83)X_d(z)\Big|_{z=e^{sT}}=X_p(s)$ 说明两种变换的关系。

以上介绍了 Z 变换的定义式及与离散时间傅里叶变换及拉氏变换的关系。但 Z 变换也并不是对于所有的序列或所有 z 值都是收敛的。对于序列 $x[n]$,使 Z 变换收敛的 z 值之集合称为收敛域(ROC),下面讨论 Z 变换的收敛域。

2. Z 变换的收敛域

前面提到离散时间傅里叶变换收敛的条件是序列的绝对可和,将这个条件用于式(8-5),则 Z 变换收敛的要求是

$$\sum_{n=-\infty}^{\infty} |x[n]r^{-n}| < \infty \qquad (8-8)$$

由式(8-8)可知,由于序列 $x[n]$ 乘上了 r^{-n},因此即使序列 $x[n]$ 的傅里叶变换不满足收敛条件,但其 Z 变换仍可能收敛。例如,单位阶跃序列 $u[n]$ 不满足绝对可和,因而其傅里叶变换不能直接由级数收敛求得。然而当 $|r|>1$ 时,$r^{-n}u[n]$ 满足绝对可和,因而 $u[n]$ 的 Z 变换收敛,其收敛域为 $1<|z|<\infty$。下面通过几个例子来说明 Z 变换的收敛域。

例 8-1 求指数序列 $x[n]=a^n u[n]$ 的 Z 变换,并讨论其 ROC。

解:按式(8-1),有

$$X(z) = \sum_{n=-\infty}^{\infty} x[n]z^{-n} = \sum_{n=0}^{\infty} x[n]z^{-n}$$

$$= \sum_{n=0}^{\infty} a^n z^{-n} = \sum_{n=0}^{\infty} (az^{-1})^n$$

若 $X(z)$ 收敛,则要求 $\sum_{n=0}^{\infty} |az^{-1}|^n < \infty$,因此 $|az^{-1}|<1$ 或 $|z|>|a|$,于是

$$X(z) = \sum_{n=0}^{\infty} (az^{-1})^n = \frac{1}{1-az^{-1}} = \frac{z}{z-a}, \qquad |z| > |a| \qquad (8-9)$$

此变换对于任何有限的 a 值均收敛。若 $a=1$,则 $x[n]$ 即为单位阶跃序列,其 Z 变换为

$$X(z) = \frac{1}{1-z^{-1}} = \frac{z}{z-1}, \qquad |z| > 1$$

式(8-9)的 $X(z)$ 是一个有理函数,可以用它的零点和极点来表示。其中 $z=0$ 是一个零

点，$z=a$ 是一个极点。其收敛域是 Z 平面内以原点为中心，a 为半径的圆的全部圆外区域，如图 8-1 所示，图中的零点以○表示，极点用×表示，收敛域用斜线表示。

例 8-2　求 $x[n]=-a^n u[-n-1]$ 的 Z 变换。$x[n]$ 是一个 n 从 -1 到 $-\infty$ 的左边序列。

解：根据式（8 - 1）可得

$$X(z) = \sum_{n=-\infty}^{\infty} -a^n u[-n-1] z^{-n} = -\sum_{n=-\infty}^{-1} a^n z^{-n}$$

$$= -\sum_{n=1}^{\infty} a^{-n} z^n = 1 - \sum_{n=0}^{\infty} (a^{-1}z)^n \qquad (8-10)$$

当满足 $|a^{-1}z|<1$ 即 $|z|<|a|$ 时，式（8 - 10）的和收敛，于是有

$$X(z) = 1 - \frac{1}{1-a^{-1}z} = \frac{1}{1-az^{-1}} = \frac{z}{z-a}, \quad |z| < |a| \qquad (8-11)$$

式（8-11）所示 $X(z)$ 的零极点图及其收敛域如图 8-2 所示。

将式（8-9）和式（8-11）及图 8-1 和图 8-2 比较可知，两者的 $X(z)$ 的表示式及零极点图皆相同，不同的只是 Z 变换的收敛域。在例 8-1 的右边序列中，其收敛域在以 a 为半径的圆外，而例 8-2 的左边序列，其收敛域在以 a 为半径的圆内。说明对于同样的 Z 域表示式，收敛域不一样，对应的序列将是不一样的，为此必须说明收敛域才能唯一地确定序列函数。下面讨论 Z 变换收敛域的一般性质。

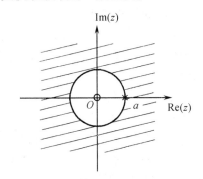

图 8-1　例 8-1 的零极点图及其收敛域

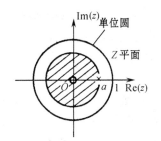

图 8-2　例 8-2 的零极点图及收敛域

性质 1：$X(z)$ 的收敛域是在 Z 平面内以原点为中心的圆环，即 $X(z)$ 的收敛域一般为 $R_1<|z|<R_2$，如图 8-3 所示。

在一般情况下，R_1 可以小到零，R_2 可以大到无穷大。例如，序列 $x[n]=a^n u[n]$ 的 Z 变换收敛域 $R_1=a$，$R_2=\infty$，且包括 ∞，即 $a<|z|\leqslant\infty$。而 $x[n]=-a^n u[-n-1]$ 的 Z 变换收敛域 $R_1=0$ 且包括 0，$R_2=a$，即 $0\leqslant|z|<a$。

性质 2：Z 变换的收敛域内不包含任何极点。这是由于 $X(z)$ 在极点处，其值无穷大，Z 变换不存在，故收敛域不包括极点，而常常以 $X(z)$ 的极点作为收敛域的边界。下面举例说明。

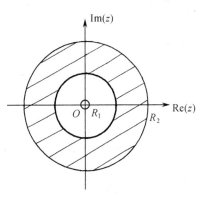

图 8-3　Z 变换的收敛域

例 8-3 若 $X(z)$ 表示为 $X(z)=\dfrac{1}{z^4-5z^2+4}$,试求出 $X(z)$ 可能的收敛域。

解:
$$X(z)=\frac{1}{(z^2-1)(z^2-4)}=\frac{1}{(z+1)(z-1)(z-2)(z+2)}$$

$X(z)$ 的极点为 $z_1=-1,z_2=1,z_3=2,z_4=-2$,因此 $X(z)$ 的可能的收敛域为,ROC1:$|z|<1$;ROC2:$1<|z|<2$;ROC3:$|z|>2$,如图 8-4 所示。

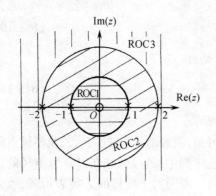

图 8-4 例 8-3 的收敛域

因为以上三个区域内都不会出现极点,而 $0<|z|<2$ 的范围就不可能成为收敛域,因为该区域中包含了极点 $z=1$。

性质 3:若 $x[n]$ 是有限持续序列,则收敛域为整个 Z 平面,$z=0$ 和 $z=\infty$ 可能不包含在内,因为对于有限持续期序列,其 Z 变换 $X(z)$ 为一有限项级数之和,即

$$X(z)=\sum_{n=N_1}^{N_2} x[n]z^{-n} \qquad (8-12)$$

对于 z 不为零或无限大,和式中每一项均为有限值,则 $X(z)$ 一定收敛。至于在什么情况下收敛域不包括 $z=0,\infty$,这要看 N_1 和 N_2 为正还是为负,具体分析结合后面的例 8-4 来进行。

性质 4:若 $x[n]$ 为一右边序列,且 $|z|=r_0$ 的圆位于收敛域内,则 $|z|>r_0$ 的全部有限 z 值均在收敛域内,例 8-1 就属于这种情况。由于该例中 $x[n]$ 是一因果序列,$X(z)$ 求和式的下限为非负,故其收敛域可以扩展至无限远。对于那些求和下限为负值的右边序列,和式将包括 z 的正幂次项,这些项将随 $|z|\to\infty$ 而变成无界。这种右边序列的收敛域将不包括无限远点。

性质 5:若 $x[n]$ 为一左边序列,且 $|z|=r_0$ 的圆位于收敛域内,则满足 $0<|z|<r_0$ 的全部 z 值也一定位于收敛域内,例 8-2 中的左边序列的 n 从 $n=-1$ 至 $-\infty$,称为反因果序列,其求和上限为负值,故收敛域包括 $z=0$。对于求和上限为正值的左边序列,$X(z)$ 的求和式中将包括 z 的负幂次项,它们随 $|z|\to 0$ 而变成无界。因此这种左边序列的 Z 变换,其收敛域不包括 $z=0$。

性质 6:若 $x[n]$ 为一双边序列,且 $|z|=r_0$ 的圆位于收敛域内,则该收敛域一定由包括 $|z|=r_0$ 的圆环所组成。对于一个双边序列,一般可把它表示成一个右边序列和一个左边序列。整个序列的收敛域就是两个单边序列收敛域的相交。

例 8-4 设有一序列,其持续期有限,即

$$x[n]=\begin{cases} a^n, & 0\le n\le N-1, \quad a>0 \\ 0, & \text{其余 } n \text{ 值} \end{cases}$$

试确定该序列的收敛域。

解: $x[n]$ 的 Z 变换为

$$X(z)=\sum_{n=0}^{N-1} a^n z^{-n}=\sum_{n=0}^{N-1}(az^{-1})^n=\frac{1-(az^{-1})^N}{1-az^{-1}}=\frac{1}{z^{N-1}}\frac{z^N-a^N}{z-a}$$

根据性质 3,有限持续期序列的 Z 变换,其收敛域包括整个 Z 平面,原点和(或)无限远点可能除外。由于本例中 n 为非负,收敛域将包括无限远处;然而收敛域不包括原点,因为对于非零值的 $x[n]$,如果 $z=0$,将使 $X(z)$ 变成无限大。

8.3　Z 变换的性质

与前面讨论过的其他变换一样,Z 变换也存在许多反映序列在时域和 Z 域之间运算关系的性质,利用这些性质可以灵活地进行序列的正、反 Z 变换,同时进行序列经过系统的分析。

1. 线性性质

若 $x_1[n] \leftrightarrow X_1(z)$,ROC $= R_1$;$x_2[n] \leftrightarrow X_2(z)$,ROC $= R_2$,则

$$a_1 x_1[n] + a_2 x_2[n] \leftrightarrow a_1 X_1(z) + a_2 X_2(z),\text{ROC} = R_1 \cap R_2 \qquad (8-13)$$

式(8-13)中 ROC $= R_1 \cap R_2$ 表示线性组合序列,收敛域是 R_1 和 R_2 的相交部分。

对于具有有理 Z 变换的序列,若 $a_1 X_1(z) + a_2 X_2(z)$ 的极点是由 $X_1(z)$ 和 $X_2(z)$ 的极点所构成的,即没有零极点相消,线性组合的收敛域一定是两个收敛域的重叠部分。如果出现零极点相消现象,则收敛域可能要比重叠部分大。

2. 时移性质

若 $x[n] \leftrightarrow X(z)$,ROC $= R_z$,则

$$x[n-n_0] \leftrightarrow z^{-n_0} X(z),\text{ROC} = R_z(\text{原点或无限远点可能添加或删除}) \qquad (8-14)$$

证明:根据双边 Z 变换的定义式(8-1),有

$$\mathscr{Z}\{x[n-n_0]\} = \sum_{n=-\infty}^{\infty} x[n-n_0] z^{-n} = z^{-n_0} \sum_{k=-\infty}^{\infty} x[k] z^{-k} = z^{-n_0} X(z)$$

这里 n_0 为可正可负的整数,如果 $n_0 > 0$,$X(z)$ 乘以 z^{-n_0} 将在 $z = 0$ 引入极点,并将无限远的极点消去。这样,若 R_z 本来包括原点,则 $x[n-n_0]$ 的收敛域就可能不包括原点。同样,如果 $n_0 < 0$,则在 $z = 0$ 引入零点,而在无限远引入极点,使本不包括 $z = 0$ 的 R_z 有可能在 $x[n-n_0]$ 的收敛域内添加上原点。

3. Z 域的尺度变换和频移定理

若 $x[n] \leftrightarrow X(z)$,ROC $= R_z$,则

$$z_0^n x[n] \leftrightarrow X\left(\frac{z}{z_0}\right),\text{ROC} = |z_0| R_z \qquad (8-15)$$

证明:$\mathscr{Z}\{z_0^n x[n]\} = \sum_{n=-\infty}^{\infty} z_0^n x[n] z^{-n} = \sum_{n=-\infty}^{\infty} x[n] \left[\frac{z}{z_0}\right]^{-n} = X\left(\frac{z}{z_0}\right)$

可见,序列 $x[n]$ 乘以指数序列等效于 Z 平面尺度变换。这里 z_0 一般为复常数,如果限定 $z_0 = \mathrm{e}^{\mathrm{j}\Omega_0}$,那么就得到频移定理:

$$\mathrm{e}^{\mathrm{j}\Omega_0 n} x[n] \leftrightarrow X(\mathrm{e}^{-\mathrm{j}\Omega_0} z),\text{ROC} = R_z \qquad (8-16)$$

我们可以把上式左边看作 $x[n]$ 被一个复指数序列所调制,而右边是 Z 平面的旋转,即全部零极点的位置绕 Z 平面原点旋转一个角度 Ω_0。图 8-5 画出了由复指数序列 $\mathrm{e}^{\mathrm{j}\Omega_0 n}$ 进行时域调制后在零极点图上的影响。式(8-15)所表示的频移定理与第 5 章讨论的离散

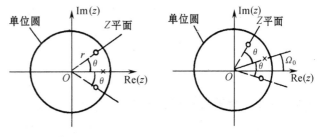

图 8-5　由 $\mathrm{e}^{\mathrm{j}\Omega_0 n}$ 进行时域调制引起零点图的变化

时间傅里叶变换的频移性质相对应。在那里，时域中乘以一个复指数序列则相当于傅里叶变换中的频移。

4. 时间反转

若 $x[n] \leftrightarrow X(z)$，$ROC = R_z$，则

$$x[-n] \leftrightarrow X\left(\frac{1}{z}\right), ROC = \frac{1}{R_z} \tag{8-17}$$

证明：$\mathscr{Z}\{x(-n)\} = \sum_{n=-\infty}^{\infty} x[-n]z^{-n} = \sum_{k=-\infty}^{\infty} x[k]\left(\frac{1}{z}\right)^{-k} = X\left(\frac{1}{z}\right)$

$x[-n]$ 的收敛域是 R_z 的倒置，也就是说，如果 z_0 是 $x[n]$ 的收敛域中的一点，那么 $1/z_0$ 就会落在 $x[-n]$ 的收敛域中。

5. 卷积定理

若 $x_1[n] \leftrightarrow X_1(z)$，$ROC = R_1$；$x_2[n] \leftrightarrow X_2(z)$，$ROC = R_2$，则

$$x_1[n] * x_2[n] \leftrightarrow X_1(z)X_2(z), \quad ROC = R_1 \cap R_2 \tag{8-18}$$

$X_1(z)X_2(z)$ 的收敛域为 R_1 和 R_2 的相交部分，如果在乘积中零极点相消，$X_1(z)X_2(z)$ 的收敛域还可能进一步扩大。下面证明此定理。

$$\mathscr{Z}\{x_1[n] * x_2[n]\} = \sum_{n=-\infty}^{\infty} \{x_1[n] * x_2[n]\}z^{-n}$$

$$= \sum_{n=-\infty}^{\infty} \sum_{k=-\infty}^{\infty} x_1[k]x_2[n-k]z^{-n}$$

$$= \sum_{k=-\infty}^{\infty} x_1[k] \sum_{n=-\infty}^{\infty} x_2[n-k]z^{-(n-k)}z^{-k}$$

$$= \sum_{k=-\infty}^{\infty} x_1[k]z^{-k}X_2(z) = X_1(z)X_2(z)$$

当一个离散时间 LTI 系统的单位抽样响应为 $h[n]$，它对输入序列 $x[n]$ 的响应 $y[n]$ 可由第 3 章的卷积和计算得出。然而，借助这里导出的卷积定理，则可以避免卷积运算，这与傅里叶变换、拉氏变换中卷积性质的应用相类似。

6. Z 域微分

若 $x[n] \leftrightarrow X(z)$，$ROC = R_z$，则

$$nx[n] \leftrightarrow -z\frac{dX(z)}{dz}, \quad ROC = R_z \tag{8-19}$$

证明：将式（8-1）的 Z 变换定义式两边对 z 求导数得

$$\frac{dX(z)}{dz} = \sum_{n=-\infty}^{\infty} x[n]\frac{d}{dz}(z^{-n}) = -z^{-1}\sum_{n=-\infty}^{\infty} nx[n]z^{-n} = -z^{-1}\mathscr{Z}\{nx[n]\}$$

或

$$\mathscr{Z}\{nx[n]\} = -z\frac{dX(z)}{dz}$$

如果把 $nx[n]$ 再乘以 n，可以证明

$$\mathscr{Z}\{n^2x[n]\} = z^2\frac{d^2X(z)}{dz^2} + z\frac{dX(z)}{dz} \tag{8-20}$$

这个过程还可以继续下去,请同学们自己证明。

例 8-5 若已知 $\mathscr{Z}\{u[n]\} = \dfrac{z}{z-1}$,求斜变序列 $nu[n]$ 的 Z 变换。

解:由式(8-19)可得

$$
\begin{aligned}
\mathscr{Z}\{nu[n]\} &= -z\,\frac{\mathrm{d}}{\mathrm{d}z}\mathscr{Z}\{u[n]\} \\
&= -z\,\frac{\mathrm{d}}{\mathrm{d}z}\,\frac{z}{(z-1)} = \frac{z}{(z-1)^2}
\end{aligned}
\tag{8-21}
$$

例 8-6 若已知某序列的 Z 变换为

$$
X(z) = \frac{az^{-1}}{(1-az^{-1})^2}, \quad |z| > |a|
$$

应用微分性质可求出 $X(z)$ 的反变换。

解:由例 8-1 得

$$
\mathscr{Z}\{a^n u[n]\} = \frac{1}{1-az^{-1}}, \quad |z| > |a|
$$

所以有

$$
na^n u[n] \leftrightarrow -z\,\frac{\mathrm{d}}{\mathrm{d}z}\left(\frac{1}{1-az^{-1}}\right) = \frac{az^{-1}}{(1-az^{-1})^2} \quad |z| > |a|
\tag{8-22}
$$

7. 初值定理和终值定理

初值定理:若 $n<0,x[n]=0$,则序列的初值为

$$
x[0] = \lim_{z\to\infty} X(z)
\tag{8-23}
$$

证明:该因果序列的 Z 变换为

$$
X(z) = \sum_{n=0}^{\infty} x[n]z^{-n} = \sum_{n=1}^{\infty} x[n]z^{-n} + x[0]
$$

对于 $n>0,z^{-n}$ 随着 $z\to\infty$ 而趋近于零;对于 $n=0,z^{-n}=1$,于是得到式(8-23)。

当一个因果序列的初值 $x[0]$ 为有限值,则 $\lim\limits_{z\to\infty} X(z)$ 就是有限值。结果,当把 $X(z)$ 表示成两个多项式之比时,分子多项式的阶次不能大于分母多项式的阶次。

终值定理:若 $n<0,x[n]=0$,则序列的终值为

$$
\lim_{n\to\infty} x[n] = \lim_{z\to1}\{(z-1)X(z)\}
\tag{8-24}
$$

证明:这里要借用单边 Z 变换的时移性质,关于它的证明将在后面给出。设因果序列 $x[n]$ 的单边 Z 变换为 $X(z)$,那么 $x[n+1]$ 的单边 Z 变换为

$$
\mathscr{Z}\{x[n+1]\} = \sum_{n=0}^{\infty} x[n+1]z^{-n} = z X(z) - zx[0]
\tag{8-25}
$$

于是

$$
\mathscr{Z}\{x[n+1] - x[n]\} = (z-1)X(z) - zx[0]
$$

取极限得

$$
\lim_{z\to1}\{(z-1)X(z)\} = x[0] + \lim_{z\to1}\sum_{n=0}^{\infty}\{x[n+1] - x[n]\}z^{-n}
$$

$$= x[0] + \{x[1] - x[0]\} + \{x[2] - x[1]\} + \cdots = x[\infty]$$

所以

$$\lim_{z \to 1} \{(z-1)X(z)\} = x[\infty]$$

从上述证明过程中可见，终值定理只有当 $n \to \infty$ 时 $x[n]$ 收敛才可应用，也就是说，要求 $X(z)$ 的收敛域应包括单位圆。

8. 单边 Z 变换的性质

单边 Z 变换的大多数性质和双边 Z 变换相同，只有少数例外，其中最重要的就是时移性质。单边 Z 变换的时移性质，对于序列右移(延时)和左移(超前)是不相同的。

(1) **延时定理**：若 $x[n]u[n] \leftrightarrow X(z)$，对于 $m>0$，则

$$\mathscr{Z}\{x[n-m]u[n]\} = z^{-m}X(z) + z^{-m}\sum_{k=-m}^{-1} x[k]z^{-k} \qquad (8-26)$$

证明：

$$\mathscr{Z}\{x[n-m]u[n]\} = \sum_{n=0}^{\infty} x[n-m]z^{-n}$$

$$= z^{-m}\sum_{k=-m}^{\infty} x[k]z^{-k}$$

$$= z^{-m}\sum_{k=0}^{\infty} x[k]z^{-k} + z^{-m}\sum_{k=-m}^{-1} x[k]z^{-k}$$

对于 $m=1,2$ 的情况，式(8-26)可以写成

$$\mathscr{Z}\{x[n-1]u[n]\} = z^{-1}X(z) + x[-1]$$

$$\mathscr{Z}\{x[n-2]u[n]\} = z^{-2}X(z) + z^{-1}x[-1] + x[-2] \qquad (8-27)$$

如果 $x[n]$ 本身为因果序列，即 $n<0$，$x[n]=0$，则从式(8-26)可见，式中右边第二项为零。因此右移序列的单边 Z 变换与双边 Z 变换相同。

(2) **超前定理**：若有 $x[n]u[n] \leftrightarrow X(z)$，对于 $m>0$，则有

$$\mathscr{Z}\{x[n+m]u[n]\} = z^m X(z) - z^m\sum_{k=0}^{m-1} x[k]z^{-k} \qquad (8-28)$$

该定理的证明与(1)类似，对于 $m=1,2$ 的情况，式(8-28)可以写成

$$\mathscr{Z}\{x[n+1]u[n]\} = zX(z) - zx[0]$$

$$\mathscr{Z}\{x[n+2]u[n]\} = z^2 X(z) - z^2 x[0] - zx[1] \qquad (8-29)$$

在序列左移的情况下，因果性不能消除式(8-28)中右边的第二项。

例 8-7 若 $x[n]$ 为周期等于 N 的周期序列，它满足

$$x[n] = x[n+N], n \geqslant 0 \qquad (8-30)$$

求 $x[n]$ 的 Z 变换。

解：为了求式(8-30)的 Z 变换，设第一个周期代表的序列为 $x_1[n]$，且其 Z 变换为

$$X_1(z) = \sum_{n=0}^{N-1} x[n]z^{-n}, |z| > 0$$

有始周期序列可表示为

$$x[n] = x_1[n] + x_1[n-N] + x_1[n-2N] + \cdots$$

根据延时定理可得

$$X(z) = X_1(z)\left[1 + z^{-N} + z^{-2N} + \cdots\right] = X_1(z)\left[\sum_{m=0}^{\infty} z^{-mN}\right]$$

如果 $|z^{-N}| < 1$，即 $|z| > 1$，则可求得方括号内几何级数的闭式。于是有始周期序列的 Z 变换是

$$X(z) = \frac{z^N}{z^N - 1} X_1(z) \tag{8 - 31}$$

现将本节中所讨论的 Z 变换的性质加以汇总得到表 8-1。

表 8-1　Z 变换的性质

序　号	序　　列	变　　换	收敛域
	$x[n]$	$X(z)$	R_z
	$x_1[n]$	$X_1(z)$	R_1
	$x_2[n]$	$X_2(z)$	R_2
1	$a_1 x_1[n] + a_2 x_2[n]$	$a_1 X_1(z) + a_2 X_2(z)$	至少为 R_1 和 R_2 的相交部分 R_z
2	$x[n - n_0]$	$z^{-n_0} X(z)$	（可能增添或去除原点或 ∞ 点）
3	$\mathrm{e}^{\mathrm{j}\Omega_0 n} x[n]$	$X(\mathrm{e}^{-\mathrm{j}\Omega_0} z)$	R_z
4	$z_0^n x[n]$	$X\left(\dfrac{z}{z_0}\right)$	$\lvert z_0 \rvert R_z$
5	$x[-n]$	$X\left(\dfrac{1}{z}\right)$	R_z 的倒置
6	$x_1[n] * x_2[n]$	$X_1(z) X_2(z)$	至少为 R_1 和 R_2 的相交部分
7	$n x[n]$	$-z\dfrac{\mathrm{d}X(z)}{\mathrm{d}z}$	R_z（可能增删原点）
8	$x[n - m] u[n]$，　$m > 0$	$z^{-m} X(z) + z^{-m} \displaystyle\sum_{k=-m}^{-1} x[k] z^{-k}$	R_z
9	$x[n + m] u[n]$，　$m > 0$	$z^m X(z) - z^m \displaystyle\sum_{k=0}^{m-1} x(k) z^{-k}$	R_z
10	$x[0] = \lim\limits_{z \to \infty} X(z)$		$x[n]$ 为因果序列
11	$x[\infty] = \lim\limits_{z \to 1}(z-1) X(z)$		$x[n]$ 为因果序列 $n \to \infty$ 时，$x[n]$ 收敛

8.4　常用序列 Z 变换表

如能记住某些简单的基本时间序列的 Z 变换式，对于分析离散时间 LTI 系统的许多问题，将会有很大的帮助。为了便于读者记忆或者在应用时查找，现把常用序列的 Z 变换对列于表 8-2 中。下一节要讨论的求 Z 反变换的方法之一，就是通过将已知的变换式 $X(z)$ 分解为

若干简单项的线性组合,再通过查表 8-2 得出各简单项所对应的序列,从而求得 $X(z)$ 的反变换。

表 8-2　常用 Z 变换对

序号	序列	变换	收敛域
1	$\delta[n]$	1	全部 z
2	$u[n]$	$\dfrac{1}{1-z^{-1}}=\dfrac{z}{z-1}$	$\mid z\mid>1$
3	$-u[-n-1]$	$\dfrac{1}{1-z^{-1}}=\dfrac{z}{z-1}$	$\mid z\mid<1$
4	$nu[n]$	$\dfrac{z^{-1}}{(1-z^{-1})^2}=\dfrac{z}{(z-1)^2}$	$\mid z\mid>1$
5	$a^n u[n]$	$\dfrac{1}{1-az^{-1}}=\dfrac{z}{z-a}$	$\mid z\mid>\mid a\mid$
6	$-a^n u[-n-1]$	$\dfrac{1}{1-az^{-1}}=\dfrac{z}{z-a}$	$\mid z\mid<\mid a\mid$
7	$na^n u[n]$	$\dfrac{az^{-1}}{(1-az^{-1})^2}=\dfrac{az}{(z-a)^2}$	$\mid z\mid>a$
8	$[\cos\Omega_0 n]u[n]$	$\dfrac{1-(\cos\Omega_0)z^{-1}}{1-(2\cos\Omega_0)z^{-1}+z^{-2}}$	$\mid z\mid>1$
9	$[\sin\Omega_0 n]u[n]$	$\dfrac{(\sin\Omega_0)z^{-1}}{1-(2\cos\Omega_0)z^{-1}+z^{-2}}$	$\mid z\mid>1$
10	$[r^n\cos\Omega_0 n]u[n]$	$\dfrac{1-(r\cos\Omega_0)z^{-1}}{1-(2r\cos\Omega_0)z^{-1}+r^2 z^{-2}}$	$\mid z\mid>r$
11	$[r^n\sin\Omega_0 n]u[n]$	$\dfrac{(r\sin\Omega_0)z^{-1}}{1-(2r\cos\Omega_0)z^{-1}+r^2 z^{-2}}$	$\mid z\mid>r$

8.5　Z 反变换

这一节讨论从已知 Z 变换式反求一个时间序列的方法。正如前面曾把 Z 变换表示为

$$X(z)=\mathscr{Z}\{x[n]\}$$

$X(z)$ 的反变换则记为

$$x[n]=\mathscr{Z}^{-1}\{X(z)\}$$

下面我们首先导出 Z 留数法数学表达式。

Z 变换的反变换共有以下三种方法。

1. 围线积分法(留数法)

在 8.2 节曾把 Z 变换看作是经实指数加权后的序列的离散时间傅里叶变换,这里把它重

新写成

$$X(re^{j\Omega}) = \mathscr{F}\{x[n]r^{-n}\} \qquad (8-32)$$

其中 $|z| = r$ 在收敛域内。对式(8-32)两边进行傅里叶反变换,得

$$x[n]r^{-n} = \mathscr{F}^{-1}\{X(re^{j\Omega})\} \qquad (8-33)$$

或者根据傅里叶反变换表达式,把式(8-33)写为

$$x[n] = r^n \frac{1}{2\pi}\int_{2\pi} X(re^{j\Omega})e^{j\Omega n}d\Omega$$

$$= \frac{1}{2\pi}\int_{2\pi} X(re^{j\Omega})(re^{j\Omega})^n d\Omega \qquad (8-34)$$

现在改变积分变量,令 $z = re^{j\Omega}$,并按式(8-34)本来的含义,r 固定不变,则 $dz = jre^{j\Omega}d\Omega = jzd\Omega$。因式(8-34)对 Ω 的积分是在 2π 间隔内进行的,以 z 作积分变量后,就相应于沿 $|z| = r$ 为半径的圆绕一周。于是式(8-34)可表示成 Z 平面内的围线积分

$$x[n] = \frac{1}{2\pi j}\oint_C X(z)z^{n-1}dz \qquad (8-35)$$

围线积分的闭合路径就是以 Z 平面原点为中心、以 r 为半径的围线 C,围线 C 半径 r 的选择应保证 $X(z)$ 收敛(即包含所有的极点)。

$X(z)$ 的反变换 $X(n)$ 就是用 $X(z)z^{n-1}$ 各极点的留数来计算:

$$x(n) = \frac{1}{2\pi j}\oint_C X(z)z^{n-1}dz$$

$$= \text{Res}[X(z)z^{n-1}]\Big|_{C内该极点}$$

其留数公式为

$$\text{Re}(z_1) = \{(z-z_1)X(z)z^{n-1}\}\Big|_{z=z_1} \qquad (8-36)$$

以上留数公式中 $X(z)z^{n-1}$ 的极点仅为孤立的极点,极点为高阶的情况下,其计算将复杂得多。

2. 部分公式法

留数法的优点是直接获得反变换的表示式,当留数法的极点为高阶时,其计算将很复杂,和拉氏变换一样,当 $X(z)$ 为有理函数时,我们将用部分公式法来求反变换,它的特点是先把 $X(z)$ 进行部分分式展开,然后逐项求其反变换,这样计算将更方便。和拉氏变换一样,对于一个有理 Z 变换而言,部分分式法是特别有用的。即首先把 $X(z)$ 进行部分分式展开,然后逐项求其反变换。下面举例说明。

例 8-8 设有一 $X(z)$ 为

$$X(z) = \frac{2z^2 - 0.5z}{z^2 - 1.5z + 0.5}, \quad |z| > 1$$

求它的反变换 $x[n]$。

解: 由于 $X(z) = \dfrac{2z^2 - 0.5z}{(z-1)(z-0.5)}$ 有两个极点,分别在 $z=1$ 和 $z=0.5$,且因为收敛域位于最外层极点的外边,显然反变换 $x[n]$ 应是一个右边序列。下面对 $X(z)/z$ 进行部分分式展开,得

$$\frac{X(z)}{z} = \frac{2z - 0.5}{(z-1)(z-0.5)} = \frac{3}{z-1} - \frac{1}{z-0.5}$$

$$X(z) = \frac{3z}{z-1} - \frac{z}{z-0.5}$$

这两个简单分式的反变换从例 8-1 或者从表 8-2 中都可以确定,于是本例中 $X(z)$ 的反变换是

$$x[n] = 3u[n] - (0.5)^n u[n] = (3 - 0.5^n) u[n]$$

例 8-9 $X(z)$ 同例 8-8,但收敛域变为 $0.5 < |z| < 1$,求此 $X(z)$ 的反变换 $x[n]$。

解:例 8-8 中的 $X(z)$ 的部分分式展开式仍然成立,但由于现在的收敛域位于极点 $z = 0.5$ 和 $z = 1$ 之间的圆环内,这样相对于每一简单分式的序列为

$$x_1[n] \leftrightarrow \frac{3z}{z-1}, \quad |z| < 1$$

$$x_2[n] \leftrightarrow \frac{z}{z-0.5}, \quad |z| > 0.5$$

于是 $x_2[n]$ 仍同例 8-8,而 $x_1[n]$ 变为一个左边序列,所以 $X(z)$ 的反变换相应地变成

$$x[n] = -3u[-n-1] - (0.5)^n u[n]$$

3. 幂级数展开法

幂级数展开法也是确定 Z 反变换的一个很有用的方法。这个方法源于 Z 变换的定义式 (8-1),根据这个定义,Z 变换就是 z 的正幂和负幂级数,级数各项的系数则为序列值 $x[n]$。下面通过一个简单例子来说明如何用幂级数展开来求取反变换。

例 8-10 已知

$$X(z) = \frac{1 + 2z^{-1}}{1 - 2z^{-1} + z^{-2}}$$

求收敛域分别为 $|z| > 1$ 和 $|z| < 1$ 两种情况下的反变换。

解:对于收敛域为 $|z| > 1$,$X(z)$ 对应序列为右边序列,这时 $X(z)$ 可用降幂长除法展成幂级数,即

$$
\begin{array}{r}
1 + 4z^{-1} + 7z^{-2} + \cdots \\
1 - 2z^{-1} + z^{-2} \overline{)\,1 + 2z^{-1}\phantom{+z^{-2}}} \\
\underline{1 - 2z^{-1} + z^{-2}} \\
4z^{-1} - z^{-2} \\
\underline{4z^{-1} - 8z^{-2} + 4z^{-3}} \\
7z^{-2} - 4z^{-3} \\
\underline{7z^{-2} - 14z^{-3} + 7z^{-4}} \\
10z^{-3} - 7z^{-4} \\
\vdots
\end{array}
$$

即

$$X(z) = 1 + 4z^{-1} + 7z^{-2} + \cdots = \sum_{n=0}^{\infty} (3n+1) z^{-n}$$

根据 Z 变换定义式 (8-1) 可知 $X(z)$ 的反变换为

$$x[n] = (3n+1) u[n]$$

当收敛域为 $|z| < 1$,$X(z)$ 对应的序列为左边序列。在这种情况下,把 $X(z)$ 用升幂长除法展成幂级数(长除过程请读者自己练习),即

$$X(z) = \frac{2z^{-1} + 1}{z^{-2} - 2z^{-1} + 1} = 2z + 5z^2 + \cdots = \sum_{n=1}^{\infty} (3n - 1)z^n$$

$$= -\sum_{n=-\infty}^{-1} (3n + 1)z^{-n}$$

于是得到

$$x[n] = -(3n + 1)u[-n - 1]$$

利用幂级数展开法求 Z 反变换尤其适用于非有理 Z 变换式,现举例说明。

例 8-11　求下列 Z 变换式的反变换:

$$X(z) = \ln(1 + az^{-1}), \quad |z| > |a|$$

解: 由于满足 $|az^{-1}| < 1$,简写为 $|w| < 1$,可用泰勒级数把 $\ln(1+w)$ 展开为

$$\ln(1 + w) = \sum_{n=1}^{\infty} \frac{(-1)^{n+1}w^n}{n}, \quad |w| < 1$$

亦即

$$X(z) = \sum_{n=1}^{\infty} \frac{(-1)^{n+1}a^n z^{-n}}{n}$$

由 Z 变换定义则可得到 $x[n]$ 为

$$x[n] = \begin{cases} (-1)^{n+1}a^n/n, & n \geq 1 \\ 0, & n \leq 0 \end{cases}$$

或写成

$$x[n] = \frac{-(-a)^n}{n}u[n - 1]$$

以上三种反变换法各有特点,一般常用部分分式法,但要要求 $X(z)$ 必须是有理函数。

求 Z 反变换,除采用上面介绍的三种方法外,对于一些简单的变换式可直接应用 Z 变换的性质加以解决。例如,例 8-11 中的变换式也可应用 Z 域微分性质求其反变换,可得到相同的结果,请读者自己练习。

8.6　Z 变换分析法

对于由线性常系数差分方程表征的离散 LTI 系统,和连续时间 LTI 系统一样,也有两种分析方法,即时域方法和变换域方法。在第 3 章已经介绍了时域分析方法,并在第 6 章介绍了傅里叶变换分析法,后者自然属于一种变换域方法。然而,和前两种方法相比,Z 变换在离散时间 LTI 系统的分析和表示中起着特别重要的作用,因为:① 它能把差分方程转换成代数方程,较之在时域直接求解差分方程要简便得多;② Z 变换是经指数加权后序列的傅里叶变换,如式(8-5),故比离散时间傅里叶变换有更广的适用范围。

下面通过一个例子来说明利用 Z 变换如何简化差分方程的求解。

例 8-12　有一差分方程

$$y[n] + 3y[n - 1] = x[n] \tag{8-37}$$

其输入 $x[n] = u[n]$,且初始条件 $y[-1] = 1$,求 $y[n]$。

解: 应用单边 Z 变换的时移性质式(8-27),可得

$$Y(z) + 3z^{-1}Y(z) + 3y[-1] = X(z) = \frac{1}{1-z^{-1}}$$

解出 $Y(z)$，则有

$$Y(z) = \frac{-3}{1+3z^{-1}} + \frac{1}{(1+3z^{-1})(1-z^{-1})} \qquad (8-38)$$

对式(8-38)进行部分分式展开，求得

$$Y(z) = \frac{-9/4}{1+3z^{-1}} + \frac{1/4}{1-z^{-1}} \qquad (8-39)$$

进行反变换则求得式(8-37)所表征的离散时间系统的输出为

$$y[n] = \left[\frac{1}{4} - \frac{9}{4}(-3)^n\right]u[n] \qquad (8-40)$$

本例题是利用 Z 变换求解差分方程，一举得到系统的完全响应，即包括了零输入响应和零状态响应。实际上，利用 Z 变换也可以分别求出零输入响应和零状态响应，有时这样做在物理概念上可能更清楚。

例8-13 对于上例的差分方程式(8-37)，分别求出其零输入响应和零状态响应。

解： 先令输入 $x[n] = 0$，则式(8-37)成为齐次方程

$$y[n] + 3y[n-1] = 0$$

对其两边取单边 Z 变换，有

$$Y(z) + 3z^{-1}Y(z) + 3y(-1) = 0$$

解出 $Y(z)$ 并求其反变换，得

$$Y(z) = \frac{-3}{1+3z^{-1}} \qquad (8-41)$$

$$y_0[n] = -3(-3)^n u[n] \qquad (8-42)$$

令初始条件 $y[-1] = 0$，对式(8-37)两边再取单边 Z 变换

$$Y(z) + 3z^{-1}Y(z) = \frac{1}{1-z^{-1}}$$

解出 $Y(z)$ 并求其反变换，得到

$$Y(z) = \frac{1}{(1+3z^{-1})(1-z^{-1})} = \frac{3/4}{1+3z^{-1}} + \frac{1/4}{1-z^{-1}} \qquad (8-43)$$

$$y_x[n] = \left[\frac{1}{4} + \frac{3}{4}(-3)^n\right]u[n] \qquad (8-44)$$

于是式(8-37)所描述系统的完全响应是

$$y[n] = y_0[n] + y_x(n) = \left[\frac{1}{4} - \frac{9}{4}(-3)^n\right]u[n] \qquad (8-45)$$

此结果与式(8-40)相同。

比较例8-12和例8-13这两种解法，可以看到完全响应的 Z 变换式(8-38)其第一项与式(8-41)相同，为零输入响应的 Z 变换式，它的存在与否取决于初始条件是否为零；第二项与式(8-43)相同，为零状态响应的 Z 变换式，当输入 $x[n] = 0$ 时则此项不复存在。

在第3章，我们曾用卷积和求解离散时间系统的零状态响应，即

$$y[n] = h[n] * x[n] \tag{8-46}$$

式中,$h[n]$为系统的单位抽样响应;$x[n]$为系统的输入;$y[n]$为系统的输出(零状态响应)。根据前面讨论的卷积定理,式(8-46)的卷积则变成Z域内的乘积,这就是

$$Y(z) = H(z)X(z) \tag{8-47}$$

式中,$H(z)$、$X(z)$、$Y(z)$分别是$h[n]$、$x[n]$、$y[n]$的Z变换,其中作为单位抽样响应$h[n]$的Z变换式$H(z)$称为离散时间系统的系统函数,它与在拉氏变换中引入的$H(s)$是互相对应的。从式(8-47)可以得出系统函数$H(z)$的代数表达式为

$$H(z) = \frac{Y(z)}{X(z)} \tag{8-48}$$

关于系统函数$H(z)$将在下一节详细研究。这里仅从式(8-47)和式(8-48)出发,引出离散时间系统Z域分析的一般化方法。现在通过下例给予说明。

例8-14 仍以式(8-37)所表征的系统为例,令其初始条件为零,这就变成一个求解系统零状态响应的问题。

解:对式(8-37)两边取Z变换得

$$Y(z) + 3z^{-1}Y(z) = X(z) \tag{8-49}$$

根据式(8-48)得出该系统的系统函数为

$$H(z) = \frac{1}{1 + 3z^{-1}} \tag{8-50}$$

于是,从式(8-47)知其零状态响应的Z变换是

$$Y(z) = H(z)X(z) = \left(\frac{1}{1 + 3z^{-1}}\right)\left(\frac{1}{1 - z^{-1}}\right) \tag{8-51}$$

式(8-51)的结果和前面式(8-43)完全一致,因此,用这种一般化系统分析方法得到的零状态响应就是式(8-44)。

从例8-14可以看出,利用式(8-47)一般化系统分析方法,首先要求出系统函数$H(z)$,然后把它和系统输入的Z变换相乘再求反变换,就得到系统的零状态响应。为了计算$H(z)$,可以从表征系统的差分方程入手,也可以从系统的框图模型入手,具体的计算过程将在下节给出。

8.7 离散时间系统的系统函数

关于离散时间系统函数的定义,事实上在前面已经给出,即系统函数$H(z)$是单位抽样响应$h[n]$的Z变换

$$H(z) = \sum_{n=-\infty}^{\infty} h[n]z^{-n} \tag{8-52}$$

或者,$H(z)$是系统零状态响应的Z变换与系统输入的Z变换之比,如式(8-48)。在本节将接着研究有关系统函数的几个重要问题,即系统函数$H(z)$的求解,以及由$H(z)$零极点分布确定单位抽样响应、系统的稳定性和因果性等。我们研究的对象仅限于用线性常系数差分方程表征的系统。

1. 系统函数的求取

在例8-14中,我们曾根据式(8-48)解出一个一阶差分方程的系统函数$H(z)$。对于一般的

N 阶差分方程可以用类似的方法处理,即对差分方程两边进行 Z 变换,同时应用线性和时移性质。现考虑一个 N 阶 LTI 系统,它的输入和输出关系由如下线性常系数差分方程来表征

$$\sum_{k=0}^{N} a_k y[n-k] = \sum_{k=0}^{M} b_k x[n-k] \tag{8-53}$$

取 Z 变换,则有

$$\sum_{k=0}^{N} a_k z^{-k} Y(z) = \sum_{k=0}^{M} b_k z^{-k} X(z)$$

据式(8-48)可得 N 阶系统的系统函数表达式

$$H(z) = \frac{\displaystyle\sum_{k=0}^{M} b_k z^{-k}}{\displaystyle\sum_{k=0}^{N} a_k z^{-k}} \tag{8-54}$$

从 $H(z)$ 的一般表达式可以看出,一个由线性常系数差分方程描述的系统,其系统函数总是一个有理函数,并且它的分子、分母多项式的系数和差分方程右边、左边对应项的系数相等。

如果已知的是离散时间系统的模拟框图,我们可以直接从框图入手得到 $H(z)$,而不必经过求差分方程这一中间步骤。下面举例说明。

例 8-15 求图 8-6(a)所示一阶离散时间系统的零极点图和抽样响应,设 $0<a_1<1$。

解: 围绕相加器的输出和输入列写 Z 域方程

$$Y(z) = X(z) + a_1 z^{-1} Y(z)$$

于是

$$H(z) = \frac{Y(z)}{X(z)} = \frac{1}{1 - a_1 z^{-1}}, \quad |a_1| < 1 \tag{8-55}$$

系统的单位抽样响应 $h[n]$ 为

$$h[n] = \mathscr{Z}^{-1}\{H(z)\} = a_1^n u[n] \tag{8-56}$$

以上得出的 $H(z)$ 的零极点图和 $h[n]$ 序列图示于图 8-6(b)和(c)中。$H(z)$ 有一零点在 $z=0$,一极点在 $z=a_1$。

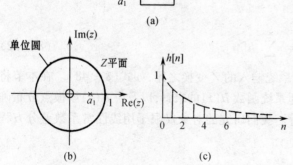

(a)

(b)　　　　(c)

图 8-6　一阶离散时间系统的零极点图和抽样响应

例 8-16 求图 8-7(a)所示二阶离散时间系统的系统函数和单位抽样响应,其中 a_1、a_2 为实数,且有 $a_1^2 + 4a_2 < 0$。

解: 仍围绕相加器的输出和输入列写 Z 域方程:

$$Y(z) = X(z) + a_1 z^{-1} Y(z) + a_2 z^{-2} Y(z)$$

由此得

$$H(z) = \frac{Y(z)}{X(z)} = \frac{1}{1 - a_1 z^{-1} - a_2 z^{-2}} \tag{8-57}$$

从给出的 $a_1^2 + 4a_2 < 0$ 可知,$H(z)$ 含有一对共轭极点,设它们是

$$z_1 = re^{j\theta}, z_2 = re^{-j\theta}; 0 < r < 1, 0 \leqslant \theta \leqslant \pi$$

于是 $H(z)$ 可以写成

$$H(z) = \frac{1}{(1 - re^{j\theta}z^{-1})(1 - re^{-j\theta}z^{-1})} = \frac{1}{1 - (2r\cos\theta)z^{-1} + r^2z^{-2}} \qquad (8-58)$$

可以看出 $H(z)$ 除含一对共轭极点外,在 $z = 0$ 还有一个二阶零点,其零极点图见图 8-7(b)。

把式(8-58)展成部分分式并进行反变换,则得到单位抽样响应

$$h[n] = \mathscr{Z}^{-1}\left\{\frac{1}{2j\sin\theta}\left[\frac{e^{j\theta}}{1 - re^{j\theta}z^{-1}} - \frac{e^{-j\theta}}{1 - re^{-j\theta}z^{-1}}\right]\right\}$$

$$= \frac{1}{2j\sin\theta}[r^ne^{j(n+1)\theta} - r^ne^{-j(n+1)\theta}]u[n]$$

$$= \left(\frac{r^n}{\sin\theta}\right)\sin[(n+1)\theta]u[n] \qquad (8-59)$$

对于图 8-7(b)所示的零极点图,由于假设两个极点位于单位圆内,即意指 $r < 1$,则 $h[n]$ 是一个衰减的离散时间序列,如图 8-7(c)所示。

对于由若干子系统互联而成的系统,利用 Z 变换求它的系统函数也是很方便的。系统互联包括并联、级联和反馈连接,现在考虑图 8-8 所示两个系统的反馈连接。对于这样一个互联系统,若在时域中确定其差分方程或单位抽样响应是相当困难的,然而借助于 Z 变换可以很容易地列出如下代数方程:

$$\begin{cases} Y(z) = H_1(z)[X(z) - Y_2(z)] \\ Y_2(z) = H_2(z)Y(z) \end{cases} \qquad (8-60)$$

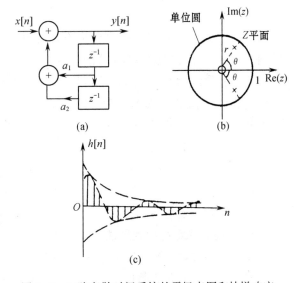

(a)

(b)

(c)

图 8-7　二阶离散时间系统的零极点图和抽样响应

联解式(8-60),则得到互联系统的系统函数为

$$H(z) = \frac{Y(z)}{X(z)} = \frac{H_1(z)}{1 + H_1(z)H_2(z)} \qquad (8-61)$$

2. 由 $H(z)$ 零极点分布确定单位抽样响应

如前所述,一个用线性常系数差分方程描述的 LTI 系统,它的 $H(z)$ 是 z 的实系数有理函数,那么其分子分母多项式都可分解为子因式,即把式(8-54)表示为

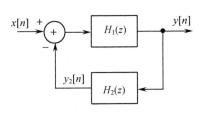

图 8-8　系统的反馈连接

$$H(z) = G\frac{\displaystyle\prod_{i=1}^{M}(1 - z_iz^{-1})}{\displaystyle\prod_{k=1}^{N}(1 - p_kz^{-1})}$$

$$= G \frac{\prod_{i=1}^{M}(z - z_i)}{\prod_{k=1}^{N}(z - p_k)} \tag{8-62}$$

式中,各子因式分别确定了 $H(z)$ 零点和极点的位置。

如果把式(8-62)展成部分分式,则 $H(z)$ 的每个极点决定一项对应的时间序列。设 $N>M$,且所有极点均为一阶,式(8-62)可以展成

$$H(z) = \sum_{k=1}^{N} \frac{A_k}{1 - p_k z^{-1}} = \sum_{k=1}^{N} \frac{A_k z}{z - p_k} \tag{8-63}$$

于是系统的单位抽样响应 $h[n]$ 为

$$h[n] = \mathscr{Z}^{-1}\{H(z)\}$$
$$= \sum_{k=1}^{N} A_k (p_k)^n u[n] \tag{8-64}$$

式中,极点 p_k 可以是实数,也可以是成对出现的共轭复数。与拉氏变换中的情形相似,单位抽样响应 $h[n]$ 的模式取决于 $H(z)$ 的极点,而零点只影响 $h[n]$ 的幅度和相位,即系数 A_k。

关于 $H(z)$ 的极点分布对 $h[n]$ 特性的影响,也就是极点 p_k 的取值(实数、共轭虚数、一般共轭复数)对离散时间复指数序列或正弦序列规律的影响,这个问题事实上在第 1 章讨论基本离散时间信号时已经回答。我们在这里想着重指出,无论 p_k 是实数、虚数或是一般复数,只要其模 $|p_k|<1$,即极点位于 Z 平面单位圆内,它对应的 $h[n]$ 项就是一个衰减的时间序列;而当 $|p_k|>1$,即极点位于单位圆外,则对应增长的时间序列;介于二者之间的 $|p_k|=1$,极点位于单位圆上,它对应一个幅值恒定的时间序列。明确系统极点相对于单位圆的位置,对离散时间系统稳定性的判定是有用的。

3. 系统的稳定性和因果性

按照一般稳定系统的定义(即系统对一个有界输入,其输出也应有界),保证一个 LTI 离散时间系统稳定的充要条件是它的单位抽样响应绝对可和,即

$$\sum_{n=-\infty}^{\infty} |h[n]| < \infty \tag{8-65}$$

这是读者在第 3 章已经知道的结论。

由于

$$H(z) = \sum_{n=-\infty}^{\infty} \{h[n]r^{-n}\} e^{-j\Omega n} \tag{8-66}$$

当取值 $|z|=r=1$ 时,绝对可和条件使 $h[n]$ 的离散时间傅里叶变换一定收敛,这说明稳定系统 $H(z)$ 的收敛域一定包括单位圆。

如果系统是因果的,根据收敛域的性质,其 $H(z)$ 的收敛域一定位于 $H(z)$ 最外侧极点的外边。若把上述两个关于收敛域的限制合在一起则可得出:一个因果而稳定的系统,其 $H(z)$ 的全部极点必定位于单位圆内。

例 8-17 具有复数极点的二阶系统的 $H(z)$ 由式(8-58)给出,判定下列系统的因果性和稳定性:

$$H(z) = \frac{1}{1 - (2r\cos\theta)z^{-1} + r^2 z^{-2}}$$

解：它的两个共轭极点位于 $z_1 = re^{j\theta}$ 和 $z_2 = re^{-j\theta}$。假设系统是因果的，其收敛域则在最外面极点的外边，即 $|z| > r$。图 8-9 画出了 $r<1$ 和 $r>1$ 两种情况的零极点图。在 $r<1$ 时极点位于单位圆内，这时收敛域包括单位圆，因此系统是稳定的。图 8-7(c)中给出的 $h[n]$ 序列图就是属于这种因果而稳定的情况，它是一个衰减的因果序列。对于 $r>1$ 的情况，极点位于单位圆的外面，收敛域不包括单位圆，因此系统是不稳定的因果系统。

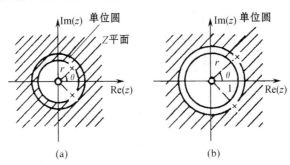

图 8-9　具有复极点的二阶系统零极点图及收敛域

$(a)r<1;\ (b)r>1$

8.8　由零极点图确定系统的频率响应

至此，我们已经研究了四种变换，即连续时间傅里叶变换和拉氏变换、离散时间傅里叶变换和 Z 变换。这些变换之间，包括同为连续时间或同为离散时间的两种变换之间，以及连续变换和离散变换之间，都存在着确定的对应关系及一些重要的不同。例如，在第 7 章我们讨论了连续时间信号中拉氏变换和傅里叶变换之间的关系，即一个信号的傅里叶变换就是在 $j\omega$ 轴上求得的拉氏变换，或者说，一个信号的拉氏变换即为它乘以一个实指数 $e^{-\sigma t}$ 以后的傅里叶变换。离散时间信号的 Z 变换和傅里叶变换之间的关系，和上述关于连续时间两种变换关系的结论是并行的，如在 8.2 节中已看到的，序列 $x[n]$ 的 Z 变换就是 $x[n]$ 乘以实指数序列 r^{-n} 以后的离散时间傅里叶变换，即

$$X(z)\big|_{z=re^{j\Omega}} = X(re^{j\Omega}) = \sum_{n=-\infty}^{\infty} \{x[n]r^{-n}\} e^{-j\Omega n} \qquad (8-67)$$

当 $X(z)$ 的收敛域包含单位圆时，我们取 $r=1$，或者 $|z|=1$，Z 变换就变为傅里叶变换，即

$$X(z)\big|_{z=e^{j\Omega}} = \mathscr{F}\{x[n]\} = \sum_{n=-\infty}^{\infty} x[n] e^{-j\Omega n} \qquad (8-68)$$

这就是说，一个序列的离散时间傅里叶变换即为在单位圆上求得的 Z 变换，由此看来，Z 平面内单位圆在 Z 变换中所起的作用十分类似于 s 平面内虚轴在拉氏变换中的作用。关于 Z 变换和拉氏变换之间关系的全面讨论，我们将在下一节给出。

在 8.7 节中，已对离散时间系统的系统函数 $H(z)$ 及其稳定性判别进行了研究，指出 $H(z)$ 和单位抽样响应 $h[n]$ 为一 Z 变换对，并指出稳定系统的收敛域一定包含单位圆。由此不难看出，若限定 $H(z)$ 的变量 z 仅在单位圆上取值（即 $z=e^{j\Omega}$），$H(z)$ 就变成 $h[n]$ 的离散时间傅里叶

变换 $H(e^{j\Omega})$，这也就是离散时间系统的频率响应。

在第 7 章曾讨论过从拉氏变换的零极点图出发对连续时间的傅里叶变换进行几何求值，在离散时间情况下，同样可以利用 Z 平面内零极点图对傅里叶变换进行几何求值。所不同的是，在后一种情况下，有理函数 $H(z)$ 是在 $|z|=1$ 的单位圆上求值，因此应考虑从 Z 平面内极点和零点到单位圆上的向量，而不是到虚轴的向量。对于一般的用线性常系数差分方程描述的系统，其子因式相乘除形成的系统函数已由式(8-62)给出，代入 $z=e^{j\Omega}$，则得出系统的频率响应 $H(e^{j\Omega})$ 为

$$H(e^{j\Omega}) = \frac{\prod\limits_{i=1}^{M}(e^{j\Omega} - z_i)}{\prod\limits_{k=1}^{N}(e^{j\Omega} - p_k)} = |H(e^{j\Omega})|e^{j\beta(\Omega)} \tag{8-69}$$

我们定义向量 $\boldsymbol{A}_k$ 和 $\boldsymbol{B}_i$ 如下

$$\boldsymbol{A}_k = A_k e^{j\varphi_k} = e^{j\Omega} - p_k$$

$$\boldsymbol{B}_i = B_i e^{j\varphi_i} = e^{j\Omega} - z_i \tag{8-70}$$

式中，A_k、B_i 分别为极点向量和零点向量的长度；φ_k、φ_i 为极点向量、零点向量与正实轴的夹角。于是离散时间系统的模特性为

$$|H(e^{j\Omega})| = \left(\prod\limits_{i=1}^{M} B_i\right) \bigg/ \left(\prod\limits_{k=1}^{N} A_k\right) \tag{8-71}$$

相位特性为

$$\beta(\Omega) = \sum\limits_{i=1}^{M} \varphi_i - \sum\limits_{k=1}^{N} \varphi_k \tag{8-72}$$

下面我们以一阶和二阶系统为例来说明如何由 $H(z)$ 的零极点图确定系统的频率响应。

例 8-18 例 8-15 已得出一阶因果离散时间系统的系统函数，如式(8-55)：

$$H(z) = \frac{1}{1 - a_1 z^{-1}}, \quad |a_1| < 1$$

用几何求值法确定系统的频率响应。

解：由于它的收敛域包括单位圆，所以其傅里叶变换存在，即为

$$H(e^{j\Omega}) = \frac{1}{1 - a_1 e^{-j\Omega}} = \frac{e^{j\Omega}}{e^{j\Omega} - a_1} \tag{8-73}$$

图 8-10(a)绘出了 $H(z)$ 的零极点图及从零点和极点到单位圆的向量 $\boldsymbol{B}_1$ 和 $\boldsymbol{A}_1$，根据式(8-71)和式(8-72)，频率响应 $H(e^{j\Omega})$ 在频率为 Ω 时的模和相位特性就是

$$|H(e^{j\Omega})| = \frac{|\boldsymbol{B}_1|}{|\boldsymbol{A}_1|} = \frac{1}{|\boldsymbol{A}_1|}$$

$$\beta(\Omega) = \varphi_1 - \psi_1 = \Omega - \psi_1 \tag{8-74}$$

应该指出，在原点的零点到单位圆的向量 $|\boldsymbol{B}_1|$，其模恒为 1，即 $|\boldsymbol{B}_1| = 1$，故对 $|H(e^{j\Omega})|$ 没有影响。然而，$\boldsymbol{B}_1$ 的相角 φ_1 始终等于频率 Ω，即随 Ω 做线性变化。

随着 Ω 沿单位圆从 0 到 π 增加，向量 $\boldsymbol{A}_1$ 和 $\boldsymbol{B}_1$ 相应地改变，通过几何方法可以估算出 $H(e^{j\Omega})$ 模与相位特性的变化趋势，图 8-10(b)和(c)为模特性和相位特性的正频域部分。如

果 Ω 沿单位圆从 0 到 π 反方向(顺时针)改变,就能得到频率特性的负频域部分。自然,从这里的几何求值法同样可以引出模特性偶对称、相位特性奇对称的结论。不仅如此,从几何求值法中还能形象地观察到频率特性的周期性规律,即 Ω 每变化 2π 则绕单位圆旋转一周,因而使离散时间系统的频率响应 $H(\mathrm{e}^{\mathrm{j}\Omega})$ 成为以 2π 为周期的周期性函数。这种周期性再加上它的奇偶对称性,使我们能够由频率范围 $0 \leqslant \Omega \leqslant \pi$ 内的频率响应画出其全频域的频率响应,其中 $\Omega = \pi$ 是一个重要的临界频率,称为折叠频率。

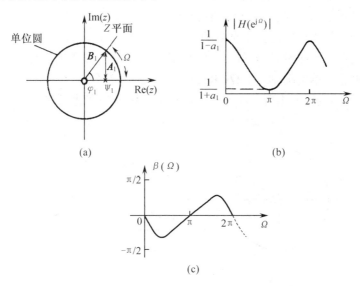

图 8-10　一阶系统的频率响应

现在我们再回到例 8-18 上来,从图 8-10 所示的频率特性中可以看到,模特性的峰值锐度和相位特性的变化速率都与 $|a_1|$ 有关,$|a_1|$ 值越大,即极点越靠近单位圆,则模的峰值越尖锐,相位随 Ω 变化越快。如果极点不在实轴上,而以复共轭对形式出现时,峰值在频率轴上的位置则随之改变,不再出现在本例中的 $\Omega = 0$ 处。我们在下面例子中将看到这一点。当系统存在不止一个极点时,最靠近单位圆的那些极点决定了频率响应中峰值的位置。

以上关于 $H(z)$ 零极点位置对频率响应的影响,和拉氏变换中 $H(s)$ 零极点位置对连续时间系统频率响应的影响是类似的,最主要的区别在于,若拉氏变换中以 $\mathrm{j}\omega$ 轴作为衡量极点位置的标准,在 Z 变换中则以单位圆作为标准。掌握住这一点,在第 7 章中许多关于拉氏变换的结论,均可灵活地移到 Z 变换中来。

例 8-19　二阶因果系统的系统函数已在例 8-16 中得出,如式(8-58),试用几何求值法确定该系统的频率响应。

解: 以 $z = \mathrm{e}^{\mathrm{j}\Omega}$ 代入式(8-58),经化简可得

$$
\begin{aligned}
H(\mathrm{e}^{\mathrm{j}\Omega}) &= \frac{1}{1 - (2r\cos\theta)\mathrm{e}^{-\mathrm{j}\Omega} + r^2 \mathrm{e}^{-\mathrm{j}2\Omega}} \\
&= \frac{\mathrm{e}^{\mathrm{j}2\Omega}}{(\mathrm{e}^{\mathrm{j}\Omega} - r\mathrm{e}^{\mathrm{j}\theta})(\mathrm{e}^{\mathrm{j}\Omega} - r\mathrm{e}^{-\mathrm{j}\theta})}
\end{aligned} \tag{8-75}
$$

图 8-11(a)显示了 $H(z)$ 的零极点图以及当 $0 < \theta < \dfrac{\pi}{2}$ 时从零点和极点到单位圆的向量 $\boldsymbol{B}_1$ 和

A_1、A_2,于是频率响应 $H(e^{j\Omega})$ 在频率为 Ω 时的模和相位特性为

$$|H(e^{j\Omega})| = \frac{|B_1^2|}{|A_1 A_2|} = \frac{1}{|A_1 A_2|} \tag{8-76}$$

$$\beta(\Omega) = 2\varphi_1 - \psi_1 - \psi_2 = 2\Omega - \psi_1 - \psi_2$$

随着 Ω 沿单位圆从 0 到 π 移动,向量 A_1、A_2 和 B_1 相应改变,尤其是 A_1 起初是减小,在 $\Omega \approx \theta$ 时达到最小,然后又增加;而 A_2 随 Ω 的改变远不如 A_1 那样剧烈,B_1 更是始终等于 1。于是从直观上就可以判定,频率响应的模特性在 Ω 接近 θ 处必然出现一个峰值。图8-11(b)是与图 8-11(a)零极点图相对应的频率响应的模特性,其相位特性由读者自己用几何求值得出。对于本例题中的共轭极点向量,当 r 和 θ 变化时将对其频率响应产生何种影响?显然,随着 r 向 1 接近即极点更靠近单位圆,A_1 在 $\Omega \approx 0$ 处会变得更小,致使频率响应的峰值变得更尖锐;随着 θ 增加或减小,响应峰值出现于频率轴上的位置将随 θ 的变化而移动。

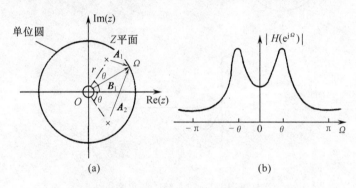

图 8-11 二阶系统的频率响应

从以上所举的一阶和二阶系统频率响应的几何求值问题中,我们更加明确地看到,在一阶系统中,参数 a_1(实数)所起的作用类似于连续时间一阶系统中时间常数 τ 的作用,对于小的 $|a_1|$ 值,$|H(e^{j\Omega})|$ 的变化则相对平坦,而当 $|a_1|$ 接近 1 时,$|H(e^{j\Omega})|$ 就出现明显的峰值。对于二阶系统,决定模特性峰值锐度的是 r 的大小,而 θ 基本上控制了该峰值出现于频率轴上的位置。上述参数 a_1、r、θ 的取值,可以形象地表示在 $H(z)$ 的零极点图上,而凭零极点在 Z 平面内的位置就能直观地推断出系统频率响应的大略形状。可以说,概念清晰和方法直观是用几何求值法确定频率响应的一大特点。因此,它对于滤波网络的分析和设计是一种有用的工具。

8.9 Z 变换和拉氏变换的关系

在第 5 章,讨论了将一个连续时间信号进行均匀抽样以获得一个由其样值组成的离散时间序列的过程,图 8-12 表示出抽样的两个步骤:① 用一个周期冲激串 $p(t)$ 对连续时间信号 $x_c(t)$ 进行抽样;② 将得到的被 $x_c(t)$ 加权的冲激串 $x_p(t)$ 转换为抽样序列 $x_d[n] = x_c(nT)$。实际上,从 $x_p(t)$ 到 $x_d[n]$ 的转换可视为时间的归一化过程(即令抽样间隔 $T=1$)及取 $x_p(t)$ 各冲激面积为

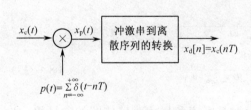

图 8-12 抽样系统框图

$x_d[n]$ 序列值的过程。现在我们就来讨论连续信号 $x_c(t)$、抽样冲激串 $x_p(t)$ 的拉氏变换及抽样序列 $x_d[n]$ 的 Z 变换这三者之间的关系。

从图 8-12 抽样过程可以写出

$$x_p(t) = x_c(t)p(t) = \sum_{n=-\infty}^{\infty} x_c(nT)\delta(t-nT) \tag{8-77}$$

令连续时间信号 $x_c(t)$ 的傅里叶变换为 $X_c(\omega)$，并且在第 4 章已知周期冲激串 $p(t)$ 的傅里叶变换是

$$P(\omega) = \frac{2\pi}{T} \sum_{k=-\infty}^{\infty} \delta\left(j\omega - j\frac{2\pi k}{T}\right) \tag{8-78}$$

于是，根据调制性质则可从式(8-77)求出抽样冲激串的傅里叶变换为

$$X_p(\omega) = \frac{1}{2\pi}[X_c(\omega) * P(\omega)]$$

$$= \frac{1}{T} \sum_{k=-\infty}^{\infty} X_c\left(j\omega - j\frac{2\pi k}{T}\right) \tag{8-79}$$

以一般复变量 s 代替上式中的 $j\omega$，则得到抽样冲激串的拉氏变换，即

$$X_p(s) = \frac{1}{T} \sum_{k=-\infty}^{\infty} X_c\left(s - j\frac{2\pi k}{T}\right) \tag{8-80}$$

式(8-80)以混叠形式反映了连续时间信号与相应抽样冲激串拉氏变换之间的关系。关于混叠的概念，在第 6 章讨论抽样定理时已给出，只是这里的混叠现象不是在频率轴上，而是在 s 平面上发生的。具体说，$x_p(t)$ 的拉氏变换是 $x_c(t)$ 拉氏变换的图像(零极点图)沿 s 平面内 $j\omega$ 轴每隔 $2\pi/T$ 混叠一次的结果，如图 8-13(a)所示，$X_p(s)$ 在沿 $j\omega$ 轴任一 $2\pi/T$ 的水平带状域内的图像相同，但因混叠的影响，这些图像已不是 $X_c(s)$ 的简单再现。

应当指出，由于在导出式(8-80)的过程中，我们是从傅里叶变换经过开拓而获得抽样冲激串的拉氏变换的，自然是设定连续时间信号 $x_c(t)$ 的傅里叶变换存在，或者说 $X_c(s)$ 的极点均位于 s 的左半平面，其收敛域包括 $j\omega$ 轴。

从式(8-77)出发，不应用调制性质也可得到 $x_p(t)$ 的拉氏变换，即

$$X_p(s) = \mathscr{L}\left\{\sum_{n=-\infty}^{\infty} x_c(nT)\delta(t-nT)\right\}$$

$$= \sum_{n=-\infty}^{\infty} x_c(nT)e^{-snT} \tag{8-81}$$

根据 Z 变换的定义，可以求得抽样序列 $x_d[n] = x_c(nT)$ 的 Z 变换为

$$X_d(z) = \sum_{n=-\infty}^{\infty} x_d[n]z^{-n} = \sum_{n=-\infty}^{\infty} x_c(nT)z^{-n} \tag{8-82}$$

将式(8-82)和式(8-81)对比，可以看到 $X_p(s)$ 和 $X_d(z)$ 存在如下关系：

$$X_d(z)\big|_{z=e^{sT}} = X_p(s) \tag{8-83}$$

这表明，同是源于连续时间信号的抽样冲激串的拉氏变换与抽样序列的 Z 变换，其变量 s 和 z 之间存在一种变换或者说映射，即

$$z = e^{sT} \tag{8-84}$$

关于这一映射关系的几何意义见图 8-13，具体说明稍后给出。

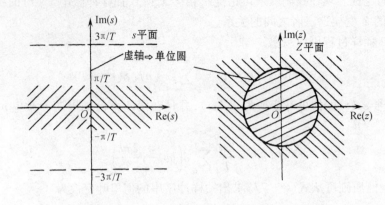

图 8-13　变换 $z=\mathrm{e}^{sT}$ 的映射关系

由前面得出的式(8-80)和式(8-83),我们便可得到 $x_c(t)$ 拉氏变换与 $x_d[n]Z$ 变换之间的关系:

$$X_d(z)\mid_{z=\mathrm{e}^{sT}} = \frac{1}{T}\sum_{k=-\infty}^{\infty}X_c\left(s-\mathrm{j}\frac{2\pi k}{T}\right) \tag{8-85}$$

该式表示了 $X_c(s)$ 到 $X_d(z)$ 之间的变换关系,这一映射可以看成是分两步完成的:首先是按式 (8-83)将 $X_c(s)$ 特性混叠到图 8-13(a)中的阴影带状部分,然后按 $z=\mathrm{e}^{sT}$ 将前述阴影带状部分的特性映射到整个 Z 平面,这也就是式(8-83)所表示的。

为了进一步说明式(8-84)所表达的 s 平面和 Z 平面之间的映射关系,我们将 s 表示为直角坐标形式,将 z 表示为极坐标形式,于是

$$\begin{cases} s=\sigma+\mathrm{j}\omega \\ z=r\mathrm{e}^{\mathrm{j}\Omega} \end{cases} \tag{8-86}$$

把上式代入式(8-84),则有

$$\begin{cases} r=\mathrm{e}^{\sigma T} \\ \Omega=\omega T \end{cases} \tag{8-87}$$

由此可得到 $s\sim Z$ 平面间的如下映射关系:

s 平面	Z 平面
虚轴 $\sigma=0$	$r=1$　单位圆
左半平面 $\sigma<0$	$r<1$　单位圆内
右半平面 $\sigma>0$	$r>1$　单位圆外
实轴 $\omega=0$	$\Omega=0$ 正实轴
原点 $\sigma=0,\omega=0,$	$r=1,\Omega=0,z=1$ 点

而且,根据式(8-87),s 平面的平行带状域($-\pi/T<\omega<\pi/T$)确是映射为整个 Z 平面($-\pi<\Omega<\pi$),即每当 ω 变化 $2\pi/T$(即抽样频率 ω_s),Ω 则相应变化 2π,相当于在整个 Z 平面扫视一遍。这样,沿 s 平面的 $\mathrm{j}\omega$ 轴每向上或向下移动 $2\pi/T$ 带状域,则相应地在整个 Z 平面重复扫一遍。

假如连续时间信号 $x_c(t)$ 的拉氏变换为有理函数(大多数情况如此),$X_c(s)$ 和 $X_d(z)$ 之间的关系可以表示成比式(8-85)更直观的形式。为这里讨论方便,假定把 $X_c(s)$ 表示成部分分式时仅含一阶极点(由此得出的结论很容易推广到重阶极点),于是有

$$X_c(s) = \sum_{k=1}^{N} \frac{A_k}{s - p_k} \qquad (8-88)$$

对它求拉氏反变换得

$$x_c(t) = \sum_{k=1}^{N} A_k e^{p_k t} u(t) \qquad (8-89)$$

对 $x_c(t)$ 进行均匀抽样得到的抽样序列为

$$x_d[n] = x_c(nT) = \sum_{k=1}^{N} A_k e^{p_k nT} u[n] \qquad (8-90)$$

序列 $x_d[n]$ 的 Z 变换是

$$X_d(z) = \sum_{k=1}^{N} \frac{A_k}{1 - e^{p_k T} z^{-1}} \qquad (8-91)$$

由此可见,对于变量 z 而言,$X_d(z)$ 仍是有理函数,而且对比式(8-88)和式(8-91)可以发现两个很有用的结论:一是连续信号拉氏变换 $X_c(s)$ 的留数(即部分分式的系数)A_k 仍然保留;二是 $X_c(s)$ 在 $s = p_k$ 的极点映射为 $X_d(z)$ 在 $z = e^{p_k T}$ 的极点。记住这两个结果,就能够直接从 $X_c(s)$ 的有理表达式得出 $X_d(z)$ 表达式。

例 8-20 已知正弦连续信号 $x_c(t) = \sin\omega_0 t \ u(t)$,对其均匀抽样得序列 $x_d[n] = \sin(\omega_0 nT) u[n]$。经由拉氏变换 $X_c(s)$ 求序列的 Z 变换 $X_d(z)$。

解:$x_c(t)$ 的拉氏变换为

$$X_c(s) = \frac{\omega_0}{s^2 + \omega_0^2} = \frac{-j/2}{s - j\omega_0} + \frac{j/2}{s + j\omega_0}$$

$X_c(s)$ 的两个极点位于 $p_1 = j\omega_0$ 和 $p_2 = -j\omega_0$。其留数分别为 $A_1 = -j/2$ 和 $A_2 = j/2$。根据式 (8-88) 与式(8-91)的映射关系,则得到抽样序列 $X_d[n]$ 的 Z 变换为

$$X_d(z) = \frac{-j/2}{1 - e^{j\omega_0 T} z^{-1}} + \frac{j/2}{1 - e^{-j\omega_0 T} z^{-1}}$$

$$= \frac{(\sin\omega_0 T) z^{-1}}{1 - (2\cos\omega_0 T) z^{-1} + z^{-2}}$$

上述结果与表 8-2 中所列变换对是一致的,这里只需注意式(8-87)中 Ω 与 ω 的关系即可。

8.10 Z 变换在数字滤波中的应用

研究以 Z 变换为理论基础的离散时间滤波问题涉及许多方面,超出了本课程的范围,这里仅介绍一些关于数字滤波器的入门知识,目的是使读者了解 Z 变换在离散时间滤波这一重要领域中的应用。

所谓数字滤波器,简单地说就是一种由线性常系数差分方程表征的离散时间系统,或者说是实现某差分方程所代表算法的一种装置。从频域说,数字滤波器是用数字方法对输入信号的频谱按预定要求进行变换,以达到改变信号频谱的目的。按结构特点或设计方法,数字滤波器分为有限抽样响应(FIR)和无限抽样响应(IIR)两大类,从差分方程的结构图来看,含反馈通路的系统为 IIR,仅含前向通路的系统为 FIR。两种滤波器各有各的应用场合,一般而言,

FIR 用于线性相移滤波, IIR 用于频率选择性滤波。

下面的讨论集中于这样一个题目, 用本书已得到的基本原理设计一个 IIR 数字滤波器, 所用设计方法为抽样响应不变法。用这种方法设计出的数字滤波器, 其单位抽样响应 $h[n]$ 即为某连续时间滤波器单位冲激响应 $h(t)$ 的均匀抽样。显然, $h(t)$ 和 $h[n]$ 在变换域的关系就是 8.9 节讨论过的 s-Z 映射, 如式(8-85), 对于 $H(s) = \mathscr{L}\{h(t)\}$ 为有理函数的常用情况, 根据式(8-88)和式(8-91)则有

$$H(s) = \sum_{k=1}^{N} \frac{A_k}{s - p_k} \tag{8-92}$$

$$H(z) = \mathscr{Z}\{h[n]\} = \sum_{k=1}^{N} \frac{A_k}{1 - e^{p_k T} z^{-1}} \tag{8-93}$$

以上两式就是抽样响应不变法的基本依据。

例 8-21　用抽样响应不变法设计一个二阶巴特沃斯数字滤波器, 已知-3 dB 截止频率为 50 Hz, 系统抽样频率分别取 200 Hz 和 500 Hz。

解: 在第 5 章已给出巴特沃斯逼近的模特性 $|H(\omega)|$, 第 7 章又从模平方 $|H(\omega)|^2$ 导出了系统函数 $H(s)$, 应用这些原理可得出二阶巴特沃斯低通滤波器的系统函数为

$$H(s) = \frac{\omega_c^2}{s^2 + \sqrt{2}\,\omega_c s + \omega_c^2} = \frac{\omega_c^2}{(s - p_1)(s - p_2)} \tag{8-94}$$

$H(s)$ 的两个极点为

$$p_{1,2} = \left(-\frac{\sqrt{2}}{2} \pm j\frac{\sqrt{2}}{2}\right)\omega_c, \quad \omega_c = 2\pi \times 50 = 100\pi$$

把式(8-94)展成部分分式, 可得

$$H(s) = \frac{\omega_c^2}{p_2 - p_1}\left(\frac{1}{s - p_2} - \frac{1}{s - p_1}\right)$$

$$= j\frac{\sqrt{2}}{2}\omega_c\left[\frac{1}{s + (1+j)\frac{\sqrt{2}}{2}\omega_c} - \frac{1}{s + (1-j)\frac{\sqrt{2}}{2}\omega_c}\right] \tag{8-95}$$

根据式(8-92)和式(8-93)的对应关系, 可以把 $H(s)$ 变换成数字滤波器的系统函数 $H(z)$, 即

$$H(z) = j\frac{\sqrt{2}}{2}\omega_c T\left[\frac{1}{1 - z^{-1}e^{-(1+j)\frac{\sqrt{2}}{2}\omega_c T}} - \frac{1}{1 - z^{-1}e^{-(1-j)\frac{\sqrt{2}}{2}\omega_c T}}\right]$$

$$= \frac{\sqrt{2}\,z^{-1}\omega_c T e^{-\frac{\sqrt{2}}{2}\omega_c T}\sin\left(\frac{\sqrt{2}}{2}\omega_c T\right)}{1 - 2z^{-1}e^{-\frac{\sqrt{2}}{2}\omega_c T}\cos\left(\frac{\sqrt{2}}{2}\omega_c T\right) + z^{-2}e^{-\sqrt{2}\omega_c T}} \tag{8-96}$$

细心的读者可能已注意到, 在式(8-96)等号右侧的系数中多出一个常数 T(抽样间隔)。这样处理是为了在应用抽样响应不变法进行变换时, 使得到的离散时间系统的频率响应在量值上更能逼近连续时间的响应。读者在此例题的结果中将能体会到这一修正的意义。

将式(8-96)代入例题中给出的条件

$$\omega_c = 2\pi \times 50 = 100\pi$$

$$T = \frac{1}{200}$$

则式(8-96)简化成

$$H(z) = \frac{0.655\,499z^{-1}}{1 - 0.292\,45z^{-1} + 0.108\,453z^{-2}} \tag{8-97}$$

从式(8-97)可见,$H(z)$ 也有两个极点,分别位于

$$z_{1,2} = \exp\left[(-1 \pm j)\frac{\sqrt{2}}{2}\omega_c T\right] = 0.329\,3\,e^{\pm j63.64}$$

它们是由 $H(s)$ 的极点 $p_{1,2}$ 映射而来;另外,$H(z)$ 还有一个零点,位于 $z=0$,它是由 $H(s)$ 在无穷大的零点映射而来。$H(s)$ 和 $H(z)$ 的零极点图分别示于图 8-14(a) 和 (b) 中。图8-14(c)画出了二阶巴特沃斯数字滤波器的结构图,这是利用第 3 章得出的差分方程框图表示法中的直接 II 型画出的。图中的系数分别是 $a_1 = -0.292\,45$,$a_2 = 0.108\,453$,$b_1 = 0.655\,499$。

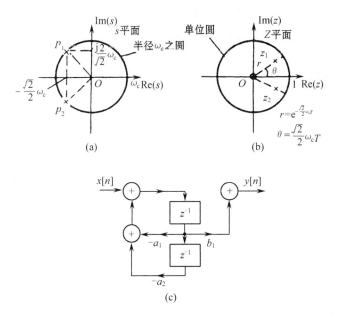

图 8-14 二阶巴特沃斯数字滤波器的零极点图和结构图

现在来考虑本例设计出的数字滤波器的频率响应。根据 8.8 节的讨论,只要将式(8-97)代入 $z = e^{j\Omega}$ 就可以得到该滤波器的频率响应。然而,由抽样响应不变法的频率变换关系 $\Omega = \omega T$,数字滤波器的频率 Ω 可用 ωT 代替,相应地,$H(e^{j\Omega})$ 的周期从 $\Omega = 2\pi$ 变成 $H(e^{j\omega})$ 的 $\omega = 2\pi/T$。如此,二阶巴特沃斯数字滤波器的频率响应为

$$H(e^{j\omega}) = \frac{b_1 e^{-j\omega T}}{1 + a_1 e^{-j\omega T} + a_2 e^{-j2\omega T}} \tag{8-98}$$

它的模特性是

$$|H(e^{j\omega})| = \frac{b_1}{\sqrt{(1 + a_1\cos\omega T + a_2\cos2\omega T)^2 + (a_1\sin\omega T + a_2\sin2\omega T)^2}} \tag{8-99}$$

对于本例中给定的抽样频率 $f_s = 200$ Hz 及把抽样频率提高到 $f_s = 500$ Hz 两种情况,分

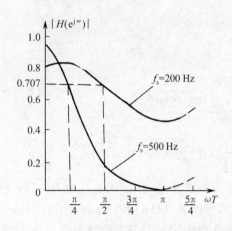

图 8-15　二阶巴特沃斯数字滤波器频率特性

别计算 $|H(e^{j\omega})|$ 在若干临界频率上的值,如 $\omega T = \dfrac{\omega}{f_s} = 0, \dfrac{\pi}{5}, \dfrac{\pi}{2}, \pi$ 各点的模值,则得出图8-15中的模特性曲线。从图 8-15 中可见,当抽样频率较低($f_s = 200$ Hz)时,数字滤波器的频率特性由于严重的混叠效应,使之明显地偏离了巴特沃斯原型滤波器的特性。而当抽样频率提高到 $f_s = 500$ Hz 时,数字滤波器的模特性所受混叠的影响大为减弱,因此,这时它的模特性已十分接近巴特沃斯原型的特性了。其中 $|H(e^{j\omega})|$ 在量值上接近原型滤波器,则与在式(8 - 96)中作了 $\omega_c \to \omega_c T$ 的处理有关。

　　用抽样响应不变法设计数字滤波器容易出现混叠而造成频率特性畸变,为减少或避免混叠发生则需提高抽样频率。当提高抽样频率受到限制时,就要寻找其他设计方法,如双线性变换法等。关于数字滤波器设计的系统介绍,读者可参见有关数字信号处理的教科书,本书后面也列出了几种文献供参考。

习　　题

　　8.1　求出下面每个序列的 Z 变换,画出其零极点图,指出收敛域,并说明该序列的傅里叶变换是否存在。

(a) $\delta[n]$;

(b) $\delta[n-1]$;

(c) $\delta[n+1]$;

(d) $\left(\dfrac{1}{2}\right)^n u[n]$;

(e) $-\left(\dfrac{1}{2}\right)^n u[-n-1]$;

(f) $\left(\dfrac{1}{2}\right)^n u[-n]$;

(g) $\left[\left(\dfrac{1}{2}\right)^n + \left(\dfrac{1}{4}\right)^n\right] u[n]$;

(h) $\left(\dfrac{1}{2}\right)^{n-1} u(n-1)$。

　　8.2　求下面各序列的 Z 变换,以闭式表达所有的和式,并画出零极点图,指出其收敛域。

(a) $\left(\dfrac{1}{2}\right)^n \{u[n] - u[n-10]\}$;

(b) $\left(\dfrac{1}{2}\right)^{|n|}$;

(c) $7\left(\dfrac{1}{3}\right)^n \cos\left[\dfrac{2\pi n}{6} + \dfrac{\pi}{4}\right] u[n]$;

(d) $x[n] = \begin{cases} 0, & n<0 \\ 1, & 0 \leqslant n \leqslant 9 \\ 0, & n>9 \end{cases}$。

　　8.3　有一 Z 变换为

$$X(z) = \dfrac{-\dfrac{5}{3}z}{\left(z - \dfrac{1}{3}\right)(z-2)}$$

（a）确定与 $X(z)$ 有关的收敛域有几种情况，画出各自的收敛域图；

（b）每种收敛域各对应什么样的离散时间序列；

（c）以上序列中哪一种存在离散时间傅里叶变换？

8.4　先对 $X(z)$ 微分，再利用 Z 变换的适当性质来确定下面每个 Z 变换式所对应的序列。

（a）$X(z) = \ln(1-2z)$,　　　　　$|z| < \dfrac{1}{2}$;

（b）$X(z) = \ln(1-\dfrac{1}{2}z^{-1})$,　　　　$|z| > \dfrac{1}{2}$。

8.5　若已知 $\mathscr{Z}\{x[n]\} = X(z)$，试证明和函数的 Z 变换式为

$$\mathscr{Z}\left\{\sum_{k=0}^{n} x[k]\right\} = \frac{z}{z-1}X(z)$$

8.6　利用卷积定理求 $y[n] = x[n] * h[n]$，已知：

（a）$x[n] = a^n u[n]$,　　　$h[n] = b^n u[-n]$;

（b）$x[n] = a^n u[n]$,　　　$h[n] = \delta[n-2]$;

（c）$x[n] = a^n u[n]$,　　　$h[n] = u[n-1]$。

8.7　已知因果序列 $x[n]$ 的 Z 变换为 $X(z)$，试求序列的初值与终值。

（a）$X(z) = \dfrac{1}{(1-0.5z^{-1})(1+0.5z^{-1})}$;

（b）$X(z) = \dfrac{z^{-1}}{1-1.5z^{-1}+0.5z^{-2}}$;

（c）$X(z) = \dfrac{2-3z^{-1}+z^{-2}}{1-4z^{-1}-5z^{-2}}$。

8.8　已知 $x[n]$ 的 Z 变换为 $X(z)$，试证明下列关系。

（a）$\mathscr{Z}\{a^n x[n]\} = X\left(\dfrac{z}{a}\right)$;

（b）$\mathscr{Z}\{e^{-an}x[n]\} = X(e^a z)$;

（c）$\mathscr{Z}\{nx[n]\} = -z\dfrac{\mathrm{d}X(z)}{\mathrm{d}z}$;

（d）$\mathscr{Z}\{x[-n]\} = X(z^{-1})$。

8.9　试用 Z 变换性质证明以下等式。

（a）$a^n u[n] * a^n u[n] = (n+1)a^n u[n]$;

（b）$nu[n] * u[n] = \dfrac{1}{2}n(n+1)u[n-1]$。

8.10　求下列 $X(z)$ 的逆变换 $x[n]$。

（a）$X(z) = \dfrac{10}{(1-0.5z^{-1})(1-0.25z^{-1})}$,　　$|z| > 0.5$;

（b）$X(z) = \dfrac{10z^2}{(z-1)(z+1)}$,　　　　　$|z| > 1$;

（c）$X(z) = \dfrac{1+z^{-1}}{1-2z^{-1}\cos\omega+z^{-2}}$,　　　$|z| > 1$。

8.11 用指定方法求下列 Z 变换式的反变换 $x[n]$。

(a) 部分分式法：$X(z)=\dfrac{1-2z^{-1}}{1-\dfrac{5}{2}z^{-1}+z^{-2}}$　且 $x[n]$ 绝对可和；

(b) 长除法：$X(z)=\dfrac{1-\dfrac{1}{2}z^{-1}}{1+\dfrac{1}{2}z^{-1}}$　且 $x[n]$ 为右边序列；

(c) 部分分式法：$X(z)=\dfrac{3}{z-\dfrac{1}{4}-\dfrac{1}{8}z^{-1}}$　且 $x[n]$ 绝对可和。

8.12 求下列 $X(z)$ 的反变换 $x[n]$。

(a) $X(z)=\dfrac{1}{1+0.5z^{-1}}$,　　　　　$|z|>0.5$；

(b) $X(z)=\dfrac{1-0.5z^{-1}}{1+\dfrac{3}{4}z^{-1}+\dfrac{1}{8}z^{-2}}$,　　　$|z|>\dfrac{1}{2}$；

(c) $X(z)=\dfrac{1-0.5z^{-1}}{1-0.25z^{-2}}$,　　　　$|z|>0.5$。

8.13 一个右边序列的 Z 变换为

$$X(z)=\frac{1}{\left(1-\dfrac{1}{2}z^{-1}\right)(1-z^{-1})}$$

(a) 把 $X(z)$ 写成 z 的多项式之比；
(b) 把 $X(z)$ 展成部分分式,其中每一项都体现出由(a)得到的一个极点；
(c) 求出 $x[n]$。

8.14 一个左边序列的 Z 变换为

$$X(z)=\frac{1}{\left(1-\dfrac{1}{2}z^{-1}\right)(1-z^{-1})}$$

(a) 把 $X(z)$ 写成多项式之比；
(b) 把 $X(z)$ 展成部分分式,其中每一项都体现出由(a)所得到的一个极点；
(c) 求出 $x[n]$。

8.15 利用幂级数展开法求 $X(z)=e^{z}(|z|<\infty)$ 所对应的序列 $x[n]$。

8.16 如果 $X(z)$ 代表 $x[n]$ 的单边 Z 变换,试求下列序列的单边 Z 变换。
(a) $x[n-1]$；　　(b) $x[n+2]$；　　(c) $n(n-1)(n-2)u(n-2)$；　　(d) $\delta[n-N]$。

8.17 利用单边 Z 变换解下列差分方程。

(a) $y[n]+3y[n-1]=x[n]$, $x[n]=\left(\dfrac{1}{2}\right)^{n}u[n]$, $y[-1]=1$；

(b) $y[n]-\dfrac{1}{2}y[n-1]=x[n]-\dfrac{1}{2}x[n-1]$, $x[n]=u[n]$, $y[-1]=0$；

（c）$y[n]-\dfrac{1}{2}y[n-1]=x[n]-\dfrac{1}{2}x[n-1]$，$x[n]=u[n]$，$y[-1]=1$。

8.18　利用单边 *Z* 变换解下列差分方程。

（a）$y[n+2]+y[n+1]+y[n]=u[n]$，$y[0]=1$，$y[1]=2$；

（b）$y[n]+0.1y[n-1]-0.02y[n-2]=10u[n]$，$y[-1]=4$，$y[-2]=6$；

（c）$y[n]-0.9y[n-1]=0.05u[n]$，$y[-1]=0$；

（d）$y[n]-0.9y[n-1]=0.05u[n]$，$y[-1]=1$；

（e）$y[n]+2y[n-1]=(n-2)u[n]$，$y[0]=1$。

8.19　由下列差分方程画出系统结构图,并求系统函数 $H(z)$ 及单位抽样响应 $h[n]$。

（a）$3y[n]-6y[n-1]=x[n]$；

（b）$y[n]=x[n]-5x[n-1]+8x[n-3]$；

（c）$y[n]-\dfrac{1}{2}y[n-1]=x[n]$；

（d）$y[n]-3y[n-1]+3y[n-2]-y[n-3]=x[n]$；

（e）$y[n]-5y[n-1]+6y[n-2]=x[n]-3x[n-2]$。

8.20　已知一离散时间系统由下列差分方程描述：

$$y[n]+y[n-1]=x[n]$$

（a）求系统函数 $H(z)$ 及单位抽样响应 $h[n]$；

（b）判断系统的稳定性；

（c）若系统的初始状态为零,且 $x[n]=10u[n]$,求系统的响应。

8.21　求下列系统函数在 $10<|z|<\infty$ 及 $0.5<|z|<10$ 两种收敛条件下系统的单位冲激响应,并说明系统的稳定性和因果性：

$$H(z)=\frac{9.5z}{(z-0.5)(10-z)}$$

8.22　在语音信号处理技术中,一种描述声道模型的系统函数具有形式 $H(z)=\dfrac{1}{1-\displaystyle\sum_{i=1}^{P}a_iz^{-i}}$。当取 $P=8$ 时,试画出此声道模型的结构图。

8.23　本题研究用"同态滤波"解卷积的算法原理。若要直接把相互卷积的信号 $x_1[n]$ 和 $x_2[n]$ 分开将遇到困难,但对于两个相加的信号往往容易借助某种线性滤波方法使二者分离。图 P8.23 示出用同态滤波解卷积的原理框图,图中各部分作用如下：

（a）D 运算表示将 $x[n]$ 取 *Z* 变换、取对数和逆 *Z* 变换,得到包含 $x_1[n]$ 和 $x_2[n]$ 相加的形式；

（b）L 为线性滤波器,容易将两个相加项分离,取出所需信号；

（c）D^{-1} 相当于 D 的逆运算,至此可以试写出以上各步运算的表达式。

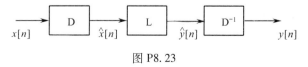

图 P8.23

8.24 一个离散时间线性位移不变系统,其输入为$x(n)$,输出为$y(n)$,系统满足差分方程

$$y[n-1] - \frac{10}{3}y[n] + y[n+1] = x[n]$$

已知系统是稳定的,试确定该系统的单位冲激响应。

8.25 已知离散时间系统的系统函数$H(z) = \frac{z^2}{(z-3)^2}$,已知在$x[n]$激励下的响应为

$$y[n] = 2(n+1)(3)^n u[n]$$

求出$x[n]$。

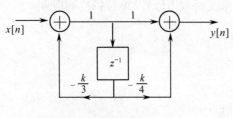

图 P8.27

8.26 已知某初始状态为零的一阶离散时间系统在输入$x[n] = u[n]$时的输出$y[n] = (2^n + 10)u[n]$,试确定描述此系统的差分方程式。

8.27 一个离散时间系统的结构如图 P8.27 所示。

(a) 求这个因果系统的$H(z)$,画出零极点图,并指出收敛域;

(b) 当k为何值时,该系统是稳定的;

(c) 当$k=1$时,求输入为$x[n] = \left(\frac{2}{3}\right)^n$的响应$y[n]$。

8.28 画出下列系统函数的零极点图,并用几何求值法画出相应的模特性

(a) $H(z) = \frac{1}{z-0.5}$; (b) $H(z) = \frac{z}{z-0.5}$; (c) $H(z) = \frac{z+0.5}{z}$。

8.29 已知系统函数$H(z) = \frac{z}{z-k}$,k为常数。

(a) 写出相应的差分方程;

(b) 画出系统的结构图;

(c) 画出$k=0, 0.5, 1$三种情况下的系统模特性和相位特性。

8.30 一个离散系统具有如图 P8.30 所示的零极点图,应用几何求值法证明该系统的频率响应的模为与频率无关的常数。正因为如此,称该系统为一阶全通系统。

8.31 已知某数字滤波器的结构如图 P8.31 所示,试求滤波器稳定时的k值范围。

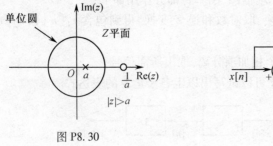

图 P8.30

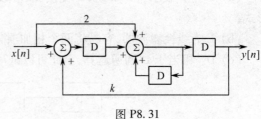

图 P8.31

8.32 已知连续时间系统的系统函数 $H(s)$ 为

(a) $\dfrac{A}{s(s+\lambda)}$;   (b) $\dfrac{1}{(s+\lambda)^2}$。

试分别确定一个相应的离散时间系统的系统函数 $H(z)$，使其单位脉冲响应是连续时间系统单位冲激响应的取样值（设取样间隔为 T）。

8.33 已知横向数字滤波器的结构如图 P8.33 所示，试以 $M=8$ 为例：

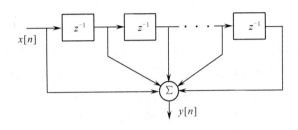

图 P8.33

(a) 写出差分方程；

(b) 求出系统函数 $H(z)$；

(c) 求单位抽样响应 $h[n]$；

(d) 画出 $H(z)$ 的零极点图；

(e) 粗略画出系统的幅度响应。

8.34 已知离散系统差分方程表示式为

$$y[n] - \frac{3}{4}y[n-1] + \frac{1}{8}y[n-2] = x[n] + \frac{1}{3}x[n-1]$$

(a) 求系统函数和单位抽样响应；

(b) 画出系统函数的零极点分布图；

(c) 粗略画出幅频响应特性曲线；

(d) 画出系统的结构框图。

第9章 连续时间与离散时间 系统的状态变量分析

9.1 引 言

在前面几章中我们讨论了系统的时域和变换域分析。所采用的系统模型,诸如微分方程、差分方程、单位冲激响应(单位抽样响应)、频率响应、系统函数等,描述的都是系统的输入—输出关系。这种模型并不能全面揭示系统的内部特性,并且随着系统日趋复杂,要求同时完成多种功能,这种模型很难对其进行处理。因此到 20 世纪 50—60 年代出现了状态空间法描述分析系统即系统的状态变量分析法,这种方法与单纯的输入—输出法相比有很多优点,首先状态变量充分描述系统内部特性,而且这种方法还能便捷地处理各类复杂系统,诸如多输入—多输出系统、时变系统等。

本章各节将分别讨论状态空间方程的建立,以及时域和变换域的求解方法。

9.2 状态变量与状态空间方程

在状态空间法中,最关键的量是系统的状态变量,状态变量是描述系统状态随时间变化所需的最少数目变量组, $x_i(t)(i = 1, 2, \cdots, n)$ 表示其中的每一个分量。通常状态变量以向量的形式描述,因此又称状态向量,状态向量的取值空间,称为状态空间。状态变量的选择并不唯一。对于同一系统,选择不同的状态变量会得到不同形式的状态方程,各形式之间具有线性变换关系。但系统的阶次是相同的,决定了状态变量的个数,如由 $x_1(t), \cdots, x_n(t)$ 所描述的非奇异系统是 n 阶系统。

状态空间方程由两部分组成,一是描述系统状态变量与系统输入关系的一阶微分方程组,称为状态方程;另一部分是描述系统输出与状态变量及输入之间关系的代数方程组,称为输出方程,其基本表达如下:

$$\dot{\boldsymbol{x}}(t) = \boldsymbol{A}\boldsymbol{x}(t) + \boldsymbol{B}\boldsymbol{f}(t) \qquad (\text{状态方程}) \qquad (9-1a)$$

$$\boldsymbol{y}(t) = \boldsymbol{C}\boldsymbol{x}(t) + \boldsymbol{D}\boldsymbol{f}(t) \qquad (\text{输出方程}) \qquad (9-1b)$$

式中, $\boldsymbol{x}(t) \in \mathbf{R}^n$ 为系统状态向量, $\boldsymbol{x}(t) = \begin{pmatrix} x_1(t) \\ x_2(t) \\ \vdots \\ x_n(t) \end{pmatrix}$; $\boldsymbol{f}(t) \in \mathbf{R}^p$ 为系统的输入向量, $\boldsymbol{f}(t) = \begin{pmatrix} f_1(t) \\ f_2(t) \\ \vdots \\ f_p(t) \end{pmatrix}$; $\boldsymbol{y}(t) \in \mathbf{R}^q$ 为系统的输出向量, $\boldsymbol{y}(t) = \begin{pmatrix} y_1(t) \\ y_2(t) \\ \vdots \\ y_q(t) \end{pmatrix}$,当 $p=q=1$ 时系统称为单输入—单输出系

统(Single-Input Single-Output,SISO)。

A: $n \times n$,称为系统矩阵, $A = \begin{bmatrix} a_{11} & \cdots & a_{1n} \\ \vdots & & \vdots \\ a_{n1} & \cdots & a_{nn} \end{bmatrix}$;

B: $n \times p$,称为控制矩阵, $B = \begin{bmatrix} b_{11} & \cdots & b_{1p} \\ \vdots & & \vdots \\ b_{n1} & \cdots & b_{np} \end{bmatrix}$;

C: $q \times n$,称为输出矩阵, $C = \begin{bmatrix} c_{11} & \cdots & c_{1n} \\ \vdots & & \vdots \\ c_{q1} & \cdots & c_{qn} \end{bmatrix}$;

D: $q \times p$,称为直达矩阵, $D = \begin{bmatrix} c_{11} & \cdots & c_{1p} \\ \vdots & \ddots & \vdots \\ c_{q1} & \cdots & c_{qp} \end{bmatrix}$ 。

类似地,对于离散时间系统,同样也具有相似的状态空间方程形式:

$$x[n + 1] = Ax[n] + Bf[n] \qquad\qquad (9-2a)$$

$$y[n] = Cx[n] + Df[n] \qquad\qquad (9-2b)$$

式中, $x[n] \in \mathbf{R}^n$, $x[n] = \begin{bmatrix} x_1[n] \\ \vdots \\ x_n[n] \end{bmatrix}$; $f[n] = \mathbf{R}^p$, $f[n] = \begin{bmatrix} f_1[n] \\ \vdots \\ f_p[n] \end{bmatrix}$; $y[n] \in \mathbf{R}^q$, $y[n] = \begin{bmatrix} y_1[n] \\ \vdots \\ y_q[n] \end{bmatrix}$ 。

$x[n]$ 、$f[n]$ 、$y[n]$ 分别为状态向量、输入向量和输出向量,系数矩阵 A、B、C、D 与连续时间系统对应的矩阵形式意义相同。

9.3 状态空间方程的建立

建立状态空间方程通常有两大类方法:一种是从实际系统基本原理出发直接列写方程;另一种方法是依据已知的其他输入—输出关系模型,诸如微分方程、差分方程、系统函数、模拟框图等,向状态空间方程模型转化。下面我们分别进行讨论。

1. 依据实际系统列写状态空间方程

例 9-1 已知一电路系统如图 9-1 所示,试列写其状态空间方程。

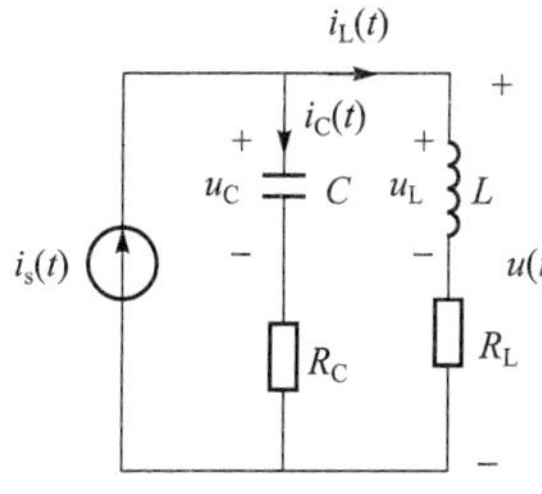

解:根据电路原理中的基尔霍夫电流、电压定律,可以得到如下关系式:

图 9-1 例 9-1 用图

$$i_s(t) = i_C(t) + i_L(t) = C\frac{\mathrm{d}}{\mathrm{d}t}u_C(t) + i_L(t)$$

$$u_C(t) + R_C C\frac{\mathrm{d}u_C(t)}{\mathrm{d}t} = L\frac{\mathrm{d}i_L(t)}{\mathrm{d}t} + R_L i_L(t) \qquad\qquad (9-3)$$

整理式(9-3),得

$$\frac{\mathrm{d}u_C(t)}{\mathrm{d}t} = -\frac{1}{C}i_L(t) + \frac{1}{C}i_s(t)$$

$$\frac{\mathrm{d}i_L(t)}{\mathrm{d}t} = \frac{1}{L}u_C(t) - \frac{R_L + R_C}{L}i_L(t) + \frac{R_C}{L}i_s(t)$$

$$(9-4)$$

设 $u_C(t)$、$i_L(t)$ 为系统的状态变量,记为 $x_1(t) = u_C(t)$,$x_2(t) = i_L(t)$,系统的输入—输出分别为 $f(t) = i_s(t)$,$y_1(t) = u(t)$,$y_2(t) = i_C(t)$,则式(9-4)可写成

$$\dot{x}_1(t) = -\frac{1}{C}x_2(t) + \frac{1}{C}f(t)$$

$$\dot{x}_2(t) = \frac{1}{L}x_1(t) - \frac{R_C + R_L}{L}x_2(t) + \frac{R_C}{L}f(t)$$

$$y_1(t) = x_1(t) - R_C x_2(t) + R_C f(t)$$

$$y_2(t) = -x_2(t) + f(t)$$

写成矩阵形式为

$$\begin{bmatrix} \dot{x}_1(t) \\ \dot{x}_2(t) \end{bmatrix} = \underbrace{\begin{bmatrix} 0 & -\dfrac{1}{C} \\ \dfrac{1}{L} & -\dfrac{R_C + R_L}{L} \end{bmatrix}}_{A} \begin{bmatrix} x_1(t) \\ x_2(t) \end{bmatrix} + \underbrace{\begin{bmatrix} \dfrac{1}{C} \\ \dfrac{R_C}{L} \end{bmatrix}}_{B} f(t)$$

$$\begin{bmatrix} y_1(t) \\ y_2(t) \end{bmatrix} = \underbrace{\begin{bmatrix} 1 & -R_C \\ 0 & -1 \end{bmatrix}}_{C} \begin{bmatrix} x_1(t) \\ x_2(t) \end{bmatrix} + \underbrace{\begin{bmatrix} R_C \\ 1 \end{bmatrix}}_{D} f(t)$$

由例 9-1 可知,根据实际物理系统建立状态空间方程时,首先要确定状态变量,对于电路系统,通常取独立的电感电流和电容电压为状态变量,然后依据基尔霍夫定律列写电路方程,化简消去一些中间变量后,整理成状态空间方程的基本形式。

2. 由微分方程(差分方程)向状态空间方程转化

设系统的微分方程为

$$y^{(n)}(t) + a_{n-1}y^{(n-1)}(t) + \cdots + a_1 y^{(1)}(t) + a_0 y(t)$$

$$= b_n f^{(n)}(t) + b_{n-1}f^{(n-1)}(t) + \cdots + b_1 f^{(1)}(t) + b_0 f(t)$$

首先,根据连续时间 LTI 系统的线性时不变性,我们可以将方程分解为

$$\begin{cases} \hat{y}^{(n)}(t) + a_{n-1}\hat{y}^{(n-1)}(t) + \cdots + a_1\hat{y}^{(1)}(t) + a_0\hat{y}(t) = f(t) \\ y(t) = b_n\hat{y}^{(n)}(t) + b_{n-1}\hat{y}^{(n-1)}(t) + \cdots + b_1\hat{y}^{(1)}(t) + b_0\hat{y}(t) \end{cases}$$

取状态变量

$$\begin{cases} x_1(t) = \hat{y}(t) \\ x_2(t) = \hat{y}^{(1)}(t) \\ \vdots \\ x_{n-1}(t) = \hat{y}^{(n-2)}(t) \\ x_n(t) = \hat{y}^{(n-1)}(t) \end{cases}, \text{则} \begin{cases} \dot{x}_1(t) = \hat{y}^{(1)}(t) = x_2(t) \\ \dot{x}_2(t) = \hat{y}^{(2)}(t) = x_3(t) \\ \vdots \\ \dot{x}_{n-1}(t) = \hat{y}^{(n-1)}(t) = x_n(t) \\ \dot{x}_n(t) = \hat{y}^{(n)}(t) = -a_{n-1}x_n(t) - a_{n-2}x_{n-1}(t) - \cdots - a_1 x_2(t) - a_0 x_1(t) + f(t) \\ y(t) = (b_0 - b_n a_0)x_1(t) + (b_1 - b_n a_1)x_2(t) + \cdots + (b_{n-1} - b_n a_{n-1})x_n(t) + b_n f(t) \end{cases}$$

整理成矩阵形式,有

$$
\begin{bmatrix} \dot{x}_1(t) \\ \dot{x}_2(t) \\ \vdots \\ \dot{x}_{n-1}(t) \\ \dot{x}_n(t) \end{bmatrix} = \underbrace{\begin{bmatrix} 0 & 1 & 0 & \cdots & 0 \\ 0 & 0 & 1 & \cdots & 0 \\ \vdots & \vdots & \vdots & & \vdots \\ 0 & 0 & 0 & \cdots & 1 \\ -a_0 & -a_1 & -a_2 & \cdots & -a_{n-1} \end{bmatrix}}_{A} \begin{bmatrix} x_1(t) \\ x_2(t) \\ \vdots \\ x_{n-1}(t) \\ x_n(t) \end{bmatrix} + \underbrace{\begin{bmatrix} 0 \\ 0 \\ \vdots \\ 0 \\ 1 \end{bmatrix}}_{B} f(t) \qquad (9-5a)
$$

$$
y(t) = \underbrace{\begin{bmatrix} b_0 - b_n a_0 & b_1 - b_n a_1 & \cdots & b_{n-1} - b_n a_{n-1} \end{bmatrix}}_{C} \begin{bmatrix} x_1(t) \\ x_2(t) \\ \vdots \\ x_{n-1}(t) \\ x_n(t) \end{bmatrix} + \underbrace{\begin{bmatrix} b_n \end{bmatrix}}_{D} f(t) \qquad (9-5b)
$$

当输入的阶次 m 小于输出的阶次 n,即当 $m<n$ 时, $b_{m+1} = \cdots = b_n = 0$,此时,$A$、$B$ 矩阵不变,$C = \begin{bmatrix} b_0 & b_1 & \cdots & b_m & 0 & \cdots & 0 \end{bmatrix}$,$D = \mathbf{0}$。对应输出方程

$$
y(t) = \begin{bmatrix} b_0 & b_1 & \cdots & b_m & 0 & \cdots & 0 \end{bmatrix} \begin{bmatrix} x_1(t) \\ \vdots \\ x_n(t) \end{bmatrix} \qquad (9-5c)
$$

例 9-2 有两个连续时间 LTI 系统,对应微分方程分别如下:

(1) $y^{(3)}(t) + a_2 y^{(2)}(t) + a_1 y^{(1)}(t) + a_0 y(t) = f(t)$;

(2) $y^{(3)}(t) + a_2 y^{(2)}(t) + a_1 y^{(1)}(t) + a_0 y(t) = b_2 f^{(2)}(t) + b_1 f^{(1)}(t) + b_0 f(t)$。

式中,a_2、a_1、a_0、b_2、b_1、b_0 均为常数。分别列写出对应的状态空间方程。

解:(1) 因为 $m<n$,根据式(9-5a)和式(9-5c),可得对应的状态空间方程为

$$
\begin{bmatrix} \dot{x}_1(t) \\ \dot{x}_2(t) \\ \dot{x}_3(t) \end{bmatrix} = \begin{bmatrix} 0 & 1 & 0 \\ 0 & 0 & 1 \\ -a_0 & -a_1 & -a_2 \end{bmatrix} \begin{bmatrix} x_1(t) \\ x_2(t) \\ x_3(t) \end{bmatrix} + \begin{bmatrix} 0 \\ 0 \\ 1 \end{bmatrix} f(t) ; \; y(t) = \begin{bmatrix} 1 & 0 & 0 \end{bmatrix} \begin{bmatrix} x_1(t) \\ x_2(t) \\ x_3(t) \end{bmatrix}
$$

(2) 同理,$m<n$。状态空间方程为

$$
\begin{bmatrix} \dot{x}_1(t) \\ \dot{x}_2(t) \\ \dot{x}_3(t) \end{bmatrix} = \begin{bmatrix} 0 & 1 & 0 \\ 0 & 0 & 1 \\ -a_0 & -a_1 & -a_2 \end{bmatrix} \begin{bmatrix} x_1(t) \\ x_2(t) \\ x_3(t) \end{bmatrix} + \begin{bmatrix} 0 \\ 0 \\ 1 \end{bmatrix} f(t)
$$

$$
y(t) = \begin{bmatrix} b_0 & b_1 & b_2 \end{bmatrix} \begin{bmatrix} x_1(t) \\ x_2(t) \\ x_3(t) \end{bmatrix}
$$

对于连续时间 LTI 系统,可以通过微分方程向状态空间方程转化。类似地,离散时间 LTI 系统,也可以通过差分方程,利用相似的推导过程,得到离散时间 LTI 系统状态空间方程。

已知离散时间 LTI 系统的差分方程为

$$y[n] + a_1y[n-1] + \cdots + a_Ny[n-N] = b_0f[n] + b_1f[n-1] + \cdots + b_Nf[n-N]$$

将其转化为状态空间方程,首先将方程进行分解,根据 LTI 系统的线性时不变性,可以分解为

$$\begin{cases} \hat{y}[n] + a_1\hat{y}[n-1] + \cdots + a_N\hat{y}[n-N] = f[n] \\ y[n] = b_0\hat{y}[n] + b_1\hat{y}[n-1] + \cdots + b_N\hat{y}[n-N] \end{cases}$$

选取状态变量

$$x_1[n] = \hat{y}[n-N]$$

$$x_2[n] = \hat{y}[n-N+1] = x_1[n+1]$$

$$x_3[n] = \hat{y}[n-N+2] = x_2[n+1]$$

$$\vdots$$

$$x_{N-1}[n] = \hat{y}[n-N+(N-2)] = x_{N-2}[n+1]$$

$$x_N[n] = \hat{y}[n-N+(N-1)] = x_{N-1}[n+1]$$

$$x_N[n+1] = \hat{y}[n] = -a_1x_N[n] - \cdots - a_Nx_1[n] + f[n]$$

将其写成矩阵形式,有

$$\begin{bmatrix} x_1[n+1] \\ x_2[n+1] \\ \vdots \\ x_{N-1}[n+1] \\ x_N[n+1] \end{bmatrix} = \underbrace{\begin{bmatrix} 0 & 1 & 0 & \cdots & 0 \\ 0 & 0 & 1 & \cdots & 0 \\ & & \vdots & & \\ 0 & 0 & 0 & \cdots & 1 \\ -a_N & -a_{N-1} & -a_{N-2} & \cdots & -a_1 \end{bmatrix}}_{A} \begin{bmatrix} x_1[n] \\ x_2[n] \\ \vdots \\ x_{N-1}[n] \\ x_N[n] \end{bmatrix} + \underbrace{\begin{bmatrix} 0 \\ 0 \\ \vdots \\ 0 \\ 1 \end{bmatrix}}_{B} f[n]$$

$$(9-6a)$$

$$y[n] = b_0(-a_1x_N[n] - \cdots - a_Nx_1[n] + f[n]) + b_1x_N[n] + \cdots + b_Nx_1[n]$$

$$= \underbrace{\begin{bmatrix} b_N - b_0a_N & b_{N-1} - b_0a_{N-1} & \cdots & b_1 - b_0a_1 \end{bmatrix}}_{C} \begin{bmatrix} x_1[n] \\ \vdots \\ x_N[n] \end{bmatrix} + \underbrace{b_0f[n]}_{D}$$

$$(9-6b)$$

当 $M<N$ 时, $b_{M+1}, \cdots, b_N = 0$,则

$$y[n] = \begin{bmatrix} -b_0a_N & -b_0a_{N-1} & \cdots & -b_0a_{M+1} & b_M - b_0a_M & \cdots & b_1 - b_0a_1 \end{bmatrix} \begin{bmatrix} x_1[n] \\ \vdots \\ x_N[n] \end{bmatrix} + b_0f[n]$$

$$(9-6c)$$

例 9-3 已知两个离散时间 LTI 系统,对应差分方程分别如下:

(1) $y[n] + a_1y[n-1] + a_2y[n-2] + a_3y[n-3] = f[n]$;

(2) $y[n] + a_1y[n-1] + a_2y[n-2] + a_3y[n-3] = b_1f[n-1] + b_2f[n-2]$

式中, a_3、a_2、a_1、a_0、b_1、b_2 均为常数,分别写出对应的状态空间方程。

解：(1) $M < N$，根据式(9-6a)和式(9-6c)，可得对应的状态空间方程为

$$\begin{bmatrix} x_1[n+1] \\ x_2[n+1] \\ x_3[n+1] \end{bmatrix} = \begin{bmatrix} 0 & 1 & 0 \\ 0 & 0 & 1 \\ -a_3 & -a_2 & -a_1 \end{bmatrix} \begin{bmatrix} x_1[n] \\ x_2[n] \\ x_3[n] \end{bmatrix} + \begin{bmatrix} 0 \\ 0 \\ 1 \end{bmatrix} f[n]$$

$$y[n] = \begin{bmatrix} 0 & 0 & 1 \end{bmatrix} \begin{bmatrix} x_1[n] \\ x_2[n] \\ x_3[n] \end{bmatrix} + f[n]$$

(2) 对应的状态空间方程为

$$\begin{bmatrix} x_1[n+1] \\ x_2[n+1] \\ x_3[n+1] \end{bmatrix} = \begin{bmatrix} 0 & 1 & 0 \\ 0 & 0 & 1 \\ -a_3 & -a_2 & -a_1 \end{bmatrix} \begin{bmatrix} x_1[n] \\ x_2[n] \\ x_3[n] \end{bmatrix} + \begin{bmatrix} 0 \\ 0 \\ 1 \end{bmatrix} f[n]$$

$$y[n] = \begin{bmatrix} 0 & b_2 & b_1 \end{bmatrix} \begin{bmatrix} x_1[n] \\ x_2[n] \\ x_3[n] \end{bmatrix}$$

3. 由系统函数向状态空间方程转化

由前面的章节我们知道，系统函数 $H(s)$、$H(z)$ 与微分方程、差分方程有着一一对应的关系，利用已讨论的结果，可先从 $H(s)$ 或 $H(z)$ 化为微分/差分方程，再建立状态空间方程。

例 9-4 已知系统函数

$$H(s) = \frac{4s}{s^3 + 3s^2 + 6s + 4}$$

列写系统状态空间方程。

解：由 $H(s)$ 可直接写出系统的微分方程为

$$y^{(3)}(t) + 3y^{(2)}(t) + 6y^{(1)}(t) + 4y(t) = 4f^{(1)}(t)$$

$$\begin{bmatrix} \dot{x}_1(t) \\ \dot{x}_2(t) \\ \dot{x}_3(t) \end{bmatrix} = \begin{bmatrix} 0 & 1 & 0 \\ 0 & 0 & 1 \\ -4 & -6 & -3 \end{bmatrix} \begin{bmatrix} x_1(t) \\ x_2(t) \\ x_3(t) \end{bmatrix} + \begin{bmatrix} 0 \\ 0 \\ 1 \end{bmatrix} f(t)$$

$$y(t) = \begin{bmatrix} 0 & 4 & 0 \end{bmatrix} \begin{bmatrix} x_1(t) \\ x_2(t) \\ x_3(t) \end{bmatrix}$$

例 9-5 已知系统函数为

$$H(z) = \frac{30z^{-1} - 10z^{-2} + 90z^{-3}}{1 - 6z^{-1} + 11z^{-2} - 6z^{-3}}$$

列写系统状态空间方程。

解：由 $H(z)$ 直接写出差分方程

$$y[n] - 6y[n-1] + 11y[n-2] - 6y[n-3] = 30f[n-1] - 10f[n-2] + 90f[n-3]$$

$$M = N$$

$$\begin{bmatrix} x_1[n+1] \\ x_2[n+1] \\ x_3[n+1] \end{bmatrix} = \begin{bmatrix} 0 & 1 & 0 \\ 0 & 0 & 1 \\ 6 & -11 & 6 \end{bmatrix} \begin{bmatrix} x_1[n] \\ x_2[n] \\ x_3[n] \end{bmatrix} + \begin{bmatrix} 0 \\ 0 \\ 1 \end{bmatrix} f[n] ; y[n] = \begin{bmatrix} 90 & -10 & 30 \end{bmatrix} \begin{bmatrix} x_1[n] \\ x_2[n] \\ x_3[n] \end{bmatrix}$$

4. 由系统模拟框图建立状态空间方程

系统模型除了数学表达式外,还有图形化的模型,比如我们前面已经学过的系统模拟框图。由系统模拟框图建立状态空间方程是一种比较直观和简单的方法,一般遵循如下规则:

① 选取积分器(或延时器)的输出作为状态变量;

② 围绕加法器列写状态方程和输出方程。

系统模拟框图一般有直接型、级联型、并联型,都可以遵循一般规则,写出对应的状态空间方程。

例 9-6 已知一个 LTI 系统,其系统函数为

$$H(s) = \frac{2s+5}{s^3+9s^2+26s+24} = \left(\frac{2}{s+2}\right)\left(\frac{s+2.5}{s+3}\right)\left(\frac{1}{s+4}\right) = \frac{0.5}{s+2} + \frac{1}{s+3} - \frac{1.5}{s+4}$$

对应的直接型、级联型、并联型模拟框图分别如图 9-2(a)、(b)、(c)所示,试列写对应结构的状态空间方程。

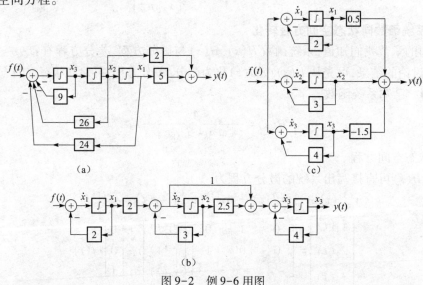

图 9-2 例 9-6 用图

解:在三种模拟结构图中,我们选择状态变量分别标示于图 9-2(a)、(b)、(c)上。

(1)

$$\dot{x}_1(t) = x_2(t)$$
$$\dot{x}_2(t) = x_3(t)$$
$$\dot{x}_3(t) = -24x_1(t) - 26x_2(t) - 9x_3(t) + f(t)$$
$$y(t) = 5x_1(t) + 2x_2(t)$$

写成矩阵形式为

$$\begin{bmatrix} \dot{x}_1(t) \\ \dot{x}_2(t) \\ \dot{x}_3(t) \end{bmatrix} = \begin{bmatrix} 0 & 1 & 0 \\ 0 & 0 & 1 \\ -24 & -26 & -9 \end{bmatrix} \begin{bmatrix} x_1(t) \\ x_2(t) \\ x_3(t) \end{bmatrix} + \begin{bmatrix} 0 \\ 0 \\ 1 \end{bmatrix} f(t)$$

$$y(t) = \begin{bmatrix} 5 & 2 & 0 \end{bmatrix} \begin{bmatrix} x_1(t) \\ x_2(t) \\ x_3(t) \end{bmatrix}$$

（2）

$$\dot{x}_1(t) = -2x_1(t) + f(t)$$

$$\dot{x}_2(t) = 2x_1(t) - 3x_2(t)$$

$$\dot{x}_3(t) = \dot{x}_2(t) + 2.5x_2(t) - 4x_3(t)$$

$$= 2x_1(t) - 0.5x_2(t) - 4x_3(t)$$

$$y(t) = x_3(t)$$

写成矩阵形式为

$$\begin{bmatrix} \dot{x}_1(t) \\ \dot{x}_2(t) \\ \dot{x}_3(t) \end{bmatrix} = \begin{bmatrix} -2 & 0 & 0 \\ 2 & -3 & 0 \\ 2 & -0.5 & -4 \end{bmatrix} \begin{bmatrix} x_1(t) \\ x_2(t) \\ x_3(t) \end{bmatrix} + \begin{bmatrix} 1 \\ 0 \\ 0 \end{bmatrix} f(t)$$

$$y(t) = \begin{bmatrix} 0 & 0 & 1 \end{bmatrix} \begin{bmatrix} x_1(t) \\ x_2(t) \\ x_3(t) \end{bmatrix}$$

（3）

$$\dot{x}_1(t) = -2x_1(t) + f(t)$$

$$\dot{x}_2(t) = -3x_2(t) + f(t)$$

$$\dot{x}_3(t) = -4x_3(t) + f(t)$$

$$y(t) = 0.5x_1(t) + x_2(t) - 1.5x_3(t)$$

写成矩阵形式为

$$\begin{bmatrix} \dot{x}_1(t) \\ \dot{x}_2(t) \\ \dot{x}_3(t) \end{bmatrix} = \begin{bmatrix} -2 & 0 & 0 \\ 0 & -3 & 0 \\ 0 & 0 & -4 \end{bmatrix} \begin{bmatrix} x_1(t) \\ x_2(t) \\ x_3(t) \end{bmatrix} + \begin{bmatrix} 1 \\ 1 \\ 1 \end{bmatrix} f(t)$$

$$y(t) = \begin{bmatrix} 0.5 & 1 & -1.5 \end{bmatrix} \begin{bmatrix} x_1(t) \\ x_2(t) \\ x_3(t) \end{bmatrix}$$

由此例我们还能看到另一个问题,对于同一系统,由于状态变量选择的不唯一性,可以使同一系统具有不同的状态空间方程形式,各种表达形式之间存在着非奇异线性变换关系。

9.4 连续时间系统状态空间方程的解

对于系统的分析,实质是已知输入、系统,关注对应的系统输出特性,因此要对系统方程进行求解。用状态空间模型描述的系统也不例外,求解过程中,不仅要求出系统输出响应,更重要的是关注系统状态随时间变化的规律,求解方法分别为时域方法和变换域方法。下面分别介绍。

1. 连续时间系统状态空间方程的时域解

连续时间系统状态空间方程的一般形式为

$$\dot{\boldsymbol{x}}(t) = \boldsymbol{A}\boldsymbol{x}(t) + \boldsymbol{B}\boldsymbol{f}(t) \tag{9-7a}$$

$$\boldsymbol{y}(t) = \boldsymbol{C}\boldsymbol{x}(t) + \boldsymbol{D}\boldsymbol{f}(t) \tag{9-7b}$$

在求解过程中需要用到"矩阵指数"函数 $e^{\boldsymbol{A}t}$,先给出 $e^{\boldsymbol{A}t}$ 的定义和主要性质。定义矩阵指数函数 $e^{\boldsymbol{A}t}$ 为 $e^{\boldsymbol{A}t} = \boldsymbol{I} + \boldsymbol{A}t + \dfrac{1}{2!}\boldsymbol{A}^2 t^2 + \cdots + \dfrac{1}{k!}\boldsymbol{A}^k t^k + \cdots = \sum\limits_{k=0}^{\infty} \dfrac{1}{k!}\boldsymbol{A}^k t^k$,其中 $\boldsymbol{I}$ 是 $n \times n$ 的单位矩阵,$\boldsymbol{A}$ 为 $n \times n$ 方阵,$e^{\boldsymbol{A}t}$ 也是一个 $n \times n$ 方阵,其主要性质有

$$e^{\boldsymbol{A}t} \cdot e^{-\boldsymbol{A}t} = \boldsymbol{I}$$

$$e^{\boldsymbol{A}t} = \left[e^{-\boldsymbol{A}t}\right]^{-1}$$

$$\frac{\mathrm{d}}{\mathrm{d}t}e^{\boldsymbol{A}t} = \boldsymbol{A}e^{\boldsymbol{A}t} = e^{\boldsymbol{A}t}\boldsymbol{A}$$

首先对状态方程求解,将式(9-7a)两端左乘 $e^{-\boldsymbol{A}t}$,并移项可得

$$e^{-\boldsymbol{A}t}\dot{\boldsymbol{x}}(t) - e^{-\boldsymbol{A}t}\boldsymbol{A}\boldsymbol{x}(t) = e^{-\boldsymbol{A}t}\boldsymbol{B}\boldsymbol{f}(t)$$

$$\frac{\mathrm{d}}{\mathrm{d}t}\left[e^{-\boldsymbol{A}t}\boldsymbol{x}(t)\right] = e^{-\boldsymbol{A}t}\boldsymbol{B}\boldsymbol{f}(t)$$

两端取 t_0 到 t 的积分,得

$$e^{-\boldsymbol{A}t}\boldsymbol{x}(t)\Big|_{t_0}^{t} = \int_{t_0}^{t} e^{-\boldsymbol{A}\tau}\boldsymbol{B}\boldsymbol{f}(\tau)\mathrm{d}\tau$$

$$e^{-\boldsymbol{A}t}\boldsymbol{x}(t) - e^{-\boldsymbol{A}t_0}\boldsymbol{x}(t_0) = \int_{t_0}^{t} e^{-\boldsymbol{A}\tau}\boldsymbol{B}\boldsymbol{f}(\tau)\mathrm{d}\tau$$

$$e^{-\boldsymbol{A}t}\boldsymbol{x}(t) = e^{-\boldsymbol{A}t_0}\boldsymbol{x}(t_0) + \int_{t_0}^{t} e^{-\boldsymbol{A}\tau}\boldsymbol{B}\boldsymbol{f}(\tau)\mathrm{d}\tau$$

两端左乘 $e^{\boldsymbol{A}t}$,得

$$\boldsymbol{x}(t) = e^{\boldsymbol{A}(t-t_0)}\boldsymbol{x}(t_0) + \int_{t_0}^{t} e^{\boldsymbol{A}(t-\tau)}\boldsymbol{B}\boldsymbol{f}(\tau)\mathrm{d}\tau$$

其中 $\boldsymbol{x}(t_0)$ 是 $t = t_0$ 时,系统状态向量的初始状态,由于第一项只与初始状态有关,与输入信号无关,因此是状态向量的零输入解;第二项只与输入信号 $\boldsymbol{f}(t)$ 有关,与初始状态 $\boldsymbol{x}(t_0)$ 无关,是状态向量的零状态解。通常,我们令 $t_0 = 0$,上项又可写成

$$\boldsymbol{x}(t) = e^{\boldsymbol{A}t}\boldsymbol{x}(0) + \int_{0}^{t} e^{\boldsymbol{A}(t-\tau)}\boldsymbol{B}\boldsymbol{f}(\tau)\mathrm{d}\tau \tag{9-8}$$

记 $\boldsymbol{\varphi}(t) = e^{\boldsymbol{A}t}$,称为状态转移矩阵,其物理含义是系统 $t_0 = 0$ 时刻的状态 $\boldsymbol{x}(0)$ 在 $\boldsymbol{\varphi}(t)$ 的作用下转移到 t 时刻的状态 $\boldsymbol{x}(t)$。令输入 $\boldsymbol{f}(t) = \boldsymbol{0}$ 时,这一点看得更明确,此时 $\boldsymbol{x}(t) = \boldsymbol{\varphi}(t)\boldsymbol{x}(0)$。状态向量 $\boldsymbol{x}(t)$ 的解也可以表示成卷积形式

$$\boldsymbol{x}(t) = \boldsymbol{\varphi}(t)\boldsymbol{x}(0) + \boldsymbol{\varphi}(t)\boldsymbol{B} * \boldsymbol{f}(t) \tag{9-9}$$

其中矩阵卷积运算与矩阵乘法运算相似,只需将两个元素相乘,符号用卷积符号代替。

下面求解系统的输出响应,由于输出方程是一个代数方程组,因此只需将 $\boldsymbol{x}(t)$ 的表达式代入即可。

$$y(t) = Cx(t) + Df(t)$$

$$= Ce^{At}x(0) + \int_0^t Ce^{A(t-\tau)}Bf(\tau)\mathrm{d}\tau + Df(t)$$

$$= C\boldsymbol{\varphi}(t)x(0) + C\boldsymbol{\varphi}(t)B * f(t) + Df(t)$$

$$= C\boldsymbol{\varphi}(t)x(0) + [C\boldsymbol{\varphi}(t)B + D\boldsymbol{\delta}(t)] * f(t)$$

式中, $\boldsymbol{\delta}(t)$ 为 $p \times p$ 的对角阵, $\boldsymbol{\delta}(t) = \begin{bmatrix} \delta(t) & 0 & \cdots & 0 \\ 0 & \delta(t) & \cdots & \vdots \\ \vdots & \vdots & & 0 \\ 0 & \cdots & 0 & \delta(t) \end{bmatrix}_{p \times p}$,零输入响应 $y_0(t) =$

$C\boldsymbol{\varphi}(t)x(0)$,零状态响应 $y_x(t) = [C\boldsymbol{\varphi}(t)B + D\boldsymbol{\delta}(t)] * f(t) = h(t) * f(t)$,系统单位冲激响应
$h(t) = C\boldsymbol{\varphi}(t)B + D\boldsymbol{\delta}(t)$ 。

2. 连续时间系统状态空间方程的变换域解

$$\dot{x}(t) = Ax(t) + Bf(t) \tag{9-10a}$$

$$y(t) = Cx(t) + Df(t) \tag{9-10b}$$

首先对状态方程式(9-10a)求解。对状态方程式(9-10a)进行拉氏变换,得

$$sX(s) - x(0) = AX(s) + BF(s)$$

整理得

$$(sI - A)X(s) = x(0) + BF(s)$$

两端左乘 $(sI - A)^{-1}$,得

$$X(s) = (sI - A)^{-1}x(0) + (sI - A)^{-1}BF(s)$$

令 $\boldsymbol{\Phi}(s) = (sI - A)^{-1}$,得

$$X(s) = \boldsymbol{\Phi}(s)x(0) + \boldsymbol{\Phi}(s)BF(s) \tag{9-11}$$

对上式取拉氏反变换,得

$$x(t) = \mathscr{L}^{-1}\{\boldsymbol{\Phi}(s)\}x(0) + \mathscr{L}^{-1}\{\boldsymbol{\Phi}(s)BF(s)\} \tag{9-12}$$

比较式(9-9)与式(9-12),可得

$$\mathscr{L}^{-1}\{\boldsymbol{\Phi}(s)\} = \mathscr{L}^{-1}\{(sI - A)^{-1}\} = \boldsymbol{\varphi}(t) = e^{At}$$

式中, $\boldsymbol{\Phi}(s)$ 称为系统的预解矩阵,与状态转移矩阵 $\boldsymbol{\varphi}(t)$ 构成拉氏变换对。

接下来,求系统的输出响应。

对输出方程进行拉氏变换

$$Y(s) = CX(s) + DF(s) \tag{9-13}$$

将式(9-11)代入式(9-13),得

$$Y(s) = C[\boldsymbol{\Phi}(s)x(0) + \boldsymbol{\Phi}(s)BF(s)] + DF(s)$$

$$= C\boldsymbol{\Phi}(s)x(0) + C\boldsymbol{\Phi}(s)BF(s) + DF(s)$$

$$= C\boldsymbol{\Phi}(s)x(0) + [C\boldsymbol{\Phi}(s)B + D]F(s)$$

其中零输入响应 $Y_0(s) = C\boldsymbol{\Phi}(s)x(0)$,零状态响应

$$Y_x(s) = [C\boldsymbol{\Phi}(s)B + D]F(s)$$

$$= H(s)F(s)$$

系统函数 $H(s) = C\boldsymbol{\Phi}(s)B + D = C(sI - A)^{-1}B + D$ 。

对 $Y(s)$ 取拉氏反变换,得到系统输出 $y(t)$

$$y(t) = \mathscr{L}^{-1}\{C\boldsymbol{\Phi}(s)x(0)\} + \mathscr{L}^{-1}\{[C\boldsymbol{\Phi}(s)B + D]F(s)\}$$

在求解系统状态空间方程时，$\boldsymbol{\Phi}(s)$ 和 $\boldsymbol{\varphi}(t)$ 起着关键性的作用，为了充分体现系统在不同域中的特点及对应关系，我们着重强调 $\boldsymbol{\varphi}(t) = \mathscr{L}^{-1}\{\boldsymbol{\Phi}(s)\} = \mathscr{L}^{-1}\{(s\boldsymbol{I} - \boldsymbol{A})^{-1}\}$ 这一对应关系，关于 $\boldsymbol{\varphi}(t)$ 的其他求解方法，诸如凯莱—哈密顿法、插值法、特征值法等，感兴趣的同学可以查阅相关参考书。

例 9-7 已知连续时间 LTI 系统的状态空间方程为

$$\begin{bmatrix} \dot{x}_1(t) \\ \dot{x}_2(t) \end{bmatrix} = \begin{bmatrix} -1 & 0 \\ 1 & -3 \end{bmatrix} \begin{bmatrix} x_1(t) \\ x_2(t) \end{bmatrix} + \begin{bmatrix} 1 \\ 0 \end{bmatrix} f(t)$$

$$y(t) = \begin{bmatrix} -\dfrac{1}{2} & 1 \end{bmatrix} \begin{bmatrix} x_1(t) \\ x_2(t) \end{bmatrix} + [1]f(t)$$

$x(0) = \begin{bmatrix} x_1(0) \\ x_2(0) \end{bmatrix} = \begin{bmatrix} 1 \\ 2 \end{bmatrix}$，输入为 $f(t) = u(t)$，试求系统的状态向量 $x(t)$ 和输出 $y(t)$。

解：我们在时间域和变换域分别进行求解，首先求出系统的预解矩阵 $\boldsymbol{\Phi}(s)$ 和状态转移矩阵 $\boldsymbol{\varphi}(t)$。

$$\boldsymbol{\Phi}(s) = (s\boldsymbol{I} - \boldsymbol{A})^{-1}$$

$$= \left(\begin{bmatrix} s & 0 \\ 0 & s \end{bmatrix} - \begin{bmatrix} -1 & 0 \\ 1 & -3 \end{bmatrix} \right)^{-1} = \begin{bmatrix} s+1 & 0 \\ -1 & s+3 \end{bmatrix}^{-1} = \begin{bmatrix} \dfrac{1}{s+1} & 0 \\ \dfrac{\frac{1}{2}}{s+1} + \dfrac{-\frac{1}{2}}{s+3} & \dfrac{1}{s+3} \end{bmatrix}$$

$$\boldsymbol{\varphi}(t) = \mathscr{L}^{-1}\{\boldsymbol{\Phi}(s)\}$$

$$= \begin{bmatrix} e^{-t} & 0 \\ \dfrac{1}{2}(e^{-t} - e^{-3t}) & e^{-3t} \end{bmatrix}, \ t > 0$$

（1）时域解。

① 状态向量的零输入解为

$$x_0(t) = \boldsymbol{\varphi}(t) \cdot x(0)$$

$$= \begin{bmatrix} e^{-t} & 0 \\ \dfrac{1}{2}(e^{-t} - e^{-3t}) & e^{-3t} \end{bmatrix} \begin{bmatrix} 1 \\ 2 \end{bmatrix} = \begin{bmatrix} e^{-t} \\ \dfrac{1}{2}(e^{-t} + 3e^{-3t}) \end{bmatrix}, \ t > 0$$

状态向量的零状态解为

$$x_x(t) = \boldsymbol{\varphi}(t)B * f(t)$$

$$= \begin{bmatrix} e^{-t} & 0 \\ \dfrac{1}{2}(e^{-t} - e^{-3t}) & e^{-3t} \end{bmatrix} \begin{bmatrix} 1 \\ 0 \end{bmatrix} * u(t)$$

$$= \begin{bmatrix} 1 - e^{-t} \\ \dfrac{1}{6}(2 - 3e^{-t} + e^{-3t}) \end{bmatrix}, \ t > 0$$

状态向量为

$$\boldsymbol{x}(t) = \boldsymbol{x}_0(t) + \boldsymbol{x}_x(t)$$

$$= \left[\begin{array}{c} e^{-t} \\ \dfrac{1}{2}(e^{-t} + 3e^{-3t}) \end{array} \right] + \left[\begin{array}{c} 1 - e^{-t} \\ \dfrac{1}{6}(2 - 3e^{-t} + e^{-3t}) \end{array} \right]$$

$$= \left[\begin{array}{c} 1 \\ \dfrac{1}{3}(1 + 5e^{-3t}) \end{array} \right], \; t > 0$$

② 零输入响应为

$$\boldsymbol{y}_0(t) = \boldsymbol{C}\boldsymbol{\varphi}(t)\boldsymbol{x}(0)$$

$$= \left[-\dfrac{1}{2} \quad 1 \right] \left[\begin{array}{cc} e^{-t} & 0 \\ \dfrac{1}{2}(e^{-t} - e^{-3t}) & e^{-3t} \end{array} \right] \left[\begin{array}{c} 1 \\ 2 \end{array} \right] = \dfrac{3}{2}e^{-3t}, \; t > 0$$

零状态响应为

$$\boldsymbol{y}_x(t) = \boldsymbol{h}(t) * \boldsymbol{f}(t)$$

$$= [\boldsymbol{C}\boldsymbol{\varphi}(t)\boldsymbol{B} + \boldsymbol{D}\boldsymbol{\delta}(t)] * \boldsymbol{f}(t)$$

$$= \left\{ \left[-\dfrac{1}{2} \quad 1 \right] \left[\begin{array}{cc} e^{-t} & 0 \\ \dfrac{1}{2}(e^{-t} - e^{-3t}) & e^{-3t} \end{array} \right] \left[\begin{array}{c} 1 \\ 0 \end{array} \right] + \delta(t) \right\} * u(t)$$

$$= \left[-\dfrac{1}{2}e^{-t} + \dfrac{1}{2}e^{-t} - \dfrac{1}{2}e^{-3t} + \delta(t) \right] * u(t)$$

$$= \dfrac{1}{6}(5 + e^{-3t}), \; t > 0$$

系统全响应为

$$\boldsymbol{y}(t) = \boldsymbol{y}_0(t) + \boldsymbol{y}_x(t) = \dfrac{5}{6}(1 + 2e^{-3t})u(t)$$

当然，更简单的做法是将 $\boldsymbol{x}(t)$、$\boldsymbol{f}(t)$ 代入式(9 - 10b)，则有

$$\boldsymbol{y}(t) = \boldsymbol{C}\boldsymbol{x}(t) + \boldsymbol{D}\boldsymbol{f}(t)$$

$$= \left[-\dfrac{1}{2} \quad 1 \right] \left[\begin{array}{c} 1 \\ \dfrac{1}{3}(1 + 5e^{-3t}) \end{array} \right] + [1]u(t)$$

$$= \dfrac{5}{6}(1 + 2e^{-3t}), \; t > 0$$

(2)变换域解。

① 状态向量的零输入解为

$$\boldsymbol{X}_0(s) = \boldsymbol{\Phi}(s)\boldsymbol{x}(0)$$

$$= \left[\begin{array}{cc} \dfrac{1}{s+1} & 0 \\ \dfrac{\frac{1}{2}}{s+1} + \dfrac{-\frac{1}{2}}{s+3} & \dfrac{1}{s+3} \end{array} \right] \left[\begin{array}{c} 1 \\ 2 \end{array} \right] = \left[\begin{array}{c} \dfrac{1}{s+1} \\ \dfrac{\frac{1}{2}}{s+1} + \dfrac{\frac{3}{2}}{s+3} \end{array} \right]$$

$$\boldsymbol{x}_0(t) = \mathscr{L}^{-1}\{\boldsymbol{X}_0(s)\}$$

$$= \begin{bmatrix} \mathrm{e}^{-t} \\ \dfrac{1}{2}\mathrm{e}^{-t} + \dfrac{3}{2}\mathrm{e}^{-3t} \end{bmatrix}, \ t > 0$$

状态向量的零状态解为

$$\boldsymbol{X}_x(s) = \boldsymbol{\Phi}(s)\boldsymbol{B}\boldsymbol{F}(s)$$

$$= \begin{bmatrix} \dfrac{1}{s+1} & 0 \\ \dfrac{1}{2} + \dfrac{-\dfrac{1}{2}}{s+3} & \dfrac{1}{s+3} \end{bmatrix} \begin{bmatrix} 1 \\ 0 \end{bmatrix} \cdot \dfrac{1}{s}$$

$$= \begin{bmatrix} \dfrac{1}{s+1} \cdot \dfrac{1}{s} \\ \left(\dfrac{\dfrac{1}{2}}{s+1} + \dfrac{-\dfrac{1}{2}}{s+3} \right) \cdot \dfrac{1}{s} \end{bmatrix} = \begin{bmatrix} \dfrac{1}{s} - \dfrac{1}{s+1} \\ \dfrac{\dfrac{1}{3}}{s} - \dfrac{\dfrac{1}{2}}{s+1} + \dfrac{\dfrac{1}{6}}{s+3} \end{bmatrix}$$

$$\boldsymbol{x}_x(t) = \begin{bmatrix} 1 - \mathrm{e}^{-t} \\ \dfrac{1}{3} - \dfrac{1}{2}\mathrm{e}^{-t} + \dfrac{1}{6}\mathrm{e}^{-3t} \end{bmatrix}, \ t > 0$$

$$\boldsymbol{x}(t) = \boldsymbol{x}_0(t) + \boldsymbol{x}_x(t)$$

$$= \begin{bmatrix} 1 \\ \dfrac{1}{3}(1 + 5\mathrm{e}^{-3t}) \end{bmatrix}, \ t > 0$$

② 零输入响应为

$$\boldsymbol{Y}_0(s) = \boldsymbol{C}\boldsymbol{\Phi}(s)\boldsymbol{x}(0)$$

$$= \begin{bmatrix} -\dfrac{1}{2} & 1 \end{bmatrix} \begin{bmatrix} \dfrac{1}{s+1} & 0 \\ \dfrac{1}{2} + \dfrac{-\dfrac{1}{2}}{s+3} & \dfrac{1}{s+3} \end{bmatrix} \begin{bmatrix} 1 \\ 2 \end{bmatrix} = \dfrac{\dfrac{3}{2}}{s+3}$$

$$\boldsymbol{y}_0(t) = \mathscr{L}^{-1}\{Y_0(s)\} = \dfrac{3}{2}\mathrm{e}^{-3t}, \ t > 0$$

零状态响应为

$$\boldsymbol{Y}_x(s) = [\boldsymbol{C}\boldsymbol{\Phi}(s)\boldsymbol{B} + \boldsymbol{D}]\boldsymbol{F}(s)$$

$$= \left(\begin{bmatrix} -\dfrac{1}{2} & 1 \end{bmatrix} \begin{bmatrix} \dfrac{1}{s+1} & 0 \\ \dfrac{1}{2} + \dfrac{-\dfrac{1}{2}}{s+3} & \dfrac{1}{s+3} \end{bmatrix} \begin{bmatrix} 1 \\ 0 \end{bmatrix} + [1] \right) \cdot \dfrac{1}{s}$$

$$= \frac{\dfrac{1}{6}}{s+3} + \dfrac{\dfrac{5}{6}}{s}$$

$$y_x(t) = \mathscr{L}^{-1}\{Y_x(s)\} = \frac{5}{6} + \frac{1}{6}e^{-3t}, \ t > 0$$

系统全响应为

$$y(t) = y_0(t) + y_x(t) = \frac{5}{6}(1 + 2e^{-3t}), \ t > 0$$

9.5　离散时间系统状态空间方程的解

对于离散时间 LTI 系统的求解方法,与连续时间系统相类似,也分为时域求解方法和变换域求解方法。下面分别进行介绍。

1. 离散时间系统状态空间方程的时域解

离散时间系统状态空间方程的一般形式为

$$x[n+1] = Ax[n] + Bf[n] \tag{9-14a}$$
$$y[n] = Cx[n] + Df[n] \tag{9-14b}$$

由于状态方程为一组一阶差分方程,根据前面章节学过的时域求解方法,对一阶差分方程我们可以应用递推法求解。

设初始时刻 $n = n_0 = 0$,初始状态为 $x[0]$、系统 $n > 0$ 的状态为

$$x[1] = Ax[0] + Bf[0]$$
$$x[2] = Ax[1] + Bf[1] = A^2x[0] + ABf[0] + Bf[1]$$
$$x[3] = Ax[2] + Bf[2] = A^3x[0] + A^2Bf[0] + ABf[1] + Bf[2]$$
$$\vdots$$
$$x[n] = A^nx[0] + A^{n-1}Bf[0] + A^{n-2}Bf[1] + \cdots + Bf[n-1]$$

即

$$x[n] = A^nx[0] + \sum_{k=0}^{n-1} A^{n-1-k}Bf[k] \tag{9-15}$$

式中,第一项为状态向量的零输入解;第二项为状态向量的零状态解。当初始时刻 $n_0 \neq 0$ 时,状态向量解的一般形式为

$$x[n] = A^nx[n_0] + \sum_{k=0}^{n-1} A^{n-1-k}Bf[n_0+k]$$

其中记 $\varphi[n] = A^n, n > 0$,也称为状态转移矩阵,与 $\varphi(t) = e^{At}$ 有类似性质。将式(9-15)代入式(9-14b),可求得系统输出的时域解

$$y[n] = C\left(A^nx[0] + \sum_{k=0}^{n-1} A^{n-1-k}Bf[k]\right) + Df[n]$$

$$= \underbrace{CA^nx[0]}_{\text{零输入响应}} + \underbrace{\left(\sum_{k=0}^{n-1} CA^{n-1-k}Bf[k] + Df[n]\right)}_{\text{零状态响应}} \tag{9-16}$$

式(9-15)和式(9-16)同样也可以用卷积形式表述

$$\boldsymbol{x}[n] = \boldsymbol{\varphi}[n]\boldsymbol{x}[0] + \boldsymbol{\varphi}[n-1]\boldsymbol{B} * \boldsymbol{f}[n]$$

$$\boldsymbol{y}[n] = \boldsymbol{C}\boldsymbol{\varphi}[n]\boldsymbol{x}[0] + \{\boldsymbol{C}\boldsymbol{\varphi}[n-1]\boldsymbol{B} + \boldsymbol{D}\boldsymbol{\delta}[n]\} * \boldsymbol{f}[n]$$

$$= \boldsymbol{C}\boldsymbol{\varphi}[n]\boldsymbol{x}[0] + \boldsymbol{h}[n] * \boldsymbol{f}[n]$$

式中,$\boldsymbol{h}[n] = \boldsymbol{C}\boldsymbol{\varphi}[n-1]\boldsymbol{B} + \boldsymbol{D}\boldsymbol{\delta}[n]$,是系统的单位冲激响应,其中

$$\boldsymbol{\delta}[n] = \begin{bmatrix} \delta[n] & & 0 \\ & \ddots & \\ 0 & & \delta[n] \end{bmatrix}_{p \times p}$$

2. 离散时间系统状态空间方程的变换域解

首先对式(9-14a)和式(9-14b)作 Z 变换

$$z\boldsymbol{X}(z) - z\boldsymbol{x}[0] = \boldsymbol{A}\boldsymbol{X}(z) + \boldsymbol{B}\boldsymbol{F}(z)$$

$$\boldsymbol{Y}(z) = \boldsymbol{C}\boldsymbol{X}(z) + \boldsymbol{D}\boldsymbol{F}(z)$$

对状态方程整理,得

$$(z\boldsymbol{I} - \boldsymbol{A})\boldsymbol{X}(z) = z\boldsymbol{x}[0] + \boldsymbol{B}\boldsymbol{F}(z)$$

两端左乘 $(z\boldsymbol{I} - \boldsymbol{A})^{-1}$,得

$$\boldsymbol{X}(z) = \underbrace{(z\boldsymbol{I} - \boldsymbol{A})^{-1}z\boldsymbol{x}[0]}_{\text{零输入解}} + \underbrace{(z\boldsymbol{I} - \boldsymbol{A})^{-1}\boldsymbol{B}\boldsymbol{F}(z)}_{\text{零状态解}} \tag{9-17}$$

式中,设 $\boldsymbol{\Phi}(z) = (z\boldsymbol{I} - \boldsymbol{A})^{-1}z$,称为系统的预解矩阵。于是

$$\boldsymbol{X}(z) = \boldsymbol{\Phi}(z)\boldsymbol{x}[0] + z^{-1}\boldsymbol{\Phi}(z)\boldsymbol{B}\boldsymbol{F}(z)$$

$$\boldsymbol{x}[n] = \mathscr{Z}^{-1}\{\boldsymbol{\Phi}(z)\boldsymbol{x}[0]\} + \mathscr{Z}^{-1}\{z^{-1}\boldsymbol{\Phi}(z)\boldsymbol{B}\boldsymbol{F}(z)\}$$

与式(9-15)比较可知,$\boldsymbol{\Phi}(z)$ 与 $\boldsymbol{\varphi}[n]$ 互为 Z 变换对,即

$$\boldsymbol{\varphi}[n] = \boldsymbol{A}^n = \mathscr{Z}^{-1}\{\boldsymbol{\Phi}(z)\} = \mathscr{Z}^{-1}\{(z\boldsymbol{I} - \boldsymbol{A})^{-1}z\}$$

将式(9-16)代入输出方程,得

$$\boldsymbol{Y}(z) = \boldsymbol{C}\boldsymbol{X}(z) + \boldsymbol{D}\boldsymbol{F}(z)$$

$$= \boldsymbol{C}(z\boldsymbol{I} - \boldsymbol{A})^{-1}z\boldsymbol{x}[0] + \boldsymbol{C}(z\boldsymbol{I} - \boldsymbol{A})^{-1}\boldsymbol{B}\boldsymbol{F}(z) + \boldsymbol{D}\boldsymbol{F}(z)$$

$$= \underbrace{\boldsymbol{C}\boldsymbol{\Phi}(z)\boldsymbol{x}[0]}_{\text{零输入响应}} + \underbrace{[\boldsymbol{C}z^{-1}\boldsymbol{\Phi}(z)\boldsymbol{B} + \boldsymbol{D}]\boldsymbol{F}(z)}_{\text{零状态响应}}$$

$$= \boldsymbol{C}\boldsymbol{\Phi}(z)\boldsymbol{x}[0] + \boldsymbol{H}(z)\boldsymbol{F}(z)$$

式中,$\boldsymbol{H}(z) = \boldsymbol{C}z^{-1}\boldsymbol{\Phi}(z)\boldsymbol{B} + \boldsymbol{D}$ 为系统函数。

$$\boldsymbol{y}[n] = \mathscr{Z}^{-1}\{\boldsymbol{C}\boldsymbol{\Phi}(z)\boldsymbol{x}[0]\} + \mathscr{Z}^{-1}\{\boldsymbol{H}(z)\boldsymbol{F}(z)\}$$

例9-8 LTI 离散时间系统的状态空间方程为

$$\begin{bmatrix} x_1[n+1] \\ x_2[n+1] \end{bmatrix} = \begin{bmatrix} \dfrac{1}{2} & 0 \\ \dfrac{1}{4} & \dfrac{1}{4} \end{bmatrix} \begin{bmatrix} x_1[n] \\ x_2[n] \end{bmatrix} + \begin{bmatrix} 1 \\ 0 \end{bmatrix} f[n]$$

$$\begin{bmatrix} y_1[n] \\ y_2[n] \end{bmatrix} = \begin{bmatrix} 1 & 0 \\ 1 & -1 \end{bmatrix} \begin{bmatrix} x_1[n] \\ x_2[n] \end{bmatrix}$$

初始状态及输入为

$$\begin{bmatrix} x_1[\,0\,] \\ x_2[\,0\,] \end{bmatrix} = \begin{bmatrix} 1 \\ -1 \end{bmatrix}, f[\,n\,] = u[\,n\,]$$

求系统的状态向量 $\boldsymbol{x}[\,n\,]$ 及输出 $\boldsymbol{y}[\,n\,]$。

解：首先求出系统的预解矩阵 $\boldsymbol{\Phi}(z)$

$$\boldsymbol{\Phi}(z) = (z\boldsymbol{I} - \boldsymbol{A})^{-1}z$$

$$= \left(\begin{bmatrix} z & 0 \\ 0 & z \end{bmatrix} - \begin{bmatrix} \dfrac{1}{2} & 0 \\ \dfrac{1}{4} & \dfrac{1}{4} \end{bmatrix} \right)^{-1} z = \frac{z}{\left(z - \dfrac{1}{2} \right)\left(z - \dfrac{1}{4} \right)} \begin{bmatrix} z - \dfrac{1}{4} & 0 \\ \dfrac{1}{4} & z - \dfrac{1}{2} \end{bmatrix}$$

$$= \begin{bmatrix} \dfrac{z}{z - \dfrac{1}{2}} & 0 \\ \dfrac{\dfrac{1}{4}z}{\left(z - \dfrac{1}{2} \right)\left(z - \dfrac{1}{4} \right)} & \dfrac{z}{z - \dfrac{1}{4}} \end{bmatrix}$$

状态向量的零输入解为

$$\boldsymbol{X}_0(z) = \boldsymbol{\Phi}(z)\boldsymbol{x}[\,0\,]$$

$$= \begin{bmatrix} \dfrac{z}{z - \dfrac{1}{2}} & 0 \\ \dfrac{\dfrac{1}{4}z}{\left(z - \dfrac{1}{2} \right)\left(z - \dfrac{1}{4} \right)} & \dfrac{z}{z - \dfrac{1}{4}} \end{bmatrix} \begin{bmatrix} 1 \\ -1 \end{bmatrix} = \begin{bmatrix} \dfrac{z}{z - \dfrac{1}{2}} \\ \dfrac{z}{z - \dfrac{1}{2}} - \dfrac{2z}{z - \dfrac{1}{4}} \end{bmatrix}$$

$$\boldsymbol{x}_0[\,n\,] = \begin{bmatrix} \left(\dfrac{1}{2} \right)^n \\ \left(\dfrac{1}{2} \right)^n - 2 \cdot \left(\dfrac{1}{4} \right)^n \end{bmatrix}, n \geqslant 0$$

状态向量的零状态解为

$$\boldsymbol{X}_x(z) = z^{-1}\boldsymbol{\Phi}(z)\boldsymbol{B}\boldsymbol{F}(z), \boldsymbol{F}(z) = \frac{z}{z - 1}$$

$$\boldsymbol{X}_x(z) = z^{-1} \begin{bmatrix} \dfrac{z}{z - \dfrac{1}{2}} & 0 \\ \dfrac{\dfrac{1}{4}z}{\left(z - \dfrac{1}{2} \right)\left(z - \dfrac{1}{4} \right)} & \dfrac{z}{z - \dfrac{1}{4}} \end{bmatrix} \begin{bmatrix} 1 \\ 0 \end{bmatrix} \cdot \frac{z}{z - 1}$$

$$= \begin{bmatrix} \dfrac{z}{\left(z-\dfrac{1}{2}\right)(z-1)} \\[4mm] \dfrac{\dfrac{1}{4}z}{\left(z-\dfrac{1}{2}\right)\left(z-\dfrac{1}{4}\right)(z-1)} \end{bmatrix} = \begin{bmatrix} \dfrac{2z}{z-1} - \dfrac{2z}{z-\dfrac{1}{2}} \\[4mm] \dfrac{\dfrac{2}{3}z}{z-1} - \dfrac{2z}{z-\dfrac{1}{2}} + \dfrac{\dfrac{4}{3}z}{z-\dfrac{1}{4}} \end{bmatrix}$$

$$\boldsymbol{x}_x[n] = \begin{bmatrix} 2 - 2\left(\dfrac{1}{2}\right)^n \\[3mm] \dfrac{2}{3} - 2\left(\dfrac{1}{2}\right)^n + \dfrac{4}{3}\left(\dfrac{1}{4}\right)^n \end{bmatrix}, \ n \geq 0$$

所以

$$\boldsymbol{x}[n] = \boldsymbol{x}_0[n] + \boldsymbol{x}_x[n] = \begin{bmatrix} 2 - \left(\dfrac{1}{2}\right)^n \\[3mm] \dfrac{2}{3} - \left(\dfrac{1}{2}\right)^n - \dfrac{2}{3}\left(\dfrac{1}{4}\right)^n \end{bmatrix}, \ n \geq 0$$

系统的零输入响应

$$\boldsymbol{Y}_0(z) = \boldsymbol{C}\boldsymbol{\Phi}(z)\boldsymbol{x}[0]$$

$$= \begin{bmatrix} 1 & 0 \\ 1 & -1 \end{bmatrix} \begin{bmatrix} \dfrac{z}{z-\dfrac{1}{2}} & 0 \\[4mm] \dfrac{\dfrac{1}{4}z}{\left(z-\dfrac{1}{2}\right)\left(z-\dfrac{1}{4}\right)} & \dfrac{z}{z-\dfrac{1}{4}} \end{bmatrix} \begin{bmatrix} 1 \\ -1 \end{bmatrix}$$

$$= \begin{bmatrix} \dfrac{z}{z-\dfrac{1}{2}} \\[4mm] \dfrac{2z}{z-\dfrac{1}{4}} \end{bmatrix}$$

$$\boldsymbol{y}_0[n] = \begin{bmatrix} \left(\dfrac{1}{2}\right)^n \\[3mm] 2 \cdot \left(\dfrac{1}{4}\right)^n \end{bmatrix}, \ n \geq 0$$

系统的零状态响应为

$$\boldsymbol{Y}_x(z) = \left[\boldsymbol{C}z^{-1}\boldsymbol{\Phi}(z)\boldsymbol{B} + \boldsymbol{D}\right]\boldsymbol{F}(z)$$

$$= \begin{bmatrix} 1 & 0 \\ 1 & -1 \end{bmatrix} z^{-1} \begin{bmatrix} \dfrac{z}{z-\dfrac{1}{2}} & 0 \\[4mm] \dfrac{\dfrac{1}{4}z}{\left(z-\dfrac{1}{2}\right)\left(z-\dfrac{1}{4}\right)} & \dfrac{z}{z-\dfrac{1}{4}} \end{bmatrix} \begin{bmatrix} 1 \\ 0 \end{bmatrix} \cdot \dfrac{z}{z-1}$$

$$= \begin{bmatrix} \dfrac{-2z}{z - \dfrac{1}{2}} + \dfrac{2z}{z-1} \\[4mm] \dfrac{-\dfrac{4}{3}z}{z - \dfrac{1}{4}} + \dfrac{\dfrac{4}{3}z}{z-1} \end{bmatrix}$$

$$\boldsymbol{y}_x[\,n\,] = \begin{bmatrix} 2 - 2\left(\dfrac{1}{2}\right)^n \\[3mm] \dfrac{4}{3} - \dfrac{4}{3}\left(\dfrac{1}{4}\right)^n \end{bmatrix}, \, n \geqslant 0$$

系统全响应为

$$\boldsymbol{y}[\,n\,] = \boldsymbol{y}_0[\,n\,] + \boldsymbol{y}_x[\,n\,] = \begin{bmatrix} 2 - \left(\dfrac{1}{2}\right)^n \\[3mm] \dfrac{4}{3} + \dfrac{2}{3}\left(\dfrac{1}{4}\right)^n \end{bmatrix}, \, n \geqslant 0$$

9.6　系统稳定性

在第 7 章中,我们通过系统函数 $H(s)$ 讨论了连续时间系统的稳定性,系统因果稳定的充分必要条件是:系统函数 $H(s)$ 的极点全部位于 s 平面的左半平面。在这一章中我们假设系统已经满足因果性。

在状态空间方程中,系统函数 $H(s)$ 与各系数矩阵的关系我们已经知道,即

$$H(s) = \boldsymbol{C\Phi}(s)\boldsymbol{B} + \boldsymbol{D}$$
$$= \boldsymbol{C}(s\boldsymbol{I} - \boldsymbol{A})^{-1}\boldsymbol{B} + \boldsymbol{D}$$
$$= \boldsymbol{C}\frac{\mathrm{adj}(s\boldsymbol{I} - \boldsymbol{A})}{|s\boldsymbol{I} - \boldsymbol{A}|}\boldsymbol{B} + \boldsymbol{D}$$
$$= \frac{\boldsymbol{C}\mathrm{adj}(s\boldsymbol{I} - \boldsymbol{A})\boldsymbol{B} + \boldsymbol{D}|s\boldsymbol{I} - \boldsymbol{A}|}{|s\boldsymbol{I} - \boldsymbol{A}|}$$

式中,分母多项式 $|s\boldsymbol{I} - \boldsymbol{A}|$ 又称为系统特征多项式。令 $|s\boldsymbol{I} - \boldsymbol{A}| = 0$,称为系统特征方程,方程对应的根,即系统矩阵 $\boldsymbol{A}$ 的特征值就是系统函数 $H(s)$ 的极点,因此在状态空间描述中,系统稳定性可由系统矩阵 $\boldsymbol{A}$ 的特征值在 s 平面上的分布情况确定,稳定的充分必要条件是:系统矩阵 $\boldsymbol{A}$ 的特征值全部位于 s 平面的左半平面。判断方法同样可以利用 R-H 准则。

而对于离散时间系统,由第 8 章得到的稳定性结论是:系统稳定的充要条件是系统函数 $H(z)$ 的极点都落在单位圆内。系统稳定与连续系统类似。

$$H(z) = \boldsymbol{C}z^{-1}\boldsymbol{\Phi}(z)\boldsymbol{B} + \boldsymbol{D}$$
$$= \boldsymbol{C}(z\boldsymbol{I} - \boldsymbol{A})^{-1}\boldsymbol{B} + \boldsymbol{D}$$
$$= \frac{\boldsymbol{C}\mathrm{adj}(z\boldsymbol{I} - \boldsymbol{A})\boldsymbol{B} + \boldsymbol{D}|z\boldsymbol{I} - \boldsymbol{A}|}{|z\boldsymbol{I} - \boldsymbol{A}|}$$

系统函数 $H(z)$ 的极点是特征方程 $|zI - A| = 0$ 的根,在状态空间描述中,系统稳定的充要条件是:系统矩阵 A 的特征值都位于 z 平面的单位圆内。

例 9-9 系统的状态方程为

$$\begin{bmatrix} \dot{x}_1(t) \\ \dot{x}_2(t) \\ \dot{x}_3(t) \end{bmatrix} = \begin{bmatrix} 0 & 1 & 0 \\ 0 & 0 & 1 \\ -k & -1 & -3 \end{bmatrix} \begin{bmatrix} x_1(t) \\ x_2(t) \\ x_3(t) \end{bmatrix} + \begin{bmatrix} 0 \\ 0 \\ 1 \end{bmatrix} f(t)$$

求使系统稳定的 k 取值范围。

解: 系统特征多项式

$$|sI - A| = \left| \begin{bmatrix} s & 0 & 0 \\ 0 & s & 0 \\ 0 & 0 & s \end{bmatrix} - \begin{bmatrix} 0 & 1 & 0 \\ 0 & 0 & 1 \\ -k & -1 & -3 \end{bmatrix} \right|$$

$$= s^3 + 3s^2 + s + k$$

列写 R-H 表

$$\begin{array}{ccc} s^3 & 1 & 1 \\ s^2 & 3 & k \\ s^1 & \dfrac{3-k}{3} & \\ s^0 & k & \end{array}$$

若使系统稳定,要求 R-H 表第一列元素均大于 0,即

$$\begin{cases} 3 - k > 0 \\ k > 0 \end{cases} \Rightarrow 0 < k < 3$$

即当取 $0 < k < 3$ 时,系统特征根全部位于 s 平面左半平面,系统稳定。

例 9-10 已知系统的状态方程为

$$\begin{bmatrix} x_1[n+1] \\ x_2[n+1] \end{bmatrix} = \begin{bmatrix} 0 & 1 \\ 1 & -1 \end{bmatrix} \begin{bmatrix} x_1[n] \\ x_2[n] \end{bmatrix} + \begin{bmatrix} 1 \\ 2 \end{bmatrix} f[n]$$

判断系统的稳定性。

解: 系统特征方程为

$$|zI - A| = \left| \begin{bmatrix} z & 0 \\ 0 & z \end{bmatrix} - \begin{bmatrix} 0 & 1 \\ 1 & -1 \end{bmatrix} \right|$$

$$= z^2 + z - 1 = 0$$

解得系统的极点为

$$z_{1,2} = -\frac{1}{2} \pm \frac{1}{2}\sqrt{5}$$

求出 $|z_1| = \left| -\dfrac{1}{2} \pm \dfrac{1}{2}\sqrt{5} \right| = \dfrac{1 + \sqrt{5}}{2} > 1$,说明系统有落在单位圆外的特征值。因此该系统是不稳定的。

习 题

9.1 写出图 P9.1 所示电路的状态方程(选择 i_L 和 v_C 为状态变量)。

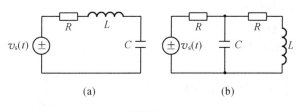

图 P9.1

9.2 写出图 P9.2 所示电路的状态方程(选择 i_L 和 v_C 为状态变量)。若指定电阻上电压为输出,写出其输出方程。

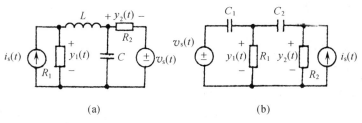

图 P9.2

9.3 图 P9.3 表示一谐振放大器的等效电路,图中 $f(t)$ 为压控电流源 $gu(t)$,输出电压 $y(t)$ 由耦合电路的电阻 R_L 上取得,试列写该电路的状态方程与输出方程。

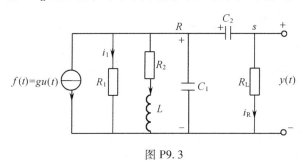

图 P9.3

9.4 对于由下列微分方程描述的系统,列写其状态方程和输出方程。
(a) $y^{(2)}(t) + 5y^{(1)}(t) + 6y(t) = f^{(1)}(t) + f(t)$;
(b) $y^{(2)}(t) + 3y^{(1)}(t) + 2y(t) = f^{(2)}(t) + f^{(1)}(t) + 2f(t)$;
(c) $y^{(3)}(t) + 5y^{(2)}(t) + 7y^{(1)}(t) + 3y(t) = f(t)$;
(d) $y^{(2)}(t) + 4y(t) = f(t)$;
(e) $y^{(2)}(t) + 4y^{(1)}(t) + 3y(t) = f^{(1)}(t) + f(t)$;
(f) $y^{(3)}(t) + 5y^{(2)}(t) + y^{(1)}(t) + 2y(t) = f^{(1)}(t) + 2f(t)$;
(g) $y^{(3)}(t) + 3y^{(2)}(t) + 2y^{(1)}(t) + y(t) = f^{(2)}(t) + 2f^{(1)}(t) + f(t)$。

9.5 对于由下列方程组描述的系统,列写其状态方程和输出方程。

(a) $y_1^{(1)}(t)+y_2(t)=f_1(t)$

$y_2^{(2)}(t)+y_1^{(1)}(t)+y_2^{(1)}(t)+y_1(t)=f_2(t)$;

(b) $y_1^{(2)}(t)+y_2(t)=f(t)$

$y_2^{(2)}(t)+y_1(t)=f(t)$。

9.6 写出图 P9.6 所示连续时间系统的状态方程和输出方程。

9.7 已知系统函数 $H(s)=Y(s)/F(s)$,写出其状态方程。

(a) $H(s)=\dfrac{3s+10}{s^2+7s+12}$;

(b) $H(s)=\dfrac{2s^2+9s}{s^2+4s+29}$;

(c) $H(s)=\dfrac{5s^3+32s^2+122s+60}{(s+1)^3+(s+2)}$;

(d) $H(s)=\dfrac{4s}{(s+1)+(s+2)^2}$。

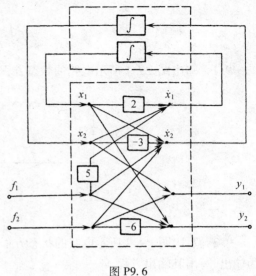

图 P9.6

9.8 图 P9.8 所示系统,以 $x_1(t)$, $x_2(t)$, $x_3(t)$ 为状态变量,以 $y(t)$ 为响应,列写状态方程与输出方程。

9.9 写出图 P9.9 所示离散时间系统的状态方程。

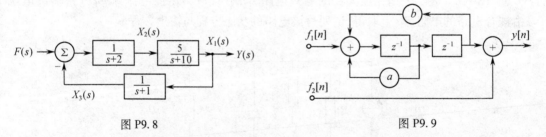

图 P9.8

图 P9.9

9.10 描述离散时间系统的差分方程如下,写出其状态方程和输出方程。

(a) $y[n]+2y[n-1]+5y[n-2]+6y[n-3]=f[n-3]$;

(b) $y[n]+3y[n-1]+2y[n-2]+y[n-3]=f[n-1]+2f[n-2]+f[n-3]$;

(c) $y[n+2]+3y[n+1]+2y[n]=f[n+1]+f[n]$。

9.11 已知离散时间系统函数如下,写出其状态方程和输出方程。

(a) $H(z)=\dfrac{1}{1-z^{-1}-0.11z^{-2}}$;

(b) $H(z)=\dfrac{1+2z^{-1}}{1+3z^{-1}+2z^{-2}}$。

9.12 连续时间系统中的系统矩阵 A 已知,试求其状态转移矩阵 $\boldsymbol{\varphi}(t)$, $\boldsymbol{\varphi}(t)=\mathrm{e}^{At}$。

（a）$\boldsymbol{A}=\begin{bmatrix} 0 & 1 & 0 \\ 0 & 0 & 1 \\ 0 & 1 & 0 \end{bmatrix}$；

（b）$\boldsymbol{A}=\begin{bmatrix} 1 & 2 \\ 0 & -2 \end{bmatrix}$；

（c）$\boldsymbol{A}=\begin{bmatrix} 0 & \omega \\ -\omega & 0 \end{bmatrix}$；

（d）$\boldsymbol{A}=\begin{bmatrix} 1 & -1 \\ 1 & 3 \end{bmatrix}$。

9.13　已知系统的状态方程和初始状态为

$$\begin{bmatrix} \dot{x}_1(t) \\ \dot{x}_2(t) \end{bmatrix} = \begin{bmatrix} 1 & -2 \\ 1 & 4 \end{bmatrix}\begin{bmatrix} x_1(t) \\ x_2(t) \end{bmatrix}$$

$$\begin{bmatrix} x_1(0) \\ x_2(0) \end{bmatrix} = \begin{bmatrix} 3 \\ 2 \end{bmatrix}$$

求状态方程的解。

9.14　求下列状态方程的解。

$$\begin{bmatrix} \dot{x}_1(t) \\ \dot{x}_2(t) \end{bmatrix} = \begin{bmatrix} -3 & -2 \\ 2 & 2 \end{bmatrix}\begin{bmatrix} x_1(t) \\ x_2(t) \end{bmatrix} + \begin{bmatrix} 3 \\ 0 \end{bmatrix}f(t)$$

（a）设初始状态 $x_1(0)=2, x_2(0)=1$，输入 $f(t)=0$；

（b）设初始状态 $x_1(0)=2, x_2(0)=-1$，输入 $f(t)=u(t)$。

9.15　已知某 LTI 系统的状态方程为

$$\dot{\boldsymbol{x}}(t) = \begin{bmatrix} -1 & 0 \\ 1 & 1 \end{bmatrix}\boldsymbol{x}(t) + \begin{bmatrix} 1 \\ 1 \end{bmatrix}f(t)$$

$$\boldsymbol{y}(t) = \begin{bmatrix} 1 & 0 \\ 0 & 1 \end{bmatrix}\boldsymbol{x}(t) + \begin{bmatrix} 1 \\ 0 \end{bmatrix}f(t)$$

初始状态 $\boldsymbol{x}(0)=\begin{bmatrix} 1 \\ 1 \end{bmatrix}$，输入 $f(t)=\mathrm{e}^{2t}u(t)$，求系统的零输入响应、零状态响应及全响应。

9.16　线性时不变系统的状态方程和输出方程分别为

$$\dot{\boldsymbol{x}}(t) = \begin{bmatrix} -2 & 1 \\ 0 & -1 \end{bmatrix}\boldsymbol{x}(t) + \begin{bmatrix} 1 \\ 0 \end{bmatrix}f(t)$$

$$y(t) = \begin{bmatrix} 1 & 0 \end{bmatrix}\boldsymbol{x}(t)$$

初始状态 $\boldsymbol{x}(0)=\begin{bmatrix} 1 \\ 1 \end{bmatrix}$，输入 $f(t)=u(t)$，求系统全响应 $y(t)$。

9.17　求下列系统矩阵 $\boldsymbol{A}$ 的状态转移矩阵 $\boldsymbol{\varphi}[n]=\boldsymbol{A}^n$。

（a）$\boldsymbol{A}=\begin{bmatrix} \dfrac{3}{4} & 0 \\ \dfrac{1}{2} & \dfrac{1}{2} \end{bmatrix}$；　　　　（b）$\boldsymbol{A}=\begin{bmatrix} 1/2 & 0 \\ 0 & 1/3 \end{bmatrix}$；

(c) $A = \begin{bmatrix} 1/2 & 1/4 \\ 1 & 1/2 \end{bmatrix}$;　　(d) $A = \begin{bmatrix} 1/2 & 0 \\ 1/2 & 1/2 \end{bmatrix}$。

9.18　求下列状态空间方程的解。

$$\begin{bmatrix} x_1[n+1] \\ x_2[n+1] \end{bmatrix} = \begin{bmatrix} 1 & 1 \\ 4 & 1 \end{bmatrix} \begin{bmatrix} x_1[n] \\ x_2[n] \end{bmatrix} + \begin{bmatrix} 0 \\ 1 \end{bmatrix} f[n]$$

$$y[n] = x_1[n]$$

初始状态为 $x(0) = \begin{bmatrix} 1 \\ 1 \end{bmatrix}$，输入激励为 $f[n] = u[n]$。

9.19　求如下状态方程的解。

$$\begin{bmatrix} x_1[n+1] \\ x_2[n+1] \end{bmatrix} = \begin{bmatrix} 1/2 & 1/6 \\ 0 & 1/3 \end{bmatrix} \begin{bmatrix} x_1[n] \\ x_2[n] \end{bmatrix} + \begin{bmatrix} 0 \\ 1 \end{bmatrix} f[n]$$

(a) $x_1[0] = x_2[0] = 1, f[n] = 0$;

(b) $x_1[0] = 1, x_2[0] = -1, f[n] = u[n]$。

9.20　线性系统的状态方程和输出方程分别如下:

$$\dot{x}(t) = \begin{bmatrix} 0 & 1 \\ -1 & -2 \end{bmatrix} x(t) + \begin{bmatrix} 0 & 1 \\ 1 & 0 \end{bmatrix} \begin{bmatrix} f_1(t) \\ f_2(t) \end{bmatrix}$$

$$y(t) = \begin{bmatrix} 1 & 2 \\ -1 & 1 \\ 1 & 1 \end{bmatrix} x(t) + \begin{bmatrix} 0 & 0 \\ 0 & 0 \\ 1 & 1 \end{bmatrix} \begin{bmatrix} f_1(t) \\ f_2(t) \end{bmatrix}$$

试求系统的单位冲激响应矩阵 $h(t)$ 和系统函数矩阵 $H(s)$。

9.21　已知某离散时间系统的状态空间方程为

$$x[n+1] = \begin{bmatrix} 0 & -1/2 \\ 1/2 & 0 \end{bmatrix} x[n] + \begin{bmatrix} 1 & 1 \\ 0 & 1 \end{bmatrix} f[n]$$

$$y[n] = \begin{bmatrix} 1 & 0 \\ 1 & 1 \\ 2 & 1 \end{bmatrix} x[n]$$

求该系统的系统函数矩阵 $H(z)$ 和单位抽样响应矩阵 $h[n]$，判定系统是否稳定。

9.22　已知离散时间系统的状态方程和输出方程为

$$\begin{cases} x_1[n+1] = x_1[n] - x_2[n] \\ x_2[n+1] = -x_1[n] - x_2[n] \end{cases}$$

$$y[n] = x_1[n] + x_2[n] + f[n]$$

初始状态 $x_1[0] = 2, x_2[0] = 2$，试求系统响应 $y[n]$，并画出系统的模拟框图。

习题答案

第1章

1.1 （a）$P=0\ \text{W},E=\dfrac{1}{4}\ \text{J}$；　（b）$P=1\ \text{W},E=\infty$；　（c）$P=\dfrac{1}{2}\ \text{W},E=\infty$；

　　（d）$P=0,E=\dfrac{4}{3}\ \text{J}$；　　　（e）$P=1\ \text{W},E=\infty$；　（f）$P=\dfrac{1}{2}\ \text{W},E=\infty$。

1.2　$x(t-2)$:原信号右移 2。

　　$x(1-t)$:原信号左移 1 后反转。

　　$x(2t+2)$:原信号左移 2 后压缩到原来的 $\dfrac{1}{2}$。

　　$x(1-t/2)$:原信号左移 1 后反转,再展宽 2 倍。

1.3　（a）、（b）、（c）、（d）结果均同例 1–1。

1.4　$x_1[n-2]$:原序列右移 2。

　　$x_1[2-n]$:原序列左移 2 后反转。

　　$x_1[2n]$:原序列压缩到原来的 $\dfrac{1}{2}$（原序列奇数点的值抽掉）。

　　$x_1[2n+1]$:原序列左移 1 后压缩到原来的 $\dfrac{1}{2}$。

1.5　原序列 $x_2[n]=\left\{-2,-\dfrac{3}{2},-1,-\dfrac{1}{2},\underset{\underset{n=0}{\uparrow}}{0},\dfrac{1}{2},1,\dfrac{3}{2},2\right\}$

　　$x_2[2+n]=\left\{-2,-\dfrac{3}{2},-1,-\dfrac{1}{2},0,\dfrac{1}{2},\underset{\uparrow}{1},\dfrac{3}{2},2\right\}$

　　$x_2[2-n]=\left\{2,\dfrac{3}{2},\underset{\uparrow}{1},\dfrac{1}{2},0,-\dfrac{1}{2},-1,-\dfrac{3}{2},-2\right\}$

　　$x_2[n+2]+x_2[-1-n]=\left\{-2,\dfrac{1}{2},\dfrac{1}{2},\dfrac{1}{2},\dfrac{1}{2},\underset{\uparrow}{\dfrac{1}{2}},\dfrac{1}{2},\dfrac{1}{2},-2\right\}$

　　$x_2[-n]u[n]+x_2[n]=\left\{-2,-\dfrac{3}{2},-1,-\dfrac{1}{2},\underset{\uparrow}{0},0,0,0,0\right\}$

1.6　（a）$t=0$ 时接入:$x(t)=A\sin\omega t\,u(t)$；

　　　$t=t_0$ 时接入:$x(t)=A\sin\omega t\,u(t-t_0)$。

　　（b）（略）。

　　（c）不是正弦信号。

1.7

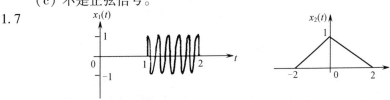

图 A1.7

1.8 $x_1[-n]x_2[n]=\left\{-1,\dfrac{3}{2},-1,-\dfrac{1}{2},\underset{\uparrow}{0},\dfrac{1}{2},0\right\}$;

$\quad x_1[n+2]x_2[1-2n]=\left\{\dfrac{3}{2},\dfrac{1}{2},-\dfrac{1}{2},-\dfrac{3}{4}\right\}$;

$\quad x_1[1-n]x_2[n+4]=\left\{\dfrac{1}{4},1,\underset{\uparrow}{\dfrac{3}{2}},2\right\}$;

$\quad x_1[n-1]x_2[n-3]=\left\{-\dfrac{3}{2},-1,-\dfrac{1}{2},0,\dfrac{1}{2},1\right\}$。

1.10

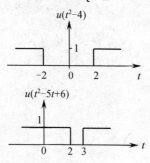
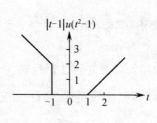
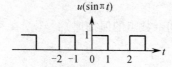

图 A1.10

1.11

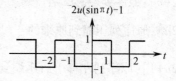

图 A1.11

1.12

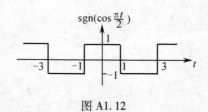

图 A1.12

1.14 $\nabla x[n]=u[n-1]$。

1.15

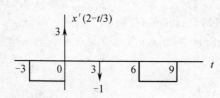

图 A1.15

1.16 (a) $t>-2$; (b) $t>-1$; (c) $t>-2$; (d) $t<1$; (e) $t<9$。

1.17 (a) $n<1$ 和 $n>7$; (b) $n<-6$ 和 $n>0$; (c) $n<-4$ 和 $n>2$; (d) $n<-2$ 和 $n>4$;

（e）$n<-6$ 和 $n>0$。

1.18 （a）26；　（b）6；　（c）1；　（d）4。

1.19

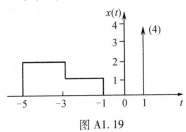

图 A1.19

1.20 $x[2n]=\{1,2,\underset{\uparrow}{2},2,1\}$；

$x[n/2]=\{1,0,1,0,2,0,1,0,\underset{\uparrow}{2},0,1,0,2,0,1,0,1\}$。

1.21 （a）$T=2\pi/3$；　（b）$T=2$；　（c）$N=7$；　（d）不是；

（e）是，$N=4$；　（f）是，$T=\pi$；　（g）$N=16$；　（h）$N=35$。

1.22 （a）不是；　（b）是；　（c）见图 A1.22。

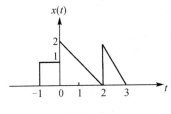

图 A1.22

1.23 $y(t)=\begin{cases}-1, & 0<t<1\\ e^{-(t-1)}, & 1<t<2\\ (e^{-1}-1)e^{-(t-2)}, & t>2\end{cases}$

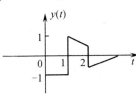

图 A1.23

1.24

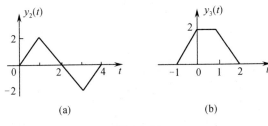

(a)　　　　　　　　　(b)

图 A1.24

1.25 (a) 线性,时不变；　(b) 线性,时变；　(c) 线性,时变；
　　　(d) 线性,时变；　(e) 线性,时变；　(f) 线性,时变。

1.26 (a) 线性,时不变；　(b) 线性,时变；　(c) 非线性,时不变；
　　　(d) 线性,时变；　(e) 线性,时变；　(f) 线性,时变。

1.27 (a) $y_0(t) = (5e^{-2t} - 4e^{-3t})u(t)$ ；

　　　(b) $y_x(t) = (2e^{-2t} - 2e^{-3t})u(t)$ 。

1.28 (a) $y[n] = \{\underset{\uparrow}{0}, 1, -1, 1, -1, \cdots\}$ ；

　　　(b) $y[n] = \{\underset{\uparrow}{0}, 1, 0, 1, 0, \cdots\}$ 。

1.29 (a) 不是；　(b) 0；　(c) 不是。

1.30 (a) 可逆,逆系统 $y(t) = x(t+4)$ 。

　　　(b) 不可逆,当输入 $x_1(t) = x(t) + 2k\pi$ 时,其输出 $y_1(t) = y(t)$ 。

　　　(c) 不可逆,当输入 $\delta[n]$ 或 $2\delta[n]$ 时,其输出均为零。

　　　(d) 可逆,逆系统 $y(t) = \dfrac{dx(t)}{dt}$ 。

　　　(e) 可逆,逆系统 $y[n] = x[1-n]$ 。

　　　(f) 可逆,逆系统 $y(t) = x(t/2)$ 。

　　　(g) 可逆,逆系统 $y[n] = x[2n]$ 。

　　　(h) 不可逆,当输入为任意常数时, $y(t)$ 均为零。

　　　(i) 可逆,逆系统为 $x[n] = y[n] - \dfrac{1}{2}y[n-1]$ 。

　　　(j) 可逆,逆系统为 $x(t) = y'(t) + ay(t)$ 。

第 2 章

2.1 (a) $2e^{-2t} - e^{-3t}, t>0$ ；　　　(b) $2e^{-t} - e^{-2t}, t>0$ ；

　　　(c) $(6t+1)e^{-3t}, t>0$ ；　　　(d) $\dfrac{3}{4}e^{-t} + \dfrac{3}{2}te^{-t} + \dfrac{1}{4}e^{t}, t>0$ ；

　　　(e) $e^{-t}(\cos t + 3\sin t), t>0$ ；　(f) $2\cos t, t>0$ 。

2.2 (a) $\cos t, t>0$ ；　　(b) $\sin t, t>0$ ；

　　　(c) $\cos t + \sin t = \sqrt{2}\cos\left(t - \dfrac{\pi}{4}\right), t>0$ 。

2.3 (a) $y(t) = \dfrac{1}{2}e^{-2t} - \dfrac{2}{3}e^{-3t} + \dfrac{1}{6}, t>0$ ；

　　　(b) $\dfrac{1}{2}e^{-t} - e^{-2t} + \dfrac{1}{2}e^{-3t}, t>0$ 。

2.4 (a) $\left[\dfrac{1}{2}(1-t)e^{-t} + \dfrac{1}{2}\cos t\right]u(t)$ ；

　　　(b) $\left[(t-1)e^{-t} + e^{-t}\cos t\right]u(t)$ 。

2.5 (a) $\dfrac{1}{2}t^2 u(t)$ ；　　　　　　(b) $\dfrac{1}{a}(e^{at} - 1)u(t)$ ；

　　　(c) $\left[-\dfrac{1}{a}t - \dfrac{1}{a^2}(1 - e^{at})\right]u(t)$ ；　(d) $te^{at}u(t)$ ；

(e) $\dfrac{1}{\pi}[1-\cos\pi t][u(t)-u(t-4)]=\begin{cases}\dfrac{1}{\pi}[1-\cos\pi t], & 0<t<4 \\ 0, & t<0,t>4\end{cases}$;

(f) $\begin{cases}0, & t<0 \\ \dfrac{1}{2}t^2, & 0<t<2 \\ 2(t-1), & t>2\end{cases}$;

(g) $\dfrac{1}{3}[1-e^{-3(t-1)}]u(t-1)$。

2.7 (a) $(e^{-t}-e^{-2t})u(t)$;   (b) $(2e^{-4t}-e^{-2t})u(t)$;

(c) $e^{-3t}u(t)$;   (d) $\dfrac{1}{2}(e^{-t}-e^{-3t})u(t)$;

(e) $(t+1)e^{-2t}u(t)$;   (f) $\sqrt{2}e^{-t}\cos(t+\dfrac{\pi}{4})u(t)$。

2.8 $h_1(t)=2e^{-t}\cos tu(t)$; $h_2(t)=(2e^{-t}\cos t-2e^{-t}\sin t)u(t)$。

2.12

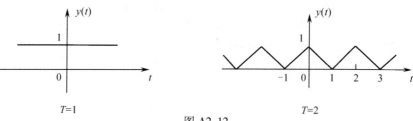

图 A2.12

2.13 (a) $h(t)=\delta(t)-3e^{-3t}u(t)$, $s(t)=e^{-3t}u(t)$;

(b) $h(t)=3\sqrt{3}e^{-t}\sin\sqrt{3}tu(t)+\delta'(t)-2\delta(t)$,

$s(t)=\left(\dfrac{9}{4}-\dfrac{3\sqrt{3}}{4}e^{-t}\sin\sqrt{3}t-\dfrac{9}{4}e^{-t}\cos\sqrt{3}t\right)u(t)-2u(t)+\delta(t)$。

2.14 (a) $h(t)=e^{-(t-2)}u(t-2)$;

(b) $y(t)=\begin{cases}0, & t<1 \\ 1-e^{-(t-1)}, & 1<t<4 \\ e^{-(t-4)}-e^{-(t-1)}, & t>4\end{cases}$。

2.15 $h(t)=u(t)-u(t-1)$。

2.18

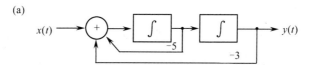

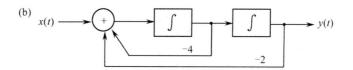

图 A2.18

2.19 (a) $y''(t)+5y'(t)+6y(t)=x(t)$,
$h(t)=(e^{-2t}-e^{-3t})u(t)$,
$y(t)=(e^{-t}-2e^{-2t}+e^{-3t})u(t)$;

(b) $y''(t)+4y(t)=\dfrac{1}{2}x'(t)+x(t)$,

$h(t)=\left(\dfrac{1}{2}\cos2t+\dfrac{1}{2}\sin2t\right)u(t)$,

$y(t)=\left(\dfrac{3}{5}\sin2t-\dfrac{1}{5}\cos2t+\dfrac{1}{5}e^{-t}\right)u(t)$ 。

2.20 $h(t)=\dfrac{1}{4}\delta(t)-\dfrac{3}{32}e^{-\frac{3}{8}t}u(t)$,

$i_2(t)=\dfrac{E}{4}\left[e^{-\frac{3}{8}t}u(t)-e^{-\frac{3}{8}(t-T)}u(t-T)\right]$ 。

2.21 $h(t)=u(t)+u(t-1)+u(t-2)-u(t-3)-u(t-4)-u(t-5)$ 。

2.22 (a) $h(t)=\begin{cases}t, & 0<t<1\\2-t, & 1<t<2\\0, & t<0,t>2\end{cases}$; (b) 图略。

2.25 (a) $[e^{(t-1)}-e^2]u[t-3]$;

(b) $y_x(t)=\begin{cases}1, & t<0\\2-e^{-t}, & t>0\end{cases}$;

(c) $y_x(t)=\begin{cases}0, & t<0\\2(1-e^{-t}), & 0<t<1\\2(1-e^{-1})e^{-(t-1)}, & t>1\end{cases}$;

(d) $y_x(t)=2[(t+2)u(t+2)-2(t+1)u(t+1)+2(t-1)u(t-1)-(t-2)u(t-2)]$ 。

第 3 章

3.1 (a) $y[n]=\left(\dfrac{1}{2}\right)^{n+1}$;

(b) $y[n]=4(-1)^n-12(-2)^n$;

(c) $y[n]=-(3+2n)(-1)^n$;

(d) $y[n]=\dfrac{2\sqrt{3}}{3}\cos\left(\dfrac{\pi n}{3}+\dfrac{\pi}{6}\right)$ 。

3.2 $132y[n]-230y[n-1]+100y[n-2]=2x[n]$,
$y[0]=0,y[-1]=-0.3$ 。

3.3 (a) $h[n]=0.8(0.8)^n+0.2(-0.2)^n,n\geqslant0$;

(b) $h[n]=\dfrac{2+\sqrt{2}}{4}\left(\dfrac{1+\sqrt{2}}{2}\right)^n+\dfrac{2-\sqrt{2}}{4}\left(\dfrac{1-\sqrt{2}}{2}\right)^n,n\geqslant0$;

(c) $\hat{h}[n]=\dfrac{5}{8}(0.5)^n+\dfrac{3}{8}(-0.3)^n,n\geqslant0$,

$$h[n] = \hat{h}[n] - 3\hat{h}[n-2]\text{。}$$

3.4　(a) 略;(b) $h[n] = \delta[n] - 2\delta[n-2] + \delta[n-3] - 3\delta[n+4]$,图略。

3.5　(a)、(b) $y[n] - 4y[n-1] = 2x[n] + 3x[n-1]$,
$$h[n] = 2\delta[n] + 11(4)^{n-1}u[n-1];$$

　　(c)、(d) $y[n] - 3y[n-1] + 2y[n-2] = x[n] + 2x[n-1] + x[n-2]$,
$$h[n] = \delta[n] + [-4 + 9(2)^{n-1}]u[n-1]\text{。}$$

3.6　(a) $y_0[n] = -\dfrac{7}{2}\left(\dfrac{1}{2}\right)^n + \dfrac{13}{3}\left(\dfrac{1}{3}\right)^n$;

　　(b) $y_x[n] = 5\left(\dfrac{1}{2}\right)^n - 5\left(\dfrac{1}{3}\right)^n + \left(\dfrac{1}{5}\right)^n, n \geq 0$;

　　(c) $y[n] = \dfrac{3}{2}\left(\dfrac{1}{2}\right)^n - \dfrac{2}{3}\left(\dfrac{1}{3}\right)^n + \left(\dfrac{1}{5}\right)^n, n \geq 0\text{。}$

3.7　$b_0 = -\dfrac{1}{4}, b_1 = 1, b_2 = -1/2\text{。}$

3.8　(a) $y[n] = \dfrac{1}{\beta - \alpha}(\beta^{n+1} - \alpha^{n+1})u[n]$;

　　(b) $y[n] = (n+1)\alpha^n u[n]$;

　　(c) $y[n] = \begin{cases} 2^{n+1}, & n \leq 0 \\ 2, & n > 0 \end{cases}$;

　　(d) $y[n] = \delta[n - n_1 - n_2]\text{。}$

3.9　(a)
$$y[n] = \begin{cases} 0 & n \leq -8, \\ -1 & -8 < n < 0, \quad n\text{ 为奇数} \\ 0 & -8 < n < 8, \quad n\text{ 为偶数(含 0)}; \\ 1 & 0 < n < 8, \quad n\text{ 为奇数} \\ 0 & n \geq 8 \end{cases}$$

　　(b) $y[n] = \{0, 0, 1, 2, 3, 4, 5, 5, 4, 3, 2, 2, 2, 3, 4, 5, 5, 4, 3, 2, 1\}$;

　　(c) $y[n] = \{1, 1, \underset{\uparrow}{-1}, 0, 0, 3, 3, 2, 1\}$;

　　(d) $y[n] = \{1, 3, 5, \underset{\uparrow}{6}, 6, 6, 5, 3, 1\}\text{。}$

3.10　(a) $\nabla^2 x[n] = x[n] - 2x[n-1] + x[n-2]$;

　　(b) $\nabla^3 x[n] = x[n] - 3x[n-1] + 3x[n-2] - x[n-3]$;

　　(c) $\nabla u[n] = u[n] - u[n-1]$;

　　(d) $\nabla n u[n] = u[n-1]\text{。}$

3.11　(a) $h[n] = s[n] - s[n-1]$;

　　(b) $s[n] = \displaystyle\sum_{k=-\infty}^{n} h[k]\text{。}$

3.12　(a) $y_0[n] = 12(0.5)^n - 10(0.2)^n$;

　　(b) $\hat{h}[n] = \dfrac{5}{3}(0.5)^n - \dfrac{2}{3}(0.2)^n, n \geq 0$;

　　　　$h[n] = 2\hat{h}[n] - 3\hat{h}[n-2]\text{。}$

(c) 略。

3.13　(a)、(b) $y[n]=(n+1)u[n]$。

3.14　$y[n]=\sin 8n$。

3.15　(a) $h[n]=h_5[n]+h_1[n]*\{h_2[n]-h_3[n]*h_4[n]\}$；

　　　(b) $h[n]=5\delta[n]+6\delta[n-1]-4\delta[n-3]+7u[n-2]$；

　　　(c) $y[n]=\{-5,-6,-\underset{\uparrow}{1}2,-4,2,9,-2,-7,0,4\}$，图略。

3.16　(a) $h_1[n]=\{1,3,3,2,1\}$；

　　　(b) $y[n]=\{1,4,5,1,-3,-4,-3,-1\}$。

3.17　(a)、(b) $y[n]=\{1,2,3,4,5,4,3,2,1\}$，图略。

3.18　$y[n]=\{3,7,\underset{\uparrow}{8},8,8,8,8,7,3\}$，图略。

3.19　(a) $y[n]=\{12,32,14,-8,-26,6\}$；

　　　(b) $y[n]=\{12,\underset{\uparrow}{32},14,-8,-26,6\}$；

　　　(c) $y[n]=\{5,\underset{\uparrow}{7}/2,13/2,21/2,15/2,9,13/2,5/2,1/2,1/2\}$；

　　　(d) $y[n]=\left[2-\left(\dfrac{1}{2}\right)^n\right]u[n]$。

3.20　(a) 因果,稳定;　　　　(b) 非因果,稳定;

　　　(c) 因果,非稳定;　　　(d) 非因果,非稳定;

　　　(e) 因果,非稳定;　　　(f) 因果,稳定;

　　　(g) 非因果,稳定;　　　(h) 非因果,非稳定。

3.21　(a) $3\delta[n+1]+2\delta[n]+\delta[n-1]-3\delta[n-2]+4\delta[n-3]$；

　　　(b) $3\delta[n]+2\delta[n-1]+\delta[n-2]-3\delta[n-3]+4\delta[n-4]$；

　　　(c) $10\delta[n+2]-3\delta[n+1]+6\delta[n]+8\delta[n-1]+4\delta[n-2]+\delta[n-4]+3\delta[n-5]$；

　　　(d) $\delta[n]+2\delta[n-2]+3\delta[n-4]+4\delta[n-6]+5\delta[n-8]$。

3.22　$y[n]=\dfrac{9}{8}\left[\left(\dfrac{1}{9}\right)^{n+1}-1\right]$。

3.23　(a) $y[n]-\dfrac{1}{2}y[n-1]=x[n]+\dfrac{1}{4}x[n-2]$；

　　　(b) 略;

　　　(c) $y[n]=\dfrac{e^{j\Omega_0 n}}{1-\dfrac{1}{2}e^{-j\Omega_0}}\left(1+\dfrac{1}{4}e^{-j2\Omega_0}\right)$；

　　　(d) $y[n]=\dfrac{3}{2\sqrt{5}}\cos\left(\dfrac{\pi n}{2}-26.5°\right)$。

3.24　$h[n]=\{1,-2,1\}$。

3.25　(a) $y[n]-7y[n-1]+10y[n-2]=14x[x]-85x[n-1]+111x[n-2]$；

　　　(b) 略。

3.26　(a) $y[n]-y[n-1]+\dfrac{1}{2}y[n-2]=x[n-1]$；

　　　(b) 略。

第4章

4.1　（a）$\omega_0 = 100, T_0 = \pi/50$,　$c_1 = 1, c_k = 0, k \neq 1$;

（b）$\omega_0 = \pi/4, T_0 = 8$,　$c_1 = \dfrac{1}{2}e^{-j\pi/4} = c_{-1}^*, c_k = 0, k \neq \pm 1$;

（c）$\omega_0 = 4, T_0 = \dfrac{\pi}{2}$,　$c_1 = c_{-1} = \dfrac{1}{2}, c_2 = \dfrac{1}{2j} = c_{-2}^*, c_k = 0, k \neq \pm 1, \pm 2$;

（d）$\omega_0 = 2\pi, T_0 = 1, c_1 = c_{-1} = \dfrac{3}{2}, c_3 = c_{-3} = \dfrac{1}{2}, c_k = 0, k \neq \pm 1, \pm 3$;

（e）$T_0 = 2, \omega_0 = \pi, c_k = \dfrac{(-1)^k}{2(1+jk\pi)}(e - e^{-1}), x(t) = \displaystyle\sum_{k=-\infty}^{\infty} \dfrac{(-1)^k(e - e^{-1})}{2(1+jk\pi)}e^{jk\pi t}$;

（f）$T_0 = 2, \omega_0 = \pi, c_k = j\dfrac{(-1)^k}{k\pi}, k \neq 0$;

（g）$\omega_0 = 2\pi, T_0 = 1, c_4 = \dfrac{1}{4}e^{j\pi/4} = c_{-4}^*, c_5 = \dfrac{1}{2}e^{j\pi/4} = c_{-5}^*$,

　　　$c_6 = \dfrac{1}{4}e^{j\pi/4} = c_{-6}^*, c_k = 0, k \neq \pm 4, \pm 5, \pm 6$;

（h）$T_0 = 2, \omega_0 = \pi, c_k = \begin{cases} \dfrac{(-1)^k}{2j\,k\pi} + \dfrac{1}{\pi^2 k^2}, & k \text{ 为奇数} \\[3mm] \dfrac{1}{2j\,k\pi} + \dfrac{1}{2j}\delta[k-2] + \dfrac{1}{2j}\delta[k+2], & k \text{ 为偶数}, k \neq 0, \pm 2 \end{cases}$

　　　$c_0 = \dfrac{3}{4}, c_2 = \dfrac{1}{2j} - \dfrac{j}{4\pi} = c_{-2}^{k*}$;

（i）$T_0 = 6, \omega_0 = \pi/3, c_k = \begin{cases} \dfrac{6}{\pi^2 k^2}\sin\left(\dfrac{\pi k}{2}\right)\sin\left(\dfrac{\pi k}{6}\right), & k \text{ 为奇数} \\[3mm] 0, & k \text{ 为偶数} \end{cases}$, $c_0 = 1/2$;

（j）$T_0 = 3, \omega_0 = 2\pi/3, c_k = \dfrac{-3j}{2\pi^2 k^2}\left[e^{jk2\pi/3}\sin(k2\pi/3) + 2e^{j2k\pi/3}\sin(k\pi/3) \right], c_0 = 1$;

（k）$T_0 = 2, \omega_0 = \pi, c_k = \dfrac{1}{2} - (-1)^k, c_0 = -1/2$;

（l）$T_0 = 4, \omega_0 = \pi/2, c_k = \begin{cases} \dfrac{2je^{-jk\pi/2}\sin(k\pi/2)}{\pi(4-k^2)}, & k \neq \pm 2 \\[3mm] 0, & k = \pm 2 \end{cases}$;

（m）$T_0 = 6, \omega_0 = \pi/3$,

　　　$c_k = \left(\cos\dfrac{2}{3}k\pi - \cos\dfrac{1}{3}k\pi \right) \Big/ jk\pi, k \text{ 为奇数}, c_0 = 0$;

（n）$T_0 = 4, \omega_0 = \pi/2, c_k = \dfrac{e^{-jk\pi/2}\sin(k\pi/2) + e^{-jk\pi/4}\sin(k\pi/4)}{k\pi}, k = 0, \pm 1, \pm 2, \cdots, \pm\infty$。

4.2　（a）$c_k = \dfrac{2(-1)^k}{(1-4k^2)\pi}$;

(b) 输入直流为零,输出 $c_0 = 2/\pi$。

4.3　(a) $c_k = \dfrac{A}{k^2\pi^2}(e^{-jk\pi/2}+j\dfrac{k\pi}{2}e^{-jk\pi}-1)$,$c_0 = 3A/8$;

　　(b) $c_k = \dfrac{A}{k\pi}\sin\dfrac{k\pi}{2}$,$c_0 = A/2$;

　　(c) $c_k = \dfrac{2A}{k\pi}\sin\dfrac{k\pi}{2}$,$c_0 = 0$。

4.4　根据六种不同情况分别给出整个周期的波形如图 A4.4(a)~(f)所示。

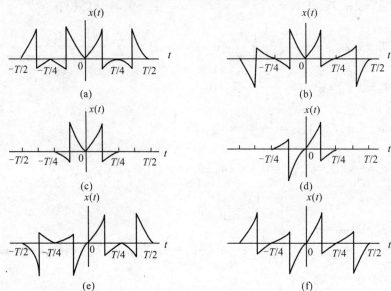

图 A4.4

4.5　$x(t)$的偶部 $Ev\{x(t)\} = \dfrac{1}{2}[x(t)+x(-t)]$,如图 A4.5(a)所示,从图中可见,其为偶函数且奇半波对称,只含直流、奇次余弦项;$x(t)$的奇部 $Od\{x(t)\} = \dfrac{1}{2}[x(t)-x(-t)]$,如图 A4.5(b)所示,从图中可见其为奇函数且偶半波对称,所以只含偶次正弦项。而 $x(t) = Ev\{x(t)\}+Od\{x(t)\}$,所以 $x(t)$的傅里叶级数中只含有直流分量、奇次余弦项和偶次正弦项。

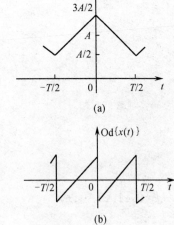

图 A4.5

4.6　$\omega_0 = 2\pi/T$,$c_0 = A/2$,$c_k = jA/2k\pi$,

　　$-2D_k = -A/k\pi$,$k \neq 0$

　　$x(t) = \dfrac{A}{2}-\dfrac{A}{\pi}(\sin\omega_0 t+\dfrac{1}{2}\sin2\omega_0+\dfrac{1}{3}\sin3\omega_0 t+\cdots)$。

4.7　(a) 直流、偶次余弦项;

　　(b) 直流、奇次、偶次余弦;

　　(c) 奇次正弦;

　　(d) 奇次余弦;

(e) 奇次、偶次正弦;

(f) 偶次正弦。

4.8 (a) $X(\omega) = \dfrac{2A}{\omega^2}\left(1 + \cos 2\omega - \cos\dfrac{3\omega}{2}\right)$;

(b) $X(\omega) = \dfrac{3A}{2\omega^2}\left(1 - \dfrac{1}{3}\mathrm{e}^{\mathrm{j}2\omega} - \dfrac{2}{3}\mathrm{e}^{-\mathrm{j}\omega}\right)$。

4.9 $x(t) = \dfrac{\omega_c A}{\pi}\mathrm{sinc}\left[\omega_c(t - t_0)\right]$。

4.10 $X(\omega) = \dfrac{1}{a - \mathrm{j}\omega}$。

4.11 (a) $X(\omega) = \pi\mathrm{sinc}\left[\pi\left(\omega - \dfrac{11}{2}\right)\right] + \pi\mathrm{sinc}\left[\pi\left(\omega + \dfrac{11}{2}\right)\right]$;

(b) $X(\omega) = \dfrac{\pi}{2}\mathrm{sinc}^2\left[\dfrac{\pi}{2}\left(\omega - \dfrac{11}{2}\right)\right] + \dfrac{\pi}{2}\mathrm{sinc}^2\left[\dfrac{\pi}{2}\left(\omega + \dfrac{11}{2}\right)\right]$。

4.12 $x(t) = \dfrac{4A}{\pi}\displaystyle\sum_{k=1}^{\infty}\dfrac{2k}{(2k)^2 - 1}\sin(4k\pi t/T)$。

4.13 $x(t) = \dfrac{1}{2}(1 - \mathrm{e}^{-2}) + \displaystyle\sum_{k=1}^{\infty}\dfrac{4}{4 + k^2\pi^2}\left[1 + (-1)^{k+1}\mathrm{e}^{-2}\right]\cos\left(\dfrac{k\pi}{2}t\right), k = 1, 2, \cdots, \infty$。

4.14 (a) $x(t) = \dfrac{A}{2} + \dfrac{A}{\pi}\displaystyle\sum_{k=1}^{\infty}\dfrac{1}{k}\sin kt$;

(b) $x(t) = 0.4A - \displaystyle\sum_{k=0}^{\infty}\dfrac{2A}{(2k+1)\pi}\sin\left[(2k+1)\omega_0 t\right] +$

$\displaystyle\sum_{k=0}^{\infty}\dfrac{0.8A}{(2k+1)^2\pi^2}\cos\left[(2k+1)\omega_0 t\right]$。

4.15 (a) $x(t) = \displaystyle\sum_{k=1}^{\infty}\dfrac{2AT}{(2k-1)^2\pi^2\Delta}\sin\left[(2k-1)\dfrac{2\pi\Delta}{T}\right]\sin\left[(2k-1)\omega_0 t\right]$;

(b) 略;

(c) 奇半波对称;双重对称(奇半波对称和奇对称)。

4.16 (a) $x(t) = \dfrac{2A}{\pi} - \dfrac{4A}{3\pi}\cos 2\pi t - \dfrac{4A}{15\pi}\cos 4\pi t - \dfrac{4A}{35\pi}\cos 6\pi t$。

(b) 略。

4.17 (a) $x(t)$波形如图 A4.17(a)所示;

(b) $x(t)$波形如图 A4.17(b)所示。

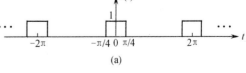

(a)

4.18 $x(t) = \dfrac{4A}{\pi}\left[\dfrac{1}{3}\cos\omega_0 t - \dfrac{1}{5}\cos 3\omega_0 t - \dfrac{1}{21}\cos 5\omega_0 t - \cdots\right] + \dfrac{1}{2}\sin 2\omega_0 t$,

式中 $\omega_0 = \dfrac{2\pi}{T} = \dfrac{\pi}{2}$。

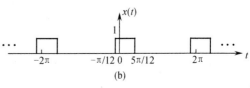

(b)

图 A4.17

4.19 (a) $X_1(\omega) = \dfrac{2A}{j\omega}[\operatorname{sinc}(2\omega) - \cos(2\omega)]$;

(b) $X_2(\omega) = \dfrac{2\cos(\pi\omega/2)}{1-\omega^2}$。

4.21 $x(t) = (1+2\cos\Omega t)\cos\omega_c t$，图略。

4.22 (a) $X_0(\omega) = \dfrac{1-e^{-1}e^{-j\omega}}{1+j\omega}$;

(b) $X_1(\omega) = X_0(\omega) + X_0(-\omega)$,

$X_2(\omega) = X_0(\omega) - X_0(-\omega)$,

$X_3(\omega) = X_0(\omega)[1+e^{j\omega}]$,

$X_4(\omega) = \dfrac{1-2e^{-1}e^{-j\omega}-j\omega e^{-1}e^{-j\omega}}{(1+j\omega)^2}$。

4.23 (a) $x(t) = \dfrac{\omega_c}{\pi}\operatorname{sinc}[\omega_c(t+t_0)]$;

(b) $x(t) = -\dfrac{2A\sin^2(\omega_c t/2)}{\pi t}$。

4.24 $X_1(\omega) = \operatorname{sinc}(\omega/2)$;

$X_2(\omega) = \operatorname{sinc}(\omega/2)e^{-j\omega/2}$;

$X_3(\omega) = 2\operatorname{sinc}^2(\omega)e^{-j2\omega}$。

4.25 (a) $X(-\omega)e^{-j3\omega}$;

(b) $\dfrac{1}{3}X\left(\dfrac{\omega}{3}\right)e^{j2\omega/3}$;

(c) $2X(2\omega)e^{-j6\omega}$;

(d) $\dfrac{1}{3}X(\omega/3)e^{-j2\omega/3}$;

(e) $j\dfrac{1}{2}X'(\omega/2)$;

(f) $jX'(\omega) - 2X(\omega)$;

(g) $[\omega X(\omega)]'$;

(h) $j\dfrac{1}{2}X'(-\omega/2) - X(-\omega/2)$。

4.26 (a) $\dfrac{\pi}{2}[\delta(\omega+\omega_0)+\delta(\omega-\omega_0)] + \dfrac{j\omega}{\omega_0^2-\omega^2}$;

(b) $j\pi[\delta(\omega+\omega_0)-\delta(\omega-\omega_0)] - \dfrac{\omega_0}{\omega^2-\omega_0^2}$;

(c) $\dfrac{1}{4}\displaystyle\sum_{k=-\infty}^{\infty}\operatorname{sinc}\left(\dfrac{\omega T_1}{2} - \dfrac{k\pi}{4}\right)$。

4.29 (a) $x(t) = te^{-at}u(t)$;

（b）$x(t)=t\mathrm{sgn}(t)$。

4.30　（a）$x(t)=\dfrac{1}{2\pi}\mathrm{e}^{\mathrm{j}\omega_0 t}$；

　　　（b）$x(t)=\dfrac{\sin\omega_0 t}{\pi t}=\dfrac{\omega_0}{\pi}\mathrm{sinc}(\omega_0 t)$。

4.31　（a）$X_1(\omega)=\dfrac{\sin\omega T_1}{\omega\left[1-(\pi/T_1)^2\right]}$；

　　　（b）$X(\omega)=\displaystyle\sum_{k=-\infty}^{\infty}\dfrac{\sin k\pi/2}{k\left[1-(\pi/T_1)^2\right]}\delta(\omega-k\omega_0),\omega_0=\pi/2T_1$。

4.32　（a）$X(\omega)=\dfrac{2}{\mathrm{j}\omega}\left[\mathrm{sinc}(2\omega)-\cos 2\omega\right]$，其收敛速率与 ω 成反比。

　　　（b）$c_k=\mathrm{j}\dfrac{(-1)^k}{k\pi}$。

4.33　（a）$X_1(\omega)=\dfrac{A}{\omega^2 T}(1-\mathrm{j}\omega T-\mathrm{e}^{-\mathrm{j}\omega T})$；

　　　（b）$X_2(\omega)=AT\left[\mathrm{sinc}\left(\dfrac{\omega T}{2}\right)\right]^2$；

　　　（c）$X_3(\omega)=\mathrm{j}\dfrac{2A}{\omega^2 T}(\sin\omega T-\omega T)$；

　　　（d）$X_4(\omega)=\dfrac{2A}{\omega^2 T}(\cos\omega T+\omega T\sin\omega T-1)$。

4.34　$X(\omega)=\mathrm{j}AT_1^2\omega\mathrm{sinc}^2\left(\dfrac{\omega T_1}{2}\right)$。

4.35　$X(\omega)=\dfrac{\alpha+\mathrm{j}\omega}{(\alpha+\mathrm{j}\omega)^2+\omega_c^2}$。

4.36　（a）$-\omega$；　　　　　（b）4；

　　　（c）2π；　　　　　（d）$x(t)$ 的偶分量。

4.37　（a）$X_3(\omega)=\pi\big\{\left[\delta(\omega-9\varOmega)+\delta(\omega+9\varOmega)-\delta(\omega-11\varOmega)-\delta(\omega+11\varOmega)\right]+$

　　　　　　　　$\dfrac{1}{3}\left[\delta(\omega-7\varOmega)+\delta(\omega+7\varOmega)-\delta(\omega-13\varOmega)-\delta(\omega+13\varOmega)\right]+$

　　　　　　　　$\dfrac{1}{3}\left[\delta(\omega-29\varOmega)+\delta(\omega+29\varOmega)-\delta(\omega-31\varOmega)-\delta(\omega+31\varOmega)\right]+$

　　　　　　　　$\dfrac{1}{9}\left[\delta(\omega-27\varOmega)+\delta(\omega+27\varOmega)-\delta(\omega-33\varOmega)-\delta(\omega+33\varOmega)\right]+\cdots\big\}$

　　框图中滤波器 I 为理想带通滤波器，其通带范围为 $5\varOmega\sim15\varOmega$，所以，$x_4(t)$ 中仅含频率为
$(10\pm1)\varOmega$ 和 $(10\pm3)\varOmega$ 的频谱分量，即
　　　　$X_4(\omega)=\left[\pi\delta(\omega-9\varOmega)+\pi\delta(\omega+9\varOmega)-\pi\delta(\omega-11\varOmega)-\pi\delta(\omega+11\varOmega)\right]+$
　　　　　　　　$1/3\left[\pi\delta(\omega-7\varOmega)+\pi\delta(\omega+7\varOmega)-\pi\delta(\omega-13\varOmega)-\pi\delta(\omega+13\varOmega)\right]$

(b) $x_5(t) = 2\sin 10\Omega t$

滤波器 Ⅱ 的通带范围应选择正好让原始信号 $x_1(t)$ 通过,即 $0 \sim 4\Omega$。

(c) $x_6(t) = x_1(t) - x_1(t)\cos 20\Omega t$

$x_7(t) = x_1(t) = \sin\Omega t + \dfrac{1}{3}\sin 3\Omega t$

4.38

$$x_1(t) \circ x_2(t) = \begin{cases} 0, & t \leqslant -2 \\ 0.5(|t|-2), & -2 < t < -1.5 \\ -0.25, & -1.5 \leqslant t \leqslant -1 \\ 0.5(t+0.5), & -1 < t < -0.5 \\ 0, & -0.5 \leqslant t \leqslant 0 \\ t, & 0 < t < 1 \\ 1, & t = 1 \\ 2-t, & 1 < t < 2 \\ 0, & t \geqslant 2 \end{cases} \text{。}$$

4.39 (a) $3/2$;(b) 2π;(c) $8\pi/3$。

4.40 π。

4.41

$$R_x(t) = \begin{cases} 0, & t \leqslant -1 \\ 1-|t|, & -1 < t < 0 \\ 1, & t = 0 \\ 1-t, & 0 < t < 1 \\ 0, & t \geqslant 1 \end{cases} \text{。}$$

4.42 (a) $P = \dfrac{1}{2}(A_1^2 + A_2^2)$,

$$p_x(\omega) = \frac{\pi}{2}[A_1^2\delta(\omega+2\,000\pi) + A_1^2\delta(\omega-2\,000\pi) +$$
$$A_2^2\delta(\omega+200\pi) + A_2^2\delta(\omega-200\pi)];$$

(b) $P = \dfrac{3}{4}$,

$$p_x(\omega) = \frac{\pi}{2}[\delta(\omega+2\,000\pi) + \delta(\omega-2\,000\pi)] + \frac{\pi}{8}[\delta(\omega+2\,200\pi) + \delta(\omega-2\,200\pi) +$$
$$\delta(\omega+1\,800\pi) + \delta(\omega-1\,800\pi)]。$$

4.44 (a) $\pi \times 10^9$ rad/s;
  (b) $2\pi \times 10^9$ rad/s;
  (c) $3\pi/\tau$ rad/s。

第 5 章

5.1 (a) $N = 8, \Omega_0 = \dfrac{2\pi}{8} = \dfrac{\pi}{4}$,在基波周期 $N = 8$ 内若取 $0 \leqslant k \leqslant 7$,则 $c_1 = \dfrac{1}{2\mathrm{j}}\mathrm{e}^{-\mathrm{j}\pi/4}$, $c_7 =$

$c_{-1} = -\dfrac{1}{2\mathrm{j}}\mathrm{e}^{\mathrm{j}\pi/4}$,其余 $c_k = 0$。该系数以 N 为周期重复,即在频率轴上还会出现

$$c_{r(N+1)} = c_1, c_{r(N-1)} = c_{-1}, r = 0,1,2,\cdots;$$

(b) $N=21$，若取 $0 \leqslant k \leqslant 20$，则 $c_3 = 1/2j, c_7 = 1/2, c_{14} = c_{-7} = 1/2, c_{18} = c_{-3} = -1/2j$，其余 $c_k = 0$；

(c) $c_k = \dfrac{2}{3}(-1)^k \left[1 - \left(\dfrac{1}{2}\right)^k\right] \bigg/ (e^{jk\pi/3} - 1/2), \quad 0 \leqslant k \leqslant 5$；

(d) $N=12$，若取 $0 \leqslant k \leqslant 11$，则 $c_1 = c_7 = 1/4j, c_5 = c_{11} = c_{12-1} = c_{12-7} = -1/4j$，其余 $c_k = 0$；

(e) $c_0 = (3-\sqrt{2})/4$，

$$c_k = \frac{1}{4}(-1)^{k+1}\left(1 + \sqrt{2}\cos\frac{k\pi}{2}\right), \quad k = 1,2,3;$$

(f) $c_0 = 5/7, c_k = \dfrac{1}{7}\left[e^{-j4\pi k/7}\sin(5\pi k/7)\right]/\sin(\pi k/7), \quad 1 \leqslant k \leqslant 6$；

(g) $c_0 = 2/3, c_k = \dfrac{1}{6}\left[e^{-j\pi k/2}\sin(2\pi k/3)\right]/\sin(\pi k/6), \quad 1 \leqslant k \leqslant 5$；

(h) $c_k = \dfrac{1}{6} + \dfrac{2}{3}\sin(\pi k/3) - \dfrac{1}{3}\cos(2\pi k/3), \quad 0 \leqslant k \leqslant 5$。

5.2 $x(2t): f_s \geqslant 4B$ Hz, $T_s \leqslant (1/4B)$ s；

$$x(t/3): f_s \geqslant \frac{2}{3}B \text{ Hz}, T_s \leqslant (3/2B) \text{ s}。$$

5.3 0.25 s。

5.4 (a) $\omega_s \geqslant 200$ rad/s, $T_s \leqslant \pi/100$ s；

(b) $\omega_s \geqslant 400$ rad/s, $T_s \leqslant \pi/200$ s；

(c) $\omega_s \geqslant 200$ rad/s, $T_s \leqslant \pi/100$ s；

(d) $\omega_s \geqslant 200$ rad/s, $T_s \leqslant \pi/100$ s。

5.5 (b) 以 $T = 0.1$ ms 抽样可以重建 $x(t)$；以 $T = 0.2$ ms 抽样，不能重建 $x(t)$。

(c) 低通滤波器，其截止频率 $f_c = 5$ kHz。

5.6 (a) $1,0,-1,\cdots$；

(b) $0,0,0,\cdots$。

5.8 $c_0 = 1/2, c_1 = -(1+j)/4, c_2 = 1, c_3 = -(1-j)/4$。

5.9 (a) $x[n] = 4\delta[n-1] + 4\delta[n+1] + 4j\delta[n-3] - 4j\delta[n+3], \quad -3 \leqslant n \leqslant 4$；

(b) $x[n] = \dfrac{1}{2j}e^{j3\pi n/4}\left[\sin\dfrac{7}{2}\left(\dfrac{\pi n}{4} - \dfrac{\pi}{3}\right) \bigg/ \sin\dfrac{1}{2}\left(\dfrac{\pi n}{4} - \dfrac{\pi}{3}\right) - \sin\dfrac{7}{2}\left(\dfrac{\pi n}{4} + \dfrac{\pi}{3}\right) \bigg/\right.$

$$\left.\sin\dfrac{1}{2}\left(\dfrac{\pi n}{4} + \dfrac{\pi}{3}\right)\right], \quad 0 \leqslant n \leqslant 7;$$

(c) $x[n] = 1 + (-1)^n + 2\cos\dfrac{\pi n}{4} + 2\cos\dfrac{3\pi n}{4}, \quad 0 \leqslant n \leqslant 7$；

(d) $x[n] = 2 + 2\cos\dfrac{\pi n}{4} + \cos\dfrac{\pi n}{2} + \dfrac{1}{2}\cos\dfrac{3\pi n}{4}, \quad 0 \leqslant n \leqslant 7$。

5.10 (a) (I) $c_k e^{-jk2\pi m/N}$；

(II) $c_k(1 - e^{-jk2\pi/N})$；

(III) $c_k[1 - (-1)^k]$；

（Ⅳ）$2c_2k$, $\quad k=0,1,2,\cdots,\dfrac{N}{2}-1$;

（Ⅴ）$c_{k-N/2}$, $\quad k=0,1,2,\cdots,N-1$;

（Ⅵ）$\begin{cases} c_{(k-N)/2}, & k \text{ 为奇数} \\ 0, & k \text{ 为偶数}。\end{cases}$

5.11 （a）$\dfrac{\sin 2\Omega}{\sin \Omega/2}e^{-j3\Omega/2}$;

（b）$\left(1-\dfrac{1}{2}e^{j\Omega}\right)^{-1}$;

（c）$16e^{j2\Omega}\Big/\left(1-\dfrac{1}{4}e^{-j\Omega}\right)$;

（d）$ae^{-j\Omega}\sin\Omega_0\Big/\left[1-(2a\cos\Omega_0)e^{-j\Omega}+a^2e^{-j2\Omega}\right]$;

（e）$\dfrac{1}{2j}\left[\dfrac{1}{1-ae^{-j(\Omega-\Omega_0)}}-\dfrac{1}{1-ae^{-j(\Omega+\Omega_0)}}+\dfrac{ae^{j(\Omega-\Omega_0)}}{1-ae^{j(\Omega-\Omega_0)}}-\dfrac{ae^{j(\Omega+\Omega_0)}}{1-ae^{j(\Omega+\Omega_0)}}\right]$;

（f）$8e^{j3\Omega}\left[\dfrac{1-\left(\dfrac{1}{2}\right)^5 e^{-j5\Omega}}{1-\dfrac{1}{2}e^{-j\Omega}}\right]$;

（g）$\dfrac{e^{j\Omega N}}{(1-e^{-j\Omega})^2}\left\{-N+(N+1)e^{-j\Omega}+\left[-(N+2)+(N+1)e^{-j\Omega}\right]e^{-j\Omega(2N+2)}\right\}$;

（h）$\pi\displaystyle\sum_{k=-\infty}^{\infty}\left[\delta\left(\Omega-\dfrac{4}{7}\pi-2k\pi\right)+\delta\left(\Omega+\dfrac{4\pi}{7}-2k\pi\right)-j\delta(\Omega-2-2k\pi)+j\delta(\Omega+2-2k\pi)\right]$;

（i）$1\Big/\left[1-\left(\dfrac{1}{4}e^{-j\Omega}\right)^3\right]$;

（j）$\cos 3\Omega+2\cos 2\Omega+3\cos\Omega+2$;

（k）$e^{-j2\Omega}$;

（l）$\dfrac{1}{2}e^{j4(\Omega-\pi/3)}\left[1-e^{-j9(\frac{\pi}{3}-\Omega)}\right]\Big/\left[1-e^{j(\frac{\pi}{3}-\Omega)}\right]+$

$\dfrac{1}{2}e^{j4(\Omega+\pi/3)}\left[1-e^{-j9(\frac{\pi}{3}+\Omega)}\right]\Big/\left[1-e^{j(\frac{\pi}{3}+\Omega)}\right]$;

（m）$\dfrac{1}{2}e^{-j\Omega}\Big/\left(1-\dfrac{1}{2}e^{-j\Omega}\right)^2-\dfrac{1}{2}e^{j\Omega}\Big/\left(1-\dfrac{1}{2}e^{j\Omega}\right)^2$;

（n）$\begin{cases} 0, & -\pi\leqslant\Omega\leqslant-3\pi/4 \\ \dfrac{1}{2\pi}\left(\Omega+\dfrac{3\pi}{4}\right), & \dfrac{-3\pi}{4}\leqslant\Omega\leqslant-\pi/4 \\ 1/4, & -\pi/4\leqslant\Omega\leqslant\pi/4 \\ -\dfrac{1}{2\pi}\left(\Omega-\dfrac{3\pi}{4}\right), & \pi/4\leqslant\Omega\leqslant3\pi/4 \\ 0 & 3\pi/4\leqslant\Omega\leqslant\pi \end{cases}$;

（o）$\dfrac{\pi}{3}\sum\limits_{l=-\infty}^{\infty}\sum\limits_{k=0}^{5}\left(1+\mathrm{j}4\sin\dfrac{k\pi}{3}\right)\delta\left(\varOmega-\dfrac{k\pi}{3}-2\pi l\right)$。

5.12 （a）$x[n]=\delta[n]-\sin\omega n/\pi n$；

（b）$x[n]=\delta[n]-2\delta[n-3]+4\delta[n+2]+3\delta[n-6]$；

（c）$x[n]=\dfrac{1}{2\pi}\left[1+(-1)^{n}-2\cos\dfrac{\pi n}{2}\right]$；

（d）$x[n]=\dfrac{1}{2}\delta[n]+\dfrac{1}{4}\delta[n+2]+\dfrac{1}{4}\delta[n-2]$；

（e）$x[n]=\dfrac{-(-1)^{n}}{2\pi(n^{2}-1/4)}+\dfrac{1}{2}\delta[n+1]-\dfrac{1}{2}\delta[n-1]$；

（f）$x[n]=\dfrac{\mathrm{j}}{2n}\left[1-(-1)^{n}\right]+\dfrac{\mathrm{j}}{n}(-1)^{n}=\begin{cases}0, & n\text{ 为奇数}\\ \mathrm{j}/n, & n\text{ 为偶数},n\neq0\end{cases}$，$x[0]=\pi/2$；

（g）$x[n]=\dfrac{-2}{\pi n}\cos\dfrac{\pi n}{2}\left[\sin(3\pi n/8)+\sin(\pi n/8)\right]$；

（h）$x[n]=2\left[\dfrac{\sin\dfrac{\pi}{6}(n+2)}{\pi(n+2)}\right]\cos\left[\pi(n+2)/2\right]$；

（i）$x[n]=\dfrac{6}{5}\left[\left(\dfrac{1}{3}\right)^{n}-\left(-\dfrac{1}{2}\right)^{n}\right]u[n]$。

5.13 （a）6；

（b）$-2\varOmega$；

（c）4π；

（d）2；

（e）$\left\{\cdots-\dfrac{1}{2},0,\dfrac{1}{2},1,0,0,1,\underset{\uparrow}{2},1,0,0,1,\dfrac{1}{2},0,-\dfrac{1}{2},\cdots\right\}$。

5.14 $\{1,2,1,0\}$。

5.15 （a）$\{2,1-\mathrm{j},0,1+\mathrm{j}\}$；

（b）$\left\{\dfrac{1}{2},0,\dfrac{1}{2},0\right\}$。

5.16 $\{1,2,1,0,0,0,0\}$。

5.17 $\{8,30,62,100,68,38,14\}$。

5.18 $\{0,1,2,3,4,\underset{\uparrow}{5},4,3,2,1,0\}$。

5.19 $\left\{\dfrac{1}{2},1,\underset{\uparrow}{\dfrac{3}{2}},\dfrac{3}{2},1,\dfrac{1}{2}\right\}$。

5.20 （a）$\dfrac{1}{2}\{X[k-m]+X[k+m]\}$；

（b）$\dfrac{1}{2\mathrm{j}}\{X[k-m]-X[k+m]\}$。

5.21 （a）$\cos\left(\dfrac{2\pi m}{N}n+\varphi\right)$。

（b）$\sin\left(\dfrac{2\pi m}{N}n+\varphi\right)$。

5.22 $y[n]=\{1,\underset{\uparrow}{4},6,4,1,1,2,2,2,1\}$。

第 6 章

6.1 $H(\omega)=\dfrac{24}{(j\omega)^2+14(j\omega)+24}$，$|H(\omega)|=\dfrac{24}{\sqrt{\omega^4+148\omega^2+576}}$，$\angle H(\omega)=-\arctan\dfrac{14\omega}{24-\omega^2}$。

6.2 （a）$H(\omega)=\dfrac{1}{4}\dfrac{j\omega}{j\omega+3/8}$；（b）$h(t)=\dfrac{1}{4}\delta(t)-\dfrac{3}{32}e^{-\frac{3}{8}t}u(t)$，$s(t)=\dfrac{1}{4}e^{-\frac{3}{8}t}u(t)$；

（c）$i_2(t)=\dfrac{E}{4}e^{-\frac{3}{8}t}u(t)-\dfrac{E}{4}e^{-\frac{3}{8}(t-T)}u(t-T)$。

6.3 （a）$v_1(t)=2(1-e^{-\frac{t}{10}})u(t)-2(1-e^{-\frac{1}{10}(t-1)})u(t-1)$；

（b）$i_2(t)=10\delta(t)$；   （c）$C=4$ F。

6.4 （a）$\dfrac{1}{4}[e^{-4t}-(1-t)e^{-2t}]u(t)$；   （b）$\dfrac{1}{4}[(t-1)e^{-2t}+(t+1)e^{-4t}]u(t)$；

（c）$2e^{-|t|}$。

6.5 （a）$\cos2\pi t$； （b）$4\pi\cos2\pi t+3\pi\sin6\pi t$； （c）$\dfrac{1}{2}\sin6\pi t$。

6.6 （a）$y_1(t)=\dfrac{1}{2}$； （b）$y_2(t)=\dfrac{1}{2}+\dfrac{2}{\pi}\cos\dfrac{3\pi}{2}t$； （c）$y_3(t)=\dfrac{1}{\pi}\cos\pi t$；

（d）$y_4(t)=\dfrac{3}{10}+\dfrac{3}{5}\left(\cos\dfrac{3\pi}{5}t+\cos\dfrac{6\pi}{5}t+\cos\dfrac{9\pi}{5}t\right)$。

6.7 （a）$H(\omega)=\dfrac{3(j\omega+3)}{(j\omega+2)(j\omega+4)}$； （b）$h(t)=\dfrac{3}{2}(e^{-2t}+e^{-4t})u(t)$；

（c）$y^{(2)}(t)+6y^{(1)}(t)+8y(t)=3x^{(1)}(t)+9x(t)$。

6.8 （a）$H(\omega)=\dfrac{1}{j\omega+2}=\dfrac{1/2}{1+j\omega/2}$，$20\lg|H(\omega)|=-10\lg\left[1+\left(\dfrac{\omega}{2}\right)^2\right]-6$ dB，

$\angle H(\omega)=-\arctan\left(\dfrac{\omega}{2}\right)$ rad；

（b）$y(t)=(e^{-t}-e^{-2t})u(t)$；

（c）（i）$y(t)=(1-t)e^{-2t}u(t)$； （ii）$y(t)=e^{-t}u(t)$；

（iii）$y(t)=[e^{-t}-(1+t)e^{-2t}]u(t)$。

6.9 （a）$h(t)=[e^{-2t}-e^{-4t}]u(t)$，$s(t)=\left(\dfrac{1}{4}-\dfrac{1}{2}e^{-2t}+\dfrac{1}{4}e^{-4t}\right)u(t)$；

（b）$y(t)=\left(\dfrac{1}{4}e^{-2t}-\dfrac{1}{2}te^{-2t}+\dfrac{1}{2}t^2e^{-2t}-\dfrac{1}{4}e^{-4t}\right)u(t)$；

（c）$h(t)=\left[2\delta(t)-2\sqrt{2}e^{-\frac{\sqrt{2}}{2}t}\left(\cos\dfrac{\sqrt{2}}{2}t+\sin\dfrac{\sqrt{2}}{2}t\right)\right]u(t)$。

6.10 （a）见图 A6.10（a）～（j）

（b）对（ⅳ）有　　　$h(t)=\dfrac{11}{10}e^{-t}u(t)-\dfrac{1}{10}\delta(t)$

$$s(t)=\frac{11}{10}(1-e^{-t})u(t)-\frac{1}{10}u(t)$$

对（ⅵ）有　　　$h(t)=\dfrac{9}{10}e^{-t}u(t)+\dfrac{1}{10}\delta(t)$

$$s(t)=\frac{9}{10}(1-e^{-t})u(t)+\frac{1}{10}u(t)$$

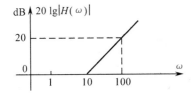
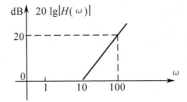

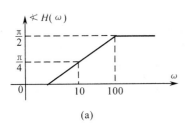
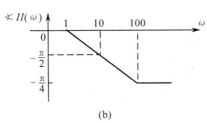

(a)　　　　　　　　　　　　　(b)

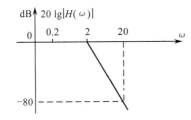
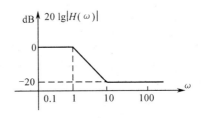

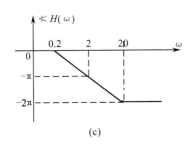
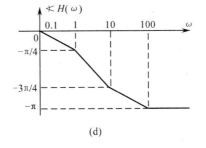

(c)　　　　　　　　　　　　　(d)

图 A6.10

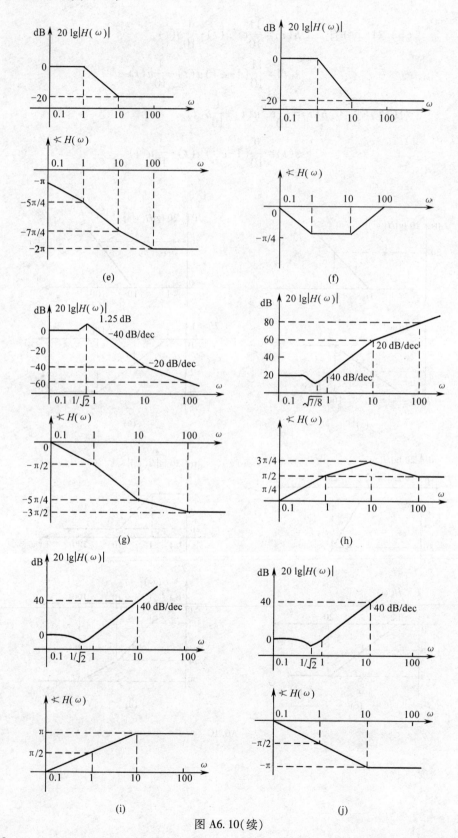

图 A6.10(续)

6.11 （a）$H(\omega)=\dfrac{c_1}{c_1+c_2}\dfrac{j\omega+\dfrac{1}{R_1C_1}}{j\omega+\dfrac{R_1+R_2}{R_1R_2(C_1+C_2)}}$；

（b）$R_1C_1=R_2C_2$。

6.12 （a）$H(\omega)=\dfrac{R_2(j\omega)^2+(1+R_1R_2)j\omega+R_1}{(j\omega)^2+(R_1+R_2)j\omega+1}$；

（b）$R_1=R_2=1\ \Omega$；

（c）无延迟。

6.13 （a）$h(t)=\left[-e^{-4t}+e^{-\frac{t}{2}}\cos\left(\dfrac{\sqrt{3}}{2}t\right)+\sqrt{3}\,e^{-\frac{t}{2}}\sin\left(\dfrac{\sqrt{3}}{2}t\right)\right]u(t)$；

（b）级联，$H(\omega)=\dfrac{1}{j\omega+4}\cdot\dfrac{5j\omega+7}{(j\omega)^2+j\omega+1}$；

（c）并联，$H(\omega)=\dfrac{-1}{j\omega+4}+\dfrac{j\omega+2}{(j\omega)^2+j\omega+1}$。

6.14 （a）可用三个一阶系统 $\left[\dfrac{1}{j\omega+2}\right]$ 构成级联实现，不能用并联；

（b）$H(\omega)=\dfrac{j\omega+3}{j\omega+2}\cdot\dfrac{1}{j\omega+2}\cdot\dfrac{1}{j\omega+1}$，由三个一阶系统级联实现；

$H(\omega)=\dfrac{2}{j\omega+1}-\dfrac{2j\omega+5}{(j\omega)^2+4j\omega+4}$，由一个二阶系统和一个一阶系统并联实现；

（c）$H(\omega)=\dfrac{j\omega+3}{(j\omega+2)^2}\cdot\dfrac{1}{j\omega+1}=\dfrac{1}{(j\omega+2)^2}\cdot\dfrac{j\omega+3}{j\omega+1}$

$=\dfrac{j\omega+3}{(j\omega)^2+3j\omega+2}\cdot\dfrac{1}{j\omega+2}=\dfrac{1}{(j\omega)^2+3j\omega+2}\cdot\dfrac{j\omega+3}{j\omega+2}$。

6.15 （a）$\omega_{hp}=\omega_{lp}$，　$h_{hp}(t)=\delta(t)-\dfrac{\sin\omega_{lp}t}{\pi t}$；

（b）$\omega_{lp}=\omega_{hp}$。

6.16 （a）$h(t)=\dfrac{2\sin\left(\dfrac{w}{2}t\right)}{\pi t}\cos\omega_0 t$；

（b）、（c）见图 A6.16。

6.17 （a）$y[n]=\left[3\left(\dfrac{3}{4}\right)^n-2\left(\dfrac{1}{2}\right)^n\right]u[n]$；

（b）$y[n]=\left[4\left(\dfrac{1}{2}\right)^n-(n+3)\left(\dfrac{1}{4}\right)^n\right]u[n]$；

（c）$y[n]=\dfrac{2}{3}(-1)^n,\ -\infty<n<\infty$。

6.18 （a）$y[n]=\left(\dfrac{1}{2}\right)^{n+1}\left(1+\cos\dfrac{\pi n}{2}+\sin\dfrac{\pi n}{2}\right)u[n]$；

（b）$y[n]=\dfrac{4}{3}\cos\dfrac{\pi n}{2}$。

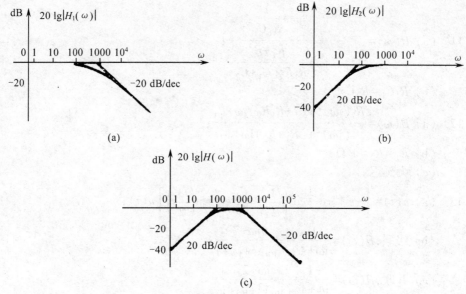

图 A6. 16

6.19 $y[n] = \{3,1,-1,2,0,-\underset{\uparrow}{3},5,3,-4,4\}$。

6.20 （a）$y[n] = \sin\dfrac{\pi n}{8}$;

（b）$y[n] = 2\sin\dfrac{\pi n}{8} - 2\cos\dfrac{\pi n}{4}$;

（c）$y[n] = \dfrac{1}{6}\sin\dfrac{\pi n}{8} - \dfrac{1}{4}\cos\dfrac{\pi n}{4}$。

6.21 （a）$y[n] = \dfrac{5}{8} + \dfrac{\sin(5\pi/8)}{4\sin(\pi/8)}\cos\dfrac{\pi n}{4} = 0.625 + 0.603\cos\dfrac{\pi n}{4}$;

（b）$y[n] = \dfrac{1}{8} + \dfrac{1}{4}\cos\dfrac{\pi n}{4}$;

（c）$y[n] = \dfrac{1}{8} + \dfrac{1}{4}\dfrac{\cos(5\pi/8)}{\cos(\pi/8)}\cos\dfrac{\pi n}{4} = 0.125 - 0.104\cos\dfrac{\pi n}{4}$;

（d）$y[n] = \dfrac{\sin\dfrac{\pi}{3}(n+1)}{\pi(n+1)} + \dfrac{\sin\dfrac{\pi}{3}(n-1)}{\pi(n-1)}$。

6.22 （a）$H(e^{j\Omega})G(e^{j\Omega}) = 1$;

（b）（Ⅰ）$H(e^{j\Omega}) = 1 - \dfrac{1}{4}e^{-j\Omega}, G(e^{j\Omega}) = \left(1 - \dfrac{1}{4}e^{-j\Omega}\right)^{-1}$;

（Ⅱ）$H(e^{j\Omega}) = \left(1 + \dfrac{1}{2}e^{-j\Omega}\right)^{-1}, G(e^{j\Omega}) = \left(1 + \dfrac{1}{2}e^{-j\Omega}\right)$;

（Ⅲ）$H(e^{j\Omega}) = \left(1 - \dfrac{1}{4}e^{-j\Omega}\right) \Big/ \left(1 + \dfrac{1}{2}e^{-j\Omega}\right), G(e^{j\Omega}) = \left(1 + \dfrac{1}{2}e^{-j\Omega}\right) \Big/ \left(1 - \dfrac{1}{4}e^{-j\Omega}\right)$;

（Ⅳ）$H(e^{j\Omega}) = \left(1 - \dfrac{1}{4}e^{-j\Omega} - \dfrac{1}{8}e^{-j2\Omega}\right) \Big/ \left(1 + \dfrac{5}{4}e^{-j\Omega} - \dfrac{1}{8}e^{-j2\Omega}\right), G(e^{j\Omega}) = 1/H(e^{j\Omega})$。

6.23 （a）见图 A6.23。

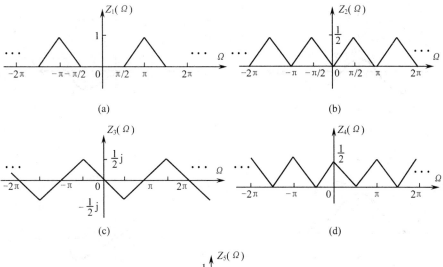

图 A6.23

（b）（Ⅰ）$y[n]=0$；

（Ⅱ）$y[n]=\dfrac{1}{2\pi n}\sin\dfrac{\pi n}{2}+\dfrac{1}{\pi^2 n^2}\left(\cos\dfrac{\pi n}{2}-1\right)$；

（Ⅲ）$y[n]=\dfrac{1}{\pi^2 n^2}\sin\dfrac{\pi n}{2}-\dfrac{1}{2\pi n}\cos\dfrac{\pi n}{2}$；

（Ⅳ）$y[n]=2\left(\dfrac{\sin\dfrac{\pi n}{4}}{\pi n}\right)^2$；

（Ⅴ）$y[n]=\dfrac{1}{4}\dfrac{\sin(\pi n/2)}{\pi n}$。

6.24 $y[n]=\dfrac{8}{\pi^2 n^2}\cos\dfrac{\pi n}{2}-\dfrac{4}{\pi^2 n^2}[1+(-1)^n]$。

6.25 $y[n]=-\Omega_0\sin(\Omega_0 n+\theta)$，$|\Omega_0|\leqslant\pi$。

6.26 （a）$\dfrac{\sin\left[\dfrac{\pi}{4}(n-5)\right]}{\pi(n-5)}$；（b）$\dfrac{\sin\left[\dfrac{\pi}{4}\left(n-\dfrac{5}{2}\right)\right]}{\pi\left(n-\dfrac{5}{2}\right)}$；

（c）$\dfrac{\sin\left[\dfrac{\pi}{4}\left(n+\dfrac{5}{2}\right)\right]}{\pi\left(n+\dfrac{5}{2}\right)}$。

6.28 见图 A6.28。

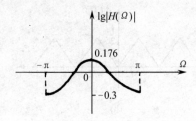 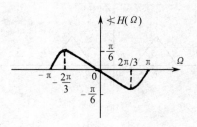

(a)

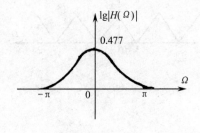 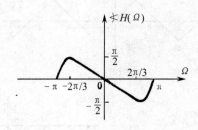

(b)

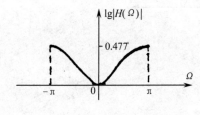 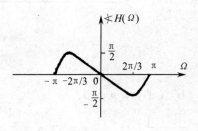

(c)

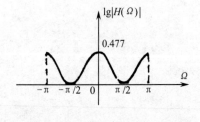 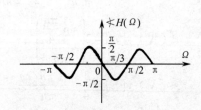

(d)

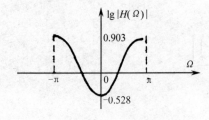 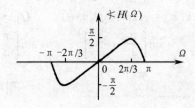

(e)

图 A 6.28

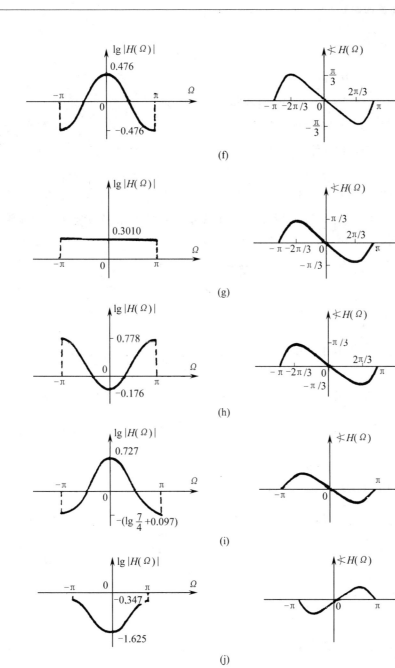

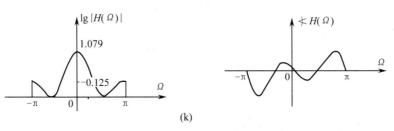

图 A 6.28(续)

6.29 在 $[-\pi,\pi]$ 内,

$$H_1(e^{j\Omega}) = \begin{cases} 1, & |\Omega| < \dfrac{\omega_c}{2}, \pi - \dfrac{\omega_c}{2} < |\Omega| \leqslant \pi; \\ 0, & \text{其他 } \Omega \end{cases}$$

多通带滤波器。

6.30 (b) $h_1[n] = 2\delta[n] - \left(-\dfrac{1}{4}\right)^n u[n]$, $\qquad s_1[n] = \left[\dfrac{6}{5} + \dfrac{4}{5}\left(-\dfrac{1}{4}\right)^{n+1}\right] u[n]$;

$h_2[n] = 4\delta[n] - \dfrac{7}{2}\left(-\dfrac{1}{4}\right)^n u[n]$, $\quad s_2[n] = \left[\dfrac{6}{5} + \dfrac{14}{5}\left(-\dfrac{1}{4}\right)^{n+1}\right] u[n]$;

(c) 这里证明了:非最小相移系统可以分解为最小相移系统与一个全通系统的级联。

第 7 章

7.1 (a) $\dfrac{1}{s+a}$, $\qquad \text{Re}[s] > -a$; $\qquad$ (b) $\dfrac{1}{s-a}$, $\qquad \text{Re}[s] < 9$;

(c) $\dfrac{1}{s-a}$, $\qquad \text{Re}[s] > a$; $\qquad$ (d) $\dfrac{2a}{s^2-a^2}$, $\qquad -a < \text{Re}[s] < a$;

(e) $\dfrac{1}{s}e^{-4s}$, $\qquad \text{Re}[s] > 0$; $\qquad$ (f) $e^{-\tau s}$, $\qquad -\infty < \text{Re}[s] < \infty$;

(g) $\dfrac{1}{s+1} + \dfrac{1}{s+2}$, $\quad \text{Re}[s] > -1$; $\qquad$ (h) $\dfrac{s\cos\phi - \omega_0\sin\phi}{s^2 + \omega_0^2}$, $\qquad \text{Re}[s] > 0$。

7.2 (a) $\text{Re}\{s\} > -1$; (b) $\text{Re}[s] < -2$; (c) $-2 < \text{Re}[s] < -1$。

7.3 (a) $-1 < \text{Re}[s] < 1$,双边; (b) $\text{Re}[s] < 1$,左向。

7.5 (a) $\dfrac{1}{s}(1-e^{-s})$, 整个 s 平面; $\qquad$ (b) $\left(\dfrac{\omega_0}{s^2+\omega_0^2}\right)e^{-s\tau}$, $\qquad \text{Re}[s] > 0$;

(c) $\dfrac{1}{s+3}$, $\qquad \text{Re}[s] < -3$; $\qquad$ (d) $\dfrac{1}{s+4} - \dfrac{1}{s+3}$, $\qquad -4 < \text{Re}[s] < -3$;

(e) $\dfrac{1}{(s+a)^2}$, $\qquad \text{Re}[s] > -a$; $\qquad$ (f) $\dfrac{s\sin\omega_0\tau + \omega_0\cos\omega_0\tau}{s^2+\omega_0^2}$, $\qquad \text{Re}[s] > 0$;

(g) $\dfrac{1}{|a|}e^{s\frac{b}{a}}$, $\qquad$ 整个 s 平面; $\qquad$ (h) $\dfrac{s+5}{(s+2)(s+8)}$, $\qquad \text{Re}[s] > -2$。

7.6 (a) $e^{-t}u(t)$; $\qquad\qquad$ (b) $-e^{-t}u(-t)$;

(c) $\cos 4t\, u(t)$; $\qquad\qquad$ (d) $\left[e^{-(t-1)}\cos 2(t-1)\right]u(t-1)$;

(e) $-2e^{-3t}u(-t) + e^{-2t}u(-t)$; $\qquad$ (f) $-tu(t) - e^t u(-t)$;

(g) $(2e^{-3t} \cdot e^{-2t})u(t)$; $\qquad\qquad$ (h) $-\dfrac{1}{2}u(-t) - \dfrac{1}{2}e^{-2t}u(t)$。

7.7 (a) $\dfrac{1}{s+2}$; $\qquad\qquad$ (b) $\dfrac{e^{-s}}{s+2}$;

(c) $e^2/(s+2)$; $\qquad$ (d) $\dfrac{e^{-(s+2)}}{s+2}$。

7.8　　（a）$\dfrac{2s\omega}{(s^2+\omega^2)^2}$,　　　　　　Re$[s]>0$;　　　（b）$\dfrac{2}{(s+2)^3}$,　　　　Re$[s]>-2$;

　　　　（c）$\dfrac{\dfrac{\omega}{5}}{\left(s+\dfrac{1}{5}\right)^2+\left(\dfrac{\omega}{5}\right)^2}$,　Re$[s]>-\dfrac{1}{5}$;　　　（d）$\dfrac{s+5}{(s+5)^2+\omega^2}$,　Re$[s]>-5$。

7.9　（a）$X(s)=\dfrac{2}{s}\big[\ \mathrm{e}^{-t_1s}-\mathrm{e}^{-(t_1+\tau)s}+\mathrm{e}^{-t_2s}-\mathrm{e}^{-(t_2+\tau)s}\ \big]$;

　　　（b）$X(s)=\dfrac{1}{s}\big[\ 1+\mathrm{e}^{-t_1s}-2\mathrm{e}^{-t_2}\ \big]$。

7.10　（a）$\left[\dfrac{3}{5}-\dfrac{3}{5}\mathrm{e}^{-t}\cos2t+\dfrac{7}{10}\mathrm{e}^{-t}\sin2t\right]u(t)$;

　　　　（b）$\left[\ 2-3t\mathrm{e}^{-t}-\mathrm{e}^{-t}-\mathrm{e}^{-2t}\ \right]u(t)$。

7.11　（a）$\left[-\mathrm{e}^{-2t}+2t\mathrm{e}^{-3t}+\mathrm{e}^{-3t}\right]u(t)$;

　　　　（b）$\left[\dfrac{1}{2}\mathrm{e}^{-t}-\mathrm{e}^{-2t}+\dfrac{1}{2}\mathrm{e}^{-3t}\right]u(t)$。

7.12　（a）$y_x(0)=0$,　$y_x(\infty)=\dfrac{3}{5}$;

　　　　（b）$y_x(0)=0$,　$y_x(\infty)=2$。

7.13　（a）$\dfrac{1}{2}\sin2tu(t)$;

　　　　（b）$(1+t)\mathrm{e}^{-t}u(t)$;

　　　　（c）$(3-3\mathrm{e}^{-t}+\mathrm{e}^{-2t})u(t)$。

7.14　（a）$\dfrac{1}{s+1},\dfrac{1}{s+2}$;　　　（b）$\dfrac{1}{s+1}-\dfrac{1}{s+2}$;

　　　　（c）$\left[\mathrm{e}^{-t}-\mathrm{e}^{-2t}\right]u(t)$;　　（d）$\left[\mathrm{e}^{-t}-\mathrm{e}^{-2t}\right]u(t)$。

7.15　$\left[2+4\mathrm{e}^{-3t}\right]u(t)$。

7.16　（a）$\dfrac{s}{(s+1)(s+2)}$,　Re$[s]>-1$;

　　　　（b）$\left[2\mathrm{e}^{-2t}-\mathrm{e}^{-t}\right]u(t)$;

　　　　（c）$\dfrac{3}{20}\mathrm{e}^{3t}$,　$-\infty<t<\infty$。

7.17　（a）$-\dfrac{\mathrm{d}X(s)}{\mathrm{d}s}$;　　　　（b）$\dfrac{1}{2}\left[X(s-\mathrm{j})-X(s+\mathrm{j})\right]$;

　　　　（c）$\mathrm{e}^{-\frac{3}{5}s}\dfrac{1}{5}X\left(\dfrac{s}{5}\right)$;　（d）$-\dfrac{\mathrm{d}}{\mathrm{d}s}\left[s^2X(s)\right]$。

7.18　$y_0(t)=\left[\mathrm{e}^{-t}+2\mathrm{e}^{-2t}\right]u(t)$,　$y_x(t)=\left[1+\mathrm{e}^{-2t}-2\mathrm{e}^{-t}\right]u(t)$,

　　　　$y(t)=\left[1+3\mathrm{e}^{-2t}-\mathrm{e}^{-t}\right]u(t)$。

7.19　$\left[5\mathrm{e}^{-t}-5\mathrm{e}^{-2t}+\mathrm{e}^{-3t}\right]u(t)$。

7.20　（a）$40.8(-\mathrm{e}^{-357t}+\cos10^4t+28\sin10^4t)$ V;

　　　　（b）$1140\left[-\mathrm{e}^{-357t}u(t)-\mathrm{e}^{-357(t-0.001)}u(t-0.001)\right]$ V。

7.21　Re[s]>3,　　$\left[\dfrac{1}{12}e^{-t}-\dfrac{1}{3}e^{2t}+\dfrac{1}{4}e^{3t}\right]u(t)$;

2<Re[s]<3,　　$\left[\dfrac{1}{12}e^{-t}-\dfrac{1}{3}e^{2t}\right]u(t)-\dfrac{1}{4}e^{3t}u(-t)$;

−1<Re[s]<2,　　$\dfrac{1}{12}e^{-t}u(t)+\left[\dfrac{1}{3}e^{2t}-\dfrac{1}{4}e^{3t}\right]u(-t)$;

Re[s]<−1,　　$\left[-\dfrac{1}{12}e^{-t}+\dfrac{1}{3}e^{2t}-\dfrac{1}{4}e^{3t}\right]u(-t)$ 。

7.22　(a) $e^{-t}\cos 2t$;　(b) $\dfrac{\sqrt{5}}{2}e^{-t}\cos(2t+26.57°)$;

(c) $\delta(t)-2e^{-t}\sin 2t$;

(d) $h(t)=u(t)-u(t-\tau)$,无穷多个零点, $\pm j\dfrac{k2\pi}{\tau}(k=0,1,2,\cdots)$,无极点。

7.23　(a) $H(s)=\dfrac{-(s-1)}{s+1}$,全通网络;

(b) $v_2(t)=10e^{-t}u(t)-10\cos tu(t)$

响应中第一项为自由与暂态响应,第二项为强迫、稳态响应。

7.24　(a) $H(s)=\dfrac{(s+1)^2+1}{(s+1)\left[(s+2)^2+1\right]}$;

(b) $H(s)=\dfrac{(s-2)^2+1}{(s+1)\left[(s+1)^2+1\right]}$ 。

7.25　皆为不稳定系统。

7.26　(a) 2个;　(b)2个;　(c) 2个;　(d) 1个。

7.27　0<K<1。

第8章

8.1　(a) 1,全部 z ,无零极点, $X(e^{j\Omega})$ 存在。

(b) z^{-1} , $|z|>0$, $z=0$ 处有一极点,存在。

(c) z ,全部 z , $z=0$ 处有一零点,存在。

(d) $\dfrac{1}{1-\left(\dfrac{1}{2}z^{-1}\right)}$, $|z|>\dfrac{1}{2}$; $z=0$ 处一零点, $z=\dfrac{1}{2}$ 处一极点,存在。

(e) $\dfrac{1}{1-\dfrac{1}{2}z^{-1}}$, $|z|<\dfrac{1}{2}$, $z=0$ 处一零点, $z=\dfrac{1}{2}$ 处一极点,不存在。

(f) $\dfrac{1}{1-2z}$, $|z|<\dfrac{1}{2}$, $z=\dfrac{1}{2}$ 处一极点,不存在。

(g) $\dfrac{2-\dfrac{3}{4}z^{-1}}{\left(1-\dfrac{1}{2}z^{-1}\right)\left(1-\dfrac{1}{4}z^{-1}\right)}$, $|z|>\dfrac{1}{2}$, $z=\dfrac{3}{8}$ 处一零点, $z=\dfrac{1}{2}$, $\dfrac{1}{4}$ 处各一极点,存在。

(h) $\dfrac{z^{-1}}{1-\dfrac{1}{2}z^{-1}}, |z|>\dfrac{1}{2}, z=\dfrac{1}{2}$ 处一极点,存在。

8.2 (a) $\dfrac{z^{10}-\dfrac{1}{2}}{z^9\left(z-\dfrac{1}{2}\right)}, |z|>0, 10$ 个零点等间隔分布在 $|z|=\dfrac{1}{2}$ 的圆周上,其中 $z=\dfrac{1}{2}$ 的零极

点抵消,$z=0$ 为 9 阶极点。

(b) $\dfrac{-\dfrac{3}{2}z^{-1}}{\left(1-\dfrac{1}{2}z^{-1}\right)(1-2z^{-1})}, \dfrac{1}{2}<|z|<2, z=2, z=\dfrac{1}{2}$ 为两个极点。

(c) $\dfrac{\dfrac{7\sqrt{2}}{2}-\dfrac{2}{3}\cos\dfrac{\pi}{12}z^{-1}}{1-\dfrac{1}{3}z^{-1}+\dfrac{1}{9}z^{-2}}, |z|>\dfrac{1}{3}$, 在半径为 $\dfrac{1}{3}$, 相角为 $\pm\dfrac{\pi}{3}$ 处有两个极点。

(d) $\dfrac{z^{10}-1}{z^9(z-1)}, |z|>0, 10$ 个零点等间隔分布于单位圆上。

其中 $z=1$ 处的零点与极点抵消,$z=0$ 为 9 阶极点。

8.3 (a) 三种:$2<|z|, \dfrac{1}{3}<|z|<2, |z|<\dfrac{1}{3}$。

(b) $2<|z|$ 时,$x[n]=\left[\left(\dfrac{1}{3}\right)^n-(2)^n\right]u[n]$;

$\dfrac{1}{3}<|z|<2$ 时,$x[n]=\left(\dfrac{1}{3}\right)^n u[n]+(2)^n u[-n-1]$;

$|z|<\dfrac{1}{3}$ 时,$x[n]=\left[(2)^n-\left(\dfrac{1}{3}\right)^n\right]u[-n-1]$。

仅当 $\dfrac{1}{3}<|z|<2$ 区域时,$x[n]$ 存在离散时间傅里叶变换。

8.4 (a) $x[n]=\dfrac{1}{n}\left(\dfrac{1}{2}\right)^n u[-n-1]$;

(b) $x[n]=-\dfrac{1}{n}\left(\dfrac{1}{2}\right)^n u[n-1]$。

8.6 (a) $\dfrac{b}{b-a}\{a^n u[n]+b^n u[-n-1]\}$;

(b) $a^{n-2}u[n-2]$;

(c) $\dfrac{1-a^n}{1-a}u[n]$。

8.7 (a) $x(0)=1, \quad x(\infty)=0$;

(b) $x(0)=0, \quad x(\infty)=2$;

(c) $x(0)=2, \quad x(\infty)$ 不存在。

8.10　(a) $\left[20\left(\dfrac{1}{2}\right)^{n}-10\left(\dfrac{1}{4}\right)^{n}\right]u[n]$；

(b) $5\left[1+(-1)^{n}\right]u[n]$；

(c) $\left[\dfrac{\sin(n+1)\omega+\sin(n\omega)}{\sin\omega}\right]u[n]$。

8.11　(a) $\left(\dfrac{1}{2}\right)^{n}u[n]$；

(b) $\delta[n]-\left(-\dfrac{1}{2}\right)^{n-1}u[n-1]$；

(c) $2\left(\dfrac{1}{2}\right)^{n-1}u[n-1]+\left(-\dfrac{1}{4}\right)^{n-1}u[n-1]$。

8.12　(a) $\left(-\dfrac{1}{2}\right)^{n}u[n]$；

(b) $\left[4\left(-\dfrac{1}{2}\right)^{n}-3\left(-\dfrac{1}{4}\right)^{n}\right]u[n]$；

(c) $(-0.5)^{n}u[n]$。

8.13　(a)、(b)、(c) $x[n]=2u[n]-\left(\dfrac{1}{2}\right)^{n}u[n]$

$$X(z)=\frac{2}{1-z^{-1}}-\frac{1}{1-\dfrac{1}{2}z^{-1}}$$

8.14　(a)、(b)、(c) $\quad X(z)=\dfrac{z^{2}}{z^{2}-\dfrac{3}{2}z+\dfrac{1}{2}}=\dfrac{2z}{z-1}-\dfrac{z}{z-\dfrac{1}{2}}$

$$x[n]=\left(\frac{1}{2}\right)^{n}u[-n-1]-2u[-n-1]$$

8.15　$\dfrac{u[-n]}{(-n)!}$。

8.16　(a) $z^{-1}X(z)+x(-1)$；

(b) $z^{2}X(z)-z^{2}x(0)-zx(1)$；

(c) $\dfrac{6z}{(z-1)^{4}}$，　$|z|>1$；

(d) z^{-N}，　　　　$|z|>0$。

8.17　(a) $y[n]=\dfrac{1}{7}\left(\dfrac{1}{2}\right)^{n}u[n]-\dfrac{15}{7}(-3)^{n}u[n]$；

(b) $y[n]=u[n]$；

(c) $y[n]=\left[1+\left(\dfrac{1}{2}\right)^{n+1}\right]u[n]$。

8.18　(a) $\dfrac{1}{3}+\dfrac{2}{3}\cos\left(\dfrac{2n\pi}{3}\right)+\dfrac{4\sqrt{3}}{3}\sin\left(\dfrac{2\pi n}{3}\right)$，$n\geqslant0$；

(b) $\left[9.26+0.66(-0.2)^{n}-0.2(0.1)^{n}\right]$，$n\geqslant0$；

（c）$\left[0.5-0.45(0.9)^{n}\right]$，$n\geqslant0$；

（d）$\left[0.5+0.45(0.9)^{n}\right]$，$n\geqslant0$；

（e）$\dfrac{1}{9}\left[3n-4+13(-2)^{n}\right]$，$n\geqslant0$。

8.19 （a）$H(z)=\dfrac{z}{3z-6}$，$h[n]=\dfrac{1}{3}(2)^{n}u[n]$；

（b）$H(z)=1-5z^{-1}+8z^{-3}$，$h[n]=\delta[n]-5\delta(n-1)+8\delta[n-3]$；

（c）$H(z)=\dfrac{z}{z-0.5}$，$h[n]=(0.5)^{n}u[n]$；

（d）$H(z)=\dfrac{z^{3}}{(z-1)^{3}}$，$h[n]=\dfrac{1}{2}(n+1)(n+2)u[n]$；

（e）$H(z)=\dfrac{z^{2}-3}{z^{2}-5z+6}$，$h[n]=\dfrac{-1}{2}\delta[n]-\dfrac{1}{2}(2)^{n}u[n]+2(3)^{n}u[n]$。

8.20 （a）$H(z)=\dfrac{z}{z+1}$，$h[n]=(-1)^{n}u[n]$；

（b）系统为临界稳定；

（c）$y[n]=5\left[1+(-1)^{n}\right]u[n]$。

8.21 当 $10<|z|\leqslant\infty$ 时，$h[n]=(0.5^{n}-10^{n})u[n]$，系统是因果不稳定的。

当 $0.5<|z|<10$ 时，$h[n]=(0.5)^{n}u[n]+10^{n}u[-n-1]$，系统是非因果，稳定的。

8.23 $x[n]=x_{1}[n]*x_{2}[n]$　为得到 $x_{2}[n]$ 应用

D 运算：$X(z)=X_{1}(z)X_{2}(z)$

$\ln[X(z)]=\ln[X_{1}(z)]+\ln[X_{2}(z)]$

$\mathscr{Z}^{-1}\{\ln[X(z)]\}=\hat{x}_{1}[n]+\hat{x}_{2}[n]=\hat{x}[n]$

L 运算：当 $\hat{x}[n]=\hat{x}_{1}[n]+\hat{x}_{2}[n]$ 时，可得到 $\hat{y}[n]=\hat{x}_{2}[n]$，即滤除 $\hat{x}_{1}[n]$。

D^{-1} 运算：$\mathscr{Z}\{\hat{x}_{2}[n]\}=\hat{X}_{2}(z)$，或 $\mathscr{Z}\{\hat{y}[n]\}=\hat{Y}(z)$

$\exp[\hat{X}_{2}(z)]=X_{2}(z)$ 或 $\exp[\hat{Y}(z)]=Y(z)$

$\mathscr{Z}^{-1}[X_{2}(z)]=x_{2}[n]$ 或 $\mathscr{Z}^{-1}[Y(z)]=y[n]$

最后 $y[n]=x_{2}[n]$。

8.24 $\dfrac{1}{3}<|z|<3$，$h[n]=-\dfrac{3}{8}\left[3^{n}u[-n-1]+\left(\dfrac{1}{3}\right)^{n}u[n]\right]$。

8.25 $x[n]=2\delta[n]$。

8.26 $y[n]-2y[n-1]=11x[n]-21x[n-1]$。

8.27 $y[n]+\dfrac{k}{3}y[n-1]=x[n]-\dfrac{k}{4}x[n-1]$。

（a）$H(z)=\dfrac{1-\dfrac{k}{4}z^{-1}}{1+\dfrac{k}{3}z^{-1}}$　ROC 为 $|z|>\dfrac{|k|}{3}$；

（b）$|K|<3$；

(c) $y[n]=H\left(\dfrac{2}{3}\right)\left(\dfrac{2}{3}\right)^{n}=\dfrac{2}{15}\left(\dfrac{2}{3}\right)^{n}$, $\qquad -\infty<n<\infty$ 。

8.29 (a) $y[n]-ky[n-1]=x[n]$;

(b) $H(\mathrm{e}^{\mathrm{j}\omega})=\dfrac{\mathrm{e}^{\mathrm{j}\omega}}{\mathrm{e}^{\mathrm{j}\omega}-k}$

$|H(\mathrm{e}^{\mathrm{j}\omega})|=\dfrac{1}{\sqrt{1+k^{2}-2k\cos\omega}}$, $\varphi(\omega)=-\arctan\dfrac{k\sin\omega}{1-k\cos\omega}$ 。

8.31 $0<k<1$ 。

8.32 (a) $\dfrac{Az(1-\mathrm{e}^{-T\lambda})}{A(z-1)(z-\mathrm{e}^{-T\lambda})}$; (b) $\dfrac{Tz\mathrm{e}^{-T\lambda}}{(z-\mathrm{e}^{-T\lambda})^{2}}$ 。

8.33 (a) $y[n]=\sum\limits_{i=0}^{M-1}a^{i}x[n-i]$, $(M=8)$;

(b) $H(z)=\sum\limits_{i=0}^{M-1}a^{i}z^{-i}=\dfrac{1-(az^{-1})^{M}}{1-az^{-1}}$;

(c) $h[n]=a^{n}\{u[n]-u[n-M]\}=\sum\limits_{i=0}^{M-1}a^{i}\delta[n-i]$ 。

8.34 (a) $H(z)=\dfrac{10}{3}\left(\dfrac{z}{z-\dfrac{1}{2}}\right)-\dfrac{7}{3}\left(\dfrac{z}{z-\dfrac{1}{4}}\right)$, $\qquad |z|>\dfrac{1}{2}$

$h[n]=\left[\dfrac{10}{3}\left(\dfrac{1}{2}\right)^{n}-\dfrac{7}{3}\left(\dfrac{1}{4}\right)^{n}\right]u[n]$;

(b) 零点位于 $z=0$ 和 $-\dfrac{1}{3}$；极点位于 $z=\dfrac{1}{4}$ 和 $\dfrac{1}{2}$；

(c) 呈低通特性，最大值为 $\dfrac{32}{9}$，最小值为 $\dfrac{16}{45}$ 。

第9章

9.1

(a) $\begin{bmatrix} i'_{\mathrm{L}} \\ v_{\mathrm{C}} \end{bmatrix}=\begin{bmatrix} \dfrac{-R}{L} & \dfrac{-1}{L} \\ \dfrac{1}{C} & 0 \end{bmatrix}\begin{bmatrix} i_{\mathrm{L}} \\ v_{\mathrm{C}} \end{bmatrix}+\begin{bmatrix} \dfrac{1}{L} \\ 0 \end{bmatrix}v_{\mathrm{s}}$;

(b) $\begin{bmatrix} v_{\mathrm{C}} \\ i'_{\mathrm{L}} \end{bmatrix}=\begin{bmatrix} \dfrac{-1}{RC} & \dfrac{-1}{C} \\ \dfrac{1}{L} & \dfrac{-R}{L} \end{bmatrix}\begin{bmatrix} v_{\mathrm{C}} \\ i_{\mathrm{L}} \end{bmatrix}+\begin{bmatrix} \dfrac{1}{RC} \\ 0 \end{bmatrix}v_{\mathrm{s}}$ 。

9.2

(a) $\begin{bmatrix} i'_{\mathrm{L}} \\ v_{\mathrm{C}} \end{bmatrix}=\begin{bmatrix} \dfrac{-R}{L} & \dfrac{-1}{L} \\ \dfrac{1}{C} & \dfrac{-1}{R_{2}C} \end{bmatrix}\begin{bmatrix} i_{\mathrm{L}} \\ v_{\mathrm{C}} \end{bmatrix}+\begin{bmatrix} \dfrac{R_{1}}{L} & 0 \\ 0 & \dfrac{1}{R_{2}C} \end{bmatrix}\begin{bmatrix} i_{\mathrm{s}} \\ v_{\mathrm{s}} \end{bmatrix}$;

$$\begin{bmatrix} y_1 \\ y_2 \end{bmatrix} = \begin{bmatrix} -R_1 & 0 \\ 0 & 1 \end{bmatrix} \begin{bmatrix} i_L \\ v_C \end{bmatrix} + \begin{bmatrix} R_1 & 0 \\ 0 & -1 \end{bmatrix} \begin{bmatrix} i_s \\ v_s \end{bmatrix};$$

(b) $$\begin{bmatrix} \dot{v}_{C_1} \\ \dot{v}_{C2} \end{bmatrix} = \begin{bmatrix} \dfrac{-(R_1+R_2)}{C_1 R_1 R_2} & \dfrac{-1}{R_2 C} \\ \dfrac{-1}{R_2 C_2} & \dfrac{-1}{R_2 C_2} \end{bmatrix} \begin{bmatrix} v_{C_1} \\ v_{C_2} \end{bmatrix} + \begin{bmatrix} \dfrac{R_1+R_2}{C_1 R_1 R_2} & \dfrac{-1}{C_1} \\ \dfrac{1}{R_2 C_2} & \dfrac{-1}{C_2} \end{bmatrix} \begin{bmatrix} v_s \\ i_s \end{bmatrix};$$

$$\begin{bmatrix} y_1 \\ y_2 \end{bmatrix} = \begin{bmatrix} -1 & 0 \\ -1 & -1 \end{bmatrix} \begin{bmatrix} v_{C_1} \\ v_{C_2} \end{bmatrix} + \begin{bmatrix} 1 & 0 \\ 1 & 0 \end{bmatrix} \begin{bmatrix} v_s \\ i_s \end{bmatrix}。$$

9.3 $$\begin{bmatrix} i_2' \\ v_1' \\ v_2' \end{bmatrix} = \begin{bmatrix} -\dfrac{R}{L} & \dfrac{1}{L} & 0 \\ -\dfrac{1}{C} & -\dfrac{R_L+R_1}{R_L R_1 C_1} & \dfrac{1}{R_L C_1} \\ 0 & \dfrac{1}{R_L C_2} & -\dfrac{1}{R_L C_2} \end{bmatrix} \begin{bmatrix} i_2 \\ v_1 \\ v_2 \end{bmatrix} + \begin{bmatrix} 0 \\ -\dfrac{1}{C_1} \\ 0 \end{bmatrix} e;$$

$$r = \begin{bmatrix} 0 & 1 & -1 \end{bmatrix} \begin{bmatrix} i_2 \\ v_1 \\ v_2 \end{bmatrix}。$$

9.4 (a) 选择:$x_1 = y(t)$, $x_2 = y^{(1)}(t)$

$$\begin{bmatrix} \dot{x}_1 \\ \dot{x}_2 \end{bmatrix} = \begin{bmatrix} 0 & 1 \\ -6 & -5 \end{bmatrix} \begin{bmatrix} x_1 \\ x_2 \end{bmatrix} + \begin{bmatrix} 0 \\ 1 \end{bmatrix} f(t);$$

$$y(t) = \begin{bmatrix} 1 & 1 \end{bmatrix} \begin{bmatrix} x_1 \\ x_2 \end{bmatrix};$$

(b) $$\begin{bmatrix} \dot{x}_1 \\ \dot{x}_2 \end{bmatrix} = \begin{bmatrix} 0 & 1 \\ -2 & -3 \end{bmatrix} \begin{bmatrix} x_1 \\ x_2 \end{bmatrix} + \begin{bmatrix} 0 \\ 1 \end{bmatrix} f(t);$$

$$y(t) = \begin{bmatrix} 0 & -2 \end{bmatrix} \begin{bmatrix} x_1 \\ x_2 \end{bmatrix} + f(t);$$

(c) 选择:$x_1 = y(t)$, $x_2 = y^{(1)}(t)$, $x_3 = y^{(2)}(t)$

$$\begin{bmatrix} \dot{x}_1 \\ \dot{x}_2 \\ \dot{x}_3 \end{bmatrix} = \begin{bmatrix} 0 & 1 & 0 \\ 0 & 0 & 1 \\ -3 & -7 & -5 \end{bmatrix} \begin{bmatrix} x_1 \\ x_2 \\ x_3 \end{bmatrix} + \begin{bmatrix} 0 \\ 0 \\ 1 \end{bmatrix} f(t);$$

$$y(t) = \begin{bmatrix} 1 & 0 & 0 \end{bmatrix} \begin{bmatrix} x_1 \\ x_2 \\ x_3 \end{bmatrix};$$

(d) 选择:$x_1 = y(t)$, $x_2 = y^{(1)}(t)$

$$\begin{bmatrix} \dot{x}_1 \\ \dot{x}_2 \end{bmatrix} = \begin{bmatrix} 0 & 1 \\ -4 & 0 \end{bmatrix} \begin{bmatrix} x_1 \\ x_2 \end{bmatrix} + \begin{bmatrix} 0 \\ 1 \end{bmatrix} f(t);$$

$$y'(t) = \begin{bmatrix} 1 & 0 \end{bmatrix} \begin{bmatrix} x_1 \\ x_2 \end{bmatrix};$$

(e) 选择：$x_1 = y(t)$, $x_2 = y^{(1)}(t)$

$$\begin{bmatrix} \dot{x}_1 \\ \dot{x}_2 \end{bmatrix} = \begin{bmatrix} 0 & 1 \\ -3 & -4 \end{bmatrix} \begin{bmatrix} x_1 \\ x_2 \end{bmatrix} + \begin{bmatrix} 0 \\ 1 \end{bmatrix} f(t);$$

$$y(t) = \begin{bmatrix} 1 & 1 \end{bmatrix} \begin{bmatrix} x_1 \\ x_2 \end{bmatrix};$$

(f) 选择：$x_1 = y(t)$, $x_2 = y^{(1)}(t)$, $x_3 = y^{(2)}(t)$

$$\begin{bmatrix} \dot{x}_1 \\ \dot{x}_2 \\ \dot{x}_3 \end{bmatrix} = \begin{bmatrix} 0 & 1 & 0 \\ 0 & 0 & 1 \\ -2 & -1 & -5 \end{bmatrix} \begin{bmatrix} x_1 \\ x_2 \\ x_3 \end{bmatrix} + \begin{bmatrix} 0 \\ 0 \\ 1 \end{bmatrix} f(t);$$

$$y = \begin{bmatrix} 2 & 1 & 0 \end{bmatrix} \begin{bmatrix} x_1 \\ x_2 \\ x_3 \end{bmatrix};$$

(g) 选择 $x_1 = y(t)$, $x_2 = y^{(1)}(t)$, $x_3 = y^{(2)}(t)$

$$\begin{bmatrix} \dot{x}_1 \\ \dot{x}_2 \\ \dot{x}_3 \end{bmatrix} = \begin{bmatrix} 0 & 1 & 0 \\ 0 & 0 & 1 \\ -1 & -2 & -3 \end{bmatrix} \begin{bmatrix} x_1 \\ x_2 \\ x_3 \end{bmatrix} + \begin{bmatrix} 0 \\ 0 \\ 1 \end{bmatrix} f(t);$$

$$y = \begin{bmatrix} 1 & 2 & 1 \end{bmatrix} \begin{bmatrix} x_1 \\ x_2 \\ x_3 \end{bmatrix}。$$

9.5 (a) 选择：$x_1(t) = y_1(t)$, $x_2(t) = y_2(t)$, $x_3(t) = \dot{y}_2(t)$

$$\begin{bmatrix} \dot{x}_1 \\ \dot{x}_2 \\ \dot{x}_3 \end{bmatrix} = \begin{bmatrix} 0 & -1 & 0 \\ 0 & 0 & 1 \\ -1 & 0 & -1 \end{bmatrix} \begin{bmatrix} x_1 \\ x_2 \\ x_3 \end{bmatrix} + \begin{bmatrix} 1 & 0 \\ 0 & 0 \\ -1 & 1 \end{bmatrix} \begin{bmatrix} f_1(t) \\ f_2(t) \end{bmatrix};$$

$$\begin{bmatrix} y_1 \\ y_2 \end{bmatrix} = \begin{bmatrix} 1 & 0 \\ 0 & 1 \end{bmatrix} \begin{bmatrix} x_1 \\ x_2 \end{bmatrix};$$

(b)

$$\begin{bmatrix} \dot{x}_1 \\ \dot{x}_2 \\ \dot{x}_3 \\ \dot{x}_4 \end{bmatrix} = \begin{bmatrix} 0 & 1 & 0 & 0 \\ 0 & 0 & -1 & 0 \\ 0 & 0 & 0 & 1 \\ -1 & 0 & 0 & 0 \end{bmatrix} \begin{bmatrix} x_1 \\ x_2 \\ x_3 \\ x_4 \end{bmatrix} + \begin{bmatrix} 0 \\ 1 \\ 0 \\ 1 \end{bmatrix} f(t);$$

$$\begin{bmatrix} y_1 \\ y_2 \end{bmatrix} = \begin{bmatrix} 1 & 0 & 0 & 0 \\ 0 & 0 & 1 & 0 \end{bmatrix} \begin{bmatrix} x_1 \\ x_2 \\ x_3 \\ x_4 \end{bmatrix}。$$

9.7 (a)

$$\begin{bmatrix} \dot{x}_1 \\ \dot{x}_2 \end{bmatrix} = \begin{bmatrix} 0 & 1 \\ -12 & -7 \end{bmatrix} \begin{bmatrix} x_1 \\ x_2 \end{bmatrix} + \begin{bmatrix} 0 \\ 1 \end{bmatrix} f;$$

$$y = \begin{bmatrix} 10 & 3 \end{bmatrix} \begin{bmatrix} x_1 \\ x_2 \end{bmatrix};$$

（b）

$$\begin{bmatrix} \dot{x}_1 \\ \dot{x}_2 \end{bmatrix} = \begin{bmatrix} 0 & 1 \\ -29 & -4 \end{bmatrix} \begin{bmatrix} x_1 \\ x_2 \end{bmatrix} + \begin{bmatrix} 0 \\ 1 \end{bmatrix} f;$$

$$y(t) = \begin{bmatrix} -29 & 1 \end{bmatrix} \begin{bmatrix} x_1 \\ x_2 \end{bmatrix} + \begin{bmatrix} 2 \end{bmatrix} f_{\circ}$$

9.8 $\begin{bmatrix} \dot{x}_1 \\ \dot{x}_2 \\ \dot{x}_3 \end{bmatrix} = \begin{bmatrix} -10 & 5 & 0 \\ 0 & -2 & 1 \\ 1 & 0 & -1 \end{bmatrix} \begin{bmatrix} x_1 \\ x_2 \\ x_2 \end{bmatrix} + \begin{bmatrix} 0 \\ 1 \\ 0 \end{bmatrix} f;$

$$y(t) = x_1(t)_{\circ}$$

9.9 $\begin{bmatrix} \dot{x}_1 \\ \dot{x}_2 \end{bmatrix} = \begin{bmatrix} 0 & 1 \\ b & a \end{bmatrix} \begin{bmatrix} x_1 \\ x_2 \end{bmatrix} + \begin{bmatrix} 0 & 0 \\ 1 & 0 \end{bmatrix} \begin{bmatrix} f_1 \\ f_2 \end{bmatrix};$

$$y[n] = \begin{bmatrix} 1 & 0 \\ 0 & 0 \end{bmatrix} \begin{bmatrix} x_1 \\ x_2 \end{bmatrix} + \begin{bmatrix} 0 & 1 \end{bmatrix} \begin{bmatrix} f_1 \\ f_2 \end{bmatrix}_{\circ}$$

9.10

（a） $\begin{bmatrix} x_1[n+1] \\ x_2[n+1] \\ x_3[n+1] \end{bmatrix} = \begin{bmatrix} 0 & 1 & 0 \\ 0 & 0 & 1 \\ -6 & -5 & -2 \end{bmatrix} \begin{bmatrix} x_1[n] \\ x_2[n] \\ x_3[n] \end{bmatrix} + \begin{bmatrix} 0 \\ 0 \\ 1 \end{bmatrix} f[n];$

$$y[n] = x_1[n];$$

（b） $\begin{bmatrix} x_1[n+1] \\ x_2[n+1] \\ x_3[n+1] \end{bmatrix} = \begin{bmatrix} 0 & 1 & 0 \\ 0 & 0 & 1 \\ -1 & -2 & -3 \end{bmatrix} \begin{bmatrix} x_1[n] \\ x_2[n] \\ x_3[n] \end{bmatrix} + \begin{bmatrix} 0 \\ 0 \\ 1 \end{bmatrix} f[n];$

$$y[n] = \begin{bmatrix} 1 & 2 & 1 \end{bmatrix} \begin{bmatrix} x_1[n] \\ x_2[n] \\ x_3[n] \end{bmatrix};$$

（c） $\begin{bmatrix} x_1[n+1] \\ x_2[n+1] \end{bmatrix} = \begin{bmatrix} 0 & 1 \\ -2 & -3 \end{bmatrix} \begin{bmatrix} x_1[n] \\ x_2[n] \end{bmatrix} + \begin{bmatrix} 0 \\ 1 \end{bmatrix} f[n];$

$$y[n] = \begin{bmatrix} 1 & 1 \end{bmatrix} \begin{bmatrix} x_1[n] \\ x_2[n] \end{bmatrix}_{\circ}$$

9.11 （a） $\begin{bmatrix} x_1[n+1] \\ x_2[n+1] \end{bmatrix} = \begin{bmatrix} 0 & 1 \\ 0.11 & 1 \end{bmatrix} \begin{bmatrix} x_1[n] \\ x_2[n] \end{bmatrix} + \begin{bmatrix} 0 \\ 1 \end{bmatrix} f[n];$

$$y[n] = 0.11 x_1[n] + x_2[n] + f[n];$$

（b） $\begin{bmatrix} x_1[n+1] \\ x_2[n+1] \end{bmatrix} = \begin{bmatrix} 0 & 1 \\ -2 & -3 \end{bmatrix} \begin{bmatrix} x_1[n] \\ x_2[n] \end{bmatrix} + \begin{bmatrix} 0 \\ 1 \end{bmatrix} f[n];$

$$y[n] = -3 x_2[n] + f[n]_{\circ}$$

9.12 (a) $e^{At} = \begin{bmatrix} 1 & \dfrac{1}{2}(e^t - e^{-t}) & \dfrac{1}{2}(e^t + e^{-t}) - 1 \\ 0 & \dfrac{1}{2}(e^t + e^{-t}) & \dfrac{1}{2}(e^t - e^{-t}) \\ 0 & \dfrac{1}{2}(e^t - e^{-t}) & \dfrac{1}{2}(e^t + e^{-t}) \end{bmatrix}$;

(b) $\boldsymbol{\varphi}(t) = \begin{bmatrix} e^t & \dfrac{2}{3}(e^t - e^{-2t}) \\ 0 & e^{-2t} \end{bmatrix}$;

(d) $\boldsymbol{\varphi}(t) = \begin{bmatrix} e^{2t} - te^{2t} & -te^{2t} \\ te^{2t} & e^{2t} + te^{2t} \end{bmatrix}$。

9.13 $\boldsymbol{x}(t) = \begin{bmatrix} -7e^{3t} + 10e^{2t} \\ 7e^{3t} - 5e^{2t} \end{bmatrix}$。

9.14 (a)

$\boldsymbol{x}(t) = \begin{bmatrix} \dfrac{1}{3}(-4e^t + 10e^{-2t}) \\ \dfrac{1}{3}(8e^t - 5e^{-2t}) \end{bmatrix}$;

(b) $\boldsymbol{x}(t) = \begin{bmatrix} 3 - e^{-t} \\ 2e^t - 3 \end{bmatrix}$。

9.16 $y(t) = \left[\dfrac{1}{2} + e^{-t} - \dfrac{1}{2}e^{-2t} \right] u(t)$。

9.17 (a) $A^n = \begin{bmatrix} \left(\dfrac{3}{4}\right)^n & 0 \\ 2\left(\dfrac{3}{4}\right)^n - 2\left(\dfrac{1}{2}\right)^n & \left(\dfrac{1}{2}\right)^n \end{bmatrix}$;

(b) $\boldsymbol{\varphi}[n] = \begin{bmatrix} \left(\dfrac{1}{2}\right)^n & 0 \\ 0 & \left(\dfrac{1}{3}\right)^n \end{bmatrix}$。

9.18 $\boldsymbol{x}[n] = \begin{bmatrix} \dfrac{7}{8}(3)^n + \dfrac{3}{8}(-1)^n - \dfrac{1}{4} \\ \dfrac{7}{4}(3)^n - \dfrac{3}{4}(-1)^n \end{bmatrix}$;

$y[n] = \dfrac{7}{8}(3)^n + \dfrac{3}{8}(-1)^n - \dfrac{1}{4}, \quad n \geqslant 0$。

9.19 (a) $\boldsymbol{x}[n] = \begin{bmatrix} 2\left(\dfrac{1}{2}\right)^n - \left(\dfrac{1}{3}\right)^n \\ \left(\dfrac{1}{3}\right)^n \end{bmatrix}$;

（b）$x[n] = \begin{bmatrix} \dfrac{1}{2} - 2\left(\dfrac{1}{2}\right)^n + \dfrac{5}{2}\left(\dfrac{1}{3}\right)^n \\[4mm] \dfrac{3}{2} - \dfrac{5}{2}\left(\dfrac{1}{3}\right)^n \end{bmatrix}$。

9.20

$h(t) = \begin{bmatrix} (2-t)\,\mathrm{e}^{-t} & (1-t\mathrm{e}^{-t}) \\[2mm] (1-2t)\,\mathrm{e}^{-t} & -(1+2t)\,\mathrm{e}^{-t} \\[2mm] \delta(t)+\mathrm{e}^{-t} & \delta(t)+\mathrm{e}^{-t} \end{bmatrix}$；

$H(s) = \begin{bmatrix} \dfrac{2s+1}{(s+1)^2} & \dfrac{s}{(s+1)^2} \\[4mm] \dfrac{s-1}{(s+1)^2} & \dfrac{-(s+3)}{(s+1)^2} \\[4mm] \dfrac{s+2}{s+1} & \dfrac{s+2}{s+1} \end{bmatrix}$。

9.21 $\quad H(z) = \dfrac{1}{z^2+\dfrac{1}{4}} \begin{bmatrix} z & z-\dfrac{1}{2} \\[3mm] z+\dfrac{1}{2} & 2z \\[3mm] 2z+\dfrac{1}{2} & 3z-\dfrac{1}{2} \end{bmatrix}$, $|z| > \dfrac{1}{2}$；

$h[n] = \begin{bmatrix} g[n] & g[n]-\dfrac{1}{2}g[n-1] \\[3mm] g[n]+\dfrac{1}{2}g[n-1] & 2g[n] \\[3mm] 2g[n]+\dfrac{1}{2}g[n-1] & 3g[n]-\dfrac{1}{2}g[n-1] \end{bmatrix}$。

其中，$g[n] = \left(\dfrac{1}{2}\right)^{n-1} \sin\dfrac{\pi n}{2} u[n]$。

9.22 $\quad y[n] = 10[1-(2)^{-n}]u[n]$。

参考文献

［1］OPPENHEIM A V,WILLSKY A S,NAWAB S H. Signals and systems［M］. 2nd ed. New Jersey：Prentice Hall,1997.

［2］LATHI B P. Linear Systems and Signals［M］. CA：Berkeley-Cambridge Press,1992.

［3］GABEL R A, ROBERT R A. Signals and linear systems［M］. 3rd ed. New Jersey：John Wiley,1987.

［4］MCGILLEM C D,COOPER G R.Continuous and discrete signal and system analysis［M］. 3rd ed. New York：Holt,Rinehart and Winston,1991.

［5］JACKSON L B. Signals,systems,and transforms［M］. New Jersey：Addison-Wesley,1991.

［6］ZIEMER R E,TRANTER W H,FANNIN D R. Signals and systems：continuous and discrete ［M］. 4th ed. New Jersey：Prentice Hall,1998.

［7］TAYLOR F J. Principles of signals and systems［M］. New York：McGraw-Hill,1994.

［8］PHILIPS C L, PARR J M. Signals, systems, and transforms ［M］. New Jersey：Prentice Hall,1995.

［9］管致中,夏恭恪. 信号与线性系统［M］. 3 版. 北京：高等教育出版社,1992.

［10］郑君里,应启珩,杨为理. 信号与系统［M］. 2 版. 北京：高等教育出版社,2000.

［11］吴大正,杨林耀,张永瑞. 信号与线性系统［M］. 3 版. 北京：高等教育出版社,1998.

［12］吴湘淇. 信号、系统与信号处理［M］. 北京：电子工业出版社,1999.

［13］芮坤生. 信号分析与处理［M］. 北京：高等教育出版社,1993.

［14］张贤达,保铮. 非平稳信号分析与处理［M］. 北京：国防工业出版社,1998.

［15］何振亚. 数字信号处理的理论与应用［M］. 北京：人民邮电出版社,1983.

［16］徐守时. 信号与系统：理论、方法与应用［M］. 合肥：中国科学技术大学出版社,1999.

［17］张宝俊,李祯祥,沈庭芝. 信号与系统：学习及解题指导［M］. 北京：北京理工大学出版社,1997.

［18］张宝俊,李海,何冰松. 信号与系统实验 CAI 教程［M］. 北京：北京理工大学出版社,2000.

［19］王晓华,闫雪梅,王群. 信号与系统：概念、题解与自测［M］. 北京：北京理工大学出版社,2007.

［20］王世一. 数字信号处理［M］. 北京：北京理工大学出版社,1997.

［21］赵淑清,郑薇. 随机信号分析［M］. 哈尔滨：哈尔滨工业大学出版社,1999.

［22］崔锦泰. 小波分析导论［M］. 西安：西安交通大学出版社,1995.

［23］刘贵忠,邸双亮. 小波分析及其应用［M］. 西安：西安电子科技大学出版社,1992.

［24］DAUBECHIES I. The wavelet transform,time-frequency localization and signal analysis［J］. IEEE Transactionson. Information Theory,1990,36(5)：961-1006.

［25］OPPENHEIM A V, SCHAFER R W. Discrete-time signal processing ［M］. New Jersey：

Prentice Hall,1989.

[26] PAPOULIS A. Signal analysis[M]. New York：McGraw-Hill,1977.

[27] LIU C L,LIU J W. Linear systems analysis[M]. New York：McGraw-Hill,1975.

[28] KWAKERNACK H, SIVAN R. Modern signals and systems [M]. New Jersey：Prentice Hall,1991.

[29] 柳重堪. 信号处理的教学方法[M]. 南京:东南大学出版社,1992.

[30] 程乾生. 信号数字处理的数学原理[M]. 2 版. 北京:石油工业出版社,1993.

[31] 秦前清,杨宗凯. 实用小波分析[M]. 西安:西安电子科技大学出版社,1994.

[32] CADZOW J A, LANDINGHAM H F V. Signals and systems[M]. New Jersey：Prentice Hall,1985.

[33] KAMEN E W, HECK B S. Fandamentals signals and systems using MATLAB[M]. New Jersey：Prentice Hall,1997.